Python基础与PyQt可视化编程详解

李增刚 沈 丽 / 编著

清华大学出版社
北京

版权所有，侵权必究。举报：010-62782989，beiqinquan@tup.tsinghua.edu.cn。

图书在版编目(CIP)数据

Python 基础与 PyQt 可视化编程详解/李增刚,沈丽编著. —北京：清华大学出版社,2021.6
ISBN 978-7-302-58240-3

Ⅰ. ①P… Ⅱ. ①李… ②沈… Ⅲ. ①软件工具－程序设计 Ⅳ. ①TP311.561

中国版本图书馆 CIP 数据核字(2021)第 092109 号

责任编辑：冯　昕　赵从棉
封面设计：傅瑞学
责任校对：赵丽敏
责任印制：朱雨萌

出版发行：清华大学出版社
　　网　　址：http://www.tup.com.cn, http://www.wqbook.com
　　地　　址：北京清华大学学研大厦 A 座　　邮　　编：100084
　　社 总 机：010-62770175　　邮　　购：010-62786544
　　投稿与读者服务：010-62776969, c-service@tup.tsinghua.edu.cn
　　质量反馈：010-62772015, zhiliang@tup.tsinghua.edu.cn
印 装 者：三河市铭诚印务有限公司
经　　销：全国新华书店
开　　本：185mm×260mm　　印　　张：39　　字　　数：948 千字
版　　次：2021 年 8 月第 1 版　　印　　次：2021 年 8 月第 1 次印刷
定　　价：118.00 元

产品编号：090646-01

前言
PREFACE

随着信息社会的快速发展,人们越来越依赖计算机程序进行各种事务的处理,小到电脑办公、上网发邮件、玩游戏,大到进行复杂的科学计算、性能预测等,这些都需要人们利用计算机开发语言编写各种各样的程序,来满足各种需求,减少工作量。

在众多的开发语言中,Python 作为开源的高级程序语言,受到越来越多的人的喜欢,并得到人们的认可。Python 语言的语法简单,使用方便,用户不用顾虑细枝末节,容易上手,对于初学计算机编程的人员来说,是最值得推荐的计算机语言。Python 有众多第三方程序包,通过 pip 命令可以直接安装使用,利用第三方模块用 Python 语言能够快速搭建各种各样的程序。

对于 Python 的可视化编程来说,Python 自带的可视化编程模块的功能较弱,PyQt 是 Qt 与 Python 的融合,适合开发大型复杂可视化程序。Qt 是跨平台 C++图形可视化界面应用开发框架,自推出以来深受业界盛赞。PyQt5 是 Python 的一个模块,它有 300 多个类,可以运行在所有主要操作系统上。用 Python 简洁的语法调用 PyQt 的各种可视化控件的类,可以快速搭建用户的图形界面。

本书第 1~6 章详细介绍 Python 语言的基本知识,适合没有 Python 基础的人员使用,第 7~14 章详细介绍用 PyQt5 进行界面开发的框架和各种控件的使用方法。其中,第 1 章介绍如何搭建 Python 和 PyQt 的开发环境;第 2 章介绍 Python 的变量、赋值、数据类型和表达式;第 3 章介绍 Python 的分支和循环结构;第 4 章介绍列表、元组、字典、集合和字符串等数据结构;第 5 章介绍自定义函数、类、模块和包方面的内容;第 6 章介绍异常处理、Python 的读写文件和操作文件的功能以及 Excel 文档的读写功能;第 7 章介绍 PyQt5 的可视化编程框架、信号和槽的机制、在 Qt Designer 中进行界面设计以及窗体文件和资源文件转成 Python 的 py 文件的方法;第 8 章介绍一些基础类、常用控件、容器控件和布局控件的方法、信号和槽函数;第 9 章介绍窗口、主窗口和对话框方面的内容;第 10 章介绍 PyQt 的事件及事件处理方面的内容;第 11 章介绍基于项和模型的控件,基于项和模型的控件属于高级控件;第 12 章介绍 QPainter 和 Graphics/View 两种绘图功能;第 13 章介绍 PyQt5 读写文本文件和二进制文件及文件操作方面的内容;第 14 章介绍视频和音频播放、摄像头拍照和录音方面的内容。本书在写作时,Python 的版本是 3.9.0,PyQt 的版本是 5.15.1,由于开发语言仍在不断发展中,读者在使用本书的时候,Python 和 PyQt 很可能发展到更高的版本,由于软件一般都有向下兼容的特点,因此本书所述内容不会影响正常的使用。本书在主要知识点上配有应用实例,这些应用实例可以起到画龙点睛的作用,**请读者扫描下面**

的二维码下载本书实例的源代码。

  本书由北京诺思多维科技有限公司组织编写，我们可以完成软件开发、CAE模拟（振动噪声、流体动力学、多体动力学、疲劳、碰撞、热、复合材料、有限元非线性计算、振动噪声测试、多学科优化等）和CAE/CAD二次开发方面的内容。由于受作者水平与时间的限制，书中疏漏和错误在所难免，敬请广大读者批评指正。在使用本书的过程中，如有问题可通过邮箱 forengineer@126.com 与本书作者联系。

  扫描二维码，下载本书应用实例的源代码。

作　者

2020年10月

Python基础与PyQt可视化编程详解_源代码及所需文件.zip

目录

第 1 章　Python 编程环境 ... 1
1.1　Python 介绍 ... 1
1.1.1　程序与程序语言 ... 1
1.1.2　Python 编程语言 ... 2
1.2　Python 编程环境的建立 ... 3
1.2.1　安装 Python ... 3
1.2.2　安装 PyQt5 ... 6
1.2.3　安装 Qt ... 7
1.2.4　安装 PyCharm ... 8
1.3　Python 开发环境使用基础 ... 10
1.3.1　Python 自带集成开发环境 ... 10
1.3.2　PyCharm 集成开发环境 ... 12

第 2 章　Python 编程基础 ... 16
2.1　变量与赋值语句 ... 16
2.1.1　变量和赋值的意义 ... 16
2.1.2　变量的定义 ... 18
2.1.3　赋值语句 ... 19
2.2　Python 中的数据类型 ... 20
2.2.1　数据类型 ... 20
2.2.2　数据类型的转换 ... 22
2.2.3　字符串中的转义符 ... 25
2.3　表达式 ... 26
2.3.1　数值表达式 ... 26
2.3.2　逻辑表达式 ... 29
2.3.3　运算符的优先级 ... 30
2.4　Python 编程的注意事项 ... 31
2.4.1　空行与注释 ... 31

2.4.2　缩进 ·· 32
　　2.4.3　续行 ·· 33
2.5　Python中常用的一些函数 ··· 33
　　2.5.1　输入函数和输出函数 ·· 33
　　2.5.2　range( )函数 ·· 35
　　2.5.3　随机函数 ·· 35

第3章　分支和循环结构 ·· 37

3.1　分支结构 ··· 37
　　3.1.1　if分支结构 ·· 37
　　3.1.2　分支语句的嵌套 ·· 40
3.2　循环结构 ··· 41
　　3.2.1　for循环结构 ··· 41
　　3.2.2　while循环结构 ··· 42
　　3.2.3　循环体的嵌套 ··· 43
　　3.2.4　continue和break语句 ·· 44

第4章　Python的数据结构 ·· 48

4.1　列表 ··· 48
　　4.1.1　创建列表 ·· 48
　　4.1.2　列表元素的索引和输出 ··· 50
　　4.1.3　列表的编辑 ·· 52
4.2　元组 ··· 55
　　4.2.1　创建元组 ·· 55
　　4.2.2　元组元素的索引和输出 ··· 56
4.3　字典 ··· 57
　　4.3.1　创建字典 ·· 57
　　4.3.2　字典的编辑 ·· 59
4.4　集合 ··· 62
　　4.4.1　创建集合 ·· 62
　　4.4.2　集合的编辑 ·· 63
　　4.4.3　集合的逻辑运算 ·· 65
　　4.4.4　集合的元素运算 ·· 65
4.5　字符串 ·· 67
　　4.5.1　字符串的索引和输出 ·· 68
　　4.5.2　字符串的处理 ··· 68
　　4.5.3　格式化字符串 ··· 74

第5章　自定义函数、类和模块 ·· 79

5.1　自定义函数 ·· 79

	5.1.1	自定义函数的格式	80
	5.1.2	函数参数	82
	5.1.3	函数的返回值	87
	5.1.4	函数的局部变量	87
	5.1.5	匿名函数 lambda	88
	5.1.6	函数的递归调用	89

5.2 类和对象 89
    5.2.1 类和对象介绍 89
    5.2.2 类的定义和实例 91
    5.2.3 实例属性和类属性 92
    5.2.4 类中的函数 95
    5.2.5 属性和方法的私密性 97
    5.2.6 类的继承 99
    5.2.7 类的其他操作 103

5.3 模块和包 105
    5.3.1 模块的使用 106
    5.3.2 模块空间与主程序 108
    5.3.3 包的使用 110
    5.3.4 枚举模块 111
    5.3.5 sys 模块 112

第 6 章 异常处理和文件操作 115

6.1 异常信息和异常处理 115
    6.1.1 异常信息 115
    6.1.2 被动异常的处理 117
    6.1.3 主动异常的处理 120
    6.1.4 异常的嵌套 121

6.2 文件的读写 122
    6.2.1 文件的打开与关闭 122
    6.2.2 读取数据 125
    6.2.3 写入数据 128

6.3 文件和路径操作 131

6.4 Excel 文件的读写 136
    6.4.1 openpyxl 的基本结构 136
    6.4.2 创建工作簿和工作表格实例对象 138
    6.4.3 工作表格对象的操作 140
    6.4.4 单元格的操作 142
    6.4.5 绘制数据图表 147

第 7 章　PyQt5 可视化编程基础 163

7.1　PyQt5 窗口运行方法 163
7.1.1　PyQt5 的主要模块 163
7.1.2　窗口初始化类 165
7.1.3　窗口的创建 166

7.2　PyQt5 可视化编程架构 168
7.2.1　界面用函数来定义 168
7.2.2　界面用类来定义 169
7.2.3　界面用模块来定义 170
7.2.4　界面与逻辑的分离 171

7.3　用 Qt Designer 设计界面 173
7.3.1　窗口界面设计 173
7.3.2　ui 文件编译成 py 文件 175
7.3.3　ui 文件转换后的编程 179

7.4　信号与槽 181
7.4.1　内置信号与内置槽的连接 182
7.4.2　内置信号与自定义槽函数 183
7.4.3　自定义信号 185

7.5　控件的关系 190
7.5.1　控件的布局 190
7.5.2　Tab 键顺序 192
7.5.3　伙伴关系 193

7.6　资源文件 193
7.6.1　资源文件的创建和使用 193
7.6.2　qrc 文件编译成 py 文件 195

7.7　py 文件的编译 196

第 8 章　PyQt5 常用控件 198

8.1　可视化编程常用类 198
8.1.1　字体类 198
8.1.2　颜色类 201
8.1.3　调色板类 202
8.1.4　坐标点类 207
8.1.5　尺寸类 208
8.1.6　矩形框类 209
8.1.7　图像类 212
8.1.8　图标类 217
8.1.9　光标类 218

8.2 常用控件及用法 · 220
    8.2.1 标签控件 · 220
    8.2.2 单行文本控件 · 224
    8.2.3 多行文本控件 · 230
    8.2.4 多行纯文本控件 · 234
    8.2.5 数字输入控件 · 236
    8.2.6 下拉列表框控件 · 238
    8.2.7 字体下拉列表框控件 · 243
    8.2.8 单击按钮控件 · 244
    8.2.9 命令连接按钮控件 · 246
    8.2.10 复选框按钮控件 · 246
    8.2.11 单选按钮控件 · 247
    8.2.12 滚动条和滑块控件 · 251
    8.2.13 进度条控件 · 255

8.3 容器控件及用法 · 257
    8.3.1 分组框控件 · 258
    8.3.2 滚动区控件 · 259
    8.3.3 切换卡控件 · 262
    8.3.4 控件栈控件 · 267
    8.3.5 工具箱控件 · 270
    8.3.6 框架控件 · 274

8.4 日期时间类及控件 · 277
    8.4.1 日历 · 277
    8.4.2 日期类 · 278
    8.4.3 时间类 · 280
    8.4.4 日期时间类 · 282
    8.4.5 定时器 · 283
    8.4.6 日历控件 · 285
    8.4.7 液晶显示控件 · 288
    8.4.8 日期时间控件 · 291

8.5 布局控件及用法 · 295
    8.5.1 表单布局 · 295
    8.5.2 水平和竖直布局 · 298
    8.5.3 格栅布局 · 300
    8.5.4 分割器控件 · 305

第 9 章 窗口和对话框 · 307

9.1 QWidget 窗口 · 307
    9.1.1 顶层窗口 · 307

- 9.1.2 QWidget 独立窗口 ········· 308
- 9.2 菜单和动作 ········· 317
  - 9.2.1 菜单栏 ········· 318
  - 9.2.2 菜单 ········· 319
  - 9.2.3 动作 ········· 320
- 9.3 工具栏和状态栏 ········· 324
  - 9.3.1 工具栏 ········· 324
  - 9.3.2 工具按钮控件 ········· 326
  - 9.3.3 状态栏 ········· 330
- 9.4 QMainWindow 主窗口 ········· 333
  - 9.4.1 主窗口 ········· 334
  - 9.4.2 停靠控件 ········· 341
  - 9.4.3 多文档和子窗口 ········· 343
  - 9.4.4 在 Qt Designer 中建立主窗口 ········· 351
- 9.5 对话框 ········· 354
  - 9.5.1 自定义对话框 ········· 354
  - 9.5.2 字体对话框 ········· 360
  - 9.5.3 颜色对话框 ········· 364
  - 9.5.4 文件对话框 ········· 365
  - 9.5.5 输入对话框 ········· 371
  - 9.5.6 信息对话框 ········· 376
  - 9.5.7 错误信息对话框 ········· 380
  - 9.5.8 进度对话框 ········· 381
  - 9.5.9 向导和向导页 ········· 383
- 9.6 窗口风格和样式表 ········· 390
  - 9.6.1 窗口风格 ········· 390
  - 9.6.2 样式表 ········· 392

第 10 章 事件及处理 ········· 399

- 10.1 事件的类型 ········· 399
  - 10.1.1 事件的概念 ········· 399
  - 10.1.2 QEvent 类 ········· 400
  - 10.1.3 event()函数 ········· 404
- 10.2 鼠标和键盘事件的类 ········· 405
  - 10.2.1 鼠标按键事件类 ········· 406
  - 10.2.2 键盘事件类 ········· 409
  - 10.2.3 鼠标拖放事件类 ········· 410
  - 10.2.4 上下文菜单 ········· 416
  - 10.2.5 剪切板 ········· 417

10.3 窗口常用事件 ·· 418
　　10.3.1 显示和隐藏事件 ·· 418
　　10.3.2 缩放和移动事件 ·· 418
　　10.3.3 绘制事件 ·· 418
　　10.3.4 进入和离开事件 ·· 419
　　10.3.5 获得和失去焦点事件 ·· 419
　　10.3.6 关闭事件 ·· 419
　　10.3.7 计时器事件 ··· 419
10.4 事件过滤和自定义事件 ·· 420
　　10.4.1 事件的过滤 ··· 420
　　10.4.2 自定义事件 ··· 422

第 11 章 基于项和模型的控件 ··· 425

11.1 基于项的控件 ·· 425
　　11.1.1 列表控件及其项 ·· 425
　　11.1.2 表格控件及其项 ·· 432
　　11.1.3 树结构控件及其项 ··· 438
11.2 数据模型基础 ·· 443
　　11.2.1 Model/View 机制 ·· 443
　　11.2.2 数据模型的种类 ·· 445
　　11.2.3 数据项的索引 ··· 446
　　11.2.4 QAbstractItemModel ·· 446
11.3 数据模型和视图控件 ··· 448
　　11.3.1 文本列表模型和列表视图控件 ································· 448
　　11.3.2 文件系统模型和树视图控件 ···································· 454
　　11.3.3 标准数据模型和表格视图控件 ································· 459
11.4 选择模型和代理控件 ··· 468
　　11.4.1 选择模型 ·· 468
　　11.4.2 代理控件 ·· 469

第 12 章 绘制图形 ··· 474

12.1 QPainter 绘图 ·· 474
　　12.1.1 QPainter 类 ··· 474
　　12.1.2 钢笔 ·· 476
　　12.1.3 画刷 ·· 478
　　12.1.4 渐变色 ··· 480
　　12.1.5 绘制几何形状 ·· 484
　　12.1.6 绘制文本 ·· 487
　　12.1.7 绘图路径 ·· 488

12.1.8　填充 ··· 491
　　　12.1.9　绘制图像 ·· 493
　　　12.1.10　裁剪区域 ·· 496
　　　12.1.11　坐标变换 ·· 497
　　　12.1.12　视口和窗口 ··· 502
　　　12.1.13　图形合成 ·· 503
　12.2　Graphics/View 绘图 ·· 505
　　　12.2.1　Graphics/View 绘图框架介绍 ··· 505
　　　12.2.2　Graphics/View 坐标系统 ·· 505
　　　12.2.3　视图控件 ·· 507
　　　12.2.4　场景 ··· 512
　　　12.2.5　图项 ··· 516
　　　12.2.6　标准图项 ·· 523
　　　12.2.7　图形控件和代理控件 ··· 529
　　　12.2.8　图形控件的布局 ··· 533
　　　12.2.9　图形效果 ·· 536

第 13 章　文件操作 ·· 540

　13.1　文件的读写 ··· 540
　　　13.1.1　QIODevice ··· 540
　　　13.1.2　字节数组 ·· 543
　　　13.1.3　QFile ··· 546
　　　13.1.4　文本流 ··· 550
　　　13.1.5　数据流 ··· 554
　　　13.1.6　QTemporaryFile ··· 565
　　　13.1.7　QSaveFile ·· 566
　　　13.1.8　QBuffer ··· 567
　13.2　文件操作 ·· 570
　　　13.2.1　文件信息 ·· 570
　　　13.2.2　路径管理 ·· 572
　　　13.2.3　文件监视器 ··· 575

第 14 章　音频和视频 ·· 576

　14.1　音频和视频的播放 ··· 576
　　　14.1.1　QMediaPlayer 播放器 ··· 576
　　　14.1.2　QMediaContent 与 QUrl ·· 581
　　　14.1.3　QMediaPlaylist 媒体列表 ·· 585
　　　14.1.4　QVideoWidget 控件 ·· 587
　　　14.1.5　QGraphicsVideoItem ·· 589

- 14.1.6 QSoundEffect 与 QSound ……………………………………………………… 591
- 14.1.7 QMovie 播放动画 ……………………………………………………………… 592
- 14.2 摄像头和拍照 ………………………………………………………………………… 594
  - 14.2.1 QCamera 摄像头 ……………………………………………………………… 594
  - 14.2.2 QCameraInfo 与 QCameraViewfinderSettings ……………………………… 596
  - 14.2.3 QCameraImageCapture ………………………………………………………… 597
- 14.3 录制音频 ……………………………………………………………………………… 601
  - 14.3.1 QAudioRecorder 录制音频信号 ……………………………………………… 601
  - 14.3.2 QAudioInput 录制原生音频数据 …………………………………………… 605
  - 14.3.3 QAudioOutput 播放原生音频数据 ………………………………………… 607

第1章

Python编程环境

　　Python是一种跨平台的计算机程序设计语言,也是一种高层次的结合了解释性、编译性、互动性和面向对象的脚本语言。它最初被设计用于编写自动化脚本(shell),随着版本的不断更新和语言新功能的添加,越来越多地用于开发独立的、大型项目。针对Python有各种各样的第三方程序包和库可供使用,可以让用户用尽可能少的代码实现自己的各种算法和程序界面。本书介绍Python的基本语法和第三方程序包PyQt5,PyQt5专门用于建立Python的可视化程序界面。

1.1　Python 介绍

1.1.1　程序与程序语言

　　程序是为了使计算机或一台机器完成一定的动作、实现一定的目的而编写的一系列指令,该指令能被计算机或机器识别并能执行。这些指令是按照一定的格式和要求来写的,以便能被计算机或机器执行。计算机或机器可以识别不同格式的指令,这种带格式的指令就是程序语言,程序语言告诉计算机做什么。我们编写程序的关键是,如何用程序语言准确表达我们的想法,让计算机去正确执行。

　　程序语言分为高级语言和低级语言。低级语言是机器语言,机器语言是机器能直接识别的程序语言或指令代码,无须经过翻译,每一操作码在计算机内部都有相应的电路来完成它,低级语言抽象,不便于理解。高级语言是指一种直观的、易于理解的指令,高级语言不能直接被计算机使用,必须先把高级语言翻译成低级语言,计算机才能执行。每种高级语言都有自己固定的语法格式,由解释器将高级语言解释成低级语言,以便操控计算机完成特定的功能。

1.1.2 Python 编程语言

高级编程语言有很多种，比如 C++、Java、C♯、PHP、JavaScript、Fortran 等，Python 是其中之一。Python 的英文原意为"蟒蛇"，Python 语言是由荷兰人吉多·范罗苏姆(Guido van Rossum)在 1989 年创建的，它是一种面向对象的解释型编程语言。Python 语言是在 ABC 教学语言的基础上发展来的，ABC 教学语言虽然非常强大，但却没有普及应用，Guido van Rossum 认为是它不够开放导致的。基于这个考虑，Guido van Rossum 在开发 Python 时，不仅为其添加了很多 ABC 教学语言没有的功能，还为其设计了各种丰富而强大的库，利用这些 Python 库，程序员可以把使用其他语言(尤其是 C 语言和 C++)制作的各种模块很轻松地联结在一起，因此 Python 又常被称为"胶水"语言。这里的库和模块，简单理解就是一个个源文件，每个文件中都包含可实现各种功能的方法(也可称为函数或类)。

Python 是一种跨平台语言，可以用于 Windows、Linux 和 Mac 平台上。Python 语言非常简洁明了，即便是非软件专业的初学者也很容易上手，和其他编程语言相比，实现同一个功能，Python 语言的实现代码往往是最短的。对于 Python，网络上流传着"人生苦短，我用 Python"的说法。在所有编程语言中，根据 TIOBE 排行榜的显示，Python 语言位于第 3 位，且有继续提升的态势。

用高级语言编写的程序需要翻译成低级语言，高级语言分为编译型语言和解释型语言。对于编译型语言，开发完成以后需要将所有的源代码都转换成可执行程序，比如 Windows 下的 exe 文件，可执行程序里面包含的就是机器码，编译型语言有 C 语言、C++、Pascal(Delphi)、汇编语言等。只要我们拥有可执行程序，就可以随时运行，不用重新编译了，也就是"一次编译，无限次运行"。对于解释型语言，每次执行程序都需要一边转换一边执行，用到哪些源代码就将哪些源代码转换成机器码，用不到的不进行任何处理。每次执行程序时可能使用不同的功能，这时需要转换的源代码也不一样。因为每次执行程序都需要重新转换源代码，所以解释型语言的执行效率天生就低于编译型语言，甚至存在数量级的差距。计算机的一些底层功能或者关键算法一般都使用 C/C++实现，只有在应用层面(比如网站开发、批处理、小工具等)才会使用解释型语言，解释型语言有 Python、JavaScript、PHP、Shell、MATLAB 等。解释型语言比编译型语言执行效率低，Python 是一种解释型语言，这是 Python 语言的一大缺点。

相对于其他编程语言来说，Python 有以下几个优点。

(1) Python 是开源的，也是免费的。

开源，即开放源代码，意思是所有用户都可以看到源代码。Python 的开源体现在程序员使用 Python 编写的代码是开源的，Python 解释器和模块也是开源的。官方将 Python 解释器和模块的代码开源，是希望所有 Python 用户都参与进来，一起改进 Python 的性能，弥补 Python 的漏洞，代码被研究得越多就越健壮。

开源并不等于免费，开源软件和免费软件是两个概念，只不过大多数的开源软件也是免费软件；Python 就是这样一种语言，它既开源又免费。用户使用 Python 进行开发或者发布自己的程序，不需要支付任何费用，也不用担心版权问题，即使作为商业用途，Python 也是免费的。

(2) 语法简单。

和传统的 C/C++、Java、C♯ 等语言相比，Python 对代码格式的要求没有那么严格，这种宽松使得用户在编写代码时比较轻松，不用在细枝末节上花费太多精力。

(3) Python 是高级语言。

这里所说的高级,是指 Python 封装较深,屏蔽了很多底层细节,比如 Python 会自动管理内存(需要时自动分配,不需要时自动释放)。高级语言的优点是使用方便,不用顾虑细枝末节;缺点是容易让人浅尝辄止,知其然不知其所以然。

(4) Python 是解释型语言,能跨平台。

解释型语言一般都是跨平台的(可移植性好),Python 也不例外。

(5) Python 是面向对象的编程语言。

面向对象是现代编程语言一般都具备的特性,否则在开发中大型程序时会捉襟见肘。Python 支持面向对象,但它不强制使用面向对象。Java 是典型的面向对象的编程语言,但是它强制必须以类和对象的形式来组织代码。

(6) 模块众多。

Python 的模块众多,基本实现了所有的常见的功能,从简单的字符串处理,到复杂的 3D 图形绘制,借助 Python 模块都可以轻松完成。Python 社区发展良好,除了 Python 官方提供的核心模块,很多第三方机构也会参与进来开发模块,其中就有 Google、Facebook、Microsoft 等软件巨头。即使是一些小众的功能,Python 往往也有对应的开源模块,甚至有可能不止一个模块。

(7) 可扩展性强。

Python 的可扩展性体现在它的模块上,Python 具有脚本语言中最丰富和强大的类库,这些类库覆盖了文件 I/O、GUI、网络编程、数据库访问、文本操作等绝大部分应用场景。这些类库的底层代码不一定都是 Python,还有很多 C/C++ 语言的身影。当需要一段关键代码运行速度更快时,就可以使用 C/C++ 语言实现,然后在 Python 中调用它们。Python 依靠其良好的扩展性,在一定程度上弥补了运行速度慢的缺点。

Python 的缺点是运行效率低,运行速度慢,也不容易加密。

1.2 Python 编程环境的建立

编写 Python 程序,可以在 Python 自带的交互式界面 IDLE 中进行,由于 IDLE 的提示功能和操作功能不强大,Python 程序可以在第三方提供的专业开发环境中编写,例如 PyCharm,然后调用 Python 的解释器运行程序。如果要进行图形界面可视化编程,可以使用 Python 自带的 Tkinter,也可以使用 PyQt5。相比较起来,Tkinter 功能较弱,没有 PyQt5 强大,本书介绍的图形可视化编程是基于 PyQt5 的编程。本书的开发环境需要 Python、PyCharm、PyQt5 和 Qt。

1.2.1 安装 Python

Python 是开源免费软件,用户可以到 Python 的官网上直接下载 Python 安装程序。登录 Python 的官方网站 https://www.python.org/downloads/,其下载页面如图 1-1 所示,可以直接下载不同平台上不同版本的安装程序。最新版本是 3.9.0。Python 的安装程序不大,最新 3.9.0 版只有 27.5MB。单击 Downloads,可以找到不同系统下的各个版本的 Python 安装程序。下载 Python 安装程序时,根据自己的计算机是 32 位还是 64 位的,选择相应的下载包,其中带有 x86 的文件是 32 位安装程序,带有 x86-64 的文件是 64 位安装程序。例如单击 Windows x86 executable installer 可以下载 32 位的可执行安装程序,单击 Windows x86-64 executable installer 可以下载 64 位的可执行安装程序。embeddable zip file 表示 zip 格式的绿色免安装版本,可以直接嵌入(集成)到其他的应用程序中;executable installer 表示 exe 格式的可执行程序,这是完整的安装包,一般选择这个包即可;web-based installer 表示通过网络安装,也就是说下载的是一个空壳,安装过程中还需要联网下载真正的 Python 安装包。Python 安装程序也可以在国内的一些下载网站上找到,例如在搜索引擎中输入"Python 下载",就可以找到下载链接。

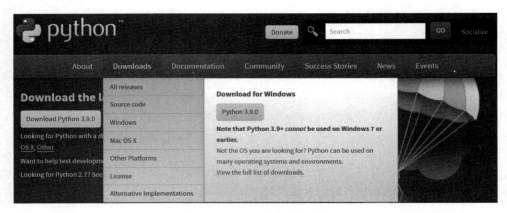

图 1-1　Python 官方下载页面

以管理员身份运行 Python 的安装程序 python-3.9.0-amd64.exe,第 1 步,如图 1-2 所示,选中 Add Python 3.9 to PATH,单击 Customize installation 项;第 2 步,选中所有项,如图 1-3 所示,其中 pip 项是专门用于下载第三方 Python 包。单击 Next 按钮进入第 3 步,选中 Install for all users 项,如图 1-4 所示,并设置安装路径,不建议安装到系统盘中,注意安装路径不要包含空格,单击 Install 按钮开始安装,如图 1-5 所示。安装路径会自动保存到 Windows 的环境变量 PATH 中,Python 可以多个版本共存在一台机器上。安装完成后,在 Python 的安装目录 Scripts 下出现 pip.exe 和 pip3.exe 文件,可以用于下载其他安装包。

图 1-2　Python 安装第 1 步

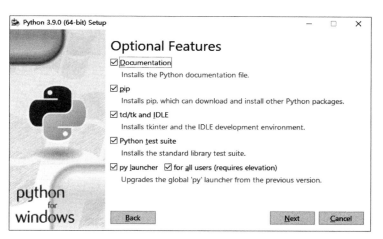

图 1-3　Python 安装第 2 步

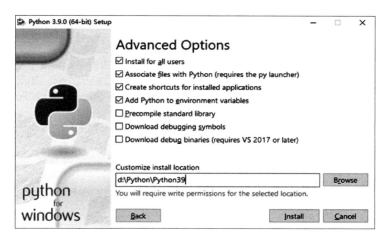

图 1-4　Python 安装第 3 步

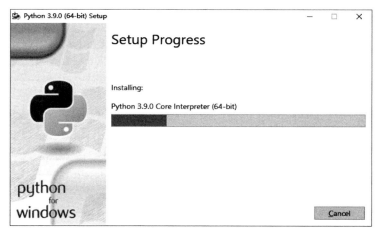

图 1-5　Python 安装第 4 步

安装完成后，需要测试 Python 是否能正常运行。从 Windows 的已安装程序中找到 Python 自己的开发环境 IDLE，如图 1-6 所示，在">>>"提示下输入"1+2"或者"print('hello')"，如果能返回 3 或者 hello，说明 Python 运行正常。

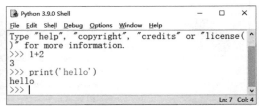

图 1-6　测试 Python

1.2.2　安装 PyQt5

PyQt5 是一个创建图形界面 GUI 应用程序的工具包，它提供了创建窗体和窗体上各种控件（如按钮、输入框、列表等）的类，利用这些类可以创建复杂的应用程序界面。PyQt5 是 Python 编程语言和 Qt 库的成功融合，Qt 库是目前最强大的库之一，PyQt5 是 Python 的一个模块集，它有 300 多个类，近 6000 个函数和方法，最新的 PyQt5 版本是 PyQt5-5.15.1。Qt 是一个多平台的工具包，可以运行在所有主要操作系统上，包括 UNIX、Windows 和 Mac。PyQt5 是 Python 版的 Qt 库，是 Qt 与 Python 的绑定，如果编程人员对 PyQt5 的类库足够了解，可以不用安装 Qt，就可以创建复杂的界面。

Python 有很多工具包，各种工具包可以在 https://pypi.org/ 网站上找到，工具包的安装可以通过 pip 下载工具直接从 https://pypi.org/ 网站上下载。直接下载 PyQt5 的方法是以管理员身份运行 Windows 的 cmd 命令窗口，在窗口中输入下面的命令：

```
pip install PyQt5
```

PyQt5 有 53MB，如果直接从国外的网站上下载 PyQt5 比较慢，可以使用镜像网站下载，例如，清华大学的镜像网站，命令如下：

```
pip install -i https://pypi.tuna.tsinghua.edu.cn/simple PyQt5
```

输入以上命令后，下载安装界面如图 1-7 所示，下载安装完成后会出现"Successfully installed PyQt5"的提示信息。

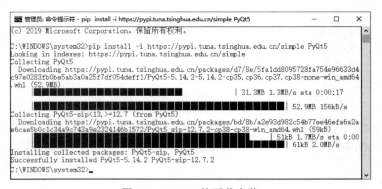

图 1-7　PyQt5 的下载安装

PyQt5 下载安装完成后,在 Python 的安装目录 Scripts 下出现 pylupdate5.exe、pyrcc5.exe 和 pyuic5.exe 文件,其中 pylupdate5.exe 可以用于多语言界面设计时编辑语言资源文件,pyrcc5.exe 可以将 Qt 创建的资源文件(*.qrc)转换成 Python 程序文件,资源文件存储图片、图标等资源文件,pyuic5.exe 可以将 Qt 创建的图形界面文件(*.ui)转换成 Python 语法格式的编程文件(*.py),实现快速进行可视化图形界面设计。

1.2.3 安装 Qt

Qt 是由 Qt Company 在 1991 年开发的跨平台 C++图形用户界面应用程序开发框架。它既可用于开发 GUI 程序,也可用于开发非 GUI 程序。Qt 是面向对象的框架,使用特殊的代码生成扩展(称为元对象编译器(meta object compiler,MOC))以及一些宏,Qt 很容易扩展。2008 年,Qt Company 科技被诺基亚公司收购,Qt 也因此成为诺基亚旗下的编程语言工具,2012 年,Qt 被 Digia 收购。2014 年 4 月,跨平台集成开发环境 Qt Creator 3.1.0 正式发布,实现了对于 iOS 的完全支持,新增 WinRT、Beautifier 等插件,废弃了无 Python 接口的 GDB 调试支持,集成了基于 Clang 的 C/C++代码模块,并对 Android 支持做出了调整,至此实现了全面支持 iOS、Android、WP,它可提供给应用程序开发者建立艺术级的图形用户界面所需的所有功能。Qt 和 Windows 平台上的 MFC、OWL、VCL、ATL 是同类型的产品。Qt Creator 是一个用于 Qt 开发的轻量级跨平台集成开发环境。Qt Creator 可带来两大关键益处:提供首个专为支持跨平台开发而设计的集成开发环境(IDE),并确保首次接触 Qt 框架的开发人员能迅速上手和操作。即使不开发 Qt 应用程序,Qt Creator 也是一个简单易用且功能强大的 IDE。本书主要使用 Qt Creator 创建的图形界面文件(*.ui),然后用 pyuic5.exe 工具将图形界面文件(*.ui)转换成 Python 语法格式的编程文件(*.py)。

开源 Qt 可以从官方网站 http://download.qt.io/archive/qt/下载,如图 1-8 所示,在左侧选择需要下载的版本,最后选择 qt-opensource-windows-x86-5.14.2.exe 下载文件,也可以在搜索引擎上输入"Qt 下载",有些下载平台会提供 Qt 的下载。Qt 的最新版本是 5.14,文件大约 2.4GB。

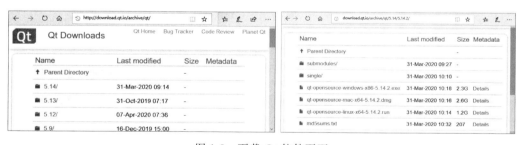

图 1-8 下载 Qt 软件页面

下载结束后,以管理员身份运行安装程序 qt-opensource-windows-x86-5.14.2.exe。如图 1-9 所示,在第 1 页中单击 Next 按钮;在第 2 页中输入一个真实的邮箱和一个至少 7 位的密码,密码中要有数字和大小写字母,单击 Next 按钮后,系统会发送一个邮件到信箱中进行验证,随便输入一些信息注册一个账号,再回到安装界面,单击 Next 按钮。

在第 3 个安装对话框中,选中 I have read and approve the obligation of using Open Source Qt,单击"下一步"按钮,在第 4 个对话框中,单击"下一步"按钮。

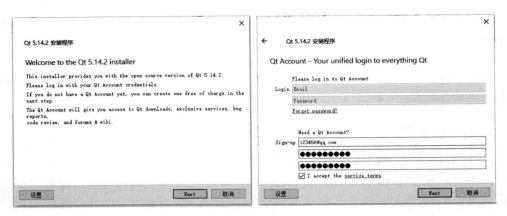

图 1-9 第 1 步和第 2 步安装对话框

在第 5 个对话框中,设置安装路径,单击"下一步"按钮。在第 6 个对话框中,需要选择安装的模块,本书中没有必要选择所有的模块,在 Qt 5.14.2 中选择 MinGw 7.3.0 64-bit(如果读者的机器是 32 位系统,应选择 MinGw 7.3.0 32-bit)、Qt Charts 和 Qt Data Visualization,其中 MinGw 7.3.0 64-bit 是编译器,Qt Charts 和 Qt Data Visualization 用于绘制数据曲线;也可以选择 MSVC 2017 64-bit,在 Developer and Designer Tools 中选择 Qt Creator 4.11.1 CDB Deb…和 MinGw 7.3.0 64-bit,如图 1-10 所示,单击"下一步"按钮。

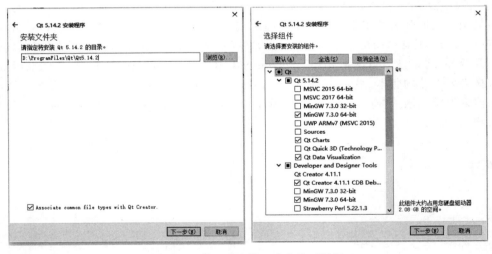

图 1-10 第 5 步和第 6 步安装对话框

在第 7 步安装对话框中,选择 I have read and agree to the terms contained in the license agreements,单击"下一步"按钮。在第 8 步安装对话框中,单击"下一步"按钮。在第 9 步安装对话框中,单击"安装"按钮开始安装。

1.2.4 安装 PyCharm

如果只是编写简单的程序,在 Python 的 IDLE 中写代码是可以的,但对于专业的程序员来说,其编写的程序比较复杂,在 IDLE 中编写代码就有些捉襟见肘了,尤其是编写面向对象的程序时，无论是 IDLE 的代码提示功能还是出错信息的提示功能远远没有专业开发软件的功能强大。PyCharm 是一个专门为 Python 打造的集成开发环境（IDE），带有一整套可以帮助用户在使用 Python 语言开发时提高其效率的工具，比如调试、语法高亮、Project 管理、代码跳转、智能提示、自动完成、单元测试、版本控制等。PyCharm 可以直接调用 Python 的解释器，极大提高 Python 的开发效率。

PyCharm 由 Jetbrains 公司开发，可以在 https://www.jetbrains.com/pycharm/download 下载 PyCharm。如图 1-11 所示，PyCharm 有两个版本，分别是 Professional（专业版）和 Community（社区版）。专业版是收费的，可以免费试用 30 天。社区版是完全免费的。单击 Community 下的 Download 按钮可以下载社区版 PyCharm，最新版的 PyCharm 是 2020.1 版，安装文件有 267MB。在搜索引擎中输入"PyCharm 下载"，也可以在其他下载平台找到 PyCharm 的下载链接。

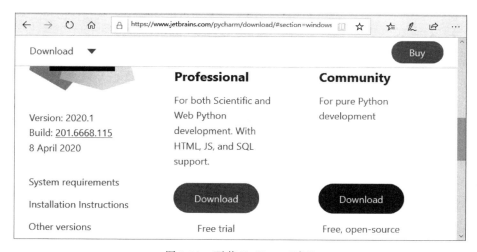

图 1-11　下载 PyCharm 页面

以管理员身份运行下载的安装程序 pycharm-community-2020.1.exe，如图 1-12 所示，在第 1 个安装对话框中单击 Next 按钮；在第 2 个安装对话框中设置安装路径，单击 Next 按钮；在第 3 个安装对话框中选中 .py 项，将 py 文件与 PyCharm 关联，如果读者的计算机是 64 位系统，则选中 64-bit launcher，单击 Next 按钮；在第 4 个安装对话框中，单击 Install 按钮开始安装，如图 1-13 所示。最后单击 Finish 按钮完成安装。

图 1-12　PyCharm 的第 1 个和第 2 个安装对话框

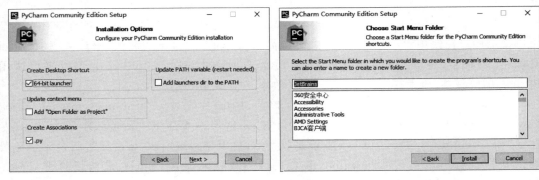

图 1-13　PyCharm 的第 3 个和第 4 个安装对话框

1.3　Python 开发环境使用基础

1.3.1　Python 自带集成开发环境

在安装 Python 时,同时也会安装一个 IDLE,它是一个 Python Shell(可以在打开的 IDLE 窗口的标题栏上看到),在"＞＞＞"提示下逐行输入 Python 程序,每输入一行后按 Enter 键,Python 就执行这一行的内容。前面我们已经用 IDLE 输出了简单的语句,但在实际开发中,需要编写多行代码,写完代码后一起执行所有的代码,以提高编程效率,为此可以单独创建一个文件保存这些代码,在全部编写完成后一起执行。

在 IDLE 主窗口的菜单栏上选择 File→New File 命令,打开 Python 的文件窗口,如图 1-14 所示,在该窗口中直接编写 Python 代码。输入一行代码后按 Enter 键,将自动换到下一行,等待继续输入。单击菜单命令 File→Save 后,再单击菜单命令 Run→Run Module 或按 F5 键就可以执行,结果将在 Shell 中显示。文件窗口的 Edit 和 Format 菜单是常用的菜单,Edit 菜单用于编辑查找,Format 菜单用于格式程序,例如使用 Format→Indent Region 命令可以使选中的代码右缩进。单击菜单命令 Options→Configure IDLE 可以对 Python 进行设置,例如更改编程代码的字体样式、字体大小、字体颜色、标准缩进长度、快捷键等。

在文件窗口中输入下面一段代码,按 F5 键,在 Shell 窗口中可以输出一首诗,如图 1-14 所示。

```
#Demo 1_1.py
print(' ' * 20)
print(' ' * 10 + '春晓')
print(' ' * 15 + '----孟浩然')

print('春眠不觉晓,处处闻啼鸟.')
print('夜来风雨声,花落知多少.')
```

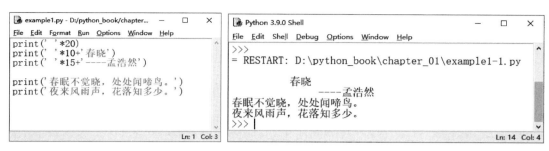

图 1-14 Python 文件窗口和 Shell 窗口

在文件窗口中打开本书实例 Demo1_2.py 文件,见下面代码,按 F5 键后运行的界面如图 1-15 所示。

```
import sys  # Demo1_2.py
from PyQt5 import QtCore, QtGui, QtWidgets

app = QtWidgets.QApplication(sys.argv)

myWindow = QtWidgets.QWidget()
myWindow.setWindowTitle('Demo1-2')
myWindow.resize(500,400)

myButton = QtWidgets.QPushButton(myWindow)
myButton.setGeometry(150,300,150,50)
myButton.setText('关 闭')
str1_1 = ' '*10 + '程序员之歌\n'
str1_2 = ' '*15 + '---《江城子》改编\n'
str1_3 = '十年生死两茫茫,写程序,到天亮.\n'
str1_4 = '千行代码,Bug何处藏.\n'
str1_5 = '纵使上线又怎样,朝令改,夕断肠.\n'
str1_6 = '领导每天新想法,天天改,日日忙.\n'
str1_7 = '相顾无言,唯有泪千行.\n'
str1_8 = '每晚灯火阑珊处,程序员,正加班.\n'
str2 = str1_1 + str1_2 + str1_3 + str1_4 + str1_5 + str1_6 + str1_7 + str1_8
myLabel = QtWidgets.QLabel(myWindow)
myLabel.setText(str2)
myLabel.setGeometry(50,10,480,300)
font = QtGui.QFont()
font.setPointSize(20)
myLabel.setFont(font)
myButton.setFont(font)
myButton.clicked.connect(myWindow.close)
myWindow.show()
sys.exit(app.exec())
```

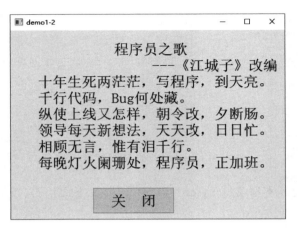

图 1-15　Demo1_2.py 文件的运行结果

1.3.2　PyCharm 集成开发环境

要使 PyCharm 成为 Python 的集成开发环境，需要将 Python 设置成 PyCharm 的解释器。启动 PyCharm，在欢迎对话框中，选择 Create New Project 项，或者单击右下角的 Configure，然后选择 Settings 项（PyCharm 正常启动后，也可通过菜单命令 File→Settings 打开设置对话框），弹出设置对话框，如图 1-16 所示，在左侧选择 Python Interpreter，然后单击右边的 Project Interpreter 选项后面的 ✿ 按钮，选择 Add 命令。

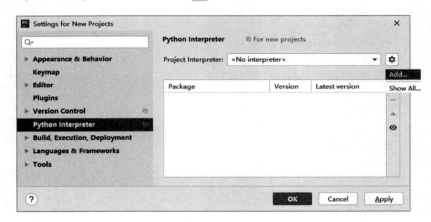

图 1-16　配置 Python 解释器

在新弹出的添加 Python 解释器对话框中，如图 1-17 所示，确保 Interpreter 后面输入框中指向 Python 安装路径下的 Python39\python.exe，单击 OK 按钮回到设置对话框。单击设置对话框中右边的 ✚ 按钮，弹出查找 Package 对话框。

除了用 pip 命令安装工具包，还可通过 PyCharm 为 Python 安装工具包，例如 PyQt5。在查找 Package 对话框中，如图 1-18 所示，在上方输入框中输入 PyQt5，在左侧会列出所有与 PyQt5 相关的项。在列表中选择 PyQt5，单击 Install Package 按钮开始安装 PyQt5 包，安装完成后在对话框底部会出现"Package 'PyQt5' installed successfully"信息,单击右上角的 ✗ 按钮关闭这个对话框。至此完成了对 Python 的设置,下面对 Qt 进行设置。

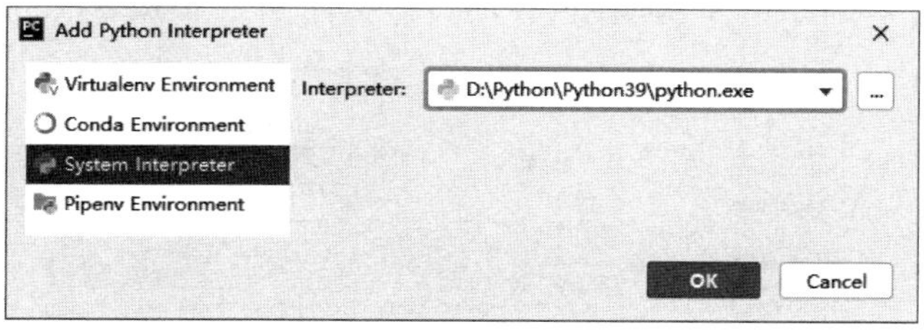

图 1-17 选择 Python 的执行文件

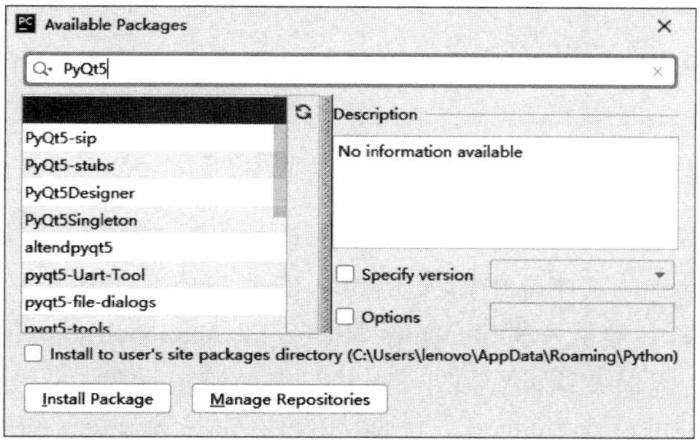

图 1-18 选择并安装程序包

回到设置对话框,从左侧列表框中选择 Tools 下的 External Tools 项,然后单击右边的 +,弹出创建工具对话框,在 Name 文本框中输入"Qt Designer",在 Program 文本框中输入 Qt 安装路径下的 designer.exe 的路径及文件名,在 Working directory 文本框中输入"$ProjectFileDir$",如图 1-19 所示,单击 OK 按钮。这样设置后单击 Pycharm 的菜单 Tools→External Tools→Qt Designer 可以启动 Qt Designer。

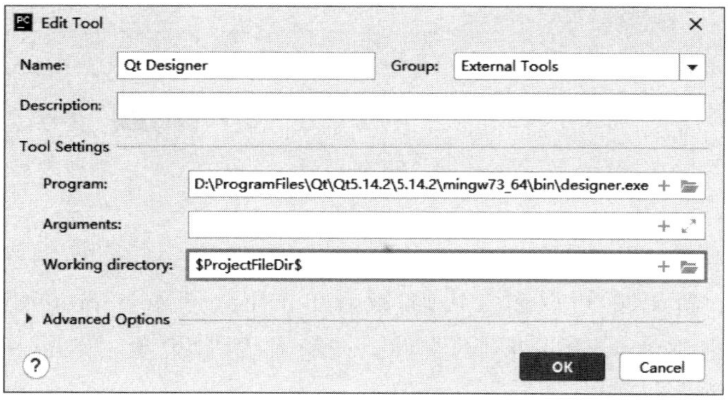

图 1-19 配置 Qt Designer

回到设置对话框,单击右边的 +,弹出创建工具对话框,在 Name 文本框中输入"Ui2Py",在 Program 文本框中输入 Python 安装路径下的 pyuic5.exe 的路径及文件名,在 Arguments 文本框中输入"＄FileName＄-o ＄FileNameWithoutExtension＄.py",在 Working directory 文本框中输入"＄FileDir＄",表示窗体文件 ui 文件所在的目录,如图 1-20 所示。单击 OK 按钮,这样设置后可以在 PyCharm 中把 Qt 设计的窗体文件 ui 转换成 Python 的 py 文件。

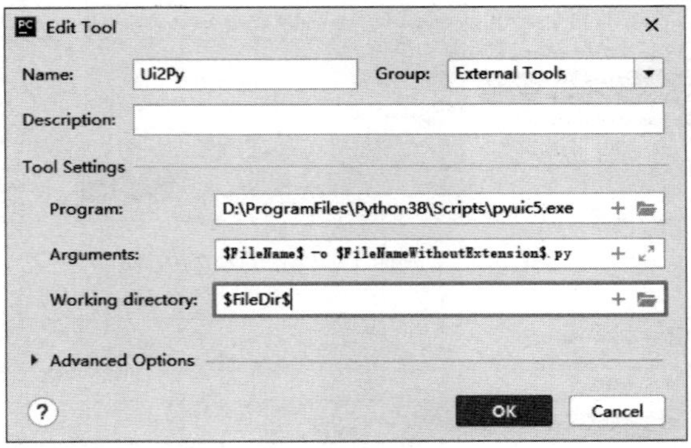

图 1-20　配置界面转换程序

回到设置对话框,单击右边的 ＋,弹出创建工具对话框,如图 1-21 所示,在 Name 文本框中输入"Qrc2Py",在 Program 文本框中输入 Python 安装路径下的 pyrcc5.exe 的路径及文件名,在 Arguments 文本框中输入"＄FileName＄-o ＄FileNameWithoutExtension＄_rc.py",在 Working directory 文本框中输入"＄FileDir＄",表示资源文件 qrc 文件所在的目录。单击 OK 按钮,这样设置后可以在 PyCharm 中把 Qt 设计的资源文件(含图片、按钮图标)qrc 转换成 Python 的 py 文件。

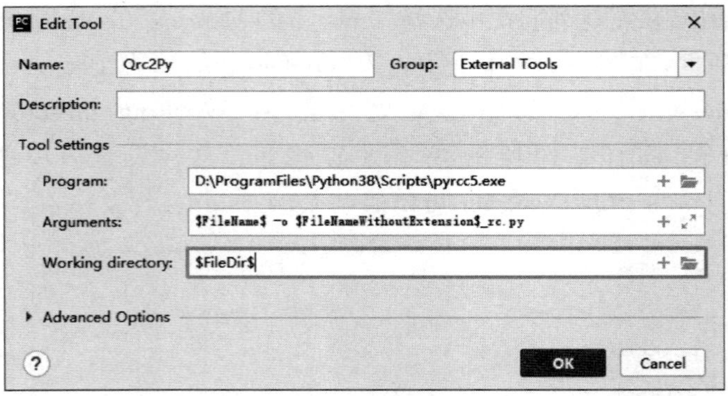

图 1-21　配置资源转换程序

运行 PyCharm 后,单击 File→New 命令,然后选择 PythonFile,输入文件名并按 Enter 键后,建立 Python 新文件,可以输入代码,或者单击 File→NewScratchFile 命令,然后选择 Python 即可创建名称为 scratch.py 的文件。在输入代码后,单击 Run→Run…命令即可调用 Python 解释器运行程序。

在复杂程序中,很难记住每个变量、函数和类的定义位置,因此快速导航和搜索是非常重要的,PyCharm 提供了这些功能。在当前文件中搜索代码段,在 Mac 系统中使用 Cmd＋F 键,在 Windows 和 Linux 系统中使用 Ctrl＋F 键;在整个项目中搜索代码段,在 Mac 系中使用Cmd+Shift+F键，在Windows和Linux系统中使用Ctrl+Shift+F键；要搜索类，在Mac系统中使用Cmd+O键，在Windows和Linux系统中使用Ctrl+N键；要搜索文件，在Mac系统中使用Cmd+Shift+O键，在Windows和Linux系统中使用Ctrl+Shift+N键；如果不知道要搜索的是文件、类还是代码段，则搜索全部，按两次Shift键。导航可使用以下快捷键：前往变量的声明位置，在Mac系统中使用Cmd键，在Windows和Linux系统中按住Ctrl键不放，然后单击变量；寻找类、方法或文件的用法是使用Alt+F7键；查看近期更改使用Shift+Alt+C键，或者在主菜单中单击View→RecentChanges命令；查看近期文件，在Mac系统中使用Cmd+E键，在Windows和Linux系统中使用Ctrl+E键，或者在主菜单中单击View→RecentFiles命令；多次跳转后在导航历史中前进和后退，在Mac系统中使用Cmd+[或Cmd+]键，在Windows和Linux系统中使用Ctrl+Alt+←或Ctrl+Alt+→键。

第2章

Python编程基础

相对于其他高级语言,Python 的编程语法要简单一些,编程也更灵活一些。要学好 Python 编程,必须打好坚实的基础。本章主要讲解 Python 编程的一些基础知识,对于初学者来说,这些内容是非常重要的。本章主要介绍变量、赋值、数据类型、数据类型的转换、转义符、数值表达式和逻辑表达式,以及一些常用函数。

 ## 2.1 变量与赋值语句

2.1.1 变量和赋值的意义

编程软件中的变量(variable)和赋值操作是代码用得最多的符号和操作,变量可以理解成存储数据的一个符号。Python 中可以让同一个变量在不同时刻代表不同类型的数据,但不能同时代表多个数据,只能同时代表一个数据。

在 Python 的 Shell 中输入如下代码。第 1 行和第 2 行中,分别用变量 a 和变量 b 存储数字 2 和 5,c 存储 1+3 计算后的值,即 4,通过第 4 行的 print( )函数输出 a、b 和 c 的值,从第 5 行中 print 函数的返回值,可以看出 a、b 和 c 的值分别是 2、5 和 4。代码中的"="表示赋值,将"="右边的值或者表达式的值赋给"="左边的变量。初学编程的人员可以简单地把"="理解成"="左边的变量等于"="右边的值或表达式的值。

```
1    >>> a = 2
2    >>> b = 5
3    >>> c = 1+3
4    >>> print(a,b,c)
5    2 5 4
```

其实对于赋值运算"=",计算机内部有更深入的操作,对于第 1 句 a＝2 和第 2 句 b＝5,计算机处理这两句赋值运算是先在内存中开辟两个空间,分别记录数值 2 和 5,然后把记录数值 2 和记录数值 5 所在的内存空间的起始地址分别赋予变量 a 和 b;对于第 3 句 c＝1＋3,是先在内存中开辟两个空间,分别记录数值 1 和 3,然后把 1 和 3 读入 CPU 中,进行 1＋3 运算,得到结果 4,然后再在内存中开辟一个新的空间,把 4 输出到这个新空间中并记录,最后把 4 所在的内存空间的起始地址赋值给变量 c;第 4 行的 print(a,b,c)函数是通过 a、b、c 所记录的内存地址,从内存中读取对应地址的值并输出。

对于内存中存储的数据的起始地址可以通过 id( )函数获取。在 Shell 中继续输入如下代码,可以看出数值 2 和变量 a 的内存地址是相同的,数值 5 和变量 b 的内存地址是相同的,数值 4 和变量 c 的内存地址也是相同的。

```
6    >>> id(2),id(a)
7    (140715084994240, 140715084994240)
8    >>> id(5),id(b)
9    (140715084994336, 140715084994336)
10   >>> id(4),id(c)
11   (140715084994304, 140715084994304)
```

在 Shell 中继续输入如下代码。其中第 12 行代码为 a＝a＋6,在前面的第 1 行中已经将 2 赋予了变量 a,计算 a＝a＋6 是先计算"="右边的 a＋6,得到 8,然后将 8 重新赋值给 a,a 的值变成了 8,通过第 13 行和第 14 行可以看出 a 的值是 8,已经不是 2 了。第 12 行 a＝a＋6 的计算过程是,先在内存中开辟一个空间存储 6,然后把变量 a 指向的内存空间的值(这个值是 2)和内存空间中的 6 读入 CPU 中,进行 2＋6 的计算,得到结果 8,然后再在内存空间中开辟一个空间,把结果 8 存储到这个新空间中,通过赋值操作"=",将结果 8 的存储地址赋给变量 a,变量 a 已经不指向 2 的存储地址,所以 a 的值最后是 8,通过第 15 行和第 16 行的代码可以看出,8 和 a 的地址是相同的。第 17 行代码 a＝a＋b＋c,先计算赋值操作"="右边的表达式的值 a＋b＋c,由于 a 指向 8,b 指向 5,c 指向 4,CPU 从内存中读取 8、5 和 4,完成 8＋5＋4 的计算,将结果 17 保存在内存中。通过赋值操作,将 a 重新指向结果 17 的内存地址,通过第 20 行代码和第 21 行的返回值可以看出,变量 a 和数值 17 的地址是相同的。

```
12   >>> a = a + 6
13   >>> print(a)
14   8
15   >>> id(8),id(a)
16   (140715084994432, 140715084994432)
17   >>> a = a + b + c
18   >>> print(a)
19   17
20   >>> id(17),id(a)
21   (140715084994720, 140715084994720)
```

2.1.2 变量的定义

Python 中的变量在使用时，不需要提前声明，定义变量名称时需要注意以下几方面的事项。

- Python 区分变量名称的大小写，例如 A 和 a 是两个不同的变量。
- 在使用变量前，不需要提前声明，但是在调用一个变量时，变量必须要有明确的值，否则会出错。例如 b＝a＋1 或 a＝a＋1，若 a 没有提前赋值，则无法计算 b＝a＋1 和 a＝a＋1，可以先对一个变量赋予初始值，如 a＝0。
- 同一个变量可以指向不同数据类型的值，例如变量 a 可以指向整数、浮点数、字符串、序列和类的实例，又如 a＝10，a＝'hello'。变量的类型是其所指向的数据的类型。
- 变量名通常由字符 a～z、A～Z、数字 0～9 构成，中间可以有下画线，首位不能是数字。例如 myClass_1 = 1，myClass_2 = 2 是可以的，而 1_myClass 和 2_myClass 是非法的；xyz♯ab！c 是非法的，因为变量名称中不允许出现符号"♯"和"！"。当变量名由两个或多个单词组成时，还可以利用驼峰命名法来命名，第一个单词以小写字母开始，后续单词的首字母大写，例如 firstName、lastName；也可以每一个单词的首字母都采用大写字母，例如 FirstName、LastName、CamelCase；还可以用下画线隔开，例如 first_Name、last_Name。变量名中注意小写字母"l"和大小写字母"O""o"不要与数字 1 和 0 混淆。定义变量名称时，最好根据变量指向的数据的意义，给变量定义一个有意义并容易记忆的名称。可以用中文定义变量名称，但不建议使用中文做变量。
- 变量名称可以以一个或多个下画线开始或结尾，例如_myClass、__myClass_，以下画线开始的变量在类的定义中有特殊的含义。
- 变量名称不能取 Python 中的保留的关键字，关键字如表 2-1 所示。由于 Python 区分大小写，因此可以使用 FALSE 做变量名，而不能用 False 做变量名。
- 变量名也不能取 Python 中内置的函数名，否则内置函数会被覆盖。Python 中的内置函数如表 2-2 所示。
- 变量名中不能有空格，否则系统会将其当成两个变量。
- 对于不再使用的变量，可以用"del 变量名"删除。

表 2-1 Python 中的保留关键字

False	None	True	and	as
assert	break	class	continue	def
del	elif	else	except	finally
for	from	global	if	import
in	is	lambda	nonlocal	not
or	pass	raise	return	try
while	with	yield	async	await

表 2-2　Python 中的内置函数

abs()	delattr()	hash()	memoryview()	set()
all()	dict()	help()	min()	setattr()
any()	dir()	hex()	next()	slice()
ascii()	divmod()	id()	object()	sorted()
bin()	enumerate()	input()	oct()	staticmethod()
bool()	eval()	int()	open()	str()
breakpoint()	exec()	isinstance()	ord()	sum()
bytearray()	filter()	issubclass()	pow()	super()
bytes()	float()	iter()	print()	tuple()
callable()	format()	len()	property()	type()
chr()	frozenset()	list()	range()	vars()
classmethod()	getattr()	locals()	repr()	zip()
compile()	globals()	map()	reversed()	__import__()
complex()	hasattr()	max()	round()	

2.1.3　赋值语句

Python 中可以给一个变量赋值，也可以同时给多个变量赋值，赋值语句的格式如下：

格式 1：　　变量名 = 表达式
格式 2：　　变量名 1，变量名 2，…，变量名 n = 表达式 1，表达式 2，…，表达式 n
格式 3：　　变量名 1 = 变量名 2 = … = 变量名 n = 表达式

对于格式 2，变量名直接用逗号","隔开，表达式也要用逗号","隔开，并且变量的数量和表达式的数量相同。Python 支持左边只有一个变量，右边有多个表达式，这时变量的类型是元组（Tuple）。多赋值语句是将表达式 i 的值赋给变量名 i，其计算过程是先把所有的表达式计算完成后，再依次将表达式的值分别赋值给对应的变量。格式 3 是所有的变量等于最右边的表达式的值。例如下面的代码，变量 c 最后的值是 8，而不是 13。

```
22  >>> a,b,c = 1,2,3
23  >>> print(a,b,c)
24  1 2 3
25  >>> a,b,c,d = 2,a+4,a+b+5,'hello'
26  >>> print(a,b,c,d)
27  2 5 8 hello
28  >>> h_1 = h_2 = h_3 = 100
29  >>> print(h_1,h_2,h_3)
30  100 100 100
```

Python 中支持将运算符与赋值符结合起来进行更复杂的赋值运算，如表 2-3 所示，其中 a 必须是变量，b 可以是一个具体的数值、变量，也可以是一个表达式。不建议采用这种将运算和赋值结合起来的形式，因为这样会使程序可读性变差，也容易出错。需要注意的是等号右边的变量必须指向一个数据，否则会出错。

表 2-3　运算赋值

数值运算符	运算赋值符	说　　明	使用形式	等价形式
＋	＋＝	加	a＋＝b	a＝a＋b
－	－＝	减	a－＝b	a＝a－b
＊	＊＝	乘	a＊＝b	a＝a＊b
/	/＝	除	a/＝b	a＝a/b
//	//＝	取整数	a//＝b	a＝a//b
％	％＝	取余数	a％＝b	a＝a％b
＊＊	＊＊＝	幂运算	a＊＊＝b	a＝a＊＊b

2.2　Python 中的数据类型

相比较其他高级编程语言，Python 中的数据类型相对比较简单，可以分为数值型数据和非数值型数据。数值型数据包括整数（Integer）、浮点数（Float）、布尔类型（Bool）和复数（Complex），非数值型数据包括字符串（String）、列表（List）、元组（Tuple）、字典（Dictionary）和集合（Set），查询一个数据的类型可以使用 type( )函数。

2.2.1　数据类型

1. 整数

Python 中的整数就是没有小数的数值，分为正数、负数和 0，例如 5、－100。Python 中整数没有长整数和短整数之分，Python 会在内部自动转换。Python 中的整数根据进制不同分为十进制整数、十六进制整数、八进制整数和二进制整数。

（1）十进制就是我们平常用的进制，由 0～9 共 10 个数字组成。十进制满 10 进 1。

（2）十六进制由 0～9 和 A～F 组成，A 代表十进制中的 10，F 代表十进制中的 15。十六进制满 16 进 1，例如十六进制数 AF8 对应十进制中的 2808。Python 中的十六进制数字以 0x 或 0X 开始，例如：

```
>>> hex1,hex2 = 0xB, -0XAF8
>>> print(hex1,hex2)
11   -2808
```

（3）八进制由 0～7 构成。八进制满 8 进 1，例如八进制数 11 对应十进制中的 9。Python 中的八进制数字以 0o 或 0O 开始，例如：

```
>>> oct1,oct2 = 0o11, -0O234
>>> print(oct1,oct2)
9   -156
```

（4）二进制由 0 和 1 构成。二进制满 2 进 1，例如二进制数 101 对应十进制中的 5。

Python 中的二进制数字以 0b 或 0B 开始,例如:

```
>>> bin1,bin2 = 0b101,-0B1011
>>> print(bin1,bin2)
5 -11
```

2. 浮点数

Python 中的浮点数就是带小数的数值。浮点数只有十进制数,浮点数可以用科学计数法来表示,例如:

```
>>> f1,f2,f3 = 0.3*2.5, 2.3E3, 1.2e2
>>> print(f1,f2,f3)
0.75 2300.0 120.0
```

3. 复数

复数由实数和虚数两部分构成,用小写字母"j"或者大写字母"J"表示单位虚数,例如 2.1+3.4j。另外,复数也可以用 complex(real,imag)函数生成,例如 complex(2.1,3.4)。复数一般用于频率域内的数据,例如频率域的声压、加速度等。

```
>>> comp1,comp2 = 2.1+3.4j, complex(2.1,3.4)
>>> print(comp1,comp2)
(2.1+3.4j) (2.1+3.4j)
```

4. 布尔型数据

布尔型数据只有两个数 True 和 False,分别表示真和假,也可以表示数字,用 True 表示 1,False 表示 0,例如 1+True 的值是 2,1+False 的值是 1。布尔数据主要用在 if 判断分支和 while 循环中。

5. 字符串

字符串是常用的数据,字符串是用一对单引号(' ')或一对双引号(" ")或一对三单引号(''' ''')或一对三双引号(""" """)括起来的文字、字符、数字或者任意符号,例如'A'、"12 个小矮人"、'hello!'、"How are you?"、'''少壮不努力,老大徒伤悲'''、"""一叶知秋"""。单引号和双引号只能用于一行,而三个单引号和三个双引号可以用到多行上。

```
>>> str1,str2,str3,str4 = 'A', "12 个小矮人", 'hello!', "How are you?"
>>> str5,str6 = '''少壮不努力,老大徒伤悲''', """一叶知秋"""
>>> print(str1,str2,str3,str4,str5,str6)
A 12 个小矮人 hello! How are you? 少壮不努力,老大徒伤悲 一叶知秋
```

字符串如何表示单引号和双引号问题:如果字符串中有单引号,而没有双引号,可以使用一对双引号或一对三引号将字符串括起来;如果字符串中有双引号,而没有单引号,可以使用一对单引号或者一对三引号把字符串括起来;如果字符串中同时有单引号和双引号,

可以用一对三引号把字符串括起来。另外在字符串中也可以使用转义符"\"","\'"表示单引号,"\""表示双引号,如下所示:

```
>>> str1 = "It's my apple."
>>> str2 = '''字符"F"代表错误.'''
>>> print(str1,str2)
It's my apple. 字符"F"代表错误。
>>> str3 = 'It\'s my apple.'
>>> str4 = "字符\"F\"代表错误."
>>> print(str3,str4)
It's my apple. 字符"F"代表错误。
```

Python 中还有字节串 bytes 和字节数组 bytearray 数据类型,这部分将在 13.1.2 节介绍。

2.2.2 数据类型的转换

各种数据类型在满足一定要求情况下,是可以相互转换的。

1. 整数与浮点数之间的转换

int( )函数可以把浮点数转换成整数,float( )函数可以把整数转换成浮点数,type( )函数可以将一个数据的类型显示出来。例如:

```
>>> int1,int2 = 123,-45
>>> float1,float2 = 47.67,-34.31
>>> x1,x2 = float(int1),float(int2)
>>> y1,y2 = int(float1),int(float2)
>>> print(x1,x2,y1,y2)
123.0 -45.0 47 -34
>>> print(type(x1),type(x2),type(y1),type(y2))
<class 'float'> <class 'float'> <class 'int'> <class 'int'>
```

2. 字符串型数据与整数和浮点数之间的转换

如果字符串中只包含数值和小数点,那么这种字符串可以转换成对应的数值。同样,整数或浮点数也可以转换成字符串,前者使用的仍是 int( )函数和 float( )函数,后者使用的是 str( )函数。例如:

```
>>> str1,str2 = '34','-231.35'
>>> int1,float1 = int(str1),float(str2)
>>> print(int1,float1)
34 -231.35
>>> int2,float2 = 123,-56.789
>>> str3,str4 = str(int2),str(float2)
```

```
>>> print(str3,str4)
123 -56.789
>>> print(type(int1),type(float1),type(str3),type(str4))
<class 'int'> <class 'float'> <class 'str'> <class 'str'>
```

3. 十进制整数转换成其他进制字符串

通过函数 hex( )、oct( )和 bin( )可以将一个整数分别转换成十六进制字符串、八进制字符串和二进制字符串，例如：

```
>>> int1,int2 = 56,-134
>>> str_hex1,str_hex2 = hex(int1),hex(int2)
>>> print(str_hex1,str_hex2)
0x38 -0x86
>>> str_oct1,str_oct2 = oct(int1),oct(int2)
>>> print(str_oct1,str_oct2)
0o70 -0o206
>>> str_bin1,str_bin2 = bin(int1),bin(int2)
>>> print(str_bin1,str_bin2)
0b111000 -0b10000110
>>> type(str_hex1),type(str_oct1),type(str_bin1)
(<class 'str'>, <class 'str'>, <class 'str'>)
```

eval( )函数可以将其他进制字符串转换成整数，例如：

```
>>> integer1,integer2,integer3 = eval(str_hex1),eval(str_oct1),eval(str_bin1)
>>> print(integer1,integer2,integer3)
56 56 56
>>> type(integer1),type(integer2),type(integer3)
(<class 'int'>, <class 'int'>, <class 'int'>)
```

eval( )函数还可以把一个字符串型表达式的值输出，例如：

```
>>> string1 = '2+4*3'
>>> string2 = '0b111000*2-3*4'
>>> number1,number2 = eval(string1),eval(string2)
>>> print(number1,number2)
14 100
```

4. 布尔型数据与整数和浮点数的转换

任何非零整数和浮点数通过函数 bool( )都可以转换成 True，通过函数 bool( )将零转换成 False，通过 int( )函数可以将布尔型数据 True 和 False 转换成整数 1 和 0，通过 float( )函数将布尔型数据 True 和 False 转换成浮点数 1.0 和 0.0。例如：

```
>>> x1,x2 = -3,3.4
>>> x1,x2,x3 = -3,3.4,0.0
```

```
>>> bool_1,bool_2,bool_3 = bool(x1),bool(x2),bool(x3)
>>> print(bool_1,bool_2,bool_3)
True True False
>>> y1,y2,y3 = int(bool_1),float(bool_2),float(bool_3)
>>> print(y1,y2,y3)
1 1.0 0.0
```

5. 布尔型数据与字符串的转换

通过 bool( )函数可以将字符串型数据'True'和'False'转换成布尔型数据 True 和 False，通过 str( )函数可以将布尔型数据 True 和 False 转换成字符串型数据'True'和'False'，例如：

```
>>> b1,b2 = True,False
>>> str1,str2 = str(b1),str(b2)
>>> print(str1,str2)
True False
>>> type(str1),type(str2)
(<class 'str'>, <class 'str'>)
>>> bool_1,bool_2 = bool(str1),bool(str2)
>>> print(bool_1,bool_2)
True True
>>> type(bool_1),type(bool_2)
(<class 'bool'>, <class 'bool'>)
```

6. 十进制整数与 ASCII 字符之间的转换

也可以通过字符对应的 ASCII 码的数值输入字符，这需要知道 ASCII 码与数值之间的对应关系。表 2-4 所示为不可显示符号的 ASCII 码对照表，表 2-5 所示为可显示字符的 ASCII 码对照表，总共 128 个。

表 2-4　ACSII 码控制字符

十进制	缩写	名称/意义	十进制	缩写	名称/意义	十进制	缩写	名称/意义
0	NUL	空字符	11	VT	垂直定位符号	22	SYN	同步用暂停
1	SOH	标题开始	12	FF	换页键	23	ETB	区块传输结束
2	STX	本文开始	13	CR	归位键	24	CAN	取消
3	ETX	本文结束	14	SO	取消变换（Shift out）	25	EM	连接介质中断
4	EOT	传输结束	15	SI	启用变换（Shift in）	26	SUB	替换
5	ENQ	请求	16	DLE	跳出数据通信	27	ESC	跳出
6	ACK	确认回应	17	DC1	设备控制一	28	FS	文件分割符
7	BEL	响铃	18	DC2	设备控制二	29	GS	组群分隔符
8	BS	退格	19	DC3	设备控制三	30	RS	记录分隔符
9	HT	水平定位符	20	DC4	设备控制四	31	US	单元分隔符
10	LF	换行键	21	NAK	确认失败回应	127	DEL	删除

表 2-5 ACSII 可显示字符

十进制	字符	十进制	字符	十进制	字符	十进制	字符	十进制	字符	十进制	字符
32	空格	48	0	64	@	80	P	96	`	112	p
33	!	49	1	65	A	81	Q	97	a	113	q
34	"	50	2	66	B	82	R	98	b	114	r
35	#	51	3	67	C	83	S	99	c	115	s
36	$	52	4	68	D	84	T	100	d	116	t
37	%	53	5	69	E	85	U	101	e	117	u
38	&	54	6	70	F	86	V	102	f	118	v
39	'	55	7	71	G	87	W	103	g	119	w
40	(	56	8	72	H	88	X	104	h	120	x
41	)	57	9	73	I	89	Y	105	i	121	y
42	*	58	:	74	J	90	Z	106	j	122	z
43	+	59	;	75	K	91	[	107	k	123	{
44	,	60	<	76	L	92	\	108	l	124	|
45	-	61	=	77	M	93	]	109	m	125	}
46	.	62	>	78	N	94	^	110	n	126	~
47	/	63	?	79	O	95	_	111	o		

通过 chr( )函数可以将 ASCII 码数值转换成字符；ord( )函数是 chr( )函数的反函数，通过 ord( )函数可以将字符转换成对应的数值，例如 chr(97)表示'a'，chr(65)表示'A'，ord('W')表示 87。要输出'I love you'字符串，可以使用下面的代码：

```
>>> s = chr(73) + chr(32) + chr(108) + chr(111) + chr(118) + chr(101) + chr(32) + chr(121) + chr(111) + chr(117)
>>> print(s)
I love you
```

使用下面的代码可以输出全部大写和小写字母：

```
for i in range(65,91):
    print(chr(i))
for i in range(97,123):
    print(chr(i))
```

2.2.3 字符串中的转义符

在字符串中，有些符号和操作无法表示，这时可以使用转义字符"\"来表示，常用转义符如表 2-6 所示。当一行很长时，可以将其写到多行上，在行尾加"\"，表示续航，两个"\\"表示一个"\"，"\n"表示回车换行。在字符串前面加"r"或"R"，则忽略字符串内部的转义符。例如下面的代码：

```
>>> print('Let\'s go!')
Let's go!
```

```
>>> print('\\\\')
\\
>>> s1 = "\t春晓\n春眠不觉晓,处处闻啼鸟。\x0a夜来风雨声,花落知多少。"
>>> print(s1)
        春晓
春眠不觉晓,处处闻啼鸟。
夜来风雨声,花落知多少。
>>> print(r'Let\'s go!')
Let\'s go!
>>> s2 = r"\t春晓\n春眠不觉晓,处处闻啼鸟。\x0a夜来风雨声,花落知多少。"
>>> print(s2)
\t春晓\n春眠不觉晓,处处闻啼鸟。\x0a夜来风雨声,花落知多少。
```

表 2-6 转义字符

转义字符	说明	转义字符	说明
\(在行尾时)	续行符	\t	横向制表符
\\	反斜杠符号	\r	回车
\'	单引号'	\f	换页
\"	双引号"	\b	退格
\n	换行	\v	纵向制表符
\0yy	八进制数 yy 代表的 ASCII 字符,例如:\012 代表换行	\xyy	十六进制数 yy 代表的 ASCII 字符,例如:\x0a 代表换行

2.3 表达式

表达式通过运算符将各种数据组合在一起,执行特定的运行功能。表达式主要有数值表达式、字符串表达式和逻辑表达式。字符串可以看成一个序列,将在第 4 章中介绍字符串的内容。

2.3.1 数值表达式

数值表达式是指通过数值运算符,将数值型常数、数值型变量(整数、浮点数、布尔型、复数)和能返回数值的函数组合在一起,并能得到确定的数值数据的式子,例如 5+6 * 3－5/6+8 * math.sin(120)。

1. 数值运算符

Python 中的数值运算符如表 2-7 所示,通过数值运算符将数值型数据连接到一起,形成数值表达式。

表 2-7 数值运算符

数值运算符	说明	实例	返回值
+	加	3.45+32	35.45
−	减	23.46−33.1−5.6	−15.24
*	乘	1.2*4.67*56	313.824
/	除	23.5/34/5.1	0.135524798
//	取整数	36.5//(−34)	−2.0
%	取余数	34.6%(−23)	−11.39999999
**	幂运算	2.5**3.1	17.12434728
−x	x 的相反数	−(1+2)	−3

对于取整运算,例如 5/2 的值是正数 2.5,取整运算 5//2 的值是 2,这个容易理解,而对于 5/(−2) 的值是负数 −2.5,取整运算 5//(−2) 的值是 −3,而不是 −2,就比较费解。取整运算 x//y 可以这样理解,先计算 x/y 的值,这个值处于两个整数之间,x//y 就是取这两个整数中较小的那个。而求余运算 x%y 的值是 x−x//y*y,如 5%(−2) 的值是 5−(−3)*(−2)=−1。整数和浮点数进行计算时,Python 会先把整数转换成浮点数,然后再进行浮点数之间的计算。

2. Python 的内置数学函数

数值表达式中,经常会使用数学函数,Python 内置的函数有一部分是数学函数。内置的数学函数如表 2-8 所示。

表 2-8 Python 内置的数学函数

函数格式	函数功能	实例	返回值
abs(x)	返回 x 的绝对值	abs(−2.3)	2.3
divmod(x,y)	返回值是(x//y,x%y)	divmod(−10,3)	(−4,2)
eval(string)	返回字符串型数值表达式的值	eval('23.5+35.2')	58.7
sum(sequence[,start])	sequence 是列表、元组和集合,返回值是 start 和序列各元素的和	sum([1,2.3,−5.6]) sum([1,2.3,−5.6],2)	−2.3 −0.3
round(x[,n])	返回 x 的保留 n 位小数的四舍五入值,n 可选	round(−3.5) round(3.5634,2)	−4 3.56
pow(x,y[,z])	当输入 2 个参数时,返回 x**y;当输入 3 个参数时,返回 x**y%z	pow(2,5) pow(2,5,3)	32 2
min(x1,x2[,...,xn]) min(sequence)	返回 x1,x2,...,xn 中最小值,或返回序列 sequence 的最小元素值	min(1,−0.2,4,8.9,−3.4) min([3,2,2,−8.9,−4.5])	−3.4 −8.9
max(x1,x2[,...,xn]) max(sequence)	返回 x1,x2,...,xn 中最大值,或返回序列 sequence 的最大元素值	max(1,−0.2,4,8.9,−3.4) max([3,2,2,−8.9,−4.5])	8.9 3
c.conjugate() c.real c.imag	分别返回复数 c 的共轭复数、实数和虚数	c=1+2j c.conjugate() c.real c.imag	1−2j 1.0 2.0

3. math 模块

Python 有个内置 math 模块，math 模块中包含各种数学函数。在使用 math 模块中的函数之前，需要使用 import math 语句把 math 模块导入当前环境中。在使用 math 模块中的函数时，需要用"math.函数名()"来调用函数；也可以使用 from math import *，把 math 中所有的函数导入进来，这时直接使用"函数名()"即可，不需要在函数名前加入"math."。math 模块的常用函数如表 2-9 所示。

表 2-9 math 模块中的常用函数

函 数	说 明	函 数	说 明	函 数	说 明
e	自然常数 e	modf(x)	返回 x 的小数和整数组成的元组	acos(x)	返回 x 的反三角余弦值
pi	圆周率 pi	fabs(x)	返回 x 的绝对值	tan(x)	返回 x(弧度)的三角正切值
degrees(x)	弧度转度	fmod(x,y)	返回 x%y(取余)	atan(x)	返回 x 的反三角正切值
radians(x)	度转弧度	fsum([x,y,...])	返回列表的和	atan2(x,y)	返回 x/y 的反三角正切值
exp(x)	返回 e 的 x 次方	factorial(x)	返回 x 的阶乘	sinh(x)	返回 x 的双曲正弦函数值
expm1(x)	返回 e 的 x 次方减 1	isinf(x)	若 x 为无穷大，返回 True；否则，返回 False	asinh(x)	返回 x 的反双曲正弦函数值
log(x[,base])	返回 x 的以 base 为底的对数，base 默认为 e	isnan(x)	若 x 不是数字，返回 True；否则，返回 False	cosh(x)	返回 x 的双曲余弦函数值
log10(x)	返回 x 的以 10 为底的对数	hypot(x,y)	返回以 x 和 y 为直角边的斜边长	acosh(x)	返回 x 的反双曲余弦函数值
log1p(x)	返回 1+x 的自然对数(以 e 为底)	copysign(x,y)	若 y<0，返回 -1 乘以 x 的绝对值；否则，返回 x 的绝对值	tanh(x)	返回 x 的双曲正切函数值
pow(x,y)	返回 x 的 y 次方	frexp(x)	返回浮点数 m 和整数 i，满足 x=m*2**i	atanh(x)	返回 x 的反双曲正切函数值
sqrt(x)	返回 x 的平方根	ldexp(m,i)	返回 m 乘以 2 的 i 次方	erf(x)	返回 x 的误差函数值
ceil(x)	返回不小于 x 的整数	sin(x)	返回 x(弧度)的三角正弦值	erfc(x)	返回 x 的余误差函数值
floor(x)	返回不大于 x 的整数	asin(x)	返回 x 的反三角正弦值	gamma(x)	返回 x 的伽马函数值
trunc(x)	返回 x 的整数部分	cos(x)	返回 x(弧度)的三角余弦值	lgamma(x)	返回 x 的伽马函数的自然对数值

2.3.2 逻辑表达式

逻辑表达式的值是布尔型数据 True(真)和 False(假)。逻辑表达式最常用于 if 判断语句和 while 循环语句中。逻辑表达式由比较判断运算和逻辑运算两部分组成。

1. 比较判断运算

比较判断运算是判断两个事物或者两个表达式是否满足比较运算符确定的关系。例如(1+2)>(3+5),其中(1+2)和(3+5)是两个数值表达式,">"是比较判断运算符,当">"左边的表达式的值大于右边的表达式的值时,返回结果是 True;当">"左边的表达式的值小于或等于右边的表达式的值时,返回结果是 False。显然(1+2)>(3+5)的返回值是 False。Python 中的比较判断运算符及运算关系如表 2-10 所示。比较判断运算是双目运算,要求比较判断运算符左右都要有表达式。

表 2-10 比较判断运算符

运算符	语法格式	说明	实例	返回值
> (大于)	表达式1>表达式2	当表达式1的值大于表达式2的值时,返回 True,否则返回 False	100>4 'a'>'b'	True False
< (小于)	表达式1<表达式2	当表达式1的值小于表达式2的值时,返回 True,否则返回 False	34+2<3 77<100	False True
== (等于)	表达式1==表达式2	当表达式1的值等于表达式2的值时,返回 True,否则返回 False	2+4==6 5==1+2	True False
>= (大于等于)	表达式1>=表达式2	当表达式1的值大于或等于表达式2的值时,返回 True,否则返回 False	23>=22 2>=5	True False
<= (小于等于)	表达式1<=表达式2	当表达式1的值小于或等于表达式2的值时,返回 True,否则返回 False	55<=55 34<=22	True False
!= (不等)	表达式1!=表达式2	当表达式1的值不等于表达式2的值时,返回 True,否则返回 False	3!=4 'ab'!='ab'	True False

当表达式的值都是数值时容易判断真假,当表达式的值是字符串时比较困难。字符串的比较是根据字符的 ASCII 码进行的,ASCII 对照表如表 2-5 所示。字符串包含多个字符时比较复杂,字符串的比较原则如下:

(1) 如果字符串1的第 n 位的 ASCII 码值等于字符串2的第 n 位的 ASCII 码值,则继续比较下一位。

(2) 如果字符串1的第 n 位的 ASCII 码值大于字符串2的第 n 位的 ASCII 码值,则逻辑表达式字符串1>字符串2的值为 True。

(3) 如果字符串1的第 n 位的 ASCII 码值小于字符串2的第 n 位的 ASCII 码值,则逻辑表达式字符串1<字符串2的值为 True。

(4) 如果每一位的 ASCII 码值都相等,而且长度相同,则逻辑表达式字符串1==字符串2的值为 True。

(5) 如果字符串1是字符串2的前 m 位,例如'abcd'与'abcdef'比较,则逻辑表达式字符串1<字符串2的值为 True。

例如下面的字符串逻辑比较运算：

```
>>> str1 = 'myComputer'
>>> str2 = 'myBook'
>>> str3 = "myComputer's Book"
>>> str1 > str2
True
>>> str1 < str3
True
```

2. 逻辑运算

逻辑运算是对布尔型值（True 或 False）的表达式进行进一步计算。例如 2＞3 and 'ab'=='ac'，其中 and 是逻辑运算符，2＞3 和 'ab'=='ac'都是逻辑表达式，表达式 2＞3 and 'ab'=='ac'相当于表达式 False and True，表达式 2＞3 and 'ab'=='ac'的值是 False。

逻辑运算符有 and、or 和 not 共 3 个。and 需要连接左右两个逻辑表达式，当这两个表达式的值都是 True 时，and 连接的逻辑表达式返回 True，只要有一个表达式的值为 False，返回值是 False；or 也需要连接左右两个逻辑表达式，只要有一个表达式的值是 True，则 or 连接的逻辑表达式返回值是 True，两个表达式的值都是 False 时返回 False；not 是单目运算，表示取反运算，只连接一个逻辑表达式，not 连接的逻辑表达式是 True 时返回值是 False，是 False 时返回 True。逻辑运算连接的关系如表 2-11 所示。

表 2-11 逻辑运算

运算符	格 式	计 算 原 则	可能出现的情况	返回值
and （逻辑与）	表达式 1 and 表达式 2	两个表达式的值都是 True 时，返回 True，否则返回 False	True and True True and False False and True False and False	True False False False
or （逻辑或）	表达式 1 or 表达式 2	两个表达式的值有一个是 True 时，返回 True，否则返回 False	True or True True or False False or True False or False	True True True False
not （逻辑反）	not 表达式	表达式的值是 True 时，返回 False；表达式的值是 False 时，返回 True	not True not False	False True

2.3.3 运算符的优先级

在一个表达式中有多个运算符时，Python 计算时并不是按照从左到右的顺序依次计算的，而是按照运算符的优先级进行有选择的计算。例如数值表达式 100－3＊2＊＊3－5＊3，幂运算"＊＊"的优先级大于乘运算"＊"，先进行幂计算 2＊＊3 得到 8，乘运算"＊"大于减运算"－"，再进行 3＊8 计算得到 24 和 5＊3 计算得到 15，最后计算 100－24－15，表达式最后的值是 61；对于逻辑运算 1+2>3+5，>的优先级低于+，先计算 1+2 和 3+5，再计算 3>8，最后得到 False。

Python 中运算符的优先级如表 2-12 所示，优先级数值越大，优先级就越高，在表达式中就越优先计算。如果需要优先级低的运算先行计算，可以使用括号"( )"，把优先级低的运算放到括号中，括号中的内容先行计算，例如(1+2)*3 得到 9。

表 2-12 运算符的优先级

优先级	运 算 符	描 述
1	lambda	lambda 表达式
2	or	逻辑或
3	and	逻辑与
4	not	逻辑反
5	in,not in	成员测试
6	is,is not	同一性测试
7	<,<=,>,>=,!=,==	比较
8	+,-	加法与减法
9	*,/,%,//	乘法、除法、求余和取整
10	+x,-x	正负号
11	**	幂运算
12	x. attribute	获取属性
13	x[index]	下标
14	x[index:index]	寻址段
15	f(arguments,…)	函数调用
16	(expression,…)	绑定或元组
17	[expression,…]	列表
18	{key:datum,…}	字典

2.4 Python 编程的注意事项

2.4.1 空行与注释

为了增加程序的可读性和美观，在不同功能的代码之间定义一行或两个空行，Python 解释器会忽略空行。在两个自定义函数(def)之间、在 import 语句与主代码之间都可以增加空行。

为了增加程序的可读性，或者让其他编程人员容易理解程序，在程序中往往需要增加注释，一个优秀的程序员为代码添加注释是必要的工作内容。Python 的注释可以是单行注释，也可以是多行注释，Python 解释器会忽略注释内容。Python 注释除了可以起到说明文档的作用外，还可以进行代码的调试，将一部分代码注释掉，对剩余的代码进行排查，从而找出问题所在，进行代码的完善。

单行注释可以单独占用一行，也可以是在一行代码的右边加注释，以"#"作为注释的开始标识,"#"后面的内容都将作为注释内容。多行注释是用 3 个单引号(''' ''')或 3 个双引号(""" """),把注释的内容放到引号中间即可。在进行自定义函数(def)和类(class)定义时,在第 2 行添加注释,可以作为 help(函数名)函数的返回值,或者用"函数名.__doc__"的方法获取注释信息,再用 print( )函数输出信息。例如下面的代码有单行注释、多行注释和空行。

```python
def printArray(input1,input2):
    """
    这是一个将两个数值从小到大顺序打印的函数.
    需要输入两个数值,不论输入顺序如何,都将先输出小值,再输出大值.
    """
    if input1 > input2:      # 如果先输入的是大值
        temp = input1        # 将大的值放到临时变量 temp 中
        input1 = input2      # 将小值放到第 1 个变量中
        input2 = temp        # 将大值放到第 2 个变量中
    # 用 print 函数输出从小到大的值
    print('从小到大的顺序为: ', input1, '<', input2)

# 输出函数的注释信息
help(printArray)
# 调用函数
printArray(200,100)
# 用__doc__方法输出注释信息
helpMessage = printArray.__doc__
print(helpMessage)
```

运行程序后得到下面信息:

```
Help on function printArray in module __main__:

printArray(input1, input2)
    这是一个将两个数值从小到大顺序打印的函数。
    需要输入两个数值,不论输入顺序如何,都将先输出小值,再输出大值。

从小到大的顺序为: 100 < 200

    这是一个将两个数值从小到大顺序打印的函数。
    需要输入两个数值,不论输入顺序如何,都将先输出小值,再输出大值。
```

在 Python 的早期版本中进行 Python 开发时,需进行编码声明,如果代码中有中文,则需要采用 UTF-8 编码,需在代码第一行用 # -*- coding:UTF-8 -*- 声明。从 Python3 开始,Python 默认使用 UTF-8 编码,所以 Python3.x 的程序文件中不需要特殊声明 UTF-8 编码。

2.4.2 缩进

Python 中定义分支(if)、循环(for 和 while)、自定义函数(def)和类(class)代码块时,需要将关键字所在的后续行缩进,以缩进来表示代码块,这和其他一些高级编程语言不同。

通常缩进 4 个字符,同一级别的缩进量必须相同,否则会出现代码逻辑错误。如果存在缩进嵌套的情况,需要再次进行缩进,缩进通常是在有冒号(":")语句的后面,例如下面的代码:

```
def permutation(array):           # 以":"结尾的后续语句通常需要缩进
    # Compute the list of all permutation of an array.
    if len(array) <= 1:           # 以":"结尾的后续语句通常需要缩进
        return [l]
    r = []
    for i in range(len(array)):   # 以":"结尾的后续语句通常需要缩进
        s = array[:i] + array[i+1:]
        p = perm(s)
        for x in p:               # 以":"结尾的后续语句通常需要缩进
          r.append(array[i:i+1] + x)
        return r
```

2.4.3 续行

写代码时,建议一行的代码不超过 80 个字符,如果一行的代码很长,可以把代码写到 2 行上,需要在前一行的末尾加入"\"表示续行;另外还可以不用"\",而用括号"()"将断开成两行的语句连接起来。例如:

```
message = "写代码时,建议一行的代码不超过80个字符,如果一行的代码很长,\
可以把代码写到2行上,需要在前一行的末尾加入"\\"表示续行,\
另外还可以不用"\\",而用括号"()"将断开成两行的语句连接起来."
print(message)
```

2.5 Python 中常用的一些函数

2.5.1 输入函数和输出函数

1. input( )函数

在非可视化编程情况下,程序执行到某个位置需要输入一个数据(数值、字符串等),然后根据输入的数据情况,程序做出不同的判断。Python 的内置函数 input( )可以在运行程序中输入数据,input 函数的格式如下,其中 promp 是提示符,是可选的参数。input( )函数的返回值的类型是字符串。

```
input([promp])
```

当需要输入数值或数值型表达式时,可以通过 int( )、float( )或 eval( )函数进行转换,如下面根据输入年龄判断年龄段的程序。

```
name = input('请输入姓名：')
age = input('请输入年龄：')
age = int(age)
if age < 18:
    print(name + '先生\\女士:\n', '您的年龄是：', age, '您属于少年。')
elif age >= 18 and age < 30:
    print(name + '先生\\女士:\n', '您的年龄是：', age, '您属于青年。')
elif age >= 30 and age < 60:
    print(name + '先生\\女士:\n', '您的年龄是：', age, '您属于中年。')
else:
print(name + '先生\\女士:\n', '您的年龄是：', age, '您属于老年。')
请输入姓名：李某人
请输入年龄：34
李某人先生\女士：
 您的年龄是：34 您属于中年。
```

2. print( )函数

print( )函数用于输出，可以同时输出多个不同的数据，各数据之间用逗号","隔开。print( )函数的原型如下：

```
print(value1,value2, ..., sep = ' ', end = '\n', file = sys.stdout, flush = False)
```

各参数的意义如下：

- value1,value2, ...：要输出的数据，各数据之间用逗号","隔开，数据类型可以是 Python 支持的所有数据类型，例如数值、字符串、逻辑型数据、列表和元组等。
- sep：输出多个数据时，各数据之间的间隔符号，默认是一个空格。
- end：输出内容后，附加的输出符，默认是'\n'，表示回车换行。
- file：可以把数据输出到一个文件中，默认是系统的标准输出设备。
- flush：输出是否被缓存，通常取决于 file，但如果 flush 关键字参数为 True，数据流会被强制缓存。

下面的代码用 for 循环在一行上输出 A～Z，在另一行上输出 a～z，并分别用空格和">"分割各个字符。

```
for i in range(65,91):
    print(chr(i), end = ' ')
print('\n')
for i in range(97,123):
    print(chr(i), end = '>')
A B C D E F G H I J K L M N O P Q R S T U V W X Y Z

a>b>c>d>e>f>g>h>i>j>k>l>m>n>o>p>q>r>s>t>u>v>w>x>y>z>
```

print( )函数还可以把数据写到文件中。下面的代码在硬盘上新建一个文件"春晓.txt"，并往文件中写入字符串。

```
string = "\t春晓\n春眠不觉晓,处处闻啼鸟.\x0a夜来风雨声,花落知多少."
fp = open(r'd:\春晓.txt', 'w + ')
print(string, file = fp)
fp.close()
```

2.5.2 range( )函数

range( )函数是经常使用的函数,常用于 for 循环生成一个序列。range( )函数生成一系列数值,其格式如下:

range([start,] end [,skip])

各参数的意义如下:

- start:系列数值的开始值,默认从 0 开始,例如 range(10)等价于 range(0,10)。
- end:系列数值的结束值,但不包括 end。例如:list(range(0,5))是列表[0,1,2,3,4],没有 5。
- skip:每次跳跃的间距,默认为 1。start、end 和 skip 只能取整数,例如:list(range(1,10,2))返回值是[1,3,5,7,9]。在使用 range( )函数时,需要注意 skip 值要使用合理,例如 list(range(1,-10,2))将不会输出任何数列,list(range(1,-10,-2))会输出[1,-1,-3,-5,-7,-9]。

2.5.3 随机函数

随机函数在 Python 编程中也会经常用到,Python 的随机函数是伪随机函数,Python 随机函数在 random 模块中,使用前需要使用 import random 导入 random 模块中的函数。常用的随机函数如表 2-13 所示。

表 2-13 常用随机函数

随 机 函 数	函 数 说 明
random( )	生成一个 0 到 1 的随机浮点数 n:0≤n<1.0
uniform(a,b)	生成一个指定范围内的随机浮点数 n,a 和 b 一个是上限,一个是下限。如果 a<b,则 a≤n≤b。如果 a>b,则 b≤n≤a
randint(a,b)	生成一个指定范围内的整数。其中参数 a 是下限,参数 b 是上限,生成的随机数 n 满足:a≤n≤b
randrange(stop) randrange(start, stop[,step])	从指定范围内,按指定基数递增的集合中获取一个随机数。如:random.randrange(10,100,2),结果相当于从[10,12,14,16,…,96,98]序列中获取一个随机数。random.randrange(10,100,2)在结果上与 random.choice(range(10,100,2))等效。随机选取 10~100 间的偶数
choice(sequence)	从序列中获取一个随机元素,序列 sequence 可以是列表、元组和字符串
shuffle(sequence)	将序列的所有元素随机排序
sample(sequence,k)	从指定序列中随机获取指定长度的片段

续表

随 机 函 数	函 数 说 明
betavariate(alpha, beta)	Beta 分布,参数的条件是 alpha>0 和 beta>0,返回值的范围介于 0 和 1 之间
expovariate(lambd)	指数分布,lambd 是 1.0 除以预期平均值,它是非零值(该参数本应命名为"lambda",但这是 Python 中的保留字)。如果 lambd 为正,则返回值的范围为 0 到正无穷大;如果 lambd 为负,则返回值从负无穷大到 0
gammavariate(alpha, beta)	伽马分布(不是伽马函数),参数的条件是 alpha>0 和 beta>0。概率分布函数是 $$pdf(x)=\frac{x**(alpha-1)*math.exp(-x/beta)}{math.gamma(alpha)*beta**alpha}$$
gauss(mu, sigma)	高斯分布,mu 是平均值,sigma 是标准差
lognormvariate(mu, sigma)	对数正态分布,如果我们采用这个分布的自然对数,将得到一个正态分布。平均值为 mu,标准差为 sigma,mu 可以是任何值,sigma 必须大于零
normalvariate(mu, sigma)	正态分布,mu 是平均值,sigma 是标准差
vonmisesvariate(mu, kappa)	von Mises 分布,mu 是平均角度,以弧度表示,介于 0 和 2*pi 之间; kappa 是浓度参数,必须大于或等于零。如果 kappa 等于零,则该分布在 0 到 2*pi 的范围内减小到均匀的随机角度
paretovariate(alpha)	帕累托分布,alpha 是形状参数
weibullvariate(alpha, beta)	威布尔分布,alpha 是比例参数,beta 是形状参数

一些随机函数的应用计算如下所示。

```
>>> random.random()
0.7735534048461947
>>> random.uniform(10,20.5)
11.680937648945095
>>> random.randint(10,100)
40
>>> random.randrange(10, 100, 2)
44
>>> str1 = '爱我中华'
>>> random.choice(str1)
'我'
>>> seq = [1,2,3,4,5,6,7,8,9,10]
>>> random.shuffle(seq)
>>> seq
[2, 1, 8, 6, 3, 10, 4, 5, 9, 7]
>>> random.sample(seq,4)
[8, 6, 5, 7]
```

第3章

分支和循环结构

程序结构分为顺序结构、分支结构和循环结构,顺序结构是从开始到结束按顺序依次执行每行代码,分支结构和循环结构是任何高级编程语言都有的基本结构。分支结构根据输入条件,做出判断并确定程序执行的方向,有选择地执行其中的部分代码;循环结构是根据指定的循环次数或满足一定的条件下,反复执行相同的一部分代码。分支和循环结构需要逻辑表达式,分支和循环是编程的精髓,通过逻辑表达式体现编程人员的智慧和赋予计算机的"智慧"。

3.1 分支结构

Python 中的分支结构只有以 if 关键词开始的分支结构,这比其他高级语言的分支结构少。if 分支结构分为 3 种类型。要实现更多的逻辑判断,可以使用 if 分支结构的嵌套。

3.1.1 if 分支结构

1. 最简单的 if 分支结构

if 分支结构是最简单的分支机构,其格式如下:

前语句块
if 逻辑表达式:
　　分支语句块(需要缩进)
后续语句块

其中,if 是关键字,if 行末尾的冒号":"是固定格式符,表明后续的语句块是分支语句块。分支语句块由一行或多行代码组成。分支语句块需要缩进,只有缩进的语句块才能是分支语句块,不缩进的语句块说明分支语句块的结束。if 语句的逻辑表达式是 2.3.2 节介绍的内容,由逻辑判断符(>、>=、<、<=、==、!=、is、is not)、逻辑运算符(and、or、not)构成的表达式,返回值是 True 或 False。当分支语句块只有一行时,分支语句可以放到冒号":"后面,其格式为:

```
前语句块
if 逻辑表达式：分支语句
后续语句块
```

if 分支结构执行的顺序是,当执行完前语句块进入到 if 语句,解释器先判断 if 后面的逻辑表达式,如果逻辑表达式的返回值是 True,则执行分支语句块;如果逻辑表达式的返回值是 False,则直接跳过分支语句块,执行后续语句块。if 分支结构的执行流程如图 3-1 所示。

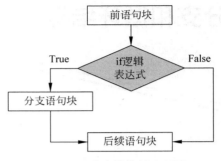

图 3-1 if 分支结构的流程图

if 分支语句的实例如下所示。

```
score = input("请输入成绩：")
score = int(score)  #字符串转换成整数
if score >= 90:
    print("成绩优秀")
if score >= 80 and score < 90:
    print("成绩良")
if score >= 70 and score < 80:
    print("成绩中")
if score >= 60 and score < 70:
    print("成绩及格")
if score < 60:
    print("成绩不及格")
```

2. if…else 分支结构

if…else 分支结构要比 if 分支结构稍微复杂,其格式如下：

```
前语句块
if 逻辑表达式：
    分支语句块 1(需要缩进)
else:
    分支语句块 2(需要缩进)
后续语句块
```

其中,if 是关键字,if 和 else 行末尾的冒号":"是固定格式符,表明后续的语句块是分支语句块。分支语句块由一行或多行代码组成。分支语句块需要缩进。如果在分支语句中暂时不想执行动作,可以只写一句 pass。

if…else 分支结构执行的顺序是,当执行完前语句块进入到 if 语句,解释器先判断 if 后面的逻辑表达式,如果逻辑表达式的返回值是 True,则执行分支语句块 1,执行分支语句块 1 后,跳过分支语句块 2,直接执行后续语句块;如果逻辑表达式的返回值是 False,则直接跳过分支语句块 1,执行分支语句块 2,之后执行后续语句块。if…else 分支结构的执行流程如图 3-2 所示。

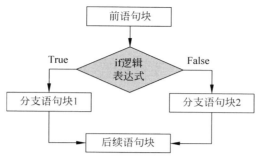

图 3-2　if...else 分支结构的流程图

下面是一个简单的例子,根据输入成绩判断,大于 60 分成绩及格,小于 60 分成绩不及格。

```
score = input("请输入成绩：")
score = int(score)  #字符串转换成整数
if score >= 60:
    print("成绩及格")
else:
    print("成绩不及格")
```

3. if...elif...else 分支结构

if...elif...else 分支结构可以进行多次判断,其格式如下：

前语句块
if 逻辑表达式 1:
　　分支语句块 1(需要缩进)
elif 逻辑表达式 2:
　　分支语句块 2(需要缩进)
elif 逻辑表达式 3:
　　分支语句块 3(需要缩进)
……
elif 逻辑表达式 n:
　　分支语句块 n(需要缩进)
else:
　　补充分支语句块(需要缩进)
后续语句块

其中,if 是关键字,if、elif 和 else 行末尾的冒号":"是固定格式符,表明后续的语句块是分支语句块。elif 根据具体情况,可以设置多个 elif,elif 是 else if 的缩写。分支语句块需要缩进。如果在分支语句中暂时不想执行动作,可以只写一句 pass。else 语句块是可选的。

if...elif...else 分支结构执行的顺序是,当执行完前语句块进入到 if 语句,依次判断各逻辑表达式的值。如果遇到第 1 个逻辑表达式的值为 True 时,则执行对应的分支语句块,执行完这个分支语句块后,跳过其他分支语句块,执行后续语句块；如果所有的逻辑表达式的返回值都是 False,则执行 else 的补充分支语句块,然后执行后续语句块。if...elif...else 分支结构的执行流程如图 3-3 所示。

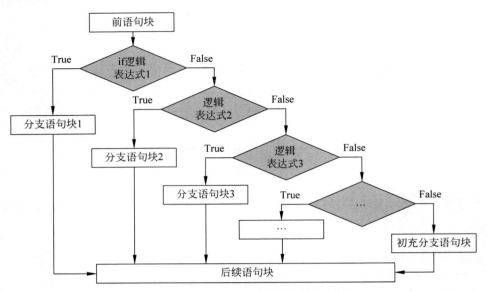

图 3-3　if…elif…else 分支结构的流程图

if…elif…else 分支结构实例如下，根据输入的成绩分成不同的等级。

```
score = input("请输入成绩：")
score = int(score) #字符串转换成整数
if score >= 90:
    print("成绩优秀")
elif score >= 80 and score < 90:
    print("成绩良")
elif score >= 70 and score < 80:
    print("成绩中")
elif score >= 60 and score < 70:
    print("成绩及格")
else:
    print("成绩不及格")
```

3.1.2　分支语句的嵌套

在以上 3 种分支结构的任意分支语句块中可以含有新的分支语句，在新的分支语句中可以再包含分支语句，这样就形成了多级分支嵌套，形成复杂的逻辑判断分支。多级分支嵌套的每级都要进行缩进。例如下面的例子，先将考试成绩用 if…else 分支结构分为及格和不及格两类，然后用 if…elif…else 分支结构将合格的成绩再进行细分。

```
score = input("请输入成绩：")
score = int(score) #字符串转换成整数
if score >= 60:
```

```
        if score >= 90:
            print("成绩优秀")
        elif score >= 80 and score < 90:
            print("成绩良")
        elif score >= 70 and score < 80:
            print("成绩中")
        elif score >= 60 and score < 70:
            print("成绩及格")
        else:
            print("成绩不及格")
```

3.2 循环结构

循环结构是解释器反复执行一部分代码，实现算法的迭代运算。Python 中使用 for 循环和 while 循环结构，for 循环结构的循环次数是固定的，while 循环结构的循环次数需要根据逻辑表达式的值来确定。

3.2.1 for 循环结构

for 循环是计次循环，通常用于遍历序列或枚举。for 循环结构的格式如下：

前语句块
for 循环变量 in sequence:
  循环语句块(需要缩进)
后续语句块

其中，for 是 for 循环的关键字；循环变量是一般意义的变量，循环变量名的取名方式和一般变量的取名方式相同；sequence 是一组排列的数据，数据可以是数值数据、字符串、列表、元组、可迭代序列等，例如数值序列 range(2,12,2)、字符串 'I love you'、列表[1,2,3,4,7,8,10,'hello']、元组(2,3,'aa','bb')，in 和冒号":"是格式符，in 的作用是让循环变量依次取 sequence 中数据，for 循环结构的循环次数是 sequence 中数据的个数，冒号":"说明后续的语句是循环语句。循环语句需要缩进，循环语句由一行或多行代码构成，循环语句必须有相同的缩进量。for 循环的 sequence 数据常由 range() 函数产生，关于 range() 函数的说明参见 2.5 节的内容。for 循环先读取 sequence 中的第 1 个数据，并把第 1 个数据赋值给循环变量，然后执行循环语句块；循环语句块执行完成后，再读取 sequence 中的第 2 个数据，并把第 2 个数据赋值给循环变量，再执行循环语句块；循环语句块执行完成后，再读取 sequence 中的第 3 个数据进行循环，……，直至 sequence 中的所有数据读取完成，结束循环，执行后续语句。

for 循环中可以增加 else 补充语句块，其结构如下。当循环变量在 sequence 中读取完数据，不再执行循环语句块后，再执行一遍补充语句块。通常 else 语句与 continue 或 break 语句一起使用。

前语句块
for 循环变量 in sequence:
  循环语句块(需要缩进)

```
else:
    补充语句块(需要缩进)
后续语句块
```

下面的实例由用户输入两个整数,计算两个整数之间所有整数的和,并输出循环变量的值。

```
start = input("请输入起始整数:")
end = input("请输入终点整数:")
start = int(start)              #字符串转换成整数
end = int(end)
if start > end :                #如果 start 值大于 end,需要把 start 和 end 值互换
    temp = start
    start = end
    end = temp
sum = 0
for i in range(start,end + 1):  #range 函数不输出 end + 1,i 是循环变量
    sum = sum + i               #每次循环 sum 增加 i
    print('i = ', i)            #输出循环变量的值
print('sum = ',sum)             #不属于循环体
```

下面的例子由用户输入一段文字,输出该段文字中每个文字和对应的 ASCII 码值。如果输入"I love you 我爱你",将会输出"I=73,l=108,o=111,v=118,e=101,y=121,o=111,u=117,我=25105,爱=29233,你=20320"。

```
string = input('请输入文字:')
if string != None:  # string 不是空字符串的情况
    for i in string:  # i 依次读取 string 中的字符
        if i != ' ':  # i 不是空格的情况下
            j = ord(i)
            print(i, ' = ', j, end = ',')
```

需要注意的是,即使在循环结构中改变了循环变量的值,由于每次循环时循环变量都会读取 sequence 中的值,循环变量的值都是 sequence 中的值。例如下面的计算从 1 到 10 的和的例子中,在循环结构中虽然改变了循环变量的值 i=1000,并不影响计算结果 sum=55;如果将 sum=sum+i 和 i=1000 对调,结果 sum=10000。

```
sum = 0
for i in range(1,11):
    sum = sum + i
    i = 1000  #改变循环变量的值
print('sum = ', sum)
```

3.2.2　while 循环结构

while 循环需要根据逻辑表达式的值来确定是否进行循环,循环次数由逻辑表达式和循环结构体决定。while 循环结构的格式如下:

```
前语句块
while 逻辑表达式：
    循环语句块(需要缩进)
后续语句块
```

其中，while 是 while 循环的关键字，当逻辑表达式的值为 True 时，执行循环语句块；执行完循环语句块后再次判断逻辑表达式的值，如果逻辑表达式的值仍为 True，将再次执行循环语句，直到逻辑表达式的值为 False，跳出 while 循环，执行后续语句。冒号"："是格式符，说明后续的语句是循环语句。循环语句需要缩进，循环语句由一行或多行代码构成，循环语句必须有相同的缩进量。

while 循环中可以增加 else 语句块，其语法格式如下。当 while 的逻辑表达式为 False 时，执行一次 else 后的补充语句块，再执行后续语句块。通常 else 语句与 continue 或 break 语句一起使用。

```
前语句块
while 逻辑表达式：
    循环语句块(需要缩进)
else:
    补充语句块(需要缩进)
后续语句块
```

下面的语句用 while 循环实现从 1~10000 的求和计算，是在循环语句块中改变变量 i 的值，用 while 的逻辑表达式判断是否满足循环条件。

```
sum = 0
i = 0
while i < 10000:
    i = i + 1
    sum = sum + i
print('sum = ',sum)
```

如果逻辑表达式的返回值一直是 True，则 while 循环会一直进行下去，形成死循环，程序中应避免出现这种情况。

```
while True:
    print('I love you for ever!')
while 1 < 2:
    print('I love you for ever!')
```

3.2.3 循环体的嵌套

for 和 while 循环体的循环语句块中可以有新循环体，新循环体中还可以再有循环体，循环体中也可以有分支机构，分支机构中也有循环体，这样就形成了多级循环嵌套和分支嵌套，形成复杂的关系，从而体现程序的"智能"。

下面的代码用一个嵌套 for 循环输出九九乘法表。

```
for i in range(1, 10):
    for j in range(1, i + 1):
        m = i * j
        print(j, 'x', i, ' = ', m, sep = '', end = ' ')
    print()
```

运行上面的程序后,输出如下内容。

```
1x1 = 1
1x2 = 2   2x2 = 4
1x3 = 3   2x3 = 6   3x3 = 9
1x4 = 4   2x4 = 8   3x4 = 12   4x4 = 16
1x5 = 5   2x5 = 10  3x5 = 15   4x5 = 20   5x5 = 25
1x6 = 6   2x6 = 12  3x6 = 18   4x6 = 24   5x6 = 30   6x6 = 36
1x7 = 7   2x7 = 14  3x7 = 21   4x7 = 28   5x7 = 35   6x7 = 42   7x7 = 49
1x8 = 8   2x8 = 16  3x8 = 24   4x8 = 32   5x8 = 40   6x8 = 48   7x8 = 56   8x8 = 64
1x9 = 9   2x9 = 18  3x9 = 27   4x9 = 36   5x9 = 45   6x9 = 54   7x9 = 63   8x9 = 72   9x9 = 81
```

下面的代码由用户输入一个整数,输出 1 到这个整数之间的偶数和奇数。

```
n = input('请输入大于 1 的整数: ')
n = int(n)  # 将输入的数字由字符串转换成整数
if n >= 2:
    for num in range(1, n + 1):
        if num % 2 == 0:  # %是求余运算
            print("找到偶数: ", num)
        else:
            print("找到奇数: ", num)
```

运行上面的程序后,输出如下内容。

```
请输入大于 1 的整数: 10
找到奇数: 1
找到偶数: 2
找到奇数: 3
找到偶数: 4
找到奇数: 5
找到偶数: 6
找到奇数: 7
找到偶数: 8
找到奇数: 9
找到偶数: 10
```

3.2.4　continue 和 break 语句

　　for 循环在循环变量没读完 sequence 中的数据,while 循环结构的逻辑表达式是 True 时,会一直进行下去,直到满足终止循环的情况出现。如果用户想在没有出现终止循环的情况下提前结束本次循环或者完全终止循环,可以在循环体中使用 continue 语句或 break 语句。continue 或 break 语句通常放到 if 分支语句中,用 if 的逻辑表达式判断出现某种情况时结束本次循环或终止循环。

1. 结束本次循环语句 continue

continue 语句可以提前停止正在进行的某次循环,进入下次循环,在 for 循环和 while 循环中,continue 语句出现的位置一般如下所示:

```
前语句块                          前语句块
for 循环变量 in sequence:          while 逻辑表达式:
    循环语句块 1                       循环语句块 1
    if 逻辑表达式:                     if 逻辑表达式:
        continue                         continue
    循环语句块 2                       循环语句块 2
后续语句块                        后续语句块
```

continue 语句通常放到 if 的分支语句中。含有 continue 的 if 分支结构将 for 循环或者 while 循环的循环语句分为两部分循环语句块——循环语句块 1 和循环语句块 2(也可能没有分割),在某次循环中,执行完循环语句块 1 后,进行 if 的逻辑表达式计算,如果 if 逻辑表达式的返回值为 True,则执行 continue 语句;此时不再执行循环语句块 2,而是跳转到 for 循环或 while 循环的开始位置,对于 for 循环读取 sequence 序列的下一个数据进行下一次循环,对于 while 循环,计算 while 循环的逻辑表达式,准备进入下一次循环。例如下面的代码不输出"i=3",当 i 的值是 3 时,将不执行 print('i= ', i)。

```
print('前语句')                   print('前语句')
for i in range(0,5):              i = 0
    i = i+1                       while i < 5:
    if i == 3:                        i = i+1
        continue                      if i == 3:
    print('i = ',i)                       continue
print('后续语句')                     print('i = ', i)
                                  print('后续语句')
```

运行上面的代码,输出结果如下:

```
前语句
i= 1
i= 2
i= 4
i= 5
后续语句
```

下面的代码由用户输入一个整数,输出 1 到这个整数的奇数和偶数。

```
n = input('请输入大于 1 的整数: ')
n = int(n)
if n >= 2 :
```

```
for num in range(1, n + 1):
    if num % 2 == 0:
        print("找到偶数：", num)
        continue
    print("找到奇数：", num)
```

2．终止循环语句 break

break 语句可以终止正在进行的循环，跳过剩余的循环次数，直接执行循环体后的后续语句块。break 语句通常也放到 if 的分支语句中。在 for 循环和 while 循环中，break 语句出现的一般位置如下所示。

```
前语句块                                    前语句块
for 循环变量 in sequence:                   while 逻辑表达式:
    循环语句块 1                                循环语句块 1
    if 逻辑表达式:                              if 逻辑表达式:
        break                                      break
    循环语句块 2                                循环语句块 2
后续语句块                                  后续语句块
```

当 if 的逻辑表达式返回值是 True 时，执行 break 语句，跳出整个循环，执行后续语句块。利用 break 语句可以防止 while 循环处于死循环中。例如下面的代码：

```
print('前语句')                     print('前语句')
for i in range(0,5) :              i = 0
    i = i + 1                      while True :
    if i == 3:                         i = i + 1
        break                          if i == 3:
    print('i = ',i)                        break
print('后续语句')                       print('i = ', i)
                                   print('后续语句')
```

运行上面的代码，输出结果如下：

```
前语句
i = 1
i = 2
后续语句
```

对于有循环嵌套的情况，continue 和 break 语句只终止与 continue 和 break 语句最近的循环，例如下面的语句。

```
for n in range(2, 10):
    for x in range(2, n):
        if n % x == 0:
            print(n, ' = ', x, '*', n//x)
            break
    else:
        print(n, '是质数')
```

运行上面的代码,输出结果如下:

```
2 是质数
3 是质数
4 = 2 * 2
5 是质数
6 = 2 * 3
7 是质数
8 = 2 * 4
9 = 3 * 3
```

第4章

Python的数据结构

数据结构(data structure)是一组按顺序(sequence)排列的数据,用于存储数据。数据结构的单个数据称为元素或单元,数据可以是整数、浮点数、布尔型数据和字符串,也可以是数据结构的具体形式(列表、元组、字典和集合)。数据结构在内存中的存储是相互关联的,通过元素的索引值或关键字可以访问数据结构在存储空间中的值。数据结构存储数据的能力比整数、浮点数和字符串的存储能力强大。Python 中的数据结构分为列表(list)、元组(tuple)、字典(dict)和集合(set)。

4.1 列表

列表中的元素可以是各种类型的数据,列表属于可变数据结构,可以修改列表的元素,可以往列表中添加元素、删除元素、排序元素。

4.1.1 创建列表

列表用一对"[ ]"来表示,如['a','b',1,2],列表中的各元素用逗号隔开。列表元素的数据类型是混合型数据,例如整数、浮点数、列表、字符串、元组、字典、集合、类的实例等,这样可以形成多层深度嵌套,可以用变量指向列表,用 type()函数查看变量的类型。

1. 空列表

可以用一对"[ ]"或者用 list()函数创建空列表,如下所示为创建空列表 list1 和 list2。

```
>>> list1 = [ ]
>>> list2 = list( )
>>> type(list1), type(list2)
```

```
(<class 'list'>, <class 'list'>)
>>> print(list1,list2)
[ ] [ ]
```

2. 有初始值的列表

将数据直接写到"[ ]"中，各数据用逗号隔开，如下所示。list3 用常数和变量定义，list4 中有整数、浮点数、字符串和布尔型数据，list5 中有字符串、列表和元组，list6 是利用 range() 函数和 list() 函数创建列表。

```
>>> a = 100
>>> list3 = [12, a]                              #用变量创建列表
>>> list4 = [12,45.3,'hello',True,chr(97)]       #列表中含有各种类型的数据
>>> list5 = ['string',[23,4.5],[230],(23,45,'Good')]   #列表中含有子列表和元组
>>> print(list3,list4,list5)
[12, 100] [12, 45.3, 'hello', True, 'a'] ['string', [23, 4.5], [230], (23, 45, 'Good')]
>>> list6 = list(range(1,9))                     # 用 range()函数创建列表
>>> print(list6)
[1, 2, 3, 4, 5, 6, 7, 8]
>>> list7 = [list3 , list4, list5, list6]        #用列表创建组合列表,每个列表都是新列表的元素
```

创建列表后，可以用 del 指令将其删除，如下所示。

```
>>> list3 = [12,'谢谢']
>>> del list3
>>> print(list3)
Traceback (most recent call last):
  File "<pyshell#23>", line 1, in <module>
    print(list3)
NameError: name 'list3' is not defined
```

3. 从已有列表或元组中创建新列表

可以利用已有列表相加、相乘和切片的方式得到新的列表。列表切片的方式是 list[start: end: skip]，其中 list 表示列表名称；start 表示列表的起始索引，包括该位置，如不指定，默认为 0；end 是终点索引，但不包括该位置，如不指定则默认为序列的长度；skip 表示步长，默认为 1，可省略。有关列表元素的索引内容参考下节。列表以相加、相乘和切片方式生成新列表的例子如下所示。

```
>>> listOld1 = ['Mon', 'Tues', 'Wen', 'Thus', 'Fri', 'Sat', 'Sun']
>>> listOld2 = list(range(1,8))
>>> listNew1 = listOld1 + listOld2               #用列表加的方式创建新列表
>>> print(listNew1)
['Mon', 'Tues', 'Wen', 'Thus', 'Fri', 'Sat', 'Sun', 1, 2, 3, 4, 5, 6, 7]
>>> n = 2
```

```
>>> listNew2 = listOld1 * n                    #用相乘的方式创建新列表
>>> print(listNew2)
['Mon', 'Tues', 'Wen', 'Thus', 'Fri', 'Sat', 'Sun', 'Mon', 'Tues', 'Wen', 'Thus', 'Fri', 'Sat', 'Sun']
>>> listNew3 = listOld1 * n + listOld2 * n     #同时用乘和加的方式创建新列表
>>> print(listNew3)
['Mon', 'Tues', 'Wen', 'Thus', 'Fri', 'Sat', 'Sun', 'Mon', 'Tues', 'Wen', 'Thus', 'Fri', 'Sat', 'Sun', 1,
2, 3, 4, 5, 6, 7, 1, 2, 3, 4, 5, 6, 7]
>>> listNew4 = listNew3[1:20:3]                #用切片方式创建新列表
>>> print(listNew4)
['Tues', 'Fri', 'Mon', 'Thus', 'Sun', 3, 6]
>>> listNew5 = listNew3[: :2]                  #用切片方式创建新列表
>>> print(listNew5)
['Mon', 'Wen', 'Fri', 'Sun', 'Tues', 'Thus', 'Sat', 1, 3, 5, 7, 2, 4, 6]
>>> tuplex = (1,2,3,4,5,6)                     #元组
>>> listx = list(tuplex)                       #利用元组创建列表
>>> listx
[1, 2, 3, 4, 5, 6]
```

4. 用列表推导式创建列表

列表推导式的格式如下,其中 newlist 是新生成的列表,sequence 是一个序列,例如列表、元组、集合、字典或 range()函数。

```
newlist = [ 表达式 for 变量 in sequence ]
newlist = [ 表达式 for 变量 in sequence if 逻辑表达式 ]
```

或者

```
newlist = list ( 表达式 for 变量 in sequence )
newlist = list ( 表达式 for 变量 in sequence if 逻辑表达式 )
```

```
>>> numList = [ i ** 2 for i in range(1,10) ]
>>> print(numList)
[1, 4, 9, 16, 25, 36, 49, 64, 81]
>>> price = [12.2,32,44,17,9.9,3.4,24.3,33.5,40]
>>> newPrice = [ i * 0.8 for i in price ]
>>> print(newPrice)
[9.76, 25.6, 35.2, 13.6, 7.92, 2.72, 19.44, 26.8, 32.0]
>>> newPrice = [ i * 0.8 for i in price if i >= 30 ]
>>> print(newPrice)
[25.6, 35.2, 26.8, 32.0]
```

4.1.2 列表元素的索引和输出

1. 元素的索引

对列表中的每个元素根据其在列表里的位置赋予一个索引值,通过索引值可以获取元素的数据。Python 建立列表元素的索引值有两种方法,一种是从左到右,另一种是从右到

左。列表元素索引的定义方式如图 4-1 所示。

（1）从左到右的方法。列表元素的索引值从 0 开始逐渐增大，最左边元素的索引值是 0，然后依次增加 1，右边最后一个元素的索引值最大，其索引值为 len(list)−1，其中 len( )函数返回列表中元素的个数。

（2）从右到左的方法。列表元素的索引值从−1 开始逐渐减小，最右边元素的索引值是−1，然后依次增加−1，左边最后一个元素的索引值最小，其索引值为−len(list)。

图 4-1　列表元素的索引

2．输出列表的单个元素

列表中元素数据通过 list［索引］获取，如果列表的元素又是列表，则通过 list［索引］［索引］获取，例如下面的代码。

```
>>> list4 = [12, 45.3, 'hello',True, chr(97)]
>>> list5 = ['string', [23,4.5], [230], (23, 45, 'Good')]
>>> print(list4[0], list4[-1])              # 获取列表中的第 1 个和最后 1 个元素
12 a
>>> n = len(list4)                          # 用 len()函数获取列表长度
>>> print(list4[-n], list4[n-1])            # 用-n 和 n-1 获取索引
12 a
>>> print(list5[1][0], list5[1][1], list5[-1][-1])  # 获取两级列表中的元素
23 4.5 Good
```

3．列表的遍历

用下面两种 for 循环的方法可以输出列表中所有的元素。

```
list4 = [12,45.3,'hello',True,chr(97)]
for item in list4:  # item 是变量
    print(item)
```

```
list4 = [12,45.3,'hello',True,chr(97)]
n = len(list4)      # 获取列表的元素数量
for i in range(n):  # i 是变量
    item = list4[i]
    print(item)
```

使用 for 循环和 enumerate( )函数，可以同时输出列表的索引和元素数据。

```
list4 = [12,45.3,'hello',True,chr(97)]
for index, item in enumerate(list4):  # index 是列表中的索引,item 是元素的数据
    print(index, item)
```

4.1.3 列表的编辑

列表是可变数据结构,可以更改元素的值,可以往列表中添加元素、删除元素、修改元素,以及进行排序等。这些方法都是列表类自身的方法,其使用形式是 list.method(x),其中 list 是列表变量,method 是方法,x 是数据或参数,小数点"."表示使用列表类自身的特征。

1. 向列表中添加元素

通过索引找到列表中的元素后,可以直接对列表元素的值进行更改。可以使用列表的 append(x)方法在列表的末尾增加元素,用 extend(iterable)方法将一个列表、元组等增加到列表的末尾,用 insert(i,x)方法在列表的 i 位置插入元素。

```
>>> week = ['Mon', 'Mon']
>>> week[1] = 'Tue'              # 更改列表元素的值
>>> print(week)
['Mon', 'Tue']
>>> week.append('Wen')           # 用 append()方法在末尾增加元素
>>> print(week)
['Mon', 'Tue', 'Wen']
>>> weekend = ['Sat','Sun']
>>> week.extend(weekend)         # 用 extend()方法在末尾增加列表中的元素
>>> print(week)
['Mon', 'Tue', 'Wen', 'Sat', 'Sun']
>>> week.insert(3,'Thu')         # 用 insert()方法插入元素
>>> print(week)
['Mon', 'Tue', 'Wen', 'Thu', 'Sat', 'Sun']
>>> week2 = list()
>>> week2.extend(week)
>>> weeks = [week,week2]         # 创建 weeks 列表
>>> print(weeks)
[['Mon', 'Tue', 'Wen', 'Thu', 'Sat', 'Sun'], ['Mon', 'Tue', 'Wen', 'Thu', 'Sat', 'Sun']]
>>> weeks[0].insert(4,'Fri')     # 用 insert()方法在子列表中插入元素
>>> weeks[1].insert(4,'Fri')     # 用 insert()方法在子列表中插入元素
>>> print(weeks)
[['Mon', 'Tue', 'Wen', 'Thu', 'Fri', 'Sat', 'Sun'], ['Mon', 'Tue', 'Wen', 'Thu', 'Fri', 'Sat', 'Sun']]
```

下面的代码用 append()方法生成新的列表。

```
price = [12.2,32,44,17,9.9,3.4,24.3,33.5,40]
newPrice = list()
for i in price:
    if i >= 30:
        i = i * 0.8
        newPrice.append(i)
print('New Price = ',newPrice)
```

2. 从列表中删除元素

可以使用列表的 remove(x) 方法从列表中移除第 1 个数据是 x 的元素，如果列表中不存在数据为 x 的元素，则会引发 ValueError 错误。在使用该方法之前可以用 if 分支和 is in 逻辑判断语句判断 x 是否在列表中。用 pop() 方法可以移除列表的最后一个元素，并返回这个元素。用 pop(index) 方法可以移除索引值为 index 的元素，并返回这个元素。用 clear() 方法可以移除列表的所有元素。

```
>>> week = ['星期日','星期一','星期二','星期三','星期四','星期五','星期六']
>>> day = '星期二'
>>> if day in week:
        week.remove(day)
>>> print(week)
['星期日', '星期一', '星期三', '星期四', '星期五', '星期六']
>>> delDay = week.pop()
>>> print(week, delDay)
['星期日', '星期一', '星期三', '星期四', '星期五'] 星期六
>>> delDay = week.pop(2)
>>> print(week, delDay)
['星期日', '星期一', '星期四', '星期五'] 星期三
>>> week.clear()
>>> print(week)
[]
```

3. 列表的查询

用 count(x) 方法可以查询列表中出现 x 的次数，用 index(x) 方法可以输出第 1 次等于 x 的元素的索引，用 index(x,[start],[end]) 方法可以输出从索引值 start 开始到索引值 end 之间第 1 次等于 x 的元素的索引。Python 的内置函数 len(sequence) 可以输出列表的长度。

```
>>> week = ['星期日','星期一','星期二','星期三','星期四','星期五','星期六']
>>> day = '星期二'
>>> week.append(day)
>>> week.count('星期二')
2
>>> firstIndex = week.index(day)
>>> print(firstIndex)
2
>>> secondIndex = week.index(day,firstIndex + 1,)
>>> print(secondIndex)
7
```

Python 的内置函数 sum()、max() 和 min() 可以输出列表中元素的和、最大值和最小值。

```
>>> score = [78,98,77,68,87,94,87,75,69,95]
>>> maxScore = max(score)
```

```
>>> minScore = min(score)
>>> totalScore = sum(score)
>>> averageScore = totalScore/len(score)
>>> print('max score = ',maxScore,'min score = ',minScore,'total score = ',totalScore,'average score = ',averageScore)
max score = 98 min score = 68 total score = 828 average score = 82.8
```

4. 列表的排序和反转

用列表的 sort(reverse=False)和 sort(reverse=True)方法可以对列表的数据按照升序和降序重新排列,用列表的 reverse()方法可以反转列表中元素的顺序。

```
>>> aa = list(range(6)) * 2
>>> print(aa)
[0, 1, 2, 3, 4, 5, 0, 1, 2, 3, 4, 5]
>>> aa.sort(reverse = True)
>>> print(aa)
[5, 5, 4, 4, 3, 3, 2, 2, 1, 1, 0, 0]
>>> aa.reverse()
>>> print(aa)
[0, 0, 1, 1, 2, 2, 3, 3, 4, 4, 5, 5]
```

采用 Python 的内置函数 sorted(sequence,reverse=True/False)和 reversed(sequence)也可对列表进行排序和反转,这两个函数可生成新的列表,原列表不变。

```
>>> aa = list(range(6)) * 2
>>> bb = sorted(aa,reverse = True)
>>> cc = sorted(aa,reverse = False)
>>> print(aa,bb,cc)
[0, 1, 2, 3, 4, 5, 0, 1, 2, 3, 4, 5] [5, 5, 4, 4, 3, 3, 2, 2, 1, 1, 0, 0] [0, 0, 1, 1, 2, 2, 3, 3, 4, 4, 5, 5]
>>> dd = reversed(aa)
>>> dd = list(dd)
>>> print(aa,dd)
[0, 1, 2, 3, 4, 5, 0, 1, 2, 3, 4, 5] [5, 4, 3, 2, 1, 0, 5, 4, 3, 2, 1, 0]
```

5. 列表的复制

要产生一个与已有列表完全相同的列表,不要使用 list2 = list1,因为在改变列表 list1 中的数据时,list2 中的数据也会跟着改变,而应使用列表的复制方法 copy()。

```
>>> week1 = ['星期一','星期二','星期三','星期四','星期五']
>>> week2 = week1
>>> print(week1,week2)
['星期一', '星期二', '星期三', '星期四', '星期五'] ['星期一', '星期二', '星期三', '星期四', '星期五']
```

```
>>> week1.append('星期六')              # 改变 week1 中的数据
>>> print(week1,week2)
['星期一', '星期二', '星期三', '星期四', '星期五', '星期六'] ['星期一', '星期二', '星期三', '星期四', '星期五', '星期六']        # week2 中的数据也跟着改变
>>> week3 = week1.copy()              # 用 copy 方法创建 week3
>>> week1.append('星期日')              # 改变 week1 中的数据
>>> print(week1,week3)
['星期一', '星期二', '星期三', '星期四', '星期五', '星期六', '星期日'] ['星期一', '星期二', '星期三', '星期四', '星期五', '星期六']   # week3 中的数据没有改变
```

4.2 元组

元组(tuple)是另外一种数据结构,也由一组按照特定顺序排列的数据构成,数据类型可以是整数、浮点数、字符串、布尔型数据、列表、元组、类的实例等。与列表相比,元组是不可变数据结构,元组中的元素的值是不可改变的,不能删除元组中的数据,也不能往元组中增加数据。

4.2.1 创建元组

元组用一对"()"表示,如('a','b',1,2),元组中的各元素用逗号隔开。元组数据可以是混合型数据,如列表、元组、字典等,这样可以形成多层嵌套形式。可以用变量指向元组,用 type()函数查看变量的类型。

1. 空元组

可以用一对"()"或者用 tuple()函数创建空元组,如下所示为创建空元组 tuple1 和 tuple2。

```
>>> tuple1 = ()
>>> tuple2 = tuple()
>>> type(tuple1),type(tuple2)
(<class 'tuple'>, <class 'tuple'>)
>>> print(tuple1,tuple2)
() ()
```

2. 有初始值的元组

将数据直接写到"()"中,各数据用逗号","隔开,如果只有 1 个数据,则需要用"(数据,)"形式,在数据后面加一个逗号。如下所示是创建元组的各种方法。

```
>>> a = 100
>>> tuple3 = (21.2, a)                           # 用变量创建元组
>>> tuple4 = (12,45.3,'hello',True,chr(97))      # 元组中含有各种类型的数据
>>> tuple5 = ('string',[23,4.5],[230],(23,45,'Good'))  # 元组中含有列表和元组
>>> print(tuple3,tuple4,tuple5)
(21.2, 100) (12, 45.3, 'hello', True, 'a') ('string', [23, 4.5], [230], (23, 45, 'Good'))
```

```
>>> tuple6 = tuple(range(1,9))         # 用 range()函数创建元组
>>> print(tuple6)
(1, 2, 3, 4, 5, 6, 7, 8)
>>> tuple7 = (tuple 3 , tuple 4, tuple 5)   #用元组创建组合元组,每个子元组都是元组的元素
>>> listx = (1,2,3,4,5,6)              # 列表
>>> tuplex = tuple(listx)              # 用列表创建元组
>>> tuplex
(1, 2, 3, 4, 5, 6)
```

3. 用元组推导式创建元组

元组推导式的格式如下,其中 newtuple 是新生成的元组;sequence 是一个序列,例如列表、元组、集合、字典或 range()函数。

newtuple = tuple(表达式 for 变量 in sequence)
newtuple = tuple(表达式 for 变量 in sequence if 逻辑表达式)

```
>>> numtuple = tuple(i**2 for i in range(1,10) )
>>> print(numtuple)
[1, 4, 9, 16, 25, 36, 49, 64, 81]
>>> price = (12.2,32,44,17,9.9,3.4,24.3,33.5,40)
>>> newPrice = tuple ( i*0.8 for i in price )
>>> print(newPrice)
(9.76, 25.6, 35.2, 13.6, 7.92, 2.72, 19.44, 26.8, 32.0)
>>> newPrice = tuple( i*0.8 for i in price if i>=30 )
>>> print(newPrice)
(25.6, 35.2, 26.8, 32.0)
```

4.2.2 元组元素的索引和输出

元组元素的索引规则和列表元素的索引规则完全一样,元组索引值也有两种建立方法:从左到右的方法和从右到左的方法。从左到右的方法也是从 0 开始逐渐增大,最左边的元素的索引值是 0,然后依次增加 1,右边最后一个元素的索引值最大,其索引值为 len(tuple)-1;从右到左的方法也是索引值从-1 开始逐渐减小,最右边的元素的索引值是-1,然后依次增加-1,左边最后一个元素的索引值最小,其索引值为-len(tuple)。

元组是不可变序列,不能通过索引修改元素的值,也不能用索引增加、删除元素,利用索引值可以输出元组中的数据。

```
>>> tuple4 = (12, 45.3, 'hello',True, chr(97))
>>> tuple5 = ('string', [23,4.5], [230], (23, 45, 'Good'))
>>> print(tuple4[0], tuple4[-1])        # 获取元组中的第 1 个和最后 1 个元素
12 a
>>> n = len(tuple4)                     # 用 len()函数获取元组长度
>>> print(tuple4[-n], tuple4[n-1])      # 用-n 和 n-1 获取索引
12 a
>>> print(tuple5[1][0], tuple5[1][1], tuple5[-1][-1])  # 获取两级列表中的元素
23 4.5 Good
```

用下面两种 for 循环的方法可以输出元组中所有的元素。

```
tuple4 = (12,45.3,'hello',True,chr(97))
for item in tuple4:    # item 是变量
    print(item)
```

```
tuple4 = (12,45.3,'hello',True,chr(97))
n = len(tuple4)      # 获取元组的元素数量
for i in range(n):   # i 是变量
    item = tuple4[i]
    print(item)
```

使用 for 循环和 enumerate() 函数,可以同时输出元组的索引和数据。

```
tuple4 = (12,45.3,'hello',True,chr(97))
for index, item in enumerate(tuple4):    # index 是元组中的索引,item 是元素的数据
    print(index, item)
```

用元组的 count(x) 方法可以查询元组中出现 x 的次数,用 index(x) 方法可以输出第 1 次等于 x 的元素的索引,用 index(x,[start],[end]) 方法可以输出从索引值 start 开始到索引值 end 之间第 1 次等于 x 的元素的索引。如果元组的元素是列表,可以修改列表中的值。

```
>>> week = (['星期一', '星期二', '星期四', '星期四', '星期五'], '星期六', '星期日')
>>> week[0][2] = '星期三'
>>> week
(['星期一', '星期二', '星期三', '星期四', '星期五'], '星期六', '星期日')
```

4.3 字典

字典(dict)是 Python 中另外一种重要的数据结构,它以"键:值"对的形式保存数据,键必须是唯一的,通过键可以找到对应的值,而列表和元组是通过索引找到值。计算机保存字典的"键:值"对形式是无序的,保存速度要比列表快。

4.3.1 创建字典

字典用一对"{ }"来表示,以"键:值"的形式保存数据,如{'name':'王夏尔', 'age': 32, '职业':'工人'}。键(key)与值(value)通过冒号":"隔开,多个"键:值"对之间用逗号","隔开,通过键可以找到对应的值,键相当于列表和元组中的索引值。字典中的键必须是唯一的,而且是不可变的,不能用可变的数据来做键,可以用元组来做键,而不能用列表来做键。值的数据类型不受限制,可以为整数、浮点数、字符串、布尔型数据、列表、元组和字典等,这样就可以形成深层嵌套。

1. 空字典

空字典用"{ }"或者 dict() 函数来创建,如下面的代码。

```
>>> dict1 = { }
>>> dict2 = dict()
```

```
>>> type(dict1),type(dict2)
(<class 'dict'>, <class 'dict'>)
>>> print(dict1,dict2)
{} {}
```

2. 有初始值的字典

创建字典时，将"键:值"对直接放到"{ }"中，各个"键:值"对之间用逗号隔开。另外可以用 dict(key1＝value1,key2＝value2,…,keyn＝valuen)来创建字典，还可以用字典推导式建立字典，推导式格式如下，其中 newdict 是新生成的字典，sequence 是一个序列，例如列表、元组、集合、字符串或 range()函数。

newdict = { 表达式 1:表达式 2 for 变量 in sequence }
newdict = { 表达式 1:表达式 2 for 变量 in sequence if 逻辑表达式 }

```
>>> phoneBook1 = {"Bob":101024331,'Robot':102291302,'Rose':102332538}  #{}创建字典
>>> phoneBook2 = dict(Bob = 101024331,Robot = 102291302,Rose = 102332538)  #dict()创建字典
>>> print(phoneBook1,phoneBook2)
{'Bob': 101024331, 'Robot': 102291302, 'Rose': 102332538} {'Bob': 101024331, 'Robot': 102291302, 'Rose': 102332538}
>>> Bob = {"phone":101024331,"address":"育知路 12 号"}
>>> Robot = {"phone":102291302,"address":"育知路 22 号"}
>>> Rose = {"phone":102332538,"address":"育知路 35 号"}
>>> people1 = { "Bod":Bob,"Robot":Robot,"Rose":Rose}        #字典嵌套
>>> people2 = dict(Bob = Bob,Robot = Robot,Rose = Rose)     #字典嵌套
>>> print(people1)
{'Bod': {'phone': 101024331, 'address': '育知路 12 号'}, 'Robot': {'phone': 102291302, 'address': '育知路 22 号'}, 'Rose': {'phone': 102332538, 'address': '育知路 35 号'}}
>>> print(people2)
{'Bob': {'phone': 101024331, 'address': '育知路 12 号'}, 'Robot': {'phone': 102291302, 'address': '育知路 22 号'}, 'Rose': {'phone': 102332538, 'address': '育知路 35 号'}}
>>> import random
>>> randdict = {i:random.random() for i in range(1,5)}      #用推导式创建字典
>>> randdict
{1: 0.7015424521167332, 2: 0.004298384718838255, 3: 0.18782021346422617, 4: 0.957930923765711}
>>> xxx = { i : 1 + i for i in range(20) if i%2 == 0 }      #用推导式创建字典
>>> print(xxx)
{0: 1, 2: 3, 4: 5, 6: 7, 8: 9, 10: 11, 12: 13, 14: 15, 16: 17, 18: 19}
```

3. 通过序列创建字典

通过字典的属性 fromkeys(sequence)可以由 sequence 的值创建字典，字典的键是 sequence 的值，字典的值为 None。fromkeys(sequence,value)方法可以为所有键设置初始值 value；还可以通过 zip()函数创建字典，其格式为 dict(zip(sequence1,sequence2))，其中 sequence1 和 sequence2 都是序列，例如列表、元组、字符串、字典和 range()函数，zip()函数将两个序列的相同索引值的数据进行匹配，一个作为键，另一个作为值，如果两个序列的长度不同，则以最短的为准。

```
>>> persons1 = ["Bod","Robot","Rose"]            #列表
>>> persons2 = ("Bod","Robot","Rose")            #元组
>>> people1 = dict()                             #空字典
>>> people2 = dict()                             #空字典
>>> item = ['phone','address']
>>> value = [101024331,"育知路 12 号"]
>>> Bod = dict()
>>> Bod = Bod.fromkeys(item,value)
>>> people1 = people1.fromkeys(persons1)         #用列表创建字典
>>> people2 = people2.fromkeys(persons2,Bod)     #用元组创建字典
>>> print(people1)
{'Bod': None, 'Robot': None, 'Rose': None}
>>> print(people2)
{'Bod': {'phone': [101024331, '育知路 12 号'], 'address': [101024331, '育知路 12 号']}, 'Robot':
{'phone': [101024331, '育知路 12 号'], 'address': [101024331, '育知路 12 号']}, 'Rose': {'phone':
[101024331, '育知路 12 号'], 'address': [101024331, '育知路 12 号']}}
>>> numDict = dict()                             #空字典
>>> numDict = numDict.fromkeys(range(1,11))      #用 range()函数创建字典
>>> print(numDict)
{1: None, 2: None, 3: None, 4: None, 5: None, 6: None, 7: None, 8: None, 9: None, 10: None}
>>> information = [('name','Robot'),('age',33)]
>>> Robot = dict(information)                    #用列表创建字典
>>> print(Robot)
{'name': 'Robot', 'age': 33}
>>> name = ["Bod",'Robot','Rose']
>>> phone = (101024331,102291302,102332538)
>>> person = dict(zip(name,phone))               #用 zip()函数创建字典
>>> print(person)
{'Bod': 101024331, 'Robot': 102291302, 'Rose': 102332538}
```

4.3.2 字典的编辑

1. 添加字典元素

通过 dict[key] = value 的形式可以往字典中添加元素,利用字典的 clear()属性可以清空字典中的数据。

```
name = ["Bod",'Robot','Rose']
phone = [101024331,102291302,102332538]
address = ["育知路 12 号","育知路 22 号","育知路 35 号"]
people = dict()
people_temp = dict()

n = len(name)
for i in range(n):
    people_temp['phone'] = phone[i]              #往字典中添加 phone
    people_temp['address'] = address[i]          #往字典中添加 address
    people[name[i]] = people_temp                #往字典中添加 name,值是字典
    people_temp.clear()                          #字典的 clear()方法可以清空字典
print(people)
```

用字典的 update(dict)方法可以把字典 dict 的"键:值"对更新到另外一个字典中,如果键已经存在,则会用新值替换旧值。用 copy()方法可以复制出一个新字典。

```
>>> peop1 = {'Bod': {'phone': 102332538, 'address': '育知路 35 号'}, 'Robot': {'phone': 102332538, 'address': '育知路 35 号'}}
>>> peop2 = {'Rose': {'phone': 102332538, 'address': '育知路 35 号'}}
>>> peop1.update(peop2)        # 将 peop2 中的数据复制到 peop1 中
>>> print(peop1)
{'Bod': {'phone': 102332538, 'address': '育知路 35 号'}, 'Robot': {'phone': 102332538, 'address': '育知路 35 号'}, 'Rose': {'phone': 102332538, 'address': '育知路 35 号'}}
>>> peop3 = peop1.copy()
>>> print(peop3)
{'Bod': {'phone': 102332538, 'address': '育知路 35 号'}, 'Robot': {'phone': 102332538, 'address': '育知路 35 号'}, 'Rose': {'phone': 102332538, 'address': '育知路 35 号'}}
```

2. 获取字典的值

字典中值的读取和修改是通过"dict[key]"来进行的,例如下面的代码。如果是两级字典嵌套,则需要用"dict[key][key]"来获取,字典的值也可以用字典的 get(key,default=None)方法来获取,如果 key 不在字典中,则返回 default 值。字典的 setdefault(key, default=None)方法可以输出或添加元素,如果 key 不存在,则添加 key 和 default 值;如果 key 已经存在,则返回 key 的值。

```
>>> people = {'Bod': {'phone': 101024331, 'address': '育知路 12 号'}, 'Robot': {'phone': 102291302, 'address': '育知路 22 号'}, 'Rose': {'phone': 102332538, 'address': '幸运大街 35 号'}}
>>> Robot = people['Robot']                    # 获取值
>>> Robot_phone = people['Robot']['phone']     # 获取值
>>> print(Robot,Robot_phone)
{'phone': 102291302, 'address': '育知路 22 号'} 102291302
>>> people['Robot']['phone'] = 202291208        # 通过键修改值
>>> Bod = people.get('Bod',"无此人")            # 获取值
>>> print(Bod)
{'phone': 101024331, 'address': '育知路 12 号'}
>>> Rose = people.setdefault('Rose',Robot)      # 获取值
>>> print(Rose)
{'phone': 102332538, 'address': '幸运大街 35 号'}
```

3. 遍历字典

字典的 items()方法返回可遍历的(键,值)数据,keys()方法返回可遍历的键,values()方法返回可遍历的值。如下可以分别输出字典的键、值。

```
people = {'Bod': {'phone': 2102332532, 'address': '育知路 22 号'}, 'Robot': {'phone': 5102332534, 'address': '育知路 3 号'}, 'Rose': {'phone': 6102332538, 'address': '育知路 35 号'}}
keys = people.keys()
values = people.values()
key_values = people.items()
```

```
for k in keys:                  # 遍历键
    print('key = ', i)
for v in values:                # 遍历值
    print('value = ', i)
for k,v in key_values:          # 遍历键和值
    print('key = ', k, 'value = ', v)
```

4. 删除字典元素

popitem()方法删除并返回字典中的最后一对键和值。pop(key[,default])方法删除字典给定键 key 所对应的值,并返回该值。key 值必须给出,否则返回 default 值。下面的代码先判断要被删除的内容是否是字典的关键字,如果是,则删除关键字和值,最后再删除字典的最后一个值。

```
people = {'Bod': {'phone': 2102332532, 'address': '育知路 22 号'}, 'Robot': {'phone':
5102332534, 'address': '育知路 3 号'}, 'Rose': {'phone': 6102332538, 'address': '育知路 35 号'}}
name = 'Robot'
if name in people.keys():
    delValue = people.pop(name)
    print(delValue)
print(people)
people.popitem()
print(people)
```

5. 合并和更新操作

在最新版 Python 3.9.0 中,可以用"|"符号把两个字典合并成一个新字典,如果有重名的关键字,则合并后的字典是第 2 个字典的"键:值"对,用"|="符号把第 2 个字典的值更新到第 1 个字典中。

```
>>> a = {"k1":1,"k2":2,"k3":3,"k4":4}
>>> b = {"k3":30,"k4":40,"k5":50,"k6":60}
>>> c = a|b           # 合并操作
>>> print(a)          # a 的值没有变化
{'k1': 1, 'k2': 2, 'k3': 3, 'k4': 4}
>>> print(c)          # c 的值
{'k1': 1, 'k2': 2, 'k3': 30, 'k4': 40, 'k5': 50, 'k6': 60}
>>> a|= b             # 更新操作
>>> print(a)          # 更新后 a 的值
{'k1': 1, 'k2': 2, 'k3': 30, 'k4': 40, 'k5': 50, 'k6': 60}
>>> print(b)          # b 的值没有变化
{'k3': 30, 'k4': 40, 'k5': 50, 'k6': 60}
```

另外还可以用 del dict[key]方法删除键为 key 的元素,可以用 del dict 方法删除字典,用 dict.clear()方法清除字典中的所有元素。

4.4 集合

集合(set)是另外一种数据结构,用于存储数据,集合存储的数据是无序的且不能重复。集合有两种不同的类型,分别为可变集合和不可变集合,可变集合可以添加或删除元素,不可变集合不能被修改。不能像列表、元组一样通过索引访问集合存储的元素,对集合元素的访问只能使用成员操作符 in 或 not in 来判断某元素是否在集合中。

4.4.1 创建集合

集合的元素放到一对{ }中,各元素用逗号隔开。创建集合时可以直接把数据放到{ }中,数据用逗号隔开,也可以用函数 set(sequence)来创建。不可变集合用 frozenset()函数创建。set()函数和 frozenset()函数只能放置一个参数,不可变集合中不能放置列表,但是可以放置元组。set(sequence)函数中的 sequence 参数可以是列表、元组、集合等。set()函数会将 sequence 的元素取出来作为集合的元素。如果 sequence 是字符串,set()函数会将字符串的字符一一取出,形成单个字符元素,因此不要用 set(字符串)形式创建集合。可以用{字符串}或者用集合的 add()方法来添加集合中的字符串元素。下面是创建集合的各种方法。

```
>>> set1 = set()                          #创建空集合,不能用{ }创建空集合,{ }是字典
>>> set2 = set([3,"Make",True])           #用列表创建集合
>>> print(set2)
{True, 3, 'Make'}
>>> set3 = set((23,4,5.5,'Nice'))         #用元组创建集合
>>> print(set3)
{'Nice', 4, 5.5, 23}
>>> set4 = set(range(1,10))               #用 range()函数创建集合
>>> print(set4)
{1, 2, 3, 4, 5, 6, 7, 8, 9}
>>> set5 = set({1,2,3})                   #用集合创建集合
>>> print(set5)
{1, 2, 3}
>>> set6 = set({'a':1,'b':2})             #用字典创建集合
>>> print(set6)
{'b', 'a'}
>>> set7 = {1,3.5,(3,"Make",True),'hello'}  #用{ }创建集合
>>> print(set7)
{1, 3.5, 'hello', (3, 'Make', True)}
>>> set8 = frozenset((3.5, 'hello', (33, 'Make', True)))  #创建不可变集合
>>> print(set8)
frozenset({(33, 'Make', True), 3.5, 'hello'})
>>> set9 = {i**2 for i in set4 if i%2 == 0}   #集合推导式
>>> set9
{16, 64, 4, 36}
```

使用 for variable in set 循环可以输出集合中的所有元素。如下所示为计算集合中的所有整数和浮点数的和，包括元组中的整数和浮点数。

```
>>> numSet = {"hello", 1, 2,(2,5.5),3, 4,"Good",5, 6, 7, 8, 9, 10, 11, 12, 13, 14, 15, 16,
17, 18, 19}
>>> sum = 0
>>> for i in numSet:
    print(i)
    if type(i) == int or type(i) == float:    ＃判断集合的元素是否整数或浮点数
        sum = sum + i
    elif type(i) == tuple:                    ＃判断是否是元组
        for ii in i:
            if type(ii) == int or type(ii) == float:    ＃判断元素是否整数或浮点数
                sum = sum + ii
>>> print("sum = ",sum)
sum = 197.5
```

4.4.2 集合的编辑

集合的元素不能相同，如果添加相同的元素，或者已经存在相同元素，相同元素只能取其中的一个，或忽略其他相同的元素。

1. 添加元素

使用集合的 add(x) 方法可以向集合中添加元素，copy() 方法可以复制一个集合，update() 方法可以把另外一个集合的元素复制到集合中。

```
>>> set1 = set()
>>> set1.add('hello')
>>> set1.add(("北京诺思多维科技有限公司"))
>>> for i in range(10):
    set1.add(i)
>>> print(set1)
{0, 1, 2, 3, 4, 5, 6, 7, 8, 9, 'hello', '北京诺思多维 NoiseDoWell 科技有限公司'}
>>> set2 = set1.copy()
>>> set1.add(('Happy',34.4))
>>> set2.add(100)
>>> print(set1)
{0, 1, 2, 3, 4, 5, 6, 7, 8, 9, 'hello', '北京诺思多维 NoiseDoWell 科技有限公司', ('Happy', 34.4)}
>>> print(set2)
{0, 1, 2, 3, 4, 5, 6, 7, 8, 9, 100, 'hello', '北京诺思多维 NoiseDoWell 科技有限公司'}
>>> set3 = {"你好"}
>>> set2.update(set3)
>>> print(set2)
{0, 1, 2, 3, 4, 5, 6, 7, 8, 9, 100, 'hello', '北京诺思多维 NoiseDoWell 科技有限公司', '你好'}
```

2. 删除元素

使用集合的 remove(x) 方法移除集合中的一个元素，如果元素不存在，会抛出异常；使用discard(x)方法移除集合中的一个元素,如果元素不存在,不会抛出异常;使用pop()函数随机移除一个元素,并返回删除的元素;使用clear()方法清空集合中所有元素。

```
>>> setx = {"Happy","Birthday",2020,100,200,"Nose DoWell","hello"}
>>> setx.pop()
100
>>> print(setx)
{2020, 200, 'hello', 'Happy', 'Nose DoWell', 'Birthday'}
>>> setx.remove(2020)
>>> print(setx)
{200, 'hello', 'Happy', 'Nose DoWell', 'Birthday'}
>>> setx.discard('hello')
>>> print(setx)
{200, 'Happy', 'Nose DoWell', 'Birthday'}
>>> setx.clear()
>>> print(setx)
set()
```

3. 集合关系查询

对于元素和集合的关系,可以使用 in 或 not in 判断一个数据是否在集合中,而对于集合和集合之间的关系可以使用集合的关系查询方法来实现;使用 set1.isdisjoint(set2)方法判断 set1 和 set2 两个集合中是否包含相同的元素,如果没有,返回 True,否则返回 False;使用 set1.issubset(set2)方法判断 set1 集合的元素是否都包含在 set2 集合中(判断子集),如果是返回 True,否则返回 False;set1.issuperset(set2)的使用方法为,如果 set1 包含 set2,则返回 True,如果 set1 不包含 set2,则返回 False(set2 中的元素未全部在 set1 中)。

```
>>> set1 = set(range(2,6))
>>> set2 = set(range(11))
>>> set3 = set(range(6,15))
>>> set4 = set(range(6,11))
>>> print(set1,set2,set3,set4)
{2, 3, 4, 5} {0, 1, 2, 3, 4, 5, 6, 7, 8, 9, 10} {6, 7, 8, 9, 10, 11, 12, 13, 14} {6, 7, 8, 9, 10}
>>> 10 in set1
False
>>> 10 in set2
True
>>> 10 not in set1
True
>>> set1.isdisjoint(set4)
True
>>> set1.isdisjoint(set2)
False
>>> set1.issubset(set2)
True
>>> set4.issubset(set2)
```

```
True
>>> set2.issuperset(set1)
True
>>> set2.issuperset(set3)
False
>>> set1.issuperset(set2)
False
>>> set3.issuperset(set2)
False
```

4.4.3 集合的逻辑运算

两个集合可以进行逻辑符运算(<、>、>=、<=、==、!=、in、not in),代码如下。

```
>>> set1 = set(range(2,6))
>>> set2 = set(range(11))
>>> set3 = set(range(6,15))
>>> set4 = set(range(6,11))
>>> print(set1,set2,set3,set4)
{2, 3, 4, 5} {0, 1, 2, 3, 4, 5, 6, 7, 8, 9, 10} {6, 7, 8, 9, 10, 11, 12, 13, 14} {6, 7, 8, 9, 10}
>>> set2 < set3
False
>>> set2 > set3
False
>>> set4 < set3
True
>>> set2 >= set4
True
>>> set1 != set2
True
>>> set5 = frozenset(range(4,10))
>>> set1.add(set5)
>>> set5 in set1
True
```

4.4.4 集合的元素运算

通过求两个集合的交集(&)、并集(|)、补集(—)、对称补集(^)得到新的集合,也可通过集合的方法实现相同的操作。

1. 交集(&)

集合的交集运算是求两个集合 set1 和 set2 的公共元素组成的集合,返回集合的元素既在 set1 中,又在 set2 中。交集运算符是"&"。交集运算也可以用集合的 intersection()方法：set1.intersection(set2)或者 set1.intersection(set2,set3,…),返回两个或多个集合的公共元素构成的集合。另外,还可以用 intersection_update()方法：set1.intersection_ update(set2)，计算 set1 和 set2 的公共元素，set1 的值变成 set1 和 set2 的交集，相当于 set1＝set1 & set2，或者 set1＝set1.intersection(set2)。

```
>>> set1 = set(range(0,7))
>>> set2 = set(range(4,11))
>>> set3 = set(range(9,15))
>>> print(set1,set2,set3)
{0, 1, 2, 3, 4, 5, 6} {4, 5, 6, 7, 8, 9, 10} {9, 10, 11, 12, 13, 14}
>>> interSet1 = set1 & set2
>>> interSet2 = set1.intersection(set2)
>>> print(interSet1,interSet2)
{4, 5, 6} {4, 5, 6}
>>> set1 & set3
set()
>>> set1.intersection_update(set2)
>>> print(set1)
{4, 5, 6}
```

2. 并集(|)

集合的并集运算是求两个集合 set1 和 set2 的所有元素组成的集合，重合的元素只出现一次，返回集合的元素或者在 set1 中，或者在 set2 中。并集运算符是"|"。并集运算也可以用集合的 union()方法：set1.union(set2)或者 set1.union(set2,set3,…)，返回两个或多个集合的所有元素构成的集合。

```
>>> set1 = set(range(0,7))
>>> set2 = set(range(4,11))
>>> set3 = set(range(9,15))
>>> print(set1,set2,set3)
{0, 1, 2, 3, 4, 5, 6} {4, 5, 6, 7, 8, 9, 10} {9, 10, 11, 12, 13, 14}
>>> unionSet1 = set1 | set2
>>> unionSet2 = set1.union(set2)
>>> print(unionSet1,unionSet2)
{0, 1, 2, 3, 4, 5, 6, 7, 8, 9, 10} {0, 1, 2, 3, 4, 5, 6, 7, 8, 9, 10}
>>> set1.union(set2,set3)
{0, 1, 2, 3, 4, 5, 6, 7, 8, 9, 10, 11, 12, 13, 14}
```

3. 补集(－)

集合的补集运算是求从集合 set1 中去除 set1 和 set2 的公共元素组成的集合，返回集合的元素在 set1 中，但是不在 set2 中。补集运算符是"－"。补集运算也可以用集合的 difference()方法：set1.difference(set2)或者 set1.difference(set2,set3,…)，返回在 set1 中但不在 set2、set3……中的元素。另外，还可以用 difference_update()方法：set1.difference_update(set2)，set1 的值变成 set1 和 set2 的补集，相当于 set1＝set1－set2，或者 set1＝set1.difference(set2)。

```
>>> set1 = set(range(0,7))
>>> set2 = set(range(4,11))
>>> set3 = set(range(9,15))
>>> print(set1,set2,set3)
{0, 1, 2, 3, 4, 5, 6} {4, 5, 6, 7, 8, 9, 10} {9, 10, 11, 12, 13, 14}
>>> diffSet1 = set1 - set2
>>> diffSet2 = set1.difference(set2)
>>> print(diffSet1,diffSet2)
{0, 1, 2, 3} {0, 1, 2, 3}
>>> set1.difference(set2,set3)
{0, 1, 2, 3}
>>> set1.difference_update(set2)
>>> print(set1)
{0, 1, 2, 3}
```

4. 对称补集(^)

集合的对称补集运算是求两个集合 set1 和 set2 的不重复的元素组成的集合，返回集合的元素既在 set1 中，又在 set2 中，但不在 set1 和 set2 的公共部分中。对称补集运算符是"^"，如果两个集合的交集为空，则其对称补集相当于并集。对称补集运算也可以用集合的 symmetric_difference()方法：set1.symmetric_difference(set2)；或 symmetric_difference_update()方法：set1.symmetric_difference_update(set2)，相当于 set1＝set1 ^ set2，或者 set1＝set1.symmetric_difference(set2)。

```
>>> set1 = set(range(0,7))
>>> set2 = set(range(4,11))
>>> set3 = set(range(9,15))
>>> print(set1,set2,set3)
{0, 1, 2, 3, 4, 5, 6} {4, 5, 6, 7, 8, 9, 10} {9, 10, 11, 12, 13, 14}
>>> symDiffSet1 = set1 ^ set2
>>> symDiffSet2 = set1.symmetric_difference(set2)
>>> print(symDiffSet1,symDiffSet2)
{0, 1, 2, 3, 7, 8, 9, 10} {0, 1, 2, 3, 7, 8, 9, 10}
>>> set1.symmetric_difference_update(set3)
>>> print(set1)
{0, 1, 2, 3, 4, 5, 6, 9, 10, 11, 12, 13, 14}
```

4.5 字符串

字符串也是一种数据结构，更确切地说是一种序列(sequence)，像列表、元组一样，可以通过索引获取字符串中某个位置的字符，或通过切片获取一段字符串。除此之外，Python还对字符串定义了一些方法，以方便对字符串的操作。对于如何定义字符串，第2章已经做过详细的介绍。

4.5.1　字符串的索引和输出

字符串可以看作多个单字符按照顺序写成的元组,其内容不能改变。字符串的索引和列表及元组的索引是一样的。索引值也有两种建立方法,从左到右的方法和从右到左的方法。从左到右的方法也是从 0 开始逐渐增大的,最左边的字符的索引值是 0,然后依次增加 1,右边最后一个字符的索引值最大,其索引值为 len(string)-1；从右到左的方法也是索引值从 −1 开始逐渐减小的,最右边的字符的索引值是 −1,然后依次增加 −1,左边最后一个元素的索引值最小,其索引值为 −len(string)。

通过索引值可以取出字符串中的字符,可以将其单个输出,格式为 string[index],其中 index 是索引值；也可以用切片的形式输出一部分字符,如 string[start:end:step],其中 start 是起始索引,默认为 0；end 是终止索引(不包括 end),默认为字符长度；step 是步长,默认为 1。例如 string[10:30:2](从 10 到 29,步长是 2)、string[:30](从 0 到 29)。

```
>>> string = "北京诺思多维科技有限公司,从事软件开发、CAE仿真计算、二次开发。"
>>> for i in string:          #通过序列输出所有字符
    print(i,end=" ")          #字符用空格隔开
北 京 诺 思 多 维 科 技 有 限 公 司 , 从 事 软 件 开 发 、 C A E 仿 真 计 算 、 二 次 开 发 。
>>> n = len(string)           #字符串长度
>>> for i in range(n):        #通过索引输出所有字符
    char = string[i]          #通过索引输出字符
    print(char,end=" ")       #字符用空格隔开
>>> string[:12]               #切片
'北京诺思多维科技有限公司'
>>> string[13:19]             #切片
'从事软件开发'
>>> string[::2]
'北诺多科有公,事件发CE真算二开。'
>>> string[20:]
'CAE仿真计算、二次开发。'
```

4.5.2　字符串的处理

字符串属于不可变序列,不能直接改变原字符串的内容,除非将原字符串处理成新的字符串。通过字符串提供的一些方法,可以对字符串进行处理操作。

1. 字符串的连接

将两个或多个字符串连接成一个字符串,可以使用"＋"符号。如果需要把数值也连接到字符串中,可以先把数字用 str() 函数转换成字符串,再进行字符串的连接。字符串乘以整数 n,将把字符串重复 n 次。

```
>>> string1 = "Hello,"
>>> string2 = "Nice to meet you!"
```

```
>>> string = string1 + string2
>>> print(string)
Hello,Nice to meet you!
>>> age = 33
>>> string = "姓名:" + "李某人" + " 年龄:" + str(age) + " 性别:" + "男"
>>> print(string)
姓名:李某人 年龄:33 性别:男
>>> string = "Nice to meet you!"
>>> string = "*"*5 + string*3 + "*"*5
>>> print(string)
*****Nice to meet you!Nice to meet you!Nice to meet you!*****
```

采用join()方法,可以把存储到列表、元组中的字符串连接到一起,其格式为"分隔符".join(sequence),其中sequence是列表或元组。

```
>>> string1 = ["北京诺思多维科技有限公司","从事软件开发","CAE仿真计算","二次开发"]
>>> string2 = ("北京诺思多维科技有限公司","从事软件开发","CAE仿真计算","二次开发")
>>> split1 = "/"
>>> split2 = "|"
>>> str1 = split1.join(string1)
>>> str2 = split2.join(string2)
>>> print(str1)
北京诺思多维科技有限公司/从事软件开发/CAE仿真计算/二次开发
>>> print(str2)
北京诺思多维科技有限公司|从事软件开发|CAE仿真计算|二次开发
```

2. 字符串的分割

字符串的分割用 split()方法、rsplit()方法、splitlines()方法、partition()方法和 rpartition()方法,它们的功能和格式介绍如下:

- split()格式为 split(sep=None, maxsplit=-1),其中 sep 表示分割符号,默认为 None,表示用所有空白字符(空格、换行符\n、制表位\t 等)进行分割;maxsplit 表示最大的分割次数,默认为-1,表示无限制次数。split()方法的返回值是由分割后的字符串构成的列表。
- rsplit()方法从右边开始进行分割。
- splitlines()方法将字符串用换行符\n 分割成列表。
- partition()的格式为 partition(sub),在原字符串中查找 sub,如果找到 sub,则把 sub 前的字符串、sub 字符串和 sub 后的字符串放到一个元组中,并返回这个元组;如果找不到 sub,则返回的元组的第 1 个元素是原字符串,第 2 个和第 3 个元素是空字符串;如果原字符串中有多个 sub,则以第 1 个先找到的字符进行分割。
- rpartition()方法是从右边开始找 sub。

```
>>> string = "北京诺思多维科技有限公司/从事软件开发/CAE仿真计算/二次开发"
>>> splitStr = string.split("/")
```

```
>>> print(splitStr)
['北京诺思多维科技有限公司', '从事软件开发', 'CAE仿真计算', '二次开发']
>>> for i in splitStr:                  #输出分割后的结果
    print(i)
北京诺思多维科技有限公司
从事软件开发
CAE仿真计算
二次开发
>>> rsplitStr = string.rsplit("/",2)
>>> print(rsplitStr)
['北京诺思多维科技有限公司/从事软件开发', 'CAE仿真计算', '二次开发']
>>> string = '北京诺思多维科技有限公司\n从事软件开发\nCAE仿真计算\n二次开发'
>>> string = string.splitlines()
>>> print(string)
['北京诺思多维科技有限公司', '从事软件开发', 'CAE仿真计算', '二次开发']
>>> text = "I love my mother and my father."
>>> partL = text.partition('my')         #从左到右查找分割
>>> partR = text.rpartition('my')        #从右到左查找分割
>>> print(partL,partR)
('I love ', 'my', ' mother and my father.') ('I love my mother and ', 'my', ' father.')
```

3. 字符串的查询与检测

字符串的查询方法有 find()、rfind()、index()、rindex()、count()、startswith() 和 endswith()，它们的功能和格式介绍如下：

- find() 方法的格式为 find(sub[，start[，end]])，其中 sub 为要被检索的字符串；start 和 end 为起始索引和终止索引，是可选的。find() 方法返回首次出现 sub 的索引值，如果没有检索到，则返回 -1。
- rfind() 方法是从字符串的右侧开始查找，或者从左侧查找最后一次出现匹配字符的索引。
- index() 方法的格式与 find() 方法完全相同，当在原字符串中找不到要被查询的字符串时，会抛出异常，通过 try...except 可以进一步处理。
- rindex() 方法也是从字符串的右侧开始查找，或者从左侧查找最后一次出现匹配字符的索引。
- count() 方法的格式为 count(sub[，start[，end]])，返回字符串 sub 在原字符中出现的次数。
- startswith() 的格式是 startswith(prefix[，start[，end]])，如果原字符串以 prefix 开始，返回 True，否则返回 False。
- endswith() 的格式是 endswith(suffix[，start[，end]])，如果原字符串以 suffix 结束，返回 True，否则返回 False。

```
>>> string = "北京诺思多维科技有限公司,从事软件开发、CAE仿真计算、CAE二次开发"
>>> string.find("CAE")
```

```
20
>>> string.rfind("CAE")
28
>>> string.index("诺思多维")
2
>>> string.count("CAE")
2
>>> string.startswith("北京")
True
```

Python 对字符串的检测还有其他一些方法,其格式和功能如表 4-1 所示。

表 4-1 字符串检测方法和功能

检测方法	功　　能
isalnum()	字符串是否全部由字母和数字构成
isalpha()	字符串是否全部由字母构成
isascii()	字符串的所有字符是否是 ASCII 码对应的字符
isdecimal()	如果所有字符均为十进制字符(0~9),将返回 True。此方法用于 unicode 对象
isdigit()	字符串是否全部由数字构成
isidentifier()	字符串是否是有效标识符,如果字符串仅包含数字(0~9)、字母(a~z)或下画线(_),则该字符串被视为有效标识符。有效标识符不能以数字开头或包含任何空格
islower()	字符串是否由小写字母构成,如果不含大写字母,则返回 True
isnumeric()	字符串是否全部由数字组成,这种方法只针对 unicode 对象
isprintable()	字符串是否全部都可以打印显示出来
istitle()	字符的所有单词首字母是否大写,而其他小写
isspace()	字符串是否全部由空格组成

4. 字符串大小写转换

字符串大小写转换方法有 swapcase()、lower()、upper()、casefold() 和 capitalize()。
- swapcase() 方法是将大写字符转成小写字符,小写字符转成大写字符。
- lower() 和 casefold() 方法是把字符串全部转成小写。
- upper() 是将字符串全部转成大写。
- capitalize() 是将首字符转成大写,其他转成小写。

```
>>> text = "I Love My Mother and My Father."
>>> textSwap = text.swapcase()
>>> print(textSwap)
i lOVE mY mOTHER AND mY fATHER.
>>> textLower = text.lower()
>>> print(textLower)
i love my mother and my father.
>>> textUpper = text.upper()
>>> print(textUpper)
I LOVE MY MOTHER AND MY FATHER.
```

```
>>> textCap = textLower.capitalize()
>>> print(textCap)
I love my mother and my father.
>>> textCase = textUpper.casefold()
>>> print(textCase)
i love my mother and my father.
```

5. 去除字符串首尾的特殊字符

去除字符串首尾特殊字符的方法有 strip()、lstrip() 和 rstrip()。

- strip() 方法的格式为 strip(chars=None)，其作用是去除字符串首尾 chars 字符，如 "$#"，表示去除首尾的 $ 或 # 符。chars 的默认值是 None，表示去除首尾的换行符\n、回车符\r、制表位\t 和空格等空白符。
- lstrip() 的格式是 lstrip(chars=None)，表示去除字符串左侧的字符。
- rstrip() 的格式是 rstrip(chars=None)，表示去除字符串右侧的字符。

```
>>> company = "@北京诺思多维科技有限公司!"
>>> x = company.strip("@!")
>>> y = company.lstrip("@!")
>>> z = company.rstrip("@!")
>>> print(x,y,z)
北京诺思多维科技有限公司 北京诺思多维科技有限公司! @北京诺思多维科技有限公司
```

6. 调整字符串的位置

可以在字符串左右两侧补充其他字符得到新的字符串，并可以调整原字符串的位置，可以使用的方法有 center()、ljust()、rjust() 和 zfill()。

- center() 方法的格式为 center(width,fillchar=' ')，其中 width 是新字符串的长度，当新字符串的长度大于原字符串的长度时，原字符串的左右两侧填充 fillchar。fillchar 的默认值是空格。
- ljust() 方法的格式为 ljust(width,fillchar=' ')，其中 width 是新字符串的长度，当新字符串的长度大于原字符串的长度时，原字符串的右侧填充 fillchar。fillchar 的默认值是空格。
- rjust() 方法的格式为 rjust(width,fillchar=' ')，其中 width 是新字符串的长度，当新字符串的长度大于原字符串的长度时，原字符串的左侧填充 fillchar。fillchar 的默认值是空格。
- zfill() 方法的格式为 zfill(width)，其中 width 是新字符串的长度，当 width 的值大于原字符串的长度时，在原字符串的左侧补充 0。

```
>>> company = "北京诺思多维科技有限公司"
>>> center = company.center(20,"*")
>>> ljust = company.ljust(20,"#")
```

```
>>> rjust = company.rjust(20,"@")
>>> zfill = company.zfill(20)
>>> print(center,ljust,rjust,zfill,sep = "\n")
****北京诺思多维科技有限公司****
北京诺思多维科技有限公司########
@@@@@@@@北京诺思多维科技有限公司
00000000北京诺思多维科技有限公司
```

7. 字符串的替换

字符串中某些字符可以被新的字符替换,可以使用的方法是 replace()、maketrans()、translate()和 expandtabs()。

- replace()方法的格式是 replace(old,new,count=-1),用新字符串 new 替换旧字符串 old,其中 count 表示替换次数,默认为-1,表示不受限制。
- maketrans()方法用于产生一对映射表格(table),用于 translate()方法,其格式为 maketrans(string1,string2)或者 maketrans(dict)。如果是两个参数,要求两个参数的长度必须一致。如果是1个参数,必须是字典型的 Unicode 映射关系。所谓映射关系就是一个字符代表另外一个字符,例如"abc"和"123"的映射关系是 a->1(a 代表 1)、b->2(b 代表 2)、c->3(c 代表 3)。
- translate()的格式是 translate(table),用一个 table 表示的映射关系替换字符串中的字符。
- expandtabs()的格式是 expandtabs(tabsize=8),用于设置字符串中用空格代替制表转义符"\t"的长度,默认为 8。

```
>>> infor = "姓名:李某人\t年龄:39\t性别:男"
>>> inforReplace = infor.replace(":","->") #用->替换:
>>> print(inforReplace)
姓名->李某人    年龄->39    性别->男
>>> inforTab1 = infor.expandtabs(10)
>>> print(inforTab1)
姓名:李某人    年龄:39    性别:男
>>> inforTab2 = infor.expandtabs(20)
>>> print(inforTab2)
姓名:李某人          年龄:39          性别:男
>>> string = "If tabsize is not given, a tab size of 8 characters is assumed."
>>> table = string.maketrans("abcdef","123456") #映射表格
>>> print(table)
{97: 49, 98: 50, 99: 51, 100: 52, 101: 53, 102: 54}
>>> stringTrans = string.translate(table)
>>> print(stringTrans)
I6 t12siz5 is not giv5n, 1 t12 siz5 o6 8 3h1r13t5rs is 1ssum54.
```

8. 移除前缀或后缀

在 Python 3.9.0 中对字符串新添加了移除前缀和后缀的方法 removeprefix(prefix)和

removesuffix(suffix)，返回被移除后的字符串，原字符串不变。

```
>>> a = "I love you."
>>> b = a.removesuffix(" you.")
>>> print(a)
I love you.
>>> print(b)
I love
>>> c = a.removeprefix("I ")
>>> print(c)
love you.
```

4.5.3 格式化字符串

字符串中除了用"\"表示的转义符外，还可以进行其他一些格式化。所谓格式化就是在字符串中预留一段位置（或者称为占位符），等以后需要的时候再用其他数据进行替换和填补，相当于把其他数据放到预留的位置，并作为字符串的一部分。Python 中对字符串的格式化有两种，一种是字符串的 format() 方法，另一种是用通配符"%"格式化。

1. format() 方法格式化

字符串的 format() 方法用于格式化字符串，其格式为 format(*args，**kwargs)，其中 *args 表示接受任意多个参数，args 参数放到一个元组中；**kwargs 表示接受任意多个参数，kwargs 放到一个字典中。关于任意多个参数的解释详见第 5 章自定义函数的内容。使用 format() 方法需要先定义模板，在模板中添加一对或多对"{ }"，表示模板中的占位，然后用 format() 中的参数代替模板中的"{ }"。例如下面的代码，在 template 中有 3 对"{ }"，分别用 format(str1,str2,str3) 中的 str1、str2、str3 依次代替 template 中的 3 对"{ }"，这种方式是自动替换。

```
>>> template = "我爱你{},我爱你{},我爱你{}"
>>> str1 = "中国"
>>> str2 = "人民"
>>> str3 = "伟大的党"
>>> string1 = template.format(str1,str2,str3)
>>> print(string1)
我爱你中国,我爱你人民,我爱你伟大的党
```

format(str1,str2,str3) 中的参数 str1、str2、str3 放到一个元组中，str1、str2、str3 在元组中的索引（index）分别为 0、1、2，在 template 的"{ }"中可以放置参数的索引，这样参数与"{ }"不必按顺序对应。这种方式是指定替换，例如下面的代码。

```
>>> template = "我爱你{1},我爱你{2},我爱你{0}"  #{}中放置参数的索引号
>>> str1 = "中国"
>>> str2 = "人民"
```

```
>>> str3 = "伟大的党"
>>> string2 = template.format(str1,str2,str3)
>>> print(string2)
我爱你人民,我爱你伟大的党,我爱你中国
```

还可以使用参数名称来进行指定替换,例如下面的代码。

```
>>> template = "我爱你{name1},我爱你{name2},我爱你{name3}"    ♯{}中放置变量名
>>> str1 = "中国"
>>> str2 = "人民"
>>> str3 = "伟大的党"
>>> string3 = template.format(name3 = str1,name2 = str2,name1 = str3)   ♯用函数变量名
>>> print(string3)
我爱你伟大的党,我爱你人民,我爱你中国
```

需要注意的是,自动替换和指定替换不能混合在一起使用,例如模板"我爱你{},我爱你{1},我爱你{0}"是有问题的。

在模板中的占位符"{ }"中,特别是对数值型数据,可以设置更多的格式符号,基本格式如下。其中[ ]中内容表示可选项,冒号":"表示后面的内容是格式化符号。

{[index][:[[fill]align][sign][♯][0][width][option][.precision][type]]}

中文释义为:

{[索引][:[[填充]对齐方式][正负号][♯][0][宽度][选项][.精度][格式类型]]}

各项的意义如下:
- index 是参数列表中参数的索引值,从 0 开始。如果省略 index,则按照参数列表的先后顺序和"{ }"的先后顺序依次替换。
- 冒号":"表示后面的内容是格式化符号。
- fill 用于指定空白处填充的字符,只能是一个字符,默认为空格。如果选择 fill,同时也必须选择 align。
- align 用于指定对齐方式,可以取<、>、= 和^,<表示左对齐,>表示右对齐,= 只对数字有效,表示右对齐,^表示居中。align 需要与 width 配合使用。
- sign 用于指定是否显示正负号,可以取"+""-"和空格,sign 取"+"表示正数前显示"+",负数前显示"-";sign 取"-"表示正数显示不变,负数显示"-";sign 取空格表示正数前显示空格,负数前显示"-"。
- ♯表示在二进制、八进制和十六进制数前面分别加 0b、0o 和 0x。
- 0 表示右对齐,正数前无符号,负数前显示负号,用 0 填充空白处。需与 width 一起使用。
- width 表示数据的宽度。
- option 可以选择逗号","和下画线"_",逗号表示对数字以千为单位进行分隔,下画线表示对浮点数和 d 类型的整数以千为单位进行分隔。对于 b、o、x 和 X 类型,每四位插入一个下画线,其他类型都会报错。

- .precision 表示小数点后的位数。
- type 用于指定格式符类型,其取值和意义如表 4-2 所示。

表 4-2 格式符类型

格式符	格式符的意义	格式符	格式符的意义
d	十进制整数	o	十进制整数转为八进制
F 或 f	以浮点数显示,默认 6 位小数	X 或 x	十进制整数转为十六进制
s	字符串	%	以百分比显示,默认 6 位小数
c	将十进制整数转为 Unicode 字符	E 或 e	以科学计数法显示
b	十进制整数转为二进制	G 或 g	自动选择在 e 和 f 或 E 和 F 中切换

以下是各种格式的实例:

```
>>> x = -349.83569
>>> y = 58742345
>>> strFormat = "X 的值是{0:10.2f},Y 的值是{1:0 = 8d}".format(x,y)
>>> print(strFormat)
X 的值是    -349.84,Y 的值是 58742345
>>> strFormat = "X 的值是{0:10.2f},Y 的值是{1:0 = 15d}".format(x,y)
>>> print(strFormat)
X 的值是    -349.84,Y 的值是 000000058742345
>>> strFormat = "X 的值是{0:¥>10.3f},Y 的值是{1:0>15e}".format(x,y)
>>> print(strFormat)
X 的值是¥¥-349.836,Y 的值是 0005.874234e+07
>>> strFormat = "X 的值是{0:¥>-9.4f},Y 的值是{1:^15d}".format(-x,-y)
>>> print(strFormat)
X 的值是¥349.8357,Y 的值是   -58742345
>>> strFormat = "X 的值是{0:0>-12.4f},Y 的值是{1:<15E}".format(x,-y)
>>> print(strFormat)
X 的值是 000-349.8357,Y 的值是-5.874234E+07
>>> strFormat = "X 的值是{0:0>-12.4%},Y 的值是{1:*^#15X}".format(x,y)
>>> print(strFormat)
X 的值是-34983.5690%,Y 的值是***0X3805649***
>>> strFormat = "X 的值是{0:0>-12.4%},Y 的值是{1:*^15,}".format(x,y)
>>> print(strFormat)
X 的值是-34983.5690%,Y 的值是**58,742,345***
>>> strFormat = "X 的值是{0:0<-12.4f},Y 的值是{1:<#15o}".format(x,-y)
>>> print(strFormat)
X 的值是-349.8357000,Y 的值是-0o340053111
>>> strFormat = "X 的值是{0:0>-12.0f},Y 的值是{1:<15g}".format(x,-y)
>>> print(strFormat)
X 的值是 00000000-350,Y 的值是-5.87423e+07
```

Python 的字符串方法中,还有个 format_map()方法,这个方法只用于将字典加入到字符串的格式化中,而 format()适合所有的情况。format_map()的参数不需传入"关键字=

真实值",而是直接传入字典键,通过键传入值。下面是用format()和format_map()处理字典值的情况。

```
>>> score = {'name':'李明','数学':98,"物理":95,"语文":89}
format1 = "{sc[name]}的语文成绩是{sc[语文]}数学成绩是{sc[数学]}物理成绩是{sc[物理]}".format(sc = score)    #format()方法
>>> print(format1)
李明的语文成绩是89 数学成绩是98 物理成绩是95
>>> format2 = "{name}的语文成绩是{语文}数学成绩是{数学}物理成绩是{物理}".format_map(score)                #format_map()方法
>>> print(format2)
李明的语文成绩是89 数学成绩是98 物理成绩是95
```

2. 通配符"%"格式化

以通配符"%"格式化是指在模板中以"%"为标识的一段占位,而不是用"{ }"表示占位,"%"后面的符号是格式符,例如下面的代码:

```
>>> score = "%s的语文成绩%d,数学成绩%d,物理成绩%d"%("李明",89,95,98)
>>> print(score)
李明的语文成绩89,数学成绩95,物理成绩98
#直接写到print()中更简洁
>>> print("%s的语文成绩%d,数学成绩%d,物理成绩%d"%("李明",89,95,98))
李明的语文成绩89,数学成绩95,物理成绩98
```

或者:

```
>>> template = "%s的语文成绩%d,数学成绩%d,物理成绩%d"
>>> name = ("李明",89,95,98)
>>> score = template%name
>>> print(score)
李明的语文成绩89,数学成绩95,物理成绩98
```

通配符"%"格式化的格式为:

%[-][+][0][width][.precision]type

各项的意义如下:

- －表示左对齐,正数前无符号,负数前显示负号。
- ＋表示右对齐,正数前显示正号,负数前显示负号。
- 0 表示右对齐,正数前无符号,负数前显示负号,用 0 填充空白处。需与 width 一起使用。
- width 表示字符占的宽度。
- .precision 表示小数点的位数。
- type 是格式符类型,其值如表 4-3 所示。

表 4-3 格式符类型

格式符	格式符的意义	格式符	格式符的意义
d	十进制整数	o	十进制整数转为八进制
F 或 f	以浮点数显示	x	十进制整数转为十六进制
s	字符串	r	字符串,用 repr() 显示
c	单个字符	E 或 e	以科学计数法显示

对于模板后的输出项,其前面也需要加"%"。如果有多个输出内容,需要把输出内容放到元组中,例如下面的代码:

```
>>> print("% - 4s 的语文成绩 % 8.2f,数学成绩 % d,物理成绩 % d" % ("李明",89.5,95,98))
李明 的语文成绩 89.50,数学成绩 95,物理成绩 98
>>> print("% + 4s 的语文成绩 % 8.2f,数学成绩 % 05d,物理成绩 % 5d" % ("李明",89.5,95,98))
  李明的语文成绩 89.50,数学成绩 00095,物理成绩    98
>>> print("% + 4s 的语文成绩 % 8.2f,数学成绩 % + 05d,物理成绩 % - 5E" % ("李明",89.5,95,98))
  李明的语文成绩 89.50,数学成绩 + 0095,物理成绩 9.800000E + 01
>>> print("% + 4r 的语文成绩 % 8.2f,数学成绩 % x,物理成绩 % - 5o" % ("李明",89.5,95,98))
'李明'的语文成绩 89.50,数学成绩 5f,物理成绩 142
```

第5章

自定义函数、类和模块

前面介绍的程序结构有顺序结构、分支结构和循环结构，对于程序中经常用到的部分，或者实现一定功能的代码，每次用时就重新编写一段代码，然后把这段代码放到以上3种结构中，这样势必造成程序冗长难读，编程效率也不高。对于一个复杂的程序，可以将功能相同或者重复执行的部分单独写成一段代码，并给这段代码起个名称，需要时，通过代码的名称就可以调用相应的代码，并实现代码的功能，实现模块化编程，像这种单独实现一定功能的代码，编程语言中称为函数。函数的使用可以极大提高编程效率、提高程序的可读性，而且函数可以共享，编程人员可以直接把其他人员已经编好的函数应用到自己的程序中。如果把一些服务于特定目的的函数和变量集中写到一起，来完成更复杂功能的定义和使用，这时就形成了类。类是面向对象编程的基础，例如一辆汽车、一张桌子、一个手机都是实实在在的物体，对这些物体的描述和功能的定义都是通过类来实现的。定义好的函数和类可以存到一个文件中，在使用时可以调入进来，作为一个单独的模块使用。本章将详细介绍自定义函数和类的定义及使用方法，这是 PyQt5 可视化编程的基础。

5.1 自定义函数

Python 中的函数分为内置函数、模块中的函数和自定义函数。内置函数如表 2-2 所示，如函数 sum()、len()、list()、id()、type()、chr()等；模块函数如 math 模块中的函数 sin()、cos()等，random 模块中的函数 random()、randint()等。内置函数和模块中的函数是已经编写好的函数，可以直接使用。这些函数不能满足所有人的需求，这时，用户就需要根据自己的需要和目的编写属于自己的函数，即自定义函数。自定义函数需要输入参数和函数的返回值。

5.1.1　自定义函数的格式

自定义函数用关键字 def(define)来定义,其格式如下所示,其中[ ]内的内容是可选项。

```
def functionName ([parameter1,parameter2,…,parameterN]):
    ["""函数说明"""]
    函数语句 (需缩进)
    [return value1[,value2, …,valueN]]
```

各项的说明如下:
- def 是自定义函数的关键字,是不可缺少的。
- functionName 是自定义的函数名,由编程人员来确定。函数名的取名规则可以参考变量的取名规则,通过函数名来调用函数,调用形式为 functionName(参数的真实值)。functionName 后的括号"( )"是必需的,即便是没有函数参数,也必须写入。
- parameter 是函数参数,可以没有,也可以有任意多个,各个参数之间用逗号隔开。定义函数时的参数是形式参数,并不是调用函数时的真实参数,调用函数时,真实参数值传递给形式参数。
- 冒号":"是必需的格式,说明后续的语句是函数语句。函数语句要进行缩进,当遇到不再缩进的语句时,函数语句结束。
- 函数说明放到三个双引号(""" """)或三个单引号(''' ''')中。函数说明可以是多行,用来说明函数的功能、格式、参数类型、返回值的个数和类型等信息,帮助其他人了解该函数的使用方法。函数说明可以通过 help(functionName)函数显示出来,或者用 functionName.__doc__ 显示。
- 函数语句是编程人员要写的函数体,用于实现函数的功能。如果暂时不想写语句,可以用 pass 语句代替。函数语句相对于关键字的位置要进行缩进。
- return 语句定义函数的返回值,返回值可以有 1 个或多个,也可以没有。如果有多个返回值,则返回值之间用逗号隔开。return 语句可以放到函数语句的任意位置,当遇到 return 语句时,返回函数的返回值,如果 return 语句后面还有其他语句,会忽略其他语句,这时通常把 return 语句放到 if 的分支结构中。return 语句是可选的,如果函数中没有 return 语句,函数就不会有返回值,通常只产生一定的动作(功能)。
- 返回值类型提示:在自定义函数的第 1 行,在":"前面可以添加类型提示功能,类型提示用"->类型"定义,例如"def total(n) ->int:"提示返回整数。

下面是一个计算从 0 到正整数 N 求和的自定义函数,函数参数是 N,返回 0+1+2+3+…+N 的值。在 Python 的 IDLE 的文件窗口中输入下面的代码,通过 xx = total(x)调用函数 total(),并把函数返回值放入变量 xx 中。

```
def total(n) -> int:  #定义 total()函数,提示返回整数  #Demo5_1.py
    """输入大于 0 的整数 N,返回 0+1+2+3+…+N 的值"""
    if n > 0:
        y = 0
```

```
            for i in range(1, n + 1):
                y = y + i
            return y

    x = input("请输入一个大于 1 的整数：")
    x = int(x)     #将字符串转换成整数
    xx = total(x)  #调用自定义函数 total()
    print("从 0 到{}的和是：{}".format(x, xx))
```

运行上面的代码，在 shell 中输入 10000，得到如下内容，输入 help(total)，得到函数的说明。

```
请输入一个大于 1 的整数：10000
从 0 到 10000 的和是：50005000
>>> help(total)              #获取函数的帮助
Help on function total in module __main__:

total(n)
    输入大于 0 的整数 n，返回 0 + 1 + 2 + 3 + … + N 的值
>>> z = total(5000)      #调用 total()函数进行其他的计算
>>> print(z)
12502500
>>> z = total(3000)      #调用 total()函数进行其他的计算
>>> print(z)
4501500
```

下面的函数计算从 0~n 的和，n 可以为负数。return 语句放到 if 分支中，根据 if 的逻辑表达式的值决定输出哪个 y 值，只要执行到 return 语句，自定义函数就会执行完毕，return 后的语句不会再执行。例如在输入整数的情况下，函数体内的 print('hello')语句永远不会被执行。

```
    def total(n):       #定义 total()函数    #Demo5_2.py
        """计算从 0 到 n 的和"""
        if n > 0:
            y = 0
            for i in range(1, n + 1):
                y = y + i
            return y
        elif n < 0:
            y = 0
            for i in range( - 1, n - 1, - 1):
                y = y + i
            return y
        else:
            return 0
        print('hello')

    x = input("请输入一个整数：")
```

```
x = int(x)          #将字符串转换成整数
xx = total(x)       #调用自定义函数 total()
print("从 0 到{}的和是:{}".format(x,xx))
```

5.1.2 函数参数

函数参数分为实参和形参,实参是调用函数时的实际参数,形参是定义函数的形式参数,例如在上面例子中定义函数 total(n)时的参数 n 是形参,而调用函数 xx = total(x)时的参数 x 是实参。形参可以理解成定义函数时参数暂时的占位,在调用函数时,把实参的真实值放到形参的位置。在定义函数和调用函数时,需要注意以下几点。

1. 不可变数据和可变数据的传递

当实参数据传递给形参数据时,是把数据在内存中的地址传递给形参。当实参是不可变数据时,例如常数、字符串、元组等,在实参数据传递给形参后,如果在函数体内改变了形参数据,Python 会在内存中新产生一个数据区用于存储新数据,并把形参指向该地址,而实参仍指向原来的数据,所有形参的数据不会改变实参的数据。而对于可变的数据,如列表、字典等,形参和实参都指向原数据,当改变形参数据时,会改变原数据地址内的数据,从而实参数据也跟着改变了。

下面的代码是改变形参数据的实例,分别给形参传递一个整数、字符串和列表,在函数体内改变形参的值,对比调用函数前后实参值改变情况和形参值及地址的改变情况。

```
def double(x):  #Demo5_3.py
    print("形参修改前的值{}和地址{}".format(x,id(x)))
    if type(x) != type([1,2]):
        x = x * 2               #改变形参的值
    elif type(x) == type([1,2]):
        n = len(x)
        for i in range(n):
            x[i] = x[i] * 2     #改变形参的值
    print("形参修改后的值{}和地址{}".format(x,id(x)))

n = 100
print("函数调用前的实参值{}和地址{}".format(n,id(n)))
double(n)                       #调用函数,值传递
print("函数调用后的实参值{}和地址{}".format(n,id(n)))

print(" * " * 50)

string = "Hello.Nice to meet you!"
print("函数调用前的实参值{}和地址{}".format(string,id(string)))
double(string)                  #调用函数,值传递
```

```python
    print("函数调用后的实参值{}和地址{}".format(string,id(string)))

    print("*"*50)

    listNum = [1,2,3]
    print("函数调用前的实参值{}和地址{}".format(listNum,id(listNum)))
    double(listNum)         #调用函数,地址传递
    print("函数调用后的实参值{}和地址{}".format(listNum,id(listNum)))
```

运行上面代码,可以得到如下输出。可以看出当调用double()函数传递一个整数和字符串时,实参在调用函数前和调用函数后值和地址都没有发生变化,而形参在函数体内改变值后,值和地址都发生变化。而传递一个列表时,实参在调用函数前和调用函数后地址没有变化,值发生变化;形参在函数体内改变值后值发生变化,而地址没有发生变化。

```
函数调用前的实参值 100 和地址 140723307668224
形参修改前的值 100 和地址 140723307668224
形参修改后的值 200 和地址 140723307671424
函数调用后的实参值 100 和地址 140723307668224
**************************************************
函数调用前的实参值 Hello.Nice to meet you! 和地址 1559414196624
形参修改前的值 Hello.Nice to meet you! 和地址 1559414196624
形参修改后的值 Hello.Nice to meet you! 和地址 1559414123280
函数调用后的实参值 Hello.Nice to meet you! 和地址 1559414196624
**************************************************
函数调用前的实参值[1, 2, 3]和地址 1559414088640
形参修改前的值[1, 2, 3]和地址 1559414088640
形参修改后的值[2, 4, 6]和地址 1559414088640
函数调用后的实参值[2, 4, 6]和地址 1559414088640
```

解决这个问题的办法是在函数体内新建一个列表,然后把形参的数据用extend()方法移到新列表中,对新列表的数据进行改变。

```python
def double(x):                  #Demo5_4.py
    print("形参修改前的值{}和地址{}".format(x,id(x)))
    if type(x) != type([1,2]):
        x = x*2                 #改变形参的值
    elif type(x) == type([1,2]):
        y = list()              #新列表
        y.extend(x)             #形参的值移到新列表中
        n = len(y)
        for i in range(n):
            y[i] = y[i]*2       #改变新列表的值
        print("临时列表的值{}和地址{}".format(y,id(y)))
    print("形参修改后的值{}和地址{}".format(x,id(x)))

listNum = [1,2,3]
```

```
print("函数调用前的实参值{}和地址{}".format(listNum,id(listNum)))
double(listNum)         # 调用函数,地址传递
print("函数调用后的实参值{}和地址{}".format(listNum,id(listNum)))
```

运行后得到下面的结果,实参值没有发生变化。如果在自定义函数中只是提供数据用于其他运算,不改变形参的值,就无须这么做。

```
函数调用前的实参值[1, 2, 3]和地址 1266266525568
形参修改前的值[1, 2, 3]和地址 1266266525568
临时列表的值[2, 4, 6]和地址 1266278728960
形参修改后的值[1, 2, 3]和地址 1266266525568
函数调用后的实参值[1, 2, 3]和地址 1266266525568
```

2. 关键字参数

定义函数时,每个形参在函数体中的作用是不一样的。在调用函数用实参传递给形参时,实参的个数和位置与形参的个数和位置要一致,否则会出现异常或计算结果不合理的情况。如果在调用函数时,实参的顺序与形参的顺序不一样,就会产生函数体内部计算异常。例如本该传递一个整数的形参,由于实参顺序错误,给这个形参传递了一个字符串,那么本该用整数参与的计算却用字符串参与计算,势必会产生问题。为解决这个问题,在调用函数时使用关键字参数。关键字参数是指在调用函数时,用形参的名字作为关键字确定传递给形参的值,不需要与函数定义时形参的位置和顺序一致,只要把形参名字写正确,这样还提高了程序的可读性。例如某个函数定义时函数名和形参为 area(side1,side2,height),在调用函数时,可以用 area(height=value1,side1=value2,side3=value2),实参的顺序与定义函数时的形参顺序可以不一致。例如下面计算梯形面积的例子,需要输入上下两个底的长度和梯形的高,函数返回梯形面积。

```
def trapezoid (side1,side2,height):  # Demo5_5.py
    """形参顺序是 side1,side2,height"""
    area = (side1 + side2) * height/2
    return area

s1 = input("输入梯形上底长度: ")
s2 = input("输入梯形下底长度: ")
h = input("输入梯形高度: ")
s1 = float(s1)         # 将字符串转换成浮点数
s2 = float(s2)         # 将字符串转换成浮点数
h = float(h)           # 将字符串转换成浮点数

ss = trapezoid (height = h,side1 = s1,side2 = s2) # 用形参名字做关键字,顺序可以打乱
print("梯形的面积是",ss)
```

3. 形参的默认值

在定义函数时,可以给形参设置默认值,在调用函数时可以不给形参传递值,而是使用

默认值。例如 Python 的内置函数 print() 的原型是 print(value, …, sep=' ', end='\n', file=sys.stdout, flush=False),形式参数 sep、end、file 和 flush 都是有默认值的,在使用 print() 函数时,一般不用设置这些参数的值,直接使用默认值。在定义函数时,有默认值的参数需要放到没有默认值的参数的后面。下面的代码是计算函数 $z=k\sqrt{x^2+y^2}-c$ 的值,其中 k 和 c 是常量,默认值 $k=1.0, c=0.0$。

```
import math    #Demo5_6.py
def z(x,y,k = 1.0,c = 0.0):              #k 的默认值是 1.0,c 的默认值是 0.0
    return k * math.sqrt(x ** 2 + y ** 2) - c

xuan_1 = z(3,4)                          #k 和 c 使用默认值
xuan_2 = z(3,4,c = 1)                    #k 使用默认值
xuan_3 = z(3,4,2)                        #c 使用默认值
xuan_4 = z(y = 6,x = 5,k = 0.5)          #c 使用默认值
print(xuan_1,xuan_2,xuan_3,xuan_4)
```

4. 数量可变的参数

有些时候,调用函数时需要输入的函数参数不确定,由实际情况决定,这在类的函数中经常用到。参数数量可变的函数定义分为两类,一种是在定义函数时用 * parameter1 定义可变数量的参数,另一种是用 ** parameter2 定义可变数量的关键字参数。当用 * parameter1 定义形参时,可以接受任意多个实参,此时形参 parameter1 是一个元组,实参成为 parameter1 的元素,用 len(parameter1) 可以获取传递过来的实参的数量,通过元组的索引形式 parameter1[index] 在函数体内读取实参传过来的值。当用 ** parameter2 定义可变数量的关键字参数时,形参 parameter2 是字典,调用函数时实参形式应该为 name1=value1, name2=value2, …, nameN=valueN,此时实参值的关键字 namei 将作为字典 parameter2 的键,valuei 将作为对应的值,在函数体内通过字典的方法 parameter2.keys() 获取字典的键,通过键 parameter2[key] 可以获取键对应的值,通过 parameter2.items() 获取字典键和值。

下面是一个求和函数,用 * parameter 形式定义形参,调用函数时可以输入任意多个实参。

```
def total( * para):   #para 是元组  #Demo5_7.py
    n = len(para)
    s = 0
    for i in range(n):
        s = s + para[i]
    return s

x = total(10,4, - 2,3)                          #调用函数,可以输入任意多个实参
print(x)
x = total( - 4,6,9,10, - 3,8,11,15)             #调用函数,可以输入任意多个实参
print(x)
```

在类的函数定义中,经常使用 ** parameter 的形式定义输入参数,例如下面的描述人特征的例子。

```
def person(name = "New Person", ** feature):  # name 不必输入, feature 是字典  # Demo5_8.py
    person_name = name      # 定义姓名
    height  = None          # 定义身高
    weight  = None          # 定义体重
    sex     = None          # 定义性别
    age     = None          # 定义年龄
    job     = None          # 定义职业

    if "height" in feature: height = feature["height"]    # 获取身高
    if "weight" in feature: weight = feature["weight"]    # 获取体重
    if "sex"    in feature: sex    = feature["sex"]       # 获取性别
    if "age"    in feature: age    = feature["age"]       # 获取年龄
    if "job"    in feature: job    = feature["job"]       # 获取职业

    print("{}的身高{},体重{},性别{},年龄{},工作{}".format(name,height,weight,sex,age,job))
person("Robot",height = 177, sex = True,weight = 78)
person("Robot",height = 177, sex = True,weight = 78,job = "writer")
# 运行结果
# Robot 的身高 177,体重 78,性别 True,年龄 38,工作 None
# Robot 的身高 177,体重 78,性别 True,年龄 38,工作 writer
```

下面的例子既有 * 定义的参数,也有 ** 定义的参数。

```
def person(name, * primary, ** feature):  # Demo5_9.py
    person_name = name
    height  = None
    weight  = None
    sex     = None
    age     = None
    job     = None

    if len(primary) == 1:
        height = primary[0]
    if len(primary) == 2:
        height = primary[0]
        weight = primary[1]
    if "sex" in feature: sex    = feature["sex"]
    if "age" in feature: age    = feature["age"]
    if "job" in feature: job    = feature["job"]

    print("{}的身高{},体重{},性别{},年龄{},工作{}".format(name,height,weight,sex,age,job))

person("Robot",177, sex = True,weight = 78)
person("Robot",177,38, sex = True,weight = 78,job = "writer")
# 运行结果
# Robot 的身高 177,体重 None,性别 True,年龄 None,工作 None
# Robot 的身高 177,体重 38,性别 True,年龄 None,工作 writer
```

5.1.3 函数的返回值

函数的返回值可以没有,也可以有 1 个或多个,当有多个返回值时,可以用 1 个变量获取返回值,也可以用多个变量获取返回值,但是变量的个数与返回值的个数相等。1 个变量获取返回值时,变量的类型是元组,用元组存储函数返回的多个值。例如下面计算圆的面积和周长的函数,返回两个值:面积和周长。

```
def circle(radius):      # Demo5_10.py
    pi = 3.1415926
    area = pi * radius ** 2
    perimeter = 2 * pi * radius

    return area,perimeter
# 下面是主程序
x = circle(10)           # x 是元组
print(x[0],x[1],type(x))
x1,x2 = circle(10)       # x1 和 x2 是浮点数
print(x1,x2,type(x1),type(x2))
# 运行结果
# 314.15926 62.831852 <class 'tuple'>
# 314.15926 62.831852 <class 'float'> <class 'float'>
```

5.1.4 函数的局部变量

函数体中除了形参外,还要有一些变量。在调用函数时,在内存中单独开辟一个空间,用于存储与函数有关的变量和数据,当函数运行结束后,与该函数相关的变量和数据都会被删除,函数体的变量和数据都作用在局部空间中,与主程序内的变量和数据是相互独立的,因此函数内的变量和数据都是局部变量,即便函数内的变量与主程序内的变量相同,也不会影响全局变量。

下面的代码是在主程序中创建全局变量 mess = "我是全局变量",然后调用函数 var(),在函数中定义与全局变量 mess 名字相同的局部名字 mess = "我是局部变量",在函数中输出 mess 的值和 mess 的 id 值,最后在主程序中输出 mess 的值和 mess 的 id 值。从运行后的结果可以看出,虽然在函数中改变了 mess 中的值,但并没有影响到主程序中 mess 的值,而且函数中的 mess 的 id 值和主程序中的 mess 的 id 值不同。

```
def var():  # Demo5_11.py
    mess = "我是局部变量"
    print(mess,id(mess))
# 下面是主程序
mess = "我是全局变量"
var()
print(mess,id(mess))
```

```
# 运行结果
# 我是局部变量 2183036115072
# 我是全局变量 2183036113392
```

如果想要在函数中使用全局变量,需要在函数中使用 global 关键字,说明函数中的变量是全局变量,例如在 var()函数中,添加 global mess,mess 将会是全局变量。从下面代码的运行结果可以看出,在函数中改变了 mess 的值,全局变量的值也改变了,而且 id 值也相同。不建议在函数中直接使用全局变量,因为函数多次调用后,会使全局变量的值难以确定。

```
def var():  # Demo5_12.py
    global mess
    mess = "我是局部变量"
    print(mess,id(mess))
# 下面是主程序
mess = "我是全局变量"
var()
print(mess,id(mess))
# 运行结果
# 我是局部变量 1923199471888
# 我是局部变量 1923199471888
```

5.1.5　匿名函数 lambda

匿名函数是没有名字的函数,用 lambda 关键字创建,只能返回一个值,需要用一个变量指向匿名函数。匿名函数的格式为:

Variable = lambda [parameter1[,parameter2,...,parameterN]]:expression

其中,lambda 是关键字;parameter 是参数,用于表达式 expression 中;冒号":"是必需的分隔符;expression 通常是含有参数的表达式,表达式 expression 也只能有一句,匿名函数的返回值是表达式 expression 的值,表达式 expression 中不能用 if 分支和 for 循环。变量 Variable 指向匿名函数,并且通过 Variable 调用函数,调用格式是 Variable([parameter1[,parameter2,...,parameterN]]),如果变量 Variable 不用于其他目的,则可以简单地理解成变量 Variable 就是匿名函数的名字。下面的代码用匿名函数定义函数 $z=\sqrt{x^2-y^2}$ 并调用函数进行计算。

```
import math  # Demo5_13.py
z = lambda x,y: math.sqrt(x**2 - y**2)

print(z(5,4))
print(z(5,3))
print(z(10,5))
# 运行后的结果
```

```
# 3.0
# 4.0
# 8.660254037844387
```

5.1.6 函数的递归调用

在一个函数体中可以调用其他已经定义好的函数,也可以调用函数体自身,形成递归调用。递归调用必须有一个明确的结束条件,每次进入更深一层递归时,计算量相比上次递归都应有所减少。例如下面计算 1!+2!+3!+4!+5!+…+$n!$ 的例子,先用递归运算计算 $n!$,再用循环计算得到总和。

```
def N_her(n):    # Demo5_14.py
    '''计算 n 阶阶乘 n!'''
    if n == 1:
        return 1                # 明确的结束条件
    n = n * N_her(n-1)          # 递归调用,计算 n! = n*(n-1)!
    return n
def total(n):
    total = 0
    for i in range(1,n+1):
        total = total + N_her(i)   # 在函数中调用其他函数
    return total

n = input("请输入正整数 n:")
n = int(n)                      # 字符串转换成整数
print("1! + 2! + 3! + ... + n!= ",total(n))
# 运行结果
# 请输入正整数 n:10
# 1! + 2! + 3! + ... + n!= 4037913
```

5.2 类和对象

类(class)是面向对象程序设计(object-oriented programming,OOP)实现信息封装的基础。类是对现实生活中一些具有共同特征的事物进行抽象得到的描述这些事物的模板,类中包含描述对象特征的变量(属性)和实现一定功能的函数(方法),用类来创建一个实物时称为类的实例(instance)或对象(object)。

5.2.1 类和对象介绍

1. 类和对象的概念

上节介绍了自定义函数,自定义函数建立好后,可以多次调用,输入不同的参数会得到不同的结果。建立自定义函数时先创建一个函数(def 关键字定义),这个函数也可以理解成有一定功能的模板，一次定义后可以无限次调用。我们研究真实物体或抽象物体时，也可以把具有相同特征和属性的物体定义成一个模板，例如大街上行驶的各式各样的汽车，有不同的颜色、尺寸、功率、速度、品牌，虽然不同汽车的具体特征值不同，但是所有汽车都有这些特征。我们可以先把描述所有汽车的特征总结出来，如所有的汽车都有颜色、尺寸、功率、速度、品牌，还有一些功能，如按下开启键可以启动发动机，踩加速踏板可以加速，踩制动踏板可以降速，把汽车所具有的特征和功能进行总结并定义成一个汽车模板，然后再调用这个模板定义具体的汽车，同时给具体的汽车传递真实的特征值或属性值，如颜色、尺寸、功率、速度和品牌等值，这样就形成了一辆真实的有特征、有功能的汽车。汽车模板可以一次定义多次使用，用汽车模板创建各式各样的汽车，避免了重复定义汽车特性和功能，减少了编写汽车代码的工作量，也增强了程序的可读性。再比如对于人的描述，人有姓名、年龄、性别、身高、体重等特征，还具有走、写字、动脑筋等功能，把人的这些特征和功能定义成一个模板，再用这个模板定义一个具体的人，如男人、女人、老人、小孩等。类也可以理解成一个盖房子的图纸（模板），按照图纸可以建造很多房子。

上面提到的建立汽车模板和人的模板的过程反映到程序编码上就是创建汽车的类和人的类，再用汽车的模板或人的模板（也就是类）来创建各式各样的汽车或人，就是类的实例化或者类的对象，用图纸建造房子也是类的实例化。类就是有一些共有特征和功能的事物的模板，对象就是用模板来创建的各种具体的实物。下面的代码是汽车类 car 的定义，用变量记录各种特征或属性，用函数定义各种功能，同时用 car 类定义了两辆汽车 jietuCar 和 xingyueCar，并给这两辆汽车传递了具体的属性值，例如 jietuCar 汽车的颜色是黑色，xingyueCar 汽车的颜色是红色，同时这两辆汽车有 start()、break() 和 accelerate() 功能，或者称为方法，当然可以用汽车类 car 定义更多的汽车。面向对象最重要的概念就是类（class）和实例（instance），必须牢记类是由同类事物抽象出来的模板，而实例是根据类创建出来的一个个具体的"对象"，每个对象都拥有同类型的属性和方法，但各自具体的属性是不同的。

```python
class car:                #Demo5_15.py
    """汽车模板"""
    def __init__(self,name,color,length,width,height,power):
        self.name   = name              #用变量定义品牌属性
        self.color  = color             #用变量定义颜色属性
        self.length = length            #用变量定义长度属性
        self.width  = width             #用变量定义宽度属性
        self.height = height            #用变量定义高度属性
        self.power  = power             #用变量定义功率属性
    def start(self):                    # 定义汽车的启动功能
        pass                            # 需进一步编程
    def accelerate(self):               # 定义汽车的加速功能
        pass                            # 需进一步编程
    def brake(self):                    # 定义汽车的制动功能
        pass                            # 需进一步编程

jietuCar   = car("chery","black",2800,1800,1600,5000)   # 定义第一辆汽车并赋予属性
xingyueCar = car("geely","red",2900,1750,1610,5200)     # 定义第二辆汽车并赋予属性
```

2. 类的特点

首先，类具有封装性或者密封性。在类中需要定义一些函数，这些函数是对象的功能或方法，可以通过对象和函数名来执行函数实现一定的功能，例如汽车类实例 jietuCar，通过 jietuCar.start() 可以执行 start() 功能，但是如何实现 start() 功能对外是不可见的，只能通过 start() 调用该功能，而不能修改实现该功能的代码，从而保护代码的密封性。例如，按一下鼠标和键盘上的键就可以使计算机完成一些动作，对于如何实现这些动作，使用者无须知道详情，这也是一种封装性。

其次，类具有继承性。在一个类（父类）中定义好的属性和方法（功能）通过继承可以直接移植到另外一个新类（子类）中，同时新类中还可以添加新的属性和新的方法，用新类实例化产生一个对象时，该对象同时具有两个类所有的属性和方法。例如下面的代码，创建了类 truck，并继承 car 的属性和方法，在 truck 中新添加了 load 属性和 drag() 方法，用 truck 类创建了 oumanTruck 对象，oumanTruck 对象有 car 和 truck 的所有属性和方法，print() 输出从 car 继承来的 name、color 和新建的 load 属性。

```
class truck(car):   #新建类(模板)，并继承 car 类的属性和方法        #Demo5_16.py
    def __init__(self,name,color,length,width,height,power,load):
        super().__init__(name,color,length,width,height,power)
        self.load = load                                       #新建属性
    def drag(self):                                            #新建方法
        pass

oumanTruck = truck("foton","yellow",5800,2200,2400,15000,80)  #新类的对象
print(oumanTruck.name,oumanTruck.color,oumanTruck.load)       #输出从 car 继承的和新建的属性
#执行结果
#foton yellow 80
```

最后，类还有多态性。子类可以从多个父类进行继承，子类除了继承父类的属性和方法外，还可以覆盖或改写父类的方法，以体现子类与父类的变异性。同一方法在不同的类中可以有不同的解释，产生不同的执行结果，称为多态性。

5.2.2 类的定义和实例

在定义类时，可以从一个父类中继承产生新类，也可以没有继承，创建一个全新的类。类的定义方法如下：

```
class className [( fatherClass1[,fatherClass2,...,fatherClassN)]:
    ["""类说明"""]
    [类语句块]
    [def __init__(self[,parameter1,parameter2,...,parameterN]):]
        [初始化语句块]
    [def functionName(self[,par1,par2,...,parN]):
        函数语句块]
    [def ...]
    [...]
```

类定义中各项的意义如下：
- class 是关键字，说明开始定义类。
- className 是类的类名，起名规则可以参考变量的起名规则。
- 括号"()"是可选的，如果没有父类，可以不写括号。
- fatherClass 是继承的父类，可以有 0 个、1 个或多个父类，多个父类之间用逗号隔开。如果是全新的类，一般没有父类。也可以用类 object 作为父类，object 类中定义了一些常用的方法。
- 冒号":"是必需的符号，说明后续内容是类的具体定义，后续内容需要缩进。
- """类说明"""用于说明类的用途等信息，可以通过 help(className) 函数或"实例名.__doc__"显示说明信息。
- 类语句块用于定义类的属性，是可选的。
- def __init__(self[,parameter1,parameter2,…,parameterN]) 是类实例化新对象时，新对象的初始化，是可选的。当用类新创建一个对象时，会自动执行 __init__() 函数下的初始语句块(__ 是两个下画线)。
- self 表示类的实例本身。在类中定义属于实例的属性和方法时都需要加 self。类中的函数定义时，第 1 个参数一般都是 self，在往函数传递实参数据时，不需要给 self 传递数据。
- def functionName(self[,para1,para2,…,paraN]) 是类中的实例函数，类中可以定义多个函数（方法），实现类的不同功能。

定义完类后，可以用类来创建实例。用类创建实例的格式是：

instanceName = className([parameter1,parameter2,…,parameterN])

其中 instanceName 是实例名称，取名规则可参考变量的取名规则；parameter1,parameter2,…,parameterN 是实参，给类中的初始化函数 __init__() 传递数据，用于初始化实例的一些属性，可以用关键字形式传递数据。下面是用前面的汽车类定义汽车实例的例子：

```
jietuCar = car("chery","black",2800,1800,1600,5000)
xingyueCar = car("geely","red",2900,1750,1610,5200)
oumanTruck = truck("foton","yellow",5800,2200,2400,15000,80)
```

5.2.3 实例属性和类属性

　　Python 的类由变量和函数构成，类的变量就是用类实例化对象后对象的属性，类的函数就是用类实例化后对象的方法。类中的变量分为实例属性和类属性，类属性是定义在类的函数之外的变量，而实例属性是定义在类的实例函数之内的变量。实例属性的定义需要在变量名前加入前缀"self."，例如 self.age 定义了一个实例属性 age。在类外部，用类创建实例后，可以通过"实例名.变量名"的形式访问实例属性，用"实例名.函数名()"的形式调用实例和方法；在类内部，在实例函数中，可以通过"self.变量名"和"self.函数名()"的形式访问实例属性和实例函数。对"self"的理解是，用类实例化对象后，"self"就是对象本身，就好比函数的形参在定义时的一个占位，等调用函数时，用实参代替形参，self 也是类定义时实例对象的一个占位,用类实例化对象后,再用实例对象代替 self,因此带有 self 的变量和函数都是实例的变量(属性)和实例的函数(方法)。

下面先分析实例属性。下面的程序先定义了一个类 person,它有两个类属性 nation 和 party,另外在初始化函数 __init__()中定义了两个实例属性 name 和 age,还有一个计数的属性 i。类中还有个方法 output(),用于输出实例属性 name 和 age。接下来用类创建了两个实例 student 和 teacher,并对实例进行了初始化,赋予了初始值。用类实例化时,会自动执行 __init__()方法,student 的初始化为 name = "李明",age = 15,teacher 的初始化为 name = "王芳",age = 33,接下来第 1 次调用 student 和 teacher 的方法 output(),输出实例的属性 name 和 age,可以看出两个实例的属性 name 和 age 是不相同的。然后修改 student 的属性 name = "李学生",age = 18,第 2 次调用 student 和 teacher 的方法 output()。从输出结果可以看出,teacher 的属性并没有变化,student 的属性发生变化,修改 student 的属性并不影响 teacher 的属性,这说明实例属性对实例是私有的,不同实例之间的属性是相互独立的,修改一个实例的属性并不影响其他实例的属性值。另外,通过类可以看出,实例属性在一个函数中定义后,可以直接在另外一个函数中调用,这个和一般函数的变量是有很大区别的。一般函数的变量是局部变量,不能直接用到其他函数中。需要注意的是,在类的函数中,如果使用了不带"self."的变量,将成为函数的局部变量。

```python
class person(object):  #Demo5_17.py
    nation = "汉族"            #类属性
    party = "群众"             #类属性
    def __init__(self,p_name,p_age):
        self.name = p_name     #实例属性
        self.age = p_age       #实例属性
        self.i = 0
    def output(self):
        self.i = self.i + 1
        print("第{}次输出:{} {}".format(self.i,self.name,self.age))  #输出实例属性 name 和 age

student = person(p_name = "李明",p_age = 15)  #用类 person 创建实例 student
teacher = person(p_name = "王芳",p_age = 33)  #用类 person 创建实例 teacher
student.output()         #第 1 次调用实例 student 的属性 output(),输出实例属性 name 和 age
teacher.output()         #第 1 次调用实例 teacher 的属性 output(),输出实例属性 name 和 age
student.name = "李学生"   #修改 student 的实例属性 name
student.age = 18         #修改 student 的实例属性 age
student.output()         #第 2 次调用实例 student 的属性 output(),输出实例属性 name 和 age
teacher.output()         #第 2 次调用实例 teacher 的属性 output(),输出实例属性 name 和 age

#运行结果
#第 1 次输出:李明 15
#第 1 次输出:王芳 33
#第 2 次输出:李学生 18
#第 2 次输出:王芳 33
```

下面分析类属性的作用。在类外部,类属性可以用"类名.类变量名"的形式引用。将上面的程序稍做变化,如下面的代码所示,用类 person 实例化 student 和 teacher 后,输出用实例指向的类属性 nation 和 party。从第 1 次输出结果可以看出，用实例 student 和 teacher 指向的实例属性是相同的，然后修改类属性的值，第 2 次输出的两个实例指向的类属性值也跟着改变了。可以看出，用"类名.类变量名"形式改变类属性的值，将影响所有实例的属性值，类属性相当于全局属性，类属性影响所有实例的属性，而实例属性只属于单个实例。类属性可以通过"类名.类变量名"形式应用于类的函数体中，这样类属性相当于作用于所有实例的全局变量，而实例属性是只作用于单个实例的局部变量。用类属性可以控制所有的实例，不过建议少用类属性，以便满足封装性的要求。如果需要在类外修改类属性，必须通过类名去引用，然后进行修改。如果通过实例对象去引用类属性，会产生一个与类属性同名的实例属性，这种方式修改的是实例属性副本，不会影响到类属性，并且之后如果通过实例对象去引用该名称的类属性，实例属性会强制屏蔽类属性，即引用的是实例属性，除非删除了该实例属性。类属性也可以用"self.类变量名"的形式在实例函数中引用，这样会产生一个同名的类属性副本。

```python
class person(object):    #Demo5_18.py
    nation = "汉族"              #类属性
    party = "群众"               #类属性
    def __init__(self,p_name,p_age):
        self.name = p_name      #实例属性
        self.age = p_age        #实例属性
        self.i = 0
    def output(self):
        self.i = self.i+1
        print("第{}次输出:{} {}".format(self.i,self.name,self.age))  #输出实例属性 name 和 age
    def xx(self):
        self.i = self.i+1
        person.nation = "维吾尔族"
        print("第{}次输出:{} {}".format(self.i,self.nation,person.nation))  #输出实例类变量
                                                                          #和类变量
student = person(p_name = "李明",p_age = 15)      #用类 person 创建实例 student
teacher = person(p_name = "王芳",p_age = 33)      #用类 person 创建实例 teacher


print("student 第 1 次输出",student.nation,student.party)  #第 1 次输出类属性
print("teacher 第 1 次输出",teacher.nation,teacher.party)  #第 1 次输出类属性

person.nation = "满族"                                     #修改类属性
person.party = "团员"                                      #修改类属性
print("student 第 2 次输出",student.nation,student.party)  #第 2 次输出类属性
print("teacher 第 2 次输出",teacher.nation,teacher.party)  #第 2 次输出类属性

student.nation = "苗族"
student.party = "党员"
print("student 第 3 次输出",student.nation,student.party)  #第 3 次输出类属性
print("teacher 第 3 次输出",teacher.nation,teacher.party)  #第 3 次输出类属性

print("person 输出",person.nation,person.party)            #输出类属性(改变实例的类属性后)

teacher.xx()
```

```
student.xx()
# 运行结果
# student 第 1 次输出 汉族 群众
# teacher 第 1 次输出 汉族 群众
# student 第 2 次输出 满族 团员
# teacher 第 2 次输出 满族 团员
# student 第 3 次输出 苗族 党员
# teacher 第 3 次输出 满族 团员
# person 输出 满族 团员
# 第 1 次输出：维吾尔族 维吾尔族
# 第 1 次输出：苗族 维吾尔族
```

5.2.4　类中的函数

类中的函数有实例函数、类函数和静态函数,实例函数的第 1 个形参必须是 self,类函数的第 1 个形参必须是 cls,静态函数不需要 self 和 cls。

1. 实例函数

用类创建实例后,类中的函数变成实例的方法。类中的函数和一般的函数定义方式相同,实例函数的第 1 个形参一定是 self,也可以给其他形参设定初始值,形参也可以是数量可变的参数。函数的返回值可以没有,可以有 1 个或多个。第 1 个形参是 self 的函数称为实例函数或实例方法。在实例函数内部可以用"self.函数名()"的形式调用其他实例函数,在类外部,用类进行实例化后,用"实例名.函数名()"的形式调用实例函数,不需要给 self 传递实参,不需要在()中输入 self,实参也可以是关键字参数。

2. 初始化函数

初始化函数是一个特殊的实例函数。在创建类时,通常要定义一个初始化函数 __init__(),在 init 名字的前后分别加两个单下画线,这个函数在类进行实例化时会被自动执行。通常这个函数用于类创建实例时,对实例进行初始化设置,用这个函数传递初始化数据。用类创建实例时输入的参数将传递给__init__()函数。

```
class hello(object):      # Demo5_19.py
    def __init__(self, string = "Hello"):   # 第 1 个形参是 self,形参 string 的默认值是 Hello
        self.greeting = string
        self.output()                       # 调用 output()函数
    
    def output(self):                       # 定义 output()函数,需要 self 形参
        print(self.greeting)

hi = hello("Nice to meet you!")

# 运行结果
# Nice to meet you!
```

3. 静态函数

在类中定义函数语句(def)的前面加入一行声明 @staticmethod，随后定义的函数将成为静态函数。静态函数的形参中不需要传入 self，而且在静态函数的函数体中也不能直接使用带有 self 前缀的数据，但可以通过"类名.类变量"的形式使用类变量。静态函数的实参中可以将带 self 前缀的数据传递给静态函数体。在类内部可以通过"类名.函数名()"的形式调用静态函数，在类外面可以用"类名.函数名()"或者"实例名.函数名()"的形式调用静态函数。静态函数相当于类外部的一个普通函数，只不过是把普通函数定义到类中，例如下面的静态函数。静态函数的返回值的类型任意，可以是静态函数所在类的实例对象。

```python
import math  #Demo5_20.py
class h:
    factor = 2.0    #类变量
    def __init__(self,x,y):
        self.x = x
        self.y = y
        self.xuan = h.rms(self.x,self.y)  #通过 类名.函数名() 引用静态函数

    @staticmethod
    def rms(a,b):
        return math.sqrt((a**2 + b**2)/2) * h.factor  #通过 类名.函数名() 引用类变量
a = h(3,4)
print(a.xuan)
print(a.rms(3,4))    #通过 实例名.函数名() 引用静态函数
print(h.rms(3,4))    #通过 类名.函数名() 引用静态函数
```

4. 类函数

在类中定义函数语句(def)的前面加入一行声明 @classmethod，随后定义的函数将成为类函数。类函数的第 1 个形参必须是 cls(class 的缩写)，类函数的函数体中通过"cls.变量名"的形式直接使用类变量，通过"cls.函数名()"的形式直接调用其他类函数，通过"cls.函数名()"直接使用实例函数，在实例函数内通过"类名.函数名()"的形式调用类函数，在类外通过"类名.函数名()"或"实例名.函数名()"的形式调用类函数。将上面静态函数的代码修改一下得到如下类函数的例子。

```python
import math  #Demo5_21.py
class h:
    factor = 2.0  #类变量
    def __init__(self,x,y):
        self.x = x
        self.y = y
        self.xuan = h.rms(self.x,self.y)  #通过 类名.函数名() 引用类函数

    @classmethod
    def rms(cls,x,y):                        #第 1 个形参必须是 cls
        return math.sqrt((x**2 + y**2)/2) * cls.factor  #通过 cls.类变量 引用类变量
```

```
a = h(3,4)
print(a.xuan)
print(a.rms(3,4))              #通过 实例名.函数名()引起类函数
print(h.rms(3,4))              #通过 类名.函数名()引用类函数
```

5．方法的属性化

类定义中，在一个实例函数前面加入修饰符"@property"可以将实例函数变成实例属性，在调用实例函数时，不需要再加入括号，例如下面的代码中获取姓名和分数的代码。

```
class student(object):    #Demo5_22.py
    def __init__(self,name,score):
        self.name = name
        self.score = score

    @property
    def getName(self):
        return self.name
    @property
    def getScore(self):
        return self.score

student1 = student("李某人",89)

sName = student1.getName
sScore = student1.getScore
print(sName,sScore)
```

5.2.5　属性和方法的私密性

前面介绍的在类内定义的变量（实例变量、类变量）和函数（实例函数和类函数）对外都是可见的，而且也能被子类继承，这样使得数据的私密性不严，也不符合类的封装性要求。Python 可以根据需求把类内部的变量和函数进行密闭分级，Python 类的数据密闭性分为以下3级。

- 对外完全公开的数据（public）。前面实例中使用的变量（属性）和函数（方法）对外都是公开的，既可以在类内部，又可以在类外部引用，也可以被子类继承，成为子类的变量和函数。如果把类存储到一个文件中，作为一个模块来使用，当在其他程序中用 import 语句导入类时，类内的变量和函数都可以导入。
- 受保护的数据（protected）。当类内的变量名或函数名前加1个下画线"_"时，例如 self._age，这时类的变量或函数是受保护的，受保护的变量和函数可以在类内被使用，也可以在类外通过"实例名.变量名"或"实例名.函数名()"的形式使用或调用，还可以被子类继承，但是不能用 import 语句导入其他程序中。
- 私有的数据（private）。当类内的变量名或函数名前加两个下画线"__"时，例如 self.__age，这时类的变量或函数是类私有的数据，只能在类内使用，不能在类外使

用,不能用"实例名.变量名"或"实例名.函数名()"的形式使用或调用,也不能被子类继承,更不能用import语句导入其他程序中。
- Python 中有特殊意义的数据。Python 中有些名称前后都加了两个下画线,例如__init__,这些前后都加了两个下画线的数据在 Python 中有特殊的作用。

由于私有变量对外是不可见的,可以在类内定义私有变量的输入函数和输出函数,通过函数使其对外可见,例如下面的程序:

```
class student(object):    #Demo5_23.py
    def __init__(self,name = None,score = None):
        self.__name = name          # 私有属性
        self.__score = score        # 私有属性

    def _setName(self,name):        # 受保护的方法
        self.__name = name
    def _getName(self):             # 受保护的方法
        return self.__name
    def _setScore(self,score):      # 受保护的方法
        self.__score = score
    def _getScore(self):            # 受保护的方法
        return self.__score

liming = student()
liming._setName("李明")
liming._setScore(98)
print("{}的成绩是{}".format(liming._getName(),liming._getScore()))
# 运行结果
# 李明的成绩是 98
```

前面已经讲过,用@property 修饰的函数可以当作属性使用,@property 经常应用到不需要输入参数的函数中,例如上面的输出函数。另外,对于用@property 修饰的函数,可以设置另一个与之相对应的同名输入函数,需要用@xx.setter 进行修饰,其中 xx 是用@property 修饰过的函数名。另外,还可以用@xx.deleter 修饰一个用于删除变量的函数,例如下面的程序:

```
class student(object):    #Demo5_24.py
    def __init__(self,name = None,score = None):
        self.__name = name          # 私有属性
        self.__score = score        # 私有属性

    @property
    def name(self):
        return self.__name
    @name.setter
    def name(self,name):
        self.__name = name
    @property
```

```
        def score(self):
            return self.__score
    @score.setter
        def score(self,score):
            self.__score = score
    @score.deleter
        def score(self):
            del self.__score

liming = student()
liming.name = "李明"           #调用输入函数
liming.score = 98              #调用输入函数
print("{}的成绩是{}".format(liming.name,liming.score))     #调用输出函数
del liming.score               #删除私有属性
```

5.2.6 类的继承

类是一个模板,在创建新类时,可以在其他已有模板上添加新的内容,也可以改写已有模板上的变量和函数,形成新的模板,这就是类的继承。继承是面向对象编程的重要特征之一。

1. 继承与父类的初始化

通过继承可以实现代码的重用,理顺类之间的关系。被继承的类是父类,新建的类是子类。新建一个类时,例如 class childClass(fatherClass1,fatherClass2,…),其中 fatherClassi 是父类。一个类可以继承多个父类,父类之间用逗号隔开,子类继承父类除私有数据之外的所有数据。

用子类实例化一个对象时,会立刻自动执行子类的__init__()函数,但不会执行父类的__init__()函数。可以在子类的__init__()函数体中加入 super().__init__()语句,这样就会同时执行父类的初始化函数。例如下面的程序,先创建了 person 类,person 类中有 name 属性和 setName()方法,接下来创建了 student 类,student 类是从 person 类继承而来的,因此 student 类中有 name 属性和 setName()方法,在 student 类中又添加了 number 属性和 score 属性,以及 setNumber()方法和 setScore()方法,然后用 student 类实例化 liming,并调用 3 个方法为属性赋值。

```
class person:  #Demo5_25.py
    def __init__(self,name = None):
        self.name = name
    def setName(self,name):
        self.name = name
class student(person):
    def __init__(self,number = None,score = None):
        super().__init__()        #调用父类的初始化函数
        self.number = number
```

```
            self.score = score
        def setNumber(self,number):
            self.number = number
        def setScore(self,score):
            self.score = score
liming = student()                    #student 的实例中有父类和子类的属性和方法
liming.setName("李明")                 #调用父类的 setName()方法
liming.setNumber(20201)               #调用子类的 setNumber()方法
liming.setScore(98)                   #调用子类的 setScore()方法
print("姓名:{} 学号:{} 成绩:{}".format(liming.name,liming.number,liming.score))

#运行结果
#姓名:李明 学号:20201 成绩:98
```

2. 方法重写

子类继承父类时,如果父类的某些函数或变量已经不适合子类的要求,这时可以在子类中修改父类的函数或者删除父类的变量。修改父类的函数只需在子类中重新写一个与父类同名的函数即可。在用类实例化对象后,对象调用与父类同名的方法时,调用的是子类的函数,而不是父类的函数。例如下面的程序,person 中有实例变量 name 和 address,还有一个设置姓名的函数 setName(),在子类 student 继承 person,在 student 的初始化函数中用 del self.address 删除从父类继承的 address 变量,重写了父类的 setName()函数。

```
class person:   #Demo5_26.py
    def __init__(self,name = None,address = None):
        self.name = name
        self.address = address        #需要删除的属性
    def setName(self,name):           #需要重写的方法
        self.name = name
class student(person):
    def __init__(self,number = None,score = None):
        super().__init__()
        self.number = number
        self.score = score
        del self.address              #删除父类的属性
    def setNumber(self):
        self.number = input("请输入学号:")
    def setScore(self):
        self.score = input("请输入成绩:")
    def setName(self):                #重写父类的函数
        self.name = input("请输出学生姓名:")

liming = student()
liming.setName()                      #调用子类的 setName()方法
liming.setNumber()
liming.setScore()
```

```
print("姓名：{} 学号：{} 成绩：{}".format(liming.name,liming.number,liming.score))

#运行结果
#请输出学生姓名：李明
#请输入学号：20201
#请输入成绩：96
#姓名：李明 学号：20201 成绩：96
```

3. 基类 object

新建立一个类时，如果没有类可以继承，可以选择 object 作为父类。object 类是 Python 的默认类，提供了很多内置方法，Python 中列表、字符串和字典等对象都继承了 object 类的方法。继承了 object 的类属于新式类，没有继承 object 的类属于经典类。在 Python3.x 中默认所有的自定义类都会继承 object 类，Python3.x 的所有类都是 object 的子类，在 Python2 中不继承 object 的类是经典类。object 类的内置函数如表 5-1 所示。

表 5-1　object 类的内置函数

函　　数	功　能　说　明	函　　数	功　能　说　明
__class__	返回实例的类	__le__	当两个实例进行≤比较时，触发该方法
__delattr__	删除属性时触发该方法	__lt__	当两个实例进行＜比较时，触发该方法
__dir__	列出实例的所有方法和属性	__ne__	当两个实例进行!=比较时，触发该方法
__doc__	显示类的注释信息	__new__	创建实例前，触发该方法
__eq__	当两个实例进行==比较时，触发该方法	__repr__	输出某个实例化对象时，触发该方法，返回对象的规范字符串表示形式
__format__	当执行字符串的 format()方式时触发该方法	__setattr__	给一个属性赋值时，触发该方法
__ge__	当两个实例进行≥比较时，触发该方法	__sizeof__	返回分配给实例的空间大小
__getattr__	当读取一个属性的值时，触发该方法	__str__	用 print()函数输出一个对象时，触发该方法，打印的是该方法的返回值
__getattribute__	当读取属性值时触发该方法	__dict__	以字典形式返回属性和属性的值
__gt__	当两个实例进行＞比较时，触发该方法	__del__	当对象被删除时，触发该方法
__hash__	当一个实例进入一个需要唯一性的物体内时，如几何、字典的键，就会触发该方法	__module__	返回对象所处的模块

续表

函　　数	功 能 说 明	函　　数	功 能 说 明
__init__	创建完实例后,触发该方法	__bool__	当使用 bool(object)函数时,触发该方法,若没有定义__bool__,触发__len__方法
__init_subclass__	当一个类发现被子类继承时,触发该方法,用于初始化子类	__len__	当使用 len(object)函数时,触发该方法

对于 object 类提供的函数都是比较深层次的操作,当探测到某种动作发生或处于某种状态时,会自动运行相应的函数,这些函数可以在自定义类中重新定义。例如下面代码中__getattr__()、__setattr__()、__delattr__()和__str__(),当给属性赋值,或者给一个不存在的属性赋值时,会自动触发__setattr__()函数;当读取一个属性的值,或者读取一个不存在的属性值时,会自动触发__getattr__()函数;当删除一个属性时,会自动触发__delattr__()函数;当打印一个实例时,会自动触发__str__()函数。

```python
class girl(object):       #Demo5_27.py
    def setname(self,name):
        self.name = name
    def setage(self,age):
        self.age = age
    def __getattr__(self,item):        #重写方法,当读取数据时触发
        print("getattr",item)
    def __setattr__(self,key,item):    #重写方法,当设置数据时触发
        print('setattr',key ,item)
    def __delattr__(self,item):        #重写方法,当删除属性时触发
        print('delattr',item)
    def __str__(self):                 #重写方法,当用 print()输出时触发
        return "这是关于一个女孩的类."

xiaofang = girl()

xiaofang.setname("小芳")              #设置属性,触发__setattr__
xiaofang.setage(22)                   #设置属性,触发__setattr__

name = xiaofang.name                  #获取属性,触发__getattr__
age = xiaofang.age                    #获取属性,触发__getattr__
del xiaofang.age                      #删除属性,触发__delattr__
print(xiaofang)                       #打印属性,触发__str__
xiaofang.favorate = 'white'           #给不存在的属性设置值,触发__setattr__
bd = xiaofang.birthday                #读取不存在的属性,触发__getattr__

#运行结果
#setattr name 小芳
#setattr age 22
#getattr name
#getattr age
```

```
# delattr age
# 这是关于一个女孩的类。
# setattr favorate white
# getattr birthday
```

5.2.7 类的其他操作

类的实例也可以看作一种数据,类的实例也可以作为列表、元组、集合的元素,还可以作为字典的值,甚至作为函数的返回值。也可以在类中引用其他类的实例。

1. 对象作为列表、元组、字典和集合的元素

下面的程序先创建一个 student 类,然后把学生信息赋予学生对象 temp,并把对象 temp 加入列表和字典中,最后创建有学生对象的元组和集合。

```
class student(object):    # Demo5_28.py
    def __init__(self,name = None,number = None,score = None):
        self.name = name
        self.number = number
        self.score = score
    def setName(self,name):
        self.name = name
    def setNumber(self,number):
        self.number = number
    def setScore(self,score):
        self.score = score

# 学号是关键字,姓名和成绩是值
s_score = {20203:("李明",84),20202:("高新",79),20201:("赵东",92),20204:("李丽",69)}

num = list()              # 学号列表
num.extend(s_score.keys())
num.sort()                # 按学号顺序从小到大排序

s_list = list()           # 空对象列表
s_dict = dict()           # 空对象字典
for i in num:
    temp = student()
    temp.setName(s_score[i][0])
    temp.setNumber(i)
    temp.setScore(s_score[i][1])
    s_list.append(temp)   # 将对象添加到列表中
    s_dict[i] = temp      # 将对象添加到字典中

template = "姓名:{} 学号:{} 成绩:{}"
for s in s_list:
    print(template.format(s.name,s.number,s.score))
s_tuple = tuple(s_list)   # 由对象构成的元组
s_set = set(s_list)       # 由对象构成的集合
```

```
#运行结果
#姓名：赵东 学号：20201 成绩：92
#姓名：高新 学号：20202 成绩：79
#姓名：李明 学号：20203 成绩：84
#姓名：李丽 学号：20204 成绩：69
```

2. 对象作为属性值和函数返回值

下面的程序先创建 person 类，然后用 person 作为父类创建 student 和 teacher 类，在 teacher 类中创建 student 的对象，并把 student 对象加入 person 的私有列表 self.__myStudent 中，通过 teacher 类的查询函数，返回学生对象。

```
class person(object):    #Demo5_29.py
    def __init__(self,name = None):
        self.__name = name
    def setName(self,name):
        self.__name = name
    def getName(self):
        return self.__name

class student(person):
    def __init__(self,name = None,number = None,score = None):
        super().__init__(name)
        self.__number = number
        self.__score = score
    def setNumber(self,number):
        self.__number = number
    def setScore(self,score):
        self.__score = score
    def getNumber(self):
        return self.__number
    def getScore(self):
        return self.__score

class teacher(person):
    def __init__(self,name = None):
        super().__init__(name)
        self.__myStudent = list()        # 用于存放学生对象的列表
    #设置学生信息,形参 student_information 是字典,用于传递学生信息,关键字是学号
    def setMyStudent(self,student_information):
        num = list()                     #临时列表,用于存放学生的学号
        num.extend(student_information.keys())    #从字典中获取学生的学号
        num.sort()                       # 对学号排序
        for i in num:
            temp = student()             # 创建学生的对象,临时变量
            temp.setNumber(i)            # 设置学生对象的学号
            temp.setName(student_information[i][0])     # 设置学生对象的姓名
            temp.setScore(student_information[i][1])    # 设置学生对象的成绩
```

```python
            self.__myStudent.append(temp)      # 将学生对象添加到学生列表中
    # 根据学号,查询和读取学生信息,形参 number 是学号
    def getMyStudent(self,number):
        if len(self.__myStudent) == 0:         # 在查询前确认已经读取了学生信息
            print("请先输入学生信息.")
            return None
        for i in self.__myStudent:
            if number == i.getNumber():        # 如果查询到学号,输出学生信息并返回学生对象
                template = "查询到的学生信息:\n 姓名:{} 学号:{} 成绩:{}"
                print(template.format(i.getName(),i.getNumber(),i.getScore()))
                return i                       # 函数返回值是学生对象
        print("!!!查无此学生!!!")               # 如果查询不到学生,返回提示信息
# 以字典形式存储学生信息,键是学号
s_score = {20203:("李明",84),20202:("高新",79),20201:("赵东",92),20204:("李丽",69)}

wang = teacher("王老师")                        # 王老师对象
wang.getMyStudent(20203)    # 在未输入学生信息前进行查询,返回提示信息:请先输入学生信息。
print(" * " * 50)
wang.setMyStudent(s_score)                     # 输入学生信息
wang.getMyStudent(20202)                       # 根据学号查询学生信息
print(" * " * 50)
s = wang.getMyStudent(20204)                   # 根据学号查询学生信息,并返回学生对象
print("{}的学生信息\t 姓名:{} 学号:{} 成绩:{}".format(wang.getName(),s.getName(),s.
getNumber(),s.getScore()))
print(" * " * 50)
wang.getMyStudent(20208)                       # 查询不存在的学号,返回提示信息:!!!查无此学生!!!

# 运行结果如下:
# 请先输入学生信息。
# **************************************************
# 查询到的学生信息:
# 姓名:高新 学号:20202 成绩:79
# **************************************************
# 查询到的学生信息:
# 姓名:李丽 学号:20204 成绩:69
# 王老师的学生信息   姓名:李丽 学号:20204 成绩:69
# **************************************************
# !!!查无此学生!!!
```

5.3 模块和包

Python 支持模块(module)和包(package)操作,将程序分成很多部分,每个部分分别保存到不同的 py 文件和不同的文件夹中,这样每个文件就是一个模块,文件夹成为一个包。采用模块和包编程方式,可以把一个大型项目分解成许多小模块,每个人完成一个模块,这样可以极大地提高效率,也便于维护代码。除了自己创建模块和包外,Python 还自带了一些模块,另外用 pip 或 pip3 安装的第三方模块或包安装到 Python 安装路径 Lib\site-packages

下,读者也可以把自己编写好的模块和包放到该目录下,方便用 import 语句导入。

5.3.1 模块的使用

前面讲的编程都是在一个文件中进行的,不论是在 Python 的 IDLE 环境,还是在第三方软件,如 PyCharm 中进行,写完程序并存盘后得到一个扩展名为 py 的文件,想再次运行程序需重新打开。对于大型程序,只在一个文件中编程会使得程序代码特别多,不便于维护。为了解决这个问题,可以把一些功能相似的代码,如一些变量、函数、类分别存储到不同的 py 文件中,需要使用的时候,通过 import 语句把 py 文件中的函数、类导入即可。每个 py 文件可以成为一个模块,例如前面用的 math 模块、random 模块,每个模块提供了很多函数,使用前需要用 import 语句导入模块。

1. 模块导入方式

下面以上节用到的程序为例,说明模块的使用过程。Python 导入模块使用"import 模块名"语句。新建一个文件,在文件中输入以下内容,文件中含有两个函数 total() 和 average(),还有 1 个类 st,将文件保存到 student.py 文件中。

```
# student.py  # Demo5_30.py
def total( * arg):
    SUM = 0
    for i in arg:
        SUM = SUM + i
    return SUM
def average( * arg):
    n = len(arg)
    return total( * arg)/n
class st(object):
    def __init__(self, name = None, number = None, score = None):
        self.name = name
        self.number = number
        self.score = score
```

再新建另外一个文件,输入如下内容,并保存到 run.py 文件中。

```
# run.py  # Demo5_31.py
import student

s1 = student.st(name = "李明", number = 20201, score = 89)    # 调用 student 中的类 st
s2 = student.st(name = "高新", number = 20202, score = 93)    # 调用 student 中的类 st
s3 = student.st(name = "李丽", number = 20203, score = 91)    # 调用 student 中的类 st

tot = student.total(s1.score, s2.score, s3.score)    # 调用 student 中的函数 total()
avg = student.average(s1.score, s2.score, s3.score)  # 调用 student 中的函数 average()

print("三个学生的总成绩{},平均成绩{}".format(tot, avg))
# 运行结果
# 三个学生的总成绩 273,平均成绩 91.0
```

导入模块语句 import 的格式如下所示：

```
import moduleName
```

或

```
import moduleName as alias
```

其中 alias 是别名，当模块名很长时，用别名可以缩短模块名，如 import student as st，引用模块中的变量、函数或类，需要在变量名、函数名或类名前加"moduleName."或"alias."，如 student.total(79,85) 或 st.total(78,79)。

另外一种导入方式的格式如下：

```
from moduleName import member1,member2,...
```

或

```
from moduleName import *
```

其中 member 表示被导入的变量名、函数名或类名，导入多个数据时，用逗号隔开；* 表示导入模块中所有的变量、函数和类，在使用变量、函数和类时，可直接使用这些数据的名字，无须在变量名、函数名或类名前加"moduleName."。例如下面的代码中 st、total 和 average 可以直接使用，无须加模块名。

```python
# run.py    # Demo5_32.py
from student import st,total,average

s1 = st(name = "李明",number = 20201,score = 89)    # 直接使用类 st
s2 = st(name = "高新",number = 20202,score = 93)    # 直接使用类 st
s3 = st(name = "李丽",number = 20203,score = 91)    # 直接使用类 st

tot = total(s1.score,s2.score,s3.score)             # 直接调用函数 total()
avg = average(s1.score,s2.score,s3.score)           # 直接调用函数 average()

print("三个学生的总成绩{},平均成绩{}".format(tot,avg))
```

2. 设置模块搜索路径

在用 import 语句导入模块时，Python 首先会在当前目录下查找，如果找不到，会在环境变量 PYTHONPATH 指定的目录中查找，如果还找不到，会在 Python 的安装目录下查找。以上目录通过 sys 模块的 sys.path 变量可以显示出来，如下所示：

```python
import sys
print(sys.path)
# 运行结果：
# ['D:\\Python', 'D:\\ProgramFiles\\Python38\\Lib\\idlelib',
# 'D:\\ProgramFiles\\Python38\\python38.zip', 'D:\\ProgramFiles\\Python38\\DLLs',
# 'D:\\ProgramFiles\\Python38\\lib', 'D:\\ProgramFiles\\Python38',
# 'D:\\ProgramFiles\\Python38\\lib\\site-packages']
```

如果读者想自己指定 Python 的搜索路径，可以通过以下 3 种方式进行设置。第 1 种是修改系统变量 PATHONPATH 的值，在 Windows 操作系统中打开环境变量设置对话框，如图 5-1 所示，如果还没有 PYTHONPATH 变量，可以单击"新建"按钮在弹出的对话框中，输入变量名"PYTHONPATH"和变量值；如果已经存在了，找到 PYTHONPATH，然后单击"编辑"按钮，可以设置多个路径，路径之间用分号";"隔开。设置好环境变量后，需要重新打开 Python，设置才起作用。

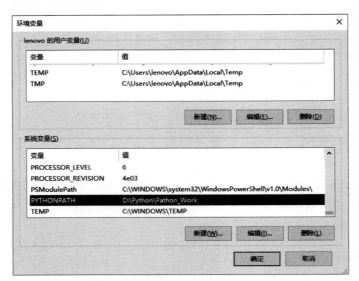

图 5-1　系统环境变量对话框

第 2 种方式是添加 .pth 文件，在 Python 的安装目录下有个 Lib\site-packages 目录，在该目录下创建一个扩展名为 pth 的文件，在该文件中加入自己的路径即可。第 3 种方式是往 sys.path 中临时添加 sys.path.append(path)，如下所示：

```
>>> import sys
>>> sys.path.append("D:\\python_book")
>>> print(sys.path)
['D:\\Python', 'D:\\ProgramFiles\\Python38\\Lib\\idlelib', 'D:\\Python\\Pathon_Work',
'D:\\ProgramFiles\\Python38\\python38.zip', 'D:\\ProgramFiles\\Python38\\DLLs',
'D:\\ProgramFiles\\Python38\\lib\\site-packages', 'D:\\python_book']
```

5.3.2　模块空间与主程序

当使用 import 或 from...import 语句导入模块时，Python 会开辟一个新的空间，在这个新空间中读取模块中的程序并运行程序，这个空间叫模块空间。如果遇到可执行的语句，Python 会执行这些语句并返回结果，如果模块中只有函数和类，没有可以直接执行的语句，就不会有返回结果。但是另一方面，为了测试模块中各函数或类的定义是否准确，需要在模块中加入一些可以执行的程序，如果模块在导入另外一个程序中时直接运行可执行的语句，这是我们不希望的。例如，下面的程序有一个定义和调用函数的语句 module_test()，还有一个输出语句 print("模块测试"),如果执行这个程序,会得到"我在主程序中运行"和"模块测试",如果把这个程序存盘为 sub_module.py 文件,并导入其他模块中,会有什么结果呢?

```
# sub_module.py # Demo5_33.py
def module_test():
    if __name__ == "__main__":    # 变量__name__记录程序运行时的模块名
        print("我在主程序中运行")
    else:
        print("我在{}模块中运行".format(__name__))

module_test()
print("模块测试")
# 直接运行结果:
# 我在主程序中运行
# 模块测试
```

新建立另外一个文件 my_run.py,输入"from sub_module import module_test"语句,从 sub_module.py 中导入 module_test()函数,如果运行 my_run.py,可以看出 Python 输出了"我在 sub_module 模块中运行"和"模块测试"信息,这是我们不希望得到的结果。其实我们只想导入一个函数,并不想执行模块中其他语句。

```
from sub_module import module_test
# 运行结果:
# 我在 sub_module 模块中运行
# 模块测试
```

为了防止出现上面的情况,可以根据程序运行的空间名字决定是否执行模块中的可执行语句。Python 中有个变量__name__,它记录程序执行的空间名字,对于 Python 直接运行的程序,__name__的值是"__main__",表示主程序,而从主程序导入模块时,新建立的空间是模块空间,模块空间的名字和模块名字相同,这从上面的返回值中可以看出。现把 sub_module.py 程序修改如下,运行这个程序,并不影响程序的正确结果,如果回到 my_run.py 并运行 my_run.py,也不会有任何输出。

```
# sub_module.py # Demo5_34.py
def module_test():
    if __name__ == "__main__":    # 变量__name__记录程序运行时的模块名
        print("我在主程序中运行")
    else:
        print("我在{}模块中运行".format(__name__))

if __name__ == "__main__":    # 如果被当作模块调用,下面的语句不会执行
    module_test()
    print("模块测试")
```

现把 my_run.py 修改如下,可以看出即便是用了"from sub_module import module_test"语

句,而不是"import sub_module"语句,函数module_test()的运行空间还是模块空间。通常在主程序中会加入"if __name__ == "__main__":"语句,表示整个程序的入口。需要注意的是,如果两个模块空间中有两个数据的名字相同,用import moduleName形式导入模块,并不影响程序的正确运行,因为引用模块中的数据需要加入"moduleName."前缀;而如果用from moduleName import member形式直接导入数据,后读入的数据会覆盖先导入的数据。

```
# my_run.py #Demo5_35.py
from sub_module import module_test

if __name__ == "__main__":
    print(" * " * 30)
    module_test()
    print(" * " * 30)
    print("现在的模块是:",__name__)

# 运行结果:
# ******************************
# 我在sub_module模块中运行
# ******************************
# 现在的模块是: __main__
```

5.3.3 包的使用

1. 建立包

当程序比较复杂,模块较多时,可以根据模块功能,将模块放到不同目录下,这样就形成了包,并且在每个目录下放置一个__init__.py文件,__init__.py文件在模块导入时初始化文件。如图5-2所示的Model包,在Model目录下有__init__.py文件,还有两个文件夹,每个文件夹下也有__init__.py文件,每个文件下还有其他py文件,这样就形成了一个完整的包。__init__.py文件中可以写代码,也可以不写,例如在Model下的__init__.py文件写入__all__=("solver.py","BC","Element"),则使用"from Model import *"才可以把solver模块导入。

2. 使用包

假如在上面模块的element1.py中有个变量var=10和函数average(*arg),要使用这个变量和函数,可以采用下面3种方式。第1种方式是"import 完整包名.模块名",在调用模块中的变量和函数时,需要用"完整包名.模块名.变量"或"完整包名.模块名.函数()"的形式,例如下面的代码:

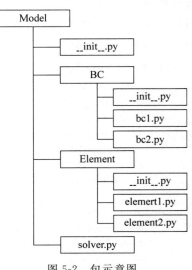

图5-2 包示意图

```
import Model.Element.element1

print(Model.Element.element1.var)
x = Model.Element.element1.average(10,20,30)
```

第 2 种方式是使用"from 完整包名 import 模块名",这时在程序中要使用模块中的变量、函数和类,可以用"模块名.变量"或"模块名.函数()"的形式,例如下面的代码:

```
from Model.Element import element1

print(element1.var)
x = element1.average(10,20,30)
```

第 3 种方式是使用"from 完整包名.模块名 import 变量,函数,类",还可以用"from 完整包名.模块名 import *"形式导入所有的变量、函数和类,这时在程序中要使用模块中的变量、函数和类,可以直接使用变量名、函数名和类名,例如下面的代码:

```
from Model.Element.element1 import var,average

print(var)
x = average(10,20,30)
```

5.3.4 枚举模块

枚举类型是一种基本数据,不是数据结构。枚举类型可以看作一种标签或一系列常量的集合,通常用于表示某些特定的有限集合,当一个量有几种可能的取值时,可以把这个量定义成枚举类型,例如星期、月份、状态、颜色等。在后面的可视化编程中也经常用到枚举类型。Python 的基本数据类型里没有枚举类型,Python 的枚举类型作为一个模块 enum 存在,使用它前需要先导入 enum 中的类 Enum、IntEnum 和 unique,然后继承并自定义需要的枚举类,其中 Enum 枚举类型可以定义任何类型的枚举数据,IntEnum 限定枚举成员必须为整数类型,而 unique 枚举类型可以作为修饰器限定枚举成员的值不能重复。枚举类型不允许存在相同的标签,但是允许不同标签的枚举值相同。不同的枚举类型,即使枚举名和枚举值都一样,比较结果也是 False,枚举类型的值不能被外界更改。在 PyQt5 可视化编程时,如果一个变量可能取几个可能的枚举值,可以用"|"符号将几个枚举类型的标签连接起来。

在定义枚举类型前,需要先导入枚举类,其格式如下:

from enum import Enum, IntEnum, unique

例如下面是定义一周的日期枚举类型:

```
from enum import IntEnum,unique    #Demo5_36.py

@unique
```

```python
class weekday(IntEnum):
    Sunday = 0
    Monday = 1
    Tuesday = 2
    Wednesday = 3
    Thursday = 4
    Friday = 5
    Saturday = 6
print(weekday.Monday.name)              #获取名称属性
print(weekday.Monday.value)             #获取值属性
print(weekday["Monday"])                #通过成员名称获取成员
print("第 5 天是",weekday(5))           #通过成员值获取成员
for i in weekday:                       #遍历
    print(i)
for key,value in weekday.__members__.items():
    print(key,value)
for key in weekday.__members__.keys():
    print(key)
for value in weekday.__members__.values():
    print(value)
weekend = weekday.Saturday | weekday.Sunday
```

5.3.5 sys 模块

sys 模块是 Python 系统特定的模块,而不是操作系统。通过 sys 模块可以访问 Python 解释器的一些属性和方法,通过属性或方法获取或设置 Python 解释器的状态。鉴于后面讲解 PyQt5 时会用到 sys 模块,下面对 sys 模块一些常用的变量或函数进行介绍,使用 sys 模块前需要用 import sys 语句导入 sys 模块。

1. argv 属性

argv 属性记录当前运行 py 文件时对应的 py 文件名和命令行参数。argv 属性是一个字符串列表,第 1 个元素 argv[0]是 Python 解释器执行 py 文件的文件名,其他元素依次记录命令行参数,在不同环境下调用 Python 解释器运行 py 文件,argv 的值也有所不同。对于一个复杂的程序,在执行主程序时,往往需要输入一些参数值,这时 argv 记录这些参数值,通过 argv 传递给主程序参数,以决定主程序的运行方向和程序的参数,例如程序的界面风格。

在 Python 的 IDLE 文件环境中,输入下面的代码,并把代码保存到 D 盘根目录下的 test.py 文件中,运行代码后会得到 argv 的值为['D:/test.py']。

```python
import sys  #Demo5_37.py
print(sys.argv)
n = len(sys.argv)
if n > 1:
    for i in range(1,n):
        print("你输入的第{}个参数是{}".format(i,sys.argv[i]))
#运行结果:
#['D:/test.py']
```

启动 Windows 的 cmd 窗口,输入命令 python d:\test.py p1=10 p2=20 p3=50,将会得到如图 5-3 所示的结果。

图 5-3　cmd 窗口运行 Python 程序

2. path 属性

path 是一个字符串列表,记录 Python 解释器查找的路径。当用 import 语句导入一个模块或包时,会在 path 指定的路径中搜索模块或包,如果要添加新的搜索路径,可以使用 sys.path.append()方法。path 的值有些是来自环境变量 PYTHONPATH 的值,有些是默认的值。

3. modules 属性和 builtin_module_names 属性

modules 属性返回已经加载的模块名,builtin_module_names 属性返回 Python 内置的模块名。modules 的返回值是一个字典,通过 keys()方法可以获取关键字的值,用 values()方法可以返回关键字的值。

4. platform 属性和 version 属性

platform 属性返回操作系统标识符,例如 Win32。version 属性返回当前 Python 的版本号,如 3.8.2。

5. stdin、stdout 和 stderr 属性

stdin 和 stdout 是 Python 的标准输入和输出,stdin 是指除脚本之外的所有解释器输入,包括 input()函数,stdout 是指标准输出设备,通常指电脑屏幕,也可以修改成其他设备,例如一个文件;stderr 是标准错误信息,解释器自己的提示和其他几乎所有的错误消息都会转到 stderr。使用 stdin 或 stdout 的 read()、readline()或 readlines()方法可以从文件中读取数据,用 write()或 writelines()方法可以往文件中写数据。

下面的程序将 D 盘根目录下的 sys_infor.txt 文件作为标准的输出设备,print()函数和 help()函数的输出信息都保存到文件中,而不会在电脑屏幕中显示出来。

```
import sys
sys.stdout = open("D:\\sys_infor.txt",'w')
print("这是对 sys 模块的介绍.")
help(sys)
sys.stdout.close()
```

6. executable 和 exec_prefix 属性

executable 返回 Python 的执行文件 python.exe 所在的路径和文件名,例如"D:\

ProgramFiles\Python38\python.exe"；exec_prefix 只给出路径名，例如"D:\ProgramFiles\Python38"。

7. exit([n])方法

当 Python 的解释器执行到 sys.exit()语句时，若给 exit()方法传递一个值为 0 的数据，解释器会认为程序是正常退出；如果传递非 0(1~127)的数据，解释器会认为程序运行异常，同样需要退出。无论是哪种状态，exit()都会抛出一个异常 SystemExit，如果这个异常没有被捕获(try…except 语句)，那么 Python 解释器将会退出，不会再执行 sys.exit()之后的语句；如果有捕获此异常的代码，Python 解释器不会马上退出，而是执行 except 的语句。捕获这个异常可以做一些额外的清理工作，例如清除程序中生成的临时文件后再退出程序。可视化编程时，exit()方法通常用于主程序的最后一句，图形界面退出时，返回一个数值给 exit()，可以用异常处理语句(try…except 语句)来处理非正常退出，当然也可以不做任何工作，结束程序的运行。

下面的程序计算两个数的商，需要输入两个数，如果第 2 个数是 0，则程序直接退出。

```python
import sys  #Demo5_38.py

x = input("请输入第 1 个数: ")
y = input("请输入第 2 个数: ")
x = float(x)
y = float(y)
if y == 0:
    print("你输入的第 2 个数是 0,程序发生致命错误而退出!")
    sys.exit(1)
print("这两个数的商是: ", x/y)
#运行结果:
#请输入第 1 个整数: 3
#请输入第 2 个整数: 0
#你输入的第 2 个数是 0,程序发生致命错误而退出!
```

第6章

异常处理和文件操作

编写好的程序在第一次运行时一般都会出现问题,出现问题是正常的。出现问题的原因很多,大致可以分为两类,一类是程序语法上的错误,这类问题很容易发现,运行一遍程序就会提示出错原因,在 PyCharm 中编程随时都有语法错误警示;另外一类是程序逻辑上的错误,不是因为编程语言规则上的错误,而是程序内部逻辑上有问题,或者程序员没有预料的事情发生了,这是一种隐式错误,这需要对程序多次调试才能发现问题。如果程序员能预料在某种情况下某段程序会出现异常,那么可以在程序中提前进行异常的捕获和处理。

6.1 异常信息和异常处理

如果在程序中没有提前设置拦截异常和处理异常的语句,程序在执行过程中如果出现异常(exception),就会终止运行。在程序编写阶段,预测可能发生异常的情况,并想办法处理,这也是编程的一部分。Python 处理异常的方法有两种,一种是被动发现异常(try),另一种是由编程人员预测到出现异常的情况并主动抛出异常(raise)。

6.1.1 异常信息

Python 逐行运行程序过程中,在没有提前设置异常处理时,如果遇到异常会抛出异常信息并终止后续程序的执行。例如下面的语句,列表 am 只有 4 个元素,却要读取 10 个元素,超出了列表的长度,结果抛出异常信息"IndexError: list index out of range"。

```
am = [1,2,3,4]  #Demo6_1.py
print(am)
```

```
x = 0
for i in range(10):
    x = x + am[i]
print(x)
#运行结果:
#[1, 2, 3, 4]
#Traceback (most recent call last):
#   File "D:/Python/error.py", line 5, in <module>
#       x = x + am[i]
#IndexError: list index out of range
```

Python有很强大的处理异常的能力,具有很多内置异常捕获机制,可向用户准确反馈出错信息。异常也是对象,可对它进行操作。BaseException是所有内置异常的基类,所有的异常类都是从BaseException继承的,且都在exceptions模块中定义。Python自动将所有异常名称放在内建命名空间中,所以程序不必导入exceptions模块即可使用异常。Python抛出的异常名称和异常原因如表6-1所示。

表6-1 Python的异常名称和异常原因

异常名称	异常原因	异常名称	异常原因
TabError	Tab和空格混用	ConnectionAbortedError	连接尝试被对等方终止
GeneratorExit	生成器(generator)异常	ConnectionRefusedError	连接尝试被对等方拒绝
StopIteration	迭代器没有更多的值	ConnectionResetError	连接由对等方重置
SystemError	解释器发现内部错误	FileExistsError	创建已存在的文件或目录
ArithmeticError	各种算术错误引发的内置异常的基类	FileNotFoundError	请求不存在的文件或目录
SyntaxError	Python语法错误	InterruptedError	系统调用被输入信号中断
OverflowError	运算结果太大无法表示	IsADirectoryError	在目录上请求文件操作
ValueError	操作或函数接收到具有正确类型但值不合适的参数	NotADirectoryError	在不是目录的事物上请求目录操作
AssertionError	当assert语句失败时引发	PermissionError	尝试在没有足够访问权限的情况下运行操作
AttributeError	属性引用或赋值失败	ProcessLookupError	给定进程不存在
BufferError	无法执行与缓冲区相关的操作时引发	ChildProcessError	在子进程上的操作失败
EOFError	当input()函数在没有读取任何数据并达到文件结束条件(EOF)时引发	ReferenceError	weakref.proxy()函数创建的弱引用试图访问已经放入垃圾回收箱的对象
ImportError	导入模块/对象失败	ModuleNotFoundError	无法找到模块或在sys.modules中找到None
RuntimeError	在检测到不属于任何其他类别的错误时触发	RecursionError	解释器检测到超出最大递归深度

续表

异常名称	异常原因	异常名称	异常原因
SystemExit	解释器请求退出	FloatingPointError	浮点计算错误
IndexError	序列中没有此索引	IndentationError	缩进错误
KeyError	字典中没有这个键	KeyboardInterrupt	用户中断执行
UnicodeError	发生与 Unicode 相关的编码或解码错误	StopAsyncIteration	通过异步迭代器对象的 __anext__() 引发停止迭代
NameError	未声明/初始化对象	UnboundLocalError	访问未初始化的本地变量
TypeError	操作或函数应用于不适当类型的对象	ZeroDivisionError	除(或取模)零
OSError	操作系统错误	MemoryError	内存溢出错误
BlockingIOError	操作将阻塞对象	UnicodeDecodeError	Unicode 解码错误
TimeoutError	系统函数在系统级别超时	UnicodeEncodeError	Unicode 编码错误
ConnectionError	与连接相关的异常的基类	UnicodeTranslateError	Unicode 转码错误
BrokenPipeError	另一端关闭时尝试写入管道或试图在已关闭写入的套接字上写入	LookupError	映射或序列上使用的键或索引无效时引发的异常的基类

6.1.2 被动异常的处理

Python 的异常处理方法和 if 结构有些类似,也是可以进行分支的结构,并且可以进行嵌套。Python 的异常处理由关键字 try 开始的语句定义,异常处理语句有多种格式。

1. try…except 语句

第 1 种格式是 try…except 语句,其格式如下,其中"[ ]"中的内容是可选的。

```
前语句块
try:
    语句块 1(需要缩进)
except [exceptionName1 [as alias]]:
    语句块 2(需要缩进)
[except [exceptionName2 [as alias]]:
    语句块 3(需要缩进)
  ⋮
后续语句块
```

其中,try 是异常处理的关键字;冒号是必需的分隔符,后续语句块需要缩进;except 关键字和其下面的语句块可以有 1 个或多个;exceptionName 是表 6-1 中的异常名称,是可选的;as alias 也是可选的,alias 表示给异常信息起个别名,可以把别名打印出来,以便知道异常的具体内容。try…except 语句的执行顺序是,当执行完前语句块后,遇到 try 关键字,执行 try 关键字下的语句块 1,如果执行语句块 1 时没有出现异常,则直接跳出 try 语句,执行后续语句块；如果执行语句块 1 时出现异常,则跳转到第 1 个 except 语句。如果没有设置异常名称 exceptionName,则执行第 1 个 except 语句下的语句块 2,执行完成后跳转到后续语句块；如果设置了 exceptionName,当异常名称是 exceptionName 时,执行第 1 个 except 下的语句块,然后跳转到后续语句块,否则执行下一条 except 语句,直到所有的 except 语句执行完成。最后再执行后续语句块。

下面的程序需要输入一个正整数,计算 $1+2+\cdots+n$,输入正整数不会发生异常,如果输入其他字符,例如输入"shi",在进行 int(n) 运算时将会报错"ValueError：invalid literal for int() with base 10：'shi'"。

```
def total(n):  # Demo6_2.py
    tt = 0
    for i in range(1,n + 1):
        tt = tt + i
    return tt

if __name__ == "__main__":
    n = input("请输入正整数：")
    n = int(n)    # 将字符串转成整数
    s = total(n)  # 调用 total()函数
    print("从 1 到{}的和是{}".format(n,s))
# 运行结果
# 请输入正整数：shi
# Traceback (most recent call last):
#   File "D:/Python/try1.py", line 9, in <module>
#     n = int(n)
# ValueError: invalid literal for int() with base 10: 'shi'
```

为了保证用户输入正确,可在程序中增加 try 语句,如果第 1 次输入有误,再给用户一次输入的机会。现将代码修改如下：

```
def total(n):  # Demo6_3.py
    tt = 0
    for i in range(1,n + 1):
        tt = tt + i
    return tt

if __name__ == "__main__":
    n = input("请输入正整数：")
    try:
        n = int(n)
        s = total(n)
        print("从 1 到{}的和是{}".format(n,s))
    except TypeError:
        print("!!!程序有问题,终止运行,请与软件开发商联系!!!")
    except ValueError as er:
        print(er)
```

```
            n = input("您的输入是{},输入不是正整数,请重新输入一次: ".format(n))
            n = int(n)
            s = total(n)
            print("从 1 到{}的和是{}".format(n,s))
# 运行结果:
# 请输入正整数: shi
# invalid literal for int() with base 10: 'shi'
# 您的输入是 shi,输入不是正整数,请重新输入一次: 10
# 从 1 到 10 的和是 55
```

2. try…except…else 语句

这种格式是在 try…except 语句的基础上增加 else 语句,其格式如下,其中"[ ]"中的内容是可选的。

前语句块
try:
  语句块 1(需要缩进)
except [exceptionName1 [as alias]]:
  语句块 2(需要缩进)
[except [exceptionName2 [as alias]]:
  语句块 3](需要缩进)
 ⋮
else:
  补充语句块(需要缩进)
后续语句块

try…except…else 语句的执行顺序是,当执行 try 后的语句块 1 时,如果没出现问题,则执行 else 下的补充语句块;如果语句块 1 出现了问题,则不执行 else 下的补充语句块。

3. try…except…finally 语句

这种格式是在第 2 种格式或第 3 种格式的基础上增加 finally 语句,其格式如下,其中"[ ]"中的内容是可选的。

前语句块
try:
  语句块 1(需要缩进)
except [exceptionName1 [as alias]]:
  语句块 2(需要缩进)
[except [exceptionName2 [as alias]]:
  语句块 3](需要缩进)
 ⋮
[else:
  else 补充语句块](需要缩进)
finally:
  finally 补充语句块](需要缩进)
后续语句块

try…except…finally 语句中,无论 try 下的语句块 1 是否出现异常,finally 补充语句都会被执行,例如下面的程序,增加 else 和 finally 语句,如果第 1 次输入正确,则执行 else 和

finally 语句；如果第 1 次输入错误，则不会执行 else 语句，而执行 finally 语句。

```python
def total(n):  #Demo6_4.py
    tt = 0
    for i in range(1,n+1):
        tt = tt + i
    return tt

if __name__ == "__main__":
    n = input("请输入正整数：")
    try:
        n = int(n)
        s = total(n)
        print("从 1 到{}的和是{}".format(n,s))
    except TypeError:
        print("!!!程序有问题,终止运行,请与软件开发商联系!!!")
    except ValueError:
        n = input("您的输入是{},输入不是正整数,请重新输入一次：".format(n))
        n = int(n)
        s = total(n)
        print("从 1 到{}的和是{}".format(n,s))
    else:
        print("恭喜你一次性正确完成计算!")
    finally:
        print('请退出!')
#执行结果
#请输入正整数：10.5
#您的输入是 10.5,输入不是正整数,请重新输入一次：10
#从 1 到 10 的和是 55
#请退出!
```

6.1.3 主动异常的处理

使用 raise 语句可以在某个地方制造出异常，而不是由 Python 主动发现异常。raise 语句的格式如下，其中"[ ]"中的内容是可选的。

raise [exceptionName [(reason)]]

其中 exceptionName 是表 6-1 中的异常名称，reason 是对异常的描述性文字。例如下面的计算程序需要输入一个正整数，计算 $1+2+\cdots+n$，输入正整数不会发生异常，如果输入 0 或负整数就会出现异常，这个异常是由 raise 语句发出的。

```python
def total(n):  #Demo6_5.py
    tt = 0
    for i in range(1,n+1):
        tt = tt + i
    return tt
```

```
if __name__ == "__main__":
    n = input("请输入正整数: ")
    try:
        n = int(n)
        if n <= 0:
            raise ValueError("你的输入小于等于0.")
        s = total(n)
        print("从 1 到{}的和是{}".format(n,s))
    except TypeError:
        print("!!!程序有问题,终止运行,请与软件开发商联系!!!")
    except ValueError as er:
        print(er)
        n = input("您的输入是{},输入不是正整数,请重新输入一次: ".format(n))
        n = int(n)
        s = total(n)
        print("从 1 到{}的和是{}".format(n,s))
# 运行结果：
# 请输入正整数: -10
# 你的输入小于等于0。
# 您的输入是-10,输入不是正整数,请重新输入一次:10
# 从 1 到 10 的和是 55
```

6.1.4 异常的嵌套

try 语句可以进行嵌套,判断出更多异常的情况。例如下面的代码,允许最多输入 3 次数据,如果在任意一次输入正确,则得到正确结果,如果输错 3 次,则停止输入。出错信息也可以用 sys 模块的 exc_info() 方法获取,但需要提前导入 sys 模块。

```
def total(n):  # Demo6_6.py
    tt = 0
    for i in range(1,n+1):
        tt = tt + i
    return tt
if __name__ == "__main__":
    n = input("请输入正整数: ")
    try:
        n = int(n)
        s = total(n)
        print("从 1 到{}的和是{}".format(n,s))
    except:
        import sys
        errorMessage = sys.exc_info()
        print(errorMessage)
        n = input("您的输入是{},输入不是正整数,请重新输入: ".format(n))
        try:
            n = int(n)
            s = total(n)
```

```
                print("从 1 到{}的和是{}".format(n,s))
        except:
            n = input("您的输入是{},输入不是正整数,请再次输入:".format(n))
            try:
                n = int(n)
                s = total(n)
                print("从 1 到{}的和是{}".format(n,s))
            except:
                print("您已经输错 3 次,程序结束.")
# 运行结果:
# 请输入正整数: shi
# (<class 'ValueError'>, ValueError("invalid literal for int() with base 10: 'shi'"),
# <traceback object at 0x0000022FE908B540>)
# 您的输入是 shi,输入不是正整数,请重新输入: ershi
# 您的输入是 ershi,输入不是正整数,请再次输入: sanshi
# 您已经输错 3 次,程序结束.
```

6.2 文件的读写

前面讲的变量、数据结构和类都可以存储数据,程序运行时数据存储在内存中,但是程序运行结束后,数据都会丢失。因此,在程序结束前有必要把数据保存到文件中,或者在程序开始运行时从文件中读取数据。

6.2.1 文件的打开与关闭

1. 打开文件

要从一个文件中读取数据,或者往文件中写数据,都需要提前打开文件。Python 内置打开文件的函数 open() 的格式如下:

```
fp = open(fileName, mode = 'r', buffering = -1, encoding = None, errors = None, newline = None,
closefd = True, opener = None)
```

各项的意义如下:

- fp 表示打开文件的对象,名字可以由读者自行确定,通过文件对象对文件进行读写等操作,例如 fp.readlins()读取文件内容。
- fileName 表示要打开的文件名,可以是相对当前路径的文件,也可以是绝对路径的文件,例如"D:\\doc\\doe.txt"。文件打开后,可以用 fp.name 属性返回被打开的文件名。
- mode 表示打开模式,mode 的取值是字符'r'、'w'、'x'、'a'、'b'、't'、'+',或其组合。'r'表示打开文件只读,不能写;'w'表示打开文件只写,并且清空文件;'x'表示独占打开文件,如果文件已经打开就会失败;'a'表示打开文件写,不清空文件,以在文件末尾追加的方式写入;'b'表示用二进制模式打开文件;'t'表示文本模式,默认情况下就是这种模式;'+'表示打开的文件既可以读取,也可以写入。mode 常用的取值和意义参考表 6-2 的内容。文件打开后，利用 fp.mode 属性可以返回文件打开方式。
- buffering 表示设置缓冲区。如果 buffing 参数的值为 0，表示在打开文件时不使用缓冲区，适合读取二进制数据；如果 buffering 参数的值取 1，访问文件时会寄存行，适合文本数据；如果 buffing 参数的值为大于 1 的整数，该整数用于指定缓冲区的大小（单位是字节）；如果 buffing 参数的值为负数，则代表使用默认的缓冲区大小。缓冲区的作用是：程序在执行输出操作时，会先将所有数据都输出到缓冲区中，然后继续执行其他操作，缓冲区中的数据会由外设自行读取处理；当程序执行输入操作时，会先等外设将数据读入缓冲区中，无须同外设做同步读写操作。如果参数 buffering 没有给出，则使用默认设置，对于二进制文件，采用固定块内存缓冲区方式，内存块的大小根据系统设备分配的磁盘块来决定，如果获取系统磁盘块的大小失败，就使用内部常量 io.DEFAULT_BUFFER_SIZE 定义的大小。一般的操作系统中，块的大小是 4096B 或者 8192B；对于交互的文本文件（采用 isatty() 判断为 True），采用一行缓冲区的方式，文本文件其他方面的使用限制和二进制方式相同。
- 参数 encoding 设定打开文件时所使用的编码格式，仅用于文本文件。不同平台的 encoding 参数值也不同，Windows 默认为 'GBK' 编码。对于 Windows 的记事本建立的文本文件，编码格式有 'ANSI'、'UTF-8'和'UTF-16'，记事本默认的存储格式是 'UTF-8'，使用时选择另存为文件，同时选择编码格式即可。在读取记事本保存的文件时，将 encoding 设置成对应的编码格式即可。
- 参数 errors 用来指明编码和解码错误时怎样处理，不能在二进制的模式下使用。当指明为 'strict' 时，编码出错则抛出异常 ValueError；当指明为 'ignore' 时，忽略错误；当指明为 'replace' 时，使用某字符进行替代，比如使用'?'来替换错误。
- 参数 newline 是在文本模式下用来控制一行的结束符。可以是 None、' '、\n、\r、\r\n 等。读入数据时，如果新行符为 None，那么就作为通用换行符模式工作，意思就是说当遇到\n、\r 或\r\n 都可以作为换行标识，并且统一转换为\n 作为文本换行符；当设置为空 ' ' 时，也是通用换行符模式，不转换成\n，保持原样输入；当设置为其他相应字符时，就用相应的字符作为换行符，并保持原样输入。输出数据时，如果新行符设置成 None，那么所有输出文本都采用\n 作为换行符；如果新行符设置成 ' ' 或者\n，不做任何的替换动作；如果新行符是其他字符，会在字符后面添加\n 作为换行符。
- 参数 closefd 用来设置给文件传递句柄后，在关闭文件时，是否将文件句柄进行关闭。
- 参数 opener 用来设置自定义打开文件的方式，使用方式比较复杂。

表 6-2 打开文件的模式

模式	功 能 描 述
'r'或'rt'	以只读方式打开文件，文件指针指向文件的开头，这是默认模式
'rb'	以二进制格式打开一个文件用于只读，文件指针指向文件的开头
'r+'或'rt+'	打开一个文件用于读写，文件指针指向文件的开头
'rb+'	以二进制格式打开一个文件用于读写，文件指针指向文件的开头
'w'或'wt'	打开一个文件只用于写，如果该文件已存在则打开文件，清空原文件内容；如果该文件不存在则创建新文件

续表

模　式	功　能　描　述
'wb'	以二进制格式打开一个文件只用于写入，如果该文件已存在则打开文件，并清空原文件内容；如果该文件不存在则创建新文件
'w+'或'wt+'	打开一个文件用于读写，如果该文件已存在则打开文件，并清空原文件内容；如果该文件不存在则创建新文件
'wb+'	以二进制格式打开一个文件用于读写，如果该文件已存在则打开文件，清空原文件内容；如果该文件不存在则创建新文件
'a'或'at'	打开一个文本文件用于追加内容，如果该文件已存在，则文件指针指向文件的结尾，新写入的内容将会附加到已有内容之后；如果该文件不存在，则创建新文件进行写入
'ab'	以二进制格式打开一个文件用于追加内容，如果该文件已存在，则文件指针指向文件的结尾，新写入的内容将会附加到已有内容之后；如果该文件不存在，则创建新文件进行写入
'a+'或'at+'	以文本制格式打开一个文件用于追加内容，如果该文件已存在，则文件指针指向文件的结尾；如果该文件不存在，则创建新文件用于读写
'ab+'	以二进制格式打开一个文件用于追加内容，如果该文件已存在，则文件指针指向文件的结尾；如果该文件不存在，则创建新文件用于读写

注意表 6-2 中，使用含有"r"的方式打开文件时，文件必须存在，否则会报错；使用含有"w"的方式打开文件时，如果文件存在则清空文件，如果文件不存在则创建新文件；使用含有"t"的方式打开文件时，是以文本形式读写；使用含有"b"的方式打开文件时，是以二进制形式读写；使用含有"a"的方式打开文件时，表示在文件末尾追加（append）；使用含有"+"的方式打开文件时，表示既可以读也可以写。例如 fp = open("d:\\peo.txt")表示以只读模式打开 d 盘下的 peo.txt 文件。fp = open("d:\\peo.txt",'w+')表示以读写方式打开 d 盘下的 peo.txt 文件，如果 peo.txt 文件存在，则清空 peo.txt 中的内容，可以往 peo.txt 中写入内容，写入后也可以读取文件中的内容；如果 peo.txt 文件不存在，则新建 peo.txt 文件。fp = open("d:\\peo.txt",'a+')表示以读写方式打开 d 盘下的 peo.txt 文件，如果 peo.txt 文件存在，则将指针放到 peo.txt 内容的末尾，用于追加内容，写入后也可以读取文件中的内容；如果 peo.txt 文件不存在，则新建 peo.txt 文件。"r""w"和"+"之间的关系可以用图 6-1 表示。

下面的程序以'wt'方式新建一个文件，在文件中逐行写入一些文字。

```
#Demo6_7.py
string = "孔雀东南飞,五里一徘徊,十三能织素,十四学裁衣,十五弹箜篌,\
十六诵诗书,十七为君妇,心中常苦悲,君既为府吏,守节情不移,贱妾留空房,\
相见常日稀,鸡鸣入机织,夜夜不得息,三日断五匹,大人故嫌迟,非为织作迟,\
君家妇难为,妾不堪驱使,徒留无所施,便可白公姥,及时相遣归"
string = string.split(",")
fp = open("d:\\孔雀东南飞.txt",'wt')  #以只写方式创建文件
for i in string:
    print(i,file = fp)    # 向文件中写入内容
fp.close()  #关闭文件
```

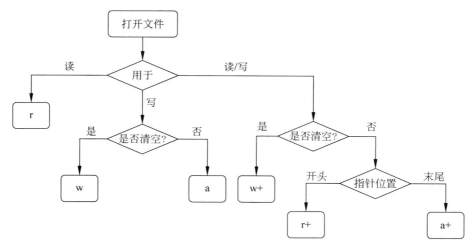

图 6-1　打开模式的"r""w"和"+"之间的关系

直接用 open() 函数打开文件,有可能打开文件失败,例如文件不存在、文件已经被别的程序打开等。为了防止出错,可以用 with 语句,其格式如下:

with open( ) as fp:
  语句块

下面的代码用 with 语句可以逐行输出文件中的内容。

```
with open("d:\\孔雀东南飞.txt",'rt') as fp:
    lines = fp.readlines()
    for line in lines:
        print(line)
fp.close()
```

2. 关闭文件

文件打开后,读写完毕要及时关闭。关闭文件使用 fp.close() 方法,如果缓冲区中还有没读写完成的数据,close() 方法会等待读写完数据后再关闭文件,用 fp.closed 属性可以获取文件是否已经关闭。

6.2.2　读取数据

从文件中读取数据,需要用文件的对象的 read()、readline() 和 readlines() 方法。使用 readable() 方法可以判断文件是否可以读取。

1. read() 方法

read() 方法的格式是 read(size=-1),其中 size 表示读取的字符数,包括换行符\n,不输入 size 或 size 为负数表示读取所有的数据。read() 方法返回字符串数据。

用记事本在磁盘上建立 student.txt 文件,并在文件中写入如图 6-2 所示的内容,注意编码方式是"UTF-8"。用 read() 方法读取文件中的所有信息,然后计算出个人总成绩和平均成绩并输出。为防止打开和读取文件出错，可以使用 try 语句。

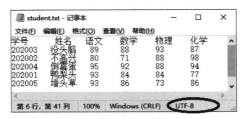

图 6-2　学生考试成绩

```
try: #Demo6_8.py
    fp = open("D:\\Python\\student.txt",'r',encoding = 'UTF-8')
    ss = fp.read()                #读取文件内容
except:
    print("打开或读取文件失败!")
else:
    print("读取文件成功!文件内容如下：")
    print(ss)                     #输出读取的文件内容
    fp.close()

    ss = ss.strip()               #去除前后的换行符和空格
    ss = ss.split('\n')           #用换行分割,分割后 ss 是列表
    n = len(ss)
    for i in range(n):
        ss[i] = ss[i].split()     #用空格分割,分割后 ss[i]是列表
    ss[0].append('总成绩')
    ss[0].append("平均成绩")
    for i in range(1,n):
        total = int(ss[i][2]) + int(ss[i][3]) + int(ss[i][4]) + int(ss[i][5]) #计算个人总成绩
        ss[i].append(str(total))
        ss[i].append(str(total/4))


    template1 = "{:^6s}" * 8
    template2 = "{:<8s}" * 8
    print(template1.format(ss[0][0],ss[0][1],ss[0][2],ss[0][3],ss[0][4],ss[0][5],ss[0][6],ss[0][7]))
    for i in range(1,n):
        print(template2.format(ss[i][0],ss[i][1],ss[i][2],ss[i][3],ss[i][4],ss[i][5],ss[i][6],ss[i][7]))
#运行结果:
#读取文件成功!文件内容如下:
#学号      姓名     语文    数学    物理    化学
#202003    没头脑   89      88      93      87
#202002    不高兴   80      71      88      98
#202004    倒霉蛋   95      92      88      94
#202001    鸭梨头   93      84      84      77
#202005    墙头草   93      86      73      86
```

```
#
# 学号      姓名    语文   数学   物理   化学   总成绩   平均成绩
#202003    没头脑   89    88    93    87    357      89.25
#202002    不高兴   80    71    88    98    337      84.25
#202004    倒霉蛋   95    92    88    94    369      92.25
#202001    鸭梨头   93    84    84    77    338      84.5
#202005    墙头草   93    86    73    86    338      84.5
```

用read()方法读取文件时,文件指针指向文件开始部分,表示从文件起始位置开始读取。如果只想读取文件中的某段内容,需要使用seek()方法移动到指定位置。seek()方法的格式是seek(offset,whence=0),其中offset表示移动量,whence=0表示从文件起始开始计算移动量,whence=1表示从当前位置计算移动量,whence=2表示从文件结尾反向计算移动量,默认为whence=0。对于文本文件只能从文件起始位置计算移动量。1个英文字母或数字占1个字符,GBK编码1个汉字占用2个字符,UTF编码1个汉字占3个字符。seek()方法不适合中文和英文混合的文本文件,因为不容易计算offset量。另外用tell()方法可以输出指针的位置,用seakable()方法可以判断是否可以移动文件指针。

下面的代码每隔40个字符输出20个字符。

```python
ss = ""    #Demo6_9.py
try:
    fp = open("D:\\Python\\study.txt",'r',encoding = 'UTF-8')
    for i in range(1,11):
        print(fp.tell())
        ss = ss + fp.read(20)    #读取文件内容
        fp.seek(40 * i)
except:
    print("打开或读取文件有误!")
finally:
    fp.close()
    print(ss)
```

2. readline()方法

readline()方法每次只能读一行,返回字符串,如果知道文件中的总行数,可以指定读取多少行内容;如果不知道总行数,可以用while循环读取所有行,例如下面的代码。readline()方法的读取速度比read()方法和readlines()方法要慢,优点是可以立即对每行进行处理,例如,如果文件中有空行,可以立即去除空行,例如下面的程序。

```python
string = list()  #空列表  #Demo6_10.py
try:
    fp = open("D:\\Python\\student.txt",'r',encoding = 'UTF-8')
    while True:
        line = fp.readline()            #读取行数据
        if len(line)> 0:
            line = line.strip()         # 去除行尾的\n
```

```
                if len(line)> 0:
                    string.append(line)        #把数据放到 string 列表中
            else:
                break                          #读到最后终止
except:
    print("打开或读取文件有误!")
else:
    fp.close()
finally:
    for i in string:
        print(i)
```

3. readlines()方法

readlines()方法读取文件中的所有行,返回由行数据构成的列表。与 read()方法相比,readlines()方法返回的是字符串列表,而不是字符串;与 readline()方法相比,readlines()方法不能立即对每行数据进行处理。

```
try:  #Demo6_11.py
    fp = open("D:\\Python\\student.txt",'r',encoding = 'UTF-8')
    lines = fp.readlines()  #读取所有行数据
except:
    print("打开或读取文件有误!")
else:
    fp.close()
finally:
    for i in lines:
        print(i.strip())
#运行结果
#学号        姓名        语文    数学    物理    化学
#202003     没头脑      89      88      93      87
#202002     不高兴      80      71      88      98
#202004     倒霉蛋      95      92      88      94
#202001     鸭梨头      93      84      84      77
#202005     墙头草      93      86      73      86
```

6.2.3 写入数据

往一个文件中写入一个字符串可以用 write()方法,写入一个字符串列表或元组可以用 writelines()方法,用 writeable()方法可以检查文件对象是否可以写入。

1. 用 write()方法写数据

文件对象的 write()方法逐行向文件中写入一个字符串数据,格式为 write(text),其中 text 是字符串。write()方法不会在被写入的字符串后面加换行符"\n",需要手动在每个字符串后加入"\n"。

下面的程序先用自定义函数 readData()从 student.txt 文件中读取学号、姓名和各科成绩，返回二维数据列表；然后用 student 类创建实例对象，赋予对象数据，把对象放到一个字典中，在字典中计算总分和平均分；最后按照学生顺序，把实例中的数据写到文件中。输入和输出的文件内容如图 6-3 所示。

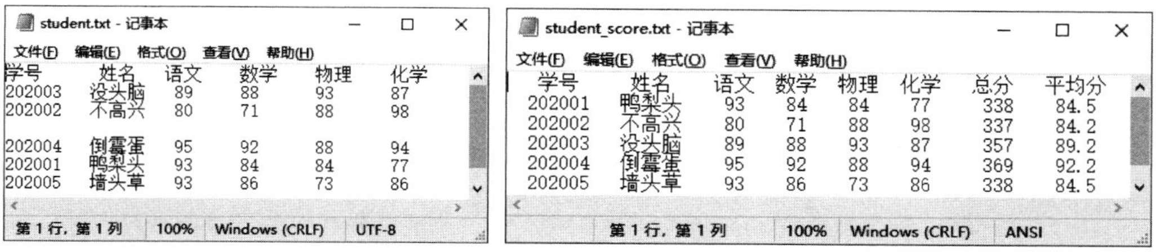

图 6-3 输入和输出文件的内容

```
class student(object):        #学生类  #Demo6_12.py
    def __init__(self,number = "0",name = "",chn = "0",math = "0",phy = "",che = "0"):
        self._number = int(number)
        self._name = name
        self._chn = int(chn)
        self._math = int(math)
        self._phy = int(phy)
        self._che = int(che)
        self.__total = self._chn + self._math + self._phy + self._che    #计算总成绩
        self.__ave = self.__total/4          #计算平均成绩
    def getTotal(self):                      #输出总成绩
        return self.__total
    def getAve(self):                        #输出平均成绩
        return self.__ave
def readData(fileName,coding):               #读取文件中的数据,输出数据列表
    string = list()                          #空列表
    try:
        fp = open(fileName, 'r',encoding = coding)
        while True:
            line = fp.readline()             #读取行数据
            if len(line)> 0:
                line = line.strip()          # 去除行尾的\n
                if len(line)> 0:
                    string.append(line)      #把数据放到 string 列表中
            else:
                break                        #读到最后终止
    except:
        print("打开或读取文件有误!")
    else:
        n = len(string)
        for i in range(n):
            string[i] = string[i].split()    #将 string 中的元素分解成列表
        return string
    finally:
        fp.close()
```

```
if __name__ == "__main__":
    ss = readData("d:\\python\\student.txt","UTF - 8")
    stDict = dict()                              #存放学生实例对象的字典
    n = len(ss)
    for i in range(1,n):                         #以学号为键,以学生对象为键的值
        num = int(ss[i][0])
        stDict[num] = student(ss[i][0],ss[i][1],ss[i][2],ss[i][3],ss[i][4],ss[i][5])
stNumber = list(stDict.keys())                   #学号列表
stNumber.sort()                                  #学号列表
fp = open("d:\\python\\student_score.txt","w")   #打开新文件,用于写入数据
fp.write("  学号     姓名     语文   数学   物理   化学   总分    平均分\n")   #写表头
template = "{:=8d}{:>6s}{:=6d}{:=6d}{:=6d}{:=6d}{:=8d}{:=8.1f}\n"   #模板
for i in stNumber:
    fp.write(template.format(stDict[i]._number,stDict[i]._name,stDict[i]._chn,
             stDict[i]._math,stDict[i]._phy,stDict[i]._che,
             stDict[i].getTotal(),stDict[i].getAve()))   #用模板往文件中写字符串
fp.close()
```

Python 默认的文件编码是"GBK",即 unicode 形式,要想转成其他编码格式,如"UTF-8"或"UTF-16",可以用字符串的 encode()方法进行转换,例如下面的程序。

```
s1 = [202001,'鸭梨头',93,84,84,77,338,84.5]
s2 = [202002,'不高兴',80,71,88,98,337,84.2]

fp = open("d:\\python\\studentScore.txt","wb")
template = "{:=8d}{:>6s}{:=6d}{:=6d}{:=6d}{:=6d}{:=8d}{:=8.1f}\n"
string1 = template.format(s1[0],s1[1],s1[2],s1[3],s1[4],s1[5],s1[6],s1[7])
string2 = template.format(s2[0],s2[1],s2[2],s2[3],s2[4],s2[5],s2[6],s2[7])
fp.write(string1.encode(encoding = "UTF - 8"))   #用 encode()方法转换
fp.write(string2.encode(encoding = "UTF - 8"))
fp.close()
```

2. 用 writelines()方法写数据

writelines()方法可以把一个字符串列表或元组输出到文件中,其格式为 writelines(lines)。writelines()方法不会自动在每个字符串列表的末尾加"\n",例如下面的代码。

```
#Demo6_13.py
string = ["草长莺飞二月天,","拂堤杨柳醉春烟.","儿童散学归来早,","忙趁东风放纸鸢."]
for i in range(len(string)):
    string[i] = string[i] + "\n"
fp = open("d:\\python\\村居.txt","w")
fp.writelines(string)
fp.close()
```

6.3 文件和路径操作

本节介绍几个与文件和路径相关的操作，包括文件的复制、删除，路径的创建、删除和查询等操作，这些方法在 os 和 shutil 模块中，使用前先用 import os 和 import shutil 语句把模块导入进来。os 模块和 shutil 模块的常用方法如表 6-3 所示。下面介绍一些常用的文件和路径操作的方法。

表 6-3 文件和路径常用方法

格　　式	功 能 说 明	格　　式	功 能 说 明
os.getcwd()	获取当前工作路径	os.path.commonprefix(list)	获取路径列表的前面相同的部分
os.chdir(path)	设置新的工作路径	os.path.dirname(path)	提取文件路径中的路径
os.listdir(path='.')	获取指定路径下的所有文件和路径	os.path.basename(path)	提取路径中的文件名
os.mkdir(path)	创建单级路径，如果已经存在路径，抛出 FileExistsError 异常	os.path.getatime(path)	返回路径最后访问的时间
os.makedirs(name)	创建多级路径	os.path.getmtime(path)	返回路径最后修改的时间
os.name	返回当前系统名称	os.path.getsize(path)	返回路径的大小(B)
os.remove(file)	移除文件	os.path.join(path,*paths)	连接路径
os.rmdir(path)	删除空路径	os.path.split(path)	分离路径和文件名
os.removedirs(name)	删除指定的空目录，且如果删除该目录后，父目录为空，则递归删除父目录	os.path.splitext(path)	分离文件名和扩展名
os.rename(src, dst)	重命名路径或文件	os.path.exists(path)	判断目录或文件是否存在
os.sepos.path.sep	返回当前系统的路径分隔符	os.path.isabs(path)	判断路径是否是绝对路径
os.stat(path)	获取文件基本信息	shutil.copyfile(src,dst)	以最经济的方式复制文件
os.path.isfile(path)	判断路径是否为文件	shutil.copy(src,dst)	复制文件
os.path.isdir(path)	判断路径是否为路径	shutil.copytree(src,dst)	复制路径
os.path.abspath(path)	获取路径的完全路径	shutil.move(src,dst)	移动文件或目录
os.path.commonpath(paths)	获取多个路径的共同路径	shutil.rmtree(path)	删除路径

1. 工作路径的查询和修改

工作路径是指 Python 用 import 语句导入模块或包时首先要搜索的路径，在 IDLE 的文件编程环境中编写好程序，存盘并运行后，此时的存盘路径将成为工作路径。Python 用 os.getcwd() 方法可以查询工作路径(current working directory,cwd)，用 os.chdir() 方法可以设置工作路径(change directory)。

```
>>> import os
>>> os.getcwd()    # 获取当前路径
'D:\\ProgramFiles\\Python38'
>>> os.chdir("d:\\python")    # 改变当前路径
>>> os.getcwd()    # 获取修改后的工作路径
'd:\\python
```

2. 获取指定路径下的文件和路径

用 os.listdir()方法可以得到某路径下的文件和文件夹,返回值是字符串列表。用 os.listdir(.)或 os.listdir()方法可以得到工作路径下的文件和文件夹,用 os.listdir(..)方法可以获得工作路径的上级路径下文件和文件夹。

```
>>> dir1 = os.listdir("d:\\qycache")
>>> print(dir1)
['ad_cache', , 'livenet_cloud.cache', 'livenet_cloud.cache1', 'livenet_cloud.cache2', 'livenet_cloudcfg.ini', 'livenet_cloudcfg.ini1', 'livenet_cloudcfg.ini2']
>>> dir2 = os.listdir()
>>> print(dir2)
['.idea', '1.ui', 'a.spec', 'A.txt', 'aa.py', 'area.py', 'battery.py', 'bb.py', 'build', ', '村居.txt']
>>> dir3 = os.listdir("..")
>>> print(dir3)
['aero', 'qycache', 'python', 'python_book', 'ProgramFiles', '阶段划分与时间预估.txt']
```

3. 删除文件

用 os.remove()方法可以删除文件,删除前应确保有删除权限,否则抛出 PermissionError 异常。

```
>>> os.listdir("d:\\aero")
['aero.zip', '资料', '资料目录.txt']
>>> os.remove("d:\\aero\\资料目录.txt")    # 删除文件
>>> os.listdir("d:\\aero")
['aero.zip', '资料']
```

4. 删除目录

用 os.rmdir()方法可以删除空路径,如果路径不存在或非空,分别抛出 FileNotFoundError 和 OSError 异常。用 os.removedirs()方法也可以删除空路径,且如果删除该路径后,父路径为空,则递归删除父路径。

```
>>> files = os.listdir("D:\\aero\\资料")
>>> for i in files:
    os.remove("D:\\aero\\资料\\" + i)    # 删除路径下的所有文件,如果该路径下没有文件夹
>>> os.rmdir("D:\\aero\\资料\\")    # 删除路径
```

```
>>> os.listdir("D:\\aero")
['aero.zip']
```

5. 创建路径

用 os.mkdir() 方法可以创建一个路径，用 os.makedirs() 方法可以创建多级路径。

```
>>> os.listdir("D:\\aero")
['aero.zip']
>>> os.mkdir("D:\\aero\\我的资料袋\\")
>>> os.listdir("D:\\aero\\")
['aero.zip', '我的资料袋']
>>> os.makedirs("D:\\aero\\我的资料袋\\我的照片\\北京照片\\天安门照片")
>>> os.mkdir("D:\\aero\\我的资料袋\\我的照片\\北京照片\\故宫照片")
>>> os.listdir("D:\\aero\\我的资料袋\\我的照片\\北京照片")
['天安门照片', '故宫照片']
```

6. 复制文件和文件夹

复制文件可以用 shutil 模块的 shutil.copy() 方法或 shutil.copyfile() 方法。

```
>>> import os,shutil
>>> pic = os.listdir("d:\\beijing")
>>> print(pic)
['20191214091616.jpg', '20191214091649.jpg', '20191214091704.jpg', '20191214091711.jpg', '20191214091719.jpg']
>>> for i in pic:
    shutil.copy("d:\\beijing\\" + i,"D:\\aero\\我的资料袋\\我的照片\\北京照片")  #复制照片
#运行结果
'D:\\aero\\我的资料袋\\我的照片\\北京照片\\20191214091616.jpg'
'D:\\aero\\我的资料袋\\我的照片\\北京照片\\20191214091649.jpg'
'D:\\aero\\我的资料袋\\我的照片\\北京照片\\20191214091704.jpg'
'D:\\aero\\我的资料袋\\我的照片\\北京照片\\20191214091711.jpg'
'D:\\aero\\我的资料袋\\我的照片\\北京照片\\20191214091719.jpg'
>>> os.listdir("D:\\aero\\我的资料袋\\我的照片\\北京照片")
['20191214091616.jpg', '20191214091649.jpg', '20191214091704.jpg', '20191214091711.jpg', '20191214091719.jpg', '天安门照片', '故宫照片']
```

复制文件夹下的所有文件和所有文件夹到新文件夹可以用 shutil.copytree() 方法，要求新文件夹不能提前存在。

```
>>> shutil.copytree("d:\\beijing\\","D:\\aero\\北京照片")
'D:\\aero\\北京照片'
```

7. 检查文件或路径是否存在

检查文件是否存在可以用 os.path.isfile() 方法，检查路径是否存在可以用 os.path.

isdir()方法或os.path.exists()方法,检查是否是绝对路径可以用os.path.isabs()方法。

```
>>> os.path.isfile("D:\\aero\\北京照片\\20191214091616.jpg")
True
>>> os.path.isdir("D:\\aero\\北京照片")
True
>>> os.path.exists("D:\\aero\\北京照片")
True
```

8. 文件和文件夹的重命名

用os.rename()方法可以给文件和文件夹重命名,重命名时需要注意文件或文件夹是否有权限改名,如果一个文件或文件夹正在被使用或打开,则不允许改名。

```
>>> os.rename("D:\\aero\\北京照片\\20191214091616.jpg","D:\\aero\\北京照片\\鸟巢.jpg")
>>> os.rename("D:\\aero\\北京照片\\新建文件夹","D:\\aero\\北京照片\\new")
>>> os.listdir("D:\\aero\\北京照片\\")
['20191214091649.jpg', '20191214091704.jpg', '20191214091711.jpg', '20191214091719.jpg', 'new', '鸟巢.jpg']
>>> os.rename("D:\\aero","D:\\pic")
```

9. 文件名和路径的分开

用os.path.split()方法可以分开路径和文件名,用os.path.splitext()方法可以将文件名(含路径)与文件扩展名分开,用os.path.dirname()方法可以得到路径,用os.path.basename()方法可以得到文件名。

```
>>> path,name = os.path.split("D:\\pic\\北京照片\\鸟巢.jpg")
>>> print(path,name)
D:\pic\北京照片 鸟巢.jpg
>>> os.path.splitext("D:\\pic\\北京照片\\鸟巢.jpg")
('D:\\pic\\北京照片\\鸟巢', '.jpg')
>>> os.path.dirname("D:\\pic\\北京照片\\鸟巢.jpg")
'D:\\pic\\北京照片'
>>> os.path.basename("D:\\pic\\北京照片\\鸟巢.jpg")
'鸟巢.jpg'
```

10. 系统的分隔符、系统名称

os.linesep给出当前平台使用的行终止符,Windows使用'\r\n',Linux使用'\n',而Mac使用'\r'。os.name给出正在使用的平台,Windows是'nt',而Linux/UNIX是'posix'。os.sep给出文件路径分隔符。

```
>>> os.linesep
'\r\n'
>>> os.name
'nt'
```

```
>>> os.sep
'\\'
```

11. 获取文件的大小和状态

用os.path.getsize()方法可以获取文件的大小,用os.stat()方法可以获取文件的状态。

```
>>> os.path.getsize("D:\\pic\\北京照片\\鸟巢.jpg")
95236
>>> os.stat("D:\\pic\\北京照片\\鸟巢.jpg")
os.stat_result(st_mode = 33206, st_ino = 1407374883618939, st_dev = 302558, st_nlink = 1, st
_uid = 0, st_gid = 0, st_size = 95236, st_atime = 1588480219, st_mtime = 1576286191, st_ctime
 = 1588479390)
```

12. 路径的拼接和公共路径的查找

用os.join()方法可以把两个路径拼接成一个路径,用os.path.commonprefix()方法可以找出路径的公共部分,用os.path.commonpath()方法可以找出公共路径。

```
>>> path1 = "D:\\pic\\北京照片"
>>> path2 = "鸟巢.jpg"
>>> path = os.path.join(path1,path2)
>>> print(path)
D:\pic\北京照片\鸟巢.jpg
>>> os.path.commonprefix(['\\usr\\lib', '\\usr\\local\\lib'])
'\\usr\\l'
>>> os.path.commonpath(['\\usr\\lib', '\\usr\\local\\lib'])
'\\usr'
```

13. 遍历路径

遍历路径是指将指定目录下的全部目录(包括子目录)及文件运行一遍,os模块的walk()方法用于实现遍历目录的功能,walk()方法的格式为walk(top,topdown=True,onerror=None,followlinks=False)。下面的代码输出"d:\\pic"路径下的所有路径和文件。

```
>>> import os
>>> path = "d:\\pic"
>>> for root,dirs,files in os.walk(path,topdown = True):
        for n in dirs:
            print(os.path.join(root,n))
        print(" * " * 30)
        for n in files:
            print(os.path.join(root,n))
# 运行结果
d:\pic\北京照片
```

```
d:\pic\我的资料袋
d:\pic\aero.zip
d:\pic\北京照片\new
d:\pic\北京照片\20191214091649.jpg
d:\pic\北京照片\20191214091704.jpg
d:\pic\北京照片\鸟巢.jpg
d:\pic\北京照片\new\20191214091616.jpg
d:\pic\我的资料袋\我的照片
d:\pic\我的资料袋\我的照片\北京照片
```

6.4　Excel 文件的读写

Excel 是常用的数据表格处理软件，Python 对 Excel 文件的读写需要安装第三方软件包。用于处理 Excel 文件的第三方软件包有 xlrd、xlwt、xlwings、xlsxwriter、pandas、win32com 和 openpyxl，本书只介绍 openpyxl 的使用方法。openpyxl 是一款比较综合的工具，不仅能够同时读取和修改 Excel 文档，而且可以对 Excel 文件内单元格进行详细设置，包括单元格样式等内容，甚至还支持图表插入、打印设置等功能。使用 openpyxl 可以读写 Excel 2010 的 xltm、xltx、xlsm、xlsx 等类型的文件，且可以处理数据量较大的 Excel 文件。

使用 openpyxl 前需先下载安装，在 Windows 的 cmd 窗口中输入 pip install openpyxl 并按 Enter 键，如图 6-4 所示，稍过一会儿就可以将 openpyxl 安装完成。安装完成后在 Python 的安装目录 Lib\site-packages 下可以看到 openpyxl 包。使用 openpyxl 时需要先用 import openpyxl 语句把 openpyxl 包导入进来。

图 6-4　下载安装 openpyxl

6.4.1　openpyxl 的基本结构

openpyxl 包的三个主要类是 Workbook、Worksheet 和 Cell。Workbook 是一个 Excel 工作簿，相当于包含多个工作表格 Sheet 的 Excel 文件；Worksheet 是 Workbook 的一个工作表格，一个 Workbook 有多个 Worksheet，Worksheet 通过表名识别，如 Sheet1、Sheet2 等；Cell 是 Worksheet 上的单元格，存储具体的数据值。要在 Python 中创建一个 Excel 文档或打开一个 Excel 文档，通常必须创建这 3 个类的实例对象来操作 Excel 表格。下面通过一个具体的实例说明创建 Excel 文件和打开 Excel 文件的过程。

下面是在内存中创建 Excel 文档的程序，往文件中写入数据，并将文档保存到硬盘上。

在第1行用 import 语句导入 openpyxl 包，第3～8行是记录学生成绩的列表，第9行用 Workbook()类创建工作簿实例 stBook，第10行用工作簿创建工作表格对象，工作表格对象的名称是"学生成绩"，第11～13行往单元格对象中输入数据，第14行将工作簿对象 stBook 保存到 student.xlsx 文件。如果用 Office Excel 打开 student.xlsx 文件，其内容如图 6-5 所示。

```
1   import openpyxl      #导入 openpyxl 包      #Demo6_14.py
2
3   data = [ ["学号","姓名","语文","数学","物理","化学"],
4            ['202003','没头脑',89,88,93,87],
5            ['202002','不高兴',80,71,88,98],
6            ['202004','倒霉蛋',95,92,88,94],
7            ['202001','鸭梨头',93,84,84,77],
8            ['202005','墙头草',93,86,73,86] ]
9   stBook  =  openpyxl.Workbook()  #创建工作簿 Workbook 对象
10  stSheet  =  stBook.create_sheet(title = "学生成绩", index  =  0)   #创建工作表格 Worksheet 对象
11  for i in range(len(data)):
12      for j in range(len(data[i])):
13          stSheet.cell(row = i + 1, column = j + 1, value = data[i][j]) #往单元格 Cell 中输入数据
14  stBook.save("d:\\python\\student.xlsx")
```

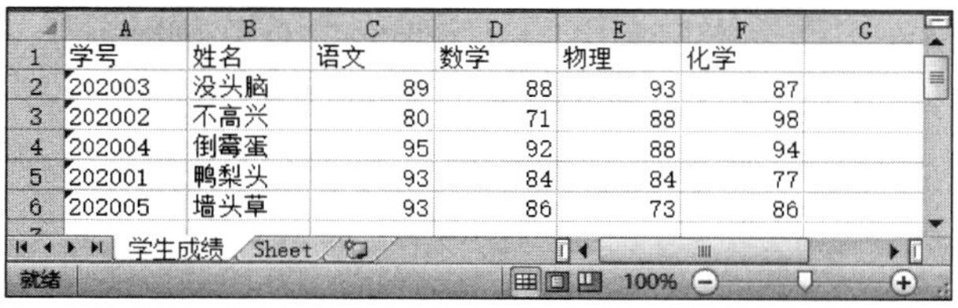

	A	B	C	D	E	F	G
1	学号	姓名	语文	数学	物理	化学	
2	202003	没头脑	89	88	93	87	
3	202002	不高兴	80	71	88	98	
4	202004	倒霉蛋	95	92	88	94	
5	202001	鸭梨头	93	84	84	77	
6	202005	墙头草	93	86	73	86	

图 6-5 学生成绩

下面是打开 student.xlsx 文件的程序，计算每个学生的总成绩和平均成绩，并把总成绩和平均成绩写到文件中。第1行用 import openpyxl 导入 openpyxl 包；第3行用 openpyxl 的 load_workbook()方法打开文件，并返回 Workbook 实例，用 st_book 指向这个实例；第4行用工作表格名字"学生成绩"获取工作簿中的工作表格实例，并用 st_sheet 指向这个工作表格实例；第5～9行用单元格的名称获取单元格的值，计算每个学生的总成绩；第10～15行设置新单元格的值；最后用 save()方法存盘。最后 student.xlsx 的内容如图 6-6 所示。

```
1   import openpyxl    #导入 openpyxl 包    #Demo6_15.py
2   file  =  "d:\\python\\student.xlsx" #打开文件路径
3   st_book  =  openpyxl.load_workbook(file) #用 openpyxl 的 load_workbook()方法打开文件
4   st_sheet  =  st_book["学生成绩"] #引用名称为"学生成绩"的工作表格
5   t1  =  st_sheet["C2"].value + st_sheet["D2"].value + st_sheet["E2"].value + st_sheet["F2"].value
6   t2  =  st_sheet["C3"].value + st_sheet["D3"].value + st_sheet["E3"].value + st_sheet["F3"].value
7   t3  =  st_sheet["C4"].value + st_sheet["D4"].value + st_sheet["E4"].value + st_sheet["F4"].value
8   t4  =  st_sheet["C5"].value + st_sheet["D5"].value + st_sheet["E5"].value + st_sheet["F5"].value
9   t5  =  st_sheet["C6"].value + st_sheet["D6"].value + st_sheet["E6"].value + st_sheet["F6"].value
```

```
10    st_sheet["G1"],st_sheet["H1"] = "总分","平均分"
11    st_sheet["G2"],st_sheet["H2"] = t1,t1/4
12    st_sheet["G3"],st_sheet["H3"] = t2,t2/4
13    st_sheet["G4"],st_sheet["H4"] = t3,t3/4
14    st_sheet["G5"],st_sheet["H5"] = t4,t4/4
15    st_sheet["G6"],st_sheet["H6"] = t5,t5/4
16    st_book.save(file)
```

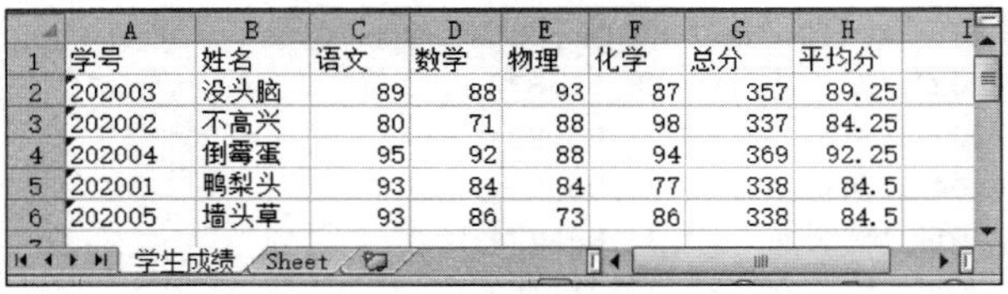

图 6-6　学生成绩统计

6.4.2　创建工作簿和工作表格实例对象

1. 创建工作簿（Workbook）实例对象

工作簿是指 Excel 文档。工作簿中有一个或多个表格，利用 openpyxl 对 Excel 文档进行处理时，首先需要创建工作簿实例对象。工作簿实例对象是所有 Excel 文档部分的容器。工作簿实例对象使用 openpyxl 的 Workbook 类来创建，在 Python 安装路径 Lib\site-packages\openpyxl\workbook 下找到 wookbook.py 文件，打开该文件，可以看到对 Workbook 类的定义，如图 6-7 所示。

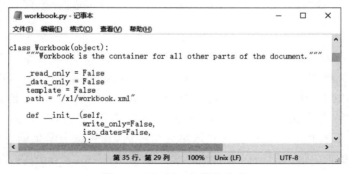

图 6-7　Workbook 类的定义

用 Workbook 类创建 Workbook 的工作簿实例对象，其格式为 Workbook(write_only=False,iso_dates=False)，其中 write_only=False 表示可以往工作簿中写数据也可以读数据，如果 write_only=True，则表示只能写数据，不能读数据。当要处理大量数据时，而且只是读取数据，采用 write_only=True 模式可以提高读取速度。可以采用下面两种方法在内存中创建工作簿实例对象，创建工作簿对象后，用工作簿对象的 save() 方法可以将工作簿中的工作表格对象及数据保存到磁盘上。

```
import openpyxl
mybook = openpyxl.Workbook()
```

或

```
from openpyxl import Workbook
mybook = Workbook()
```

打开一个已经存在的 Excel 文档 *.xlsx 可以用 openpyxl 的 load_workbook()方法或 open()方法,这两个方法的参数相同。load_workbook()方法和 open()方法的格式为 load_workbook(filename,read_only=False,keep_vba=False,data_only=False,keep_links=True),open(filename,read_only=False,keep_vba=False,data_only=False,keep_links=True)。其中 filename 是要打开的文件名;read_only=False 表示可以读和写,如果 read_only=True,表示只能读不能写,当要读取大量数据时,用 read_only=True 可以加快读取速度;keep_vba 表示是否保留 VB 脚本;data_only 表示是保留单元格上的数学公式,还是 Excel 最后一次存盘的数据。openpyxl 并不能保留 *.xlsx 文件中的所有数据,例如图片、数据图表等将丢失。

```
import openpyxl
wbook1 = openpyxl.load_workbook("d:\\python\\student1.xlsx")
wbook2 = openpyxl.open("d:\\python\\student2.xlsx")
```

或

```
from openpyxl import load_workbook,open
wbook1 = load_workbook("d:\\python\\student2.xlsx")
wbook2 = open("d:\\python\\student1.xlsx")
```

2. 创建工作表格(Worksheet)实例对象

读取数据和保存数据需要工作表格 Worksheet 对象。工作表格对象由 Cell 对象构成,每个 Cell 对象就是一个单元格,每个单元格存放一个数据。用 Workbook 创建实例时,会自动带一个 Worksheet 对象,可以通过 active 属性引用这个工作表格对象,用 Office Excel 建立模型时会创建 3 个工作表格。

用 Workbook 类创建实例对象是用 Workbook 类的 create_sheet()方法,create_sheet()方法的格式为 create_sheet(title=None,index=None),其中 title 是工作表格实例的名称,index 是工作表格实例的序号或索引号。如果没有输入 title,默认使用"Sheet"作为工作表格实例的名称,如果"Sheet"名称已经存在,则使用"Sheet1"作为工作表格实例的名称,如果"Sheet1"名称已经存在,则使用"Sheet2"作为工作表格实例的名称,以此类推。index 是工作表格的序列号,序列号按照 0,1,2,……的顺序排列,序列号小的工作表格放到前面。可以用工作表格对象的 title 属性输出工作表格的名称,也可以用工作簿对象的 sheetnames 属性输出工作表格对象的名称列表。下面是创建工作表格对象的各种方法。

```
import openpyxl       #Demo6_16.py
wbook = openpyxl.Workbook() #创建工作簿实例对象
wsheet1 = wbook.active #用wsheet1指向活动的工作表格
wsheet2 = wbook.create_sheet() #创建新工作表格对象wsheet2
wsheet3 = wbook.create_sheet("mySheet") #创建新工作表格对象,名称是mySheet
wsheet4 = wbook.create_sheet("mySheet1",0) #创建新工作表格对象,名称是mySheet1,序号是0
wsheet5 = wbook.create_sheet("mySheet2",1) #创建新工作表格对象,名称是mySheet2,序号是1
print(wsheet1.title,wsheet2.title,wsheet3.title,wsheet4.title,wsheet5.title) #输出工作
                                                                              #表格名称
print("活动工作表格的名称：",wbook.active.title) #输出活动工作表格名称
print(wbook.sheetnames) #输出工作表格名列表
wbook.save("d:\\python\\myExcel.xlsx") #存盘
#运行结果：
# Sheet Sheet1 mySheet mySheet1 mySheet2
#活动工作表格的名称：mySheet1
#['mySheet1', 'mySheet2', 'Sheet', 'Sheet1', 'mySheet']
```

上面的代码运行后,在磁盘上将会创建myExcel.xlsx文件,用Office Excel打开该文件,其结果如图6-8所示。可以看到有5个工作表格,只是工作表格中还没有数据。

图6-8　Python中的工作表格

6.4.3　工作表格对象的操作

在工作簿对象中可以获取工作表格对象的名称和序列号,可以复制和删除工作表格对象。

1. 工作表格对象的引用

新建工作簿实例对象后,同时也建立1个工作表格对象,可以通过工作簿对象的active引用这个工作表格对象。active工作表格实例通常是第1个工作表格实例,在往工作簿对象中创建新工作表格实例时,通常用变量指向新工作表格实例,这会方便以后的添加数据操作,但是在打开一个Excel文件*.xlsx后,需要获取Excel文件中的工作表格实例。可以通过工作表格实例名称(title)的方式获取对工作表格实例的指向。有两种方法可以获取工作表格实例,一种是用"[ ]"方法,另一种是用工作簿实例的get_sheet_by_name()方法。"[ ]"方法的格式为"工作簿实例['title']",get_sheet_by_name()方法的格式是"get_sheet_by_name('title')",建议使用前者。可以用for循环遍历工作表格对象,例如下面的代码：

```
from openpyxl import load_workbook   #Demo6_17.py
wbook = load_workbook("d:\\python\\student.xlsx")

wsheet1 = wbook['学生成绩']
```

```
wsheet2 = wbook.get_sheet_by_name('Sheet')
print(wsheet1.title,wsheet2.title)
for sheet in wbook:    #遍历工作表格
    print(sheet.title)
```

2. 获取工作表格对象的名称和序列号

可以通过工作簿实例的 sheetnames 属性获取工作簿中所有工作表格实例的名称列表，通过工作表格实例的 title 属性可以获取工作表格实例的名称，通过工作簿实例的 index()方法或 get_index()方法可以获取工作表格实例的序列号，例如下面的代码：

```
from openpyxl import load_workbook    #Demo6_18.py
wbook = load_workbook("d:\\python\\student.xlsx")
for name in wbook.sheetnames:                       #遍历所有工作表格对象的名称
    print(name)
wsheet1 = wbook['学生成绩']                          #根据名称获取工作表格对象
wsheet2 = wbook.get_sheet_by_name('Sheet')          #根据名称获取工作表格对象
print(wsheet1.title,wsheet2.title)                  #获取工作表格实例的名称

a = wbook.index(wsheet1)                            #获取工作表格实例的序列号
b = wbook.get_index(wsheet2)                        #获取工作表格实例的序列号
print(a,b)
#运行结果
#学生成绩
#Sheet
#学生成绩 Sheet
#0 1
```

3. 复制和删除工作表格对象

使用工作簿对象的 copy_worksheet()方法可以复制工作表格对象，只有单元格（包括值、样式、超链接、备注）和一些工作表对象（包括尺寸、格式和参数）会被复制。其他属性不会被复制，如图片、图表。不能在两个不同的工作簿中复制工作表格对象，当工作簿处于只读或只写状态时也无法复制工作表格。用 remove()方法或 remove_sheet()方法可以从工作簿中删除工作表格，例如下面的代码：

```
from openpyxl import load_workbook    #Demo6_19.py
wbook = load_workbook("d:\\python\\student.xlsx")
wsheet1 = wbook['学生成绩']
wsheet2 = wbook.get_sheet_by_name('Sheet')
wbook.copy_worksheet(wsheet1)              #复制工作表格实例
print(wbook.sheetnames)
wbook.remove(wsheet1)                      #删除工作表格实例
wbook.remove_sheet(wsheet2)                #删除工作表格实例
print(wbook.sheetnames)
#运行结果
```

```
#['学生成绩', 'Sheet', '学生成绩 Copy']
#['学生成绩 Copy']
```

6.4.4 单元格的操作

1. 单个单元格的定位及单元格数据的读写

单元格用于存储数据,从单元格中读取数据或往单元格中写数据都需要找到对应的单元格。定位单元格可以通过单元格的名称或单元格所在的行列号来进行。获得单元格的数据可以用单元格的 value 属性,往单元格中写入数据,可以用赋值语句或者用关键字参数。例如下面的代码:

```
from openpyxl import load_workbook         #Demo6_20.py
wbook = load_workbook("d:\\python\\student.xlsx")
wsheet = wbook['学生成绩']
A1 = wsheet["A1"]                          #用单元格名称定位单元格
E3 = wsheet["E3"]                          #用单元格名称定位单元格
C5 = wsheet.cell(row = 5,column = 3)       #用工作表格的 cell()方法,通过行列号定位单元格
print(A1.value,E3.value,C5.value,wsheet["B5"].value,)   #用 value 属性获取单元格的值

C5.value = 97                              #赋值语句赋值
wsheet["D4"] = 93                          #赋值语句赋值
wsheet.cell(row = 3,column = 5,value = 89) #用工作表格的 cell()方法,通过行列号赋值
```

下面的程序新建一个工作簿对象,往工作表格中添加 3 列值,第 1 列是角度,第 2 列是正弦值,第 3 列是余弦值。

```
import openpyxl, math  #Demo6_21.py
mybook = openpyxl.Workbook()
mysheet = mybook.active
mysheet.title = "正弦和余弦值"
mysheet["A1"] = "角度值(度)"
mysheet["B1"] = "正弦值"
mysheet["C1"] = "余弦值"
for i in range(360):
    mysheet.cell(row = i + 2, column = 1, value = i)
    mysheet.cell(row = i + 2, column = 2, value = math.sin(i * math.pi/180))
    mysheet.cell(row = i + 2, column = 3, value = math.cos(i * math.pi/180))
mybook.save("d:\\python\\sin_cos.xlsx")
```

2. 多个单元格的定位

通过切片方式可以获得单元格对象元组,也可以通过整列、整行或多列、多行的方式获得由单元格对象构成的元组,用工作表格对象的 values 属性可以输出工作表格对象的所有单元格的值,例如下面的代码:

```python
from openpyxl import load_workbook    # Demo6_22.py
wbook = load_workbook("d:\\python\\student.xlsx")
wsheet = wbook['学生成绩']
cell_range = wsheet["A2:F6"]          # 单元格切片,返回值 cell_rang 是按行排列的单元格对象元组
for i in cell_range:                  # i 是行单元格对象元组
    for j in i:                       # j 是单元格对象
        print(j.value, end = ' ')     # 输出元组中单元格对象的值
    print('\n')
columnA = wsheet['A']                 # columnA 是 A 列单元格对象元组
row1 = wsheet['1']                    # row1 是第 1 行单元格对象元组
row2 = wsheet[2]                      # row2 是第 2 行单元格对象元组
columnB_F = wsheet["B:F"]             # columnB_F 是从 B 列到 F 列单元格对象元组
row1_2 = wsheet["1:2"]                # row1_2 是第 1 列到第 2 列单元格对象元组
row3_5 = wsheet[3:5]                  # row3_5 是第 3 列到第 5 列单元格对象元组
for i in columnA:                     # i 是 A 列中单元格对象
    print(i.value, end = ' ')
print("\n")
for i in columnB_F:                   # i 是列单元格对象元组
    for j in i:                       # j 是单元格对象
        print(j.value, end = ' ')
    print('\n')
for i in row3_5:                      # i 是行单元格对象元组
    for j in i:                       # j 是单元格对象
        print(j.value, end = ' ')
    print('\n')
for i in wsheet.values:               # 输出工作表格中所有单元格的值
    for j in i:
        print(j, end = ' ')
    print('\n')
```

用工作表格对象的 iter_rows()方法和 iter_cols()方法可以按行或按列返回指定范围内的单元格对象元组,也可以用工作表格对象的 rows 属性或 columns 属性返回所有行或所有列的单元格对象序列,columns 属性不支持只读模式。iter_rows()方法的格式为 iter_rows(min_row=None,max_row=None,min_col=None,max_col=None,values_only=False),其中参数 min_row 和 min_col 是可选参数,为单元格最小行列坐标,max_row 和 max_col 是可选参数,为单元格最大行列坐标,如果不指定 min_row 和 min_col,则默认从 A1 处开始,values_only 为可选参数,指定是否只返回单元格的值。iter_cols()方法的参数与 iter_rows()方法的参数相同。

```python
from openpyxl import load_workbook    # Demo6_23.py
wbook = load_workbook("d:\\python\\student.xlsx")
wsheet = wbook['学生成绩']
rows = wsheet.iter_rows(min_row = 2, max_row = 6, min_col = 2, max_col = 6)  # 行排列的单元格元组
for row in rows:
    for cell in row:
        print(cell.value, end = ' ')
```

```
        print("\n")
cols = wsheet.iter_cols(min_row = 2,max_row = 6,min_col = 2,max_col = 6,values_only = True)    #输出值
for col in cols:
    for value in col:
        print(value,end = ' ')
    print("\n")
row_all = wsheet.rows         #按行排列的所有单元格对象序列
col_all = wsheet.columns      #按列排列的所有单元格对象序列
for i in tuple(row_all):      #用 tuple 函数将序列转成元组
    for j in i:
        print(j.value, end = " ")
    print("\n")
```

3. 工作表格对象的行和列的删除与添加

用工作表格对象的 delete_rows()方法或 delete_cols()方法可以删除一行或一列,用工作表格对象的 insert_rows()方法或 insert_cols()方法可以插入行或列,用 append()方法可以在末行添加一行内容,例如下面的代码:

```
from openpyxl import load_workbook  #Demo6_24.py
wbook = load_workbook("d:\\python\\student.xlsx")
wsheet = wbook['学生成绩']
wsheet.delete_rows(3)        #删除第 3 行
wsheet.delete_cols(2,4)      #删除第 2 列到第 4 列
wsheet.insert_rows(4)        #在第 4 行插入空行
wsheet.insert_cols(2,5)      #在第 2 列到第 5 列插入空行
i = range(10)
wsheet.append(i)
```

4. 查询活动单元格、数据所在的最大和最小行列数和单元格数据的移动

用工作表格对象的 active_cell 属性可以查看当前活动的单元格,用 max_row 和 min_row 属性可以查看数据所占据的最大行的编号和最小行的编号,用 max_column 和 min_column 属性可以查看数据所占据的最大列的编号和最小列的编号,用工作表格实例的 dimensions 属性可以返回工作表格数据所在的范围。利用工作表格实例的 move_range()方法可以把一部分单元格数据进行上下和左右移动,move_range()方法的格式是 move_range(cell_range,rows=0,cols=0,translate=False),其中 cell_range 是选择的一部分单元格,如"A2:F4",rows>0 表示向下移动,rows<0 表示向上移动,cols>0 表示向右移动,cols<0 表示向左移动。如被移入的区域有数据,则数据会被覆盖。

```
from openpyxl import load_workbook  #Demo6_25.py
wbook = load_workbook("d:\\python\\student.xlsx")
wsheet = wbook['学生成绩']
ac = wsheet.active_cell                        #活动单元格
print(wsheet[ac].value)
print(wsheet.max_row,wsheet.max_column)
```

```
print(wsheet.min_row,wsheet.min_column)
wsheet.move_range("A1:F6",rows = 6,cols = 3)      #移动单元格
```

5. 单元格的合并与分解

工作表格实例的 merge_cells()方法可以把连续的一部分单元格合并成 1 个单元格,合并后的单元格数据是左上角单元格的数据,其他数据被删除,而 unmerge_cells()方法可以把合并后的单元格进行分解。merge_cells()方法和 unmerge_cells()方法的参数完全相同。merge_cells()方法的格式是 merge_cells(range_string=None,start_row=None,start_column=None,end_row=None,end_column=None),其中 range_string 是一部分单元格,如"A2:D5",也可以用其他 4 个参数来确定区域。

```
from openpyxl import load_workbook  #Demo6_26.py
wbook = load_workbook("d:\\python\\student.xlsx")
wsheet = wbook['学生成绩']
wsheet.merge_cells("A1:B2")
wsheet.merge_cells(start_row = 3,end_row = 5,start_column = 3,end_column = 6)
wsheet.unmerge_cells("A1:B2")
wsheet.unmerge_cells(start_row = 3,end_row = 5,start_column = 3,end_column = 6)
```

6. 单元格的公式

在程序中可以应用 Excel 表格中的公式,例如下面的代码:

```
from openpyxl import load_workbook  #Demo6_27.py
wbook = load_workbook("d:\\python\\student.xlsx")
wsheet = wbook['学生成绩']
wsheet["A8"] = " = SUM(C2:G6)"
wsheet["B8"] = " = MAX(D2:H6)"
wsheet["C8"] = " = AVERAGE(D2:H6)"
```

7. 冻结单元格

对工作表格对象的 freeze_panes 属性赋予一个单元格编号,在这个单元格上面和左边(不包含该单元格所在的行和列)的单元格将会被冻结,例如下面的代码:

```
from openpyxl import load_workbook  #Demo6_28.py
wbook = load_workbook("d:\\python\\student.xlsx")
wsheet = wbook['学生成绩']

wsheet.freeze_panes = "C3"
```

8. 设置单元格的样式

单元格的样式包括字体、边框、填充、颜色以及对齐方式等,要定义这些样式,需要先定义这些样式类的实例,然后用样式实例作为参数传递给单元格。这些样式的类在 openpyxl

包的 styles 库中,这些样式类的名称是 Font、Border、Side、PatternFill、colors、Alignment,使用前用语句 from openpyxl.styles import Font,Border,Side,PatternFill,colors,Alignment 导入进来。

- 颜色类定义格式为 Color(rgb='00000000',indexed=None,auto=None,theme=None,tint=0.0,index=None,type='rgb'),可以通过红绿蓝三基色的值 rgb 来确定,rgb 按照十六进制"00RRGGBB"形式设置。红绿蓝的颜色取值范围都是 0~255(十进制),十六进制 FF 的值是 255。

- 字体类定义格式为 Font(name=None,strike=None,color=None,scheme=None,family=None,size=None,bold=None,italic=None,strikethrough=None,underline=None,vertAlign=None,outline=None,shadow=None,condense=None,extend=None),其中 name 为字体名称,如"宋体";color 为颜色;size 为字体尺寸;bold 为粗体;italic 为斜体;strikethrough 为删除线;underline 为下画线;vertAlign 为竖直对齐方式,可以选择'baseline'、'subscript'或'superscript';outline 是外框;shadow 是阴影。除了 name、color、vertAlign 和 size 外,其他一般选择 True 或 False。定义字体对象时,建议使用关键字参数。

- 对齐方式类定义格式为 Alignment(horizontal='center',vertical='center'),参数 horizontal 可以选择'right'、'left'、'center'、'fill'、'justify'、'centerContinuous'、'general'或'distributed',vertical 可以选择'center'、'bottom'、'justify'、'distributed'或'top'。

- 线条样式类定义格式为 Side(style=None,color=None,border_style=None),其中参数 style 可以选择'dotted'、'mediumDashDotDot'、'dashed'、'thin'、'slantDashDot'、'mediumDashDot'、'thick'、'mediumDashed'、'dashDot'、'hair'、'medium'、'double'或'dashDotDot'。

- 边框由 4 条边或对角线构成,因此需要定义 4 条边参数。边框类的定义格式为 Border(left=＜Side object＞,right=＜Side object＞,top=＜Side object＞,bottom=＜Side object＞,diagonal=＜Side object＞,diagonal_direction=None),参数 left、right、top、bottom 和 diagonal 都是 Side() 类的实例,参数 diagonal_direction 选择 True 或 False,以确定是否有对角线。

- 填充图案和渐变色类定义格式为 PatternFill(patternType=None,fgColor=＜Color object＞,bgColor=＜Color object＞,indexed=None,auto=None,theme=None,tint=0.0,type='rgb',fill_type=None,start_color=None,end_color=None),其中填充样式可以选择'solid'、'darkDown'、'darkGray'、'darkGrid'、'darkHorizontal'、'darkTrellis'、'darkUp'、'darkVertical'、'gray0625'、'gray125'、'lightDown'、'lightGray'、'lightGrid'、'lightHorizontal'、'lightTrellis'、'lightUp'、'lightVertical'、'mediumGray',fgColor 为前景色,bfColor 为背景色。

- 单元格的写保护定义格式为 Protection(locked=True,hidden=False)。

```
from openpyxl import load_workbook  # Demo6_29.py
from openpyxl.styles import Font, Border, Side, PatternFill,Color,Alignment,Protection
wbook = load_workbook("d:\\python\\student.xlsx")
wsheet = wbook['学生成绩']
side = Side(border_style = 'thin',color = color('000000FF'))
wsheet['B2'].font = Font(name = '华文中宋',size = 20,bold = True,italic = False,color = color
('00FF0000'))
wsheet['C3'].fill = PatternFill(patternType = 'solid',fgColor = color('0080800F'),bgColor =
color('00FFFF00'))
for i in wsheet[1]:    # 下面对第一行所有单元格进行样式设置
    i.font = Font(name = '黑体',sz = 15,bold = True,
                  italic = True,strike = True,color = color('00668790'))
    i.border = Border(left = side,right = side,top = side,bottom = side)
    i.fill = PatternFill(patternType = 'lightGray',fgColor = color('00AA7799'),bgColor =
color('00BBCCDD'))
    i.alignment = Alignment(horizontal = 'center',vertical = 'bottom')
    i.protection = Protection(locked = True, hidden = False)
```

9. 按行或列设置单元格样式

除了逐个设置单元格的样式外,还可以设置整行或整列单元格的样式,如行高、列宽、字体、颜色等,这时需要用工作表格的 row_dimensions 和 column_dimensions 模块。row_dimensions 和 column_dimensions 模块是对行或列中没有设置值的单元进行属性设置,例如下面的语句：

```
from openpyxl import load_workbook  # Demo6_30.py
from openpyxl.styles import Font, PatternFill,color
wbook = load_workbook("d:\\python\\student.xlsx")
wsheet = wbook['学生成绩']

wsheet.row_dimensions[1].height = 30
wsheet.column_dimensions['A'].width = 20

wsheet.column_dimensions['B'].font = Font(name = '黑体',sz = 15,bold = True,
                    italic = True,strike = True,color = color('00FF0000'))
wsheet.column_dimensions['B'].fill = PatternFill(patternType = 'lightGray',
                    fgColor = color('0000FF00'),bgColor = color('000000FF'))
```

6.4.5 绘制数据图表

Openpyxl 可以绘制多种类型的数据图,如折线图(LineChart)、饼图(PieChart)、条形图(BarChart)、面积图(AreaChart)、散点图(ScatterChart)、股价图(StockChart)、曲面图(SurfaceChart)、圆环图(DoughnutChart)、气泡图(BubbleChart)和雷达图(RadarChart)

等,有些图还可以绘制三维图。这些数据图的类是在 chart 模块下,需要提前用 from openpyxl.chart import 语句导入。另外,创建这些数据图一般都需要指定横坐标和纵坐标对应数据表格位置,可以用 Reference()类和 Series()类来定义,然后把 Reference()类的实例和 Series()类的实例加入到数据图实例中。

1. 面积图

二维面积图和三维面积图的类是 AreaChart()类和 AreaChart3D()类,面积图的 x 和 y 数据需要用 Reference()类来定义,其格式为 Reference(worksheet,min_row=None,max_row=None,min_col=None,max_col=None),其中参数 worksheet 是指数据所在的工作表格,min_row 和 min_col 是可选参数,表示单元格最小行列坐标,max_row 和 max_col 是可选参数,表示单元格最大行列坐标,如果不指定 min_row 和 min_col,则默认从 A1 处开始。通过面积图的 add_data()方法添加 y 轴数据,如果添加的数据是多列数据,每列数据会自动生成一个 series,通过列表操作。例如 series[0]是指第 1 个数据系列,可以引用数据系列,进而对数据系列进行设置。通过 set_categories()方法设置 x 轴数据。用 set_categories()方法设置 x 轴数据,通常用于多个数据系列的 x 值必须相同的情况。add_data()方法的 titles_from_data 参数如果设置成 True,表示曲线的名称来自数据的第 1 个单元格。对面积图的名称、坐标轴的名称、面积图的样式以及图例的位置都可以进行设置,图例位置参数 legendPos 可以设置成'r'、'l'、'b'、't'和'tr',分别表示右、左、下、上和右上,默认为'r'。

下面的程序生成二维面积图和三维面积图,并保存到 area.xlsx 文件。用 Excel 打开 area.xlsx 文件,可以得到面积图,如图 6-9 所示。

```
from openpyxl import Workbook   #Demo6_31.py
from openpyxl.chart import Reference,AreaChart,AreaChart3D,legend
wbook = Workbook()
wsheet = wbook.active
score = [['日期', '一班', '二班'],    #数据
         ["星期一", 90.2, 96],
         ["星期二", 95, 89.8],
         ["星期三", 89, 93.2],
         ["星期四", 94.6, 92],
         ["星期五", 89.8, 88]]
for item in score:
    wsheet.append(item)
area = AreaChart()                     #创建面积图对象
area3D = AreaChart3D()                 #创建三维面积图对象

area.title = "Area Chart"              #设置名称
area3D.title = "Area3D Chart"          #设置名称
area.style = area3D.style = 15         #设置样式
area.x_axis.title = area3D.x_axis.title = '日期'    #设置 x 轴名称
area.y_axis.title = area3D.y_axis.title = '出勤率'   #设置 y 轴名称
```

```
area.legend = area3D.legend = legend.Legend(legendPos = 'tr')   #设置图例位置

xLabel = Reference(wsheet,min_col = 1,min_row = 2,max_row = 6)    #设置 x 轴坐标数据
yData = Reference(wsheet,min_col = 2,max_col = 3,min_row = 1,max_row = 6)  #设置 y 轴数据
area.add_data(yData,titles_from_data = True)     #添加 y 轴数据,数据名称来自数据的第 1 个值
area3D.add_data(yData,titles_from_data = True)   #添加 y 轴数据,数据名称来自数据的第 1 个值

area.set_categories(xLabel)           #添加 x 轴数据
area3D.set_categories(xLabel)         #设置 x 轴数据

area.width = area3D.width = 13        #设置高度
area.height = area3D.height = 8       #设置宽度

wsheet.add_chart(area,"A10")          #二维面积图添加进工作表格中,左上角在 A10 单元格处
wsheet.add_chart(area3D,"J10")        #三维面积图添加进工作表格中,左上角在 J10 处

wbook.save("d:\\python\\area.xlsx")
```

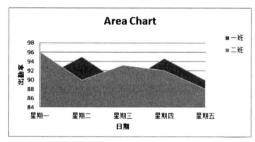
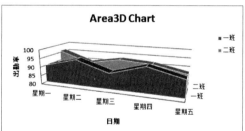

图 6-9　二维和三维面积图

2. 条形图

二维条形图和三维条形图的类分别是 BarChart 和 BarChart3D。条形图分为水平条形图和竖直条形图,用条形图的属性 type 来定义。type= 'bar'定义为水平条形图,type= 'col'定义为竖直条形图。如果是多列数据,可以设置图形是否重叠在一起,若图形不可重叠,只需将属性 overlap 设置成 100,如果不是 100,会有部分重叠。条形图数据序列的属性 shape 可以设置为'coneToMax'、'box'、'cone'、'pyramid'、'cylinder'或'pyramidToMax',用不同的几何形状来显示数据。

下面的程序根据输入数据绘制 3 个水平条形图和 3 个竖直条形图,分别包含重合条形图、不重合条形图和三维条形图。

```
from openpyxl import Workbook  #Demo6_32.py
from openpyxl.chart import Reference,BarChart,BarChart3D
wbook = Workbook()
```

```python
wsheet = wbook.active
score = [['日期', '一班', '二班'],["星期一", 90.2, 96],["星期二", 95, 89.8],
         ["星期三", 89, 93.2],["星期四", 94.6, 92],["星期五", 89.8, 88]]
for item in score:
    wsheet.append(item)
bar1 = BarChart()                    #创建条形图对象
bar2 = BarChart()                    #创建条形图对象
bar3D = BarChart3D()                 #创建条形图对象
col1 = BarChart()                    #创建条形图对象
col2 = BarChart()                    #创建条形图对象
col3D = BarChart3D()                 #创建条形图对象
bar1.type = bar2.type = bar3D.type = 'bar'
col1.type = col2.type = col3D.type = 'col'
bar2.overlap = col2.overlap = 100

bar1.title = bar2.title = bar3D.title = "水平 Bar Chart"   #设置名称
col1.title = col2.title = col3D.title = "竖直 Bar Chart"   #设置名称

bar1.style = bar2.style = bar3D.style = col1.style = col2.style = col3D.style = 15   #设置样式
bar1.x_axis.title = bar2.x_axis.title = col1.x_axis.title = col2.x_axis.title = '日期'   #x 轴名称
bar3D.x_axis.title = col3D.x_axis.title = '日期'
bar1.y_axis.title = bar2.y_axis.title = col1.y_axis.title = col2.y_axis.title = '出勤率'   #y 轴名称
bar3D.y_axis.title = col3D.y_axis.title = '出勤率'

xLabel = Reference(wsheet,min_col = 1,min_row = 2,max_row = 6)    #设置 x 轴坐标数据
yData = Reference(wsheet,min_col = 2,max_col = 3,min_row = 1,max_row = 6)    #设置 y 轴坐标数据

bar1.add_data(yData,titles_from_data = True)   #添加 y 轴数据,数据名称来自数据的第 1 个值
bar2.add_data(yData,titles_from_data = True)   #添加 y 轴数据,数据名称来自数据的第 1 个值
bar3D.add_data(yData,titles_from_data = True)  #添加 y 轴数据,数据名称来自数据的第 1 个值
col1.add_data(yData,titles_from_data = True)   #添加 y 轴数据,数据名称来自数据的第 1 个值
col2.add_data(yData,titles_from_data = True)   #添加 y 轴数据,数据名称来自数据的第 1 个值
col3D.add_data(yData,titles_from_data = True)  #添加 y 轴数据,数据名称来自数据的第 1 个值

col3D.series[0].shape = 'pyramid'              #设置形状
col3D.series[1].shape = 'cylinder'             #设置形状

bar1.set_categories(xLabel)                    #添加 x 轴数据
bar2.set_categories(xLabel)                    #添加 x 轴数据
bar3D.set_categories(xLabel)                   #添加 x 轴数据
col1.set_categories(xLabel)                    #添加 x 轴数据
col2.set_categories(xLabel)                    #添加 x 轴数据
col3D.set_categories(xLabel)                   #添加 x 轴数据

bar1.width = bar2.width = bar3D.width = col1.width = col2.width = col3D.width = 13   #设置高度
bar1.height = bar2.height = bar3D.height = col1.height = col2.height = col3D.height = 8   #设置宽度

wsheet.add_chart(bar1,"A10")                   #图表添加进工作表格中
wsheet.add_chart(bar2,"H10")                   #图表添加进工作表格中
```

```
wsheet.add_chart(bar3D,"P10")        #图表添加进工作表格中
wsheet.add_chart(col1,"A30")         #图表添加进工作表格中
wsheet.add_chart(col2,"H30")         #图表添加进工作表格中
wsheet.add_chart(col3D,"P30")        #图表添加进工作表格中
wbook.save(filename = "d:\\python\\bar.xlsx")
```

运行上面的程序,得到 bar.xlsx 文件。用 Excel 打开 bar.xlsx 文件,得到的部分图形如图 6-10 和图 6-11 所示。

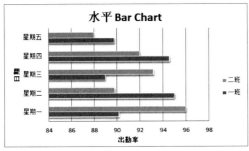 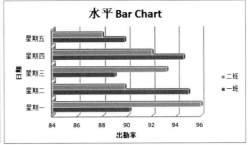

图 6-10　水平条形图

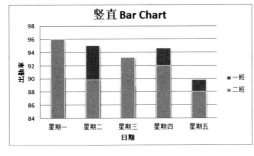 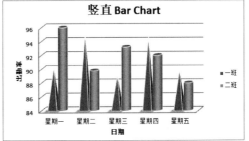

图 6-11　竖直重叠条形图

3. 折线图

二维折线图和三维折线图的类分别是 LineChart 和 LineChart3D,可以在一个图上绘制多条曲线,但多条曲线的 x 轴坐标必须相同。折线图分为 standard、stacked 和 percentStacked 三种,可以通过折线图的属性 grouping 来设置。grouping 可以取 'standard'、'stacked' 和 'percentStacked',其中 stacked 是指将第 1 条曲线的 y 值和第 2 条曲线的原始 y 值进行代数求和计算,得到第 2 条曲线的新 y 值,而第 3 条曲线的值是将第 1 条、第 2 条和第 3 天曲线的原始 y 值进行代数求和运算得到第 3 条曲线新的 y 值,依次类推,第 n 条曲线的新 y 值就是前 n 条曲线的原始 y 值的代数运算;pencenStacked 是指先计算出所有曲线的绝对值总和,然后用 stacked 方法进行代数累加计算,再用代数累加计算的值除以绝对值总和的值,最后换算成百分比的形式。

通过折线图的 series 属性获取已经定义的序列值,对序列值的 marker 对象可以通过 symbol 属性进行符号设置,可选择的符号有 'plus'、'square'、'dot'、'circle'、'diamond'、'auto'、 'star'、'x'、'triangle'、'dash';通过 marker 对象的 graphicalProperties 属性可以设置 marker 的颜色;另外通过序列值的 graphicalProperties 属性获取线对象,对线对象进行填充颜色和线型设置,可以选择的线型有 'sysDashDot'、'dash'、'sysDash'、'dot'、'sysDashDotDot'、'lgDashDot'、'lgDash'、'solid'、'lgDashDotDot'、'sysDot'或'dashDot'。

下面的程序将实验测得的数据输出到 Excel 文件中,并绘制不同的曲线图。

```python
from openpyxl import Workbook  #Demo6_33.py
from openpyxl.chart import Reference, LineChart, LineChart3D

wbook = Workbook()
wsheet = wbook.active
accelerations = [ ("频率", "sensor1", "sensor2","sensor3"),
    (10, 1.2, 1.6,2.3), (15, 2.1, 3.3,3.4), (20, 2.0, 1.8,2.1),
    (25, 4.4, 4.2,3.4), (30, 3.5, 3.8,3.6), (35, 3.8, 3.7,4.5),
    (40, 3.2, 1.5,3.6), (45, 2.5, 5.0,2.2), (50, 4.5, 3.1,2.1) ]
for data in accelerations:
    wsheet.append(data)
line = LineChart()
line_stacked = LineChart()
line_percent = LineChart()
line3D = LineChart3D()

line.title = line_stacked.title = line_percent.title = line3D.title = "加速度频谱"
line.x_axis.title = line_stacked.x_axis.title = "频率(Hz)"
line_percent.x_axis.title = line3D.x_axis.title = "频率(Hz)"
line.y_axis.title = line_stacked.y_axis.title = "加速度(m/s2)"
line_percent.y_axis.title = line3D.y_axis.title = "加速度(m/s2)"

line.grouping = "standard"                      #设置类型
line_stacked.grouping = "stacked"               #设置类型
line_percent.grouping = "percentStacked"        #设置类型

xLabel = Reference(wsheet,min_col = 1,min_row = 2,max_row = 10)
yData = Reference(wsheet,min_col = 2,max_col = 4,min_row = 1,max_row = 10)

line.add_data(yData,titles_from_data = True)
line_stacked.add_data(yData,titles_from_data = True)
line_percent.add_data(yData,titles_from_data = True)
line3D.add_data(yData,titles_from_data = True)

line.set_categories(xLabel)
line_stacked.set_categories(xLabel)
line_percent.set_categories(xLabel)
line3D.set_categories(xLabel)

marker = {0:'triangle',1:'square',2:'circle'}
color = {0:'FF0000',1:'00FF00',2:'0000FF'}
dash = {0:'dash',1:'solid',2:'dashDot'}
```

```
width = {0:10,1:20000,2:30000}
for i in range(3):
    line.series[i].marker.symbol = marker[i]        #设置符号样式
    line.series[i].marker.graphicalProperties.solidFill = color[i]   #设置符号填充颜色
    line.series[i].marker.graphicalProperties.line.solidFill = color[i]  #设置符号线颜色

    line.series[i].graphicalProperties.line.solidFill = color[i]    #设置线颜色
    line.series[i].graphicalProperties.line.dashStyle = dash[i]     #设置线型
    line.series[i].graphicalProperties.line.width = width[i]        #设置粗细
wsheet.add_chart(line,"A12")
wsheet.add_chart(line_stacked,"J12")
wsheet.add_chart(line_percent,"A30")
wsheet.add_chart(line3D,"J30")
wbook.save("d:\\python\\line.xlsx")
```

运行上面的程序,得到如图 6-12 和图 6-13 所示的数据曲线。

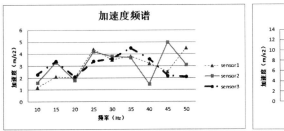 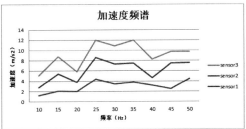

图 6-12 standard 和 stacked 折线图

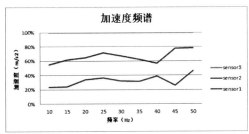 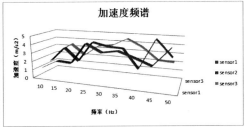

图 6-13 pencentStacked 和 3D 折线图

4. 饼图和圆环图

饼图和圆环图类似,二维饼图和三维饼图的类分别是 PieChart 和 PieChart3D,圆环图的类是 DoughnutChart。饼图和圆环图只能绘制一列数据,将一个圆或圆环根据数据的相对大小分解成几个扇形。下面的程序将季度销售额绘制成二维饼图、三维饼图和圆环图。

```
from openpyxl import Workbook   #Demo6_34.py
from openpyxl.chart import Reference,PieChart,PieChart3D,DoughnutChart
data = [["季度","销售额(万元)"],
```

```
                    ["第 1 季度",20.2],["第 2 季度",30.6],
                    ["第 3 季度",60.2],["第 4 季度",104.2] ]
wbook = Workbook()
wsheet = wbook.active
for item in data:
    wsheet.append(item)
pie = PieChart()
pie3D = PieChart3D()
doughnut = DoughnutChart()

pie.title = pie3D.title = doughnut.title = "季度销售额"

label = Reference(wsheet,min_col = 1,min_row = 2,max_row = 5)
data  = Reference(wsheet,min_col = 2,min_row = 1,max_row = 5)

pie.add_data(data,titles_from_data = True)
pie3D.add_data(data,titles_from_data = True)
doughnut.add_data(data,titles_from_data = True)

pie.set_categories(label)
pie3D.set_categories(label)
doughnut.set_categories(label)

pie.width = pie3D.width = doughnut.width = 10
pie.height = pie3D.height = doughnut.height = 8

wsheet.add_chart(pie,"A10")
wsheet.add_chart(pie3D,"H10")
wsheet.add_chart(doughnut,"A20")
wbook.save("d:\\python\\pie_doughnut.xlsx")
```

运行上面的程序,得到如图 6-14 所示的饼图和圆环图。

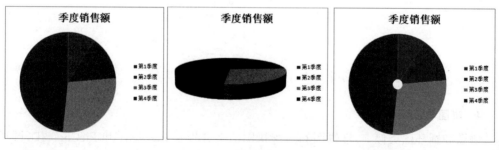

图 6-14　饼图和圆环图

5. 曲面图

二维曲面图和三维曲面图的类分别是 SurfaceChart 和 SurfaceChart3D。曲面图描述的是一个函数和两个变量,当这两个变量在一定范围内变化时,函数值和这两个变量就形成了一个数据表格,在三维空间中就会形成一个曲面。二维曲面图和三维曲面图都有渲染模式

(contour)和线架模式(wireframe),通过曲面图的属性 wireframe 进行设置。

下面的程序分别设置了二维曲面图和三维曲面图的渲染模式和线架模式。

```python
from openpyxl import Workbook   #Demo6_35.py
from openpyxl.chart import Reference,SurfaceChart, SurfaceChart3D
wbook = Workbook()
wsheet = wbook.active
DOE = [ ["V1_V2", 20, 40, 60, 80, 100,],   #数据第1列和第1行是变量的取值
        [10, 25, 20, 15, 26, 24],
        [20, 15, 15, 10, 15, 25],
        [30, 19, 18, 12, 16, 28],
        [40, 23, 25, 15, 25, 35],
        [50, 25, 15, 12, 12, 18],
        [60, 30, 10, 11, 19, 22],
        [70, 35, 15, 15, 21, 25],
        [80, 40, 35, 25, 27, 27],
        [90, 48, 38, 28, 35, 35],
        [100, 55, 42, 35, 42,45] ]
for row in DOE:
    wsheet.append(row)

surface1 = SurfaceChart()
surface2 = SurfaceChart()
surface3D1 = SurfaceChart3D()
surface3D2 = SurfaceChart3D()
surface2.wireframe = True                  #设置成线架状态
surface3D2.wireframe = True                #设置成线架状态
surface1.title = "2D Contour"
surface2.title = "2D wireframe"
surface3D1.title = "3D Contour"
surface3D2.title = "3D wireframe"

variable = Reference(wsheet, min_col=1, min_row=2, max_row=11)
DOE_data = Reference(wsheet, min_col=2, max_col=6, min_row=1, max_row=11)

surface1.add_data(DOE_data, titles_from_data=True)
surface2.add_data(DOE_data, titles_from_data=True)
surface3D1.add_data(DOE_data, titles_from_data=True)
surface3D2.add_data(DOE_data, titles_from_data=True)

surface1.set_categories(variable)
surface2.set_categories(variable)
surface3D1.set_categories(variable)
surface3D2.set_categories(variable)

wsheet.add_chart(surface1, "A20")
wsheet.add_chart(surface2, "J20")
wsheet.add_chart(surface3D1, "A40")
wsheet.add_chart(surface3D2, "J40")
wbook.save("d:\\python\\surface.xlsx")
```

运行上面的程序,得到如图 6-15 和图 6-16 所示的二维和三维曲面图。

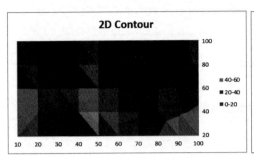 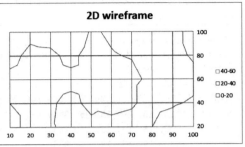

图 6-15 二维渲染和线架曲面图

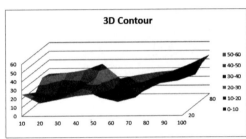 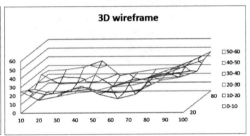

图 6-16 三维渲染和线架曲面图

6. 雷达图

雷达图的类是 RadarChart。雷达图是将横坐标由直线变成圆,在圆上分刻度,点到原点的距离表示数据的大小。雷达图分为标准图(standard)和填充图(fill),默认是标准图,可以通过雷达图的 type 属性进行修改。下面的程序分别建立了标准图和填充图。

```
from openpyxl import Workbook  # Demo6_36.py
from openpyxl.chart import RadarChart, Reference
wbook = Workbook()
wsheet = wbook.active

data = [['years', "Job", "Rock", "Robot", "White"],
        [2013, 905, 150, 251],
        [2014, 0, 653, 201, 410],
        [2015, 0, 330, 552, 353],
        [2016, 0, 0, 740, 120],
        [2017, 0, 0, 830, 90],
        [2018, 150, 0, 710, 51],
        [2019, 500, 0, 302, 230],
        [2020, 810, 0, 220, 640],
        [2021, 330, 0, 54, 555],
        [2022, 55, 0, 15, 315 ] ]
for row in data:
    wsheet.append(row)

radar1 = RadarChart()
```

```
radar2 = RadarChart()
radar2.type = "filled"   #设置线架模式
radar1.title = "标准图"
radar2.title = "填充图"
rLabel = Reference(wsheet, min_col = 1, min_row = 2, max_row = 13)
rData  = Reference(wsheet, min_col = 2, max_col = 5, min_row = 1, max_row = 13)
radar1.add_data(rData, titles_from_data = True)
radar2.add_data(rData, titles_from_data = True)
radar1.set_categories(rLabel)
radar2.set_categories(rLabel)

radar1.y_axis.delete = True
radar2.y_axis.delete = True

wsheet.add_chart(radar1, "A20")
wsheet.add_chart(radar2, "J20")

wbook.save("d:\\python\\radar.xlsx")
```

运行上面的程序，得到如图 6-17 所示的标准图和填充图。

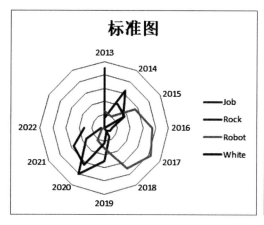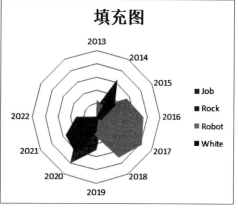

图 6-17　雷达图

7. 散点图

散点图的类是 ScatterChart。与前面的图形定义方式不同的是，散点图需要一系列 x 与 y 对应的数据，各数据的 x 值不用相同，需要通过 Series 类来定义。Series 类的格式是 Series(values, xvalues=None, zvalues=None, title=None, title_from_data=False)，其中 values 是 y 值，xvalues 是 x 值，title 是数据的名称。如果设置 title_from_data=True，则选择 y 数据的第一个值作为数据的名称，通过 Scatter 类的 append() 方法可以把 x 与 y 对应的系列值加入到 Scatter 图中。Scatter 类的属性 scatterStyle 可以设置成 'line'、'smoothMarker'、'lineMarker'、'smooth' 或 'marker'。另外，可以对每个曲线上的符号和颜色进行设置，符号可以取 'plus'、'square'、'dot'、'circle'、'diamond'、'auto'、'star'、'x'、'triangle' 或 'dash'。

下面的程序将实验测得的加速度频谱数据绘制成散点图。

```python
from openpyxl import Workbook    #Demo6_37.py
from openpyxl.chart import Series, Reference, ScatterChart

wbook = Workbook()
wsheet = wbook.active
accelerations = [ ("频率1", "sensor1", "频率2","sensor2","频率3","sensor3"),
                  (10, 1.2, 12, 1.6, 14, 2.3),
                  (15, 2.1, 17, 3.3, 19, 3.4),
                  (20, 2.0, 22, 1.8, 24, 2.1),
                  (25, 4.4, 27, 4.2, 29, 3.4),
                  (30, 3.5, 32, 3.8, 34, 3.6),
                  (35, 3.8, 37, 3.7, 39, 4.5),
                  (40, 3.2, 42, 1.5, 44, 3.6),
                  (45, 2.5, 47, 5.0, 49, 2.2),
                  (50, 4.5, 52, 3.1, 54, 2.1) ]
for data in accelerations:
    wsheet.append(data)
scatter = ScatterChart()
scatter.title = "加速度频谱"
scatter.style = 3
scatter.x_axis.title = "频率(Hz)"
scatter.y_axis.title = "加速度(m/s2)"
scatter.scatterStyle = "marker"

symbol = {0:"triangle",1:"square",2:"circle"}
color = {0:'FF0000',1:'00FF00',2:'0000FF'}
for i in range(0,3):
    xLabel = Reference(wsheet, min_col = i * 2 + 1, min_row = 2, max_row = 10)
    yData = Reference(wsheet,min_col = i * 2 + 2,min_row = 1,max_row = 10)
    ser = Series(yData,xvalues = xLabel,title_from_data = True)
    ser.marker.symbol = symbol[i]                              #设置符号
    ser.marker.graphicalProperties.solidFill = color[i]        #设置填充颜色
    ser.marker.graphicalProperties.line.solidFill = color[i]   #设置边框颜色
    ser.graphicalProperties.line.noFill = True                 #隐藏线条
    scatter.append(ser)

wsheet.add_chart(scatter,"A12")
wbook.save("d:\\python\\scatter.xlsx")
```

运行上面的程序,将会得到如图 6-18 所示的散点图。

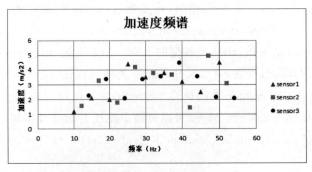

图 6-18　散点图

8. 气泡图

气泡图的类是 BubbleChart。气泡图除了表示气泡位置的数据，还需要表示气泡尺寸的数据，因此需要两组数据。气泡图与散点图一样，需要用 series 定义数据。

```python
from openpyxl import Workbook   #Demo6_38.py
from openpyxl.chart import Reference,Series,BubbleChart
wbook = Workbook()
wsheet = wbook.active
score1 = [['日期', '一班工作量', '成绩'],
          [1, 90.2, 96], [3, 95, 89.8],
          [5, 89, 93.2], [7, 94.6, 92],
          [9, 89.8, 88]]
score2 = [['日期', '二班工作量', '成绩'],
          [2, 93.3, 94], [4, 91, 82.4],
          [6, 85, 96.2], [8, 84.6, 97.4],
          [10, 91.8, 86]]
for item in score1:
    wsheet.append(item)
for item in score2:
    wsheet.append(item)
bubble = BubbleChart()
bubble.x_axis.title = "日期"
bubble.y_axis.title = "工作量"

xLabel = Reference(wsheet,min_col = 1,min_row = 2,max_row = 6)     #设置 x 轴坐标数据
yData = Reference(wsheet,min_col = 2,min_row = 2,max_row = 6)      #设置 y 轴坐标数据
zData = Reference(wsheet,min_col = 3,min_row = 2,max_row = 6)      #设置球的尺寸数据
ser = Series(yData,xvalues = xLabel,zvalues = zData,title = "一班业绩")
bubble.append(ser)

xLabel = Reference(wsheet,min_col = 1,min_row = 8,max_row = 12)    #设置 x 轴坐标数据
yData = Reference(wsheet,min_col = 2,min_row = 8,max_row = 12)     #设置 y 轴坐标数据
zData = Reference(wsheet,min_col = 3,min_row = 8,max_row = 12)     #设置球的尺寸数据
ser = Series(yData,xvalues = xLabel,zvalues = zData,title = "二班业绩")
bubble.append(ser)

bubble.width = 13                                                  #设置高度
bubble.height = 8                                                  #设置宽度

wsheet.add_chart(bubble,"A15")                                     #将图标添加进工作表格中
wbook.save(filename = "d:\\python\\bubble.xlsx")
```

运行上面的程序，会得到如图 6-19 所示的气泡图。

9. 对坐标轴的操作

对坐标轴可以设置显示范围，设置对数坐标轴，设置坐标轴的位置、坐标轴的方向、坐标轴的次刻度等，通过 copy 模块可以从一个已有的图表复制一个全新的图表，可在新图表上进行修改，例如下面的程序。

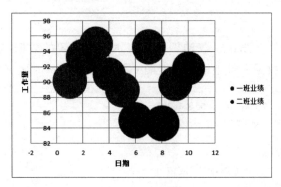

图 6-19 气泡图

```
from openpyxl import Workbook    #Demo6_39.py
from openpyxl.chart import Reference, Series , ScatterChart, axis
from copy import deepcopy

wbook = Workbook()
wsheet = wbook.active
octave = [ ("中心频率", "Pressure dB"),
           (6.3, 63.5), (12.5, 73.8), (31.5, 53.2), (63, 82.5),
           (125, 64.5), (250, 84.3), (500,94.5) , (1000, 74.5) ,
           (2000,67.5),(4000, 87.5) , (8000, 92.1) ,(16000, 74.2) ]
for data in octave:
    wsheet.append(data)
scatter1 = ScatterChart()
scatter1.title = "倍频程声压 dB"
scatter1.x_axis.title = "频率(Hz)"
scatter1.y_axis.title = "声压(dB)"
scatter1.width = 12
scatter1.height = 8
scatter1.legend = None

xvalue = Reference(wsheet,min_col = 1,min_row = 2,max_row = 13)
yvalue = Reference(wsheet,min_col = 2,min_row = 2,max_row = 13)
ser = Series(yvalue,xvalues = xvalue,title = "Pressure(dB)")
scatter1.append(ser)

scatter1.x_axis.minorTickMark = 'cross'   #设置次坐标显示位置,可选'in'、'out'、'cross'
scatter1.x_axis.majorTickMark = 'out'     #设置主坐标显示位置,可选'in'、'out'、'cross'
scatter1.y_axis.minorTickMark = 'in'      #设置次坐标显示位置,可选'in'、'out'、'cross'
wsheet.add_chart(scatter1,'A15')

scatter2 = deepcopy(scatter1)                 #复制 scatter1
scatter2.x_axis.scaling.logBase = 10          #x 轴以对数显示
scatter2.x_axis.minorGridlines = axis.ChartLines()    #显示次坐标
wsheet.add_chart(scatter2,"J15")

scatter3 = deepcopy(scatter2)                 #复制 scatter2
```

```
scatter3.x_axis.scaling.min = 5              # 设置 x 轴最小值
scatter3.x_axis.scaling.max = 16000          # 设置 x 轴最大值
scatter3.y_axis.scaling.min = 50             # 设置 y 轴最小值
scatter3.y_axis.scaling.max = 100            # 设置 y 轴最大值
wsheet.add_chart(scatter3,'A35')

scatter4 = deepcopy(scatter3)
scatter4.x_axis.scaling.orientation = "maxMin"   # 设置坐标轴数值从大到小
scatter4.x_axis.crosses = 'max'              # 设置坐标轴的位置,可以选择'autoZero','max','min'
scatter4.x_axis.tickLblPos = 'low'           # 设置坐标标识的位置,可以选择'nextTo','low','high'
wsheet.add_chart(scatter4,'J35')

wbook.save("d:\\python\\axis.xlsx")
```

运行上面的程序,可以得到如图 6-20 和图 6-21 所示的图表。

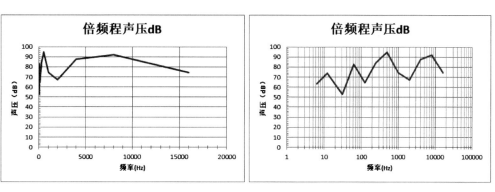

图 6-20　对数坐标轴

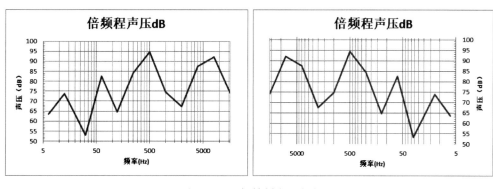

图 6-21　坐标轴刻度和方向

10．在一个图表上显示多个样式表

可以将一个图表与另外一个图表合并成一个新图表,用不同的样式进行对比,比用同一种样式更直观。下面的程序将一个折线图和一个条形图合并成一个图形,在合并时,需使用"＋＝"操作。

```python
from openpyxl import Workbook  #Demo6_40.py
from openpyxl.chart import LineChart,BarChart,Reference
from copy import deepcopy
wbook = Workbook()
wsheet = wbook.active
data = [ ['日期','一班','二班'],
         ['星期一',79,91],
         ['星期二',62,69],
         ['星期三',78,87],
         ['星期四',68,95],
         ['星期五',95,75] ]
for i in data:
    wsheet.append(i)
line = LineChart()
bar = BarChart()
line.title = '一班成绩'
bar.title = '二班成绩'
line.x_axis.title = bar.x_axis.title = '日期'
line.y_axis.title = bar.y_axis.title = "成绩"
line.width = bar.width = 12
line.height = bar.height = 6

xlable = Reference(wsheet,min_col = 1,min_row = 2,max_row = 6)
ydata1 = Reference(wsheet,min_col = 2,min_row = 1,max_row = 6)
ydata2 = Reference(wsheet,min_col = 3,min_row = 1,max_row = 6)

line.add_data(ydata1,titles_from_data = True)
line.set_categories(xlable)
bar.add_data(ydata2,titles_from_data = True)
bar.set_categories(xlable)

wsheet.add_chart(line,'A10')
wsheet.add_chart(bar,'J10')

combine = deepcopy(line)    #复制一个图表
combine += bar  #将复制的图表与其他图表合并,只能用"+=",不能用 combine = combiner + bar
combine.title = '成绩比较'
wsheet.add_chart(combine,'A25')

wbook.save("d:\\python\\combine.xlsx")
```

运行上面的程序,得到如图 6-22 所示的 3 个图表。

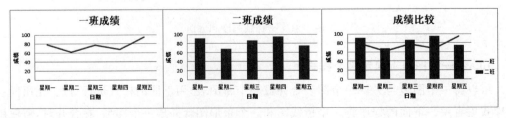

图 6-22　合并图表

第7章

PyQt5可视化编程基础

从本章开始进入可视化编程，可视化编程需要有界面代码和可以使界面控件联动起来的代码。本书介绍用 PyQt5 进行可视化编程，关于 PyQt5 的安装和在 PyCharm 中的配置请参考第 1 章中的内容。可视化编程可以在 Python 的 IDLE 环境中完成，或者第三方开发环境如 PyCharm 中完成，窗口及窗口控件之间的联动可以用 PyQt5 提供的各种信号和槽函数以及事件处理来完成。另外为提高开发效率，可以利用 Qt Designer 设计窗口和窗口上的控件，然后对窗口界面进行编程，窗口设计和对窗口的编程分离开来，窗口界面代码和对窗口编程的代码存储到不同的文件中，这样实现窗口和业务的独立编程。

7.1 PyQt5 窗口运行方法

窗口是图形界面(GUI)程序开发的基础，我们平常所见的各种图形界面都是在窗口中放置不同的控件，实现不同的动作和目的。图形界面程序开发就是在窗口上放置各个控件，并为各个控件编辑代码，使控件(如按钮、输入框、标签、下拉列表、树结构、菜单和工具栏等)"活动"起来。因此要进行图形界面开发，必须首先清楚窗口产生的机理和运行方法，之后再在窗口中添加各种控件。

7.1.1 PyQt5 的主要模块

在使用 PyQt5 之前，需要正确安装 PyQt5，PyQt5 的安装方法参考第 1 章中的内容。在安装完 PyQt5 之后，在 Python 的安装路径\site-packages\下会出现 PyQt5 目录，这个目录就是安装后的 PyQt5 包。在\site-packages\PyQt5 目录下可以看到一些模块，如图 7-1 所示，可以看到 PyQt5 的文件一般都是以 pyd 为扩展名。pyd 文件是 py 文件经过编译后的文件，不能看到内部的具体内容。

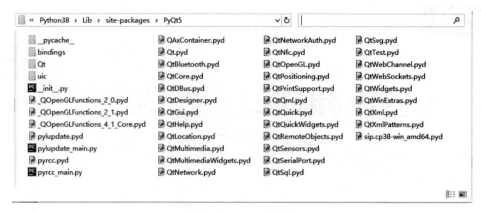

图 7-1 PyQt5 的模块

在 PyQt5 的各种模块中，对可视化编程常用的是 QtWidgets、QtCore、QtGui，以下是一些模块功能的介绍。

- QtWidgets 是窗口模块，定义了窗口的类和窗口上的各种控件（按钮、菜单、输入框、列表框等）的类。
- QtCore 是核心模块，是其他模块的应用基础，包括 5 大模块：元对象系统、属性系统、对象模型、对象树、信号与槽。QtCore 模块涵盖了 PyQt5 包的核心的非 GUI 功能，此模块被用于处理程序中涉及的 time、文件、目录、数据类型、文本流、链接、mime、线程或进程等对象。
- QtGui 模块涵盖多种基本图形功能的类，包括但不限于窗口集、事件处理、2D 图形、基本的图像和字体文本等。
- QtSql 模块提供了数据库对象的接口。
- QtMultimedia 模块包含处理多媒体事件的类库，通过调用 API 接口访问摄像头、语音设备，收发消息等。
- QtBluetooth 模块包含处理蓝牙活动的类库，它的功能包括扫描设备、连接、交互等。
- QtPositioning 模块用于获取位置信息，此模块允许使用多种方式达成定位，如卫星、无线网、文字信息，此应用一般用于网络地图定位系统。
- QtNetwork 模块包含用于网络编程的类库，这组类库通过提供便捷的 TCP/IP 及 UDP 的 c/s 程式码集合，使得基于 PyQt 的网络编程更容易。
- QtWebChannel 模块提供从 HTML 客户端访问 QObject 或 QML 对象，以实现 Qt 应用程序与 HTML/JavaScript 客户端的无缝集成。
- QtWebSockets 模块包含一组类程序，用以实现 websocket 协议。
- QtXml 模块包含了用于处理 XML 的类库，此模块为 SAX 和 DOM API 的实现提供了方法。
- QtXmlPatterns 模块所包含的类实现了对 XML 和自定义数据模型的 Xquery 与 XPath 的支持。
- QtOpenGL 模块使用 OpenGL 库来渲染 3D 和 2D 图形，该模块使得 Qt GUI 库和 OpenGL 库无缝集成。

- QtDesigner 模块所包含的类允许使用 PyQt 扩展 Qt Designer。
- QtSvg 模块为显示矢量图形文件的内容提供函数。
- QtTest 模块包含可以通过单元测试,以调试 PyQt5 应用程序的功能。
- Qt 模块将所有模块中的类综合到一个模块中,这样做的好处是用户不用担心哪个模块包含哪个特定的类,坏处是需要加载到整个 Qt 框架中,从而增加了应用程序的内存占用。

7.1.2 窗口初始化类

在创建窗口对象之前,需要先介绍一个 QApplication 类。QApplication 类管理可视化窗口,对窗口的运行进行初始化参数设置,并负责窗口的退出收尾工作,因此在创建窗口对象前,必须先创建一个 QApplication 类的实例,为后续的窗口运行做好准备。如果不是基于 QWidget 的程序,可以使用 QGuiApplication 类进行初始化,有些程序通过命令行参数执行任务而不是通过 GUI,这时可以使用 QCoreApplication 类进行初始化,以避免初始化占用不必要的资源。

QApplication 类是从 QGuiApplication 类继承来的,QGuiApplication 类为窗口 QWidget 类提供会话管理功能,用户退出时可以友好地终止程序,如果终止不了还可以取消对应的进程,可以保存程序的所有状态用于将来的会话。QGuiApplication 类继承自 QCoreApplication 类,QCoreApplication 类的一个核心功能是提供事件循环(event loop)。这些事件可以来自操作系统,如鼠标、timer、网络,以及其他原因产生的事件都可以被收发。通过调用 exec() 函数进入事件循环,遇到 quit() 函数退出事件循环,退出时发送 aboutToQuit() 信号,类似于 Python 的 sys 模块的 exit() 方法。当某个物体发出信号时,sendEvent() 函数立即处理事件,postEvent() 函数把事件放入事件队列以等待后续处理,处于队列中的事件可以通过 removePostedEvent() 方法删除,也可通过 sendPostedEvent() 方法立即处理事件。

QApplication 类进行可视化界面的初始化工作,因此在任何可视化对象创建之前必须先创建 QApplication 对象,而且还可以通过命令行参数设置一些内部状态。

QApplication 类的主要职责如下:
- 处理命令行参数,设置程序的内部初始状态。
- 处理事件,从窗口接收事件,并通过 sendEvent() 和 postEvent() 发送给需要的窗口。QApplication 知道程序在屏幕上的位置(widgetAt())、顶层窗口列表(topLevelWidgets()),处理窗口关闭(closeAllWindows())等事件。
- 使用桌面对象信息进行初始化,这些设置如调色板(palette)、字体(font)、双击间隔(doubleClickInterval),并跟踪这些对象的变化。
- 定义 GUI 外观,外观由 QStyle 对象包装,运行时通过 setStyle() 函数进行设置。
- 设置程序的颜色,设置颜色函数为 setColorSpec()。
- 本地化字符串,函数为 translate()。
- 提供一些非常方便的类,例如屏幕信息类(desktop)和剪切板类(clipboard)。
- 管理鼠标,函数为 setOverrideCursor()。

7.1.3 窗口的创建

PyQt5 的窗口类主要有三种,分别为 QWidget、QMainWindow 和 QDialog,其中 QMainWindow 和 QDialog 从 QWidget 继承而来。要创建和显示窗口,需要用这三个类中的任意一个类实例化对象,并让窗口对象显示并运行起来。窗口类在 PyQt5 的 QtWidgets 模块中,使用窗口类之前,需要用 import 语句或 from PyQt5.QtWidgets import 语句把它导入进来。

下面是创建窗口的代码。第 1 行导入系统模块 sys,这个系统模块是指 Python 系统,而不是操作系统,关于 sys 模块的介绍可以参考第 5 章的内容。第 2 行导入 QApplication 类和 QWidget 类,PyQt5 的类都是以大写"Q"开始的。第 4 行创建 QApplication 类的实例,为窗口的创建进行初始化,其中 sys.argv 是字符串列表,记录启动程序时的程序文件名和运行参数,可以通过 print(sys.argv)函数输出 sys.argv 的值。sys.argv 的第 1 个元素的值是程序文件名及路径,QApplication 可以接受的两个参数是-nograb 和-dograb,-nograb 告诉 Python 禁止获取鼠标和键盘事件,-dograb 则忽略-nograb 选项功能,而不管-nograb 参数是否存在于命令行参数中。一个程序中只能创建一个 QApplication 实例,并且要在创建窗口前创建。第 5 行创建窗口实例。第 6 行显示窗口实例。第 7 行执行 QApplication 实例的 exec()方法,开始窗口的事件循环,从而保证窗口一直处于显示状态,如果窗口上有其他控件,并为控件的消息编写了处理程序,则可以完成相应的动作;如果用户单击窗口右上角的关闭窗口按钮 ✕ 正常退出界面,或者因窗口崩溃而非正常终止窗口的运行,都将引发关闭窗口(closeAllWindows())事件,这时 QApplication 方法 exec()会返回一个整数,如果这个整数是 0 表示正常退出,如果非 0 表示非正常退出。请注意,当执行 exec()方法时,会停止 exec()的后续语句的执行,直到所有可视化窗体都关闭(退出)后才执行后续的语句。第 8 行调用系统模块的 exit()方法,通知 Python 解释器程序已经结束,如果是 sys.exit(0) 状态,Python 认为是正常退出,如果不是 sys.exit(0)状态,Python 认为是非正常退出。无论什么情况,sys.exit()都会抛出一个异常 SystemExit,这时可以使用 try...except 语句捕获这个异常,并执行 except 中的语句,例如清除程序运行过程中的临时文件,如果没有 try...except 语句,则 Python 解释器终止 sys.exit()后续语句的执行。第 7 行和第 8 行可以合并成一行 sys.exit(app.exec())来执行。

```
1    import sys    # Demo7_1.py
2    from PyQt5.QtWidgets import QApplication,QWidget
3
4    app = QApplication(sys.argv)    # 创建应用实例
5    myWindow = QWidget()            # 创建窗口实例
6    myWindow.show()                 # 显示窗口
7    n = app.exec()    # 执行 exec()方法,进入事件循环,如果遇到窗口退出命令,返回整数 n
8    sys.exit(n)                     # 通知 Python 系统,结束程序运行
```

运行上面的程序,得到如图7-2所示的窗口,这里还只是一个空白窗口,在窗口上没有放置任何控件。

需要注意的是,还有一个与exec()方法功能相似的方法exec_()。在PyQt5.11.2及其以后版本中,exec()和exec_()功能没有差别,使用哪个都可以。但是在PyQt5.11.2以前的版本中,不带参数

图7-2　创建空白窗口

的exec()函数不能执行由prepare()和bindValue()设置的带参数的SQL语句,因此只能用exec_()函数执行事件循环。

下面的程序是在上面程序的基础上,在窗口上定义了1个标签和1个按钮,同时将按钮的单击事件和窗口的关闭事件相关联,从而起到单击按钮关闭窗口的作用。

下面的程序在第2行中除了导入QApplication和QWidget类外,还导入标签类QLabel和按钮类QPushButton。第7行中用窗口的setWindowTitle()方法设置窗口的标题。第8行用窗口的resize()方法设置窗口的长和宽。第10行用QLabel类在窗口上创建一个标签。第12行设置标签显示的文字。第13行设置标签的位置和长宽。第15行用QPushButton类在窗口上创建一个按钮。第16行设置按钮上显示的文字。第17行设置按钮的位置和长宽。第18行将按钮的单击信号和窗口的关闭事件关联,从而实现单击按钮关闭窗口的功能,有关按钮信号和窗口事件及关联在后续内容中进行详细介绍。第21行用QApplication的实例方法exec()进入事件循环,从而保证窗口一直处于显示状态,当单击按钮时,关闭窗口事件发生,这时会得到返回值n。第22行输出n的值。第23行使用try语句捕获Python解释器停止工作的事件,转到except语句执行一些需要额外完成的工作。当然这个例子中没有需要额外完成的工作,这里只是用一个print语句代替。

```
1    import sys     #Demo7_2.py
2    from PyQt5.QtWidgets import QApplication,QWidget,QLabel,QPushButton
3
4    app = QApplication(sys.argv)          #创建应用实例
5
6    myWindow = QWidget()                  #创建窗口实例
7    myWindow.setWindowTitle('Hello')      #设置窗口标题
8    myWindow.resize(300,150)              #设置窗口长宽
9
10   myLabel = QLabel(myWindow)            #在窗口上创建标签实例
11   string = '欢迎使用本书学习编程!'
12   myLabel.setText(string)               #设置标签文字
13   myLabel.setGeometry(80,50,150,20)     #设置标签的位置和长宽
14
15   myButton = QPushButton(myWindow)      #在窗口上创建按钮实例
16   myButton.setText("关 闭")             #设置按钮文本
17   myButton.setGeometry(120,100,50,20)   #设置按钮的位置和长宽
18   myButton.clicked.connect(myWindow.close)  #将按钮的单击事件和窗口的关闭事件关联
```

```
19
20    myWindow.show()                    #显示窗口
21    n = app.exec()      #执行 exec()方法,进入事件循环,如果遇到窗口退出命令,返回整数 n
22    print("n = ",n)                    #输出窗口关闭时返回的整数
23    try:                               #捕获程序退出事件
24        sys.exit(n)                    #通知 Python 系统,结束程序运行
25    except SystemExit:
26        print("请在此做一些其他工作.")   #Python 解释器停止执行前的工作
27    #单击关闭按钮后,得到如下结果
28    #n = 0
29    #请在此做一些其他工作。
```

运行上面的程序,将会得到如图 7-3 所示的窗口。这时窗口上有一个标签和按钮,单击按钮会关闭窗口,并在输出窗口中得到"n=0"和"请在此做一些其他工作。"的返回信息。

图 7-3 创建新窗口

7.2 PyQt5 可视化编程架构

上节介绍了创建窗口和在窗口上创建控件的方法,这个方法将创建窗口和创建窗口控件的代码与控件的事件代码放到同一段程序中,如果程序非常复杂,控件很多,事件也很多,势必造成代码混杂,程序可读性差,编程效率也不高。为此可以把创建窗口控件的代码放到一个函数或类中,创建窗口的代码放到主程序中,从而使程序的可读性得到提高,也提高了编程效率。

7.2.1 界面用函数来定义

下面的代码将创建窗口控件的代码放到函数 setupUi()中,按钮事件与窗口事件的关联也移到函数中。setupUi()函数的形参是窗口,在主程序中调用 setupUi()函数,并把窗口实例作为实参传递给 setupUi 函数,在 setupUi()函数中往窗口上创建控件,运行程序得到与上一节相同的窗口。

```
import sys  #Demo7_3.py
from PyQt5.QtWidgets import QApplication,QWidget,QLabel,QPushButton

def setupUi(window):                          #形参 window 是一个窗口实例
```

```
        window.setWindowTitle('Hello')
        window.resize(300, 150)

        label = QLabel(window)              #在窗口上创建标签
        label.setText('欢迎使用本书学习编程!')
        label.setGeometry(80, 50, 150, 20)

        button = QPushButton(window)        #在窗口上创建按钮
        button.setText("关 闭")
        button.setGeometry(120, 100, 50, 20)
        button.clicked.connect(window.close) #按钮事件与窗口事件的关联

if __name__ == '__main__':
    app = QApplication(sys.argv)
    myWindow = QWidget()
    setupUi(myWindow)   #调用setupUi()函数,并把窗口作为实参传递给setupUi()函数
    myWindow.show()
    n = app.exec()
    sys.exit(n)
```

7.2.2 界面用类来定义

下面的程序将创建窗口控件的代码定义到 QmyUi 类的 setupUi() 函数中，各个控件是 QmyUi 类中的属性，在主程序中用 QmyUi 类实例化对象 ui，这样在主程序中就可以用 ui 引用窗口上的任何控件，在主程序中通过 ui 就可以修改控件的参数。例如，主程序中用 ui.button.setText("Close") 语句修改了按钮的显示文字，按钮事件与窗口事件的关联也移到了主程序中，当然也可以在类的函数中实现。

```
import sys  #Demo7_4.py
from PyQt5.QtWidgets import QApplication,QWidget,QLabel,QPushButton

class QmyUi():                              #定义 QmyUi 类
    def setupUi(self,window):               # 定义方法,形参window是一个窗口实例
        window.setWindowTitle('Hello')
        window.resize(300, 150)

        self.label = QLabel(window)  # 在窗口上创建标签
        self.label.setText('欢迎使用本书学习编程!')
        self.label.setGeometry(80, 50, 150, 20)

        self.button = QPushButton(window)   # 在窗口上创建按钮
        self.button.setText("关 闭")
        self.button.setGeometry(120, 100, 50, 20)

if __name__ == '__main__':
    app = QApplication(sys.argv)
```

```
                myWindow = QWidget()

                ui = QmyUi()                    #用 QmyUi 类创建实例 ui
                ui.setupUi(myWindow)            #调用 ui 的方法 setupUi(),并以窗口实例作为实参
                ui.button.setText("Close")      #重新设置按钮的显示文字
                ui.button.clicked.connect(myWindow.close)   #窗口上的按钮事件与窗口事件关联

                myWindow.show()
                n = app.exec()
                sys.exit(n)
```

运行上面的程序,得到如图 7-4 所示的界面。

图 7-4　修改按钮文字后的界面

7.2.3　界面用模块来定义

如果一个界面非常复杂,创建界面控件的代码也就会很多,如果使用模块和包的概念,程序中创建界面控件的类 QmyUi 可以单独存放到一个文件中,在使用的时候用 import 语句把 QmyUi 类导入进来,实现控件代码与窗口代码的分离。

下面是在窗口上创建控件的代码,然后把代码保存到 Python 可以搜索到的路径下的 myUi.py 文件中。

```
        from PyQt5.QtWidgets import QLabel, QPushButton   #Demo7_5.py
        # myUi.py 文件
        class QmyUi(object):                              #定义 QmyUi 类
            def setupUi(self,window):                     # 定义方法,形参 window 是一个窗口实例
                window.setWindowTitle('Hello')
                window.resize(300, 150)

                self.label = QLabel(window)               # 在窗口上创建标签
                self.label.setText('欢迎使用本书学习编程!')
                self.label.setGeometry(80, 50, 150, 20)

                self.button = QPushButton(window)         # 在窗口上创建按钮
                self.button.setText("关 闭")
                self.button.setGeometry(120, 100, 50, 20)
```

新建一个 py 文件,在这个 py 文件中输入如下所示的代码,在第 4 行中用 import myUi

语句把 myUi.py 文件导入进来,在主程序中用 ui = myUi.QmyUi()语句创建 QmyUi 类的实例对象 ui,然后就可以用 ui 引用 myUi.py 文件中的控件。

```python
import sys  #Demo7_6.py
from PyQt5.QtWidgets import QApplication, QWidget

import myUi     #导入 myUi.py 文件

if __name__ == "__main__":
    app = QApplication(sys.argv)
    myWindow = QWidget()
    
    ui = myUi.QmyUi()                    #用 myUi 文件中的 QmyUi 类创建实例 ui
    ui.setupUi(myWindow)                 #调用 ui 的方法 setupUi(),并以窗口实例作为实参
    ui.button.setText("Close")           #重新设置按钮的显示文字
    ui.button.clicked.connect(myWindow.close)   #窗口上的按钮事件与窗口事件关联
    
    myWindow.show()
    n = app.exec()
    sys.exit(n)
```

7.2.4 界面与逻辑的分离

上例的代码中,可以把创建窗口和对控件操作的代码单独放到一个函数或类中,含有控件的代码称为界面代码,实现控件动作的代码称为逻辑或业务代码。

下面的代码创建了 QmyWidget()函数,在函数中用 widget = QWidget(parent)语句创建 QWidget 类的实例对象 widget,这时首先执行的是 QWidget 类的初始化函数 __init__(),经过初始化后的对象成为真正窗口,注意 QmyWidget()函数的返回值是窗口 widget。在主程序中调用 QmyWidget()函数,得到返回值,然后显示窗口并进入消息循环。

```python
import sys  #Demo7_7.py
from PyQt5.QtWidgets import QApplication, QWidget

import myUi                      #导入 myUi.py 文件

def QmyWidget(parent = None):
    widget = QWidget(parent)     #用 QWidget 对象 widget,执行 QWidget 类的 __init__()函数
    ui = myUi.QmyUi()            # 实例化 myUi.py 文件中的 QmyUi 类
    ui.setupUi(widget)           # 调用 QmyUi 类的 setupUi(),以 widget 为实参传递给形参 window
    ui.button.setText("Close")   # 重新设置按钮的显示文字
    ui.button.clicked.connect(widget.close)   # 窗口上的按钮事件与窗口事件关联
    
    return widget                #函数的返回值是窗口

if __name__ == "__main__":
```

```
app = QApplication(sys.argv)
myWindow = QmyWidget()    #调用QmyWidget()函数,返回值是窗口
myWindow.show()
n = app.exec()
sys.exit(n)
```

上面代码中,只是用一个函数将界面与逻辑或业务分离,如果要对界面进行多种操作或运算,显然只用一个函数来定义是不够的。由于在类中可以定义多个函数,如果用类来代替上述函数的作用,可以极大地提高编程效率。为此可以把创建窗口和对控件操作的代码放到一个类中。

下面的代码创建一个类 QmyWidget,其父类是窗口类 QWidget,在初始化函数 __init__()中用 super()函数调用父类的初始化函数,这时类 QmyWidget 中的 self 将会是窗口类 QWidget 的实例,也就是一个窗口。在主程序中用类 QmyWidget 实例化对象 myWindow,myWindow 就是指 QmyWidget 的 self 的具体值。myWindow 可以显示出来,也可以进入事件循环。

```python
import sys  #Demo7_8.py
from PyQt5.QtWidgets import QApplication, QWidget

import myUi                          #导入 myUi.py 文件

class QmyWidget(QWidget):            #创建 QmyWindget 类,父类是 QWidget
    def __init__(self,parent = None):
        super().__init__(parent)   #初始化父类 QWidget,这时 self 是 QWidget 的窗口对象
        ui = myUi.QmyUi()          #实例化 myUi.py 文件中的 QmyUi 类
        ui.setupUi(self)  #调用 QmyUi 类的函数 setupUi(),并以 self 为实参传递给形参 window
        ui.button.setText("Close")   # 重新设置按钮的显示文字
        ui.button.clicked.connect(self.close)    # 窗口上的按钮事件与窗口事件关联

if __name__ == "__main__":
    app = QApplication(sys.argv)
    myWindow = QmyWidget()  #用 QmyWidget()类实例化对象 myWindow,myWindow 是窗口
    myWindow.show()
    n = app.exec()
    sys.exit(n)
```

上面的程序属于单继承的方法,自定义类 QmyWidget 只继承了 QWidget 类,在类 QmyWidget 中还要定义类 QmyUi 的实例。下面介绍多继承的方法,自定义类 QmyWidget 同时继承 QWidget 类和 QmyUi 类,多继承无须再定义类 QmyUi 的实例,类中的 self 既指 QWidget 类的窗口对象,也指 QmyUi 的实例对象,即窗口的上控件。多继承方法的优点是访问控件方便,缺点是过于开放,不符合面向对象编程的封装要求,如果界面的属性和逻辑函数的属性都较多时,不便于区分是哪个类中定义的属性。本书主要以单继承的方式讲解 PyQt5 的可视化编程。

```
import sys  # Demo7_9.py
from PyQt5.QtWidgets import QApplication, QWidget

from myUi import QmyUi                    # 从 myUi.py 文件中导入 QmyUi 类

class QmyWidget(QWidget,QmyUi):           # 创建 QmyWindget 类,父类是 QWidget 和 QmyUi
    def __init__(self,parent = None):
        super().__init__(parent)          # 初始化父类 QWidget,self 是 QWidget 的一个窗口对象
        self.setupUi(self) # 调用 QmyUi 的函数 setupUi(),并以 self 为实参传递给形参 window
        self.button.setText("Close")      # 重新设置按钮的显示文字
        self.button.clicked.connect(self.close)  # 窗口上的按钮事件与窗口事件关联

if __name__ == "__main__":
    app = QApplication(sys.argv)
    myWindow = QmyWidget()  # 用 QmyWidget()类实例化对象 myWindow,myWindow 是窗口
    myWindow.show()
    n = app.exec()
    sys.exit(n)
```

以上几种方法的运行结果完成相同,请读者仔细体会这种界面与逻辑分离的编程架构模式。

7.3 用 Qt Designer 设计界面

前面用纯代码的方式创建了一个简单的窗口和窗口上的控件,这种用纯代码从无到有的方式开发界面需要用户对界面控件的代码非常熟悉。下面讲解用 Qt Designer 可视化地开发界面,然后再把 Qt Designer 设计的界面文件 ui 转换成 Python 的 py 文件的方法。

7.3.1 窗口界面设计

从 Windows 程序列表中找到 Qt 下的 Designer,启动 Designer。如果读者按照第 1 章介绍的方法,在 PyCharm 中配置启动 Designer 的工具,那么单击 Pycharm 的菜单命令 Tools→External Tools→Qt Designer 也可以启动 Designer。

启动 Designer 后,首先出现创建窗体对话框,如图 7-5 所示,从 templates\forms 中选择 Widget,然后单击"创建"按钮,进入 Designer 界面中。Designer 界面的左侧是控件区 Widget Box,中间是设计窗口,可以把控件拖曳到窗口上,右边是控件的属性设置区(对象查看器)。

下面通过建立一个输入学生成绩,计算总成绩和平均成绩并保存成绩的简单界面,说明 Designer 的使用方法。

第 1 步,从左边的 Containers 组件中拖曳两个 Group Box 控件到设计窗口中,并调整大小和位置,如图 7-6 所示。在设计窗口上选择左边的 Group Box,然后在右边的属性编辑区将 title 属性改成"学生成绩",在设计窗口上选择右边的 Group Box,然后在右边的属性设置区将 title 属性改成"成绩统计"。

图 7-5　Qt Designer 设计界面

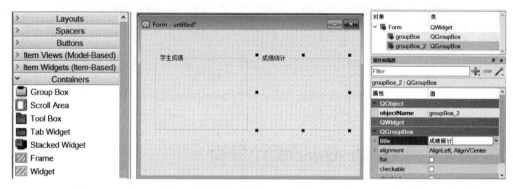

图 7-6　设计 Group Box

第 2 步，从左侧的 Display Widgets 拖曳 3 个 Label 控件到设计窗口的左侧"学生成绩"Group Box 中，拖曳两个 Label 到设计窗口的右侧"学生成绩"Group Box 中，并排列 Label 的位置，如图 7-7 所示。在右侧属性设置区将这 5 个 Label 的 text 分别修改成"语　文""数　学""英　语""总成绩"和"平均分"，并可以设置 alignment 下的"水平的"为 AlignRight。

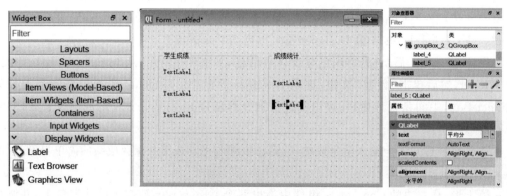

图 7-7　设置 QLabel

第 3 步，从左侧 Input Widgets 中拖曳 3 个 Spin Box 到设计窗口的"学生成绩"Group Box 中，拖曳两个 Line Edit 控件到设计窗口的"成绩统计"Group Box 中，并排列位置和大小,如图7-8所示。在右侧的属性设置区将3个Spin Box的ObjectName分别修改成"chinese""math"和"english",将两个Line Edit的ObjectName分别修改成"total"和"average",并把readOnly属性选中。ObjectName是设置控件的名称,编程时通过ObjectName引用控件,而title或text属性是界面显示的文字。

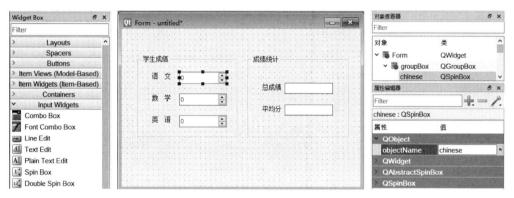

图7-8　设计QSpinBox和QLineEdit

第4步,从右侧的Buttons组件中拖曳两个Push Button按钮到设计窗口中,并调整大小和位置,如图7-9所示。在右侧属性设置区将第1个Push Button的ObjectName设置成btnCalculate,将text设置成"计算",将第2个Push Button的ObjectName设置成btnSave,将text设置成"保存"。

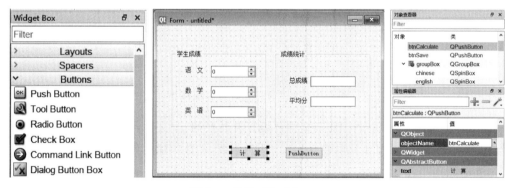

图7-9　设计QPushButton

第5步,单击工具栏上的存盘按钮，将设置好的文件保存到Python可以搜索到的本机硬盘路径中,例如d:\python目录下的student.ui文件中。关于Python的搜索路径的设置,可以参考5.3节的内容。

7.3.2　ui文件编译成py文件

前面用Qt Designer设计的图形界面存盘后是ui文件,用记事本打开该文件,如图7-10所示,可以看出ui文件的内容是xml格式的文本文件,还不是Python能识别的文件,需要把ui文件转换成py文件。下面介绍几种将ui文件转换成py文件的方法。PyQt5安装完成后，在 Python 的安装目录 Scripts 下有 pyuic5.exe 文件，pyuic5.exe 可以将 Qt 创建的界面文件（*.ui）转换成 Python 语法格式的文件（*.py）。

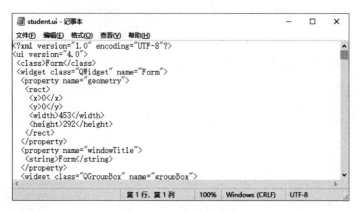

图 7-10 ui 文件的内容

1. 用 Windows 操作系统的 cmd 窗口

启动 cmd 窗口，先用"cd/d"命令将当前路径设置成 ui 文件所在的路径，然后输入"pyuic5 -o student.py student.ui"命令，如图 7-11 所示，在 ui 所在的文件夹中将会得到 student.py 文件。

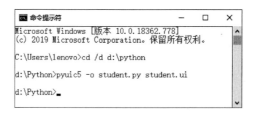

图 7-11 cmd 窗口转换 ui 文件到 py

用记事本或用 Python 的 IDLE 文件环境打开转换的 py 文件，代码如下所示，可以看到已经创建 Ui_Form 类，并在类内建立 setupUi()函数，函数中建立各个控件的实例、名称、尺寸、位置等。

```
# -*- coding: utf-8 -*-      #Demo7_10.py
# Form implementation generated from reading ui file 'student.ui'
# Created by: PyQt5 UI code generator 5.14.2

from PyQt5 import QtCore, QtGui, QtWidgets

class Ui_Form(object):
    def setupUi(self, Form):
        Form.setObjectName("Form")
        Form.resize(453, 292)
        self.groupBox = QtWidgets.QGroupBox(Form)
        self.groupBox.setGeometry(QtCore.QRect(30, 50, 191, 151))
```

```python
        self.groupBox.setObjectName("groupBox")
        self.label = QtWidgets.QLabel(self.groupBox)
        self.label.setGeometry(QtCore.QRect(10, 30, 54, 16))
        self.label.setAlignment(QtCore.Qt.AlignRight|QtCore.Qt.AlignTrailing|QtCore.Qt.AlignVCenter)
        self.label.setObjectName("label")
        self.label_2 = QtWidgets.QLabel(self.groupBox)
        self.label_2.setGeometry(QtCore.QRect(10, 70, 54, 16))
        self.label_2.setAlignment(QtCore.Qt.AlignRight|QtCore.Qt.AlignTrailing|QtCore.Qt.AlignVCenter)
        self.label_2.setObjectName("label_2")
        self.label_3 = QtWidgets.QLabel(self.groupBox)
        self.label_3.setGeometry(QtCore.QRect(10, 110, 54, 16))
        self.label_3.setAlignment(QtCore.Qt.AlignRight|QtCore.Qt.AlignTrailing|QtCore.Qt.AlignVCenter)
        self.label_3.setObjectName("label_3")
        self.chinese = QtWidgets.QSpinBox(self.groupBox)
        self.chinese.setGeometry(QtCore.QRect(80, 30, 91, 22))
        self.chinese.setObjectName("chinese")
        self.math = QtWidgets.QSpinBox(self.groupBox)
        self.math.setGeometry(QtCore.QRect(80, 70, 91, 22))
        self.math.setObjectName("math")
        self.english = QtWidgets.QSpinBox(self.groupBox)
        self.english.setGeometry(QtCore.QRect(80, 110, 91, 22))
        self.english.setObjectName("english")
        self.groupBox_2 = QtWidgets.QGroupBox(Form)
        self.groupBox_2.setGeometry(QtCore.QRect(240, 50, 191, 151))
        self.groupBox_2.setObjectName("groupBox_2")
        self.label_4 = QtWidgets.QLabel(self.groupBox_2)
        self.label_4.setGeometry(QtCore.QRect(10, 50, 54, 16))
        self.label_4.setAlignment(QtCore.Qt.AlignRight|QtCore.Qt.AlignTrailing|QtCore.Qt.AlignVCenter)
        self.label_4.setObjectName("label_4")
        self.label_5 = QtWidgets.QLabel(self.groupBox_2)
        self.label_5.setGeometry(QtCore.QRect(10, 90, 54, 16))
        self.label_5.setAlignment(QtCore.Qt.AlignRight|QtCore.Qt.AlignTrailing|QtCore.Qt.AlignVCenter)
        self.label_5.setObjectName("label_5")
        self.total = QtWidgets.QLineEdit(self.groupBox_2)
        self.total.setGeometry(QtCore.QRect(70, 50, 91, 20))
        self.total.setReadOnly(True)
        self.total.setObjectName("total")
        self.average = QtWidgets.QLineEdit(self.groupBox_2)
        self.average.setGeometry(QtCore.QRect(70, 90, 91, 20))
        self.average.setReadOnly(True)
        self.average.setObjectName("average")
        self.btnCalculate = QtWidgets.QPushButton(Form)
        self.btnCalculate.setGeometry(QtCore.QRect(150, 240, 75, 23))
        self.btnCalculate.setObjectName("btnCalculate")
        self.btnSave = QtWidgets.QPushButton(Form)
        self.btnSave.setGeometry(QtCore.QRect(260, 240, 75, 23))
        self.btnSave.setObjectName("btnSave")

        self.retranslateUi(Form)
```

```
            QtCore.QMetaObject.connectSlotsByName(Form)

    def retranslateUi(self, Form):
        _translate = QtCore.QCoreApplication.translate
        Form.setWindowTitle(_translate("Form", "Form"))
        self.groupBox.setTitle(_translate("Form", "学生成绩"))
        self.label.setText(_translate("Form", "语 文"))
        self.label_2.setText(_translate("Form", "数 学"))
        self.label_3.setText(_translate("Form", "英 语"))
        self.groupBox_2.setTitle(_translate("Form", "成绩统计"))
        self.label_4.setText(_translate("Form", "总成绩"))
        self.label_5.setText(_translate("Form", "平均分"))
        self.btnCalculate.setText(_translate("Form", "计　算"))
        self.btnSave.setText(_translate("Form", "保　存"))
```

2. 用批处理形式转换

用记事本建立一个扩展名为 bat 的文件，如 translate.bat，并输入如图 7-12 所示的内容，双击 translate.bat 即可完成 ui 文件到 py 文件的转换。

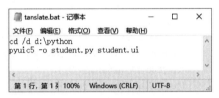

图 7-12　批处理方式转换 ui 到 py

3. 编写 Python 程序

建立如下所示的 Python 程序，运行该程序后可以把 ui 文件转换成 py 文件，用时把 ui、py 和 path 变量修改一下即可。

```
import os              #Demo7_11.py

ui = 'student.ui'       #被转换的 ui 文件
py = 'student.py'       #转换后的 py 文件
path = 'd:\\python'     #ui 文件所在路径
os.chdir(path)          #将 ui 文件所在路径设置成当前路径
cmdTemplate = "pyuic5 -o {py} {ui}".format(py=py, ui=ui)   #文本模板
os.system(cmdTemplate)  #执行转换命令
```

4. 用 PyCharm 转换

如果读者已经按照第 1 章的内容配置了 PyCharm，那么在 PyCharm 的左侧列表中找到 ui 文件，在 ui 文件上右击，从弹出的快捷菜单中选择 External Tools→Ui2Py 命令，也可以将 ui 文件转换成 py 文件，如图 7-13 所示。

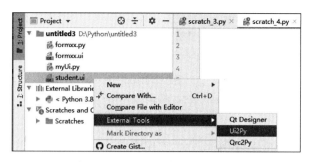

图 7-13　PyCharm 中转换 ui 到 py

7.3.3　ui 文件转换后的编程

完成上面转换后,需要对其进一步编程才能执行界面的功能。界面中有两个按钮,一个是"计算"按钮,完成总成绩和平均分的计算;另外一个是"保存"按钮,不但能关闭界面,还可以把输出的数据保存到一个文件中。

1. 完成界面的显示

按照下面的程序进行编程,程序内各行的意义前面都已经讲过,运行该程序即可得到设计的界面,不过这个界面中的两个按钮的功能还不能用。读者可以将下面的程序作为一个模板,在后面编程的时候稍做修改即可应用新的界面。

```
import sys  #Demo7_12.py
from PyQt5.QtWidgets import QApplication, QWidget

import student    #导入 student.py 文件

class QmyWidget(QWidget):    #创建 QmyWindget 类,父类是 QWidget
    def __init__(self,parent = None):
        super().__init__(parent)    #初始化父类 QWidget,这时 self 是 QWidget 的窗口对象
        self.ui = student.Ui_Form()    #实例化 student.py 文件中的 Ui_Form 类
        self.ui.setupUi(self)    #调用 Ui_Form 类的函数 setupUi(),并以 self 为实参传递给形参 Form

if __name__ == "__main__":
    app = QApplication(sys.argv)
    myWindow = QmyWidget()    #用 QmyWidget()类实例化对象 myWindow,myWindow 是窗口
    myWindow.show()
    n = app.exec()
    sys.exit(n)
```

2. 对"计算"按钮进行编程

"计算"按钮可以完成总成绩、平均成绩的计算和显示,并把各科成绩、总成绩和平均成绩保存到一个列表中,同时记录单击"计算"按钮的次数。下面是对"计算"按钮的编程。

第 1 步,用 from PyQt5.QtCore import pyqtSlot 导入槽,其目的是为定义按钮事件做

准备,后面会详细介绍槽的内容。

第 2 步,在初始化函数__init__()中增加两个私有变量__count 和__score,分别记录单击"计算"按钮的次数,并计算总成绩和平均成绩。

第 3 步,定义"计算"按钮的函数。在 Python 中对于按钮类可以用"on_按钮名称_clicked()"形式定义按钮的单击事件,在函数前需要加入@pyqtSlot()修饰,关于这部分内容后面还会详细介绍。

第 4 步,计算和显示总成绩、平均分。程序中用 s = self.ui.chinese.value() + self.ui.math.value() + self.ui.english.value()语句计算总成绩,通过控件的 value()方法获取输入的各科成绩。由于平均成绩可能是很长的小数,程序中用格式化的形式保留了 1 位小数,用控件的 setText()方法设置显示控件的值。

第 5 步,把单击"计算"按钮的次数和各科成绩加入到临时列表 temp 中,最后把临时列表 temp 加入到__score 列表中。

3. 对"保存"按钮进行编程

"保存"按钮用于将列表__score 变量中的数据保存到文件中。程序中首先定义了一个模板,template = "{}:语文{} 数学{} 英语{} 总成绩{} 平均分{}\n" 用于格式化成绩;接下来打开文件并往文件中输出数据。

```python
import sys  # Demo7_13.py
from PyQt5.QtWidgets import QApplication, QWidget
from PyQt5.QtCore import pyqtSlot

import student  # 导入 student.py 文件

class QmyWidget(QWidget):
    def __init__(self, parent = None):
        super().__init__(parent)
        self.ui = student.Ui_Form()
        self.ui.setupUi(self)
        self.__count = 0
        self.__score = list()
    @pyqtSlot()
    def on_btnCalculate_clicked(self):
        s = self.ui.chinese.value() + self.ui.math.value() + self.ui.english.value()
        self.ui.total.setText(str(s))
        template = "{:.1f}".format(s/3)
        self.ui.average.setText(template)

        self.__count = self.__count + 1
        temp = list()
        temp.append(self.__count)
        temp.append(self.ui.chinese.value())
        temp.append(self.ui.math.value())
        temp.append(self.ui.english.value())
```

```
            temp.append(s)
            temp.append(float(template))
            self.__score.append(temp)
    @pyqtSlot()
    def on_btnSave_clicked(self):
        template = "{}:语文{} 数学{} 英语{} 总成绩{} 平均分{}\n"  #定义文本模板
        try:
            fp = open("d:\\student_score.txt",'a+',encoding = 'UTF-8')  #打开文件
        except:
            print("保存文件失败")
        else:
            for i in self.__score:
                score = template.format(i[0],i[1],i[2],i[3],i[4],i[5])  #格式化字符串
                fp.write(score)      #往文件中写入数据
            fp.close()
if __name__ == "__main__":
    app = QApplication(sys.argv)
    myWindow = QmyWidget()
    myWindow.show()
    n = app.exec()
    sys.exit(n)
```

运行上面的程序,输入数据,并单击"计算"和"保存"按钮,得到如图7-14所示的输出文件。

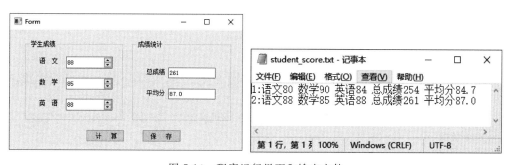

图7-14 程序运行界面和输出文件

7.4 信号与槽

对于可视化编程,需要将界面上的控件有机结合起来,实现控件功能的联动和交互操作。在上节中,建立了一个输入学生成绩,计算总成绩和平均分,并对学生成绩进行统计,把结果保存到文件中的简单界面程序。在这个程序中,通过单击"计算"按钮和"保存"按钮,实现上述功能。对按钮功能的定义,是通过信号(signal)与槽(slot)机理实现的。信号与槽是PyQt编程的基础,也是Qt的一大创新,因为有了信号与槽的编程机制,在PyQt中处理界面上各个控件的交互操作时变得更加直观和简单。

信号是指从 QObject 类继承的控件(窗口、按钮、文本框、列表框等)在某个动作下或状态发生改变时发出的一个指令或一个信息,例如一个按钮被单击(clicked)、一个窗口单击鼠标右键(customContextMenuRequested)、一个输入框中文字的改变(textChanged)等,当这些控件的状态发生变化或者外界对控件进行输入时,让这些控件发出一个信息,来通知系统其某种状态发生了变化或者得到了外界的输入,以便让系统对外界的输入进行响应。槽是系统对控件发出的信号进行的响应,或者产生的动作,通常用函数来定义系统的响应或动作。例如对于单击"计算"按钮,按钮发出被单击的信号,然后编写对应的函数,当控件发出信号时,就会自动执行与信号关联的函数。信号与槽的关系可以是一对一,也可以是多对多,即一个信号可以关联多个槽函数,一个槽函数也可以接收多个信号。PyQt5 已经为控件编写了一些信号和槽函数,使用前需要将信号和槽函数进行连接,另外还可以自定义信号和槽函数。

7.4.1 内置信号与内置槽的连接

PyQt5 对控件已经定义的信号和槽可以在 Qt Designer 中查看。启动 Qt Designer 并打开前面的 student.ui 文件,在窗口上拖放一个新的 Push Button 按钮,如图 7-15 所示,并将 objectName 改成 btnClose,将 text 设置成"关 闭"。然后单击工具栏上的"编辑信号/槽"按钮,进入信号和槽的编辑界面,按住 Shift 键的同时,用鼠标左键拖曳"关闭"按钮到窗口的空白区,这时会出现一个红色线和接地副号,松开鼠标,弹出配置连接对话框,如图 7-16 所示。选中"显示从 QWidget 继承的信号和槽",这时对话框的左侧列表框中显示按钮的所有已定义信号,右边列表框显示窗口所有的槽函数。这里左侧选择按钮的 clicked()信号,右边选择窗口的 close()函数,单击 OK 按钮,就建立了按钮的单击信号(clicked)和窗口的关闭(close)的连接。

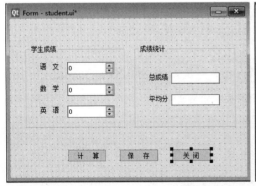 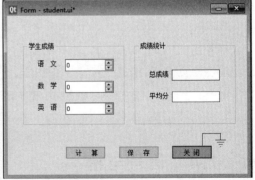

图 7-15 按钮信号与窗口槽函数的关联

另外一种建立信号和槽的方法是使用"信号/槽编辑器"。在 Qt Designer 的右下角的"信号/槽编辑器"上单击 ![]按钮,如图 7-17 所示,双击发送者下的<发送者>,找到 btnClose 按钮,双击信号下的<信号>,找到 clicked(),双击接收者下的<接收者>,找到 Form,双击槽下的<槽>,找到 close(),这样就建立了信号和槽的连接。如果要删除信号和槽的连接,应先选中信号槽,然后单击 ![]按钮。

图 7-16 "配置连接"对话框

图 7-17 信号和槽编辑器

将以上窗口存盘，并重新将 ui 文件编译成 py 文件，并用新的 py 文件替换老的 py 文件，运行程序后，得到新的界面。打开新生成的 py 文件，可以发现在 py 中增加了一行新代码 self.btnClose.clicked.connect(Form.close)，用控件信号的 connect() 方法将信号和函数进行了连接，注意被连接函数不需要带括号。

从上面的例子中可以看出，信号与槽的连接格式如下。其中 sender 是产生信号的控件名称；signalName 是信号名称；receiver 是接收信号的控件名称；slotName 是接收信号的控件的槽函数名称，不需要带括号。

sender.signalName.connect(receiver.slotName)

7.4.2 内置信号与自定义槽函数

除了可以将控件的内置信号与其他控件的内置槽函数进行连接外，还可以对控件的内置信号直接定义新的槽函数。上节中就是对"计算"按钮和"保存"按钮信号进行按钮单击信号与自定义槽函数连接，从而实现这两个按钮的功能。

1. 自动关联内置信号的自定义槽函数

将 ui 文件编译成 py 文件后，打开 py 文件，可以发现在 py 文件中会出现下面的语句：

QtCore.QMetaObject.connectSlotsByName(Form)

该语句的作用是使用 PyQt 的元对象（QMetaObject）在窗口上搜索所有从 QObject 类继承

的控件,将控件的信号自动与槽函数根据名称(objectName)进行匹配。这时自定义的槽函数必须具有如下格式,即可实现信号与槽函数的自动关联:

def on_objectName_signalName(self,signalParameter):
　　函数语句

其中,def 为函数定义关键词;on 为函数名的前缀,是必需的;objectName 为控件的名称,如定义按钮时给按钮起的名字是 btnSave;signalName 为控件的信号名称,如按钮的 clicked 信号;signalParameter 为信号传递过来的参数,例如一个 checkBox 是否处于选中状态,对 checkBox 可以定义 def on_checkBox_toggled(self,checked)自动关联槽函数,自动接收来自 checkBox 的 toggled(bool)的信号;checked 为形参,是 toggled(bool)信号传递的状态。

2. 重载型信号的处理

细心的读者会注意到,在 Qt Designer 中查询一个控件的信号时,会发现有些控件有多个名字相同但是参数不同的信号。例如对于按钮有 clicked()和 clicked(bool)两种信号,一种不需要传递参数的信号,另一种传递布尔型参数的信号。像这种信号名称相同,参数不同的信号,称为重载(overload)型信号。对 overload 型信号定义自动关联槽函数时,需要在槽函数前加修饰符@pyqtSlot(type)声明是对哪个信号定义槽函数,其中 type 是信号传递的参数类型。例如如果对按钮的 clicked(bool)信号定义自动关联槽函数,需要在槽函数前加入@pyqtSlot(bool)进行修饰;如果对按钮的 clicked()信号定义自动关联槽函数,需要在槽函数前加入@pyqtSlot()进行修饰。需要注意的是,在使用@pyqtSlot(type)修饰符前,需要提前用 from PyQt5.QtCore import pyqtSlot 语句导入槽函数。

3. 手动关联内置信号的自定义槽函数

除了使用控件内置信号定义自动连接的槽函数外,还可以将控件内置信号手动连接到其他函数上,这时需要用到信号的 connect()方法。例如前面的输入学生成绩,计算总成绩和平均分的例子中,将"计算"按钮的 click()信号关联的函数修改成"def scoreCalculate (self):",然后在窗口初始化函数__init__()中用 self.ui.btnCalculate.clicked.connect(self. scoreCalculate)语句将按钮的单击信号 clicked 与 scoreCalculate 函数进行连接,也可以在主程序中,在消息循环语句前用 myWindow.ui.btnCalculate.clicked.connect(myWindow. scoreCalculate)语句进行消息与槽函数的连接,程序代码如下所示:

```python
import sys  #Demo7_14.py
from PyQt5.QtWidgets import QApplication, QWidget
from PyQt5.QtCore import pyqtSlot

import student    #导入 student.py 文件

class QmyWidget(QWidget):
    def __init__(self,parent = None):
        super().__init__(parent)
        self.ui = student.Ui_Form()
        self.ui.setupUi(self)
```

```python
            self.__count = 0
            self.__score = list()
            self.ui.btnCalculate.clicked.connect(self.scoreCalculate)  #手动连接信号与槽
    def scoreCalculate(self):    #"计算"按钮的槽函数,需手动与信号连接
        s = self.ui.chinese.value() + self.ui.math.value() + self.ui.english.value()
        self.ui.total.setText(str(s))
        template = "{:.1f}".format(s/3)
        self.ui.average.setText(template)

        self.__count = self.__count + 1
        temp = list()
        temp.append(self.__count)
        temp.append(self.ui.chinese.value())
        temp.append(self.ui.math.value())
        temp.append(self.ui.english.value())
        temp.append(s)
        temp.append(float(template))
        self.__score.append(temp)
    @pyqtSlot()    #槽参数类型修饰符
    def on_btnSave_clicked(self):    #自动关联槽函数
        template = "{}:语文{} 数学{} 英语{} 总成绩{} 平均分{}\n"    #定义文本模板
        try:
            fp = open("d:\\student_score.txt",'a+',encoding = 'UTF-8')    #打开文件
        except:
            pass
        else:
            for i in self.__score:
                score = template.format(i[0],i[1],i[2],i[3],i[4],i[5])    #格式化字符串
                fp.write(score)    #往文件中写入数据
            fp.close()

if __name__ == "__main__":
    app = QApplication(sys.argv)
    myWindow = QmyWidget()
    myWindow.show()
    #myWindow.ui.btnCalculate.clicked.connect(myWindow.scoreCalculate)    #手动连接信号与槽
    n = app.exec()
    sys.exit(n)
```

7.4.3 自定义信号

除了可以用控件的内置信号外,还可以自定义信号。自定义信号可以不带参数,也可以带参数,可以带1个参数,也可以带多个参数。参数类型是任意的,如整数(int)、浮点数(float)、布尔(bool)、字符串(str)、列表(list)、元组(tuple)和字典(dict)等。参数类型需要在定义信号时进行声明。自定义信号通常需要在类属性位置用pyqtSignal()函数声明。

1. 自定义信号的定义方式

定义非重载型信号的格式如下所示:

```
signalName = pyqtSignal(type1,type2, ...)
```

定义重载型信号的格式如下所示：

```
signalName = pyqtSignal([type1],[type2], ...)
```

其中 signalName 是信号名称；pyqtSignal()函数用于创建信号，使用前需要用 from PyQt5.QtCore import pyqtSignal 语句把 pyqtSignal()函数导入进来；type 是信号发射时附带的数据类型，这里数据类型不是形参也不是实参，参数类型任意，需根据实际情况确定。

定义一个信号后，信号就有连接 connect()、发射 emit()和断开 disconnect()属性，对于重载型信号，在进行连接、发射和断开时，需要用 signalName[type]形式进行连接、发射和断开操作。第 1 个信号可以不用 signalName[type]形式，而直接用 signalName 形式。需要注意的是，只有从 QObject 继承的类才可以定义信号。下面是创建不同信号的代码。

```python
from PyQt5.QtCore import QObject , pyqtSignal  #Demo7_15.py

class signalDefinition(QObject):
    s1 = pyqtSignal()                   #创建无参数的信号
    s2 = pyqtSignal(int)                #创建带整数的信号
    s3 = pyqtSignal(float)              #创建带浮点数的信号
    s4 = pyqtSignal(str)                #创建带字符串的信号
    s5 = pyqtSignal(int,float,str)      #创建带整数、浮点数和字符串的信号
    s6 = pyqtSignal(list)               #创建带列表的信号
    s7 = pyqtSignal(dict)               #创建带字典的信号
    s8 = pyqtSignal([int],[str])        #创建重载型信号,相当于创建了两个信号
    s9 = pyqtSignal([int,str],[str],[list])   #创建重载型信号,相当于创建了 3 个信号
    s10 = pyqtSignal([],[bool])         #创建重载型信号,一个不带参数,另一个带布尔型参数

    def __init__(self,parent = None):
        super().__init__(parent)
        self.signalConnect()
        self.sigalEmit()
    def signalConnect(self):                  #将信号与槽函数进行连接
        self.s1.connect(self.slot1)
        self.s2.connect(self.slot2)
        self.s3.connect(self.slot3)
        self.s4.connect(self.slot4)
        self.s5.connect(self.slot5)
        self.s6.connect(self.slot6)
        self.s7.connect(self.slot7)
        self.s8[int].connect(self.slot8_1)
        #self.s8.connect(self.slot8_1)  #overload 型信号的第 1 个信号可以不指定类型
        self.s8[str].connect(self.slot8_2)
        self.s9[int,str].connect(self.slot9_1)
        #self.s9.connect(self.slot9_1)  #overload 型信号的第 1 个信号可以不指定类型
        self.s9[str].connect(self.slot9_2)
        self.s9[list].connect(self.slot9_3)
        self.s10.connect(self.slot10_1)
```

```python
            self.s10[bool].connect(self.slot10_2)

    def sigalEmit(self):           # 发射信号
        self.s1.emit()
        self.s2.emit(10)
        self.s3.emit(11.11)
        self.s4.emit('北京诺思多维科技有限公司')
        self.s5.emit(100,23.5,"北京诺思多维科技有限公司")
        self.s6.emit([1,8,'hello'])
        self.s7.emit({1:'Noise',2:'DoWell'})
        self.s8[int].emit(200)
        # self.s8.emit(200)       # overload型信号的第1个信号可以不指定类型
        self.s8[str].emit('Noise DoWell Tech.')
        self.s9[int,str].emit(300,"Noise DoWell Tech.")
        # self.s9.emit(300, "Noise DoWell Tech.")    # overload型信号的第1个信号可以不指定类型
        self.s9[str].emit('s9')
        self.s9[list].emit(["s9",'overload'])
        self.s10.emit()
        self.s10[bool].emit(True)

    def slot1(self):
        print("s1 emit")
    def slot2(self,value):
        print("s2 emit int:",value)
    def slot3(self,value):
        print("s3 emit float:",value)
    def slot4(self,string):
        print("s4 emit string:",string)
    def slot5(self,value1,value2,string):
        print("s5 emit many values:",value1,value2,string)
    def slot6(self,list_value):
        print("s6 emit list:",list_value)
    def slot7(self,dict_value):
        print("s7 emit dict:",dict_value)
    def slot8_1(self,value):
        print("s8 emit int:",value)
    def slot8_2(self,string):
        print("s8 emit string:",string)
    def slot9_1(self,value,string):
        print("s9 emit int and string:",value,string)
    def slot9_2(self,string):
        print("s9 emit string:",string)
    def slot9_3(self, list_value):
        print("s9 emit list:", list_value)
    def slot10_1(self):
        print("s10 emit")
    def slot10_2(self,value):
        print("s10 emit bool:",value)

if __name__ == '__main__':
```

```
        signalTest = signalDefinition()
# 运行结果:
# s1 emit
# s2 emit int: 10
# s3 emit float: 11.11
# s4 emit string: 北京诺思多维科技有限公司
# s5 emit many values: 100 23.5 北京诺思多维科技有限公司
# s6 emit list: [1, 8, 'hello']
# s7 emit dict: {1: 'Noise', 2: 'DoWell'}
# s8 emit int: 200
# s8 emit string: Noise DoWell Tech.
# s9 emit int and string: 300 Noise DoWell Tech.
# s9 emit string: s9
# s9 emit list: ['s9', 'overload']
# s10 emit
# s10 emit bool: True
```

2. 自定义信号的使用

下面通过一个具体的实例,说明自定义信号的使用方法。仍以前面输入学生成绩的界面为例,在窗口上增加姓名和学号输入框,学生姓名可以相同,但是学号是唯一的,当输入完学号时,发射带有学号的信号,判断学号是否已经录入系统。如果是则弹出确认对话框,单击"保存"按钮后,把结果保存到 excel 文档中。

第 1 步,用 Qt Designer 打开前面建立的 student.ui 窗口,从 Containers 组件中拖放一个 Group Box 到窗口中,并排列位置,将 Group Box 的 title 属性修改成"学生基本信息",如图 7-18 所示。

第 2 步,从 Display Widgets 组件中拖放两个 Label 标签到 Group Box 中,将这两个标签的 text 属性分别改成"姓名"和"学号"。

第 3 步,从 Input Widgets 组件中拖放一个 Line Edit 和一个 Spin Box 到 Goup Box 中,分别放到"姓名"标签和"学号"标签的后面,将 Line Edit 的 objectName 属性修改成 name,将 Spin Box 的 objectName 属性修改成 number,并将 Spin Box 的 maximum 属性修改成 10000。

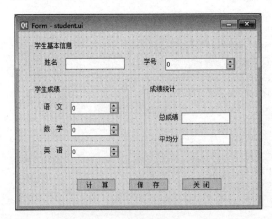

图 7-18　学生成绩输入对话框

第 4 步，将窗口存盘，得到新的 ui 文件，然后再编译成 py 文件。

第 5 步，对窗口控件进行逻辑编程，下面是完成窗口控件功能的代码。在代码中使用了字典记录学生姓名、学号、各科成绩，并以学号为关键字，字典值是列表，列表的元素是姓名、学号、各科成绩。代码中定义了信号 numberSignal，发射时传递学号编号，如果学号编号已经在字典中，会弹出确认对话框，这里使用消息对话框 QMessageBox，我们在后面还会详细介绍 QMessageBox 的使用。在输入学号的输入框中按 Enter 键，或者将光标移入其他输入框中，这时会触发控件的 editingFinished 信号，程序中使用自动连接槽函数 def on_number_editingFinished() 来触发自定义信号的发射。

```python
import sys,os    #Demo7_16.py
from PyQt5.QtWidgets import QApplication, QWidget,QMessageBox
from PyQt5.QtCore import pyqtSlot,pyqtSignal
from openpyxl import Workbook,load_workbook

import student   #导入 student.py 文件

class QmyWidget(QWidget):
    numberSignal = pyqtSignal(int)    #定义信号
    def __init__(self,parent = None):
        super().__init__(parent)
        self.ui = student.Ui_Form()
        self.ui.setupUi(self)
        self.__student = dict()    #记录学生姓名、学号、成绩的字典,关键字是学号
        self.numberSignal.connect(self.isNumberExisting)    #信号与槽函数的连接
    @pyqtSlot()
    def on_btnCalculate_clicked(self):
        s = self.ui.chinese.value() + self.ui.math.value() + self.ui.english.value()
        self.ui.total.setText(str(s))
        template = "{:.1f}".format(s/3)
        self.ui.average.setText(template)

        temp = list()
        temp.append(self.ui.name.text())
        temp.append(self.ui.number.value())
        temp.append(self.ui.chinese.value())
        temp.append(self.ui.math.value())
        temp.append(self.ui.english.value())
        temp.append(s)
        temp.append(float(template))
        self.__student[self.ui.number.value()] = temp

    @pyqtSlot()
    def on_btnSave_clicked(self):
        path = "d:\\student.xlsx"
        if os.path.exists(path):
            wbook = load_workbook(path)
        else:
```

```
                wbook = Workbook()
            wsheet = wbook.active
            wsheet.append(["姓名","学号","语文","数学","英语","总成绩","平均分"])
            student_number = self.__student.keys()
            student_number = list(student_number)
            student_number.sort()
            for i in student_number:
                wsheet.append(self.__student[i])
            wbook.save(path)
    def isNumberExisting(self,value):
        if value in self.__student:    ＃如果学号已经存在
            existing = QMessageBox.question(self,"确认信息","该学号已经存在,是否覆盖?",
                        QMessageBox.Yes | QMessageBox.No)    ＃提示对话框
            if existing == QMessageBox.No:    ＃如果不覆盖,需要重新输入学号
                self.ui.number.setValue(0)    ＃ 学号设置为0,等待重新输入
    def on_number_editingFinished(self):    ＃输入学号完成时的槽函数(自动关联的槽函数)
        self.numberSignal.emit(self.ui.number.value())    ＃发射信号,信号参数是学号


if __name__ == "__main__":
    app = QApplication(sys.argv)
    myWindow = QmyWidget()
    myWindow.show()
    n = app.exec()
    sys.exit(n)
```

7.5 控件的关系

开发一个图形界面应用程序时,不仅要完成功能,还需要考虑图形界面的美观和操作方便性。界面控件的排列方式、布局、按钮文字图标、菜单文字图标等都会影响界面的美观,界面上的快捷键、Tab 键的顺序会影响操作方便性。在设计一个界面之前,应该考虑到开发的界面可能由不同的用户使用,而用户计算机的屏幕大小、纵横比例、分辨率不同,界面还可能是可缩放的,等等。

7.5.1 控件的布局

窗口显示后,可以调整窗口的位置和大小,当窗口尺寸变小时,有些控件会被窗口挡住,窗口变大时,在控件的外面会产生很大尺寸的空白。如图 7-19 所示为前面创建的输入学生成绩的窗口,可以看到,调整窗口尺寸时,会影响控件的显示。我们希望在窗口变化尺寸时,有些控件相对窗口的位置不变,有些控件随窗口的缩放也进行相应的缩放。

控件在窗口中的位置可以用代码来确定,每个控件都有宽度和高度值,还可以确定控件左上角在窗口的位置,因此可以用代码来设置控件的位置和大小,不过这样需要写大量的代码,而且也不直观。最经济的方法是在 Qt Designer 中可视化地进行控件的布局。

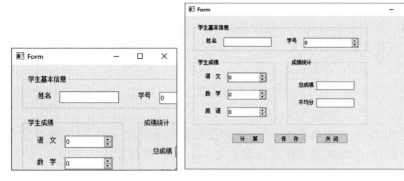

图 7-19　窗口尺寸的变化

1．布局的类型

Qt Designer 中控件的布局可以分为以下 4 种类型。

- 水平布局（QHBoxLayout），可以把多个控件以水平的顺序依次排开；
- 竖直布局（QVBoxLayout），可以把多个控件以竖直的顺序依次排开；
- 栅格布局（QGridLayout），可以以网格的形式把多个控件以矩阵形式排列；
- 表单布局（QFormLayout），可以以两列的形式排列控件。

布局之间还支持嵌套布局，一种布局中包含其他形式的布局，这些布局的样式如图 7-20 所示。

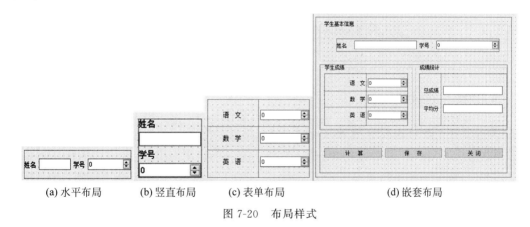

(a) 水平布局　　　(b) 竖直布局　　　(c) 表单布局　　　　　(d) 嵌套布局

图 7-20　布局样式

Qt Designer 中对控件进行布局可以分为两种方式，一种方式是先创建控件，然后选中控件，再单击工具栏中对应的布局控件，工具栏中的布局控件有 ▥ ▤ ▦ ▤ ▦ ▦ ；另外一种是先从 Layouts 组件中拖放布局控件到窗口上，然后再往布局控件中放置控件，Layouts 组件中的布局控件有 ▤ Vertical Layout、▥ Horizontal Layout、▦ Grid Layout、▦ Form Layout。另外，还可以从 Spacers 组件中选择 ▦ Horizontal Spacer 或 ▦ Vertical Spacer 控件来调整控件与布局控件的距离。在进行控件布局设计时，可以设置每个控件的最小宽和高属性及最大宽和高属性，来限制控件可以调整的范围，如设置最小宽和最大宽的值相同，在调整窗口尺寸时，控件的宽度始终不变。

2. 控件布局实例

下面以学生成绩录入窗口的控件布局为例,说明在 Qt Designer 中进行窗口布局的方法。

第 1 步,启动 Qt Designer,打开上一节创建的 student.ui 文件或本书附带文件 student_layout.ui,单击学生基本信息 Group Box 控件,单击工具条上的水平布局按钮 ▦,然后从属性对话框中找到 layoutStretch 属性,将其值设置成"0,1,0,1",表示相对缩放比例实数,完成学生基本信息内的控件的布局。

第 2 步,单击选中学生成绩 Group Box 控件,然后单击工具栏上的表单布局按钮 ▦ Form Layout,对学生成绩内的控件进行表单布局。用同样的方法为成绩统计 Group Box 控件设置表单布局。

第 3 步,按住键盘上的 Ctrl 键,单击学生成绩 Group Box 控件和成绩统计 Group Box 控件,选中这两个控件,然后单击工具栏上水平布局按钮 ▦ Horizontal Layout,从属性对话框中找到 layoutStretch 属性,将其值设置成"1,1"。

第 4 步,从 Spaces 中拖放两个 ▦ Horizontal Spacer 分别放到"计算"按钮的左边和"关闭"按钮的右边,如图 7-21(a)所示,然后按住 Ctrl 键,从左到右依次选中 ▦ Horizontal Spacer、"计算"按钮、"保存"按钮、"关闭"按钮和 ▦ Horizontal Spacer,然后单击工具栏中的水平布局按钮 ▦ Horizontal Layout。

第 5 步,从 Spaces 中拖放两个 ▦ Vertical Spacer,放到如图 7-21(b)所示的位置,最后单击窗体,不用选中任何控件,单击工具栏上的竖直布局按钮 ▦。这时如果缩放窗口,窗口内的控件也会跟着缩放。在以上操作中,如果出现问题可以单击工具栏中的 ▦ 按钮取消布局。

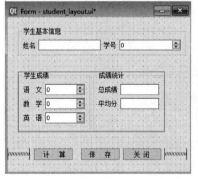

(a) 水平间隙　　　　　　　　(b) 竖直间隙

图 7-21　学生基本信息内的控件的布局

完成以上操作后,将 ui 重新转换成 py 文件,运行前面的程序,可以发现控件会随窗口的缩放而缩放。除了以上布局样式外,还有一种分割器布局,关于这种布局,我们在 8.5 节中介绍,并在后续的讲解中多次用代码的形式创建分割器。以上是在 Qt Designer 中建立布局,本书还会详细介绍各种布局的方法,并在后边的实例中用代码直接创建布局。

7.5.2　Tab 键顺序

Tab 键顺序是程序运行时,按键盘上的 Tab 键,控件依次获取焦点的顺序。要编辑各控件的 Tab 顺序,需要单击 Qt Designer 工具条上的 ▦ 按钮,进入编辑 Tab 顺序状态,如

图 7-22 所示，依次单击控件上蓝色数字框即可。如果点错，可以右击鼠标，从弹出的快捷菜单中选择"重新开始"命令。

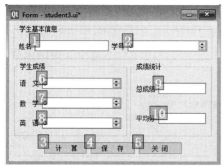 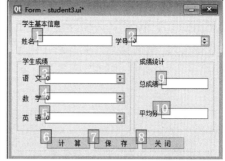

图 7-22　编辑控件的 Tab 键顺序

另外一种编辑 Tab 键顺序的方法是在窗口中右击，从弹出的快捷菜单中选择"制表符顺序列表"命令，弹出制表符顺序列表对话框，单击 ⬆ 或 ⬇ 按钮调整顺序。

7.5.3　伙伴关系

控件的伙伴关系是指与 Label 标签关联的控件，在按 Label 标签的快捷键（Alt 键＋字母）时，焦点能快速移动到关联的控件上，这时 Label 标签的 text 属性中要有"&"和字符，程序运行时不会显示"&"，而是在字符下面加下画线，表示快捷键。先修改 Label 标签控件的 text 属性，例如把"姓名"修改成"姓名(&N)"，再单击 Qt Designer 工具条上的 🔗 按钮进入伙伴关系编辑状态，用鼠标左键选择一个 Label 标签控件，并拖曳到一个目标控件上，如图 7-23 所示。这时标签控件与目标控件建立了伙伴关系，标签名称中的"&"符号也消失了。

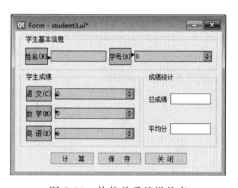

图 7-23　伙伴关系编辑状态

7.6　资源文件

为了界面的美观，界面上的菜单、按钮、窗口上可以增加图标，窗口的背景可以设置图片，图标和图片都称为资源文件。PyQt5 可以将多个图标、图片等资源文件编译到一个 py 文件，在使用时从 py 文件中直接调用，无须把图标、图片文件单独存放到文件中。

7.6.1　资源文件的创建和使用

创建资源文件之前，需要先搜集一些有意义的图标、图片。很多网站提供图标供下载，在任意一个搜索引擎中输入"图标下载"，会列出一些可供下载图标的网站。将搜集的图标文件单独放到一个文件夹中，并把文件夹放到主程序 py 文件所在的路径下，以方便进行编译。

1. 资源文件的创建

下面以学生成绩录入界面为例,说明资源文件的创建过程。在 Qt Designer 中,打开之前的学生成绩录入界面 student.ui,单击 Qt Designer 右下角的"资源浏览器"页,如图 7-24 所示,然后单击左上角的 ✎ 按钮,弹出"编辑资源"对话框,单击底部左侧的新建按钮 ▯ ,弹出"新建资源文件"对话框,在对话框中输入文件名,如 image,并把文件放置到主程序 py 文件所在的路径下,资源文件的扩展名是 qrc。

图 7-24 创建资源文件

创建资源文件后,单击底部中间位置的 ▯ 按钮,如图 7-25 所示,添加前缀,在对话框中输入前缀名称,如 icons。添加前缀的目的是把图标和图片文件进行分门别类存储,以方便查找。创建前缀后,需要在前缀中添加图片文件。单击 ▯ 按钮,弹出"添加文件"对话框,可以同时添加多个文件。此处添加了 4 个图片文件,最后在"编辑资源"对话框中单击 OK 按钮完成资源文件的创建。

图 7-25 在资源文件中添加图片

2. 资源文件的使用

在 Qt Designer 中,先单击学生成绩输出表单上的"计算"按钮,在右侧的属性编辑器中找到 icon 属性,如图 7-26 所示。然后单击 icon 右边的向下黑三角形 ▼ ,选择"选择资源"命令,弹出"选择资源"对话框,从中选择一个图片,单击 OK 按钮。采用同样的方法,可以为"保存"和"关闭"按钮设置图标。

另外还可以为窗口设置图标。先在图形区选择窗口,不要选择任何控件,在右侧的属性编辑器中找到窗口的 windowIcon 属性,如图 7-27 所示,然后单击 icon 右边的向下黑三角形 ▼ ,选择"选择资源"命令,弹出"选择资源"对话框,从中选择一个图片,单击 OK 按钮。

进行以上设置后,保存 ui 文件,需要把 ui 文件重新编译成 py 文件。打开编译后的 py

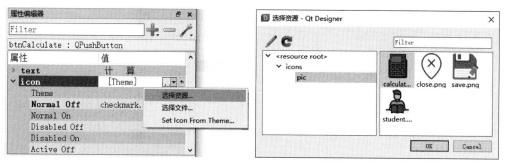

图 7-26　设置按钮图标

图 7-27　设置窗口图标

文件,可以发现在 py 文件的最后添加了一句 import image_rc 语句,需要导入 image_rc.py 文件。image_rc.py 文件是由 image.qrc 文件编译而来的。

7.6.2　qrc 文件编译成 py 文件

前面创建的资源文件 qrc 还不能直接用于 PyQt5 的图形界面中,需要把 qrc 文件编译成 py 文件才行。与将 ui 文件编译成 py 文件类似,qrc 编译成 py 文件也可以采用不同的方法。

在 Python 的安装目录 Scripts 下有 pyrcc5.exe 文件,pyrcc5.exe 可以将 Qt 创建的资源文件(*.qrc)转换成 Python 语法格式的编程文件(*.py)。

1. 用操作系统的 cmd 窗口

启动 cmd 窗口,先用"cd/d"命令将当前路径设置成 qrc 文件所在的路径,然后输入"pyrcc5 image.qrc -o image_rc.py"命令,如图 7-28 所示,在 qrc 文件的路径中将会得到 image_rc.py 文件。

用记事本或用 Python 的 IDLE 文件环境打开编译后的 py 文件,会发现图片文件变成了十六进制的数字。

2. 用批处理形式转换

用记事本建立一个扩展名为 bat 的文件,如 translate.bat,并输入如图 7-29 所示的内容,双击 translate.bat 即可完成 qrc 文件到 py 文件的转换。在 bat 文件中也可以加入 ui 文件转换 py 文件的命令。

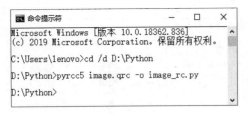
图 7-28　cmd 窗口转换 qrc 文件

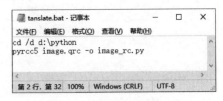
图 7-29　批处理方式转换

3. 编写 Python 程序

建立如下所示的 Python 程序，运行该程序后可以把 qrc 文件转换成 py 文件，使用时把 qrc、py 和 path 变量修改一下即可。

```
import os                      # Demo7_17.py
qrc = 'image.qrc'              # 被转换的 ui 文件
py = 'image_rc.py'             # 转换后的 py 文件
path = 'd:\\python'            # ui 文件所在路径
os.chdir(path)                 # 将 ui 文件所在路径设置成当前路径
cmdTemplate = "pyrcc5 {qrc} -o {py}".format(qrc=qrc, py=py)   # 文本模板
os.system(cmdTemplate)         # 执行编译命令
```

4. 用 PyCharm 转换

如果读者已经按照第 1 章的内容配置了 PyCharm，那么在 PyCharm 的左侧列表中找到 qrc 文件，在 qrc 文件上右击，从弹出的快捷菜单中选择 External Tools→Qrc2Py 命令，也可以将 qrc 文件转换成 py 文件。

执行完上面的编译后，无须重新编写程序，直接运行主程序，得到如图 7-30 所示的界面，可以发现按钮和窗口的图标已经添加了图标。

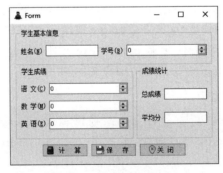
图 7-30　添加图标后的界面

7.7　py 文件的编译

上面进行的编程都必须在 Python 的环境下运行，如果把 py 文件复制到没有安装 Python 的机器上，将无法运行 py 文件，为此有必要把 py 文件编译成 exe 文件，exe 文件在

任何机器上都可以运行；也将 py 文件进行加密，这样其他人员就不能再编辑 py 文件中的内容。

要把 py 文件打包生成 exe 文件，需要安装编译工具，可以把 py 文件编译成 exe 文件的工具有 py2exe、pyinstaller、cx_Freeze 和 nuitka，本书以 pyinstaller 为例说明 py 文件打包成 exe 文件的过程。使用 pyinstaller 之前需要安装 pyinstaller 工具，在 Windows 的 cmd 窗口中输入 pip install pyinstaller 命令，稍等一会儿 pyinstaller 即可安装完成。安装完后输入命令 pyinstaller --version 查看版本号，验证是否安装成功。

安装完成后，可以把需要编译成 exe 文件的所有有关的 py 文件，包括主程序、窗体文件、资源文件等复制到一个新目录中，然后在 cmd 窗口中用 cd/d 命令把 py 文件所有的路径设置成当前路径，再输入命令 pyinstaller -F main.py，稍等一会儿就可以把一个窗体文件打包成 exe 文件。exe 文件位于新建立的 dist 文件夹中，其中-F 参数表示打包成一个文件，main.py 表示主程序文件，用实际主程序文件代替即可；用-D 参数代替-F 参数，可以生成包含连接库的多个文件；另外用-i 参数可以指定图标。

除了在 cmd 文件中进行编译外，用户还可以自己编辑程序进行编译，如下所示，使用时只需把 main 变量和 path 变量修改一下即可。

```python
import os    #Demo7_18.py
main = 'student_main.py'            #主程序 py 文件
path = 'D:\\Python\\installer'      #主程序 py 文件所在路径
os.chdir(path)                      #将主程序文件所在路径设置成当前路径
cmdTemplate = "pyinstaller -F {}".format(main)   #命令模板
os.system(cmdTemplate)              #执行编译命令
```

第8章

PyQt5常用控件

控件是 PyQt5 已经设计好的一些用于输入/输出的"小窗口",或者承载这些输入/输出窗口的容器。通常用户通过控件与计算机打交道,控件是 GUI 可视化编程的基础,通过将多个控件有机组织在一起,可以形成复杂的界面。每个控件有自己的属性、方法、信号和槽函数,编程人员需要了解控件的特点,掌握属性的设置方法及信号和槽函数的使用方法。

8.1 可视化编程常用类

在讲解控件之前,我们先介绍几个常用的类,这些类在控件的使用过程中会经常用到。这些类包括字体、颜色、调色板、坐标点、尺寸、矩形框、图像、图标和光标,另外还有时间类,时间类在后文介绍。

8.1.1 字体类

字体类(QFont)可以设置界面控件上显示的字体,字体属性包括字体名称、字体尺寸、粗体字、倾斜字、上/下画线、删除线等。如果指定的字体在使用时没有对应的字体文件,Qt 将自动选择最接近的字体。如果要显示的字符在字体中不存在,则字符会被显示为一个空心方框。

1. 字体定义方式

字体类在 QtGui 模块中,使用前需要用"from PyQt5.QtGui import QFont"语句把字体类导入进来。用字体类定义字体实例的方法如下:

QFont()
QFont(str, pointSize = -1, weight = -1, italic = False)

其中,参数 str 为字体名称,pointSize 为字体尺寸,weight 为字体粗细程度,italic 为斜体。

2. 字体属性的设置方法

字体属性的设置主要分为两种方法,一种是设置字体属性的方法,另一种是获取字体属性的方法。设置字体属性的方法名称以"set"开始,不含 set 的方法是获取字体的属性值。表 8-1 所示为常用的设置字体属性的方法,主要方法介绍如下。

- 窗口上的各种控件及窗口都会有字体属性,通过控件或窗口的 font()方法可以获取字体,然后对获取的字体按照表 8-1 的方法进行字体属性设置,设置完成后通过控件或窗口的 setFont(QFont)方法将设置好的字体重新赋给控件或窗口。当然也可以定义一个全新的字体对象,再通过控件或窗口的 setFont(QFont)方法将这个全新的字体赋给控件或窗口。
- 用 setFamily(str)方法设置字体名称。PyQt5 支持的中文字体有宋体、华文细黑、华文黑体、华文楷体、华文宋体、华文仿宋、黑体、新宋体、仿宋、楷体、仿宋_GB2312、楷体_GB2312、微软正黑体、微软雅黑体、隶书、幼圆、华文中宋、方正舒体、方正姚体、华文彩云、华文琥珀、华文隶书、华文行楷、华文新魏等,支持的西文字体更多。
- setPixelSize(int)方法使用像素作为单位来设置字体大小,setPointSize(int)方法设置实际中我们肉眼看到的字体的大小,与像素无关。使用 setPixelSize(int)方法设置字体尺寸时,在像素大小不同的设备上显示的大小也不同。使用 setPointSize(int)方法设置的字体尺寸,在不同设备上显示的大小是相同的。如果指定了 pointSize,则像素 pixelSize 尺寸的属性值是 −1;反之,如果指定了 pixelSize,则 pointSize 属性值是 −1。字体尺寸也可以用 setPointSizeF(float)方法设置,参数是浮点数。

表 8-1 字体常用设置方法

QFont 方法	说　　明	QFont 方法	说　　明
setBold(bool)	设置粗体	setPointSize(int)	设置字体尺寸
setItalic(bool)	设置斜体	setPointSizeF(float)	设置字体尺寸
setFamily(str)	设置字体类型,如宋体、黑体、隶书、楷体、Times New Roman 等	setStretch(int)	设置拉伸百分比,int 大于 100 表示拉长,小于 100 表示缩短
setOverline(bool)	设置上画线	setUnderline(bool)	设置下画线
setPixelSize(int)	用像素作为单位来设置字体大小	setWeight(int)	设置字体粗细程度
setStrikeOut(bool)	设置删除线	setWordSpacing(float)	设置词间距

3. 设置字体实例

下面的程序在窗口上创建 10 个标签控件(QLabel),分别给 10 个标签设置不同的字体属性。程序运行界面如图 8-1 所示。

```
import sys  # Demo8_1.py
from PyQt5.QtWidgets import QApplication,QWidget,QLabel
from PyQt5.QtGui import QFont

class testFont(QWidget):
```

图 8-1　程序运行界面

```
        def __init__(self,parent = None):
            super(QWidget,self).__init__(parent)
            self.setGeometry(200,200,800,600)           #设置窗口尺寸
            self.createFont()                            #调用函数
            self.createLabels()                          #调用函数
            self.getLabelFont()                          #调用函数
        def createFont(self):
            self.fonts = list()                          #字体列表
            fontName = ('宋体','仿宋','黑体','楷体','隶书','幼圆','华文中宋','方正舒体','华文黑
体', 'Times New Roman')
            for i in range(10):
                f = QFont()
                f.setPointSizeF(25.5)
                f.setFamily(fontName[i])
                self.fonts.append(f)
            self.fonts[0].setBold(True)
            self.fonts[1].setItalic(True)
            self.fonts[2].setStrikeOut(True)
            self.fonts[3].setOverline(True)
            self.fonts[4].setUnderline(True)
            self.fonts[5].setCapitalization(True)
            self.fonts[6].setWeight(116)
            self.fonts[7].setWordSpacing(50)
            self.fonts[8].setStretch(70)
            self.fonts[9].setPixelSize(50)
        def createLabels(self):
            self.labels = list()
            string = "Nice to meet you! 很高兴认识你!"
            for i in range(10):
                label = QLabel(self)                     #在窗口上创建标签控件
                label.setGeometry(0,50 * i,800,70)       #标签位置和尺寸
                label.setText(str(i) + ': ' + string)    #设置标签文字
                label.setFont(self.fonts[i])             #设置标签文字的字体
                self.labels.append(label)                #标签列表
        def getLabelFont(self):
            template = "Label{} Bold:{},Italic:{},StrikeOut:{},OverLine:{},UnderLine:{}, " \
```

```
            "Capitalization:{}Weight:{},WordSpacing:{},Stretch:{},PixelSize:{},PointSize:{}"
        j = 0
        for i in self.labels:
            f = i.font()              #获取标签的字体
            print(template.format(j,f.bold(),f.italic(),f.strikeOut(),f.overline(),f.underline(),
            f.capitalization(),f.weight(),f.wordSpacing(),f.stretch(),f.pixelSize(),f.pointSize()))
            j = j+1
if __name__ == '__main__':
    app = QApplication(sys.argv)
    window = testFont()
    window.show()
    n = app.exec()
    sys.exit(n)
```

8.1.2 颜色类

PyQt5 的颜色类是 QColor,电子设备的颜色通常由红绿蓝(RGB)三种基本颜色混合,因此定义一个颜色通常需要指定这三种颜色的值。红绿蓝三种颜色的值都是 0~255,值越大表示这种颜色的比例越大。除了定义红绿蓝三种颜色成分外,通常还需要定义 alpha 通道值,表示颜色的透明度。alpha 通道的值也是 0~255,值越大表示越不透明。

1. 定义颜色的方式

与 QColor 类有关的类是 QtCore 模块中 Qt 和 QRgba64 类。Qt 中定义了许多枚举颜色常量,例如 Qt.blue、Qt.darkBlue 等。QRgba64 类是用 4 个 64 位的 RGB 和 A 来表示颜色值,精度更高。QColor 和 QRgba64 类在 QtGui 模块中,使用前用"from PyQt5.QtGui import QColor,QRgba64"语句导入进来;Qt 枚举值在 QtCore 模块中,使用前用"from PyQt5.QtCore import Qt"语句导入进来。颜色值还可以用 RGB 字符串或 ARGB 字符串来定义,RGB 字符串格式是"#RRGGBB",ARGB 字符串格式是"#AARRGGBB",其中 RR、GG 和 BB 是用十六进制表示的红绿蓝颜色的值,AA 是 alpha 值,例如"#ff0000"表示红色。下面给出定义颜色实例的各种方式,其中 int_R,int_G,int_B 分别表示整数型参数,参数用于定义 R、G、B 的值,而不是关键字参数;str 是颜色名称,如'Blue'、'Beige'、'LightPink';Union[ ]表示可以选择其中的任意一项;QGradient 是渐变色,其定义和使用方法参考第 12 章的内容;Qt.GlobalColor 是枚举变量,可以取 Qt.white、Qt.black、Qt.red、Qt.darkRed、Qt.green、Qt.darkGreen、Qt.blue、Qt.darkBlue、Qt.cyan、Qt.darkCyan、Qt.magenta、Qt.darkMagenta、Qt.yellow、Qt.darkYellow、Qt.gray、Qt.darkGray、Qt.lightGray、Qt.transparent(透明黑色)、Qt.color0(0 像素值,只针对 QBitmap)或 Qt.color1(1 像素值,只针对 QBitmap)。

```
QColor()
QColor(Qt.GlobalColor)
QColor(QRgba64)
QColor(int_R, int_G, int_B, alpha = 255)
QColor(str)
```

```
QColor(int)
QColor(Union[QColor, Qt.GlobalColor, QGradient])
```

颜色除了用 RGB 来定义外,还可以用 HSV(色相、饱和度和值)和 CMYK(青色、品红、黄色和黑色)指定。

2. 颜色属性的设置方法

颜色类的方法中,一种是名称以 set 开始的方法,是设置颜色相关值;另外一种名称没有 set 的是获取颜色相关值。例如 setRed(int)为设置颜色的红色值,而 red()为获取颜色红色值。设置或获取颜色的相关值时,一种是用整数表示的值,另外一种是用浮点数表示的值。常用的设置颜色值的方法如表 8-2 所示,其中 setNamedColor(str)使用颜色名称来定义颜色,例如 setNamedColor('blue')。

表 8-2 颜色常用设置方法

QColor 的方法及参数类型	QColor 的方法及参数类型
setAlpha(int)	setAlphaF(float)
setBlue(int)	setBlueF(float)
setCmyk(int,int,int,int,alpha)	setCmykF(float,float,float,float,alpha)
setGreen(int)	setGreenF(float)
setHsv(int,int,int,alpha)	setHsvF(float,float,float,alpha)
setRed(int)	setRedF(float)
setRgb(int,int,int,alpha)	setRgbF(float,float,float,alpha)
setRgba64(QRgba64)	setNamedColor(str)

用 RGB 来定义颜色时,一些 RGB 值与颜色名称的对应关系如表 8-3 所示。

表 8-3 RGB 值与颜色名称的对应关系

序号	RGB	颜色名称	序号	RGB	颜色名称
1	QColor(255,0,0)	红	11	QColor(91,74,66)	深棕
2	QColor(0,255,0)	绿	12	QColor(130,57,53)	红棕
3	QColor(0,0,255)	蓝	13	QColor(137,190,178)	蓝绿
4	QColor(79,129,189)	淡蓝	14	QColor(201,186,131)	泥黄
5	QColor(192,80,77)	朱红	15	QColor(222,221,140)	暗黄
6	QColor(155,187,89)	浅绿	16	QColor(222,156,83)	橙
7	QColor(128,100,162)	紫	17	QColor(199,237,233)	亮蓝
8	QColor(75,172,198)	浅蓝	18	QColor(175,215,237)	蓝灰
9	QColor(151,151,151)	灰	19	QColor(92,167,186)	蓝绿
10	QColor(36,169,225)	天蓝	20	QColor(147,224,255)	浅蓝

8.1.3 调色板类

PyQt5 中各种控件和窗口的颜色都由调色板类 QPallete 来定义,可以为窗体和窗体上的控件设置前景色、背景色,每个窗体和控件都有 setPallete(QPallete)方法。调色板类 QPallete 在 QtGui 模块中,使用前需要用"from PyQt5.QtGui import QPalette"语句导入

QPallete 类。

1. 定义调色板的方式

调色板实例对象的创建方式如下所示,可以用 Qt.GlobalColor、QColor 或 QGradient 来定义有初始颜色的调色板。

```
QPalette()
QPalette(Qt.GlobalColor)
QPalette(Union[QColor, Qt.GlobalColor, QGradient])
```

其中,Union[ ] 表示可以选择其中的任意一项。

2. 调色板的方法

QPalette 类有两个基本的概念,一个是 ColorGroup,另一个是 ColorRole。为说明这两个概念的意义,我们在 Qt Designer 中打开任意一个控件的 pallete 属性对话框,如图 8-2 所示。颜色组 ColorGroup 分为 3 种情况:活跃状态(Active,获得焦点)、非活跃状态(Inactive,失去焦点)和失效状态(Disabled,不可用),例如多窗口操作时,单击其中的一个窗口,可以在窗口中输入数据,则这个窗口是活跃状态,其他窗口是非活跃状态。当将一个控件的 enable 属性设置为 False 时(可通过 setEnabled(bool)方法设置),这个控件就处于失效状态,失效状态的控件不能接受任意输入,例如按钮不能单击、输入框不能输入文字。对于一个控件,例如一个 Label 标签或 PushButton 按钮,可以设置其文字的颜色,也可以设置其背景颜色。ColorRole 的作用是对控件或窗体的不同部分分别设置颜色。将 ColorGroup 和 ColorRole 结合起来,可以为控件不同部分不同状态设置不同的颜色。

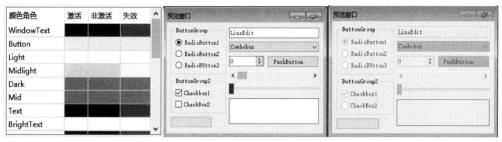

(a) 调色板　　　　　　　(b) 活跃状态　　　　　　　(c) 失效状态

图 8-2　调色板

调色板的常用方法如表 8-4 所示,主要方法介绍如下。

表 8-4　调色板的常用方法

QPalette 的方法	返回值的类型	QPalette 的方法	返回值的类型
setColor(QPalette.ColorGroup,QPalette.ColorRole, Union[QColor,Qt.GlobalColor,QGradient])	—	dark()	QBrush
		highlight()	QBrush
setColor(QPalette.ColorRole, Union[QColor,Qt.GlobalColor,QGradient])	—	highlightedText()	QBrush
		light()	QBrush
color(QPalette.ColorGroup,QPalette.ColorRole)	QColor	link()	QBrush
color(QPalette.ColorRole)	QColor	linkVisited()	QBrush

续表

QPalette 的方法	返回值的类型	QPalette 的方法	返回值的类型
setBrush(QPalette. ColorGroup, QPalette. ColorRole, Union[QBrush, QColor, Qt. GlobalColor, QGradient])	—	mid()	QBrush
		midlight()	QBrush
setBrush(QPalette. ColorRole, Union[QBrush, QColor, Qt. GlobalColor, QGradient])	—	placeholderText()	QBrush
		shadow()	QBrush
brush(QPalette. ColorGroup, QPalette. ColorRole)	QBrush	swap(QPalette)	(交换颜色)
brush(QPalette. ColorRole)	QBrush	text()	QBrush
alternateBase()	QBrush	toolTipBase()	QBrush
base()	QBrush	toolTipText()	QBrush
brightText()	QBrush	window()	QBrush
button()	QBrush	windowText()	QBrush
buttonText()	QBrush		

*："—"表示无返回值，下同。

- 窗口上的各种控件及窗口都会有调色板属性，通过控件或窗口的 palette() 方法可以获取调色板，然后对获取的调色板进行颜色设置，设置完成后通过控件或窗口的 setPalette(QPalette) 方法将设置好的调色板重新赋给控件或窗口。当然也可以定义一个全新的调色板对象，通过控件或窗口的 setPalette(QPalette) 方法将这个全新的调色板赋给控件或窗口。
- 对控件或窗口的不同部分不同状态设置颜色需要用调色板的 setColor() 方法或 setBrush() 方法。setColor() 或 setBrush() 方法的格式为 setColor(QPalette. ColorGroup, QPalette. ColorRole, QColor)、setColor(QPalette. ColorRole, QColor)、setBrush(QPalette. ColorGroup, QPalette. ColorRole, Union[QBrush, QColor, Qt. GlobalColor, QGradient])、setBrush(QPalette. ColorRole, Union[QBrush, QColor, Qt. GlobalColor, QGradient])，其中，ColorGroup 可以取 QPalette. Disabled、QPalette. Active、QPalette. Inactive 或 QPalette. Normal（与 Active 相同）；QColor 是 QColor 类的实例，表示具体的颜色；QPalette. ColorRole 可以取的值如表 8-5 所示，这些值是枚举类型，表示控件的不同部位。用 color (QPalette. ColorGroup, QPalette. ColorRole) 或 color(QPalette. ColorRole) 方法可以获得不同状态、不同角色的颜色 QColor 对象。用 brush(QPalette. ColorGroup, QPalette. ColorRole) 或 brush(QPalette. ColorRole) 方法可以获得不同状态、不同角色的画刷，通过画刷的 color() 方法可以获得颜色 QColor 对象。有关画刷 QBrush 的详细介绍请参考第 12 章的内容。

表 8-5　QPalette. ColorRole 的枚举值

枚举常量	值	说　明	枚举常量	值	说　明
QPalette. Window	10	窗口部件的背景色	QPalette. Highlight	12	所选物体的背景色
QPalette. WindowText	0	窗口的前景色	QPalette. HighlightedText	13	所选物体的前景色
QPalette. Base	9	文本输入控件（比如 QTextEdit、QLineEdit 等）的背景色	QPalette. Link	14	超链接的颜色

续表

枚举常量	值	说明	枚举常量	值	说明
QPalette.Text	6	文本输入控件的前景色	QPalette.LinkVisited	15	超链接被访问后的颜色
QPalette.Button	1	按钮的背景色	QPalette.NoRole	17	没有指定角色
QPalette.ButtonText	8	按钮的前景色	QPalette.Light	2	与控件的3D效果和阴影效果有关的颜色
QPalette.AlternateBase	16	交替色	QPalette.Midlight	3	
QPalette.ToolTipBase	18	提示信息的背景色	QPalette.Dark	4	
QPalette.ToolTipText	19	提示信息的前景色	QPalette.Mid	5	
QPalette.BrightText	7	文本的对比色	QPalette.Shadow	11	

表 8-5 中所列的部分项的位置如图 8-3 所示。

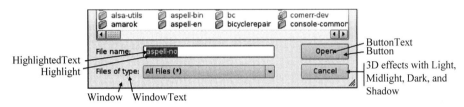

图 8-3 控件的不同位置

如果需要设置控件的背景色,应将背景色设置成自动填充模式,通过控件的方法 setAutoFillBackground(True)来设置。对于按钮通常还需要关闭 3D 效果,通过按钮的 setFlat(True)来设定。

3. 调色板实例

下面的程序在窗口上设置标签,然后给每个标签的背景和前景随机设置不同的颜色,并获取颜色值。

```
import sys  # Demo8_2.py
from PyQt5.QtWidgets import QApplication,QWidget,QLabel
from PyQt5.QtGui import QFont,QPalette,QColor
from random import randint

class setPallete(QWidget):
    def __init__(self,parent = None):
        super(QWidget,self).__init__(parent)
        self.setGeometry(200,200,1200,500)        # 设置窗口尺寸
        self.setWindowTitle("设置调色板实例")
        self.createLabels()                        # 调用函数
        self.setLabelColor()                       # 调用函数
        self.getLabelColorRGB()                    # 调用函数
    def createLabels(self):
        self.labels = list()
        font = QFont("黑体",pointSize = 20)
        string = "Nice to meet you! 很高兴认识你!"
        for i in range(10):
            label = QLabel(self)                   # 在窗口上创建标签控件
```

```
                label.setGeometry(0,50 * i,1200,40)        # 标签位置和尺寸
                label.setText(str(i) + ': ' + string)      # 设置标签文字
                label.setFont(font)                         # 设置标签文字的字体
                self.labels.append(label)                   # 标签列表
    def setLabelColor(self):
        for i in self.labels:
            color = QColor(randint(0,255), randint(0,255), randint(0,255))   # 定义颜色,RGB
                                                                              # 是随机值
            colorText = QColor(randint(0,255), randint(0,255), randint(0,255))  # 定义颜色
            palette = QPalette()
            palette.setColor(palette.Active,palette.Window,color)     # 定义背景色
            palette.setColor(palette.Active,palette.WindowText,colorText)   # 定义前景色
            i.setAutoFillBackground(True)               # 设置背景自动填充
            i.setPalette(palette)                        # 设置调色板

    def getLabelColorRGB(self):
        for i in self.labels:
            r = i.palette().window().color().red()       # 获取背景颜色红色值
            g = i.palette().window().color().green()     # 获取背景颜色绿色值
            b = i.palette().window().color().blue()      # 获取背景颜色蓝色值
            rT = i.palette().windowText().color().red()   # 获取文字颜色红色值
            gT = i.palette().windowText().color().green() # 获取文字颜色绿色值
            bT = i.palette().windowText().color().blue()  # 获取文字颜色蓝色值

            text = "{} {} {} {} {} {} {} {} {}".format(i.text(),
                    "背景颜色:",r,g,b,"文字颜色:",rT,gT,bT)
            i.setText(text)
if __name__ == '__main__':
    app = QApplication(sys.argv)
    window = setPallete()
    window.show()
    n = app.exec()
    sys.exit(n)
```

运行上面的程序,得到如图 8-4 所示的结果。

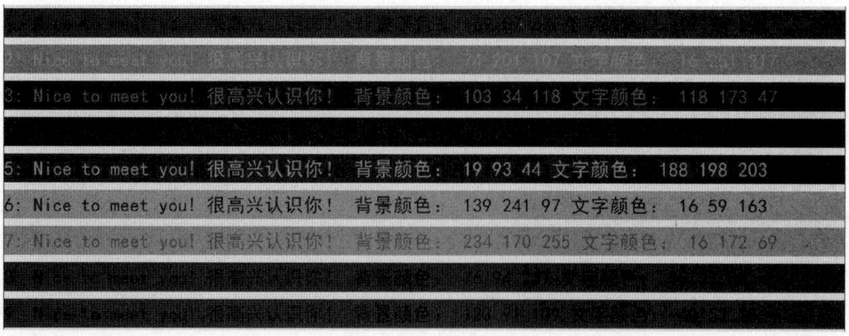

图 8-4 设置标签的前景色和背景色

8.1.4 坐标点类

计算机屏幕的坐标系的原点在左上角,从左到右是 x 轴方向,从上往下是 y 轴方向。要定位屏幕上的一个点的位置,需要用到 QPoint 类或 QPointF 类,这两个类的区别是 QPoint 用整数定义 x 和 y 值,QPointF 用浮点数定义 x 和 y 值。QPoint 类和 QPointF 类在 QtCore 模块中,使用前需用"from PyQt5.QtCore import QPoint,QPointF"语句导入当前程序中。

1. 定义坐标点的方式

用 QPoint 和 QPointF 类定义坐标点实例的方法如下所示,其中 int_x、int_y、float_x、float_y 表示整数型或浮点型 x、y 值,而不是关键字参数。

```
QPoint()
QPoint(int_x, int_y)
QPointF()
QPointF(float_x, float_y)
QPointF(QPoint)
```

2. 坐标点的方法

QPoint 类和 QPointF 类的方法比较简单,其方法如表 8-6 所示。

表 8-6 QPoint 类和 QPointF 类的方法

方法及参数类型	说明	方法及参数类型	说明
dotProduct(QPoint_1, QPoint_2)	两个点坐标 x 和 y 值的点乘,返回值是 x1*x2+y1*y2	setX(int)或 setX(float)	设置 x 坐标值
isNull()	如果 x=y=0,返回值为 True	setY(int)或 setY(float)	设置 y 坐标值
manhatteranLenth()	返回 x 和 y 绝对值的和	x()	获取 x 坐标值
transposed()	将 x 和 y 值对调	y()	获取 y 坐标值
toPoint()	只用于 QPointF,用四舍五入法将 QPointF 转成 QPoint		

QPoint 类或 QPointF 类可以用于加减运算或逻辑判断,例如下面的代码。

```
from PyQt5.QtCore import QPoint,QPointF  #Demo8_3.py
p1 = QPoint(3,4)
p2 = QPoint(5,8)
p3 = p2 - p1
p4 = p1 * 3
print(p3.x(), p3.y())
print(p4.x(),p4.y())
print(p1 == p2)
print(p1 != p2)
```

```
# 运算结果：
# 2 4
# 9 12
# False
# True
```

8.1.5 尺寸类

一个控件或窗口有长度和高度属性，长度和高度可以用 QSize 类或 QSizeF 类来定义。QSize 类和 QSizeF 类在 QtCore 模块中，使用前需用"from PyQt5.QtCore import QSize, QSizeF"语句导入当前程序中。

1. 尺寸的定义方式

用 QSize 和 QSizeF 定义尺寸实例的方法如下：

```
QSize()
QSize(int_width, int_height)
QSizeF()
QSizeF(float_width, float_height)
QSizeF(QSize)
```

其中，int_width、int_height、float_width、float_height 表示整数型或浮点型宽度或高度，而不是关键字参数。

2. 尺寸的方法

QSize 类和 QSizeF 类的方法如表 8-7 所示，其中 scale(width, height, Qt.AspectRatioMode) 方法中，Qt.AspectRatioMode 可以取 Qt.IgnoreAspectRatio（不保持比例关系）、Qt.KeepAspectRatio（保持比例关系）或 Qt.KeepAspectRatioByExpanding（通过缩放保持比例关系），参数值不同，返回的值也不同。

表 8-7 QSize 类和 QSizeF 类的方法

方法及参数类型	说 明	方法及参数类型	说 明
setHeight(int) setHeight(float)	设置高度	isEmpty()	当宽度和高度有一个小于等于 0 时，返回值是 True
setWidth(int) setWidth(float)	设置宽度	isNull()	当宽度和高度都是 0 时，返回值是 True
heigth()	获取高度	isValid()	当宽度和高度都大于等于 0 时，返回值是 True
width()	获取宽度	transpose()	高度和宽度对换
boundedTo(QSize)	返回新的 QSize，新 QSize 的高度是自己和参数的高度中值小的高度，宽度亦然	transposed()	返回新 QSize，新 QSize 的高度是原 QSize 的宽度，宽度亦然
expandedTo(QSize)	返回新的 QSize，新 QSize 的高度是自己和参数的高度中值大的高度，宽度亦然	scale(width, height, Qt.AspectRatioMode)	根据高度和宽度的比值参数 Qt.AspectRatioMode，重新设置宽度和高度

QSize 类和 QSizeF 类也可以进行加减乘除运算和逻辑运算,例如下面的代码。

```
from PyQt5.QtCore import QSize,QSizeF,Qt    #Demo8_4.py

s1 = QSize(5,6)
s2 = QSize(8,10)
s3 = s2 - s1
print("s3:",s3.width(), s3.height())
s4 = s1 * 3
print("s4:",s4.width(), s4.height())

s1 = QSize(5, 6)
s1.scale(10,20,Qt.IgnoreAspectRatio)
print("IgnoreAspectRatio:",s1.width(), s1.height())
s1 = QSize(5, 6)
s1.scale(10,20,Qt.KeepAspectRatio)
print("KeepAspectRatio:",s1.width(), s1.height())
s1 = QSize(5, 6)
s1.scale(10,20,Qt.KeepAspectRatioByExpanding)
print("KeepAspectRatioByExpanding:",s1.width(), s1.height())
#运行结果
#s3: 3 4
#s4: 15 18
# IgnoreAspectRatio: 10 20
# KeepAspectRatio: 10 12
# KeepAspectRatioByExpanding: 16 20
```

8.1.6 矩形框类

矩形框是含有 QPoint 和 QSize 信息的类,矩形框的左上角是 QPoint 的信息,矩形框的宽度和高度是 QSize 信息。对于一个控件,在窗口中有位置、宽度和高度信息,控件的位置可以通过其左上角的位置确定,控件的位置、宽度和高度都可以通过矩形框类来定义。矩形框类分为 QRect 和 QRectF 两种,它们在 QtCore 模块中,使用前需要用"from PyQt5.QtCore import QRect,QRectF"语句导入当前程序中。

1. 矩形框的定义方式

用 QRect 类或 QRectF 类来定义矩形框实例对象,可以采用以下几种方法:

```
QRect()
QRect(int_x, int_y, int_width, int_height)
QRect(QPoint, QPoint)
QRect(QPoint, QSize)
QRectF()
QRectF(Union[QPointF, QPoint], QSizeF)
QRectF(Union[QPointF, QPoint], Union[QPointF, QPoint])
QRectF(float_x, float_y, float_width, float_height)
QRectF(QRect)
```

其中，int_x、int_y、int_width、int_height、float_x、float_y、float_width、float_height 表示整数或浮点型的左上角坐标 x 和 y 及宽度和高度，而不是关键字参数，Union[ ]表示可以选择其中的任意一项。

2．矩形框的常用方法

矩形框的常用方法如表 8-8 所示，用 QRect 类或 QRectF 类定义的矩形框有 4 个角点 topLeft、topRight、bottomLeft、bottomRight，4 个边 left、right、top、bottom 和 1 个中心 center 几何特征，通过一些方法可以获取或者移动角点位置、边位置或中心位置。

表 8-8　QRect 类的方法

方法及参数类型	功 能 说 明
adjust(x1,y1,x2,y2)	调整位置，调整后的位置是在原左上角的 x 和 y 分别加 x1 和 y1，右下角的 x 和 y 分别加 x2 和 y2
adjusted(x1,y1,x2,y2)	调整位置，并返回新的 Qrect 对象
bottom()	返回底部(y−1)值
bottomLeft()	返回左下角 QPoint，其 y 值是(底部 y−1)值
bottomRight()	返回右下角 QPoint，其 x 值是(左边 x 值−1)值，y 值是(底部值−1)值
center()	返回中心点 QPoint
getCoords()	返回左上角和右下角坐标元组(int,int,int,int)，右下角的 x 和 y 值都要减去 1
getRect()	返回左上角坐标和宽高元组(x,y,w,h)
height()	返回高度值
intersected(QRect)	返回两个矩形的公共交叉矩形 Qrect
intersects(QRect)	判断两个矩形是否有公共交叉矩形
isEmpty()	当宽度和高度有一个小于等于 0 时，返回值是 True
isNull()	当宽度和高度都是 0 时，返回值是 True
isValid()	当宽度和高度都大于 0 时，返回值是 True
left()	返回左边 x 值
moveBottom(y)	移动底部到 y+1 值，宽度和高度不变
moveBottomLeft(QPoint)	移动左下角到 QPoint，宽度和高度不变
moveBottomRight(QPoint)	移动右下角到 QPoint，宽度和高度不变
moveCenter(QPoint)	移动中心到 QPoint，宽度和高度不变
moveLeft(x)	移动左边到 x 值，宽度和高度不变
moveRight(x)	移动右边到 x+1 值，宽度和高度不变
moveTo(QPoint)	左上角移动到 QPoint 点，宽度和高度不变
moveTo(x,y)	左上角移动到(x,y)点，宽度和高度不变
moveTop(y)	移动上边到 y，宽度和高度不变
moveTopLeft(QPoint)	移动左上角到 QPoint，宽度和高度不变
moveTopRight(QPoint)	移动右上角到 QPoint，宽度和高度不变
right()	获取右边(x−1)值
setBottom(y)	设置底部值，真实底部值需要再加 1
setBottomLeft(QPoint)	设置左下角位置，右上角的位置不变
setBottomRight(QPoint)	设置右下角位置，左上角的位置不变
setCoords(x1,y1,x2,y2)	设置左上角坐标 x1、y1 和右下角坐标 x2、y2，真实右下角坐标需要横纵坐标都加 1
setHeight(h)	设置高度，左上角的位置不变

续表

方法及参数类型	功 能 说 明
setLeft(x)	设置左边位置,上下和右边位置不变
setRect(x,y,w,h)	设置矩形框的左上角位置及宽度、高度
setRight(x)	设置右边 x 值,上下和左边位置不变
setSize(QSize)	设置宽度和高度
setTop(y)	设置上边位置 y 值,左右和底边不变
setTopLeft(QPoint)	设置左上角位置,右下角的位置不变
setTopRight(QPoint)	设置右上角位置,左下角的位置不变
setWidth(w)	设置宽度,左上角的位置不变
setX(x)	设置左上角的 x 值,右下角的位置不变
setY(y)	设置左上角的 y 值,右下角的位置不变
size()	获取高度和宽度的 Qsize
top()	获取左上角的 y 值
topLeft()	获取左上角的 QPoint
topRight()	获取右上角的 QPoint,其 x 值为 x()+width()−1
Translate(dx,dy)	矩形框整体移动 dx,dy
Translate(QPoint)	矩形框整体平移 QPoint.x()和 QPoint.y()
Translated(dx,dy)	返回平移 dx 和 dy 后的新 Qrect
transposed()	返回宽度和高度对换后的新 Qrect
Translated(QPoint)	返回平移 QPoint.x()和 QPoint.y()的新 QRect
United(QRect)	返回由两个矩形的边形成的新矩形
width()	返回宽度值
x()	返回左上角 x 值
y()	返回左上角 y 值

如图 8-5 所示,用表 8-8 中的方法获取右边线、底边线、右下角、左下角和右上角的坐标值时,右下角的 x 值和 y 值返回值比真实值都小 1,右边线和底边线比真实值小 1。在计算右下角的坐标时,可以用 rect.x()+rect.width()和 rect.y()+rect.height()得到 x 和 y 坐标。

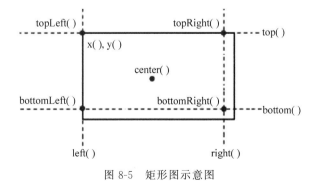

图 8-5　矩形图示意图

intersected()方法可以计算两个矩形的交集矩形,而 united()方法可以计算两个矩形的并矩形,它们的运算关系如图 8-6 所示。

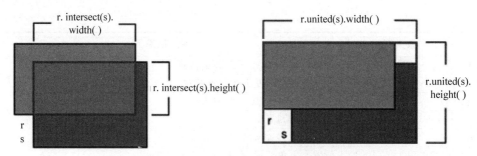

图 8-6 矩形的交和并运算示意图

矩形框类常用于定义控件的左上角的位置和宽度高度,例如下面的语句定义一个标签 Label 的左上角坐标为(80,150),宽度是 100,高度是 20。

```
label = QLabel(self)
rect = QRect(80,150,100,20)
label.setGeometry(rect)
```

8.1.7 图像类

PyQt5 的图像类有 QImage、QPixmap、QBitmap、QPicture 四大类,这几个类都是从 QPaintDevice 继承而来的,它们的继承关系如图 8-7 所示。

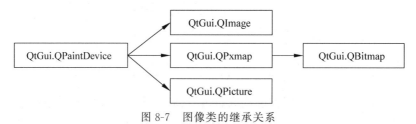

图 8-7 图像类的继承关系

QPixmap 类专门为图像在屏幕上的显示做了优化,可以使用 QPixmap 在程序之中打开 png、jpeg 等图像文件,还可以使用 QPainter 直接在上面绘制图形。QBitmap 是 QPixmap 的一个子类,它的色深限定为 1,颜色只有黑白两种,用于制作游标 QCursor 或笔刷 QBrush 等。QImage 专门读取像素文件,其存储独立于硬件,也是一种 QPaintDevice 设备,可以在另一个线程中对其进行绘制,而不需要在 GUI 线程中处理,使用这一方式可以很大幅度提高 UI 响应速度。QPicture 是一个可以记录和重现 QPainter 命令的绘图设备,并可以保存 QPainter 绘制的图形,QPicture 将 QPainter 的命令序列化到一个 IO 设备上,保存为一个平台独立的文件格式。QPicture 与平台无关,可以用到多种设备之上,比如 svg、pdf、ps、打印机或者屏幕。在图片小的情况下,直接用 QPixmap 进行加载,当图片较大的时候用 QPixmap 进行加载,会占很大的内存,用 QImage 进行加载会快一些,QImage 可以转成 QPixmap。

1. QPixmap 类

用 QPixmap 类创建实例的方法如下:

```
QPixmap()
QPixmap(int, int)
```

```
QPixmap(QSize)
QPixmap(str)
```

其中,int 是指定图像的像素数(尺寸大小),str 是一个图像文件。

QPixmap、QImage、QBitmap、QPicture 这 4 个类都有 load()和 save()方法,用于从文件中加载图片和保存图片;QPixmap 类和 QImage 类有 fill()方法,可以填充某种颜色的图形;QPixmap 的 toImage()方法可以将 QPixmage 图像转换成 QImage 图像。

QPixmap 类的主要方法如表 8-9 所示,其中用 save(str,format=None,quality=-1)方法可以保存图像,成功则返回 True。str 是保存的文件路径和文件名;format 是文件类型,用字符串表示,如果是 None,则根据文件的扩展名确定类型;quality 是取值 0~100 的整数,取-1 表示采用默认值,对于有损压缩的文件格式来说,它表示图像保存的质量,质量越低压缩率越大。用 load(str,format=None,flags=Qt.AutoColor)方法可以从文件中加载图像,其中 flags 是 Qt.ImageConversionFlag 的枚举类型,表示颜色的转换模式,可以取 Qt.AutoColor(由系统自动决定)、Qt.ColorOnly(彩色模式)或 Qt.MonoOnly(单色模式)。用 setMask(QBitmap)方法设置遮掩图,黑色区域显示,白色区域不显示。

表 8-9　QPixmap 类的主要方法

QPixmap 类方法及参数类型	说　明
copy(Qrect)　　copy(int,int,int,int)	返回指定位置的图像
fromImage(QImage)	将 QImage 图像转换成 QPixmap 图像
toImage()	将 QPixmap 图像转换成 Qimage 图像
grabWidget()	从控件抓取图像
grabWindow()	从窗口抓取图像
fill(QColor)　　fill(Qt.Color)	填充颜色
load(str,format=None,flags=Qt.AutoColor)	从文件中加载图像,成功返回 True
save(str,format=None,quality=-1) save(QIODevice,format=None,quality=-1)	保存图像,成功返回 True
setMask(QBitmap)	设置遮掩图,黑色区域显示,白色区域不显示
mask()	返回遮掩图 QBitmap 图像
scaled(int,int,Qt.AspectRatioMode)	将图像的长度和宽度缩放到新的长度和高度,返回新的 QPixmap 对象
scaledtoHeight(int,Qt.TransformationMode)	将高度缩放到新的高度,返回新的 QPixmap 对象
scaledtoWidth(int,Qt.TransformationMode)	将宽度缩放到新的宽度,返回新的 QPixmap 对象
size()　　width()　　height()	返回图像的宽度和高度

2. QImage 类

用 QImage 类创建实例的方法如下:

```
QImage()
QImage(QSize, QImage.Format)
QImage(int, int, QImage.Format)
QImage(str)
```

其中,int 是指定图像的像素数(尺寸大小);str 可以指向一个图像文件;QImage.Format 是指定 Image 格式的图形文件的存储格式,有许多种格式可选。例如,QImage.Format_

ARGB32 表示采用 32 位 ARGB 格式存储(0xAARRGGBB)，QImage.Format_ARGB8565_Premultiplied 表示采用 24 位预乘 ARGB 格式存储(8-5-6-5)，QImage.Format_Mono 表示每个像素用 1 位存储，QImage.Format_RGB32 表示用 32 位 RGB 格式存储(0xffRRGGBB)，QImage.Format_RGB888 表示用 24 位 RGB 格式存储(8-8-8)。涉及存储格式，这里需要对图像的类型做一些说明。单色图像就是黑白图像，用 1 位存储一个像素的颜色值。8 位图像是指使用一个 8 位的索引把图像存储到颜色表中，因此 8 位图像的每个像素占据 8 位(1B)的存储空间，每个像素的颜色与颜色表中某个索引号的颜色相对应。颜色表使用 QVector 存储 QRgb 类型颜色，该类型包含一个 0xAARRGGBB 格式的四元组数据。32 位图像没有颜色表，每个像素包含一个 QRgb 类型的值，共有 3 种类型的 32 位图像，分别是 RGB(即 0xffRRGGBB)、ARGB 和预乘 ARGB。带 alpha 通道的图像有两种处理方法，一种是直接 alpha，另一种是预乘 alpha。直接 alpha 图像的 RGB 数值是原始的数值，而预乘 alpha 图像的 RGB 数值是乘以 alpha 通道后得到的数值，比如 ARGB = (a, r, g, b)，预乘 alpha 的值为(a, a*r, a*g, a*b)，PyQt5 预乘 alpha 通道图像的算法是把红、绿、蓝通道的数值乘以 alpha 通道的数值再除以 255。

QImage 类的主要方法如表 8-10 所示。QImage 类可以对图像进行深入操作，可以对图像的颜色 RGB 值进行翻转，可以获取每个像素点的 RGB 值，并可以设置每个像素点的 RGB 值，因此在获取一个像素点的 RGB 值后，对 RGB 值进行处理。例如将 R、G、B 三个值取原 R、G、B 值的平均值，可以使图像灰度化。R、G、B 值都增加或减少一个相同的值，可以使图像亮度增加或降低，但是注意不要超过 255 和低于 0。还可以进行锐化、模糊化、调节色调等处理，这涉及一些具体的算法。

表 8-10 QImage 类的常用方法

方法及参数类型	说 明
copy(Qrect)　　copy(int,int,int,int)	从指定的位置复制图像
fill(QColor)　　fill(Qt.Color)	填充颜色
load(str,format=None,flags=Qt.AutoColor)	从文件中加载图像，成功则返回 True
save(str,format=None,quality=-1) save(QIODevice,format=None,quality=-1)	保存图像，成功则返回 True
scaled(int,int,Qt.AspectRatioMode)	将图像的长度和宽度缩放到新的长度和高度，返回新的 QImage 对象
scaledtoHeight(int,Qt.TransformationMode)	将高度缩放到新的高度，返回新的 QImage 对象
scaledtoWidth(int,Qt.TransformationMode)	将宽度缩放到新的宽度，得到新的 QImage 对象
size()　　width()　　height()	返回图像的尺寸、宽度和高度
setPixelColor(int,int,QColor) setPixelColor(QPoint,QColor)	设置指定位置处的颜色
pixelColor(int,int)　　pixelColor(QPoint)	获取指定位置处的颜色值 QColor
pixIndex(int,int)　　pixIndex(QPoint)	获取指定位置处的像素索引
setText(str,str)	嵌入字符串，第 1 个 str 是关键字
rgbSwapped()	返回颜色反转后的图形，颜色由 RGB 转换为 BGR
invertPixels(InvertMode)	返回颜色反转后的图形，有 QImage.InvertRgb 和 QImage.InvertRgba 两种模式，颜色由 ARGB 转换成(255-A)(255-R)(255-G)(255-B)

QPixmap 类和 QImage 类可以打开和保存的文件格式如表 8-11 所示。

表 8-11　QPixmap 类和 QImage 类可以打开和保存的图像格式

图 像 格 式	是否可以读写	图 像 格 式	是否可以读写
BMP	Read/write	PGM	Read
GIF	Read	PPM	Read/write
JPG	Read/write	TIFF	Read/write
JPEG	Read/write	XBM	Read/write
PNG	Read/write	XPM	Read/write
PBM	Read		

3. QBitmap 类

QBitmap 是只能存储黑白图像的位图，可以用于图标（QCursor）或画刷（QBrush），QBitmap 可以从图像文件或 QPixmap 中转换过来，也可以用 QPainter 来绘制。用 QBitmap 类创建位图实例对象的方法如下，其中 str 是图像文件路径。

```
QBitmap()
QBitmap(QPixmap)
QBitmap(int,int)
QBitmap(QSize)
QBitmap(str,format = None)
```

QBitmap 继承自 QPixmap，因此具有 QPixmap 的方法。另外 QBitmap 的 clear()方法可以清空图像内容；transformed(QTransform)方法可以对位图进行转换，返回转换后的位图，参数 QTransform 的介绍参考第 12 章的内容；fromImage(QImage,flags＝Qt. AutoColor)方法可以从 QImage 中创建位图并返回位图，其中参数 flags 是 Qt. ImageConversionFlag 的枚举值，表示转换模式，可以取 Qt. AutoColor（由系统自动决定）或 Qt. MonoOnly（单色模式）。

4. 图像类的应用实例

下面的程序将窗口划分为 4 个区域，在每个区域中分别显示同一张图片，左上角显示 QPixmap 图，右上角显示 QBitmap 图，左下角显示经过灰度处理的 QImage 图，右下角显示经过亮化处理的 QImage 图。这里用到了 QPainter 类，我们将在第 12 章详细介绍 QPainter 类的使用。程序的运行效果如图 8-8 所示。

图 8-8　绘制图片

```python
import sys  #Demo8_5.py
from PyQt5.QtWidgets import QApplication,QWidget
from PyQt5.QtGui import QPainter,QPixmap,QBitmap,QImage,QColor
from PyQt5.QtCore import QRect

class setPallete(QWidget):
    def __init__(self,parent = None):
        super().__init__(parent)
        self.setWindowTitle("绘图")
        self.pix = QPixmap()
        self.bit = QBitmap()
        self.image = QImage()
        self.pix.load("d:\\python\\pic.png")
        self.bit.load("d:\\python\\pic.png")
        self.image.load("d:\\python\\pic.png")
        #下面创建两个 image 图像,分别存储灰度图和明亮图
        self.image_1 = QImage(self.image.width(),self.image.height(),QImage.Format_ARGB32)
        self.image_2 = QImage(self.image.width(),self.image.height(),QImage.Format_ARGB32)

        self.gray()       #调用灰度处理函数
        self.bright()     #调用明亮处理函数
    def paintEvent(self, event):
        w = int(self.width()/2)
        h = int(self.height()/2)
        rect1 = QRect(0,0,w-2,h-2)
        rect2 = QRect(w,0,w-2,h-2)
        rect3 = QRect(0,h,w-2,h-2)
        rect4 = QRect(w,h,w-2,h-2)

        painter = QPainter(self)
        painter.drawPixmap(rect1,self.pix)
        painter.drawPixmap(rect2,self.bit)
        painter.drawImage(rect3,self.image_1)
        painter.drawImage(rect4,self.image_2)
    def gray(self):      #对图像进行灰度处理
        color = QColor()
        for i in range(1,self.image_1.width()+1):
            for j in range(1,self.image_1.height()+1):
                alpha = self.image.pixelColor(i, j).alpha()    #获取像素点 alpha 值
                r = self.image.pixelColor(i, j).red()          #获取像素点红色值
                g = self.image.pixelColor(i, j).green()        #获取像素点绿色值
                b = self.image.pixelColor(i, j).blue()         #获取像素点蓝色值
                averge = int((r+g+b)/3)                        #取平均值
                color.setRgb(averge,averge,averge,alpha)       #设置颜色
                self.image_1.setPixelColor(i,j,color)          #设置像素点的颜色
        self.image_1.save("d:\\gray.jpg")                      #保存文件
    def bright(self):                                          #对图像进行明亮处理
        color = QColor()
        delta = 50                                             #RGB 增加值
```

```
                for i in range(1,self.image_1.width() + 1):
                    for j in range(1,self.image_1.height() + 1):
                        alpha = self.image.pixelColor(i,j).alpha()
                        r = self.image.pixelColor(i, j).red() + delta
                        g = self.image.pixelColor(i, j).green() + delta
                        b = self.image.pixelColor(i, j).blue() + delta
                        if r > 255: r = 255
                        if g > 255: g = 255
                        if b > 255: b = 255
                        color.setRgb(r, g, b, alpha)
                        self.image_2.setPixelColor(i,j,color)
                self.image_2.save("d:\\birght.jpg")
if __name__ == '__main__':
    app = QApplication(sys.argv)
    window = setPallete()
    window.show()
    n = app.exec()
    sys.exit(n)
```

8.1.8 图标类

为了增加界面的美观性,可以为窗口和按钮类添加图标。窗口和控件通常有 Normal、Active、Disabled 和 Selected 状态,有些控件,例如 ⊙ Radio Button,还可以有 on 和 off 状态。根据控件所处的不同状态,控件的图标也会有不同的显示效果,如图 8-9 所示。

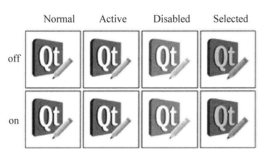

图 8-9 不同状态下图标的显示效果

图标类的实例用 QIcon 类来定义,QIcon 类创建实例的方法如下。可以从 QPixmap 实例中创建,也可以从一个图片文件中直接创建,另外还可以利用资源文件中的图片创建图标。当从 QPixmap 实例构造图标时,系统会自动产生窗口不同状态下对应的图像,比如窗口在禁用状态下其图标为灰色;从文件构造图标时,文件并不是立刻加载,而是当图标要显示时才加载。

QIcon()
QIcon(QPixmap)
QIcon(fileName)

QIcon 类的主要方法是 addFile() 和 addPixmap(),其格式如下:

addFile(fileName[, size = QSize()[, mode = Normal[, state = Off]]])
addPixmap(Qpixmap[, mode = Normal[, state = Off]])

其中，mode 可以取 QIcon.Normal(未激活)、QIcon.Active(激活)、QIcon.Disabled(禁用)和 QIcon.Seleted(选中)，state 可以取 QIcon.On 和 QIcon.off。另外，QIcon 的 pixmap()方法可以获取图标的图像，isNull()方法可以判断图标的图像是否是无像素图像。

通过窗口的 setWindowIcon(QIcon)方法和控件的 setIcon(QIcon)方法，可以为窗口和控件设置图标。

```python
import sys   #Demo8_6.py
from PyQt5.QtWidgets import QApplication,QWidget,QPushButton
from PyQt5.QtGui import QPixmap,QIcon

class setIcon(QWidget):
    def __init__(self,parent = None):
        super().__init__(parent)
        pix = QPixmap()
        pix.load("d:\\python\\pic.png")
        icon = QIcon(pix)
        self.setWindowIcon(icon)        #设置窗口图标
        btn = QPushButton(self)
        btn.setIcon(icon)               #设置按钮图标

if __name__ == '__main__':
    app = QApplication(sys.argv)
    window = setIcon()
    window.show()
    n = app.exec()
    sys.exit(n)
```

通过给应用程序设置图标，可以为程序的所有窗口设置统一的图标。下面的代码在主程序中用资源文件中的图像为应用程序所有窗口设置图标。

```python
if __name__ == '__main__':
    app = QApplication(sys.argv)
    window = setIcon()
    pix = QPixmap(":/icons/pic/student.png")
    icon = QIcon(pix)
    app.setWindowIcon(icon)
    window.show()
    n = app.exec()
    sys.exit(n)
```

8.1.9 光标类

将光标移到不同的控件上，并且控件在不同的状态下，可以为控件设置不同的光标形状。定义光标需要用到 QtGui 模块中的 QCursor 类，使用前需用"from PyQt5.QtGui import QCursor"语句把 QCursor 类导入当前程序中。定义光标形状有两种方法，一种是用内置的形状 Qt.CursorShape，另外一种是用自己定义的图片来定义。如果用自定义的图片来定义光标形状，可以设置图标的热点 hotX 和 hotY，hotX 和 hotY 的值是整数，如果取负值,则以图片中心点为热点。

1. 定义光标的方式

定义光标实例的方式如下,其中第 1 个 QPixmap 参数是光标图像文件,第 2 个 QPixmap 参数是遮掩图像,可以用 QPixmap 的 setMask(QPixmap)方法提前给光标设置遮掩图。

```
QCursor()
QCursor(Qt.CursorShape)
QCursor(QPixmap, hotX = -1, hotY = -1)
QCursor(QBitmap, QBitmap, hotX = -1, hotY = -1)
```

用内置的形状定义光标,需要先从"from PyQt5.QtGui import Qt"语句导入 Qt,然后使用 Qt 中定义的枚举类型 Qt.CursorShape 定义光标形状。Qt.CursorShape 的取值及光标形状如表 8-12 所示。通过窗口和控件的 setCursor()方法可以设置光标形状,例如 setCursor(QCursor(Qt.PointingHandCursor))。

表 8-12 内置光标形状

光标形状	Qt.CursorShape 取值	光标形状	Qt.CursorShape 取值
▶	Qt.ArrowCursor	↕	Qt.SizeVerCursor
↑	Qt.UpArrowCursor	↔	Qt.SizeHorCursor
+	Qt.CrossCursor	↗	Qt.SizeBDiagCursor
I	Qt.IBeamCursor	↘	Qt.SizeFDiagCursor
⧖	Qt.WaitCursor	✣	Qt.SizeAllCursor
	Qt.BusyCursor	⇕	Qt.SplitVCursor
⊘	Qt.ForbiddenCursor	⇔	Qt.SplitHCursor
☝	Qt.PointingHandCursor	✋	Qt.OpenHandCursor
??	Qt.WhatsThisCursor	✊	Qt.ClosedHandCursor
	Qt.DragMoveCursor		Qt.DragCopyCursor
	Qt.DragLinkCursor		

2. 光标应用实例

下面的程序在窗口上绘制图片,然后设置两个 32×32 像素的 QBitmap 图片,图片的填充颜色分别为白色和黑色,用这两个 QBitmap 作为光标,运行效果如图 8-10 所示。

图 8-10 自定义光标

```
import sys  #Demo8_7.py
from PyQt5.QtWidgets import QApplication,QWidget
from PyQt5.QtGui import QPainter,QPixmap,QBitmap,QCursor
from PyQt5.QtCore import QRect,Qt

class setPallete(QWidget):
    def __init__(self,parent = None):
        super().__init__(parent)
        self.setWindowTitle("绘图")
        bit = QBitmap(32,32)                         #创建 32*32 的位图
        bit_mask = QBitmap(32,32)                    #创建 32*32 的位图
        bit.fill(Qt.black)                           #设置填充颜色
        bit_mask.fill(Qt.white)                      #设置填充颜色
        self.setCursor(QCursor(bit,bit_mask))        #设置光标

    def paintEvent(self, event):
        pix = QPixmap()
        rect = QRect(0,0,self.width(),self.height())
        pix.load("d:\\python\\pic.png")

        painter = QPainter(self)
        painter.drawPixmap(rect,pix)
if __name__ == '__main__':
    app = QApplication(sys.argv)
    window = setPallete()
    window.show()
    n = app.exec()
    sys.exit(n)
```

8.2　常用控件及用法

常用控件是一些界面上经常用到的控件，它们是进行 GUI 界面编程的基础，只有熟练使用这些控件，才有可能进行可视化编程。对于控件的使用，需要了解控件的继承关系、实例化控件对象的构造方法、控件的属性和方法，还要了解控件的信号和槽函数。

8.2.1　标签控件

在可视化图形界面上标签通常用来显示提示性信息，也可以显示图片和 gif 格式的动画。它通常放到输入控件的左边，也用在状态栏上。标签控件的类是 QLabel。

1．创建标签控件的方式

标签类 QLabel 用于在界面上显示文字和图片。QLabel 类的继承关系如图 8-11 所示，它是从 QWidget 和 QFrame 类继承而来的。

QLabel 类在 QtWidgets 模块中，用 QLabel 类创建实例的方法如下，其中 parent 是 QLabel 所在的继承自 QWidget 的窗口或容器类控件，str 是标签上显示的文字，flags 的取

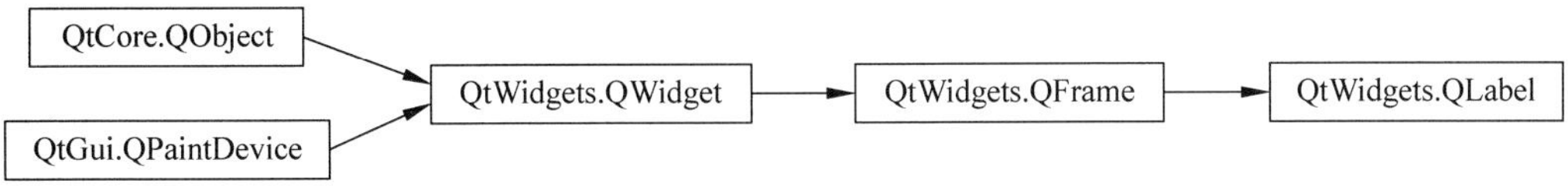

```
QtCore.QObject ┐
               ├─→ QtWidgets.QWidget ──→ QtWidgets.QFrame ──→ QtWidgets.QLabel
QtGui.QPaintDevice ┘
```

图 8-11　QLabel 类的继承关系

值为 Qt.WindowType 的枚举类型。有关 flags 的取值请参考第 9 章的内容,一般使用默认值即可。

```
QLabel(parent = None,flags = Qt.WindowFlags())
QLabel(str,parent,flags = Qt.WindowFlags())
```

2. 标签控件的常用方法、信号和槽函数

标签控件的常用方法如表 8-13 所示,主要方法介绍如下。

- 可以在创建标签控件时设置其所在的父容器,用 setParent(QWidget)方法设置标签控件的父容器或父控件。
- 用 setText(str)方法设置标签上的文字,用 text()方法获取标签的文本,用 setNum(float)和 setNum(int)方法可以显示数值,用 clear()方法清空显示的内容。
- 用 setPixmap(QPixmap)方法设置标签上显示的图像,参数 QPixmap 表示 QPixmap 的实例对象;用 pixmap()方法获取标签上显示的 QPixmap 实例对象,显示图像也可用 setPicture(QPicture)方法;用 setMovie(QMovie)方法播放 gif 格式动画。关于 QMovie 的介绍请参考 14.1 节的内容。
- 用 setAlignment(Qt.Alignment)方法设置文字的水平和竖直对齐方式,用 alignment()方法获取对齐方式。参数 Qt.Alignment 是枚举类型,水平方向的对齐方式可以取 Qt.AlignLeft(左对齐)、Qt.AlignRight(右对齐)、Qt.AlignCenter(中心对齐)和 At.AlignJustify(两端对齐),竖直方向的对齐方式有 Qt.AlignTop(上对齐)、Qt.AlignBottom(下对齐)和 Qt.AlignVCenter(居中对齐)。Qt.AlignCenter 是水平和竖直中心对齐。当同时对水平和竖直方向进行设置时,可以用运算符"|"将两个对齐方式连接起来,例如"Qt.AlignLeft | Qt.AlignVCenter"。
- 用 setFont(QFont)方法设置标签显示的文字的字体,用 font()方法获取文字的字体,用 setPallete(QPalette)方法设置调色板,用 palette()方法获取调色板。

表 8-13　QLabel 控件的常用方法

QLabel 的常用方法及参数类型	说　　明
setText(str)	设置显示的文字
text()	获取 QLabel 的文字
setNum(float)	设置要显示的数值
setNum(int)	
clear()	清空显示的内容
setParent(QWidget)	设置父容器
selectedText()	获取被选中的文字
hasSelectedText()	判断是否有选择的文字

续表

QLabel 的常用方法及参数类型	说 明
setIndent(int)	设置缩进量
indent()	获取缩进量
setPixmap(QPixmap)	设置图像
pixmap()	获取图像 QPixmap
setToolTip(str)	当光标放到标签上时,设置显示的提示信息
setWordWrap(bool)	设置是否可以换行
wordWrap()	获取是否可以换行
setAlignment(Qt.Alignment)	设置文字在水平和竖直方向的对齐方式
setOpenExternalLinks(bool)	设置是否打开超链接
setFont(QFont)	设置字体
font()	获取字体
setPallete(QPalette)	设置调色板
pallete()	获取调色板
setGeometry(Qrect)	设置标签所在的范围
geometry()	获取标签的范围
setPicture(QPicture)	设置图像
setMovie(QMovie)	设置动画
setBuddy(QWidget)	设置伙伴控件
setAutoFillBackground(bool)	设置是否自动填充背景色

QLabel 的信号有 linkActivated(link) 和 linkHovered(link),其中 linkActivated(link) 是单击文字中嵌入的超链接时发射信号,如果需要打开超链接,需要把 setOpenExternalLink() 设置成 True,传递的参数 link 是链接地址;linkHovered(link) 是当光标落在文字中的超链接时发射信号。

标签控件的槽函数有 setText(str)、setNum(float)、setNum(int)、setPixmap(QPixmap)、setPicture(QPicture)、setMovie(QMovie) 和 clear()。

3. QLabel 的应用实例

在前面的实例中多次涉及 QLabel 的应用,下面的程序涉及 QLabel 的图形显示、超链接和信号的应用。这个程序可以改用 Qt Designer 来设计界面,并进行界面布置,这样在窗口缩放时可以保证控件同时移动或缩放,也可手动编写布局。有关手动编写布局的内容将在本章后面介绍。运行下面的程序将会得到如图 8-12 所示的界面。

```python
import sys  # Demo8_8.py
from PyQt5.QtWidgets import QApplication,QWidget,QPushButton,QLabel,QGroupBox
from PyQt5.QtGui import QPixmap,QFont
from PyQt5.QtCore import QRect,Qt

class mainWidget(QWidget):
    def __init__(self,parent = None):
        super().__init__(parent)
        w = self.width()
```

图 8-12　QLabel 应用实例

```
        h = self.height()

        self.label1 = QLabel(self)
        self.label2 = QLabel(self)
        self.label3 = QLabel(self)
        self.label4 = QLabel(self)

        self.label1.setGeometry(QRect(0, 0, w,h))
        self.label1.setPixmap(QPixmap("d:\\python\\pic.png"))

        self.label2.setGeometry(QRect(w/2 - 150,150,300,30))
        font = QFont("黑体",pointSize = 20)
        self.label2.setFont(font)
        self.label2.setText("< A href = 'http://www.newsmth.net/'>欢迎来到我的世界!</A>")
        self.label2.setToolTip("我喜欢的网站 www.newsmth.net")     #设置提示信息
        self.label2.setAlignment(Qt.AlignCenter | Qt.AlignVCenter)
        self.label2.linkHovered.connect(self.hover)     #定义信号与槽的链接
        self.label2.linkActivated.connect(self.activated)    #定义信号与槽的链接

        self.label3.setGeometry(QRect(w/2,h - 50,w/2,50))
        font = QFont("楷体",pointSize = 20)
        self.label3.setFont(font)
        self.label3.setOpenExternalLinks(True)
        self.label3.setText(">>进入我喜欢的< A href = 'http://www.newsmth.net/'>网站</A>")
    def hover(self,link):    #光标经过超链接的关联函数
        print("欢迎来到我的世界!")
    def activated(self,link):    #单击超链接的关联函数
        rect = self.label3.geometry()
        rect.setY(rect.y() - 50)
        self.label4.setGeometry(rect)
```

```
            self.label4.setText("单击此链接,进入网站" + link)
if __name__ == '__main__':
    app = QApplication(sys.argv)
    window = mainWidget()
    window.show()
    n = app.exec()
    sys.exit(n)
```

8.2.2 单行文本控件

图形界面上需要输入信息,与程序进行沟通,输入信息的控件有单行文本控件、多行文本控件、数值输入控件。单行文本输入控件是 QLineEdit 类。

1. 创建单行文本控件的方式

可视化应用程序需要在界面上输入数据和显示数据。QLineEdit 控件是单行文本编辑器,用于接收用户输入的字符串数据,并可以显示字符串数据,输入的整数和浮点数也会当作字符串数据,可以通过 int()和 float()函数将字符串型整数和浮点数转换成整数和浮点数。QLineEdit 类的继承关系如图 8-13 所示。

图 8-13　QLineEdit 类的继承关系

QLineEdit 类在 QtWidgets 模块中,用 QLineEdit 类创建单行文本控件的方法如下,其中 parent 是 QLineEdit 所在的窗口或容器类控件,str 是显示的文字。

QLineEdit(parent = None)
QLineEdit(str, parent = None)

2. QLineEdit 的常用方法、信号和槽函数

QLineEdit 控件可以用于密码输入,可以进行复制、粘贴、删除等操作。常用的 QLineEdit 方法如表 8-14 所示,主要方法介绍如下。

表 8-14　QLineEdit 的常用方法

方法及参数类型	说　　明	方法及参数类型	说　　明
setText(str)	设置文本内容	setAlignment(Qt.Alignment)	设置对齐方式,与 QLablel 对齐方式相同
insert(str)	在光标处插入文本	backspace()	删除光标左侧的文字或删除选中的文字
text()	获取真实文本,而不是显示的文本	del_()	删除光标右侧的文字或删除选中的文字
displayText()	获取显示的文本	clear()	删除所有内容

续表

方法及参数类型	说明	方法及参数类型	说明
setEchoMode(QLine.EchoMode)	设置显示模式	copy()	复制文字
echMode()	获取显示模式	cut()	剪切文字
setPlaceholderText(str)	设置占位符	paste()	粘贴文字
placeholderText()	获取占位符	isUndoAvailable()	是否可以撤销操作
setClearButtonEnabled(bool)	设置是否有清空按钮	undo()	撤销操作
isClearButtonEnabled()	获取是否有清空按钮	isRedoAvailable()	是否可以恢复撤销操作
setMaxLength(int)	设置文本的总长度	redo()	恢复撤销操作
maxLength()	获取文本的总长度	setDragEnabled(bool)	设置文本是否可以拖放
setReadOnly(bool)	设置只读模式,只能显示,不能输入文字	setMask(QBitmap)	设置遮掩图像
isModified()	获取文本是否被更改	setModified(bool)	设置文本更改状态
isReadOnly()	获取是否只读模式	setCompleter(QCompleter)	设置自动补全的内容

- 由于单行文本控件可以用于输入密码,其显示的内容并不一定是输入的内容。用 setText(str)方法设置文本内容;用 text()方法获取真实的文本,而不是界面上显示的文本,例如在密码输入模式下,得到的是输入的密码,而不是界面上显示的掩码;用 displayText()方法获取显示的内容。
- setEchoMode(QLine.EchoMode)方法可以设置成密码输入方式,其中 QLine. EchoMode 的取值是枚举类型,可以设置的值如表 8-15 所示。

表 8-15 QLine.EchoMode 的取值

QLine.EchoMode 的取值	值	说明
QLineEdit.Normal	0	正常显示输入的字符,这是默认值
QLineEdit.NoEcho	1	输入文字时不显示任何输入,文字内容和个数都不可见,常用于密码保护
QLineEdit.Password	2	显示密码掩码,不显示实际输入的字符,能显示字符个数
QLineEdit.PasswordEchoOnEdit	3	在编辑的时候显示字符,不编辑的时候显示掩码

- setPlaceholderText()是在 QLineEdit 中灰色显示的字符,常用于提示信息,例如 setPlaceholderText("请输入密码")。当输入真实文字时,不再显示提示信息。
- 用代码在 QLineEdit 中插入文字或选择文字时,需要定位光标的位置,获取或移动光标的方法如表 8-16 所示。

表 8-16 QLineEdit 的光标方法

QLineEdit 的光标方法	说明
cursorBackward(mark=True,steps=1)	向左移动 step 个字符,mark 为 True 时带选中效果
cursorForward(mark=True,steps=1)	向右移动 step 个字符,mark 为 True 时带选中效果
cursorWordBackward(mark=True)	向左移动一个单词的长度,mark 为 True 时带选中效果

续表

QLineEdit 的光标方法	说　明
cursorWordForward(mark=True)	向右移动一个单词的长度,mark 为 True 时带选中效果
home(mark=True)	光标移动至行首,mark 为 True 时带选中效果
end(mark=True)	光标移动至行尾,mark 为 True 时带选中效果
setCursorPosition(pos=8)	光标移动至指定位置(如果 pos 为小数则向下取整)
cursorPosition()	获取光标位置,返回值是 int
cursorPositionAt(QPoint)	获取指定位置处光标值,返回值是 int

- 对 QLineEdit 中的文本可以进行复制、粘贴、删除等操作,一般都需要先选择文本,然后再操作。选择文本的方法如表 8-17 所示。

表 8-17　文本选择方法

文本选择方法	说　明
setSelection(int,int)	选择指定范围内的文本
selectAll()	选择所有的文本
deselect()	取消选择
hasSelectedText()	是否有选中的文本
selectionLength()	获取选择的文本的长度
selectionStart()	获取选择的文本的起始位置
selectionEnd()	获取选择的文本的终止位置
selectedText()	获取选择的文本

- 对于需要输入有一定固定格式的文本,例如 IP 地址、MAC 地址、License 序列号,可以用 setInputMask() 方法来定义这种固定的格式。例如 setInputMask("000.000.000.000") 和 setInputMask("000.000.000.000;_") 方法都可以输入 IP 地址,后者在未输入字符的位置用下画线来表示空位; setInputMask("HH:HH:HH:HH:HH:HH") 和 setInputMask("HH:HH:HH:HH:HH:HH;_") 方法都可以输入 MAC 地址; setInputMask("0000-00-00") 方法可以输入 ISO 标准格式日期; setInputMask(">AAAAA-AAAAA-AAAAA-AAAAA-AAAAA;#") 方法可以用于输入 License 序列号,所有字母转换为大写。可以用于格式化输入的字符如表 8-18 所示。

表 8-18　用于格式化输入的字符

字符	含　义	字符	含　义
A	ASCII 字母字符是必需的,A~Z、a~z	#	ASCII 数字或加/减符号是允许的,但不是必需的
a	ASCII 字母字符是允许的,但不是必需的	H	十六进制数据字符是必需的,A~F、a~f、0~9
N	ASCII 字母字符是必需的,A~Z、a~z、0~9	h	十六进制数据字符是允许的,但不是必需的
n	ASCII 字母是允许的,但不是必需的	B	二进制数据字符是必需的,0、1
X	任何字符都是必需的	b	二进制数据字符是允许的,但不是必需的
x	任何字符都是允许的,但不是必需的	>	所有的字符字母都大写

续表

字符	含　义	字符	含　义
9	ASCII 数字是必需的，0～9	<	所有的字符字母都小写
0	ASCII 数字是允许的，但不是必需的	!	关闭大小写转换
D	ASCII 数字是必需的，1～9	\	使用 \ 去转义上述列出的字符
d	ASCII 数字是允许的，但不是必需的，1～9		

- QLineEdit 中输入的数据有时只能为整数，有时只能为浮点数，这时就需要对输入的数据进行合法性检验。QLineEdit 的合法性检验用 setValidator(QValidator)方法，它的参数是一个 QValidator 类，QValidator 类用来设置输入内容的合法性，当合法时，才能成功输入并显示。QValidator 是一个抽象类，其子类 QIntValidator、QDoubleValidator 分别用来设置合法整数和合法浮点数，还有一个子类 QRegExpValidator 结合正则表达式来判断输入的合法性。QIntValidator 设置整数范围的下限和上限，其使用方法是 QIntValidator(int,int,parent = None)，其中第 1 个 int 是下限，第 2 个 int 是上限；或者用 QIntValidator 的 setRange(int,int)、setBottom(int) 和 setTop(int) 方法来设置下限和上限。QLineEdit. setValidator (QIntValidator(0，100)) 可以设置 QLineEdit 只能输入 0～100 的整数。QDoubleValidator 的使用方法是 QDoubleValidator(float,float,int,parent = None)，其中第 1 个 float 参数是下限，第 2 个 float 参数是上限，int 是小数的位数；同样，也可通过 setRange(float,float. int)、setBottom(float)、setTop(float) 和 setDecimals(int)方法来设置下限、上限和小数位数。

常用的 QLineEdit 的信号如表 8-19 所示，QLineEdit 的槽函数有 clear()、copy()、cut()、paste()、redo()、selectAll()和 undo()。

表 8-19　QLineEdit 的信号

QLineEdit 的信号	说　　明
textEdited(str)	文本被编辑时发射信号，不适用于 setText()方法引起的文本改变
textChanged(str)	文本发生变化时发射信号，包括 setText()方法引起的文本改变
returnPress()	按 Enter 键时发射信号
editingFinished()	按 Enter 键或失去焦点时发射信号
cursorPostionChanged(int,int)	光标位置发生变化时发射信号，第 1 个参数是光标原位置，第 2 个参数是光标移动后的位置
selectionChanged()	选中的文本发生变化时发射信号
inputRejected()	放弃输入时发射信号

3. QLineEdit 的应用实例

下面的程序建立一个学生考试成绩查询的界面，如图 8-14 所示。在界面中输入姓名和准考证号，单击"查询"按钮，可以显示查找的学生成绩，如果查不到，会显示"查无此人"；单击"清空"按钮删除输入的姓名、准考证号和查询到的成绩。

图 8-14 学生成绩查询界面

```
import sys #Demo8_9.py
from PyQt5.QtWidgets import QApplication,QWidget,QPushButton,QLabel,QLineEdit
from PyQt5.QtGui import QFont,QIntValidator
from PyQt5.QtCore import QRect

class mainWidget(QWidget):
    def __init__(self,parent = None):
        super().__init__(parent)
        self.setWindowTitle("学生成绩查询系统")
        self.setGeometry(400,200,480,370)
        self.setupUi()

        self.__data = [ [202003, '没头脑', 89, 88, 93, 87],
                        [202002, '不高兴', 80, 71, 88, 98],
                        [202004, '倒霉蛋', 95, 92, 88, 94],
                        [202001, '鸭梨头', 93, 84, 84, 77],
                        [202005, '墙头草', 93, 86, 73, 86] ]#学生信息和成绩,可改成从文件读取
    def setupUi(self):        # 创建界面上的控件
        self.label_1 = QLabel(self)
        self.label_1.setGeometry(QRect(120, 40, 231, 31))
        font = QFont("楷体",pointSize = 20)
        self.label_1.setFont(font)
        self.label_1.setText("学生考试成绩查询")

        self.label_2 = QLabel(self)
        self.label_2.setGeometry(QRect(113, 130, 60, 20))
        self.label_2.setText("姓名(&N): ")

        self.label_3 = QLabel(self)
        self.label_3.setGeometry(QRect(100, 160, 70, 20))
        self.label_3.setText("准考证号(&T): ")

        self.label_4 = QLabel(self)
        self.label_4.setGeometry(QRect(100, 260, 100, 20))
        self.label_4.setText("查询结果如下: ")

        self.lineEdit_name = QLineEdit(self)
```

```python
        self.lineEdit_name.setGeometry(QRect(190, 130, 113, 20))
        self.lineEdit_name.setClearButtonEnabled(True)              #设置清空按钮
        self.lineEdit_number = QLineEdit(self)
        self.lineEdit_number.setGeometry(QRect(190, 160, 113, 20))
        self.lineEdit_number.setValidator(QIntValidator(202001,202100))   #设置验证
        self.lineEdit_number.setEchoMode(QLineEdit.Password)        #设置密码形式
        self.lineEdit_number.setClearButtonEnabled(True)            #设置清空按钮
        self.lineEdit_results = QLineEdit(self)
        self.lineEdit_results.setGeometry(QRect(70, 300, 321, 20))
        self.lineEdit_results.setReadOnly(True)                     #设置只读属性
        self.label_2.setBuddy(self.lineEdit_name)                   #伙伴关系
        self.label_3.setBuddy(self.lineEdit_number)                 #伙伴关系

        self.btn_enquire = QPushButton(self)
        self.btn_enquire.setGeometry(QRect(150, 210, 75, 23))
        self.btn_enquire.setText("查询(&E)")
        self.btn_enquire.clicked.connect(self.inquire)              #信号与槽的连接

        self.btnClear = QPushButton(self)
        self.btnClear.setGeometry(QRect(240, 210, 81, 23))
        self.btnClear.setText("清空(&C)")
        self.btnClear.clicked.connect(self.lineEdit_name.clear)     #信号与槽的连接
        self.btnClear.clicked.connect(self.lineEdit_number.clear)   #信号与槽的连接
        self.btnClear.clicked.connect(self.lineEdit_results.clear)  #信号与槽的连接

        self.lineEdit_name.textChanged.connect(self.text_changed)   #信号与槽的连接
        self.lineEdit_number.textChanged.connect(self.text_changed) #信号与槽的连接
        self.text_changed()
    def inquire(self):
        number = int(self.lineEdit_number.text())
        template = "{}的考试成绩:语文{} 数学{} 英语{} 物理{}"
        for i in range(len(self.__data)):
            stu = self.__data[i]
            if stu[0] == number and stu[1] == self.lineEdit_name.text():
                self.lineEdit_results.setText(template.format(stu[1], stu[2], stu[3], stu[4], stu[5]))
                break
            else:
                if i == len(self.__data) - 1:
                    self.lineEdit_results.setText("查无此人")
    def text_changed(self):
        if self.lineEdit_number.text() != "" and self.lineEdit_name.text() != "":
            self.btn_enquire.setEnabled(True)
        else:
            self.btn_enquire.setEnabled(False)
        if self.lineEdit_number.text() != "" or self.lineEdit_name.text() != "":
            self.btnClear.setEnabled(True)
```

```
                else:
                    self.btnClear.setEnabled(False)
if __name__ == '__main__':
    app = QApplication(sys.argv)
    window = mainWidget()
    window.show()
    n = app.exec()
    sys.exit(n)
```

8.2.3 多行文本控件

多行文本控件可以用于编辑和显示多行文本和图片,并可对文本进行格式化。多行文本编辑控件有 QTextEdit 和 QPlainTextEdit。

1. 创建多行文本控件的方式

QTextEdit 主要是显示并编辑多行文本的控件,当文本内容超出控件显示范围时,可以显示水平和竖直滚动条。QTextEdit 不仅可以用来显示文本,还可以用来显示 HTML 文档。QTextEdit 类的继承关系如图 8-15 所示。

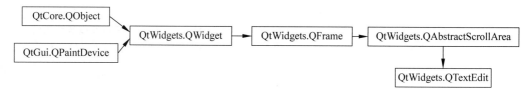

图 8-15　QTextEdit 类的继承关系

QTextEdit 类在 QtWidgets 模块中,用 QTextEdit 类创建实例的方法如下:

QTextEdit(parent = None)
QTextEdit(str, parent = None)

其中,parent 是 QTextEdit 所在的窗口或容器类控件,str 是要显示的文本内容。QTextEdit 可以显示、输入和编辑文本。另外还有个从 QTextEdit 继承的类 QTextBrowser,通常只用于显示文本。

2. QTextEdit 的常用方法、信号和槽函数

QTextEdit 的常用方法如表 8-20 所示,用这些方法可以编写文字处理工具。QTextEdit 通常用 setPlainText(str)方法设置文本文字,用 setHtml(str)方法设置 html 格式的文字,用 append(str)方法在末尾追加文字,用 toPlainText()方法获取文本文字,用 toHtml()方法获取 html 格式的文字,用 append(str)方法在末尾追加文本,用 insertPlainText(str)和 insertHtml(str)方法在光标处插入纯文本和 html 格式文本,用 setReadOnly(bool)方法可以设置成只读模式,这时用户不能输入数据。

表 8-20　QTextEdit 的方法

方法及参数类型	说　　明	方法及参数类型	说　　明
acceptRichText()	获取是否接受富文本	setDocument(QTextDocument)	设置文档
append(str)	添加文本	setDocumentTitle(str)	设置文档标题
canPaste()	查询是否可以粘贴	setFontFamily(str)	设置字体名称
createStandardContextMenu(QPoint)	创建标准的右键快捷菜单	setFontItalic(bool)	设置斜体
currentCharFormat()	获取当前的文字格式	setFontPointSize(float)	设置字体大小
currentFont()	获取当前的文字字体	setFontUnderline(bool)	设置下画线
document()	获取文档 QDocument	setFontWeight(int)	设置字体加粗
documentTitle()	获取文档标题	setHtml(str)	显示 html 格式的文字
find(str)	查找	setOverwriteMode(bool)	设置替换模式
fontFamily()	获取字体名称	setPlaceholderText(str)	设置占位文本
fontItalic()	查询是否斜体	setPlainText(str)	显示纯文本文字
fontPointSize()	获取字体大小	setReadOnly(bool)	设置是否只读
fontUnderline()	查询是否下画线	setTabStopDistance(float)	设置按 Tab 键时的后退距离
fontWeight()	获取字体粗细值	setTabStopWidth(int)	设置按 Tab 键时的后退宽度
insertHtml(str)	插入网页格式的文本	setText(str)	设置显示的文字
insertPlainText(str)	插入文本	setTextBackgroundColor(QColor)	设置背景色
isReadOnly()	查询是否只读	setTextColor(QColor)	设置前景色
isUndoRedoEnabled()	查询是否可以进行撤销、恢复操作	setUndoRedoEnabled(bool)	设置是否可以撤销恢复
lineWrapMode()	获取长单词的换行模式	setWordWrapMode(QTextOption.WrapMode)	设置长单词换行到下一行的模式
mergeCurrentCharFormat(QTextCharFormat)	合并当前的文字格式	tabStopDistance()	获取按 Tab 键时的后退距离
overwriteMode()	查询是否替换模式	tabStopWidth()	获取按 Tab 键时的后退宽度
placeholderText()	获取占位文本	textBackgroundColor()	获取背景色
print(QPagePaintDevice)	打印文本	textColor()	获取文字颜色
setAcceptRichText(bool)	设置是否接受富文本，默认为 True	toHtml()	获取 html 格式的文字
setAlignment(Qt.Alignment)	设置文字对齐方式	toPlainText()	获取纯文本文字
setAutoFormatting(QTextEdit.AutoFormatting)	设置自动格式化样式	wordWrapMode()	获取长单词换行到下一行的模式
setCurrentCharFormat(QTextCharFormat)	设置文字格式	zoomIn(int=1)	缩小
setCurrentFont(QFont)	设置字体	zoomOut(int=1)	放大

QTextEdit 的信号和槽函数分别如表 8-21 和表 8-22 所示。

表 8-21 QTextEdit 的信号

信号	说明	信号	说明
copyAvailable(bool)	可以进行复制时发射信号	selectionChanged()	选择的内容发生变化时发射信号
currentCharFormatChanged(QTextCharFormat)	当前文字的格式发生变化时发射信号	textChanged()	文本内容发生变化时发射信号
cursorPositionChanged()	光标位置变化时发射信号	undoAvailable(bool)	可以撤销操作时发射信号
redoAvailable(bool)	可以撤销 undo 时发射信号		

表 8-22 QTextEdit 的槽函数

槽函数	说明	槽函数	说明
append(str)	添加文本	setFontItalic(bool)	设置斜体
clear()	清空	setFontPointSize(int)	设置字体大小
copy()	复制	setFontUnderline(bool)	设置下画线
cut()	剪切	setFontWeight(int)	设置加粗
insertHtml(str)	插入 html 格式的文本	setHtml(str)	显示 html 格式的文字
insertPlainText(str)	插入纯文本	setPlainText(str)	显示纯文本文字
paste()	粘贴	setText(str)	显示文字
redo()	恢复撤销	undo()	撤销上步操作
selectAll()	全选	setTextColor(QColor)	设置文字颜色
setAlignment(Qt.Alignment)	设置对齐方法	setTextBackgroundColor(QColor)	设置背景色
setCurrentFont(QFont)	设置当前的字体	zoomIn([int=1])	缩小
setFontFamily(str)	设置字体的名称	zoomOut([int=1])	放大

3. QLineEdit 的应用实例

下面建立一个简单的文字处理界面,如图 8-16 所示,单击"打开文本文件"按钮,可以从 txt 文件中导入数据到 QTextEdit 中;单击"插入文本"按钮,可以在光标处插入文本和超链接文本,单击"插入图像文件"按钮,可以从硬盘上打开一个图形文件并插入到光标位置;单

图 8-16 文字处理界面

击"作为系统输出"按钮,将把 help()、print()函数的输出内容直接输出到 QTextEdit 中。要将窗口作为系统的标准输出,这里使用了 sys.stdout = self 和 sys.stderr = self 语句,另外还必须为窗口编写 write()函数。

```python
import sys    #Demo8_10.py
from PyQt5.QtWidgets import (QApplication,QWidget,QPushButton,QHBoxLayout,
                             QVBoxLayout,QTextEdit)
from PyQt5.QtGui import QTextCharFormat,QTextImageFormat
from PyQt5.QtWidgets import QFileDialog

class mainWidget(QWidget):
    def __init__(self,parent = None):
        super().__init__(parent)
        self.setWindowTitle("文字处理")
        self.setupUi()
        self.btnOpen.clicked.connect(self.openText)       #信号与槽的连接
        self.btnInsert.clicked.connect(self.insertText)   #信号与槽的连接
        self.btnImage.clicked.connect(self.openImage)     #信号与槽的连接
        self.btnOutput.clicked.connect(self.sysOutput)    #信号与槽的连接

    def setupUi(self):                                    #建立界面上的控件
        self.textEdit = QTextEdit(self)
        self.btnOpen = QPushButton(self)
        self.btnOpen.setText("打开文本文件")
        self.btnInsert = QPushButton(self)
        self.btnInsert.setText("插入文本")
        self.btnImage = QPushButton(self)
        self.btnImage.setText("插入图像文件")
        self.btnOutput = QPushButton(self)
        self.btnOutput.setText("作为系统输出")

        self.horizontalLayout = QHBoxLayout()             #水平排列
        self.horizontalLayout.addWidget(self.btnOpen)
        self.horizontalLayout.addWidget(self.btnInsert)
        self.horizontalLayout.addWidget(self.btnImage)
        self.horizontalLayout.addWidget(self.btnOutput)
        self.verticalLayout = QVBoxLayout(self)           #竖直排列
        self.verticalLayout.addWidget(self.textEdit)
        self.verticalLayout.addLayout(self.horizontalLayout)
    def openText(self):                                   #按钮的槽函数
        name = ""
        name,filter = QFileDialog.getOpenFileName(self,"选择文件","d:\\","文本(*.txt)")
        print(name)
        if len(name)> 0:
            fp = open(name,'r')
            strings = fp.readlines()
            for i in strings:
                i = i.strip("\n")
                self.textEdit.append(i)
```

```python
                fp.close()
    def insertText(self):                              # 按钮的槽函数
        textCursor = self.textEdit.textCursor()
        tcf = QTextCharFormat()                        # 定义插入的文本格式
        self.textEdit.setFontFamily('楷体')             # 定义格式字体
        self.textEdit.setFontPointSize(20)             # 定义格式字体大小
        self.textEdit.insertPlainText('Hello,Nice to meet you!')  # 按格式插入字体
        self.textEdit.insertHtml("<a href='http://www.qq.com'>QQ</a>")  # 插入html文本
    def openImage(self):                               # 按钮的槽函数
        name, filter = QFileDialog.getOpenFileName(self, "选择文件", "d:\\", "图像(*.png *.jpg)")
        textCursor = self.textEdit.textCursor()
        pic = QTextImageFormat()
        pic.setName(name)                              # 图片路径
        pic.setHeight(100)                             # 图片高度
        pic.setWidth(100)                              # 图片宽度
        textCursor.insertImage(pic)                    # 插入图片
    def sysOutput(self):                               # 按钮的槽函数
        sys.stdout = self                              # 修改系统的标准输出
        sys.stderr = self                              # 修改系统的异常信息输出
        print("我是北京诺思多维科技有限公司,很高兴认识你!")
    def write(self,info):    # 将系统标准输出改成窗口,需要定义一个write()函数
        info = info.strip("\r\n")
        self.textEdit.insertPlainText(info)

if __name__ == '__main__':
    app = QApplication(sys.argv)
    window = mainWidget()
    window.show()
    n = app.exec()
    sys.exit(n)
```

对 QTextEdit 中的文字进行更详细的排版、格式化、插入表格等操作,还需要其他一些类的支持,这些类包括 QTextBlock、QTextBlockFormat、QTextBlockGroup、QTextBlockUserData、QTextCursor、QTextDocument、QTextDocumentFragment、QTextDocumentWriter、QTextFormat、QTextFragment、QTextFrame、QTextFrameFormat、QTextInlineObject、QTextItem、QTextLayout、QTextLength、QTextLine、QTextList、QTextListFormat、QTextObject、QTextObjectInterface、QTextOption、QTextTabale、QTextTableCell、QTextTableCellFormat、QTextTableFormat,限于篇幅,本书对此不做介绍。

8.2.4 多行纯文本控件

QPlainTextEdit 是一个多行纯文本编辑器,用于显示和编辑多行纯文本,不支持表格和嵌入式框架,功能要比 QTextEdit 弱很多。

1. 创建多行纯文本控件的方式

QPlainTextEdit 的继承关系如图 8-17 所示,它是从抽象类 QAbstractScrollArea 继承而来的。

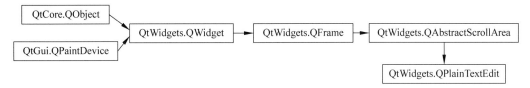

图 8-17　QPlainTextEdit 类的继承关系

用 QPlainTextEdit 实例化对象方法如下所示，其中 parent 是继承自 QWidget 的窗口或控件，str 是显示的文字。

```
QPlainTextEdit(parent = None)
QPlainTextEdit(str, parent = None)
```

2. QPlainTextEdit 的常用方法

QPlainTextEdit 的大部分方法与 QTextEdit 的方法相同，QPlainTextEdit 的几个常用方法如表 8-23 所示。用 setPlainText(str)方法可以设置显示的文本，用 toPlainText()方法可以获取文本内容，用 insertPlainText(str)方法可以在光标处插入文本，用 appendPlainText(str)方法和 appendHtml(str)方法可以分别在末尾添加文本和 html 格式的文本，用 setOverwriteMode(bool)方法可以设置是否是覆盖模式。

表 8-23　QPlainTextEdit 的几个常用方法

方法及参数类型	说　　明	方法及参数类型	说　　明
setPlainText(str)	设置文本	setReadOnly(bool)	设置是否只读模式
toPlainText()	获取文本	setUndoRedoEnabled(bool)	设置是否可以撤销、重复
insertPlainText(str)	在光标处插入文本	setPlaceholderText(str)	设置掩码
appendPlainText(str)	在末尾添加文本	setOverwriteMode(bool)	设置是否是覆盖模式
appendHtml(str)	在末尾添加 html 格式文本	setTextCursor(QTextCursor)	设置光标

QPlainTextEdit 的信号和槽函数分别如表 8-24 和表 8-25 所示。

表 8-24　QPlainTextEdit 的信号

信号及参数类型	说　　明	信号及参数类型	说　　明
copyAvailable(bool)	有选中的文本时发射信号	selectionChanged()	选中的内容发生变化时发射信号
cursorPositionChanged()	光标位置发生变化时发射信号	textChanged()	文本内容发生变化时发射信号
modificationChanged(bool)	修改内容发生变化时发射信号	undoAvailable(b)	可以撤销时发射信号
redoAvailable(b)	可以恢复撤销时发射信号	blockCountChanged(int)	块（段落）数量发生变化时发射信号

表 8-25　QPlainTextEdit 的槽函数

槽函数及参数类型	说　　明	槽函数及参数类型	说　　明
insertPlainText(str)	在光标处插入文本	cut()	剪切选中的内容
setPlainText(text)	设置显示的文本	paste()	粘贴内容
appendHtml(str)	在末尾添加 html 文本	redo()	恢复撤销
appendPlainText(str)	在末尾添加文本	selectAll()	选中所有文本
centerCursor()	将光标移到行的中间	undo()	撤销
clear()	清空内容	zoomIn([int])	缩小
copy()	复制选中的内容	zoomOut([int])	放大

8.2.5　数字输入控件

QSpinBox 和 QDoubleSpinBox 是专门用于输入数值的控件，前者只能输入整数，后者用于输入浮点数，这两个控件的方法、信号和槽函数基本一致。

1．创建 QSpinBox 和 QDoubleSpinBox 的数字输入控件的方式

QSpinBox 类和 QDoubleSpinBox 类的继承关系如图 8-18 所示，它们都是从抽象类 QAbstractSpinBox 继承来的。

图 8-18　QSpinBox 类和 QDoubleSpinBox 类的继承关系

用 QSpinBox 和 QDoubleSpinBox 实例化对象方法如下所示，其中 parent 是控件所在的父窗口或容器控件。

```
QSpinBox(parent = None)
QDoubleSpinBox(parent = None)
```

2．QSpinBox 和 QDoubleSpinBox 的方法

QSpinBox 和 QDoubleSpinBox 控件可以设置允许输入的最小值和最大值，可以通过 setMinimum()、setMaximum() 和 setRange() 方法来设置允许输入的最小值和最大值。QSpinBox 和 QDoubleSpinBox 控件都提供一个微调部件，通过单击向上/向下按钮或按下键盘的"↑"/"↓"键来增加/减少当前显示的值，用 setSingleStep() 方法设置每次增加或减少的微调量，用 setWrapping(True) 方法可以设置到达最大或最小值时是否可以循环。QDoubleSpinBox 的默认精度是 2 位小数，可以通过 setDecimals(int) 方法设置允许输入的小数的位数。用 setPrefix(str) 和 setSuffix(str) 方法分别可以设置前缀和后缀，例如货币或计量单位。文本可以用 text() 方法（包括前缀和后缀）或者 cleanText() 方法（没有前缀和后缀）来获取。

QSpinBox 和 QDoubleSpinBox 控件的方法分别如表 8-26 和表 8-27 所示。

表 8-26 QSpinBox 控件的方法

方法及参数类型	说明	方法及参数类型	说明
cleanText()	获取不含前缀和后缀的文本	setPrefix(str)	设置前缀,例如"￥"
displayIntegerBase()	获取整数的进位值	setRange(int,int)	设置允许输入的最小值和最大值
maximum()	获取允许的最大值	setSingleStep(int)	设置微调步长
minimum()	获取允许的最小值	setSuffix(str)	设置后缀符号,例如"km"
prefix()	获取前缀符号	setValue(int)	设置值
setDisplayIntegerBase(int)	设置整数的进位值,例如 2、8、16,表示二进制、八进制、十六进制	singleStep()	获取微调值
setMaximum(int)	设置允许输入的最大值	suffix()	获取后缀符号
setMinimum(int)	设置允许输入的最小值	value()	获取当前的值

表 8-27 QDoubleSpinBox 控件的方法

方法及参数类型	说明	方法及参数类型	说明
cleanText()	获取不含前缀和后缀的文本	setPrefix(str)	设置前缀,例如"￥"
decimals()	获取允许的小数位数	setRange(float,float)	设置允许输入的最小值和最大值
maximum()	获取允许的最大值	setSingleStep(float)	设置微调步长
minimum()	获取允许的最小值	setSuffix(str)	设置后缀符号,例如"km"
prefix()	获取前缀符号	setValue(int)	设置当前值
setDecimals(int)	设置允许的小数位数	singleStep()	获取微调值
setMaximum(float)	设置允许输入的最大值	suffix()	获取后缀符号
setMinimum(float)	设置允许输入的最小值	value()	获取当前的值

3. QSpinBox 和 QDoubleSpinBox 的信号和槽函数

QSpinBox 和 QDoubleSpinBox 的信号和槽函数相同,它们只有一个槽函数 setValue()。当 QSpinBox 和 QDoubleSpinBox 的值发生改变时,都会发射重载型信号 valueChanged(),其中一个带 int(或 float)类型参数,另一个带 str 类型参数。str 型的参数包含前缀和后缀。QSpinBox 和 QDoubleSpinBox 的信号如表 8-28 所示。

表 8-28 QSpinBox 和 QDoubleSpinBox 的信号

信号及参数类型	说明	信号及参数类型	说明
editingFinished()	输入完成,按 Enter 键或失去焦点时发射	valueChanged(str)	数值发生变化时发射
textChanged(str)	文本发生变化时发射	valueChanged(int) valueChanged(float)	数值发生变化时发射

8.2.6 下拉列表框控件

下拉列表框控件提供一个下拉式选项列表供用户选择，它可以最大限度地减少所占窗口的面积。下拉列表框控件的类是 QComboBox。下拉列表框由多行内容构成，如图 8-19 所示，每行除有必要的文字外，还可以设置图标。下拉列表框中的内容可以是程序运行前就确定的内容，也可以是用户临时添加的内容。当单击下拉列表框时，下拉列表框呈展开状态，显示多行选项供用户选择，根据用户选择的内容发射信号，进行不同的动作。通常下拉列表框处于折叠状态，只显示一行当前内容。

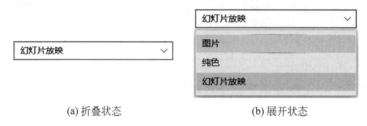

(a) 折叠状态 (b) 展开状态

图 8-19　下拉列表框

1. 创建下拉列表框控件的方式

QComboBox 类的继承关系如图 8-20 所示，它是从 QWidget 类继承而来的。

图 8-20　QComboBox 类的继承关系

可以采用下列方式创建 QComboBox 类的实例对象，其中 parent 是继承自 QWidget 的窗口或容器控件。

`QComboBox(parent = None)`

QComboBox 除了显示可见的文字和图标外，还可以给每行设置一个关联数据，数据类型任意，可以是字符串、文字、图片、类的实例等。通过客户选择的内容，可以读取关联的数据。

2. QComboBox 的方法、信号和槽函数

QComboBox 由一列多行内容构成，每行称为一个 item。QComboBox 的方法主要是有关 item 的方法，可以添加 item、插入 item 和移除 item。如果用 Qt Designer 设计界面，双击 QComboBox 控件，可以为 QComboBox 添加 item。QComboBox 控件的常用方法如表 8-29 所示，主要方法介绍如下。

- 在 QComboBox 控件中添加 item 的方法有 addItem(str[, userData = None])、addItem(QIcon, str[, userData=None])和 addItems(Iterable[str])，前两种只能逐个增加，最后一种可以把一个元素是字符串的迭代序列（列表、元组）加入到 QComboBox 中。前两种在增加 item 时，可以为 item 关联任何类型的数据。

表 8-29　QComboBox 控件的常用方法

方法及参数类型	说　明	方法及参数类型	说　明
addItem(str[,userData=None])	添加 item	setCurrentText(str)	设置当前显示的文本
addItem(QIcon,str[,userData=None])	添加带图标的 item	setEditText(str)	设置编辑文本
addItems(Iterable[str])	用列表、元组等序列添加多个 item，列表、元素等元素类型需为 str	setEditable(bool)	设置是否可编辑
insertItem(int,str[,userData=None])	在索引是 int 处插入 item	setIconSize(QSize)	设置图标的尺寸
insertItem(int,QIcon,str[,userData=None])	在索引是 int 处插入带图标的 item	setInsertPolicy(QComboBox.InsertPolicy)	设置插入 item 的策略
insertItems(int,Iterable[str])	在索引是 int 处插入多个 item	setItemData(int,any[,role=Qt.UserRole])	设置关联数据
removeItem(int)	根据索引 int 移除 item	setItemIcon(int,QIcon)	根据索引设置图标
count()	返回 item 的数量	setItemText(int,str)	根据索引设置文本
currentIndex()	返回当前 item 的索引	setMaxCount(int)	设置 item 的最大数量，超过部分不显示
currentText()	返回当前 item 的文本	setMaxVisibleItems(int)	设置最大显示的 item 数量，超过显示滚动条
iconSize()	返回图标的 Qsize	setMinimumContentsLength(int)	设置子项目显示的最小长度
itemIcon(int)	根据索引 int 获取图标 Qicon	setSizeAdjustPolicy(QComboBox.SizeAdjustPolicy)	设置宽度和高度的调整策略
itemText(int)	根据索引 int 获取 item 的文本	setValidator(QValidator)	设置输入内容的合法性验证
setCurrentIndex(int)	根据索引 int 设置为当前 item	showPopup()/hidePopup()	展开/折叠
currentData(role=Qt.UserRole)	获取当前 item 关联的数据	itemData(int,role=Qt.UserRole)	根据索引获取 item 的关联数据

- 在 QComboBox 控件中插入 item 的方法有 insertItem(int,str[,userData=None])、insertItem(int,QIcon,str[,userData=None]) 和 insertItems(int,Iterable[str])。当插入 item 时，setInsertPolicy(QComboBox.InsertPolicy)方法可以设置插入 item 的位置，其中 QComboBox.InsertPolicy 的取值如表 8-30 所示。

表 8-30 插入 item 的策略

QComboBox.InsertPolicy 的取值	说明
QComboBox.NoInsert	不允许插入 item
QComboBox.InsertAtTop	在顶部插入 item
QComboBox.InsertAtCurrent	在当前位置插入 item
QComboBox.InsertAtBottom	在底部插入 item
QComboBox.InsertAfterCurrent	在当前 item 之后插入 item
QComboBox.InsertBeforeCurrent	在当前 item 之前插入 item
QComboBox.InsertAlphabetically	根据字母顺序插入 item

- 移除 item 的方法是 removeItem(int)，其中 int 是索引值；clear()方法可以清除所有的 item；clearEditText()方法可以清除显示的内容，而不影响 item。
- 通过设置 setEditable(True)，QComboBox 是可编辑状态，可以输入文本，回车后文本将作为 item 插入列表中。
- 在添加和插入 item 时，可以定义关联的数据，另外也可以用 setItemData(int, any[, role=Qt.UserRole])方法为索引号是 int 的 item 追加关联的数据 any，数据类型任意。可以为 item 定义多个关联数据，第 1 个数据的角色值 role ＝ Qt.UserRole(Qt.UserRole 的值为 256)，当追加第 2 个关联的数据时，取 role＝ Qt.UserRole＋1，追加第 3 个时取 role ＝ Qt.UserRole＋2，依次类推。通过 currentData(role ＝ Qt.UserRole+i)或 itemData(int, role ＝ Qt.UserRole+i)方法获取关联的数据，其中 role＝ Qt.UserRole+i 表示第 i 个关联数据的索引，i＝ 0,1,2,…。
- 利用 setSizeAdjustPolicy（QComboBox.SizeAdjustPolicy）方法可以设置 QComboBox 的宽度和高度根据 item 的文字的长度进行调整，其中 QComboBox.SizeAdjustPolicy 可以取 QComboBox.AdjustToContents（根据内容调整）、QComboBox.AdjustToContentsOnFirstShow（根据第 1 次显示的内容调整）或 QComboBox.AdjustToMinimumContentsLengthWithIcon(根据最小长度调整)。

QComboBox 的信号如表 8-31 所示。

表 8-31 QComboBox 的信号

QComboBox 的信号	说明	QComboBox 的信号	说明
activated(str) activated(int)	由用户激活某 item 时发射，而程序激活时不发射。如果两个 item 的名称相同，只发射参数是 int 的信号	currentTextChanged(str)	用户或程序改变当前的 item 的文本时发射信号
		editTextChanged(str)	在可编辑状态下，改变可编辑文本时发射信号
currentIndexChanged(str) currentIndexChanged(int)	用户或程序改变当前的 item 的索引时发射信号	highlighted(str) highlighted(int)	当光标经过列表的 item 时发射信号

QComboBox 的槽函数有 clear()(清空所有的 item)、clearEditText()(只清空可编辑的文字，不影响 item)、setCurrentIndex(int)、setCurrentText(str) 和 setEditText(str)。

3. QComboBox 的应用例子

下面的程序打开图片文件，可以选择用原图片、黑白图片、灰色图片、明亮图片的方式在窗口上显示图片,运行界面如图 8-21 所示。单击"选择图形文件"按钮,弹出打开图片对话框,然后在第 1 个 QComboBox 中选择图片的样式,窗口会进行同步显示。当选择"明亮图片"时,会激活第 2 个 QComboBox,并用其值计算明亮的图片。选择不同的明亮值,窗口图片则同步更新。需要注意的是,这个程序对大图片反应比较慢,因此应打开文件比较小的图片。

图 8-21　QComboBox 实例

```
import sys  #Demo8_11.py
from PyQt5.QtWidgets import (QApplication,QWidget,QPushButton,QLabel,QComboBox,QHBoxLayout,
                             QVBoxLayout,QSpacerItem,QSizePolicy,QFileDialog)
from PyQt5.QtGui import QPainter,QBitmap,QImage,QPixmap,QColor,QIcon
from PyQt5.QtCore import QRect,Qt

class myWindow(QWidget):
    def __init__(self,parent = None):
        super().__init__(parent)
        self.setWindowTitle("QComoBox 例子")
        self.resize(500, 400)
        self.setupUi()           #调用函数
    def setupUi(self):           #建立界面上的控件
        self.pushButton = QPushButton("选择图形文件",self)
        self.label_1 = QLabel("图片显示方式")
        self.label_2 = QLabel("图片明亮度")
        self.comboBox_1 = QComboBox()
        self.comboBox_2 = QComboBox()
        for i in range(160, -220, -20):
            self.comboBox_2.addItem(str(i))

        self.horizontalLayout = QHBoxLayout()   #水平布局控件
        self.horizontalLayout.addWidget(self.pushButton)
        self.horizontalLayout.addWidget(self.label_1)
        self.horizontalLayout.addWidget(self.comboBox_1)
        self.horizontalLayout.addWidget(self.label_2)
        self.horizontalLayout.addWidget(self.comboBox_2)

        self.verticalLayout = QVBoxLayout(self)   #竖直布局控件
```

```python
            spacerItem = QSpacerItem(20, 300, QSizePolicy.Minimum, QSizePolicy.Expanding)
        self.verticalLayout.addItem(spacerItem)
        self.verticalLayout.addLayout(self.horizontalLayout)
        self.comboBox_1.setEnabled(False)
        self.comboBox_2.setEnabled(False)

        self.pushButton.clicked.connect(self.openImage)      #按钮信号与槽函数的关联
    def openImage(self):                                     #按钮的槽函数
        name, filter = QFileDialog.getOpenFileName(self, "选择文件", "d:\\", "图像(*.png *.jpg)")
        if len(name)>0:
            self.comboBox_1.clear()                          #清空 item
            self.image = QImage(name)
            self.bitmap = QBitmap(name).toImage()
            w = self.image.width()
            h = self.image.height()
            self.gray_image = QImage(w,h,QImage.Format_ARGB32)   #创建灰色图片
            self.gray()                        #调用函数,完成灰色图片
            self.bright_image = QImage(w,h,QImage.Format_ARGB32)  #创建明亮图标
            self.bright()                      #调用函数,完成明亮图片
            #添加 item,包含图标和关联数据
            self.comboBox_1.addItem(QIcon(QPixmap().fromImage(self.image)),
                "原始图片", userData = self.image)
            self.comboBox_1.addItem(QIcon(QPixmap().fromImage(self.bitmap)),
                "单色图片", userData = self.bitmap)
            self.comboBox_1.addItem(QIcon(QPixmap().fromImage(self.gray_image)),
                "灰色图片", userData = self.gray_image)
            self.comboBox_1.addItem(QIcon(QPixmap().fromImage(self.bright_image)),
                "明亮图片", userData = self.bright_image)
            self.comboBox_1.setEnabled(True)
            #comboBox 信号与槽的关联
            self.comboBox_1.currentTextChanged[str].connect(self.comboBox_1_changed)
            self.comboBox_2.currentTextChanged[str].connect(self.comboBox_2_changed)
        else:
            self.comboBox_1.setEnabled(False)
            self.comboBox_2.setEnabled(False)
    def gray(self):                            #对图像进行灰度处理
        color = QColor()
        for i in range(1,self.image.width()+1):
            for j in range(1,self.image.height()+1):
                alpha = self.image.pixelColor(i, j).alpha()   #获取像素点 alpha 值
                r = self.image.pixelColor(i, j).red()         #获取像素点红色值
                g = self.image.pixelColor(i, j).green()       #获取像素点绿色值
                b = self.image.pixelColor(i, j).blue()        #获取像素点蓝色值
                averge = int((r+g+b)/3)                       #取平均值
                color.setRgb(averge,averge,averge,alpha)      #设置颜色
                self.gray_image.setPixelColor(i,j,color)      #设置像素点的颜色
    def bright(self):                          #对图像进行明亮处理
        color = QColor()
        delta = 60                                            #RGB 变化的初始值
```

```python
            if self.comboBox_2.isEnabled():
                delta = int(self.comboBox_2.currentText())
            for i in range(1,self.image.width() + 1):
                for j in range(1,self.image.height() + 1):
                    alpha = self.image.pixelColor(i,j).alpha()
                    r = self.image.pixelColor(i, j).red() + delta
                    g = self.image.pixelColor(i, j).green() + delta
                    b = self.image.pixelColor(i, j).blue() + delta
                    if r > 255: r = 255
                    if g > 255: g = 255
                    if b > 255: b = 255
                    if r < 0: r = 0
                    if g < 0: g = 0
                    if b < 0: b = 0
                    color.setRgb(r, g, b, alpha)
                    self.bright_image.setPixelColor(i,j,color)
            self.comboBox_1.setItemData(3,self.bright_image,role = Qt.UserRole)
    def comboBox_1_changed(self,text):      # 槽函数
        if text == "明亮图片":
            self.comboBox_2.setEnabled(True)
            self.bright()                   # 重新生成明亮图片
        else:
            self.comboBox_2.setEnabled(False)
        self.update()                       # 刷新屏幕
    def comboBox_2_changed(self,text):      # 槽函数
        self.bright()                       # 重新生成明亮图片
        self.update()                       # 刷新屏幕
    def paintEvent(self,event):             # 绘制屏幕图片
        if self.comboBox_1.isEnabled():
            rect = QRect(0,0,self.width(),self.height() - 50)
            painter = QPainter(self)
            index = self.comboBox_1.currentIndex()
            painter.drawImage(rect,self.comboBox_1.itemData(index))
if __name__ == '__main__':
    app = QApplication(sys.argv)
    window = myWindow()
    window.show()
    n = app.exec()
    sys.exit(n)
```

8.2.7 字体下拉列表框控件

PyQt5 专门定义了一个字体下拉列表框控件 QFontComboBox,列表内容是操作系统存在的字体,这个控件主要用在工具栏中,用于选择字体。QFontComboBox 继承自 QComboBox,因此具有 QComboBox 的大部分方法。另外 QFontComboBox 也有自己的方法,主要有 setCurrentFont(QFont)(设置当前的字体)、currentFont()(获取当前字体)、setFontFilters(QFontComboBox.FontFilter)(设置字体列表的过滤器),其中字体过滤器可以取 QFontComboBox.AllFonts(显示所有字体)、QFontComboBox.ScalableFonts(显示可缩放字体)、QFontComboBox.NonScalableFonts(显示不可缩放的字体)、QFontComboBox.

MonospacedFonts(显示等宽字体)和 QFontComboBox.ProportionalFonts(显示比例字体)。QFontComboBox 的特有信号为 currentFontChanged(QFont),槽函数为 setCurrentFont(QFont)。

8.2.8 单击按钮控件

QPushButton 按钮是最常用的按钮,单击按钮后通常完成对话框中的"确定""应用""取消"和"帮助"等功能。QPushButton 还可以有右键菜单。

1. 创建单击按钮控件的方式

QPushButton 类的继承关系如图 8-22 所示,它是从 QtWidgets 模块的 QAbstractButton 类继承而来的。

图 8-22 QPushButton 类的继承关系

用 QPushButton 类创建实例对象的方法如下所示,其中 parent 是窗口或者容器类控件,str 是 QPushButton 上显示的文字,QIcon 是图标。

```
QPushButton(parent = None)
QPushButton(str, parent = None)
QPushButton(QIcon, str, parent = None)
```

2. QPushButton 的常用方法、信号和槽函数

QPushButton 的常用方法如表 8-32 所示,其中 setText()可以设置按钮上显示的文字,如果文字中有"&",则"&"后的字母是快捷键,在界面运行时按下 Alt+字母会发射按钮的信号。setMenu()方法可以为按钮设置菜单,setCheckable()方法可以设置按钮是否可以进行标记,如果多个有 checkable 的按钮在同一容器中,且 setAutoExclusive()设置成 True,则只能有一个按钮处于 checked 状态。default 和 autoDefault 属性是在对话框窗口(QDialog)中有多个按钮时,按键盘上的 Enter 键时,发射哪个按钮的信号。设置 default 和 autoDefault 属性时,有下面几种情况:

- 当焦点在某个按钮上时(用 Tab 键切换焦点),按 Enter 键,则发射有焦点的按钮的信号,当前所有按钮的这两个属性值均为 False,且焦点不在任何按钮上,则按 Enter 键时不发射按钮信号。
- 若某个按钮的 default 为 True,其他按钮的 default 为 False,则不管其他按钮的 autoDefault 是否为 True,按 Enter 键时,有 default 的按钮发射信号。
- 当前所有按钮的 default 属性为 False,并且有一些按钮的 autoDefault 属性为 True,当按 Enter 键时第 1 个 autoDefault 的按钮发射信号。
- 当多个按钮的 default 属性为 True 时,按 Enter 键,发射第 1 个 default 为 True 的按钮的信号。以上说的第 1 个按钮是指实例化按钮的顺序,而不是设置 default 或 autoDefault 的顺序。

表 8-32 QPushButton 的方法

QPushButton 方法及参数类型	说　　明
setText(str)	设置按钮上的文字
text()	获取按钮上的文字
setFont(QFont)	设置文字的字体
font()	获取文字的字体
setGeometry(QRect)	设置按钮左上角的位置、宽度和高度
setGeometry(int,int,int,int)	
setAutoDefault(bool)	设置按钮是否是自动默认按钮
autoDefault()	获取按钮是否是自动默认按钮
setDefault(bool)	设置按钮是默认按钮，按 Enter 键时，激发该按钮
isDefault()	获取按钮是否是默认按钮
setPalette(self,QPalette)	设置按钮的调色板
pallette()	获取调色板
setFlat(bool)	设置按钮是否有凸起效果
isFlat()	获取按钮是否有凸起效果
setIcon(QIcon)	设置图标
setIconSize(QSize)	设置图标尺寸
setCursor(QCursor)	设置光标形状
SetMenu(QMenu)	设置关联菜单
menu()	获取快捷菜单
setCheckable()	设置按钮是否可以选中或标记
checkable()	获取按钮是否可以选中或标记
isChecked()	获取是否处于标记切换状态
setAutoRepeat(bool)	设置用户长时间按按钮时，是否可以自动重复执行
autoRepeat()	获取重复单击激活状态，在激活状态下，在时间间隔 interval 内 pressed()、released()、clicked()信号会发射
setEnabled(bool)	设置是否激活，激活时可以接受用户的单击动作
isEnabled()	获取激活状态
setAutoExclusive(bool)	设置自动互斥状态
autoExclusive()	获取自动互斥状态
setAutoRepeatInteral(int)	设置重复执行的时间间隔
autoRepeatInterval()	获取重复执行的时间间隔
setRepeatDelay()	设置重复执行的延迟时间
autoRepeatDelay()	获取重复执行的延迟时间
setDown(bool)	设置是否处于按下状态，按下状态的按钮颜色显示有所不同
down()	获取是否允许按下
isDown()	获取按下状态
animateClick(msecs=100)	按钮会立即被按下(pressed)，并且 msecs(毫秒)时间后释放，如果没有释放则继续调用函数
click()	单击按钮动作
setChecked(bool)	设置按钮是否处于选中或标记状态

QPushButton 控件的信号如表 8-33 所示。QPushButton 的信号 pressed()、released() 和 clicked()的发射是有先后顺序的，当在按钮上按下鼠标左键时，首先发射的是 pressed()

信号;在按钮上松开左键时,先发射 released()信号,再发射 clicked()信号;如果在按钮上按下鼠标左键不放,将光标移开按钮,这时会发射 released()信号,不会再发射 clicked()信号。

表 8-33　QPushButton 的信号

QPushButton 的信号	说　　明
pressed()	当光标在 button 上并单击左键时发射
released()	当鼠标被释放时发射
clicked()	当鼠标首先按下并释放,或者快捷键被触发,或者 click()和 animateClick()被调用时发射
clicked(bool)	
toggled(bool)	在可切换(标记)状态下,按钮状态改变时发射

QPushButton 的槽函数有 click()、setIconSize(Qsize)、showMenu()和 toggle()(切换标记状态)。

8.2.9　命令连接按钮控件

命令连接按钮控件主要用于由多个对话框构成的向导对话框(step by step)中,其外观通常类似于平面按钮,但除了普通按钮文本外,它上面还有功能描述性文本。默认情况下,它还会带有一个向右的箭头图标,如图 8-23 所示,表示按下该控件将打开另一个窗口或页面。

图 8-23　命令连接按钮示例

命令连接按钮的类是 QCommandLinkButton,它是从 QPushButton 类继承来的。用 QCommandLinkButton 类创建示例对象的方法如下,其中 parent 是窗口或者容器类控件,第 1 个 str 是 QCommandLinkButton 上显示的本文,第 2 个 str 是 QCommandLinkButton 上的功能描述性文本。

```
QCommandLinkButton(parent = None)
QCommandLinkButton(str, parent = None)
QCommandLinkButton(str, str, parent = None)
```

QCommandLinkButton 类是从 QPushButton 类继承来的,因此有 QPushButton 的所有方法,如 setText()、text()、setQIcon()、setFlat()。另外,QCommandLinkButton 控件可以设置描述性文本,方法是 setDescription(str),获取描述文本的方法为 description()。QCommandLinkButton 控件的信号和槽函数与 QPushButton 控件的信号和槽函数相同,在此不多叙述。

8.2.10　复选框按钮控件

复选框按钮控件 QCheckBox 通常用于一个选项只有两种状态可选的情况(Checked 和 Unchecked),例如字体是否是粗体、是否有下画线。通过 setTristate()方法设置成 True, QCheckBox 也可以有第 3 种状态,表示不确定的情况(Indeterminate),QCheckBox 控件的 3 种状态的显示方式如图 8-24 所示。另外,同在一个容器中的多个复选框也可以设置互斥性。

图 8-24 QChecBox 控件的 3 种状态和互斥性

1. 创建复选框按钮控件的方式

QCheckBox 类的继承关系如图 8-25 所示,它是从 QtWidgets 模块的 QAbstractButton 类继承而来的。

图 8-25 QCheckBox 类的继承关系

用 QCheckBox 类创建实例对象的方法如下所示,其中 parent 是窗口或者容器类控件,str 是 QCheckBox 上显示的文字。

```
QCheckBox(parent = None)
QCheckBox(str, parent = None)
```

2. QCheckBox 的方法、信号和槽函数

QCheckBox 和 QPushButton 都是从 QAbstractButton 类继承来的,因此 QCheckBox 与 QPushButton 的方法绝大多数是相同的,只有少数几个不同。QCheckBox 的特有方法如表 8-34 所示。

表 8-34 QCheckBox 的特有方法

QCheckBox 的方法及参数类型	说 明
setTristate(on=True)	设置是否有不确定状态
isTristate()	获取是否有不确定状态
setCheckState(Qt.CheckState)	设置当前的选择状态,可以取 Qt.Unchecked、Qt.PartiallyChecked 或 Qt.Checked,分别表示没有选中、不确定和选中状态
checkState()	获取当前的选择状态,返回值有 0、1 和 2,分别表示没有选中、不确定和选中状态
nextCheckState()	设置当前状态的下一个状态

QChechBox 的信号比 QPushButton 的信号多了一个 stateChanged(int) 信号, stateChanged(int) 信号在状态发生变化时都会发射信号,而 toggled(bool) 信号在从不确定状态转向确定状态时不发射信号,其他信号的功能相同。QChechBox 的槽函数与 QPushButton 的槽函数也相同。

8.2.11 单选按钮控件

单选按钮控件 QRadioButton 给用户提供多个选项,一般只能选择一个。在一个容器中如果有多个单选按钮,那么这些按钮一般都是互斥的,选择其中一个单选按钮时,其他按钮都会取消选择。如果只有一个单选按钮时可以通过单击该按钮改变其状态,而存在多个按钮时单击选中的按钮无法改变其状态,只能选择其他单击按钮才能改变其选中状态。

1. 创建单选按钮控件的方式

QRadioButton 类的继承关系如图 8-26 所示,它是从 QtWidgets 模块的 QAbstractButton 类继承而来的。

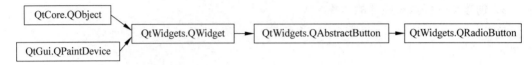

图 8-26　QRadioButton 类的继承关系

用 QRadioButton 类创建实例对象的方法如下所示,其中 parent 是窗口或者容器类控件,str 是 QRadioButton 上显示的文字。

```
QRadioButton(parent = None)
QRadioButton(str, parent = None)
```

2. QRadioButton 的方法、信号和槽函数

QRadioButton 和 QPushButton 都是从 QAbstractButton 类继承来的,因此 QRadioButton 与 QPushButton 的大部分方法相同。QRadioButton 的信号和槽函数与 QCheckBox 的信号和槽函数也相同,在此不多叙述。

3. 按钮综合应用实例

下面创建一个进行字处理的程序,说明按钮控件的使用,程序的界面如图 8-27 所示。程序中用 QPushButton 的下拉菜单选择字体名称,用 3 个 QCheckBox 控件分别选择字体的粗体、斜体和下画线,用 3 个 QRadioButton 控件确定对齐方式,用 QComboBox 控件选择字体尺寸,用 QTextEdit 作为输入/输出文字的控件。程序中 QPushButton 控件上添加菜单需要用 setMenu()方法,需要用 QMenu 类提前定义菜单实例,菜单的每个子菜单需要定义动作 QAction,并需要将动作的 triggered 事件与槽函数关联。我们在 9.2 节中还会详细介绍 QMenu 和 QAction 的使用方法。

图 8-27　按钮实例界面

```
import sys    #Demo8_12.py
from PyQt5.QtWidgets import (QApplication,QWidget,QPushButton,QComboBox,QTextEdit,
```

```python
                        QCheckBox,QRadioButton, QVBoxLayout,QHBoxLayout,QAction,QMenu)
from PyQt5.QtCore import Qt

class myWindow(QWidget):
    def __init__(self,parent = None):
        super().__init__(parent)
        self.setWindowTitle("按钮综合例子")
        self.resize(500, 400)
        self.setupUi()        # 调用函数,建立界面上的控件
        self.pushMenu()       # 调用函数, 为 pushButton 创建菜单
    def setupUi(self):        # 建立界面上的控件
        self.pushButton = QPushButton("选择字体",self)
        self.checkBox_bold = QCheckBox("粗体",self)
        self.checkBox_italic = QCheckBox("斜体",self)
        self.checkBox_underline = QCheckBox("下画线",self)
        self.radioButton_left = QRadioButton("左对齐",self)
        self.radioButton_center = QRadioButton("居中",self)
        self.radioButton_right = QRadioButton("右对齐",self)
        self.comboBox = QComboBox(self)
        for i in range(4,30,2):
            self.comboBox.addItem(str(i))
        self.comboBox.setEditable(True)
        self.comboBox.setFixedWidth(100)
        self.comboBox.setCurrentText("选择字体尺寸")
        self.plainText = QTextEdit("很高兴认识你,Nice to meet you!",self)

        self.checkBox_bold.toggled.connect(self.bold)                   # 信号与槽的连接
        self.checkBox_italic.toggled.connect(self.italic)               # 信号与槽的连接
        self.checkBox_underline.toggled.connect(self.underline)         # 信号与槽的连接
        self.radioButton_left.toggled.connect(self.left)                # 信号与槽的连接
        self.radioButton_center.toggled.connect(self.center)            # 信号与槽的连接
        self.radioButton_right.toggled.connect(self.right)              # 信号与槽的连接
        self.comboBox.currentTextChanged.connect(self.font_size)        # 信号与槽的连接

        self.horizontalLayout = QHBoxLayout()                           # 水平布局控件
        self.horizontalLayout.addWidget(self.pushButton)
        self.horizontalLayout.addWidget(self.checkBox_bold)
        self.horizontalLayout.addWidget(self.checkBox_italic)
        self.horizontalLayout.addWidget(self.checkBox_underline)
        self.horizontalLayout.addWidget(self.radioButton_left)
        self.horizontalLayout.addWidget(self.radioButton_center)
        self.horizontalLayout.addWidget(self.radioButton_right)
        self.horizontalLayout.addWidget(self.comboBox)

        self.verticalLayout = QVBoxLayout(self)                         # 竖直布局控件
        self.verticalLayout.addWidget(self.plainText)
        self.verticalLayout.addLayout(self.horizontalLayout)
    def pushMenu(self):                                                 # 按钮中添加菜单
        self.action_song = QAction("宋体")                              # 定义动作
```

```python
        self.action_hei = QAction("黑体")                          # 定义动作
        self.action_kai = QAction("楷体")                          # 定义动作
        self.action_hua = QAction("华文彩云")                       # 定义动作

        self.action_song.triggered.connect(self.family_song)       # 动作与函数的连接
        self.action_hei.triggered.connect(self.family_hei)         # 动作与函数的连接
        self.action_kai.triggered.connect(self.family_kai)         # 动作与函数的连接
        self.action_hua.triggered.connect(self.family_hua)         # 动作与函数的连接

        self.menu = QMenu(self)                                    # 定义菜单
        self.menu.addAction(self.action_song)                      # 菜单中添加动作
        self.menu.addAction(self.action_hei)                       # 菜单中添加动作
        self.menu.addAction(self.action_kai)                       # 菜单中添加动作
        self.menu.addAction(self.action_hua)                       # 菜单中添加动作

        self.pushButton.setMenu(self.menu)                         # 按钮中添加菜单
    def bold(self,checked):                                        # 粗体
        font = self.plainText.font()
        font.setBold(checked)
        self.plainText.setFont(font)
    def italic(self,checked):                                      # 斜体
        font = self.plainText.font()
        font.setItalic(checked)
        self.plainText.setFont(font)
    def underline(self,checked):                                   # 下画线
        font = self.plainText.font()
        font.setUnderline(checked)
        self.plainText.setFont(font)
    def left(self,checked):                                        # 左对齐
        if checked:
            self.plainText.setAlignment(Qt.AlignLeft)
            def center(self,checked):                              # 居中
        if checked:
            self.plainText.setAlignment(Qt.AlignCenter)
            def right(self,checked):                               # 右对齐
        if checked:
            self.plainText.setAlignment(Qt.AlignRight)
    def font_size(self,text):                                      # 字体大小
        font = self.plainText.font()
        font.setPointSize(int(text))
        self.plainText.setFont(font)
    def family_song(self):                                         # 宋体字
        font = self.plainText.font()
        font.setFamily("宋体")
        self.plainText.setFont(font)
        self.pushButton.setText("宋体")
    def family_hei(self): # 黑体字
        font = self.plainText.font()
        font.setFamily("黑体")
```

```
            self.plainText.setFont(font)
            self.pushButton.setText("黑体")
        def family_kai(self):            #楷体字
            font = self.plainText.font()
            font.setFamily("楷体")
            self.plainText.setFont(font)
            self.pushButton.setText("楷体")
        def family_hua(self):            #华文彩云字
            font = self.plainText.font()
            font.setFamily("华文彩云")
            self.plainText.setFont(font)
            self.pushButton.setText("华文彩云")
    if __name__ == '__main__':
        app = QApplication(sys.argv)
        window = myWindow()
        window.show()
        sys.exit(app.exec())
```

8.2.12　滚动条和滑块控件

滚动条控件 QScrollBar 和滑块控件 QSlider 用于输入整数，通过滚动条和滑块的位置来确定控件输入的值。滚动条和滑块控件的外观如图 8-28 所示，这两个控件都有水平和竖直两种样式。这两个控件的功能相似，外观有所不同，QScrollBar 两端有箭头，而 QSlider 没有，QSlider 可以设置刻度。

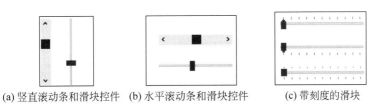

(a) 竖直滚动条和滑块控件　(b) 水平滚动条和滑块控件　(c) 带刻度的滑块

图 8-28　滚动条控件和滑块控件

1. 创建滚动条和滑块控件的方式

QScrollBar 和 QSlider 类的继承关系如图 8-29 所示，它们都是继承于 QtWidgets 模块的抽象类 QAbstractSlider，并且都继承了 QAbstractSlider 的方法、信号和槽函数。

图 8-29　QScrollBar 和 QSlider 类的继承关系

用 QScrollBar 类实例化对象的方法如下所示，其中 parent 是窗口或者容器类控件，Qt. Orientation 可以取 Qt. Horizontal 和 Qt. Vertical，表示水平和竖直。

```
QScrollBar(parent = None)
QScrollBar(Qt.Orientation, parent = None)
```

```
QSlider(parent = None)
QSlider(Qt.Orientation, parent = None)
```

2. QScrollBar 和 QSlider 的常用方法、信号和槽函数

QScrollBar 和 QSlider 都从 QAbstractSlider 类继承而来，因此多数方法是相同的。QScrollBar 和 QSlider 的常用方法如表 8-35 所示，主要方法介绍如下。

- 滑块的位置可以通过 setMaximum() 和 setMinimum() 方法来设置，也可以用 setRange() 方法来设置；滑块的当前值可以通过 setValue() 方法和 setPosition() 方法来设置，通过 value() 方法可以获取当前的值。
- 要改变滑块的位置或值，可以用鼠标拖动滑块的位置或单击两端的箭头，如果焦点在控件上，还可以通过键盘上的左右箭头来控制，这时值的增加或减少的步长由 setSingleStep() 方法来设置。另外还可以单击滑块的滑行轨道，或者用键盘上的 PageUp 和 PageDown 键来改变值，这时值的增加或减少的步长由 setPageStep() 方法来设置。在 Windows 系统中，光标移动到 slider 上使用滚轮操作时的默认步长是 min(3 * singleStep, pageStep)。另外，setInvertedControls() 方法可以使键盘上的 PageUP 和 PageDown 键的作用反向。如果用键盘来移动滑块的位置，QScrollBar 控件默认是不获得焦点的，可以通过 setFocusPolicy(Qt.FocusPolicy) 方法设置其能获得焦点，例如 Qt.FocusPolicy 取 Qt.ClickFocus 可以通过鼠标单击获得焦点，取 Qt.TabFocus 可以通过按 Tab 键获得焦点。
- 当设置 setTracking() 为 False 时，用鼠标拖动滑块连续移动时（鼠标按住不松开），控件不发射 valueChanged 信号。
- QSlider 可以设置刻度，方法是 setTickInterval(int)，其中参数 int 是刻度间距，用 tickInterval() 方法可以获取刻度间距值，用 setTickPosition(QSlider.TickPosition) 方法可以设置刻度的位置，用 tickPosition() 方法获取刻度位置，其中 QSlider.TickPosition 可以取 QSlider.NoTicks、QSlider.TicksBothSides、QSlider.TicksAbove、QSlider.TicksBelow、QSlider.TicksLeft 和 QSlider.TicksRight。

表 8-35　QScrollBar 和 QSlider 的常用方法

方法及参数类型	说明	方法及参数类型	说明
setOrientation (Qt.Orientation)	设置水平或竖直方向	pageStep()	获取单击滑块区域，控件值的变化量
orientation()	获取方向	setRange(int, int)	设置最小值和最大值
setInvertedAppearance (bool)	设置几何外观左右或上下颠倒	setSingleStep(int)	设置单击两端的箭头或拖动滑块时，控件值的变化量
invertedAppearance()	获取几何外观是否颠倒	singleStep()	获取单击两端的箭头或拖动滑块时，控件值的变化量
setInvertedControls(bool)	设置键盘上 PageUP 和 PageDown 键是否进行逆向控制	setSliderDown(bool)	设置滑块是否被按下，该值的设置会影响 isSliderDown 的返回值

续表

方法及参数类型	说明	方法及参数类型	说明
invertedControls()	获取是否进行逆向控制	isSliderDown()	用鼠标移动滑块时,返回 True；单击两端的箭头或滑动区域时,返回 False
setMaximum(int)	设置最大值	setSliderPosition(int)	设置滑块的位置
maximum()	获取最大值	sliderPosition()	获取滚动条的位置
setMinimum(int)	设置最小值	setTracking(bool)	设置是否追踪滑块的连续变化
minimum()	获取最小值	setValue(int)	设置滑块的值
setPageStep(int)	设置通过鼠标每次单击滑动区域,控件值的变化量	value()	获取滑块的值

QScrollBar 和 QSlider 的信号如表 8-36 所示,最常用的信号是 valueChanged。actionTriggered 信号在用户用鼠标或键盘键改变滑块位置时发射,根据改变方式的不同,信号的参数值也不同。例如,单击两端的箭头改变滑块位置,参数的值是 1 和 2；如果单击滑块的轨道改变滑块位置,参数的值是 3 和 4；如果拖动滑块,参数的值是 7。

表 8-36　QScrollBar 和 QSlider 的信号和槽函数

信号及参数类型	说明
actionTriggered(int)	当用鼠标改变滑块位置时发射信号,参数 int 根据改变方式的不同也会不同
rangeChanged(int,int)	当最小值和最大值发生变化时发射信号
sliderMoved(int)	当滑块移动时发射信号
sliderPressed()	当按下滑块时发射信号
sliderReleased()	当释放滑块时发射信号
valueChanged(int)	当值发生变化时发射信号

QScrollBar 和 QSlider 的槽函数有 setOrientation(Qt.Orientation)、setRange(int,int) 和 setValue(int)。

3. QScrollBar 和 QSlider 的应用实例

下面的程序对输入文字的颜色和背景色进行编辑,界面如图 8-30 所示。输入文字后,选中文字,然后拖动滚动条改变文字的颜色,拖动滑块改变文字的背景色。

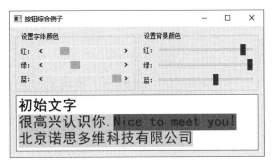

图 8-30　QScrollBar 和 QSlider 实例的界面

```python
import sys  #Demo8_13.py
from PyQt5.QtWidgets import (QApplication,QWidget,QTextEdit,QLabel,QScrollBar,QSlider,
                    QVBoxLayout,QHBoxLayout,QGroupBox,QGridLayout)
from PyQt5.QtGui import QFont,QColor
from PyQt5.QtCore import Qt

class myWindow(QWidget):
    def __init__(self,parent = None):
        super().__init__(parent)
        self.setWindowTitle("按钮综合例子")
        self.resize(500, 400)
        self.setupUi()              #调用函数,建立界面上的控件
        self.text_color()           #初始化文本输入框的文字颜色
        self.background_color()     #初始化文本输入框的文字背景色
        self.textEdit.append("很高兴认识你.Nice to meet you!")
    def setupUi(self):              #建立界面上的控件
        self.groupBox_1 = QGroupBox("设置字体颜色",self)    #容器控件
        self.groupBox_1.setMinimumWidth(200)
        self.label_r1 = QLabel("红：", self.groupBox_1)
        self.label_g1 = QLabel("绿：", self.groupBox_1)
        self.label_b1 = QLabel("蓝：", self.groupBox_1)
        self.scrollBar_r = QScrollBar(Qt.Horizontal,self.groupBox_1)
        self.scrollBar_r.setMinimumWidth(180)
        self.scrollBar_r.setRange(0,255)
        self.scrollBar_g = QScrollBar(Qt.Horizontal,self.groupBox_1)
        self.scrollBar_g.setRange(0, 255)
        self.scrollBar_b = QScrollBar(Qt.Horizontal,self.groupBox_1)
        self.scrollBar_b.setRange(0, 255)

        self.gridLayout_1 = QGridLayout(self.groupBox_1)    #格栅布局
        self.gridLayout_1.addWidget(self.label_r1,0,0)
        self.gridLayout_1.addWidget(self.scrollBar_r, 0, 1)
        self.gridLayout_1.addWidget(self.label_g1,1,0)
        self.gridLayout_1.addWidget(self.scrollBar_g, 1, 1)
        self.gridLayout_1.addWidget(self.label_b1,2,0)
        self.gridLayout_1.addWidget(self.scrollBar_b, 2, 1)

        self.groupBox_2 = QGroupBox("设置背景颜色",self)    #容器控件
        self.label_r2 = QLabel("红：", self.groupBox_2)
        self.label_g2 = QLabel("绿：", self.groupBox_2)
        self.label_b2 = QLabel("蓝：", self.groupBox_2)
        self.slider_r = QSlider(Qt.Horizontal,self.groupBox_1)
        self.slider_r.setRange(0,255)
        self.slider_r.setValue(200)
        self.slider_g = QSlider(Qt.Horizontal,self.groupBox_1)
        self.slider_g.setRange(0, 255)
        self.slider_g.setValue(200)
        self.slider_b = QSlider(Qt.Horizontal,self.groupBox_1)
        self.slider_b.setRange(0, 255)
```

```
            self.slider_b.setValue(200)

            self.gridLayout_2 = QGridLayout(self.groupBox_2)            #格栅布局
            self.gridLayout_2.addWidget(self.label_r2,0,0)
            self.gridLayout_2.addWidget(self.slider_r, 0, 1)
            self.gridLayout_2.addWidget(self.label_g2,1,0)
            self.gridLayout_2.addWidget(self.slider_g, 1, 1)
            self.gridLayout_2.addWidget(self.label_b2,2,0)
            self.gridLayout_2.addWidget(self.slider_b, 2, 1)

            self.hboxlayout = QHBoxLayout()                             #水平布局
            self.hboxlayout.addWidget(self.groupBox_1)
            self.hboxlayout.addWidget(self.groupBox_2)

            font = QFont("黑体",pointSize = 20)
            self.textEdit = QTextEdit("初始文字")
            self.textEdit.setFont(font)

            self.vboxlayout = QVBoxLayout(self)                         #竖直布局
            self.vboxlayout.addLayout(self.hboxlayout)
            self.vboxlayout.addWidget(self.textEdit)

            self.scrollBar_r.valueChanged.connect(self.text_color)      #信号与槽的关联
            self.scrollBar_g.valueChanged.connect(self.text_color)      #信号与槽的关联
            self.scrollBar_b.valueChanged.connect(self.text_color)      #信号与槽的关联
            self.slider_r.valueChanged.connect(self.background_color)   #信号与槽的关联
            self.slider_g.valueChanged.connect(self.background_color)   #信号与槽的关联
            self.slider_b.valueChanged.connect(self.background_color)   #信号与槽的关联
        def text_color(self):    #文字颜色
            color = QColor(self.scrollBar_r.value(),self.scrollBar_g.value(),self.scrollBar_b.value())
            self.textEdit.setTextColor(color)                           #设置文字颜色
        def background_color(self):    #文字背景色
            color = QColor(self.slider_r.value(),self.slider_g.value(),self.slider_b.value())
            self.textEdit.setTextBackgroundColor(color)                 #设置文字背景颜色
if __name__ == '__main__':
    app = QApplication(sys.argv)
    window = myWindow()
    window.show()
    n = app.exec()
    sys.exit(n)
```

8.2.13 进度条控件

进度条 QProgressBar 控件通常用来显示一项任务完成的进度,例如复制文件、导出数据的进度。进度条的外观如图 8-31 所示。

图 8-31　进度条的外观

1. 创建进度条控件的方式

进度条 QProgressBar 的继承关系如图 8-32 所示，它是从 QtWidgets 模块的 QWidget 类继承而来的。

图 8-32　QProgressBar 类的继承关系

用 QProgessBar 类实例化对象的方法如下所示，其中 parent 是窗口或者容器类控件。

```
QProgressBar(parent = None)
```

2. QScrollBar 控件的常用方法、信号和槽函数

QScrollBar 控件的常用方法如表 8-37 所示，主要方法介绍如下。

- 设置进度条的最小值可以用 setRange(int,int)方法，也可以用 setMinimum(int)和 setMaximum(int)方法；设置当前值用 setValue(int)方法；获取当前值用 value()方法；reset()方法可以清空进度，重新回到初始位置。当不知道总的工作量，或工作量还无法估计时，可以设置进度条的最大值和最小值都是 0，进度条显示繁忙指示，不会显示当前的值。
- setOrientation(Qt.Orientation)方法可以设置进度条的方向，参数 Qt.Orientation 可以取 Qt.Horizontal 和 Qt.Vertical；setTextDirection(QProgressBar.Direction)方法可以设置进度条上文本的方向，参数 QProgressBar.Direction 可以取 QtProgressBar.TopToBottom 和 QtProgressBar.BottomToTop，分别表示文本顺时针旋转 90°和逆时针旋转 90°。设置文本在进度条上的位置可以用 setAlignment(Qt.Alignment)方法，如果 Qt.Alignment 取 Qt.AlignHCenter,文本将会放置到进度条的中间。
- setFormat(str)方法设置显示的文字，在文字中%p%表示百分比值，%v 表示当前值，%m 表示总数，默认显示的是%p%，例如 setFormat("当前步数%v/总步数%m,%p%")；获取文本格式用 format()方法；获取格式化的文本用 text()方法。

表 8-37　QScrollBar 控件的常用方法

QScrollBar 的方法及参数类型	说　　明
alignment()	获取文本对齐方式
format()	获取格式
invertedAppearance()	获取外观是否反转
isTextVisible()	获取文本是否可见

续表

QScrollBar 的方法及参数类型	说 明
maximum()	获取最大值
minimum()	获取最小值
orientation()	获取方向
resetFormat()	重置文本格式
setAlignment(Qt.Alignment)	设置文本对齐方式
setFormat(str)	设置文本的格式
setInvertedAppearance(bool)	设置外观是否反转
setTextDirection(QProgressBar.Direction)	设置进度条文本的方向
setTextVisible(bool)	设置进度条文本是否可见
textDirection()	获取文本的方向
value()	获取当前值
text()	获取文本
reset()	重置进度条,返回初始位置
setMaximum(int)	设置最大值
setMinimum(int)	设置最小值
setOrientation(Qt.Orientation)	设置方向
setRange(int,int)	设置范围(最小值和最大值)
setValue(int)	设置当前值

QScrollBar 控件只有一个信号 valueChanged,当值发生变化时发射该信号。

QScrollBar 控件的槽函数有 setMaximum(int)、setMinimum(int)、reset()、setOrientation(Qt.Orientation)、setRange(int,int)和 setValue(int)。

8.3 容器控件及用法

容器类控件不能输入或输出数据,通常作为常用控件的载体,将常用控件"放置"到容器控件上。容器控件对放到其上的控件进行管理,并成为控件的父控件。常用的容器控件如表 8-38 所示,本节介绍前 6 个容器控件,其他容器控件在后续的章节中介绍。

表 8-38 PyQt5 中的容器控件

容器控件类	Qt Designer 的图标	中文名
QGroupBox	Group Box	分组框
QScrollArea	Scroll Area	滚动区
QTabWidget	Tab Widget	切换卡
QStackedWidget	Stacked Widget	控件栈
QToolBox	Tool Box	工具箱

续表

容器控件类	Qt Designer 的图标	中文名
QFrame	Frame	框架
QWidget	Widget	容器窗口
QMdiArea	MDI Area	多文档区
QDockWidget	Dock Widget	停靠窗口
QAxWidget	QAxWidget	插件窗口

8.3.1 分组框控件

分组框控件 QGroupBox 通常是其他控件的容器,将一组意义相同或者一组互斥的 QRadioButton 控件放到 QGroupBox 中。QGroupBox 通常带有一个边框和一个标题栏,标题栏上可以有选中项,标题栏可以放到左边、中间或右边,如图 8-33 所示。布局时 QGroupBox 可用作一组控件的容器,内部使用布局控件(如 QBoxLayout)进行布局。

图 8-33　分组框控件

1. 创建分组框的方式

分组框 QGroupBox 的继承关系如图 8-34 所示,它是从 QtWidgets 模块的 QWidget 类继承而来的。

图 8-34　QGroupBox 类的继承关系

用 QGroupBox 类实例化对象的方法如下所示,其中 parent 是窗口或者容器类控件,str 是控件上显示的文字。

```
QGroupBox(parent = None)
QGroupBox(str, parent = None)
```

2. 分组框的常用方法、信号和槽函数

分组框的常用方法如表 8-39 所示。用 setTitle(str)方法可以设置分组框的标题名称;用 title()方法可以获取标题名称;用 setCheckable(bool)方法可以设置标题栏上是否有选中项;用 setAlignment(Q. Alignment)方法可以设置标题栏的位置,其中参数 Qt. Alignment 可以取 Qt. AlignLeft、Qt. AlignHCenter 或 Qt. AlignRight,分别表示把标题栏放到左边、中间和右边;用 setGeometry(QRect)方法可以设置分组框在父容器中的位置和宽度、高度;用 resize(QSize)方法设置分组框的宽度和高度。

表 8-39　分组框的常用方法

方法及参数类型	说　　明	方法及参数类型	说　　明
setFlat(bool)	设置是否处于扁平状态	setAlignment(Qt.Alignment)	设置标题栏的位置
isFlat()	获取是否处于扁平状态	alignment()	获取标题栏的位置
setCheckable(bool)	设置标题栏上是否有选中项	setTitle(str)	设置标题栏的名称
isCheckable()	获取标题栏上是否有选中项	title()	获取标题栏的名称
setChecked(boo)	设置选中项是否处于选中状态	setGeometry(QRect) setGeometry(int,int,int,int)	设置分组框在父容器中的位置和宽度、高度
isChecked()	获取选中项是否处于选中状态	resize(QSize) resize(int,int)	设置分组框宽度和高度

分组框控件的信号有 clicked()、clicked(bool) 和 toggled(bool)，主要的信号是有选中项时，切换选中状态时的信号 toggled(bool)。分组框控件的槽函数为 setChecked(bool)。

创建分组框控件后，如果要往分组框中添加其他控件，可以在创建控件对象时将其 parent 参数设置成 QGroupBox 的实例对象，或者用控件的 setParent() 方法设置控件所在的容器，例如下面的代码。对其他容器类控件，要把控件添加到该容器类控件中，操作方法相同。

```
self.groupBox = QGroupBox('科目选择',self)           ♯ 创建分组框
self.checkBox_1 = QCheckBox("语文",self.groupBox)   ♯ 创建复选框,同时以分组框为父容器
self.checkBox_2 = QCheckBox("数学")                 ♯ 创建复选框
self.checkBox_2.setParent(self.groupBox)            ♯ 设置复选框的父容器
```

8.3.2　滚动区控件

滚动区控件 QScrollArea 作为其他控件的容器，当其内部的控件超过滚动区的大小时，滚动区自动提供水平或竖直滚动条，通过拖动滚动条的位置，用户可以看到内部所有控件的内容。例如在滚动区中放置 QLabel 控件，用 QLabel 控件显示图片，当 QLabel 显示的图片超过 QScrollArea 的限制时，通过拖动滚动条可以看到被挡住的图片。

1. 创建滚动区控件的方式

滚动区 QScrollArea 类的继承关系如图 8-35 所示，它是从 QtWidgets 模块的抽象类 QAbstractScrollArea 继承而来的。

图 8-35　QScrollArea 类的继承关系

用 QScrollArea 类实例化对象的方法如下所示,其中 parent 是窗口或者容器类控件。

```
QScrollArea(parent = None)
```

2. 滚动区控件的常用方法

滚动区控件的常用方法如表 8-40 所示,主要方法介绍如下。

- 必须用 setWidget(QWidget)方法将控件设置成可滚动显示的控件,如果该控件移出了滚动区控件的窗口,才能用滚动条移动控件。
- 用 setAlignment(Qt. Alignment)方法设置 QScorllArea 内部控件的对齐方式,其中参数 Qt. Alignment 可以取 Qt. AlignCenter、Qt. AlignLeft、Qt. AlignHCenter、Qt. AlignRight、Qt. AlignTop、Qt. AlignVCenter 和 Qt. AlignBottom。
- 用 setHorizontalScrollBarPolicy(Qt. ScrollBarPolicy)方法和 setVerticalScrollBarPolicy(Qt. ScrollBarPolicy)方法设置水平滚动条和竖直滚动条出现的策略,其中参数 Qt. ScrollBarPolicy 可以取 Qt. ScrollBarAsNeeded(根据情况自动决定何时出现滚动条)、Qt. ScrollBarAlwaysOff(从不出现滚动条)和 Qt. ScrollBarAlwaysOn(一直出现滚动条)。
- ensureVisible(x,y[,xmargin=50[,ymargin=50]])方法和 ensureWidgetVisible(childWidget[,xmargin=50 [,ymargin=50]])方法可以确保在某个点或某个控件是可见的,如果无法使其可见时,将会使距其最近的有效点可见。当点或控件可见时,点或控件距离边界的位置是 xmargin 和 ymargin。

表 8-40 滚动区控件的常用方法

方法及参数类型	说 明
setAlignment(Qt. Alignment)	设置内部控件在滚动区的对齐位置
alignment()	返回内部控件在滚动区的对齐位置
ensureVisible(x,y[,xmargin=50[,ymargin=50]])	自动移动滚动条的位置,确保(x,y)像素点是可见的,可见时,距离边的距离是 xmargin 和 ymargin,默认距离是 50 个像素
ensureWidgetVisible(childWidget[,xmargin=50 [,ymargin=50]])	自动移动滚动条的位置,确保控件 childWidget 是可见的
setWidget(QWidget)	将某个控件设置成可滚动显示的控件
widget()	获取可滚动显示的控件
setWidgetResizable(bool)	设置内部控件可调节尺寸,尽量不显示滚动条
widgetResizable()	获取内部控件是否可以调节尺寸
setHorizontalScrollBarPolicy(Qt. ScrollBarPolicy)	设置竖直滚动条的显示策略
setVerticalScrollBarPolicy(Qt. ScrollBarPolicy)	设置水平滚动条的显示策略

滚动区控件只有从 QWidget 继承的信号和槽函数,没有自己单独的信号和槽函数。

3. 滚动区控件的应用实例

下面的程序在窗口中放置 QScrollArea 控件,在 QScrollArea 控件中放置 QLabel,在 QLabel 中显示图片,初始时刻使(150,100)点可见。QLabel 的对齐方式是 Qt. Center。当放大窗口时,滚动条消失,图片居中显示。程序运行时的界面如图 8-36 所示。

(a) 初始界面　　　　　　　　　　　(b) 放大窗口

图 8-36　滚动区控件的实例界面

```python
import sys  # Demo8_14.py
from PyQt5.QtWidgets import QApplication,QWidget,QLabel,QHBoxLayout,QScrollArea
from PyQt5.QtGui import QPixmap
from PyQt5.QtCore import Qt

class myWindow(QWidget):
    def __init__(self,parent = None):
        super().__init__(parent)
        self.setupUi()
    def setupUi(self):     # 建立界面上的控件
        self.scroArea = QScrollArea(self)
        label = QLabel(self.scroArea)
        pix = QPixmap("d:\\python\\pic.jpg")
        label.resize(pix.width(), pix.height())     # 设置标签的宽度和高度
        label.setPixmap(pix)
        self.scroArea.setWidget(label)              # 设置可滚动显示的控件
        self.scroArea.setAlignment(Qt.AlignCenter)  # 设置对齐方式
        self.scroArea.ensureVisible(150,100)        # 设置可见点
        self.scroArea.setHorizontalScrollBarPolicy(Qt.ScrollBarAsNeeded)   # 设置滚动条的
                                                                           # 显示策略
        self.scroArea.setVerticalScrollBarPolicy(Qt.ScrollBarAsNeeded)     # 设置滚动条的
                                                                           # 显示策略

        self.h = QHBoxLayout(self)  # 布局
        self.h.addWidget(self.scroArea)
if __name__ == '__main__':
    app = QApplication(sys.argv)
    window = myWindow()
    window.show()
    n = app.exec()
    sys.exit(n)
```

8.3.3 切换卡控件

切换卡控件 QTabWidget 由多页卡片构成，每页卡片就是一个窗口（QWidget），可以将不同的控件放到不同的卡片上，这样可以节省界面资源。切换卡控件的实例如图 8-37 所示。

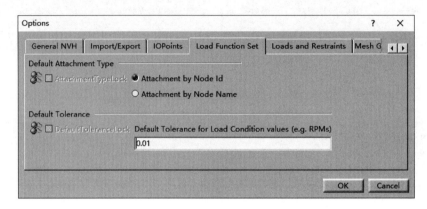

图 8-37 切换卡控件

1. 创建切换卡控件的方式

切换卡控件继承自 QWidget，用 QTabWidget 类实例化对象的方法如下所示，其中 parent 是窗口或者容器类控件。

```
QTabWidget(parent = None)
```

2. 切换卡的方法、信号和槽函数

切换卡的常用方法如表 8-41 所示，主要方法介绍如下。

- 切换卡的每页卡片都是一个窗口（QWidget）或者从 QWidget 继承的可视化子类，因此添加卡片时，需要实例化的 QWidget。QTabWidget 添加卡片的方法是 addTab（QWidget,str）和 addTab（QWidget,QIcon,str），其中 QWidget 是继承自 QWidget 的实例，str 是卡片的名称，QIcon 是卡片的图标，多个卡片的索引从 0 开始。在某个位置插入卡片用 insertTab（int,QWidget,str）和 insertTab（int,QWidget,QIcon,str）方法，删除所有卡片用 clear（）方法，删除索引号是 int 的卡片用 tabRemoved（int）方法，卡片标题可以用 setTabText（int,str）方法设置，其中参数 int 是卡片的索引。
- 卡片标题栏的位置可以放到上下左右，卡片标题（bar）的位置用 setTabPosition（QTabWidget.TabPosition）方法定义，其中参数 QTabWidget.TabPosition 可以取 QTabWidget.North、QTabWidget.South、QTabWidget.East 和 QTabWidget.West，分别表示上、下、右和左。标题栏的位置如图 8-38 所示，可以用 tabPosition（）方法获取标题栏的位置。

表 8-41　QTabWidget 的常用方法

方法及参数类型	说　　明
addTab(QWidget,str)	在末尾添加新卡片
addTab(QWidget,QIcon,str)	在末尾添加新卡片
widget(int)	获取索引值是 int 的卡片的窗口
clear()	清空所有卡片
count()	获取卡片数量
indexOf(QWidget)	获取窗口对应的卡片索引号
removeTab(int)	获取卡片之间是否可以交换位置
setCornerWidget(QWidget,Qt.Corner)	在角上设置控件
cornerWidget(Qt.Corner)	获取角位置处的控件
setCurrentIndex(int)	将索引是 int 的卡片设置成当前卡片
currentIndex()	获取当前卡片的索引号
setCurrentWidget(QWidget)	将窗口是 Qwidget 的卡片设置成当前卡片
currentWidget()	获取当前卡片的窗口
setDocumentMode(bool)	设置卡片是否为文档模式
documentMode()	获取卡片是否为文档模式
setElideMode(Qt.TextElideMode)	设置卡片标题是否为省略模式
elideMode()	获取卡片标题是否可以用省略形式
setIconSize(QSize)	设置卡片图标的尺寸
iconSize()	获取图标的尺寸
setMovable(bool)	设置卡片之间是否可以交换位置
isMovable()	获取卡片是否有关闭标识
setTabBar(QTabBar)	设置卡片标题
tabBar()	获取卡片标题对象
insertTab(int,QWidget,str)	在索引 int 处插入卡片
insertTab(int,QWidget,QIcon,str)	在索引 int 处插入卡片
setTabBarAutoHide(bool)	设置卡片标题是否是自动隐藏
tabBarAutoHide()	获取标题是否可以自动隐藏
setTabEnabled(int,bool)	设置是否将索引是 int 的卡片激活
isTabEnabled(int)	获取索引是 int 的卡片是否激活
setTabIcon(int,QIcon)	设置索引是 int 的卡片的图标
tabIcon(index)	获取索引是 int 的卡片的图标
setTabPosition(QTabWidget.TabPosition)	设置标题的位置
tabPosition()	获取标题的位置
setTabShape(QTabWidget.TabShape)	设置标题的形状
tabShape()	获取卡片标题的形状
setTabText(int,str)	设置索引是 int 的卡片的标题的名称
tabText(int)	获取卡片标题的名称
setTabToolTip(int,str)	设置索引是 int 的卡片的提示信息

续表

方法及参数类型	说　明
tabToolTip(int)	获取卡片的提示信息
setVisible(bool)	设置切换卡是否显示
setTabsClosable(bool)	设置卡片标题上是否有关闭标识
tabsClosable()	获取卡片是否可以关闭
setUsesScrollButtons(bool)	设置是否可以有滚动条按钮
usesScrollButtons()	获取是否可以用滚动条
tabRemoved(int)	删除索引号是 int 的卡片

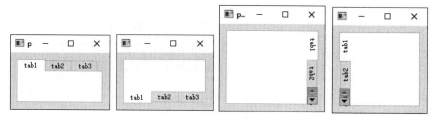

图 8-38　标题栏的位置

- 卡片标题栏的形状由 setTabShape(QTabWidget.TabShape)方法定义，其中参数 QTabWidget.TabShape 可以取 QTabWidget.Rounded 和 QTabWidget.Triangular，分别表示圆角和三角形，这两种形状如图 8-39 所示。用 tabShap()方法可以获取标题栏的形状。

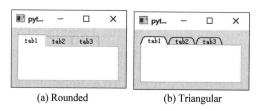

图 8-39　卡片标题的形状

- 标题的文字如果显示空间不足时，可以用省略号来表示。用 setElideMode(Qt.TextElideMode)方法设置卡片标题文字在显示空间不足时的省略号显示方式，其中参数 Qt.TextElideMode 可以取 Qt.ElideNone、Qt.ElideLeft、Qt.ElideMiddle 和 Qt.ElideRight，分别表示没有省略号、省略号在左边、省略号在中间和省略号在右边。
- 当卡片较多时，父窗口中无法显示出所有的卡片标题，这时可以用滚动条来显示出被隐藏的卡片。用 setUsesScrollButtons(bool)方法设置是否有滚动条。
- 每页卡片显示时，默认为有框架并呈立体形状显示在父窗口上。用 setDocumentMode(bool)方法设置卡片是否有框架，如果没有框架，则卡片上内容与父窗口看起来是一个整体。有无框架的差别如图 8-40 所示。

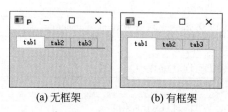

图 8-40　卡片的文档属性

- 当 setTabsClosable(bool) 为 True 时,卡片的标题栏上显示关闭标识,单击该关闭标识,可发射 tabCloseRequested(int) 信号。
- 用 setCornerWidget(QWidget,Qt.Corner)方法可以在 QTabWidget 的右上角、右下角、左上角和左下角处放置控件,例如放置标签、单击按钮等,其中参数 Qt.Corner 可以取 Qt.TopRightCorner、Qt.BottomRightCorner、Qt.TopLeftCorner、Qt.BottomLeftCorner。用 cornerWidget(Qt.Corner)方法可以获取角上的控件。
- setTabBarAutoHide(bool)方法可以设置当只有 1 张卡片时,卡片标题自动隐藏。

QTabWidget 的信号如表 8-42 所示。

表 8-42　QTabWidget 的信号

信号及参数类型	说　　明
currentChanged(int)	当前卡片改变时发射信号
tabBarClicked(int)	单击卡片的标题时发射信号
tabBarDoubleClicked(int)	双击卡片的标题时发射信号
tabCloseRequested(int)	单击卡片的关闭标识时发射信号

QTabWidget 的槽函数有 setCurrentIndex(int)和 setCurrentWidget(QWidget)。

3. QTabWidget 的应用实例

下面的程序建立一个学生考试成绩查询的界面,如图 8-41 所示,在窗口上放置 QTabWidget 控件,在第 1 个卡片中输入学生姓名和准考证号,单击"查询"按钮后,在第 2 个卡片中显示查询到的信息。

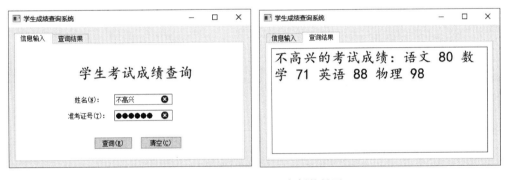

图 8-41　QTabWidget 实例的界面

```
import sys  # Demo8_15.py
from PyQt5.QtWidgets import (QApplication,QWidget,QPushButton,QLabel,QLineEdit,
                   QTabWidget,QTextBrowser,QVBoxLayout)
from PyQt5.QtGui import QFont,QIntValidator
from PyQt5.QtCore import QRect


class myWidget(QWidget):
```

```python
        def __init__(self,parent = None):
            super().__init__(parent)
            self.setWindowTitle("学生成绩查询系统")
            self.setGeometry(400,200,480,370)
            self.setupUi()

            self.__data = [ [202003, '没头脑', 89, 88, 93, 87],
                            [202002, '不高兴', 80, 71, 88, 98],
                            [202004, '倒霉蛋', 95, 92, 88, 94],
                            [202001, '鸭梨头', 93, 84, 84, 77],
                            [202005, '墙头草', 93, 86, 73, 86] ]  #学生信息和成绩,可改成从文件读取
        def setupUi(self):                                       # 创建界面上的控件
            self.widget_1 = QWidget()                            #建立第1个窗口
            self.widget_2 = QWidget()                            #建立第2个窗口
            self.tabWidget = QTabWidget(self)  #建立切换卡
            self.tabWidget.addTab(self.widget_1,"信息输入")       #添加第1个卡片
            self.tabWidget.addTab(self.widget_2,"查询结果")       #添加第2个卡片

            v = QVBoxLayout(self)                                #竖直布局
            v.addWidget(self.tabWidget)

            self.label_1 = QLabel(self.widget_1)                 #在第1个卡片的窗口中添加控件
            self.label_1.setGeometry(QRect(120, 40, 230, 30))
            font = QFont("楷体",pointSize = 20)
            self.label_1.setFont(font)
            self.label_1.setText("学生考试成绩查询")

            self.label_2 = QLabel(self.widget_1)                 #在第1个卡片的窗口中添加控件
            self.label_2.setGeometry(QRect(113, 130, 60, 20))
            self.label_2.setText("姓名(&N): ")

            self.label_3 = QLabel(self.widget_1)                 #在第1个卡片的窗口中添加控件
            self.label_3.setGeometry(QRect(100, 160, 70, 20))
            self.label_3.setText("准考证号(&T): ")


            self.lineEdit_name = QLineEdit(self.widget_1)    #在第1个卡片的窗口中添加控件
            self.lineEdit_name.setGeometry(QRect(190, 130, 113, 20))
            self.lineEdit_name.setClearButtonEnabled(True)    #设置清空按钮
            self.lineEdit_number = QLineEdit(self.widget_1)   #在第1个卡片的窗口中添加控件
            self.lineEdit_number.setGeometry(QRect(190, 160, 113, 20))
            self.lineEdit_number.setValidator(QIntValidator(202001,202100))  #设置验证
            self.lineEdit_number.setEchoMode(QLineEdit.Password)   #设置密码形式
            self.lineEdit_number.setClearButtonEnabled(True)    #设置清空按钮

            self.label_2.setBuddy(self.lineEdit_name)         #伙伴关系
            self.label_3.setBuddy(self.lineEdit_number)       #伙伴关系

            self.btn_enquire = QPushButton(self.widget_1)     #在第1个卡片的窗口中添加控件
```

```python
            self.btn_enquire.setGeometry(QRect(150, 210, 75, 23))
            self.btn_enquire.setText("查询(&E)")
            self.btn_enquire.clicked.connect(self.inquire)      # 信号与槽的连接

            self.btnClear = QPushButton(self.widget_1)          # 在第1个卡片的窗口中添加控件
            self.btnClear.setGeometry(QRect(240, 210, 81, 23))
            self.btnClear.setText("清空(&C)")
            self.btnClear.clicked.connect(self.lineEdit_name.clear)    # 信号与槽的连接
            self.btnClear.clicked.connect(self.lineEdit_number.clear)  # 信号与槽的连接

            self.texBrowser = QTextBrowser(self.widget_2)       # 在第2个卡片的窗口中添加控件
            self.texBrowser.setFont(font)

            v_layout = QVBoxLayout(self.widget_2)               # 第2个窗口的布局
            v_layout.addWidget(self.texBrowser)
    def inquire(self):
        number = int(self.lineEdit_number.text())
        template = "{}的考试成绩:语文 {} 数学 {} 英语 {} 物理 {}"
        for i in range(len(self.__data)):
            stu = self.__data[i]
            if stu[0] == number and stu[1] == self.lineEdit_name.text():
                self.texBrowser.append(template.format(stu[1],stu[2],stu[3],stu[4],stu[5]))
                break
            else:
                if i == len(self.__data) - 1:
                    self.texBrowser.append("查无此人")
        self.tabWidget.setCurrentWidget(self.widget_2)
if __name__ == '__main__':
    app = QApplication(sys.argv)
    window = myWidget()
    window.show()
    n = app.exec()
    sys.exit(n)
```

8.3.4 控件栈控件

控件栈控件 QStackedWidget 与 QTabWidget 在功能上有些相似。控件栈也包含多个窗口控件,但是与 QTabWidget 不同的是,控件栈不是通过卡片管理窗口控件,而是根据需要从多个控件中选择其中的某个窗口作为当前窗口,把当前窗口的内容显示出来,而其他不是当前窗口的不显示。QStackedWidget 通常与 QComboBox 和 QListWidget 等控件一起使用,当选择 QComboBox 或 QListWidget 中的某项(Item)内容时,从 QStackedWidget 中显示与之相关的某个窗口界面。

1. 创建控件栈的方式

控件栈控件的继承关系如图 8-42 所示,它是从 QFrame 类继承而来的。

用 QStackedWidget 类实例化对象的方法如下所示,其中 parent 是窗口或者容器类控件。

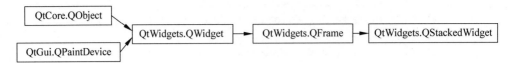

图 8-42　QStackedWidget 类的继承关系

```
QStackedWidget(parent = None)
```

2．控件栈的方法、信号和槽函数

控件栈的常用方法如表 8-43 所示。控件栈通过 addWidget(QWidget) 方法添加窗口，根据窗口添加的顺序，窗口的索引值从 0 开始逐渐增加。用 insertWidget(int, QWidget) 方法可以插入窗口，插入的窗口的索引值是 int，如果需要把某个窗口显示出来，需要将窗口设置为当前窗口。设置当前窗口的方法是 setCurrentWidget(QWidget) 或 setCurrentIndex(int)，可以将指定的窗口或索引号是 int 的窗口设置成当前窗口。

表 8-43　控件栈的常用方法

方法及参数类型	说　　明
addWidget(QWidget)	在末尾添加窗口，并返回索引值
insertWidget(int, QWidget)	插入新窗口，插入的窗口索引值是 int
setCurrentWidget(QWidget)	将指定的窗口设置成当前窗口
setCurrentIndex(int)	将索引值是 int 的窗口设置成当前窗口
widget(int)	获取索引值是 int 的窗口
currentIndex()	获取当前窗口的索引值
currentWidget()	获取当前的窗口
indexOf(QWidget)	获取指定窗口的索引值
removeWidget(QWidget)	移除窗口
count()	获取窗口数量

控件栈的信号有 currentChanged(int) 和 widgetRemoved(int)，当前窗口发生变化时发射 currentChanged(int) 信号，移除窗口时发射 widgetRemoved(int) 信号。

控件栈的槽函数有 setCurrentIndex(int) 和 setCurrentWidget(QWidget)。

3．控件栈的应用实例

下面的程序是将上节中学生考试成绩查询系统的代码稍作改动，用控件栈 QStackedWidget 代替切换卡 QTabWidget，实现相同的查询功能。程序运行界面如图 8-43 所示。

图 8-43　QStackedWidget 实例界面

```python
import sys　# Demo8_16.py
from PyQt5.QtWidgets import (QApplication,QWidget,QPushButton,QLabel,QLineEdit,
                             QStackedWidget,QTextBrowser,QVBoxLayout)
from PyQt5.QtGui import QFont,QIntValidator
from PyQt5.QtCore import QRect

class myWidget(QWidget):
    def __init__(self,parent = None):
        super().__init__(parent)
        self.setWindowTitle("学生成绩查询系统")
        self.setGeometry(400,200,480,370)
        self.setupUi()
        self.__data = [ [202003, '没头脑', 89, 88, 93, 87],
                        [202002, '不高兴', 80, 71, 88, 98],
                        [202004, '倒霉蛋', 95, 92, 88, 94],
                        [202001, '鸭梨头', 93, 84, 84, 77],
                        [202005, '墙头草', 93, 86, 73, 86] ] # 学生信息和成绩,可改成从文件读取
    def setupUi(self):         # 创建界面上的控件
        self.widget_1 = QWidget()      # 建立第 1 个窗口
        self.widget_2 = QWidget()      # 建立第 2 个窗口
        self.stackedWidget = QStackedWidget(self)          # 建立控件栈
        self.stackedWidget.addWidget(self.widget_1)        # 添加第 1 个窗口
        self.stackedWidget.addWidget(self.widget_2)        # 添加第 2 个窗口

        v = QVBoxLayout(self) # 竖直布局
        v.addWidget(self.stackedWidget)

        self.label_1 = QLabel(self.widget_1)               # 在第 1 个窗口中添加控件
        self.label_1.setGeometry(QRect(120, 40, 230, 30))
        font = QFont("楷体",pointSize = 20)
        self.label_1.setFont(font)
        self.label_1.setText("学生考试成绩查询")

        self.label_2 = QLabel(self.widget_1)               # 在第 1 个窗口中添加控件
        self.label_2.setGeometry(QRect(113, 130, 60, 20))
        self.label_2.setText("姓名:")

        self.label_3 = QLabel(self.widget_1)               # 在第 1 个窗口中添加控件
        self.label_3.setGeometry(QRect(100, 160, 70, 20))
        self.label_3.setText("准考证号:")

        self.lineEdit_name = QLineEdit(self.widget_1)      # 在第 1 个窗口中添加控件
        self.lineEdit_name.setGeometry(QRect(190, 130, 113, 20))
        self.lineEdit_name.setClearButtonEnabled(True)     # 设置清空按钮
        self.lineEdit_number = QLineEdit(self.widget_1)    # 在第 1 个窗口中添加控件
        self.lineEdit_number.setGeometry(QRect(190, 160, 113, 20))
        self.lineEdit_number.setValidator(QIntValidator(202001,202100))  # 设置验证
        self.lineEdit_number.setEchoMode(QLineEdit.Password)   # 设置密码形式
```

```python
            self.lineEdit_number.setClearButtonEnabled(True)    # 设置清空按钮

            self.btn_enquire = QPushButton(self.widget_1)       # 在第1个窗口中添加控件
            self.btn_enquire.setGeometry(QRect(150, 210, 75, 23))
            self.btn_enquire.setText("查询")
            self.btn_enquire.clicked.connect(self.inquire)      # 信号与槽的连接

            self.btnClear = QPushButton(self.widget_1)          # 在第1个窗口中添加控件
            self.btnClear.setGeometry(QRect(240, 210, 81, 23))
            self.btnClear.setText("清空")
            self.btnClear.clicked.connect(self.lineEdit_name.clear)   # 信号与槽的连接
            self.btnClear.clicked.connect(self.lineEdit_number.clear) # 信号与槽的连接

            v_layout = QVBoxLayout(self.widget_2)               # 第2个窗口的布局
            self.texBrowser = QTextBrowser()                    # 定义第2个窗口中的控件
            self.texBrowser.setFont(font)
            v_layout.addWidget(self.texBrowser)
            self.btnReturn = QPushButton("返 回")                # 定义第2个窗口中的控件
            v_layout.addWidget(self.btnReturn)
            self.btnReturn.clicked.connect(self.btnReturn_clicked)   # 信号与槽的连接
      def inquire(self):
            number = int(self.lineEdit_number.text())
            template = "{}的考试成绩：语文 {} 数学 {} 英语 {} 物理 {}"
            for i in range(len(self.__data)):
                  stu = self.__data[i]
                  if stu[0] == number and stu[1] == self.lineEdit_name.text():
                        self.texBrowser.append(template.format(stu[1],stu[2],stu[3],stu[4],stu[5]))
                        break
                  else:
                        if i == len(self.__data) - 1:
                              self.texBrowser.append("查无此人")
            self.stackedWidget.setCurrentWidget(self.widget_2)  # 设置当前的窗口
      def btnReturn_clicked(self):
            self.stackedWidget.setCurrentWidget(self.widget_1)  # 设置当前的窗口
if __name__ == '__main__':
      app = QApplication(sys.argv)
      window = myWidget()
      window.show()
      n = app.exec()
      sys.exit(n)
```

8.3.5 工具箱控件

工具箱控件 QToolBox 与切换卡控件 QTabWidget 有些类似，也是由多页构成，每页有标题名称。与切换卡不同的是，工具箱的标题是从上到下依次排列，每页的标题呈按钮状态，单击每页的标题，每页的窗口会显示在标题按钮下面；而切换卡的标题是按顺序展开，切换卡的标题面积比卡片窗口的面积小很多。工具箱的1个应用界面如图 8-44 所示，由两个按钮构成。

第8章　PyQt5常用控件　271

图 8-44　QToolBox 的界面

1. 创建工具箱控件的方式

工具箱控件的继承关系如图 8-45 所示，它是从 QFrame 类继承而来的。

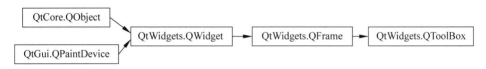

图 8-45　QToolBox 类的继承关系

用 QToolBox 类实例化对象的方法如下所示，其中 parent 是窗口或者容器类控件，参数 Qt.WindowType 用于设置窗口类型，其取值请参考第 9 章中的内容，默认值是 Qt.Widget。

`QToolBox(parent = None [, Qt.WindowType])`

2. 工具箱的常用方法

工具箱的常用方法如表 8-44 所示。工具箱中的每个窗口称为 item（项或条目）。可以用 addItem(QWidget,str)或 addItem(QWidget,QIcon,str)方法在末尾追加 item，其中 str 是 item 的标题名称，可以在文本中添加"&"加字母，设置快捷键；用 insertItem(int, QWidget,str)或 insertItem(int,QWidget,QIcon,str)方法可以在指定位置插入 item；用 removeItem(int)可以删除指定的 item；用 count()方法可以获取 item 的数量；用 setItemText(int,str)方法可以设置 item 的标题名称；用 setItemIcon(int,QIcon)方法可以指定 item 的图标；用 currentWidget()方法可以获取当前 item 的窗口；用 widget(int)方法可以根据索引值获取 item 的窗口。

表 8-44　QToolBox 的常用方法

方法及参数类型	说　　明
addItem(QWidget,str)	添加项,str 是标题名称,QIcon 是图标,QWidget 是窗口或控件
addItem(QWidget,QIcon,str)	
insertItem(int,QWidget,str)	插入项,新插入项的索引值是 int
insertItem(int,QWidget,QIcon,str)	

续表

方法及参数类型	说　明
setCurrentIndex(int)	将索引是 int 的项设置成当前项
currentIndex()	获取当前项的索引
setCurrentWidget(QWidget)	将指定窗口设置成当前窗口
currentWidget()	获取当前窗口
widget(int)	获取索引值是 int 的窗口
removeItem(int)	移除索引值是 int 的项
count()	获取项的数量
indexOf(QWidget)	获取指定窗口的索引值
setItemEnabled(int,bool)	设置索引值是 int 的项是否激活
isItemEnabled(int)	获取索引值是 int 的项是否激活
setItemIcon(int,QIcon)	设置项的图标
itemIcon(int)	获取项的图标
setItemText(int,str)	设置项的文本
itemText(int)	获取项的文本
setItemToolTip(int,str)	设置项的提示信息
itemToolTip(int)	获取项的提示信息

工具箱控件只有 1 个信号 currentChanged(int)，当前项发生变化时发射，参数是项的索引。工具箱的槽函数有 setCurrentIndex(int) 和 setCurrentWidget(QWidget)。

3. 工具箱的应用实例

下面的程序是将上节中的程序稍作改动，用工具箱代替控件栈，实现相同的成绩查询功能。程序运行界面如图 8-44 所示。

```python
import sys  #Demo8_17.py
from PyQt5.QtWidgets import (QApplication,QWidget,QPushButton,QLabel,QLineEdit,
                QTextBrowser,QVBoxLayout,QToolBox)
from PyQt5.QtGui import QFont,QIntValidator
from PyQt5.QtCore import QRect

class myWidget(QWidget):
    def __init__(self,parent = None):
        super().__init__(parent)
        self.setWindowTitle("学生成绩查询系统")
        self.setGeometry(400,200,480,370)
        self.setupUi()
        self.__data = [ [202003, '没头脑', 89, 88, 93, 87],
                [202002, '不高兴', 80, 71, 88, 98],
                [202004, '倒霉蛋', 95, 92, 88, 94],
                [202001, '鸭梨头', 93, 84, 84, 77],
                [202005, '墙头草', 93, 86, 73, 86] ]  #学生信息和成绩,可改成从文件读取
    def setupUi(self):          # 创建界面上的控件
        self.widget_1 = QWidget()       #建立第 1 个窗口
        self.widget_2 = QWidget()       #建立第 2 个窗口
        self.toolBox = QToolBox(self)   #建立工具箱
```

```python
        self.toolBox.addItem(self.widget_1,"输入信息(&I)")    #添加第1个窗口
        self.toolBox.addItem(self.widget_2,"查询结果(&R)")    #添加第2个窗口

        v = QVBoxLayout(self)                         #竖直布局
        v.addWidget(self.toolBox)

        self.label_1 = QLabel(self.widget_1)   #在第1个窗口中添加控件
        self.label_1.setGeometry(QRect(120, 40, 230, 30))
        font = QFont("楷体",pointSize = 20)
        self.label_1.setFont(font)
        self.label_1.setText("学生考试成绩查询")

        self.label_2 = QLabel(self.widget_1)   #在第1个窗口中添加控件
        self.label_2.setGeometry(QRect(113, 130, 60, 20))
        self.label_2.setText("姓名:")

        self.label_3 = QLabel(self.widget_1)   #在第1个窗口中添加控件
        self.label_3.setGeometry(QRect(100, 160, 70, 20))
        self.label_3.setText("准考证号:")

        self.lineEdit_name = QLineEdit(self.widget_1)     #在第1个窗口中添加控件
        self.lineEdit_name.setGeometry(QRect(190, 130, 113, 20))
        self.lineEdit_name.setClearButtonEnabled(True)      #设置清空按钮
        self.lineEdit_number = QLineEdit(self.widget_1)    #在第1个窗口中添加控件
        self.lineEdit_number.setGeometry(QRect(190, 160, 113, 20))
        self.lineEdit_number.setValidator(QIntValidator(202001,202100))  #设置验证
        self.lineEdit_number.setEchoMode(QLineEdit.Password)    #设置密码形式
        self.lineEdit_number.setClearButtonEnabled(True)    #设置清空按钮

        self.btn_enquire = QPushButton(self.widget_1)    #在第1个窗口中添加控件
        self.btn_enquire.setGeometry(QRect(150, 210, 75, 23))
        self.btn_enquire.setText("查询")
        self.btn_enquire.clicked.connect(self.inquire)    #信号与槽的连接

        self.btnClear = QPushButton(self.widget_1)        #在第1个窗口中添加控件
        self.btnClear.setGeometry(QRect(240, 210, 81, 23))
        self.btnClear.setText("清空")
        self.btnClear.clicked.connect(self.lineEdit_name.clear)  #信号与槽的连接
        self.btnClear.clicked.connect(self.lineEdit_number.clear)  #信号与槽的连接

        v_layout = QVBoxLayout(self.widget_2)           #第2个窗口的布局
        self.texBrowser = QTextBrowser()                #定义第2个窗口中的控件
        self.texBrowser.setFont(font)
        v_layout.addWidget(self.texBrowser)
        self.btnReturn = QPushButton("返 回")           #定义第2个窗口中的控件
        v_layout.addWidget(self.btnReturn)
        self.btnReturn.clicked.connect(self.btnReturn_clicked)   #信号与槽的连接
    def inquire(self):
        name = self.lineEdit_name.text()
```

```python
            number = self.lineEdit_number.text()
            template = "{}的考试成绩：语文 {} 数学 {} 英语 {} 物理 {}"
            if number != "" and name != "":
                number = int(number)
                for i in range(len(self.__data)):
                    stu = self.__data[i]
                    if stu[0] == number and stu[1] == name:
                        self.texBrowser.append(template.format(stu[1],stu[2],stu[3],stu[4],stu[5]))
                        break
                    else:
                        if i == len(self.__data) - 1:
                            self.texBrowser.append("查无此人")
            self.toolBox.setCurrentWidget(self.widget_2)     # 设置当前的窗口
    def btnReturn_clicked(self):
        self.toolBox.setCurrentWidget(self.widget_1)         # 设置当前的窗口
if __name__ == '__main__':
    app = QApplication(sys.argv)
    window = myWidget()
    window.show()
    n = app.exec()
    sys.exit(n)
```

8.3.6 框架控件

框架 QFrame 作为容器，可以在其内部放置各种可视控件。但是 QFrame 没有属于自己特有的信号和槽函数，一般不接受用户的输入，它只能提供一个外形，可以设置外形的样式、线宽等。QFrame 作为父类，被其他一些控件所继承，这些控件如 QLabel、QtCharts、QChartView、QHelpContentWidget、QHelpIndexWidget、QAbstractItemView、QAbstractScrollArea、QColumnView、QGraphicsView、QHeaderView、QLCDNumber、QListView、QListWidget、QMdiArea、QPlainTextEdit、QScrollArea、QSplitter、QStackedWidget、QTableView、QTableWidget、QTextBrowser、QTextEdit、QToolBox、QTreeView、QTreeWidget、QUndoView 等。

1. 创建框架控件的方式

框架控件 QFrame 是从 QWidget 类继承而来的，用 QFrame 类实例化对象的方法如下所示，其中 parent 是窗口或者容器类控件，Qt.WindowType 用于设置控件类型，有多个可选值，默认值是 Qt.Widget。

```
QFrame(parent = None [, Qt.WindowType])
```

2. 框架的常用方法

框架的常用方法如表 8-45 所示，主要方法介绍如下。

表 8-45 框架的常用方法

方法及参数类型	说 明
setFrameShadow(QFrame.Shadow)	设置 QFrame 窗口的阴影形式
frameShadow()	获取阴影形式
setFrameShape(QFrame.Shape)	设置 QFrame 窗口的边框形状
frameShape()	获取窗口的边框形状
setFrameStyle(int)	设置边框的样式
frameStyle()	获取边框的样式
setLineWidth(int)	设置边框线的宽度
setGeometry(QRect)	设置 QFrame 控件左上角的位置和长度、宽度
setGeometry(int,int,int,int)	
lineWidth()	获取边框线的宽度
setMidLineWidth(int)	设置边框线的中间线的宽度
midLineWidth()	获取边框线的中间线的宽度
frameWidth()	获取边框线的宽度
setFrameRect(QRect)	设置边框线所在的范围
frameRect()	获取边框线所在的范围
drawFrame(QPainter)	绘制边框线
resize(QSize)	设置 QFrame 控件的长度和宽度
resize(int,int)	

- 框架主要由边框线构成,边框线有外线、内线和中间线。外线和内线的宽度可以通过 setLineWidth(int)方法设置,中心线宽度可以通过 setMidLineWidth(int)方法设置,外线和内线的宽度通过 lineWidth()方法获取,中心线的宽度通过 midLineWidth()方法获取,外线、内线和中心线厚度通过 frameWidth()方法获取。
- 通过给边框的内线、外线设置不同的颜色,可以让外框有凸起和凹陷的立体感觉。用 setFrameShadow(QFrame.Shadow)方法设置边框线的立体感觉,参数 QFrame.Shadow 可以取 QFrame.Plain(平面)、QFrame.Raised(凸起)和 QFrame.Sunken(凹陷)。
- 外框线的形状通过 setFrameShape(QFrame.Shape)方法设置,其中参数 QFrame.Shape 是枚举类型,可取值如表 8-46 所示。QFrame 的 frameStyle 属性由 frameShadow 属性和 frameShape 属性决定,因此设置 frameShadow 和 frameShape 的值,就不需要再设置 frameStyle 的值了。
- 在界面上,经常在不同类型的控件之间划分一条横线或竖线,横线和竖线可以用 QFrame 来创建,方法是设置 setFrameShape(QFrame.HLine)或 setFrameShape(QFrame.VLine),并结合 setGeometry()或 resize()方法确定线的位置和尺寸。

表 8-46 QFrame.Shape 的取值

QFrame.Shape 的取值	值	说 明
QFrame.NoFrame	0	无边框,默认值
QFrame.Box	1	矩形框,边框线内部不填充
QFrame.Panel	2	面板,边框线内部填充

续表

QFrame.Shape 的取值	值	说　　明
QFrame.WinPanel	3	Windows 2000 风格的面板,边框线的宽度是 2 像素
QFrame.HLine	4	边框线只在中间有一条水平线(用作分隔线)
QFrame.VLine	5	边框线只在中间有一条竖直线(用作分隔线)
QFrame.StyledPanel	6	依据当前 GUI 类型,画一个矩形面板

图 8-46　QFrame 的实例界面

3. 框架的应用实例

下面的程序将两种互斥的 QRadioButton 分别放到两个 QFrame 中,这两个 QFrame 又放到 QGroupBox 中。由于 QFrame 的边框线不可见,所以从外观上看,所有互斥的 QRadioButton 都放到了 QGroupBox 中,但是两组是可以分别选择的。程序运行界面如图 8-46 所示。

```
import sys    #Demo8_18.py
from PyQt5.QtWidgets import QApplication,QWidget,QGroupBox,QFrame,QRadioButton,QHBoxLayout

class myWidget(QWidget):
    def __init__(self,parent = None):
        super().__init__(parent)
        self.setWindowTitle("QFrame的应用")
        self.resize(300,100)
        self.setupUi()
    def setupUi(self):       # 创建界面上的控件
        self.r_1 = QRadioButton("男")
        self.r_2 = QRadioButton("女")
        self.r_3 = QRadioButton("党员")
        self.r_4 = QRadioButton("团员")
        self.r_5 = QRadioButton("群众")

        self.frame_1 = QFrame()
        self.frame_2 = QFrame()

        self.h_layout_1 = QHBoxLayout(self.frame_1)
        self.h_layout_1.addWidget(self.r_1)
        self.h_layout_1.addWidget(self.r_2)
        self.h_layout_2 = QHBoxLayout(self.frame_2)
        self.h_layout_2.addWidget(self.r_3)
        self.h_layout_2.addWidget(self.r_4)
        self.h_layout_2.addWidget(self.r_5)
        self.groupBox = QGroupBox("选择基本信息",self)
        self.h_layout_3 = QHBoxLayout(self.groupBox)
        self.h_layout_3.addWidget(self.frame_1)
        self.h_layout_3.addWidget(self.frame_2)

        self.r_1.setChecked(True)
```

```
            self.r_3.setChecked(True)
if __name__ == '__main__':
    app = QApplication(sys.argv)
    window = myWidget()
    window.show()
    n = app.exec()
    sys.exit(n)
```

8.4 日期时间类及控件

日期和时间类也是 PyQt5 中的基本类,利用它们可以设置纪年法、记录某个日期时间点,可以对日期时间进行计算等。用户输入日期时间及显示日期时间时,需要用到日期时间控件,本节介绍有关日期时间的类及控件。

8.4.1 日历

日历 QCalendar 主要用于确定纪年法,当前通用的是公历纪年法,这也是默认值。QCalendar 类在 PyQt5.QtCore 模块中。

1. 创建日历的方式

用 QCalendar 类创建日历实例的方法如下:

```
QCalendar()
QCalendar(QCalendar.System)
QCalendar(str)
```

其中,str 可以取'gregory'、'Milankovic'、'Islamic Civil'、'islamic-civil'、'islamicc'、'Gregorian'、'Persian'、'Jalali'、'Julian'、'Islamic';QCalendar.System 可以取 QCalendar.System.Gregorian、QCalendar.System.Julian、QCalendar.System.Milankovic、QCalendar.System.Jalali、QCalendar.System.IslamicCivil,默认值是 QCalendar.System.Gregorian。

2. 日历的常用方法

QCalendar 的常用方法如表 8-47 所示,其中用 name() 方法获取当前使用的日历纪年法,用 dateFromParts(year,month,day) 方法可以创建一个 QDate 对象。

表 8-47 QCalendar 的常用方法

方法及参数类型	说 明
name()	获取当前使用的日历纪年法
availableCalendars()	获取可以使用的日历纪年法
dateFromParts(int,int,int)	返回指定年、月和日的 QDate
dayOfWeek(QDate)	获取指定日期在一周的第几天
daysInMonth(int,int)	获取指定年指定月的总天数
daysInYear(int)	获取指定年中的总天数

续表

方法及参数类型	说　　明
isDateValid(int,int,int)	获取指定年、月、日是否有效
isGregorian()	获取是否是公历纪年
isLeapYear(int)	获取某年是否是闰年
isLunar()	获取是否是月历
isSolar()	获取是否是太阳历
maximumDaysInMonth()	获取月中最大天数
maximumMonthsInYear()	获取年中最大月数
minimumDaysInMonth()	获取月中最小天数

8.4.2　日期类

日期类 QDate 用年、月、日来记录某天,例如 date＝QDate(2020,8,22),date 记录的是 2020 年 8 月 22 日,它可以从系统时钟中读取当前日期。QDate 提供了操作日期的方法,例如添加和减去日期、月份和年份得到新的日期,日期字符串的相互转换等。QDate 在 PyQt5.QtCore 模块中。

1. 创建日期的方式

用 QDate 创建日期实例的方法如下所示:

```
QDate()
QDate(int, int, int)
QDate(int, int, int, QCalendar)
```

2. 日期类的常用方法

QDate 的常用方法如表 8-48 所示,其中[ ]中的内容是可选项,主要方法介绍如下。

表 8-48　QDate 的常用方法

方法及参数类型	返回值类型	说　　明
setDate(int,int,int[,QCalendar])	bool	根据年月日设置一个日期
getDate()	Tuple[int,int,int]	获取记录的日期
currentDate()	QDate	获取系统的日期
day([QCalendar])	int	获取记录的日
month([QCalendar])	int	获取记录的月
year([QCalendar])	int	获取记录的年
weekNumber()	Tuple[int,int]	获取日期在一年中的第几周,返回的第 1 个整数是周数,第 2 个是年
addDays(int)	QDate	返回增加 int 天后的 Qdate,int 可以是负数
addMonths(int[,QCalendar])	QDate	返回增加 int 月后的 Qdate
addYears(int[,QCalendar])	QDate	返回增加 int 年后的 Qdate
dayOfWeek([QCalendar])	int	获取记录的日期是一周中的第几天
dayOfYear([QCalendar])	int	获取记录的日期是一年中的第几天

续表

方法及参数类型	返回值类型	说明
daysInMonth([QCalendar])	int	获取日期所在月的月天数
daysInYear([QCalendar])	int	获取日期所在年的年天数
daysTo(QDate)	int	获取记录的日期到指定日期的天数
fromJulianDay(int)	QDate	从天文学使用的儒略日转换日期
toJulianDay()	int	转换成天文学使用的儒略日
fromString(str,Qt.DateFormat)	QDate	将字符串日期 str 按照 Qt.DateFormat 格式转换成日期
fromString(str,str[,QCalendar])	QDate	将第1个字符串日期 str 按照第2个参数 str 的格式转换成日期
toString(Qt.DateFormat[,QCalendar])	str	按照 Qt.DateFormat 格式将日期转换成字符串
toString(str[,QCalendar])	str	按照格式 str 将日期转换成字符串
isLeapYear(int)	bool	获取是否是闰年
isNull()	bool	获取是否有日期数据
isValid(int,int,int)	bool	给定的年月日是否有效

- 用 setDate(year,month,day)方法可以设置年、月、日；用 getDate()方法可以获取记录的年、月、日，返回值是元组 Tuple(year,month,day)；用 currentDate()方法可以获取系统日期；用 day()、month()和 year()方法可分别获取日、月、年。

- 用 addDays(days)、addMonths(months)、addYears(years)方法可以在当前记录的时间上增加或减少天、月和年；用 daysTo(QDate)方法可计算与指定日期之间的天数间隔。

- 用 fromString(str,Qt.DateFormat)或 fromString(str,[format])方法可以将字符串型的日期数据转换成 QDate，也可用 toString(Qt.DateFormat)或 toString(format)方法将记录的年、月、日转换成字符串，其中 Qt.DateFormat 是枚举类型常量。Qt.DateFormat 可以取的值如表 8-49 所示。用 Qt.DateFormat 进行指定格式的转换时与操作系统有关。format 是格式化文本，可以取的格式符号如表 8-50 所示。例如 date=QDate(2020,8,22)，date.toString("日期是 yyyy 年 M 月 d 日")的返回值是"日期是 2020 年 8 月 22 日"，date.toString("今天是 dddd")的返回值是"今天是星期六"，date.toString("今天是 ddd")的返回值是"今天是周六"。再例如，QDate().fromString('20200822','yyyyMMdd')、QDate().fromString('2020/08/22','yyyy/MM/dd')、QDate().fromString('2020-08-22','yyyy-MM-dd')、QDate().fromString('2020,08,22','yyyy,MM,dd')的返回值都是 QDate(2020,8,22)。

表 8-49 Qt.DateFormat 的取值

Qt.DateFormat 的取值	举例
Qt.DefaultLocaleLongDate	fromString("2020 年 8 月 22 日",Qt.DefaultLocaleLongDate)
Qt.DefaultLocaleShortDate	fromString("2020/08/22",Qt.DefaultLocaleShortDate)
Qt.ISODate	fromString("2020-08-22",Qt.ISODate)

续表

Qt.DateFormat 的取值	举 例
Qt.LocaleDate	fromString("2020/08/22",Qt.LocaleDate)
Qt.SystemLocaleDate	fromString("2020/08/22",Qt.SystemLocaleDate)
Qt.SystemLocaleLongDate	fromString("2020年8月22日",Qt.SystemLocaleLongDate)
Qt.SystemLocaleShortDate	fromString("2020/8/22",Qt.SystemLocaleShortDate)
Qt.TextDate	fromString("周六 8月 22 2020",Qt.TextDate)

表 8-50 format 的格式符号

格 式 符	说 明
d	天数用 1~31 表示(不补 0)
dd	天数用 01~31 表示(补 0)
ddd	天数用英文简写表示('Mon' to 'Sun')或汉字表示
dddd	天数用英文全写表示('Monday' to 'Sunday')或汉字表示
M	月数用 1~12 表示(不补 0)
MM	月数用 01~12 表示(补 0)
MMM	月数用英文简写表示('Jan' to 'Dec')或汉字表示
MMMM	月数用英文全写表示('January' to 'December')或汉字表示
yy	年数用 00~99 表示
yyyy	年数用 4 位数表示

8.4.3 时间类

时间类 QTime 用小时、分钟、秒和毫秒来记录某个时间点,例如 time=QTime(22,35,15,124),time 记录的时间是 22 时 35 分 15 秒 124 毫秒。它可以对时间进行操作,例如增加或减少毫秒、秒,时间与字符串的相互转换等。QTime 没有时区的概念。QTime 类在 PyQt5.QtCore 模块中。

1. 创建时间的方式

用 QTime 创建时间实例的方法如下所示:

```
QTime()
QTime(int, int, second = 0, msec = 0)
```

2. 时间类的常用方法

时间类的常用方法如表 8-51 所示,主要方法介绍如下。

表 8-51 时间类的常用方法

方法及参数类型	返回值的类型	说 明
setHMS(int,int,int,msec=0)	bool	设置时间,如果设置有问题,返回 False
addMSecs(int)	QTime	增加毫秒,int 可以为负,返回 Qtime
addSecs(int)	QTime	增加秒,返回 Qtime
currentTime()	QTime	获取当前系统时间

续表

方法及参数类型	返回值的类型	说明
hour()	int	获取小时
minute()	int	获取分钟
second()	int	获取秒
msec()	int	获取毫秒
start()		开始计时
restart()	int	重新计时,并返回上次开始计时到现在的毫秒时间
elapsed()	int	获取上次开始计算到现在的毫秒时间
fromMSecsSinceStartOfDay(int)	QTime	返回从0时刻开始,增加int毫秒的时间
isNull()	bool	获取是否记录时间
isValid()	bool	获取记录的时间是否有效
isValid(int,int,int,msec=0)	bool	获取给定的时间是否有效
msecsSinceStartOfDay()	int	返回从0时刻到系统当前时间所经过的毫秒时间
msecsTo(QTime)	int	获取当前系统时间与给定时间的毫秒间隔
secsTo(QTime)	int	获取当前系统时间与给定时间的秒间隔
fromString(str,Qt.DateFormat)	QTime	将字符串转换成时间
fromString(str,str)	QTime	将字符串转换成时间
toString(Qt.DateFormat=Qt.TextDate)	str	将时间转换成字符串
toString(str)	str	将时间转换成字符串

- 用 setHMS(int,int,int,msec=0)方法可以设置一个时间点,用 hour()、minute()、second()和 msec()方法可以分别获取时间点小时、分钟、秒和毫秒数据。可以用 addMSecs(int)方法获取在记录的时间上增加 int 毫秒后的时间,用 addSecs(int)方法获取在记录的时间上增加 int 秒后的时间。
- 用 start()方法设置开始记录时间,用 elapsed()方法可以返回从 start()或 restart()开始经过的毫秒时间,用 restart()方法重新开始记录时间。
- 用 fromString(str,Qt.DateFormat=Qt.TextDate)或 fromString(str,format)方法可以将时间字符串转换成日期,用 toString(Qt.DateFormat=Qt.TextDate)或 toString(format)方法可以按照格式将时间转换成字符串,其中 format 是格式字符串,可以取的格式字符如表 8-52 所示。例如 time = QTime(18,23,15,124),则 time.toString("hh:mm:ssA")的值是"06:23:15 下午",再如 time = QTime.currentTime(),则 time.toString("现在时间是 h:m:s:zzz")的值是"现在时间是 16:19:44:698"。

表 8-52 format 可以取的时间格式符

格式符	说明
ap 或 a	使用 am/pm 表示上午/下午或汉字
AP 或 A	使用 AM/PM 表示上午/下午或汉字
h	小时用 0~23 表示,或 1~12 表示(如果显示 am/pm)
hh	小时用 00~23 表示,或 01~12 表示(如果显示 am/pm)

续表

格式符	说　　明
H	小时用 0～23 表示(不论是否显示 am/pm)
HH	小时用 00～23 表示(不论是否显示 am/pm)
m	分钟用 0～59 表示(不补 0)
mm	分钟用 00～59 表示(补 0)
s	秒用 0～59 表示(不补 0)
ss	秒用 00～59 表示(补 0)
z	毫秒用 0～999 表示(不补 0)
zzz	毫秒用 000～999 表示(补 0)

8.4.4　日期时间类

日期时间类 QDateTime 是将 QDate 和 QTime 的功能合并到一个类中，用年、月、日、时、分、秒、毫秒记录某个日期和某个时间点，它有时区的概念。QDateTime 在 PyQt5.QtCore 模块中。

1. 创建日期时间的方式

用 QDateTime 创建日期时间实例的方法如下所示，其中 Qt.TimeSpec 可以取 Qt.LocalTime、Qt.UTC、Qt.OffsetFromUTC 或 Qt.TimeZone。

```
QDateTime()
QDateTime(QDate)
QDateTime(QDate,QTime,Qt.TimeSpec = Qt.LocalTime)
QDateTime(int, int, int,int, int, second = 0,msec = 0,timeSpec = 0)
QDateTime(QDate,QTime, Qt.TimeSpec, int)
QDateTime(QDate, QTime, QTimeZone)
```

2. 日期时间类的方法

日期时间类的常用方法如表 8-53 所示，大部分方法与 QDate 和 QTime 的方法相同。利用 QDateTime 将日期时间与字符串进行相互转换时，可以参考 QDate 和 QTime 的格式字符。

表 8-53　QDateTime 的常用方法

方法及参数类型	返回值类型	说　　明
addYears(int)	QDateTime	增加年
addMonths(int)	QDateTime	增加月
addDays(int)	QDateTime	增加天
addSecs(int)	QDateTime	增加秒
addMSecs(int)	QDateTime	增加毫秒
setDate(QDate)	—	设置日期
setTime(QTime)	—	设置时间
setTimeZone(QTimeZone)	—	设置时区
date()	QDate	获取日期

续表

方法及参数类型	返回值类型	说 明
time()	QTime	获取时间
currentDateTime()	QDateTime	获取当前系统的日期和时间
currentDateTimeUtc()	QDateTime	获取当前世界统一时间
daysTo(QDateTime)	int	获取与指定日期时间的间隔(天)
secsTo(QDateTime)	int	获取与指定日期时间的间隔(秒)
msecsTo(QDateTime)	int	获取与指定日期时间的间隔(毫秒)
fromString(str,Qt.DateFormat=Qt.TextDate)	QDateTime	从字符串转换成时间日期
fromString(str,str)	QDateTime	从字符串转换成时间日期
toString(Qt.DateFormat=Qt.TextDate)	str	转换成字符串
toString(str)	str	转换成字符串
isNull()	bool	所记录的日期时间是否为空
isValid()	bool	所记录的日期时间是否有效
offsetFromUtc()	int	获取与世界标准时间的间隔(秒)
swap(QDateTime)	—	交换日期时间
timeZone()	QTimeZone	获得时区对象
timeZoneAbbreviation()	str	获得时区名称
toLocalTime()	QDateTime	转换成当地时间

8.4.5 定时器

定时器 QTimer 像个闹钟,其作用是经过一个固定的时间间隔发射一个信号,执行与信号关联的槽函数,实现自动完成某些功能。可以设置定时器只发射一次信号,或多次发射信号;可以启动发射信号,也可以停止发射信号。

1. 创建定时器的方式

用 QTimer 创建定时器实例的方法如下所示,其中 parent 是日历控件所在的窗体或控件。QTimer 是不可见控件,当父窗体删除时,定时器也同时删除。

`QTimer(parent = None)`

2. 定时器的常用方法、信号和槽函数

定时器的常用方法如表 8-54 所示,主要方法介绍如下。

- 使用定时器的步骤一般是先建立定时器对象,用 setInterval(int)方法设置定时器发射信号的时间间隔,然后将定时器的信号 timeout 与某个槽函数关联,最后用 start()方法启动定时器。如果只需要定时器发射 1 次信号,可以设置 setSingleShot(bool)为 True,否则将会连续不断地发射信号,可以用 stop()方法停止定时器信号的发射。如果只是 1 次发射信号,也可以不用创建定时器对象,用定时器类的 singleShot()方法直接连接某个控件的槽函数。如果定义了多个定时器,可以用 timeId()方法获取定时器的编号。

表 8-54　定时器的常用方法

方法及参数类型	说　　明
setInterval(int)	设置信号发射时间间隔(毫秒)
interval()	获取信号发射时间间隔(毫秒)
isActive()	获取定时器是否激活
remainingTime()	获取距下次发射信号的时间(毫秒)
setSingleShot(bool)	设置定时器是否为单次发射
isSingleShot()	获取定时器是否为单次发射
singleShot(int,receiver,SLOT)	经过 int 毫秒后,执行 receiver 的 SLOT("func")槽函数
singleShot(int,Qt.TimerType,receiver,SLOT)	
setTimerType(Qt.TimerType)	设置定时器的类型
timerType()	获取定时器的类型
start(int)	经过 int 毫秒后启动定时器
start()	启动定时器
stop()	停止定时器
timerId()	获取定时器的 ID 号

- 用 setTimerType(Qt.TimerType)方法可以设置定时器的精度,其中参数 Qt.TimerType 的取值如表 8-55 所示。

表 8-55　Qt.TimerType 的取值

Qt.TimerType 的值	值	说　　明
Qt.PreciseTimer	0	精确的定时器,保持毫秒精度
Qt.CoarseTimer	1	粗略的定时器,精度保持在时间间隔 5% 范围内
Qt.VeryCoarseTimer	2	非常粗略的定时器

定时器只有 1 个信号 timeout(),每经过固定的时间间隔发射 1 次信号,或者只发射 1 次信号。定时器的槽函数有 start(msec)、start()和 stop()。

3. 定时器的应用实例

下面的程序定义了两个计时器,第 1 个定时器用于窗口背景图片的切换,第 2 个定时器用于设置按钮激活的时间,并改变按钮显示的文字。

```
import sys  # Demo8_19.py
from PyQt5.QtWidgets import QApplication,QWidget,QPushButton
from PyQt5.QtGui import QPainter,QPixmap,QBitmap
from PyQt5.QtCore import QRect,QTimer

class myWindow(QWidget):
    def __init__(self,parent = None):
        super().__init__(parent)
        self.setWindowTitle("定时器")
        path = "d:\\python\\pic.png"
        self.pix = QPixmap(path)
        self.bit = QBitmap(path)
```

```
            self.rect = QRect(0, 0, self.pix.width(),self.pix.height())
            self.resize(self.rect.size())

            self.timer_1 = QTimer(self)          #第1个定时器
            self.timer_1.setInterval(2000)
            self.timer_1.timeout.connect(self.timer_1_slot)   #定时器信号与槽函数的连接
            self.timer_1.start()
            self.status = True                   #指示变量

            self.timer_2 = QTimer(self)          #第2个定时器
            self.timer_2.setInterval(1000)
            self.timer_2.timeout.connect(self.pushButton_enable)   #定时器信号与槽函数的连接
            self.status = True
            self.i = 9                           #按钮激活时间
            self.pushButton = QPushButton("单击发送验证码",self)
            self.pushButton.setGeometry(10,10,200,30)
            self.pushButton.clicked.connect(self.timer_2_start)   #按钮单击信号与槽函数的连接
      def timer_1_slot(self):
            self.status = not self.status
            self.update()
      def paintEvent(self, event):
            painter = QPainter(self)
            if self.status:
                painter.drawPixmap(self.rect,self.pix)
            else:
                painter.drawPixmap(self.rect, self.bit)
      def timer_2_start(self):
            self.timer_2.start()
            self.pushButton.setEnabled(False)
            self.pushButton.setText(str(self.i + 1) + "后可重新发送验证码")
      def pushButton_enable(self):
            if self.i > 0 :
                self.pushButton.setText(str(self.i) + "后可重新发送验证码")
                self.i = self.i - 1
            else:
                self.pushButton.setEnabled(True)
                self.pushButton.setText("单击发送验证码")
                self.timer_2.stop()       #停止定时器
                self.i = 9
if __name__ == '__main__':
    app = QApplication(sys.argv)
    window = myWindow()
    window.show()
    n = app.exec()
    sys.exit(n)
```

8.4.6 日历控件

日历控件 QCalendarWidget 主要用于显示日期、星期和周数,其样式如图 8-47 所示。可以设置日历控件显示的最小日期和最大日期,可以设置日历表头的样式。

图 8-47 日历控件

1. 创建日历控件的方式

日历控件的继承关系如图 8-48 所示，它是从 QWidget 类中继承而来的。

图 8-48 QCalendarWidget 类的继承关系

用 QCalendarWidget 类实例化对象的方法如下所示，其中 parent 是日历控件所在的窗体或控件。

```
QCalendarWidget(parent = None)
```

2. 日历控件的方法、信号和槽函数

日历控件的常用方法如表 8-56 所示，主要方法介绍如下。

- 用 selectedDate() 方法可以获取当前选择的日期，用 setSelectedDate(QDate) 方法可以用代码选中某个日期，用 setDateRange(QDate,QDate) 方法、setMaximumDate(QDate) 和 setMinimumDate(QDate) 方法可以设置选择的日期范围，用 setSelectionMode(QCalendarWidget.SelectionMode) 方法可以设置选择日期的方法，其中参数 QCalendarWidget.SelectionMode 可以取 QCalendarWidget.NoSelection（不允许选择）和 QCalendarWidget.SingleSelection（单选）。

- 用 showSelectedDate() 方法可以跳转到选中的日期，用 setCurrentPage(year, month) 方法可以显示指定年指定月的日历，用 showNextMonth()、showNextYear() 方法可以显示下个月、明年同一日期的日历。

- 用 setGridVisible(bool) 方法可以控制是否显示网格线，用 setNavigationBarVisible(bool) 方法可以控制是否显示导航条。

- 用 setVerticalHeaderFormat(QCalendarWidget.VerticalHeaderFormat) 方法可以设置竖直表头的格式，其中参数 QCalendarWidget.VerticalHeaderFormat 可以取 QCalendarWidget.ISOWeekNumbers（标准格式的周数）和 QCalendarWidget.NoVerticalHeader（隐藏周数）。用 setHorizontalHeaderFormat(QCalendarWidget.HorizontalHeaderFormat) 方法可以设置水平表头的格式，其中参数 QCalendarWidget.

HorizontalHeaderFormat 可以取 QCalendarWidget.SingleLetterDayNames（用单个字母代替全拼，如 M 代表 Monday）、QCalendarWidget.ShortDayNames（用缩写代替全拼，如 Mon 代表 Monday）、QCalendarWidget.LongDayNames（全名）、QCalendarWidget.NoHorizontalHeader（隐藏表头）。用 setFirstDayOfWeek(Qt.DayOfWeek)方法可以设置一周中哪天排在最前面，其中参数 Qt.DayOfWeek 可以取 Qt.Monday~Qt.Sunday。

表 8-56　日历控件的常用方法

QCalendarWidget 的方法及参数类型	说　　明
setSelectedDate(QDate)	用代码设置选中的日期
selectedDate()	获取选中的日期 QDate
setCalendar(QCalendar)	设置日历
calendar(self)	获取日历 QCalendar
setCurrentPage(int,int)	设置当前显示的年和月
setDateTextFormat(QDate,QTextCharFormat)	设置表格的样式
dateTextFormat(QDate)	获取表格的样式
setFirstDayOfWeek(Qt.DayOfWeek)	设置一周第一天显示哪天
firstDayOfWeek()	获取一周第一天显示的是哪天
setGridVisible(bool)	设置是否显示网格线
isGridVisible()	获取是否已经显示网格线
setHorizontalHeaderFormat (QCalendarWidget.HorizontalHeaderFormat)	设置水平表头的格式
horizontalHeaderFormat()	获取水平表头的格式
setVerticalHeaderFormat (QCalendarWidget.VerticalHeaderFormat)	设置竖直表头的格式
setDateRange(QDate,QDate)	设置日历控件可选择的最小日期和最大日期
setMaximumDate(QDate)	设置日历控件可选择的最大日期
maximumDate()	获取日历控件可选择的最大日期 QDate
setMinimumDate(QDate)	设置日历控件可选择的最小日期
minimumDate()	获取日历控件可选择的最小日期 QDate
setNavigationBarVisible(bool)	设置导航条是否可见
isNavigationBarVisible()	获取导航是否可见
showSelectedDate()	显示已经选中日期的日历
showNextMonth()	显示下个月的日历
showNextYear()	显示明年的日历
showPreviousMonth()	显示上月的日历
showPreviousYear()	显示去年的日历
setSelectionMode(SelectionMode)	设置选择模式
showToday()	显示当前日期的日历
monthShown()	获取日历显示的月份
yearShown()	获取日历显示的年

日历控件的信号有 activated(QDate)、clicked(QDate)、currentPageChanged(year,month) 和 selectionChanged()，当双击或按键盘上 Enter 键时发射 activated(QDate)信号，

单击时发射 clicked(QDate)信号,更换当前页时发射 currentPageChanged(year,month)信号,选中的日期发生改变时发射 selectionChanged()信号。

日历控件的槽函数有 setCurrentPage(year,month)、setDateRange(QDate,QDate)、setGridVisible(bool)、setNavigationBarVisible(bool)、setSelectedDate(QDate)、showNextYear()、showPreviousMonth()、showPreviousYear()、showSelectedDate()、showNextMonth()和 showToday()。

8.4.7 液晶显示控件

液晶显示控件 QLCDNumber 用来显示数字和一些特殊符号,如图 8-49 所示,常用来显示数值、日期和时间。可以显示的数字和符号有 0/O、1、2、3、4、5/S、6、7、8、9/g、减号、小数点、A、B、C、D、E、F、h、H、L、o、P、r、u、U、Y、冒号、度数(在字符串中用单引号表示)和空格。QLCDNumber 将非法字符替换为空格。

图 8-49 液晶显示控件

1. 创建液晶显示控件的方式

液晶显示控件的继承关系如图 8-50 所示,它是从 QFrame 类继承而来的。

图 8-50 液晶显示控件的继承关系

用 QLCDNumber 类实例化对象的方法如下所示,其中 parent 是控件所在的窗体或控件,int 是显示的数字个数。

```
QLCDNumber(parent = None)
QLCDNumber(int, parent = None)
```

2. 液晶显示控件的方法

液晶显示控件的常用方法如表 8-57 所示。由于液晶显示控件是从 QFrame 类继承而来的,因而可以设置液晶显示控件的边框样式,如凸起、凹陷、平面等。液晶显示控件的主要方法介绍如下。

- 用 setDigitCount(int)方法设置液晶显示控件的最大显示数字个数,包括小数点。用 display(str)、display(float)和 display(int)方法分别显示字符串、浮点数和整数,显示的内容只能是 0/O、1、2、3、4、5/S、6、7、8、9/g、减号、小数点、A、B、C、D、E、F、h、H、L、o、P、r、u、U、Y、冒号、度数(在字符串中用单引号表示)和空格,如果显示的整数部分长度超过了允许的最大数字个数,则会产生溢出,溢出时会发射 overflow()

信号。可以用 checkOverflow(float) 和 checkOverflow(int) 方法检查浮点数和整数值是否会溢出。用 intValue() 和 value() 方法可以分别获取整数和浮点数。

- 如果显示的是整数，可以用 setMode(QLCDNumber.Mode) 方法将整数转换成二进制、八进制和十六进制显示，其中参数 QLCDNumber.Mode 可以取 QLCDNumber.Hex、QLCDNumber.Dec、QLCDNumber.Oct、QLCDNumber.Bin。也可以使用 setBinMode()、setDecMode()、setHexMode()、setOctMode() 方法。
- 用 setSegmentStyle(QLCDNumber.SegmentStyle) 方法可以设置液晶显示器的外观，其中参数 QLCDNumber.SegmentStyle 可以取 QLCDNumber.Outline(用背景色显示数字，只显示数字的轮廓)、QLCDNumber.Filled(用窗口的文字颜色显示文字)和 QLCDNumber.Flat(平面，没有凸起效果)。

表 8-57 液晶显示控件的常用方法

方法及参数类型	说 明
setDigitCount(int)	设置可以显示的最大数字个数
digitCount()	获取可以显示的最大数字个数
display(str)	显示字符串的内容
display(float)	显示浮点数
display(int)	显示整数
checkOverflow(float)	获取浮点数是否会溢出
checkOverflow(int)	获取整数是否会溢出
intValue()	返回整数值
value()	返回浮点数值
setMode(QLCDNumber.Mode)	设置数字的显示模式
mode()	获取数字的显示模式
setSegmentStyle(QLCDNumber.SegmentStyle)	设置外观显示样式
segmentStyle()	获取外观显示样式

液晶显示控件只有一个信号 overflow()，当显示的整数部分长度超过了允许的最大数字个数时发射信号。

液晶显示控件的槽函数如表 8-58 所示。

表 8-58 液晶显示控件的槽函数

槽函数及参数类型	说 明	槽函数及参数类型	说 明
display(str)	显示字符串的内容	setDecMode()	转成十进制显示
display(float)	显示浮点数	setHexMode()	转成十六进制显示
display(int)	显示整数	setOctMode()	转成八进制显示
setSmallDecimalPoint(bool)	是否有小数点	setBinMode()	转成二进制显示

3. 液晶显示控件的应用实例

下面的实例从本机上读取时间，计算到举行北京冬奥会的剩余时间，并用液晶显示控件显示剩余时间。程序运行界面如图 8-51 所示。

图 8-51 电子屏

```python
import sys  #Demo8_20.py
from PyQt5.QtWidgets import QApplication,QWidget,QLabel,QLCDNumber
from PyQt5.QtCore import QTimer,QDateTime

class myWindow(QWidget):
    def __init__(self,parent = None):
        super().__init__(parent)
        self.setWindowTitle("LCD Number")
        self.resize(500,200)
        self.label = QLabel("距离北京冬季奥运会还有: ",self)
        font = self.label.font()
        font.setPointSize(20)
        self.label.setFont(font)
        self.label.setGeometry(100,50,300,50)
        self.lcdNumber = QLCDNumber(12,self)
        self.lcdNumber.setGeometry(100,100,300,50)
        self.winterGame = QDateTime(2022,2,4,0,0,0)
        self.timer = QTimer(self)
        self.timer.setInterval(1000)
        self.timer.timeout.connect(self.change)
        self.timer.start()
    def change(self):
        self.current = QDateTime.currentDateTime()       #获取系统的当前日期时间
        seconds = self.current.secsTo(self.winterGame)   #计算到目的日期的秒数
        days = seconds//(3600 * 24)                      #计算剩余天
        hours = (seconds - days * 3600 * 24)//3600       #计算剩余小时
        minutes = (seconds - days * 3600 * 24 - hours * 3600)//60   #计算剩余分钟
        seconds = seconds - days * 3600 * 24 - hours * 3600 - minutes * 60    #计算剩余秒

        string = "{:03d}:{:02d}:{:02d}:{:02d}".format(days,hours,minutes,seconds)
                                                                #格式化字符串
        self.lcdNumber.display(string)
if __name__ == '__main__':
    app = QApplication(sys.argv)
    window = myWindow()
    window.show()
    n = app.exec_()
    sys.exit(n)
```

8.4.8 日期时间控件

日期时间控件包括 QDateTimeEdit、QDateEdit 和 QTimeEdit 三个控件，它们的样式如图 8-52 所示。这三个控件可以显示日期时间，但更多的是用于输入日期时间。QDateTimeEdit 可以输入日期和时间，QDateEdit 只能输入日期，QTimeEdit 只能输入时间。QDateTimeEdit 是有下拉列表的日历控件，用于选择日期。

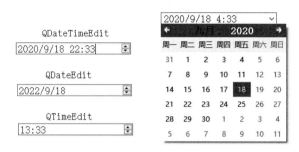

图 8-52　日期时间控件

1. 创建日期时间控件的方式

日期时间控件的继承关系如图 8-53 所示。QDateTimeEdit 是从 QAbstractSpinBox 类继承而来的，而 QDateEdit 和 QTimeEdit 都是从 QDateTimeEdit 类继承而来的。

图 8-53　日期时间控件的继承关系

用 QDateTimeEdit、QDateEdit 和 QTimeEdit 类实例化对象的方法如下所示，其中 parent 是控件所在的窗体或控件。

```
QDateTimeEdit(parent = None)
QDateTimeEdit(QDateTime, parent = None)
QDateTimeEdit(QDate, parent = None)
QDateTimeEdit(QTime, parent = None)
QDateEdit(parent = None)
QDateEdit(QDate, parent = None)
QTimeEdit(parent = None)
QTimeEdit(QTime, parent = None)
```

2. 日期时间控件的常用方法、信号和槽函数

QDateTimeEdit 控件的常用方法如表 8-59 所示。由于 QDateEdit 和 QTimeEdit 控件都继承自 QDateTimeEdit 控件，因此 QDateEdit 和 QTimeEdit 的方法与 QDateTimeEdit 的大多数方法相同。QDateTimeEdit 的主要方法介绍如下。

- 可以用 setDate(QDate)、setTime(QTime) 和 setDateTime(QDateTime) 方法为时间和日期控件 QDateEdit、QTimeEdit 和 QDateTimeEdit 设置日期和时间，用

- setDateRange(QDate，QDate)、setTimeRange(QTime，QTime)或 setDateTimeRange(QDateTime，QDateTime)方法设置日期和时间的最小值和最大值。
- 用 setDisplayFormat(format)方法可设置 QDateTimeEdit 显示日期时间的格式，用 displayFormat()方法获取格式。关于格式符号的使用，请参考日期类和时间类的内容。用 dateTimeFromText(str)方法可以将字符串转换成日期时间，用 textFromDateTime(QDateTime)方法可以将日期时间转换成字符串。

表 8-59 QDateTimeEdit 控件的常用方法

方法及参数类型	说 明
setTime(QTime)	设置时间
time()	获取时间 Qtime
setDate(QDate)	设置日期
date()	获取日期 QDate
setDateTime(QDateTime)	设置日期时间
dateTime()	获取日期时间
setDateRange(QDate,QDate)	设置日期的范围
setTimeRange(QTime,QTime)	设置时间的范围
setDateTimeRange(QDateTime,QDateTime)	设置日期时间的范围
setCalendarPopup(bool)	设置是否有日历控件
calendarPopup()	获取是否有日历控件
setCalendarWidget(QCalendarWidget)	设置日历控件
calendarWidget()	获取日历控件
setDisplayFormat(str)	设置显示格式
displayFormat()	获取显示格式
dateTimeFromText(str)	将字符串转换成日期时间对象
textFromDateTime(QDateTime)	将日期时间对象转换成字符串
setCalendar(QCalendar)	设置日历

　　日期时间控件的信号有 dateChanged(QDate)、dateTimeChanged(QDateTime)、timeChanged(Qtime)和 editingFinished()。当日期改变时发射 dateChanged(QDate)信号，当日期或时间改变时发射 dateTimeChanged(QDateTime)信号，当时间改变时发射 timeChanged(Qtime)信号，当编辑完成时发射 editingFinished()信号。

　　日期时间控件的槽函数有 setDate(QDate)、setDateTime(QDateTime)、setTime(Qtime)、stepDown()(单击向下按钮)和 stepUp()(单击向上按钮)。

3．日期时间控件的应用实例

　　下面是日期时间控件、日历控件和液晶显示控件的综合应用实例，更改其中的一个控件，其他控件也会同时发生变化。程序运行界面如图 8-54 所示。

```
import sys #Demo8_21.py
from PyQt5.QtWidgets import (QApplication,QWidget,QPushButton,QLCDNumber,QDateEdit,
        QTimeEdit,QDateTimeEdit,QCalendarWidget,QVBoxLayout,QHBoxLayout)
from PyQt5.QtCore import QTimer,QDateTime,QTime,QDate,Qt

class myWindow(QWidget):
```

```python
    def __init__(self,parent = None):
        super().__init__(parent)
        self.setWindowTitle("Date and Time")
        self.resize(500,400)
        self.setupUI()   #调用函数,建立界面控件

        self.dateTime = QDateTime.currentDateTime()  #记录时间的属性
        self.calendarWidget.setSelectedDate(self.dateTime.date())
        self.timeEidt.setTime(self.dateTime.time())
        self.dateEdit.setDate(self.dateTime.date())
        self.datetimeEdit.setDateTime(self.dateTime)

        self.timer = QTimer(self)                    #定时器
        self.timer.setInterval(10)                   #每10毫秒发射一次信号
        self.timer.setTimerType(Qt.PreciseTimer)
        self.timer.start()
        self.lcdWidget.display(self.dateTime.toString("yyyy:MM:dd hh:mm:ss"))

        self.timer.timeout.connect(self.time_add)    #信号与槽的关联
        self.calendarWidget.clicked.connect(self.calendarWidget_clicked)  #信号与槽的关联
        self.timeEidt.timeChanged.connect(self.timeEdit_changed)     #信号与槽的关联
        self.dateEdit.dateChanged.connect(self.dateEdit_changed)     #信号与槽的关联
        self.datetimeEdit.dateTimeChanged.connect(self.datetimeEdit_changed) #信号与槽的关联
        self.pushButton.clicked.connect(self.pushButton_clicked)     #信号与槽的关联
    def setupUI(self):     #建立界面
        self.timeEidt = QTimeEdit()
        self.timeEidt.setDisplayFormat("hh:mm:ss")
        self.dateEdit = QDateEdit()
        self.dateEdit.setDisplayFormat("yyyy/MM/dd")
        self.datetimeEdit = QDateTimeEdit()
        self.datetimeEdit.setDisplayFormat("yyyy/MM/dd hh:mm:ss")
        self.pushButton = QPushButton("当前时间")
        font = self.timeEidt.font()
        font.setPointSize(15)
        self.timeEidt.setFont(font)
        self.dateEdit.setFont(font)
        self.datetimeEdit.setFont(font)
        self.pushButton.setFont((font))

        vLayout = QVBoxLayout()
        vLayout.addWidget(self.timeEidt)
        vLayout.addWidget(self.dateEdit)
        vLayout.addWidget(self.datetimeEdit)
        vLayout.addWidget(self.pushButton)

        self.calendarWidget = QCalendarWidget()
        self.calendarWidget.setFont(font)
        hLayout = QHBoxLayout()
        hLayout.addLayout(vLayout)
```

```python
            hLayout.addWidget(self.calendarWidget)

            self.lcdWidget = QLCDNumber(20)
            vertLayout = QVBoxLayout(self)
            vertLayout.addWidget(self.lcdWidget,stretch = 1)
            vertLayout.addLayout(hLayout)
    def time_add(self):                         #槽函数
        self.dateTime.setTime(self.dateTime.addMSecs(10).time())
        self.lcdWidget.display(self.dateTime.toString("yyyy:MM:dd hh:mm:ss"))
    def calendarWidget_clicked(self,d):         #槽函数
        self.dateTime.setDate(d)
        self.dateEdit.setDate(self.dateTime.date())
        self.datetimeEdit.setDate(self.dateTime.date())
    def timeEdit_changed(self,t):               #槽函数
        self.dateTime.setTime(t)
        self.datetimeEdit.setTime(self.dateTime.time())
    def dateEdit_changed(self,d):               #槽函数
        self.dateTime.setDate(d)
        self.calendarWidget.setSelectedDate(self.dateTime.date())
        self.datetimeEdit.setDate(self.dateTime.date())
    def datetimeEdit_changed(self,dt):          #槽函数
        self.dateTime.setDate(dt.date())
        self.dateTime.setTime((dt.time()))
        self.calendarWidget.setSelectedDate(self.dateTime.date())
        self.dateEdit.setDate(self.dateTime.date())
        self.timeEidt.setTime(self.dateTime.time())
    def pushButton_clicked(self):               #槽函数
        self.timeEidt.setTime(QDateTime.currentDateTime().time())
        self.dateEdit.setDate(QDateTime.currentDateTime().date())
if __name__ == '__main__':
    app = QApplication(sys.argv)
    window = myWindow()
    window.show()
    n = app.exec()
    sys.exit(n)
```

图 8-54　程序运行界面

8.5 布局控件及用法

布局(layout)的一个作用是确定界面上各种控件之间的相对位置,使控件排列起来横平竖直;另外一个作用是在窗口的尺寸发生变化时,窗口上的控件的尺寸也同时随同窗口发生变化,以使窗口不会出现大面积的空白区域或者控件不被窗口或其他控件挡住。为了最大限度地体现程序的方便和美观,需要对控件进行精心布局。我们在第 7 章中介绍过在 Qt Designer 中进行布局,本节介绍用布局控件的代码实现控件的布局。在手动创建布局时,窗口或容器控件一般都有 setLayout(QLayout)方法设置窗口或容器控件内部的布局,也可以在创建布局时指定布局的父控件。

8.5.1 表单布局

表单布局 QFormLayout 由左右两列和多行构成,将控件放到左右两列中,通常左列放置 QLabel 控件,右列放置 QLineEdit 控件、QSpinBox 等输入控件,也可以让一个控件单独占据一行。表单布局支持嵌套。QFormLayout 的界面例子如图 8-55 所示。

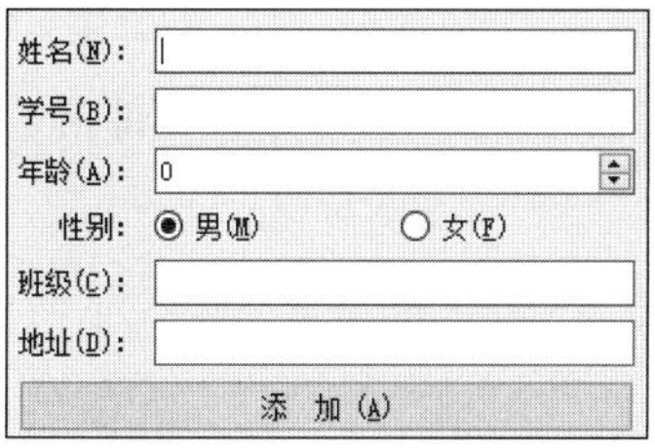

图 8-55 表单布局示例

1. 创建表单布局的方式

表单布局的继承关系如图 8-56 所示,它是从 QLayout 类继承而来的。

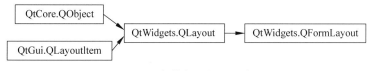

图 8-56 表单布局的继承关系

用 QFormLayout 类创建实例化对象的方法如下所示,其中 parent 是窗口或容器类控件。

```
QFormLayout(parent = None)
```

2. 表单布局的常用方法

表单布局的常用方法如表 8-60 所示,主要方法介绍如下。

- 用 addRow()方法在底部添加行,用 insertRow()方法在中间插入行。addRow()和 insertRow()方法是重构型方法,有多种不同的参数。addRow(QWidget,QWidget) 和 addRow(QWidget,QLayout)方法在左列放置第 1 个 QWidget,在右列放置第 2 个 QWidget 或 QLayout;addRow(str,QWidget)和 addRow(str,QLayout)方法 在左列创建标题是 str 的 QLabel 控件,在右列放置 QWidget 或 QLayout,这时新建

的QLabel和QWidget或QLayouthis是伙伴关系；addRow(QWidget)和addRow(QLayout)方法把QWidget和QLayout放置到一行上，占据左右两列的位置。

- 用setHorizontalSpacing(int)和setVerticalSpacing(int)方法可以分别设置控件在水平和竖直方向的距离，用setSpacing(int)方法可以同时设置水平和竖直方向的距离。

- 用setLabelAlignment(Qt.Alignment)方法可以设置左列控件的对齐方式，用setFormAlignment(Qt.Alignment)方法可以设置表单布局内控件的水平和竖直方向的对齐方式，其中参数Qt.Qlignment可以取水平方向的对齐方式有Qt.AlignLeft、Qt.AlignRight、Qt.AlignHCenter、Qt.AlignJustify，竖直方向的对齐方法有Qt.AlignTop、Qt.AlignBottom、Qt.AlignVCenter、Qt.AlignBaseline，Qt.AlignCenter方式是水平和竖直都在中心。

- 用setRowWrapPolicy(QFormLayout.RowWrapPolicy)方法可以设置左列控件和右列控件的换行策略，参数QFormLayout.RowWrapPolicy如果取QFormLayout.DontWrapRows，表示右列的输入控件（如QLineEdit、QSpinBox和QDoubleSpinBox）始终在左列标签控件的右边；如果取QFormLayout.WrapLongRows，表示如果左侧标签的标题文字很长，标签所占据的空间会挤压右侧输入控件的空间，如果整行的空间不足以放置标签，则右侧的输入控件会放到下一行；如果取QFormLayout.WrapAllRows，表示左侧标签控件始终在右侧输入控件的上面。

- 用setFieldGrowthPolicy(QFormLayout.FieldGrowthPolicy)方法可以设置可伸缩控件的伸缩方式，右列的输入控件通常可以随着窗体的改变而改变，宽度是可调节的。参数QFormLayout.FieldGrowthPolicy如果取QFormLayout.FieldsStayAtSizeHint，表示控件的伸缩量不会超过有效的范围，控件尺寸由sizeHint()方法获取的值设置；如果取QFormLayout.ExpandingFieldsGrow，则对于设置了水平setSizePolicy()属性或最小伸缩量的控件，使其扩充到可以使用的空间，其他没有设置setSizePolicy()属性的控件，在有效的范围内变化；如果取QFormLayout.AllNonFixedFieldsGrow，则对于设置了setSizePolicy()属性的控件，使其扩充到可以使用的空间。

- 用setSizeConstraint(QLayout.SizeConstraint)方法可以设置控件随窗口大小改变时尺寸的变化方式，这是从QLayout继承过来的方法。枚举类型参数QLayout.SizeConstraint如果取QLayout.SetDefaultConstraint，表示控件的最小尺寸根据setMinimunSize(QSize)方法或setMinimunSize(int,int)方法设定的值确定；如果取QLayout.SetNoConstraint，表示控件尺寸的变化量不受限制；如果取QLayout.SetMinimumSize，表示将控件的尺寸设置成控件setMinimumSize()方法设定的尺寸值；如果取QLayout.SetFixedSize，表示将控件的尺寸设置成由控件的sizeHint()方法获取的尺寸值；如果取QLayout.SetMaximumSize，表示将控件的尺寸设置成控件setMaximumSize()方法设定的尺寸值；如果取QLayout.SetMinAndMaxSize，表示控件的尺寸可以在最小值和最大值之间变化。

表 8-60　表单布局的常用方法

QFormLayout 的方法及参数类型	说　　明
addRow(QWidget,QWidget)	末尾添加行,两个控件分别在左右
addRow(QWidget,QLayout)	末尾添加行,控件在左,布局在右
addRow(str,QWidget)	末尾添加行,左侧创建名称为 str 的标签,右侧是控件
addRow(str,QLayout)	末尾添加行,左侧创建名称为 str 的标签,右侧是布局
addRow(QWidget)	末尾添加行,只有 1 个控件,控件占据左右两列
addRow(QLayout)	末尾添加行,只有 1 个布局,布局占据左右两列
insertRow(int,QWidget,QWidget)	在第 int 行插入,两个控件分别在左右
insertRow(int,QWidget,QLayout)	在第 int 行插入,控件在左,布局在右
insertRow(int,str,QWidget)	在第 int 行插入,左侧创建名称为 str 的标签,右侧是控件
insertRow(int,str,QLayout)	在第 int 行插入,左侧创建名称为 str 的标签,右侧是布局
insertRow(int,QWidget)	在第 int 行插入,只有 1 个控件,控件占据左右两列
insertRow(int,QLayout)	在第 int 行插入,只有 1 个布局,布局占据左右两列
removeRow(int)	删除第 int 行及其控件
takeRow(int)	移走第 int 行,但不删除控件
setHorizontalSpacing(int)	设置水平方向的间距
setVerticalSpacing(int)	设置竖直方向的间距
setSpacing(int)	同时设置水平和竖直方向的间距
setRowWrapPolicy(QFormLayout.RowWrapPolicy)	设置左列控件和右列控件的换行策略
rowCount()	获取行的数量
setLabelAlignment(Qt.Alignment)	设置左列的对齐方法
setFormAlignment(Qt.Alignment)	设置控件在表单布局中的对齐方法
setContentsMargins(int,int,int,int)	设置布局内的控件与布局外框的左、上、右、下的距离
setFieldGrowthPolicy(QFormLayout.FieldGrowthPolicy)	设置可伸缩控件的伸缩方式
setSizeConstraint(QLayout.SizeConstraint)	设置控件随窗口大小改变时尺寸的变化方式

3. 表单布局的应用实例

下面的程序在窗口中用表单布局建立一些控件的布局,用于输入一些基本信息。

```
import sys  # Demo8_22.py
from PyQt5.QtWidgets import (QApplication,QWidget,QLineEdit,QSpinBox,QLabel,QTextBrowser,
                QFormLayout, QRadioButton,QHBoxLayout,QPushButton)
from PyQt5.QtCore import Qt
class myWindow(QWidget):
    def __init__(self):
        super().__init__()
        self.setWindowTitle("QFormLayout")
        self.resize(300,200)
        self.setupUi()
    def setupUi(self):
```

```python
            formLayout = QFormLayout(self)
            name = QLabel("姓名(&N): ")
            self.name_lineEdit = QLineEdit()
            name.setBuddy(self.name_lineEdit)
            formLayout.addRow(name,self.name_lineEdit)
            number = QLabel("学号(&B): ")
            self.number_lineEdit = QLineEdit()
            number.setBuddy(self.number_lineEdit)
            formLayout.addRow(number, self.number_lineEdit)
            self.age_spinBox = QSpinBox()
            formLayout.addRow("年龄(&A): ", self.age_spinBox)
            self.male_radioButton = QRadioButton("男(&M)")
            self.male_radioButton.setChecked(True)
            self.female_radioButton = QRadioButton("女(&F)")
            h_layout = QHBoxLayout()
            h_layout.addWidget(self.male_radioButton)
            h_layout.addWidget(self.female_radioButton)
            formLayout.addRow("性别: ",h_layout)
            self.append_btn = QPushButton("添 加 (&A)")
            formLayout.addRow(self.append_btn)
            self.address_lineEdit = QLineEdit()
            formLayout.insertRow(4,"地址(&D): ",self.address_lineEdit)
            self.class_lineEdit = QLineEdit()
            formLayout.insertRow(4,"班级(&C): ",self.class_lineEdit)
            self.textBrowser = QTextBrowser()
            formLayout.addRow(self.textBrowser)
            formLayout.setLabelAlignment(Qt.AlignRight)
            self.append_btn.clicked.connect(self.append_clicked)
        def append_clicked(self):
            sex = "男"
            if self.female_radioButton.isChecked():
                sex = "女"
            template = "姓名:{} 学号:{} 年龄:{} 性别:{} 班级:{} 地址:{}"
            self.textBrowser.append(template.format(self.name_lineEdit.text(),self.number_lineEdit.text(),
                    self.age_spinBox.value(),sex,self.class_lineEdit.text(),self.address_lineEdit.text()))
    if __name__ == '__main__':
        app = QApplication(sys.argv)
        window = myWindow()
        window.show()
        sys.exit(app.exec())
```

8.5.2 水平和竖直布局

表单布局可把多个控件分成两列多行,而水平布局 QHBoxLayout 只能把多个控件水平排列成一行,竖直布局 QVBoxLayout 只能把多个控件竖直排列成一列。在前面的应用中我们也多次用到水平和竖直布局。

1．创建水平和竖直布局的方式

水平和竖直布局的继承关系如图 8-57 所示，它是从 QBoxLayout 类继承而来的。

图 8-57　水平和竖直布局的继承关系

用 QHBoxLayout 类和 QVBoxLayout 类创建实例化对象的方法如下所示，其中 parent 是窗口或容器类控件。

```
QHBoxLayout(parent = None)
QVBoxLayout(parent = None)
```

2．水平和竖直布局的常用方法

水平和竖直布局没有自己特有的方法，只能使用从父类 QBoxLayout 继承的方法，常用方法如表 8-61 所示。主要方法介绍如下。

- 用 addWidget(QWidget,stretch＝0,Qt.Alignment) 方法和 addLayout(QLayout, stretch＝0) 方法可在末尾添加控件和子布局，其中参数 stretch 是布局内部各控件和子布局的相对伸缩系数，相对伸缩系数取整数，同时可以指定控件的对齐方式 Qt.Alignment；用 insertWidget(int,QWidget,stretch＝0,Qt.Alignment) 方法和 insertLayout(int,QLayout,stretch＝0) 方法可以插入控件和子布局。
- 用 addSpacing(int) 方法和 insertSpacing(int,int) 方法可以在末尾添加或某个位置插入固定长度的占位空间；用 addStretch(stretch＝0) 方法和 insertStretch(int, stretch＝0) 方法可以在末尾添加或某位置插入可以伸缩的占位空间；用 addStrut (int) 方法可以设置水平布局在竖直方向的最小高度，也可设置竖直布局在水平方向的最小宽度。
- 用 setDirection(QBoxLayout.Direction) 方法可以设置布局的方向，例如把水平布局改变成竖直布局，参数 QBoxLayout.Direction 可以取 QBoxLayout.LeftToRight（水平布局）、QBoxLayout.RightToLeft（水平布局）、QBoxLayout.TopToBottom（竖直布局）、QBoxLayout.BottomToTop（竖直布局）。

表 8-61　水平和竖直布局的常用方法

QHBoxLayout 或 QVBoxLayout 的方法及参数类型	说　　明
addWidget(QWidget,stretch＝0,Qt.Alignment)	添加控件，可设置伸缩系数和对齐方式
addLayout(QLayout,stretch＝0)	添加布局，可设置伸缩系数
addSpacing(int)	添加固定长度的占位空间
addStretch(stretch＝0)	添加可伸缩空间
addStrut(int)	指定垂向最小值
insertWidget(int,QWidget,stretch＝0,Qt.Alignment)	插入控件，可设置伸缩系数和对齐方式
insertLayout(int,QLayout,stretch＝0)	插入控件，可设置伸缩系数
insertSpacing(int,int)	插入固定长度的占位空间

续表

QHBoxLayout 或 QVBoxLayout 的方法及参数类型	说　明
insertStretch(int,stretch=0)	插入可伸缩的空间
count()	获取控件、布局和空间的数量
maximumSize()	获取最大尺寸 QSize
minimumSize()	获取最小尺寸 QSize
setDirection(QBoxLayout.Direction)	设置布局的方向
setGeometry(QRect)	设置左上角位置和宽度、高度
setSpacing(int)	设置布局内部控件之间的间隙
setStretch(int,int)	设置第 int 个控件或布局的伸缩比例系数
setStretchFactor(QWidget,int)	给控件设置伸缩系数，如果成功则返回 True
setStretchFactor(QLayout,int)	给布局设置伸缩系数，如果成功则返回 True
setContentsMargins(int,int,int,int)	设置布局内的控件与外边的左、上、右、下的距离
setSizeConstraint(QLayout.SizeConstraint)	设置控件随窗口大小改变时尺寸的变化方式
spacing()	获取内部控件之间的间隙
stretch(int)	获取第 int 个控件的伸缩比例系数

8.5.3　格栅布局

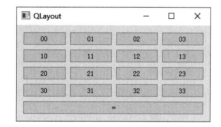

图 8-58　格栅布局示例

格栅布局 QGridLayout（或称为网格布局）提供多行多列的布局位置，可以把控件或子布局放到这些布局节点上，也可以让 1 个控件或子布局占用多行多列的布局位置。格栅布局样式如图 8-58 所示。

1. 创建布局控件的方式

格栅布局的继承关系如图 8-59 所示，它是从 QLayout 类继承而来的。

图 8-59　格栅布局的继承关系

用 QGridLayout 类创建实例化对象的方法如下所示，其中 parent 是窗口或容器类控件。

```
QGridLayout(parent = None)
```

2. 格栅布局的常用方法

格栅布局的常用方法如表 8-62 所示，主要方法介绍如下。

- 用 addWidget（QWidget）方法可以在格栅布局第 1 列的末尾添加控件；用 addWidget（QWidget,row,column [,Qt.Alignment]）方法和 addLayout（QLayout,row,column [,Qt.Alignment]）方法可以在指定行和指定列添加控件和

子布局，同时可以指定控件的对齐方式；用 addWidget(QWidget,row,column,row_span,column_span[,Qt.Alignment])方法和 addLayout(row,column,row_span,column_span[,Qt.Alignment])方法可以在指定行和指定列处添加控件和子布局，控件和子布局可以跨多行多列。

- 用 setRowStretch(row,stretch)方法和 setColumnStretch(column,stretch)方法可以设置行和列的相对缩放系数。
- 用 setHorizontalSpacing(int)和 setVerticalSpacing(int)方法可以分别设置行之间的距离和列之间的距离，用 setSpacing(int)方法可以同时设置行列之间的距离。

表 8-62　格栅布局的常用方法

方法及参数类型	说　　明
addWidget(QWidget)	在第 1 列的末尾添加控件
addWidget(QWidget,int,int,Qt.Alignment)	在第 int 行第 int 列添加控件，并可设置对齐方法
addWidget(QWidget,int,int,int,int,Qt.Alignment)	添加控件，第 1 个 int 是控件的起始行，第 2 个 int 是起始列，第 3 个 int 是行跨度，第 4 个 int 是列跨度，并可设置对齐方法
addLayout(QLayout,int,int,Qt.Alignment)	添加子布局
addLayout(QLayout,int,int,int,int,Qt.Alignment)	添加子布局
setRowStretch(int,int)	设置行的伸缩系数
setColumnStretch(int,int)	设置列的伸缩系数
setHorizontalSpacing(int)	设置控件的水平间距
setVerticalSpacing(int)	设置控件的竖直间距
setSpacing(int)	设置控件的水平和竖直间距
rowCount()	获取行数
columnCount(self)	获取列数
setRowMinimumHeight(int,int)	设置行最小高度
setColumnMinimumWidth(int,int)	设置列最小宽度
setContentsMargins(int,int,int,int)	设置布局内的控件与布局外边的左、上、右、下的距离
setSizeConstraint(QLayout.SizeConstraint)	设置控件随窗口大小改变时尺寸的变化方式
cellRect(int,int)	获取单元格的 QRect

3. 格栅布局应用实例

下面的程序建立一个简单的计算器，计算器的按钮用格栅进行布局。程序运行界面如图 8-60 所示。

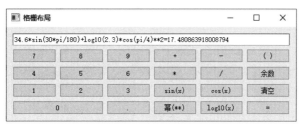

图 8-60　格式应用实例

```python
import sys  # Demo8_23.py
from PyQt5.QtWidgets import (QApplication,QWidget,QPushButton,QLineEdit,
                             QGridLayout,QMessageBox)
from math import *

class myWindow(QWidget):
    def __init__(self,parent = None):
        super().__init__(parent)
        self.setWindowTitle("格栅布局")
        self.resize(300,200)
        self.setupUI()           # 调用函数,建立界面控件
    def setupUI(self):           # 建立界面
        self.gridLayout = QGridLayout(self)
        self.lineText = QLineEdit()
        self.gridLayout.addWidget(self.lineText,0,0,1,6)
        self.number_7 = QPushButton("7")
        self.gridLayout.addWidget(self.number_7, 1, 0)
        self.number_8 = QPushButton("8")
        self.gridLayout.addWidget(self.number_8, 1, 1)
        self.number_9 = QPushButton("9")
        self.gridLayout.addWidget(self.number_9, 1, 2)
        self.number_4 = QPushButton("4")
        self.gridLayout.addWidget(self.number_4, 2, 0)
        self.number_5 = QPushButton("5")
        self.gridLayout.addWidget(self.number_5, 2, 1)
        self.number_6 = QPushButton("6")
        self.gridLayout.addWidget(self.number_6, 2, 2)
        self.number_1 = QPushButton("1")
        self.gridLayout.addWidget(self.number_1, 3, 0)
        self.number_2 = QPushButton("2")
        self.gridLayout.addWidget(self.number_2, 3, 1)
        self.number_3 = QPushButton("3")
        self.gridLayout.addWidget(self.number_3, 3, 2)
        self.number_0 = QPushButton("0")
        self.gridLayout.addWidget(self.number_0, 4, 0,1,2)
        self.point = QPushButton(".")
        self.gridLayout.addWidget(self.point, 4, 2)

        self.plus = QPushButton(" + ")
        self.gridLayout.addWidget(self.plus, 1, 3)
        self.minus = QPushButton(" - ")
        self.gridLayout.addWidget(self.minus, 1, 4)
        self.multiple = QPushButton(" * ")
        self.gridLayout.addWidget(self.multiple, 2, 3)
        self.division = QPushButton("/")
        self.gridLayout.addWidget(self.division, 2, 4)

        self.sin = QPushButton("sin(x)")
        self.gridLayout.addWidget(self.sin, 3, 3)
```

```python
        self.cos = QPushButton("cos(x)")
        self.gridLayout.addWidget(self.cos, 3, 4)
        self.power = QPushButton("幂(**)")
        self.gridLayout.addWidget(self.power, 4, 3)
        self.log = QPushButton("log10(x)")
        self.gridLayout.addWidget(self.log, 4, 4)
        self.bracket = QPushButton("( )")
        self.gridLayout.addWidget(self.bracket, 1, 5)
        self.yushu = QPushButton("余数")
        self.gridLayout.addWidget(self.yushu, 2, 5)
        self.clear = QPushButton("清空")
        self.gridLayout.addWidget(self.clear, 3, 5)
        self.equal = QPushButton(" = ")
        self.gridLayout.addWidget(self.equal, 4, 5)
        self.number_0.clicked.connect(self.number_0_clicked)
        self.number_1.clicked.connect(self.number_1_clicked)
        self.number_2.clicked.connect(self.number_2_clicked)
        self.number_3.clicked.connect(self.number_3_clicked)
        self.number_4.clicked.connect(self.number_4_clicked)
        self.number_5.clicked.connect(self.number_5_clicked)
        self.number_6.clicked.connect(self.number_6_clicked)
        self.number_7.clicked.connect(self.number_7_clicked)
        self.number_8.clicked.connect(self.number_8_clicked)
        self.number_9.clicked.connect(self.number_9_clicked)
        self.point.clicked.connect(self.point_clicked)
        self.plus.clicked.connect(self.plus_clicked)
        self.minus.clicked.connect(self.minus_clicked)
        self.multiple.clicked.connect(self.multiple_clicked)
        self.division.clicked.connect(self.division_clicked)
        self.sin.clicked.connect(self.sin_clicked)
        self.cos.clicked.connect(self.cos_clicked)
        self.power.clicked.connect(self.power_clicked)
        self.log.clicked.connect(self.log10_clicked)
        self.bracket.clicked.connect(self.bracket_clicked)
        self.yushu.clicked.connect(self.yushu_clikced)
        self.clear.clicked.connect(self.lineText.clear)
        self.equal.clicked.connect(self.equal_clicked)
    def number_0_clicked(self):
        self.lineText.insert("0")
    def number_1_clicked(self):
        self.lineText.insert("1")
    def number_2_clicked(self):
        self.lineText.insert("2")
    def number_3_clicked(self):
        self.lineText.insert("3")
    def number_4_clicked(self):
        self.lineText.insert("4")
    def number_5_clicked(self):
        self.lineText.insert("5")
```

```python
        def number_6_clicked(self):
            self.lineText.insert("6")
        def number_7_clicked(self):
            self.lineText.insert("7")
        def number_8_clicked(self):
            self.lineText.insert("8")
        def number_9_clicked(self):
            self.lineText.insert("9")
        def point_clicked(self):
            self.lineText.insert(".")
        def plus_clicked(self):
            self.lineText.insert(" + ")
        def minus_clicked(self):
            self.lineText.insert(" - ")
        def multiple_clicked(self):
            self.lineText.insert(" * ")
        def division_clicked(self):
            self.lineText.insert("/")
        def sin_clicked(self):
            self.lineText.insert("sin()")
            self.lineText.setFocus()
            self.lineText.cursorBackward(False, 1)
        def cos_clicked(self):
            self.lineText.insert("cos()")
            self.lineText.setFocus()
            self.lineText.cursorBackward(False, 1)
        def power_clicked(self):
            self.lineText.insert(" ** ")
        def log10_clicked(self):
            self.lineText.insert("log10()")
            self.lineText.setFocus()
            self.lineText.cursorBackward(False, 1)
        def bracket_clicked(self):
            self.lineText.insert("()")
            self.lineText.setFocus()
            self.lineText.cursorBackward(False, 1)
        def yushu_clikced(self):
            self.lineText.insert(" % ")
        def equal_clicked(self):
            try:
                value = eval(self.lineText.text())
                self.lineText.setText(self.lineText.text() + " = " + str(value))
            except:
                QMessageBox.information(self,"警告信息","输入的式子语法有问题,请检查")
if __name__ == '__main__':
    app = QApplication(sys.argv)
    window = myWindow()
    window.show()
    sys.exit(app.exec())
```

8.5.4 分割器控件

分割器 QSplitter 中可以加入多个控件,在两个相邻的控件之间自动用一个分隔条把这两个控件分开,可以拖曳分割条的位置。分割器可以分为水平分割和竖直分割两种,分割器中还可以加入其他分割器,这样形成多级分割。只能往分割器中加控件,不能直接加布局。分割器的形式如图 8-61 所示。在往窗体或布局中添加分割器控件时,应以控件形式而不能以布局形式加入,因此分割器更应该当成控件而不是布局。

图 8-61 分割器

1. 创建分割器的方式

分割器 QSplitter 的继承关系如图 8-62 所示,它是从 QFrame 类继承而来的。

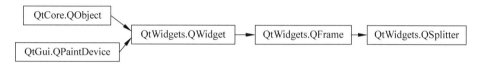

图 8-62 分割器的继承关系

用 QSplitter 类创建实例化对象的方法如下所示,其中 parent 是窗口或容器控件; Qt.Orientation 是分割方向,可以取 Qt.Vertical 和 Qt.Horizontal。

```
QSplitter(parent = None)
QSplitter(Qt.Orientation, parent = None)
```

2. 分割器控件的常用方法和信号

分割器控件的常用方法如表 8-63 所示,主要方法介绍如下。

- 分割器用 addWidget(QWidget)方法在末尾添加控件,用 insertWidget(int, QWidget)方法插入控件,不能添加布局,用 replaceWidget(int,QWidget)方法替换控件,用 widget(index)方法获取索引值是 index 的控件,用 indexOf(QWidget)方法获取指定控件的索引值,用 count()方法获取控件的数量。
- 用 setOrientation(Qt.Orientation)方法设置分割器的方向;用 setOpaqueResize(bool)方法设置移动分割条时,是否是动态显示的,动态显示时控件随鼠标的移动进行缩放,非动态显示时释放鼠标后才缩放控件。
- 用 setChildrenCollapsible(bool)和 setCollapsible(int,bool)方法设置控件是否可以折叠的,在折叠情况下,两个分隔条可以合并在一起。

表 8-63　分割器控件的常用方法

分割器的方法及参数类型	说　　明
addWidget(QWidget)	在末尾添加控件
insertWidget(int,QWidget)	在指定位置插入控件
widget(int)	获取指定索引的控件
replaceWidget(int,QWidget)	替换指定的控件
count()	获取控件的数量
indexOf(QWidget)	获取控件的索引号
setOrientation(Qt.Orientation)	设置分割方向
orientation()	获取分割方向
setOpaqueResize(bool)	设置拖动分隔条时，是否是动态的
setStretchFactor(int,stretch)	设置分割区在窗口缩放时的缩放系数
setHandleWidth(int)	设置分隔条的宽度
setChildrenCollapsible(bool)	设置内部控件是否可以折叠，默认为 True
setCollapsible(int,bool)	设置索引号是 int 的控件是否可以折叠
setSizes(Iterable[int])	使用可迭代序列（列表、元组等）设置内部控件的宽度（水平分割）或高度（竖直分割）
sizes()	获取分割器中控件的宽度（水平分割）列表或高度（竖直分割）列表
setRubberBand(int)	设置橡皮筋到指定位置，如果分割条不是动态的，则会看到橡皮筋
saveState()	保存状态到 QByteArray
restoreState(QByteArray)	恢复保存的状态
moveSplitter(int pos,int index)	将索引是 index 的分割线移到 pos 处
getRange(int)	获取索引是 int 的分割线的可调节范围，返回元组

分割器控件只有一个信号 splitterMoved(pos,index)，当分隔条移动时发射信号，信号的参数是分割条的位置和索引值。

第9章

窗口和对话框

第 8 章介绍了常用控件和容器控件,这些控件都是直接或间接从 QWidget 类继承而来的,因而也会继承 QWidget 的属性、方法、信号和槽函数。QWidget 是所有可视化控件的基类。QWidget 可以作为普通容器控件使用,还可以当作独立的窗口使用。除了用 QWidget 做窗口使用外,通常还可以用 QMainWindow 和 QDialog 作为独立的窗口。QMainWindow 通常用作程序的主窗口,可以建立菜单、工具栏、状态栏和停靠控件;QDialog 通常用于程序运行过程中临时会话窗口,用于提示和选择内容。本章主要介绍这三种独立窗口的使用方法。

9.1 QWidget 窗口

QWidget 类是所有可视化类的基类,QWidget 的属性、方法、信号和槽函数也会被继承者所拥有。QWidget 可以当作独立的窗口使用,也可以当作容器控件使用。

9.1.1 顶层窗口

第 8 章介绍的可视控件,在创建具体的实例时都选择了一个父窗体,将控件放到这个窗体上,即使在创建实例时没有选择父窗体,也可以用控件的 setParent()方法将控件放到父窗体上。如果一个控件没有放到任何窗体上,则这个控件可以单独成为窗口,并且可以作为父窗口来使用,可在其上面添加其他控件。这种控件可以称为程序的顶层窗口(top widget)。

第 8 章介绍的常用控件和容器控件都是从 QWdiget 类继承来的,都可以单独作为窗口来使用,例如下面的两段程序,一个是以 QPushButton 作为窗口,另一个是以 QLabel 作为窗口,且都在窗口上添加了两个控件。程序运行结果如图 9-1 所示。

图 9-1　QPushButton 和 QLabel 作为独立窗口

```
import sys #Demo9_1.py
from PyQt5.QtWidgets import QApplication,
    \QPushButton,QLabel

app = QApplication(sys.argv)
myWindow = QPushButton()
myWindow.setWindowTitle("QPushButton")
myWindow.resize(250,100)
label = QLabel("我是QLablel")
label.setParent(myWindow) #setParent()方法
label.setGeometry(80,20,100,30)
btn = QPushButton("我是 QPushButton",
    myWindow)
btn.setGeometry(60,50,100,30)
myWindow.show()
n = app.exec()
sys.exit(n)
```

```
import sys #Demo9_2.py
from PyQt5.QtWidgets import QApplication,
    \QPushButton,QLabel

class myWindow(QLabel):
    def __init__(self,parent = None):
        super().__init__(parent)
        self.setWindowTitle("QLabel")
        self.resize(250, 100)
        label = QLabel("我是 QLablel")
        label.setParent(self) # setParent()方法
        label.setGeometry(80, 20, 100, 30)
        btn = QPushButton("我是 QPushButton", self)
        btn.setGeometry(60, 50, 100, 30)
if __name__ == '__main__':
    app = QApplication(sys.argv)
    window = myWindow()
    window.show()
    sys.exit(app.exec())
```

第 8 章介绍的常用控件各自都有其独特的属性、方法、信号和槽函数，因此一般不选择这些控件作为顶层窗口，一般选择 QWidget、QMainWindow 和 QDialog 作为常用的顶层窗口。在一个 GUI 应用程序中，可以有多个顶层窗口。

9.1.2　QWidget 独立窗口

QWidget 可以当作普通的容器控件使用，也可以当作独立的窗口使用。当一个控件有父窗口时，不显示该控件的标题栏；当控件没有父窗口时，会显示标题栏。

QWidget 是可视化控件的基类，继承 QWidget 的控件有很多，按照功能分类可以分解成如图 9-2 所示的继承关系。QWidget 是从 QObject 和 QPaintDevice 类继承而来的，QObject 主要定义信号和槽的功能，QPaintDevice 主要定义绘图功能。

1. QWidget 的实例化对象

QWidget 实例化对象的方法如下，其中 parent 是父窗口控件，如果没有给 QWidget 传递父窗口控件，QWidget 将会成为独立窗口；参数 Qt.WindowType 确定窗口的外观和功能，其值是枚举类型，对 QWidget 的功能起作用的取值如表 9-1 所示，对 QWidget 的外观起作用的取值如表 9-2 所示，如果同时选择多个值，可以用"|"符号将多个可选值连接起来。

```
QWidget(parent = None, Qt.WindowType)
```

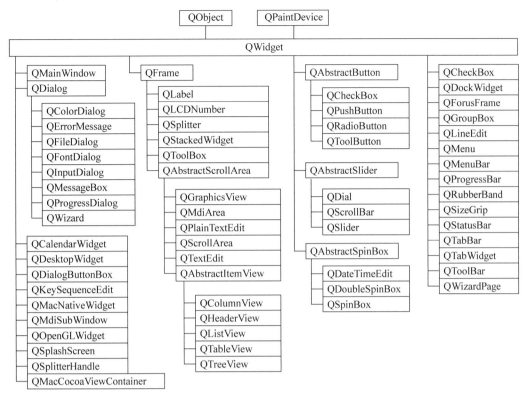

图 9-2　继承 QWidget 的类

表 9-1　影响窗口功能的 Qt.WindowType 的取值

Qt.WindowType 的取值	说　明
Qt.Widget	这是默认值，如果 QWidget 有父容器或窗口，它会成为一个控件；如果没有，它则会成为独立的窗口
Qt.Window	不管 QWidget 是否有父容器或窗口，它都将成为一个有窗口框架和标题栏的窗口
Qt.Dialog	QWidget 将成为一个对话框窗口（QDialog）。对话框窗口在标题栏上通常没有最大化按钮和最小化按钮，如果是从其他窗口中弹出了对话框窗口，可以通过 setWindowModality() 方法将其设置成模式窗口。在关闭模式窗口之前，不允许对其他窗口进行操作
Qt.Sheet	在 Mac 系统中，QWidget 将是一个表单（sheet）
Qt.Drawer	在 Mac 系统中，QWidget 将是一个抽屉（drawer）
Qt.Popup	QWidget 是弹出式顶层窗口，这个窗口是带模式的，常用来做弹出式菜单
Qt.Tool	QWidget 是一个工具窗，工具窗通常有比正常窗口小的标题栏，可以在其上面放置按钮。如果 QWidget 有父窗口，则 QWidget 始终在父窗口的顶层
Qt.ToolTip	QWidget 是一个提示窗，没有标题栏和边框
Qt.SplashScreen	QWidget 是一个欢迎窗，这是 QSplashScreen 的默认值
Qt.Desktop	QWidget 是个桌面，这是 QDesktopWidget 的默认值
Qt.SubWindow	QWidget 是子窗口，例如 QMidSubWidow 窗口
Qt.ForeignWindow	QWidget 是其他程序创建的句柄窗口
Qt.CoverWindow	QWidget 是一个封面窗口，当程序最小化时显示该窗口

表 9-2　影响窗口外观的 Qt. WindowType 值

Qt. WindowType 的取值	说　　明
Qt. MSWindowsFixedSizeDialogHint	对于不可调整尺寸的对话框 Qdialog 添加窄的边框
Qt. MSWindowsOwnDC	为 Windows 系统的窗口添加上下文菜单
Qt. BypassWindowManagerHint	窗口不受窗口管理协议的约束，与具体的操作系统有关
Qt. X11BypassWindowManagerHint	无边框窗口，不受任务管理器的管理。如果不是用 activeWindow() 方法激活，不接受键盘输入
Qt. FramelessWindowHint	无边框窗口，无法移动和改变窗口的尺寸
Qt. NoDropShadowWindowHint	不支持拖放操作的窗口
Qt. CustomizeWindowHint	自定义窗口标题栏，不显示窗口的默认提示信息。以下 6 个可选值可配合该值一起使用
Qt. WindowTitleHint	有标题栏的窗口
Qt. WindowSystemMenuHint	有系统菜单的窗口
Qt. WindowMinimizeButtonHint	有最小化按钮的窗口
Qt. WindowMaximizeButtonHint	有最大化按钮的窗口
Qt. WindowMinMaxButtonsHint	有最小化和最大化按钮的窗口
Qt. WindowCloseButtonHint	有关闭按钮的窗口
Qt. WindowContextHelpButtonHint	有帮助按钮的窗口
Qt. MacWindowToolBarButtonHint	在 Mac 系统中，添加工具栏按钮
Qt. WindowFullscreenButtonHint	有全屏按钮的窗口
Qt. WindowShadeButtonHint	在最小化按钮处添加背景按钮
Qt. WindowStaysOnTopHint	始终在最前面的窗口
Qt. WindowStaysOnBottomHint	始终在最后面的窗口
Qt. WindowTransparentForInput	只用于输出，不能用于输入的窗口
Qt. WindowDoesNotAcceptFocus	不接受输入焦点的窗口
Qt. MaximizeUsingFullscreenGeometryHint	窗口最大化时，最大化地占据屏幕

2. 窗口类应用实例

下面举一个窗口类的实例。运行下面的程序，先出现一个欢迎界面，窗口类型是 Qt. SplashScreen，这个界面上没有标题栏，只有一个标签和一个按钮，单击"进入>>"按钮后，弹出新的窗口。程序运行界面如图 9-3 所示。

图 9-3　窗口类型实例的界面

```
import sys  #Demo9_3.py
from PyQt5.QtWidgets import QApplication, QWidget, QLabel,QPushButton
from PyQt5.QtCore import Qt

class myWindow(QWidget):
    def __init__(self,parent = None,winType = Qt.Widget):
```

```python
        super().__init__(parent,winType)
        self.setWindowTitle("欢迎来到我的世界")
        # add more...
class welcomeWindow(QWidget):
    def __init__(self,parent = None,winType = Qt.Widget):
        super().__init__(parent,winType)
        self.resize(300, 100)
        self.setupUi()
    def setupUi(self):
        label = QLabel("欢迎来到我的世界!")
        label.setParent(self)
        label.setGeometry(70, 30, 200, 30)
        font = label.font()
        font.setPointSize(15)
        label.setFont(font)
        btn = QPushButton("进入>>",self)
        btn.setGeometry(200,70,70,20)
        btn.clicked.connect(self.enter)          # 信号与槽的连接
    def enter(self):
        self.win = myWindow(None,Qt.Window)
        self.win.show()                          # 显示另外一个窗口
        self.close()
if __name__ == '__main__':
    app = QApplication(sys.argv)
    welcome = welcomeWindow(None,Qt.SplashScreen)  # 欢迎窗口
    welcome.show()
    n = app.exec()
    sys.exit(n)
```

3. QWidget 的常用方法、信号和槽函数

由于 QWidget 可以成为顶层窗口、独立窗口和容器控件，因此 QWidget 的方法根据 QWidget 的功能不同也会有所不同。顶层窗口一定是独立窗口，而独立窗口不一定是顶层窗口，独立窗口也可以有父窗口，例如用参数 Qt.Dialog 创建的窗口，独立窗口有自己的标题栏，可以移动、放大和缩小。QWidget 的一些属性只能用于窗口，一些只能用于控件，一些既可以用于窗口也可以用于控件。QWidget 的常用方法如表 9-3 所示，主要方法介绍如下。

表 9-3　QWidget 的常用方法

方法及参数类型	说　　明
show()	显示窗口，等同于 setVisible(True)
hide()	隐藏窗口
setVisible(bool)	设置窗口是否可见
raise_()	提升控件，放到控件栈的顶部
lower()	降低控件，放到控件栈的底部
close()	关闭窗口，如果成功返回 True
setWindowIcon(QIcon)	设置窗口的图标

续表

方法及参数类型	说明
windowIcon()	获取窗口的图标
setWindowTitle(str)	设置窗口的标题
windowTitle()	获取窗口标题的文字
setWindowModified(bool)	设置文档是否修改过,可依此在退出程序时提示保存
isWindowModified()	获取窗口的内容是否修改过
setWindowIconText(str)	设置窗口图标的文字
windowIconText()	获取窗口图标的文字
setWindowModality(Qt.WindowModality)	设置窗口是否是模式的
windowModality()	获取窗口是否是模式的
isModal()	是否处于模式状态
setWindowOpacity(float)	设置窗口的不透明度,参数值从 0 到 1
windowOpacity()	获取窗口的不透明度
setWindowState(Qt.WindowState)	设置窗口的状态
windowState()	获取窗口的状态,如最大化
windowType()	获取窗口类型
activateWindow()	设置成活动窗口,活动窗口可以获得键盘输入
isActiveWindow()	获取窗口是否是活动窗口
setMaximumWidth(int)	设置窗口或框架的最大宽度和高度
setMaximumHeight(int)	
setMaximumSize(int,int)	
setMaximumSize(QSize)	
setMinimumWidth(int)	设置窗口或框架的最小宽度和高度
setMinimumHeight(int)	
setMinimumSize(int,int)	
setMinimumSize(QSize)	
setFixedHeight(int)	设置窗口或框架的固定宽度和高度
setFixedWidth(int)	
setFixedSize(QSize)	
setFixedSize(int,int)	
showFullScreen()	全屏显示
showMaximized()	最大化显示
showMinimized()	最小化显示
showNormal()	正常显示
isMaximized()	是否处于最大化状态
isMinimized()	是否处于最小化状态
isFullScreen()	获取窗口是否为全屏状态
setAutoFillBackGround(bool)	设置是否自动填充背景
autoFillBackground()	获取是否自动填充背景
setFont(QFont)	设置字体
font()	获取字体
setPallete(QPalette)	设置调色板
palette()	获取调色板

续表

方法及参数类型	说　明
setUpdatesEnabled(bool)	设置是否可以对窗口进行刷新
update()	刷新窗口
update(QRect)	刷新窗口的指定区域
update(int,int,int,int)	
setCursor(QCursor)	设置光标
cursor()	获取光标 QCursor
unsetCursor()	重置光标，使用父窗口的图标
repaint()	调用 paintEvent 事件重新绘制
repaint(int,int,int,int)	重新绘制指定区域
repaint(QRect)	
scroll(int,int)	窗口中的控件向左、向下移动指定的像素，参数可为负
scroll(int,int,QRect)	窗口中指定区域向左、向下移动指定的像素
resize(QSize)	重新设置窗口工作区的尺寸
resize(int,int)	
size()	获取工作区 QSize
move(QPoint)	移动左上角到指定位置
move(int,int)	
pos()	获取窗口左上角的 QPoint
x()	获取包含框架的左上角的 x 坐标
y()	获取包含框架的左上角的 y 坐标
frameGeometry()	获取包含标题栏的外框架 QRect
frameSize()	获取窗口包含标题栏的外框架的 QSize
setGeometry(QRect)	设置工作区的 QRect
setGeometry(int,int,int,int)	
geometry()	获取不包含框架和标题栏的工作区的 QRect
height()	获取工作区的高度
width()	获取工作区的宽度
rect()	获取工作区的 QRect
childrenRect()	获取子控件占据的区域 QRect
baseSize()	如果设置了 sizeIncrement 属性，获取控件的合适尺寸
setBaseSize(int,int)	设置控件的合适尺寸
setBaseSize(QSize)	
sizeHint()	获取系统推荐的尺寸 QSize
isVisible()	获取窗口是否可见
setDisabled(bool)	设置失效状态
setEnabled(bool)	设置是否激活
isEnabled()	获取激活状态
isWindow()	获取是否是独立窗口
window()	返回控件所在的独立窗口
setToolTip(str)	设置提示信息
childAt(QPoint)	获取指定位置处的控件
childAt(int,int)	

续表

方法及参数类型	说　　明
setLayout(QLayout)	设置窗口的布局
layout()	获取布局
setLayoutDirection(Qt.LayoutDirection)	设置布局的排列方向
setParent(QWidget)	设置控件到父窗体上
setParent(QWidget,Qt.WindowType)	
parentWidget()	获取父窗口
setFocus()	设置获得焦点
setSizeIncrement(int,int)	设置窗口变化时的增量值
setSizeIncrement(QSize)	
sizeIncrement()	获取窗口变化时的增量值QSize
setSizePolicy(QSizePolicy)	设置控件尺寸的调整策略
setSizePolicy(QSizePolicy.Policy,QSizePolicy.Policy)	
setStyleSheet(str)	设置窗口或控件的样式表
setMask(QBitmap)	设置遮掩,白色部分不显示,黑色部分显示
setStyle(QStyle)	设置窗口的风格
setContentsMargins(int,int,int,int)	设置左、上、右、下的页边距
setContentsMargins(QMargins)	
setAttribute(Qt.WidgetAttribute,on=True)	设置窗口或控件的属性
setAcceptDrops(bool)	设置是否接受鼠标的拖放
setToolTip(str)	设置提示信息
setToolTipDuration(int)	设置提示信息持续的时间(毫秒)
setWhatsThis(str)	设置按下Shift+F1键时的提示信息
setWindowFilePath(str)	在窗口上记录一个路径,例如打开文件的路径

- 窗口的显示与关闭。用show()方法可以显示窗口,用hide()方法可以隐藏窗口,也可以用setVisible(bool)方法和setHidden(bool)方法设置窗口的可见性,用isVisible()和isHidden()方法判断窗口是否可见,用close()方法可以关闭窗口。当窗口被关闭时,首先向这个窗口发送一个关闭事件,如果事件被接受,窗口被隐藏;如果被拒绝,则什么也不做。如果创建窗口时用setAttribute(Qt.WidgetAttribute,on=True)方法设置了Qt.WA_QuitOnClose属性,则窗口对象会被析构(删除),大多数类型的窗口都默认设置了这个属性。close()方法的返回值bool表示关闭事件是否被接受,也就是窗口是否真的被关闭了。
- 窗口的提升与降级。如果显示多个窗口,则窗口之间是有先后顺序的,用raise_()方法可把窗口放到前部,用lower()方法可以把窗口放到底部。
- 窗口的几何参数。QWidget如果作为独立窗口,则有标题栏、框架和工作区;如果作为控件,则没有标题栏。QWidget提供了设置和获取窗口及工作区尺寸的方法。窗口尺寸的设置是在屏幕坐标系下进行的,屏幕坐标系的原点在左上角,向右表示x方向,向下表示y方向。窗口几何参数的意义如图9-4所示,用x()、y()和pos()方法可以获得窗口左上角的坐标,用frameGeometry()方法可以获得窗口框架的几何参数,用frameSize()方法可以获得框架的宽度和高度,用geometry()方法可以获得工作区的几何参数,包括左上角的位置和宽度、高度,用 rect()、size()、width()和 height()方法可以获得工作区的宽度、高度。用 move(x,y)可以将窗口左上角移动到坐标(x,y)处,用 move(QPoint)方法可以将窗口左上角移动到 QPoint()处,用 resize(w,h)方法可以设置工作区的宽度和高度,用 resize(QSize)方法可以将工作区宽度和高度设置成 QSize,用 setGeometry(x,y,w,h)方法可以将工作区的左上角移动到(x,y)处,宽度改为 w,高度改为 h。

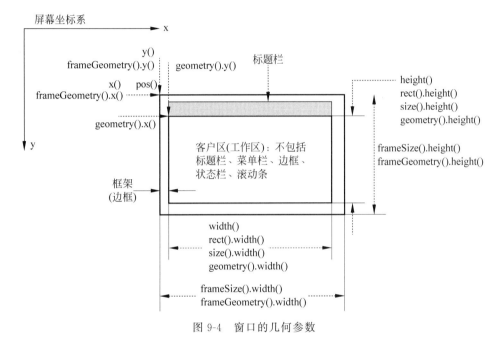

图 9-4　窗口的几何参数

- 窗口的状态。独立窗口有正常、全屏、最大化、最小化几种状态,用 isMinimized()方法判断窗口是否为最小化,用 isMaximized()方法判断窗口是否为最大化,用 isFullScreen()方法判断窗口是否为全屏,用 showMinimized()方法设置以最小化方式显示窗口,用 showMaximized()方法设置以最大化方式显示窗口,用 showFullScreen()方法设置以全屏方式显示窗口,用 showNormal()方法设置以正常方式显示窗口。另外,用 setWindowState(Qt.WindowStates)方法也可以设置窗口的状态,其中参数 Qt.WindowStates 可以取 Qt.WindowNoState(无标识,正常状态)、Qt.WindowMinimized(最小化状态)、Qt.WindowMaxmized(最大化状态)、Qt.WindowFullScreen(全屏状态)和 Qt.WindowActive(激活状态);用 windowState()方法可以获取状态。

- 窗口的模式(或模态)。在主窗口中通常需要弹出一些需要进行设置或确认信息的对话框,在对话框没有关闭之前,通常不能对其他窗口进行操作,这就是窗口的模式。用 setWindowModality(Qt.WindowModality)方法设置窗口的模式特性,其中枚举参数 Qt.WindowModality 可以取 Qt.NonModal(非模式,可以和程序的其他窗口进行交互操作)、Qt.WindowModal(窗口模式,在未关闭当前窗口时,将阻止与该窗口的父辈窗口的交互操作)、Qt.ApplicationModal(应用程序模式,在未关闭当前窗口时,将阻止窗口与任何其他窗口的交互操作),用 windowModality()方法可以获取窗口的模式特性,用 isModel() 方法可以获取窗口是否有模式性。
- 焦点。焦点用来控制同一个独立窗口内哪一个部件可以接受键盘事件,同一时刻只能有一个部件获得焦点。用 setFocus() 方法可以使一个控件获得焦点,用 clearFocus() 方法可以使控件失去焦点,用 hasFocus() 方法可以获取控件是否有焦点。
- 活跃。当有多个独立窗口同时存在时,只有一个窗口能够处于活跃状态。系统产生的键盘、鼠标等输入事件将被发送给处于活跃状态的窗口。一般来说,这样的窗口会被提升到堆叠层次的最上面,除非其他窗口有总在最上面的属性。用 activateWindow() 方法使窗口活跃,用 isActiveWindow() 方法查询窗口是否活跃。
- 激活。处于激活状态的窗口才有可能处理键盘和鼠标等输入事件,反之,处于禁用状态的窗口不能处理这些事件。用 setEnabled(bool) 方法或 setDisabled(bool) 方法可以使窗口激活或失效,用 isEnabled() 方法可以查询窗口是否处于激活状态。
- 窗口标题和图标。用 setWindowTitle(str) 方法可以设置窗口的标题文字,用 setWindowIcon(QIcon) 方法可以设置窗口标题的图标,用 setWindowIconText(str) 方法可以设置图标的文字,用 windowTitle() 方法和 windowIcon() 方法可以获取窗口的标题文字和图标。
- 窗口的字体和调色板。用 setFont(QFont) 和 setPallete(QPallete) 方法可以设置窗口的字体和调色板,用 font() 和 pallete() 方法可以获取字体和调色板。
- 窗口的布局。用 setLayout(QLayout) 方法可以设置窗口的布局,用 layout() 方法可以获取窗口的布局,用 setLayoutDirection(Qt.LayoutDirection) 方法可以设置布局的方向,其中参数 Qt.LayoutDirection 可以取 Qt.LeftToRight、Qt.RightToLeft 或 Qt.LayoutDirectionAuto。
- 光标。用 setCursor(QCursor) 方法可以为窗口或控件设置光标,用 cursor() 方法可以获取光标,用 unsetCursor() 方法可以重置光标,重置后的光标使用父窗口的光标。
- 用 setParent(QWidget) 方法可以设置控件的父窗口或容器。
- 窗口属性。用 setAttribute(Qt.WidgetAttribute, on=True) 方法可以设置窗口的属性,用 testAttribute(Qt.WidgetAttribute) 方法可以测试是否设置了某个属性,其中参数 Qt.WidgetAttribute 的常用取值如表 9-4 所示。

表 9-4 Qt.WidgetAttribute 的常用取值

Qt.WidgetAttribute 的取值	说 明
Qt.WA_DeleteOnClose	调用 close() 方法时删除窗口而不是隐藏窗口
Qt.WA_QuitOnClose	最后一个窗口如果有 Qt.WA_DeleteOnClose 属性,则执行 close() 时退出程序
Qt.WA_AcceptDrops	接受鼠标拖放的数据
Qt.WA_AlwaysShowToolTips	窗口失效时也显示提示信息
Qt.WA_Disabled	窗口处于失效状态,不接受键盘和鼠标的输入
Qt.WA_DontShowOnScreen	窗口隐藏
Qt.WA_ForceDisabled	即使父辈窗口处于激活状态,窗口强制失效
Qt.WA_TransparentForMouseEvents	窗口和其子窗口忽略鼠标事件
Qt.WA_RightToLeft	布局方向从右向左
Qt.WA_ShowWithoutActivating	当不激活窗口时,显示窗口

QWidget 的信号如表 9-5 所示。

表 9-5 QWidget 的信号

信号及参数类型	说　　明
customContextMenuRequested(QPoint)	单击鼠标右键,弹出右键菜单时发射信号
windowIconChanged(QIcon)	窗口图标改变时发射信号
windowIconTextChanged(str)	窗口图标的文字改变时发射信号
windowTitleChanged(str)	窗口标题改变时发射信号
destroyed()	QObject 对象析构时,先发射这个信号,然后才析构它的所有控件
destroyed(QObject)	

QWidget 的槽函数如表 9-6 所示。

表 9-6 QWidget 的槽函数

槽函数及参数类型	说　　明	槽函数及参数类型	说　　明
close()	关闭窗口	setStyleSheet(str)	设置表单样式
hide()	隐藏窗口	setWindowModified(bool)	设置修改状态
lower()	降级窗口	setWindowTitle(str)	设置标题名称
raise_()	提升窗口	show()	显示窗口
repaint()	重绘窗口	showFullScreen()	全屏显示
setDisabled(bool)	设置失效状态	showMaximized()	最大化显示
setEnabled(bool)	设置激活状态	showMinimized()	最小化显示
setFocus()	获得焦点	showNormal()	正常显示
setHidden(bool)	设置隐藏状态	update()	刷新窗口

9.2 菜单和动作

对于一个可视化程序界面,往往将各种操作命令集中到菜单栏或工具栏的按钮上,通过单击菜单或工具栏中的按钮来触发动作,每个菜单和按钮完成一定的功能。

一般菜单栏由多个菜单构成,如图 9-5 所示,菜单下面又有动作、子菜单和分隔条,子菜单下面有动作,还可以有子菜单,动作上有图标和快捷键。

图 9-5 菜单的构成

建立一个菜单分为3步，如图9-6所示。第1步需要建立放置菜单的容器，即菜单栏；第2步，在菜单栏上添加菜单，或者在菜单上添加子菜单；第3步，在菜单下面添加动作，并为动作编写槽函数。菜单一般不执行命令，其作用类似标签，只有动作才可以发射信号，执行关联的槽函数。

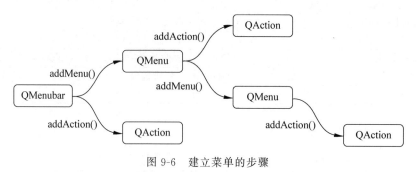

图9-6　建立菜单的步骤

9.2.1　菜单栏

1. 创建菜单栏的方式

菜单栏QMenuBar用于放置菜单和动作，它的继承关系如图9-7所示，它继承自QWidget类。

图9-7　菜单栏的继承关系

用QMenuBar创建菜单栏实例的方法如下，其中parent是放置菜单栏的父窗口。

`QMenuBar(parent = None)`

2. 菜单栏的常用方法和信号

菜单栏的常用方法如表9-7所示。菜单栏上可以添加菜单、动作和分隔条，用addMenu(QMenu)方法和addAction(QAction)方法可以添加已经提前定义好的菜单和动作；用addMenu(str)方法和addMenu(QIcon,str)方法可以创建和添加菜单，并返回菜单；用addAction(str)方法可以用字符串创建并添加动作，并返回动作。

表9-7　菜单栏的常用方法

方法及参数类型	返回值的类型	说　　明
addMenu(QMenu)	QAction	添加菜单
addMenu(str)	QMenu	用字符串添加菜单，并返回添加的菜单
addMenu(QIcon,str)	QMenu	用字符串和图标添加菜单，并返回添加的菜单
addSeparator()	QAction	添加分隔条
addAction(QAction)	—	添加动作

续表

方法及参数类型	返回值的类型	说明
addAction(str)	QAction	用字符串添加动作,并返回添加的动作
addAction(str,PYQT_SLOT)	QAction	用字符串和槽函数添加动作,并返回动作
insertMenu(QAction,QMenu)	QAction	在动作之前插入菜单
insertSeparator(QAction)	QAction	在动作之前插入分隔条
clear()	—	清空所有的菜单和动作
setCornerWidget(QWidget, Qt.Corner=Qt.TopRightCorner)	—	在菜单栏的角上添加控件

菜单栏的信号有两个,当用鼠标单击菜单栏上的菜单或动作时,会发射 triggered (QAction) 信号;当鼠标滑过动作时,会发射 hovered(QAction) 信号。

9.2.2 菜单

1. 菜单的实例化对象

菜单 QMenu 主要用于放置动作和子菜单。菜单的继承关系如图 9-8 所示,它是从 QWidget 类继承而来的。

图 9-8 菜单的继承关系

用 QMenu 类创建菜单实例的方法如下所示:

```
QMenu(parent = None)
QMenu(str, parent = None)
```

2. 菜单的方法和信号

菜单的常用方法如表 9-8 所示,菜单的主要方法是在菜单列表中添加动作、子菜单和分隔条。用 addAction(QAction)方法可以添加一个已经定义好的动作;用 addAction(str)、addAction(QIcon,str) 和 addAction(str,PYQT_SLOT,shortcut)方法可以添加一个新创建的动作,并返回动作,其中 str 是动作名称,QIcon 是图标,shortcut 是快捷键,例如 Ctrl+N 是 QKeySequence.StandardKey 的标准键;用 addMenu(QMenu)方法可以添加子菜单;用 addMenu(str)方法或 addMenu(QIcon,str)方法可以添加新子菜单;用 addSection(str)、addSection(QIcon,str) 和 addSeparator()方法可以添加分隔条。用 setTearOffEnabled (bool)方法可以将菜单定义成可撕扯菜单,可撕扯菜单在其动作列表中显示一条虚线,单击虚线可以把菜单及动作列表弹出;用 showTearOffMenu() 方法或 showTearOffMenu (QPoint)方法可将可撕扯菜单在指定位置显示。

表 9-8　菜单的常用方法

方法及参数类型	返回值的类型	说明
addAction(QAction)	—	添加动作
addAction(str)	QAction	
addAction(QIcon,str)	QAction	
addAction(str,PYQT_SLOT,shortcut)	QAction	
addAction(QIcon,str,PYQT_SLOT,shortcut)	QAction	
addMenu(QMenu)	QAction	添加子菜单
addMenu(str)	QMenu	
addMenu(QIcon,str)	QMenu	
addSection(str)	QAction	添加分隔条
addSection(QIcon,str)	QAction	
addSeparator()	QAction	
insertMenu(QAction,QMenu)	QAction	在动作前插入菜单
insertSection(QAction,str)	QAction	在动作前插入分隔条
insertSection(QAction,QIcon,str)	QAction	
insertSeparator(QAction)	QAction	
clear()	—	清空菜单
isEmpty()	int	获取菜单是否为空
setSeparatorsCollapsible(bool)	—	设置相邻的分隔条是否可以折叠
setTearOffEnabled(bool)	—	设置可撕扯菜单
showTearOffMenu()	—	显示可撕扯菜单
showTearOffMenu(QPoint)	bool	在指定位置显示可撕扯菜单
isTearOffEnabled()	bool	获取是否是可撕扯菜单
isTearOffMenuVisible()	—	获取可撕扯菜单是否可见
popup(QPoint,QAction=None)	—	在指定位置以弹出菜单显示
setTitle(str)	—	设置菜单的标题
setIcon(QIcon)	—	设置菜单的图标
setDefaultAction(QAction)	—	设置成默认动作
exec()、exec_()	QAction	同步执行
exec(QPoint,QAction=None)	—	

菜单的信号如表 9-9 所示,最常用的是 triggered(QAction)信号。

表 9-9　菜单的信号

信号及参数类型	说明	信号及参数类型	说明
aboutToHide()	菜单将要隐藏时发射	hovered(QAction)	鼠标滑过菜单时发射
aboutToShow()	菜单将要显示时发射	triggered(QAction)	单击鼠标时发射

9.2.3　动作

动作 QAction 是定义菜单和工具栏的基础,单击菜单或工具栏上的按钮可以触发动作的 triggered()信号,执行动作关联的槽函数,完成客户需要完成的工作。

1. 创建动作的方式

动作类 QAction 继承自 QObject，位于 QtWidgets 模块中。

用 QAction 创建动作对象的方法如下所示，其中 parent 通常是窗口、工具栏、菜单栏和菜单；str 是文字，如果将动作放到菜单或工具栏上，str 将成为菜单或工具栏按钮的文字；QIcon 是图标，将成为菜单或工具栏按钮的图标。

```
QAction(parent = None)
QAction(str, parent = None)
QAction(QIcon, str, parent = None)
```

2. 动作的常用方法、信号和槽函数

动作的常用方法如表 9-10 所示，下面是对主要方法的解释。

- 用菜单的 addAction(QAction) 方法可以把动作添加到菜单中，作为菜单下拉列表的一项。
- 对于互斥的一些动作，如同 QRadioButton 一样，需要把这些动作放到一个组中，可以先用 group = QActionGroup(self) 创建一个对象，然后用 group.addAction(QAction) 方法把动作放到一个组中，这样就可以保证组内的动作是互斥的。
- 用 setShortcut(str) 方法可以给动作设置快捷键，例如 setShortcut("Ctrl＋A")；用 setShortcut(QKeySequence) 方法和 setShortcut(QKeySequence.StandardKey) 方法也可设置快捷键，其中 QKeySequence 定义按键顺序类，QKeySequence.StandardKey 是一些标准的快捷键。

表 9-10 动作的常用方法

方法及参数类型	返回值的类型	说　　明
setText(str)	—	设置名称
text()	str	获取名称
setIcon(QIcon)	—	设置图标
icon()	QIcon	获取图标
setCheckable(bool)	—	设置是否可以选中
isCheckable()	bool	获取是否可以选中
setChecked(bool)	—	设置处于选中状态
isChecked()	bool	获取是否处于选中状态
setIconVisibleInMenu(bool)	—	设置在菜单中图标可见
isIconVisibleInMenu()	bool	获取在菜单中图标是否可见
setFont(QFont)	—	设置字体
font()	QFont	获取字体
setMenu(QMenu)	—	设置动作所在的菜单
menu()	QMenu	获取动作所在的菜单
setShortcut(str)	—	设置快捷键
setShortcut(QKeySequence)	—	
setShortcut(QKeySequence.StandardKey)	—	
shortcut()	Qt.ShortcutContext	获取快捷键
setDisabled(bool)	—	设置是否失效

续表

方法及参数类型	返回值的类型	说　明
setEnabled(bool)	—	设置是否激活
isEnabled()	bool	获取是否处于激活状态
setActionGroup(QActionGroup)	—	设置动作所在的组
actionGroup()	QActionGroup	获取动作所在的组
setVisible(bool)	—	设置是否可见
isVisible()	bool	获取是否可见
setSeparator(bool)	—	将动作当作分割线来使用
setAutoRepeat(bool)	—	长按按钮是否可以重复执行
autoRepeat()	bool	获取是否可以重复执行
setToolTip(str)	—	设置提示信息

动作的信号有 hovered()、triggered()、triggered(bool)和 toggled(bool)，鼠标在动作上滑过时发射 hovered()信号，单击动作时发射 triggered()信号和 triggered(bool)信号，可选状态方式改变时发射 toggled(bool)信号。

动作的槽函数有 trigger()、hover()、toggle()、setChecked(bool)、setDisabled(bool)、setEnabled(bool)和 setVisible(bool)。

3. 菜单栏、菜单和动作应用实例

下面建立一个简单的文字处理程序，在界面上可以输入文字，可以打开文件、保存文件，并可以进行复制、粘贴和剪切操作，程序运行界面如图 9-9 所示。程序只能打开 UTF-8 格式的文本文件。

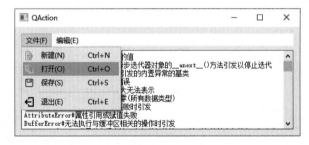

图 9-9　程序运行界面

```
import sys,os  # Demo9_4.py
from PyQt5.QtWidgets import (QApplication,QAction,QMenuBar,QMenu,QPlainTextEdit,
                             QVBoxLayout,QWidget,QFileDialog)
from PyQt5.QtGui import QIcon
class myWindow(QWidget):
    def __init__(self,parent = None):
        super().__init__(parent)
        self.setWindowTitle("QAction")
        self.setupUi()
    def setupUi(self):
```

```python
            menuBar = QMenuBar()                    #创建菜单栏
            self.plainText = QPlainTextEdit()       #创建文本编辑器
            vlayout = QVBoxLayout(self)             #创建竖直布局
            vlayout.addWidget(menuBar)
            vlayout.addWidget(self.plainText)

            act_new = QAction(QIcon("d:\\python\\new.png"),"新建(&N)", self)    #创建动作
            act_open = QAction(QIcon("d:\\python\\open.png"),"打开(&O)", self)  #创建动作
            act_save = QAction(QIcon("d:\\python\\save.png"),"保存(&S)", self)  #创建动作
            act_exit = QAction(QIcon("d:\\python\\exit.png"),"退出(&E)", self)  #创建动作
            act_new.setShortcut("Ctrl + N")         #定义快捷键
            act_open.setShortcut("Ctrl + O")        #定义快捷键
            act_save.setShortcut("Ctrl + S")        #定义快捷键
            act_exit.setShortcut("Ctrl + E")        #定义快捷键

            menu_file = QMenu("文件(&F)",self)      #创建菜单
            menuBar.addMenu(menu_file)              #菜单栏中添加菜单
            menu_file.addAction(act_new)            #菜单中添加动作
            menu_file.addAction(act_open)           #菜单中添加动作
            menu_file.addAction(act_save)           #菜单中添加动作
            menu_file.addSeparator()                #菜单中添加分隔条
            menu_file.addAction(act_exit)           #菜单中添加动作

            menu_edit = menuBar.addMenu("编辑(&E)")         #菜单栏中添加菜单
            act_copy = menu_edit.addAction("复制(&C)")      #菜单中添加动作
            act_cut = menu_edit.addAction("剪切(&X)")       #菜单中添加动作
            act_paste = menu_edit.addAction("粘贴(&V)")     #菜单中添加动作

            act_new.triggered.connect(self.act_new_triggered)#信号与自定义槽的关联
            act_open.triggered.connect(self.act_open_triggered)
            act_save.triggered.connect(self.act_save_triggered)
            act_exit.triggered.connect(self.close)          #信号与窗口槽的关联
            act_copy.triggered.connect(self.plainText.copy) #信号与控件的槽的关联
            act_cut.triggered.connect(self.plainText.cut)
            act_paste.triggered.connect(self.plainText.paste)
    def act_new_triggered(self):                            #自定义槽函数
        self.plainText.clear()
    def act_open_triggered(self):                           #自定义槽函数
        filename,filter = QFileDialog.getOpenFileName(self,"打开文件","d:\\","文本文件(*.txt)")
        if os.path.exists(filename):
            self.plainText.clear()
            fp = open(filename,"r",encoding = "UTF - 8")
            string = fp.readlines()
            for i in string:
                i = i.strip()
                self.plainText.appendPlainText(i)
            fp.close()
    def act_save_triggered(self): #自定义槽函数
```

```
            filename,filter = QFileDialog.getSaveFileName(self,"打开文件","d:\\","文本文件
(*.txt)")
            string = self.plainText.toPlainText()
            if filename != "":
                if os.path.exists(filename):
                    fp = open(filename,"wa",encoding = "UTF-8")
                    fp.writelines(string)
                    fp.close()
                else:
                    fp = open(filename, "w", encoding = "UTF-8")
                    fp.writelines(string)
                    fp.close()
if __name__ == '__main__':
    app = QApplication(sys.argv)
    window = myWindow()
    window.show()
    sys.exit(app.exec())
```

9.3 工具栏和状态栏

与菜单类似,工具栏也是一组命令的集合地。菜单上放置的动作也可放到工具栏上,实现工具栏和菜单的同步。工具栏上除了放置动作外,还可以放置其他控件,例如 QLineEdit、QSpinBox、QComboBox、QToolButton 和 QFontComboBox 等。在 QMainWindow 中,工具栏还可以拖动和悬浮。

9.3.1 工具栏

1. 创建工具栏的方式

工具栏 QToolBar 类的继承关系如图 9-10 所示,它是从 QWidget 类继承而来的。

图 9-10　工具栏 QToolBar 类的继承关系

用 QToolBar 类建立工具栏实例的方法如下,其中 str 是工具栏控件的标题名称,可通过 setWindowTitle(str)方法修改,parent 是工具栏所在的窗口。

```
QToolBar(str, parent = None)
QToolBar(parent = None)
```

2. 工具栏的常用方法、信号和槽函数

工具栏的常用方法如表 9-11 所示,主要方法介绍如下。

- 用 addAction(QAction)方法可以将已经存在的动作添加到工具栏中，用 addAction(str)方法、addAction(QIcon,str)方法可以同时创建和添加动作，并返回动作，用 addSeparator()方法可以添加分隔条，用 addWidget(QWidget)方法可以把一个控件添加到工具栏上。
- 用 setOrientation(Qt.Orientation)方法可以设置工具栏的方向，其中 Qt.Orientation 可以取 Qt.Horizontal(水平)和 Qt.Vertical(竖直)。
- 用 setToolButtonStyle(Qt.ToolButtonStyle)方法可以设置工具栏上按钮的风格，其中 Qt.ToolButtonStyle 可以取 Qt.ToolButtonIconOnly(只显示图标)、Qt.ToolButtonTextOnly(只显示文字)、Qt.ToolButtonTextBesideIcon(文字在图标的旁边)、Qt.ToolButtonTextUnderIcon(文字在图标的下面)或 Qt.ToolButtonFollowStyle(遵循风格设置)。
- 在 QMainWindow 中，可以用 setMovable(bool)方法设置工具栏是否可以拖动，用 setFloatable(bool)方法设置工具栏是否可以浮动。
- 在 QMainWindow 中，用 setAllowedAreas(Qt.ToolBarArea)方法设置工具栏的停靠区域，其中 Qt.ToolBarArea 参数指定可以停靠的区域，Qt.ToolBarArea 可以取 Qt.LeftToolBarArea(左侧)、Qt.RightToolBarArea(右侧)、Qt.TopToolBarArea(顶部，菜单栏下部)、Qt.BottomToolBarArea(底部，状态栏上部)、Qt.AllToolBarAreas(所有区域都可以停靠)或 Qt.NoToolBarArea(不可停靠)。如果工具栏是可移动的，则无论 allowedAreas 设置何值都可以移动，但只有在进入 toolBar 的 allowedAreas 范围内时才会自动显示 toolBar 停靠区域范围，并在鼠标释放后自动在该范围内缩放，否则将保持最适合的大小浮动在窗口之上。
- 用 toggleViewAction()方法返回一个动作对象，通过单击该动作对象可以切换停靠窗口的可见状态，即该动作是一个对停靠部件窗口进行显示或关闭的开关，如果将该动作加到菜单上，对应菜单栏的文字即为停靠窗口的标题名称，这样就可以在菜单上单击对应菜单项进行停靠窗口的关闭和显示。

表 9-11　工具栏的常用方法

方法及参数类型	返回值的类型	说　　明
addAction(QAction)	—	添加已定义的动作到工具栏上
addAction(str)	QAction	创建并添加动作，返回新建立的动作
addAction(QIcon,str)	QAction	
addAction(str,PYQT_SLOT)	QAction	
addAction(QIcon,str,PYQT_SLOT)	QAction	
addSeparator()	QAction	添加分隔条
addWidget(QWidget)	QAction	添加控件，返回与控件关联的动作
insertSeparator(QAction)	QAction	在动作的前面插入分隔条
insertWidget(QAction,QWidget)	QAction	在动作的前面插入控件
setFloatable(bool)	—	在 QMainWindow 中设置是否可以浮动
isFloatable()	bool	获取是否可以浮动
isFloating()	bool	获取是否正处于浮动状态
setMovable(bool)	—	在 QMainWindow 中设置是否可以移动

续表

方法及参数类型	返回值的类型	说明
isMovable()	bool	获取是否可以移动
setIconSize(QSize)	—	设置图标允许的最大尺寸
iconSize()	QSize	获取图标尺寸
setOrientation(Qt.Orientation)	—	设置工具栏的方向
orientation()	Qt.Orientation	获取工具栏的方向
setToolButtonStyle(Qt.ToolButtonStyle)	—	设置工具栏按钮的风格
toolButtonStyle()	Qt.ToolButtonStyle	获取按钮风格
setAllowedAreas(Qt.ToolBarArea)	—	设置工具栏可以停靠的区域
allowedAreas()	Qt.ToolBarArea	获取可以停靠的区域
isAreaAllowed(Qt.ToolBarArea)	bool	指定区域是否可以停靠
toggleViewAction()	QAction	切换停靠窗口的可见状态
widgetForAction(QAction)	QWidget	获取与动作关联的控件

工具栏的信号如表 9-12 所示。工具栏的槽函数只有 setToolButtonStyle(Qt.ToolButtonStyle) 和 setIconSize(QSize)。

表 9-12 工具栏的信号

信号及参数类型	说明
actionTriggered(QAction)	动作被触发时发射信号
allowedAreasChanged(Qt.ToolBarArea)	允许的停靠区发生改变时发射信号
iconSizeChanged(QSize)	按钮的尺寸发生改变时发射信号
movableChanged(bool)	可移动状态发生改变时发射信号
orientationChanged(Qt.Orientation)	工具栏的状态发生改变时发射信号
toolButtonStyleChanged(Qt.ToolButtonStyle)	工具栏的风格发生改变时发射信号
topLevelChanged(bool)	悬浮状态发生改变时发射信号
visibilityChanged(bool)	可见性发生改变时发射信号

9.3.2 工具按钮控件

工具按钮 QToolButton 类常放在工具栏中,显示图标而不显示文字。通常为工具按钮设置弹出式菜单,用于选择之前的操作,例如浏览的网站等。

1. 创建工具按钮的方式

QToolButton 类的继承关系如图 9-11 所示,它是从 QAbstractButton 类继承而来的。

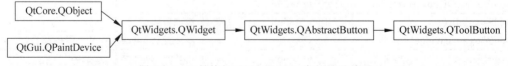

图 9-11 工具按钮 QToolButton 类的继承关系

用 QToolButton 类创建工具按钮实例的方法如下,其中 parent 参数一般是工具按钮所在的窗口或工具栏。

```
QToolButton(parent = None)
```

2. 工具按钮的常用方法、信号和槽函数

工具按钮的常用方法如表 9-13 所示,主要方法介绍如下。

- 用工具栏的 addWidget() 方法把工具按钮加入到工具栏中。用 setMenu(QMenu) 方法为工具按钮设置一个菜单。用 setPopupMode(QToolButton.ToolButtonPopupMode) 方法设置菜单的弹出方式,其中参数 QToolButton.ToolButtonPopupMode 如果取 QToolButton.DelayedPopup,表示用鼠标按下按钮并保持一会儿后弹出菜单;如果取 QToolButton.MenuButtonPopup,表示在工具按钮的右下角出现一个向下的黑三角,单击这个黑三角,弹出菜单;如果取 QToolButton.InstantPopup,表示立即弹出菜单。用 showMenu() 方法可以让菜单弹出。

- 用 setAutoRaise(bool) 方法设置工具按钮的自动浮起特征,当光标放到按钮上面时显示三维框架。

- 按钮的外观和尺寸可通过 setToolButtonStyle(Qt.ToolButtonStyle) 方法和 setIconSize(QSize) 方法设置,其中参数 Qt.ToolButtonStyle 可以取 Qt.ToolButtonIconOnly、Qt.ToolButtonTextOnly、Qt.ToolButtonTextBesideIcon、Qt.ToolButtonTextUnderIcon 或 Qt.ToolButtonFollowStyle。在 QMainWindow 的 QToolBar 中使用时,按钮会自动调节尺寸来适合 QMainWindow 的设置。

- 用 setArrowType(Qt.ArrowType) 方法可以设置工具按钮上的箭头的方向,其中 Qt.ArrowType 可以取 Qt.NoArrow、Qt.UpArrow、Qt.DownArrow、Qt.LeftArrow 或 Qt.RightArrow。

表 9-13 工具按钮的常用方法

方法及参数类型	说 明	方法及参数类型	说 明
setMenu(QMenu)	设置菜单	setDown(bool)	设置按钮被按下
setPopupMode(QToolButton.ToolButtonPopupMode)	设置菜单的弹出方式	setIcon(QIcon)	设置图标
setDefaultAction(QAction)	设置默认动作	setIconSize(QSize)	设置图标尺寸
setArrowType(Qt.ArrowType)	设置箭头形状	setText(str)	设置按钮的文字
setToolButtonStyle(Qt.ToolButtonStyle)	设置按钮风格	setCheckable(bool)	设置是否可选中
setAutoExclusive(bool)	设置是否互斥	setChecked(bool)	设置选中状态
setAutoRaise(bool)	设置自动弹起	showMenu()	弹出菜单
setShortcut(str)	设置快捷键	click()	鼠标单击事件
setShortcut(QKeySequence.StandardKey)		toggle()	切换选中状态

工具按钮的信号如表 9-14 所示。

表 9-14 工具按钮的信号

信号及参数类型	说 明	信号及参数类型	说 明
clicked()	单击时发射信号	released()	按钮被按下后,弹起时发射信号
clicked(bool)	单击时发射信号	toggled(bool)	切换选中状态时发射信号
pressed()	按钮被按下时发射信号	triggered(QAction)	激发动作时发射信号

工具按钮的槽函数有 setDefaultAction(QAction)、setIconSize(QSize)、setChecked(bool)、showMenu()、setToolButtonStyle(Qt.ToolButtonStyle)、toggle()和click()。

3. 工具栏、工具按钮和菜单综合应用实例

下面的程序是在上节程序的基础之上添加了工具栏，在工具栏上添加动作、字体下拉列表、字体尺寸下拉列表和工具按钮，用下拉列表控制字体和字体尺寸。程序运行界面如图 9-12 所示。程序只能打开 UTF-8 格式的文本文件。

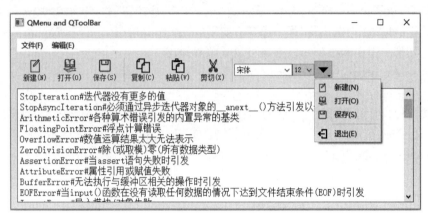

图 9-12　程序运行界面

```python
import sys,os              #Demo9_5.py
from PyQt5.QtWidgets import (QApplication,QMenuBar,QPlainTextEdit,QComboBox,
        QFontComboBox,QToolBar,QVBoxLayout,QWidget,QFileDialog,QToolButton)
from PyQt5.QtGui import QIcon
from PyQt5.QtCore import Qt
class myWindow(QWidget):
    def __init__(self,parent = None):
        super().__init__(parent)
        self.setWindowTitle("QMenu and QToolBar")
        self.setupUi()
    def setupUi(self):
        menuBar = QMenuBar()                    #创建菜单栏
        toolBar = QToolBar()                    #创建工具栏
        toolBar.setToolButtonStyle(Qt.ToolButtonTextUnderIcon)   #设置工具栏上按钮的样式
        self.plainText = QPlainTextEdit()       #创建文本编辑器
        vlayout = QVBoxLayout(self)             #创建竖直布局
        vlayout.addWidget(menuBar)
        vlayout.addWidget(toolBar)
        vlayout.addWidget(self.plainText)
        #工具栏上添加动作
        act_new = toolBar.addAction(QIcon("D:\\python\\new.png"),"新建(&N)")      #添加动作
        act_open = toolBar.addAction(QIcon("D:\\python\\open.png"), "打开(&O)")   #添加动作
        act_save = toolBar.addAction(QIcon("D:\\python\\save.png"), "保存(&S)")   #添加动作
        toolBar.addSeparator()                  #分隔条
        act_copy = toolBar.addAction(QIcon("D:\\python\\copy.png"),"复制(&C)")    #添加动作
        act_paste = toolBar.addAction(QIcon("D:\\python\\paste.png"), "粘贴(&V)") #添加动作
```

```python
        act_cut = toolBar.addAction(QIcon("D:\\python\\cut.png"),"剪切(&X)")    #添加动作
        toolBar.addSeparator()                          #分隔条

        self.fontComboBox = QFontComboBox(self)          #字体下拉列表
        self.fontComboBox.setFixedWidth(100)
        toolBar.addWidget(self.fontComboBox)             #工具栏上添加字体下拉列表
        self.plainText.setFont(self.fontComboBox.currentFont())   #设置字体
        self.fontComboBox.currentFontChanged.connect(self.plainText.setFont)  #信号与槽的连接

        self.comboBox = QComboBox(self)                  #下拉列表
        for i in range(5,50):
            self.comboBox.addItem(str(i))
        self.comboBox.setCurrentText("15")
        toolBar.addWidget(self.comboBox)                 #工具栏上添加下拉列表
        self.comboBox.currentTextChanged.connect(self.comboBox_text_changed)  #信号与槽的连接

        menu_file = menuBar.addMenu("文件(&F)")          #菜单栏中添加菜单
        menu_file.addAction(act_new)                     #菜单中添加动作
        menu_file.addAction(act_open)                    #菜单中添加动作
        menu_file.addAction(act_save)                    #菜单中添加动作
        menu_file.addSeparator()                         #菜单中添加分隔条
        act_exit = menu_file.addAction(QIcon("D:\\python\\exit.png"),"退出(&E)")  #添加动作

        menu_edit = menuBar.addMenu("编辑(&E)")          #菜单栏中添加菜单
        menu_edit.addAction(act_copy)                    #菜单中添加动作
        menu_edit.addAction(act_paste)                   #菜单中添加动作
        menu_edit.addAction(act_cut)                     #菜单中添加动作

        act_new.triggered.connect(self.act_new_triggered)      #信号与自定义槽的关联
        act_open.triggered.connect(self.act_open_triggered)    #信号与自定义槽的关联
        act_save.triggered.connect(self.act_save_triggered)    #信号与自定义槽的关联
        act_exit.triggered.connect(self.close)                 #信号与窗口槽的关联
        act_copy.triggered.connect(self.plainText.copy)        #信号与控件的槽的关联
        act_cut.triggered.connect(self.plainText.cut)          #信号与控件的槽的关联
        act_paste.triggered.connect(self.plainText.paste)      #信号与控件的槽的关联

        toolButton = QToolButton(self)                   #工具按钮
        toolButton.setMenu(menu_file)                    #为工具按钮添加菜单
        toolButton.setArrowType(Qt.DownArrow)
        toolButton.setPopupMode(QToolButton.InstantPopup)  #设置工具按钮的样式
        toolBar.addWidget(toolButton)                    #工具栏中添加工具按钮
    def comboBox_text_changed(self,text):                #下拉列表的槽函数
        font = self.plainText.font()
        font.setPointSize(int(text))
        self.plainText.setFont(font)
    def act_new_triggered(self):                         #自定义槽函数
        self.plainText.clear()
    def act_open_triggered(self):                        #自定义槽函数
        filename,filter = QFileDialog.getOpenFileName(self,"打开文件","d:\\","文本文件(*.txt)")
```

```
            if os.path.exists(filename):
                self.plainText.clear()
                fp = open(filename,"r",encoding = "UTF - 8")
                string = fp.readlines()
                for i in string:
                    i = i.strip()
                    self.plainText.appendPlainText(i)
                fp.close()
        self.comboBox_text_changed(self.comboBox.currentText())
    def act_save_triggered(self):    ♯自定义槽函数
        filename,filter = QFileDialog.getSaveFileName(self,"打开文件","d:\\","文本文件(*.txt)")
        string = self.plainText.toPlainText()
        if filename != "":
            if os.path.exists(filename):
                fp = open(filename,"wa",encoding = "UTF - 8")
                fp.writelines(string)
                fp.close()
            else:
                fp = open(filename, "w", encoding = "UTF - 8")
                fp.writelines(string)
                fp.close()
if __name__ == '__main__':
    app = QApplication(sys.argv)
    window = myWindow()
    window.show()
    sys.exit(app.exec())
```

9.3.3 状态栏

状态栏 QStatusBar 一般放到独立窗口的底部，用于显示程序运行过程中程序状态信息、提示信息、简要说明信息等，这些信息经过一小段时间后自动消失。状态栏上也可以放置一些小控件，例如 QLabel、QComboBox、QSpinBox 等，用于显示永久信息，永久信息不会被实时信息遮挡住。

1. 创建状态栏的方式

状态栏 QStatusBar 类的继承关系如图 9-13 所示，它是从 QWidget 类继承而来的。

图 9-13 状态栏 QStatusBar 类的继承关系

用 QStatusBar 类创建状态栏实例的方法如下，其中 parent 是状态的父窗口，一般是独立窗口。

```
QStatusBar(parent = None)
```

2. 状态栏的常用方法、信号和槽函数

状态栏的常用方法如表 9-15 所示,主要方法介绍如下。

- 用 showMessage(str,msecs=0)方法设置状态栏要显示的信息,显示的信息从状态的左侧开始,其中参数 msecs 的单位是毫秒,设置信息显示的时间,经过 msecs 毫秒后信息自动消失;用 clearMessage()方法清除显示的信息,用 currentMessage()方法获取当前显示的信息。
- 用 addPermanentWidget(QWidget,stretch=0)方法或 insertPermanentWidget(int,QWidget,stretch=0)方法可以把其他控件(如 QLabel)添加到状态栏的右侧,用于显示一些永久信息,例如软件版本号、公司名称、键盘大小写状态等,这些信息不会被状态栏的信息遮挡住,其中参数 stretch 用于指定控件的相对缩放系数,int 是控件的索引号。
- 用 addtWidget(QWidget,stretch=0)方法或 insertWidget(int,QWidget,stretch=0)方法可以把其他控件添加到状态栏的左侧,用于显示正常的信息,这些信息会被状态栏的信息遮挡住。
- 用 removeWidget(QWidget)方法可以把控件从状态栏上移除,但控件并没有被真正删除,可以用 addWidget()方法和 show()方法使控件重新进入状态栏中。
- 用 setSizeGripEnabled(bool)方法可以设置状态栏的右侧是否有一个小三角形标识。

表 9-15 状态栏的常用方法

方法及参数类型	说　　明
addPermanentWidget(QWidget,stretch=0)	在状态栏的右边添加永久控件
addWidget(QWidget,stretch=0)	在状态栏的左边添加控件
insertPermanentWidget(int,QWidget,stretch=0)	在右边插入永久控件,控件的索引是 int
insertWidget(int,QWidget,stretch=0)	在左边插入控件
removeWidget(QWidget)	从状态栏中移除控件
showMessage(str,msecs=0)	显示信息,msecs 是显示的毫秒时间
currentMessage()	获取显示的信息
clearMessage()	删除信息
setSizeGripEnabled(bool)	设置在右下角是否有三角形
isSizeGripEnabled()	获取右下角是否有三角形
hideOrShow()	确保右边的控件可见

状态栏只有 1 个信号 messageChanged(text),当显示的信息发生改变时发射该信号。状态栏的槽函数有 clearMessage()和 showMessage(text[,timeout=0])。

3. 状态栏应用实例

下面的程序设置当光标经过工具栏中的按钮时,在状态栏上显示对按钮功能的解释。程序运行界面如图 9-14 所示。

图 9-14　程序运行界面

```python
import sys,os  #Demo9_6.py
from PyQt5.QtWidgets import (QApplication,QPlainTextEdit,QLabel, QToolBar,
        QVBoxLayout,QWidget,QFileDialog,QStatusBar)
from PyQt5.QtGui import QIcon

class myWindow(QWidget):
    def __init__(self,parent = None):
        super().__init__(parent)
        self.setWindowTitle("QStatusBar and QToolBar")
        self.setupUi()
    def setupUi(self):
        toolBar = QToolBar()                          #创建工具栏
        self.plainText = QPlainTextEdit()             #创建文本编辑器
        self.statusBar = QStatusBar(self)
        vlayout = QVBoxLayout(self)                   #创建竖直布局
        vlayout.addWidget(toolBar)
        vlayout.addWidget(self.plainText)
        vlayout.addWidget(self.statusBar)
        #工具栏上添加动作
        act_new = toolBar.addAction(QIcon("D:\\python\\new.png"),"新建(&N)")    #添加动作
        act_open= toolBar.addAction(QIcon("D:\\python\\open.png"), "打开(&O)")   #添加动作
        act_save = toolBar.addAction(QIcon("D:\\python\\save.png"), "保存(&S)")  #添加动作
        toolBar.addSeparator()                        #分隔条
        act_copy = toolBar.addAction(QIcon("D:\\python\\copy.png"),"复制(&C)")   #添加动作
        act_paste = toolBar.addAction(QIcon("D:\\python\\paste.png"), "粘贴(&V)") #添加动作
        act_cut = toolBar.addAction(QIcon("D:\\python\\cut.png"), "剪切(&X)")    #添加动作

        act_new.triggered.connect(self.act_new_triggered)       #信号与自定义槽的关联
        act_open.triggered.connect(self.act_open_triggered)     #信号与自定义槽的关联
        act_save.triggered.connect(self.act_save_triggered)     #信号与自定义槽的关联
        act_copy.triggered.connect(self.plainText.copy)         #信号与控件的槽的关联
        act_cut.triggered.connect(self.plainText.cut)           #信号与控件的槽的关联
        act_paste.triggered.connect(self.plainText.paste)       #信号与控件的槽的关联
        act_new.hovered.connect(self.act_new_hovered)           #信号与控件的槽的关联
        act_open.hovered.connect(self.act_open_hovered)         #信号与控件的槽的关联
        act_save.hovered.connect(self.act_save_hovered)         #信号与控件的槽的关联
        act_copy.hovered.connect(self.act_copy_hovered)         #信号与控件的槽的关联
        act_paste.hovered.connect(self.act_paste_hovered)       #信号与控件的槽的关联
        act_cut.hovered.connect(self.act_cut_hovered)           #信号与控件的槽的关联

        label = QLabel("版本号:1.0",self)
```

```python
            self.statusBar.addPermanentWidget(label)
    def act_new_triggered(self):                      #自定义槽函数
        self.plainText.clear()
    def act_open_triggered(self):                     #自定义槽函数
        filename,filter = QFileDialog.getOpenFileName(self,"打开文件","d:\\","文本文件(*.txt)")
        if os.path.exists(filename):
            self.plainText.clear()
            fp = open(filename,"r",encoding = "UTF-8")
            string = fp.readlines()
            for i in string:
                i = i.strip()
                self.plainText.appendPlainText(i)
            fp.close()
    def act_save_triggered(self):                     #自定义槽函数
        filename,filter = QFileDialog.getSaveFileName(self,"打开文件","d:\\","文本文件(*.txt)")
        string = self.plainText.toPlainText()
        if filename != "":
            if os.path.exists(filename):
                fp = open(filename,"wa",encoding = "UTF-8")
                fp.writelines(string)
                fp.close()
            else:
                fp = open(filename, "w", encoding = "UTF-8")
                fp.writelines(string)
                fp.close()
    def act_new_hovered(self):                        #自定义槽函数
        self.statusBar.showMessage("新建文档",5000)
    def act_open_hovered(self):                       #自定义槽函数
        self.statusBar.showMessage("打开文档",5000)
    def act_save_hovered(self):                       #自定义槽函数
        self.statusBar.showMessage("保存文档",5000)
    def act_copy_hovered(self):                       #自定义槽函数
        self.statusBar.showMessage("复制选中的内容",5000)
    def act_paste_hovered(self):                      #自定义槽函数
        self.statusBar.showMessage("在光标位置处粘贴",5000)
    def act_cut_hovered(self):                        #自定义槽函数
        self.statusBar.showMessage("剪切选中的内容",5000)
if __name__ == '__main__':
    app = QApplication(sys.argv)
    window = myWindow()
    window.show()
    sys.exit(app.exec())
```

9.4　QMainWindow 主窗口

QMainWindow 主窗口与 QWidget 窗口的最大区别在于窗口上的控件和控件的布局。QMainWindow 窗口通常当作主窗口使用，在它上面除了可以添加菜单栏、工具栏、状态栏外，还可以建立可以浮动和停靠的窗口（QDockWidget）、中心控件（CentralWidget）、多文档区（QMdiArea）和子窗口（QMdiSubWindow）。QMainWindow 窗口的布局如图 9-15 所示，一般在顶部放置菜单栏，在底部放置状态栏，在中心位置放置一个控件，控件类型任意，在中心控件的四周可以放置可停靠控件 QDockWidget，在可停靠控件的四周是工具栏放置区。需要注意的是，QMainWindow 窗口需要有个中心控件。QMainWindow 的中心窗口可以是单窗口，也可以是多窗口，多窗口需要把 QMdiArea 控件作为中心控件。

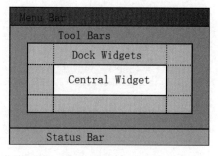

图 9-15　QMainWindow 窗口的布局

9.4.1　主窗口

QMainWindow 主窗口通常由 1 个菜单栏、1 个状态栏、1 个中心控件、多个可以停靠的工具栏和可停靠控件 QDockWidget 构成，中心控件为主显示区，工具栏和可停靠控件可以用鼠标进行拖曳、悬浮和停靠。

1. 创建主窗口的方式

QMainWindow 主窗口的继承关系如图 9-16 所示，它是从 QWidget 类继承而来的。

图 9-16　QMainWindow 主窗口的继承关系

用 QMainWindow 创建主窗口实例的方法如下所示，其中参数 parent 通常不用设置，当作独立窗口使用。

```
QMainWindow(parent = None)
QMainWindow(parent = None, Qt.WindowType)
```

2. 主窗口的常用方法、信号和槽函数

主窗口的常用方法如表 9-16 所示。主窗口的方法主要针对菜单栏、工具栏、停靠控件、状态栏进行设置，主要方法介绍如下。

- 对中心控件的设置。用 setCentralWidget(QWidget)方法可以将某个控件设置成中心控件；用 takeCentralWidget()方法可以将中心控件从布局中移除，中心控件只是从布局移走，并没有真正被删除。
- 对菜单栏的设置。QMainWindow 提供了创建菜单栏的方法 menuBar()，用这个方法可以创建新菜单栏并返回新创建的菜单栏，可以往菜单栏中添加菜单和动作。如果想把已经创建好的菜单栏设置成 QMainWindow 的菜单栏，需要用到 setMenuBar(QMenuBar)方法，用自己创建的菜单栏替换主窗口提供的菜单栏。如果不想把菜单栏中的菜单显示出来，可以用 setMenuWidget(QWidget)方法在菜单栏中添加控件。

- 对状态栏的设置。QMainWindow 提供了创建状态栏的方法 statusBar()，用这个方法可以创建新状态栏并返回新创建的状态栏，可以往状态栏中添加控件。如果想把已经创建好的状态栏设置成 QMainWindow 的状态栏，需要用到 setStatusBar (QStatusBar)方法，用自己创建的状态栏替换主窗口提供的状态栏。用 setStatusBar (None)方法可以删除状态栏。

- 对工具栏的设置。QMainWindow 可以有 1 个或多个工具栏，而且工具栏可以拖放到上下左右不同的停靠区。用 addToolBar(str)方法可以新建名称为 str 的工具栏，并返回新建的工具栏；用 addToolBar(QToolBar)方法可以在主窗口的顶部放置已经定义好的工具栏；用 addToolBar(Qt.ToolBarArea,QToolBar)方法可以在指定位置放置已经定义好的工具栏，参数 Qt.ToolBarArea 的取值为 Qt.LeftToolBarArea、Qt.RightToolBarArea、Qt.TopToolBarArea、Qt.BottomToolBarArea、Qt.AllToolBarAreas 或 Qt.NoToolBarArea；用 toolBarArea(QToolBar)方法可以返回指定工具栏的停靠位置；用 removeToolBar(QToolBar)方法可以从布局中移除指定的工具栏。通常在一个停靠区放置多个工具栏时，工具栏成一行或一列状态，如果要在一个停靠区使多个工具栏多行或多列停放，需要 addToolBarBreak(Qt.ToolBarArea)方法为停靠区设置断点；也可以用 insertToolBarBreak(QToolBar)方法在某个工具栏前添加断点，用 removeToolBarBreak(QToolBar) 方法移除工具栏前的断点。

- 停靠控件设置。用 QDockWidget(str,parent = None,Qt.WindowType)方法可以创建停靠控件，停靠控件通常作为容器使用；用停靠控件的 setWidget(QWidget)方法可以为停靠控件设置控件，通常是容器类控件。在主窗口中用 addDockWidget (Qt.DockWidgetArea,QDockWidget)方法 或 addDockWidget(Qt.DockWidgetArea, QDockWidget,Qt.Orientation)方法可以在指定停靠区域添加停靠控件，其中参数 Qt.DockWidgetArea 可以取 Qt.LeftDockWidgetArea、Qt.RightDockWidgetArea、Qt.TopDockWidgetArea、Qt.BottomDockWidgetArea、Qt.AllDockWidgetAreas 或 Qt.NoDockWidgetArea，Qt.Orientation 可以取 Qt.Horizontal 或 Qt.Vertical；用 removeDockWidget(QDockWidget) 方法从布局中移除停靠控件。在一个停靠区域内如果放置多个停靠控件，通常用 QTabWidget 的形式将多个停靠控件层叠在一起；如果要在一个停靠区内并排或并列放置停靠控件，需要用 setDockNestingEnabled (bool)方法进行设置。用 setTabPosition(Qt.DockWidgetArea,QTabWidget.TabPosition) 方法设置多个停靠控件层叠时 Tab 标签的位置，其中参数 QTabWidget.TabPosition 可以取 QTabWidget.North、QTabWidget.South、QTabWidget.East 和 QTabWidget.West，分别表示上、下、右和左；用 setTabShape(QTabWidget.TabShape)方法设置 Tab 标签的形状，其中参数 QTabWidget.TabShape 可以取 QTabWidget.Rounded 和 QTabWidget.Triangular，分别表示圆角和三角形。用 tabifiedDockWidgets (QDockWidget) 方法获取停靠区中层叠显示的停靠控件列表 List[QDockWidget]。

- 用 tabifyDockWidget(QDockWidget,QDockWidget)方法可以将两个停靠控件放到一个停靠区层叠显示。当拖动停靠控件到其他停靠区时，中心控件和其他控件会进行缩放或移动，腾出停靠空间。用 setAnimated(bool)方法可以设置腾出停靠空间的过程中，中心控件或其他控件的缩放比较连贯。用 setDockOptions(QMainWindow.

- DockOption)方法可以设置停靠控件的停靠参数,其中 QMainWindow.DockOption 可以取 QMainWindow.AnimatedDocks(功能与 setAnimated(True)相同)、QMainWindow.AllowNestedDocks(功能与 setDockNestingEnabled(True)相同)、QMainWindow.AllowTabbedDocks(多个停靠控件可以层叠显示,也可以并排显示)、QMainWindow.ForceTabbedDocks(多个停靠控件必须层叠显示,AllowNestedDocks 属性失效)或 QMainWindow.VerticalTabs(Tab 标签竖直显示,默认在底部水平显示)。用 restoreDockWidget(QDockWidget)方法可以使停靠控件复位,成功返回 True。

- 主窗口上的工具栏和可停靠控件的状态可以保存起来,必要时可以恢复其状态,用 saveState(version＝0)方法保存界面状态到 QByteArray 中,用 restoreState(QByteArray,version＝0)方法使界面状态复位,成功则返回 True。

- 用 setCorner(Qt.Corner,Qt.DockWidgetArea)方法可以设置停靠区重叠部分属于哪个停靠区域的一部分,其中参数 Qt.Corner 可以取 Qt.TopRightCorner、Qt.BottomRightCorner、Qt.TopLeftCorner 或 Qt.BottomLeftCorner。用 corner(Qt.Corner)方法可以获取角落所属的停靠区域 Qt.DockWidgetArea。

表 9-16 主窗口的常用方法

方法及参数类型	说　明
setCentralWidget(QWidget)	设置中心控件
centralWidget()	获取中心控件 QWidget
takeCentralWidget()	将中心控件从布局中移除,并返回中心控件
setMenuBar(QMenuBar)	设置菜单栏
menuBar()	新建菜单栏,并返回菜单 QMenuBar
setMenuWidget(QWidget)	用控件覆盖菜单栏中的菜单
menuWidget()	获取菜单栏控件 QWidget
createPopupMenu()	创建弹出菜单,并返回菜单 QMenu
setStatusBar(QStatusBar)	设置工具栏
statusBar()	新建状态栏,并返回菜单 QStatusBar
addToolBar(Qt.ToolBarArea,QToolBar)	在指定位置添加工具栏
addToolBar(QToolBar)	在顶部添加工具栏
addToolBar(str)	添加工具栏并返回新建的工具栏 QToolBar
insertToolBar(QToolBar,QToolBar)	在第 1 个工具条前插入工具条
addToolBarBreak(Qt.ToolBarArea＝Qt.TopToolBarArea)	添加工具条放置区域,两个工具栏可以并排或并列显示
insertToolBarBreak(QToolBar)	在某个工具条前插入工具条放置区域
toolBarArea(QToolBar)	获取工具栏的停靠区 Qt.ToolBarArea
toolBarBreak(QToolBar)	获取工具栏区是否分割
removeToolBar(QToolBar)	从布局中移除工具栏
setToolButtonStyle(Qt.ToolButtonStyle)	设置按钮样式
toolButtonStyle()	获取按钮样式 Qt.ToolButtonStyle
removeToolBarBreak(QToolBar)	移除工具栏前的放置区域
addDockWidget(Qt.DockWidgetArea,QDockWidget)	添加停靠控件

续表

方法及参数类型	说　　明
addDockWidget(Qt.DockWidgetArea,QDockWidget, Qt.Orientation)	在指定停靠区域添加停靠控件
removeDockWidget(QDockWidget)	从布局中移除停靠控件
dockWidgetArea(QDockWidget)	获取停靠控件的停靠位置 Qt.DockWidgetArea
setDockNestingEnabled(bool)	设置停靠区是否可以容纳多个停靠控件
isDockNestingEnabled()	获取停靠区是否只可以放置一个停靠控件
restoreDockWidget(QDockWidget)	停靠控件复位,成功则返回 True
saveState(version=0)	保存界面状态到 QByteArray 中
restoreState(QByteArray,version=0)	界面状态复位,成功则返回 True
setAnimated(bool)	设置动画状态,动画状态下腾出停靠区比较连贯,否则捕捉停靠区
isAnimated()	是否是动画样式
setCorner(Qt.Corner,Qt.DockWidgetArea)	设置某个角落属于某个停靠区域的一部分
corner(Qt.Corner)	获取角落所属的停靠区域 Qt.DockWidgetArea
setDockOptions(QMainWindow.DockOption)	设置停靠选项
dockOptions()	获取停靠选项 QMainWindow.DockOptions
setDocumentMode(bool)	设置 Tab 标签是否是文档模式显示
documentMode()	获取 Tab 标签是否有文档模式显示
setIconSize(QSize)	设置工具栏按钮图标尺寸
iconSize()	获取图标尺寸 QSize
setTabPosition(Qt.DockWidgetArea,QTabWidget.TabPosition)	多个停靠控件重叠时,设置 Tab 标签的位置
tabPosition(Qt.DockWidgetArea)	获取 Tab 标签的位置 QTabWidget.TabPosition
setTabShape(QTabWidget.TabShape)	多个停靠控件重叠时,设置 Tab 标签的形状
tabShape()	获取标签的形状 QTabWidget.TabShape
splitDockWidget(QDockWidget,QDockWidget,Qt.Orientation)	将第一个停靠控件挡住的控件分成两部分,第一个控件在第一部分,第二个控件在第二部分
tabifiedDockWidgets(QDockWidget)	获取停靠区中层叠显示的停靠控件列表 List[QDockWidget]
tabifyDockWidget(QDockWidget,QDockWidget)	将两个停靠控件放到一个停靠区层叠显示

主窗口的信号有 iconSizeChanged(QSize)、tabifiedDockWidgetActivated(QDockWidget)和 toolButtonStyleChanged(Qt.ToolButtonStyle),当工具栏按钮的尺寸发生变化时发射 iconSizeChanged(QSize)信号,重叠的停靠控件激活时发射 tabifiedDockWidgetActivated(QDockWidget)信号,工具栏按钮的样式发生变化时发射 toolButtonStyleChanged(Qt.ToolButtonStyle)信号。

主窗口的槽函数有 setAnimated(bool)和 setDockNestingEnabled(bool)。

3. 主窗口的应用实例

下面的程序在主窗口中建立一个菜单栏、一个中心控件、两个工具栏、两个悬停控件和一个状态栏,工具栏和悬停控件可以拖放到其他位置。悬停控件中一个用于控制字体和字体大小,另一个控件字体的颜色。程序运行界面如图 9-17 所示。

图 9-17　程序运行界面

```
import sys,os  # Demo9_7.py
from PyQt5.QtWidgets import (QApplication,QPlainTextEdit,QLabel,QMainWindow,QDockWidget,
                QSlider,QFontComboBox,QComboBox,QVBoxLayout,QWidget,QFileDialog)
from PyQt5.QtGui import QIcon,QColor,QPalette
from PyQt5.QtCore import Qt

class myWindow(QMainWindow):
    def __init__(self,parent = None):
        super().__init__(parent)
        self.setWindowTitle("QMainWindow")
        self.setupUi()
    def setupUi(self):
        self.plainText = QPlainTextEdit(self)
        self.setCentralWidget(self.plainText)         # 设置中心控件
        menuBar = self.menuBar()                       # 创建菜单栏
        file_menu = menuBar.addMenu("文件(&F)")         # 创建菜单
        act_new = file_menu.addAction(QIcon("D:\\python\\new.png"),"新建(&N)")    # 添加动作
        act_open = file_menu.addAction(QIcon("D:\\python\\open.png"), "打开(&O)")  # 添加动作
        act_save = file_menu.addAction(QIcon("D:\\python\\save.png"), "保存(&S)")  # 添加动作
        file_menu.addSeparator()
        act_exit = file_menu.addAction(QIcon("D:\\python\\exit.png"), "退出(&T)")  # 添加动作
        edit_menu = menuBar.addMenu("编辑(&E)")        # 创建菜单
        act_copy = edit_menu.addAction(QIcon("D:\\python\\copy.png"),"复制(&C)")   # 添加动作
        act_paste = edit_menu.addAction(QIcon("D:\\python\\paste.png"), "粘贴(&V)") # 添加动作
        act_cut = edit_menu.addAction(QIcon("D:\\python\\cut.png"), "剪切(&X)")    # 添加动作

        file_toolBar = self.addToolBar("文件")         # 创建工具栏
        file_toolBar.addAction(act_new)                # 工具栏上添加动作
        file_toolBar.addAction(act_open)               # 工具栏上添加动作
        file_toolBar.addAction(act_save)               # 工具栏上添加动作
        file_toolBar.addSeparator()
        file_toolBar.addAction(act_exit)               # 工具栏上添加动作
        self.addToolBarBreak(Qt.TopToolBarArea)        # 添加断点
        edit_toolBar = self.addToolBar("编辑")         # 创建工具栏
```

```python
edit_toolBar.addAction(act_copy)                    # 工具栏上添加动作
edit_toolBar.addAction(act_paste)                   # 工具栏上添加动作
edit_toolBar.addAction(act_cut)                     # 工具栏上添加动作

self.statusBar = self.statusBar()                   # 创建状态栏
label = QLabel("版本号:1.0")
self.statusBar.addPermanentWidget(label)

act_new.triggered.connect(self.act_new_triggered)   # 信号与自定义槽的关联
act_open.triggered.connect(self.act_open_triggered) # 信号与自定义槽的关联
act_save.triggered.connect(self.act_save_triggered) # 信号与自定义槽的关联
act_copy.triggered.connect(self.plainText.copy)     # 信号与控件的槽的关联
act_cut.triggered.connect(self.plainText.cut)       # 信号与控件的槽的关联
act_paste.triggered.connect(self.plainText.paste)   # 信号与控件的槽的关联
act_new.hovered.connect(self.act_new_hovered)       # 信号与控件的槽的关联
act_open.hovered.connect(self.act_open_hovered)     # 信号与控件的槽的关联
act_save.hovered.connect(self.act_save_hovered)     # 信号与控件的槽的关联
act_copy.hovered.connect(self.act_copy_hovered)     # 信号与控件的槽的关联
act_paste.hovered.connect(self.act_paste_hovered)   # 信号与控件的槽的关联
act_cut.hovered.connect(self.act_cut_hovered)       # 信号与控件的槽的关联

self.dock_font = QDockWidget("字体",self)            # 创建停靠控件
self.addDockWidget(Qt.LeftDockWidgetArea,self.dock_font) # 主窗口中添加停靠控件
self.dock_font.setFeatures(QDockWidget.NoDockWidgetFeatures) # 设置停靠控件的特征
self.dock_font.setFeatures(QDockWidget.DockWidgetFloatable |
    QDockWidget.DockWidgetMovable | QDockWidget.DockWidgetFloatable)
fw = QWidget()                                      # 创建悬停控件上的控件
self.dock_font.setWidget(fw)                        # 设置悬停控件上的控件
fv = QVBoxLayout(fw)                                # 在控件上添加布局

self.fontComboBox = QFontComboBox()
self.sizeComboBox = QComboBox()
for i in range(5,50):
    self.sizeComboBox.addItem(str(i))
self.sizeComboBox.setCurrentText(str(self.plainText.font().pointSize()))
fv.addWidget(self.fontComboBox)                     # 布局中添加控件
fv.addWidget(self.sizeComboBox)                     # 布局中添加控件

self.fontComboBox.currentTextChanged.connect(self.font_name_changed) # 信号与槽的连接
self.sizeComboBox.currentTextChanged.connect(self.font_size_changed) # 信号与槽的连接

self.dock_color = QDockWidget("颜色",self)           # 创建悬停控件
self.addDockWidget(Qt.LeftDockWidgetArea,self.dock_color) # 主窗口中添加悬停控件
self.dock_color.setFeatures(QDockWidget.NoDockWidgetFeatures) # 设置悬停控件的特征
self.dock_color.setFeatures(QDockWidget.DockWidgetFloatable |
    QDockWidget.DockWidgetMovable | QDockWidget.DockWidgetFloatable)
self.tabifyDockWidget(self.dock_font,self.dock_color) # 把两个悬停层叠

self.red_slider = QSlider(Qt.Horizontal)
```

```python
            self.green_slider = QSlider(Qt.Horizontal)
            self.blue_slider = QSlider(Qt.Horizontal)
            self.red_slider.setRange(0,255)
            self.green_slider.setRange(0,255)
            self.blue_slider.setRange(0,255)
            cw = QWidget()                          #创建悬停控件上的控件
            self.dock_color.setWidget(cw)           #设置悬停控件上的控件
            cv = QVBoxLayout(cw)
            cv.addWidget(self.red_slider)
            cv.addWidget(self.green_slider)
            cv.addWidget(self.blue_slider)
            self.red_slider.valueChanged.connect(self.color_slider_changed)    #信号与槽的连接
            self.green_slider.valueChanged.connect(self.color_slider_changed)  #信号与槽的连接
            self.blue_slider.valueChanged.connect(self.color_slider_changed)   #信号与槽的连接

            self.setAnimated(True)
            self.setCorner(Qt.TopLeftCorner,Qt.LeftDockWidgetArea)
            self.setDockNestingEnabled(True)
        def font_name_changed(self,name):           #自定义槽函数
            font = self.plainText.font()
            font.setFamily(name)
            self.plainText.setFont(font)
        def font_size_changed(self,size):           #自定义槽函数
            font = self.plainText.font()
            font.setPointSize(int(size))
            self.plainText.setFont(font)
        def color_slider_changed(self,value):       #自定义槽函数
            color = QColor(self.red_slider.value(),self.green_slider.value(),self.blue_slider.value())
            palette = self.plainText.palette()
            palette.setColor(QPalette.Text,color)
            self.plainText.setPalette(palette)
        def act_new_triggered(self):                #自定义槽函数
            self.plainText.clear()
        def act_open_triggered(self):               #自定义槽函数
            filename,filter = QFileDialog.getOpenFileName(self,"打开文件","d:\\","文本文件(*.txt)")
            if os.path.exists(filename):
                self.plainText.clear()
                fp = open(filename,"r",encoding = "UTF-8")
                string = fp.readlines()
                for i in string:
                    i = i.strip()
                    self.plainText.appendPlainText(i)
                fp.close()
        def act_save_triggered(self):               #自定义槽函数
            filename,filter = QFileDialog.getSaveFileName(self,"保存文件","d:\\","文本文件(*.txt)")
            string = self.plainText.toPlainText()
```

```python
            if filename != "":
                if os.path.exists(filename):
                    fp = open(filename,"wa",encoding = "UTF-8")
                    fp.writelines(string)
                    fp.close()
                else:
                    fp = open(filename, "w", encoding = "UTF-8")
                    fp.writelines(string)
                    fp.close()
    def act_new_hovered(self):                  #自定义槽函数
        self.statusBar.showMessage("新建文档",5000)
    def act_open_hovered(self):                 #自定义槽函数
        self.statusBar.showMessage("打开文档",5000)
    def act_save_hovered(self):                 #自定义槽函数
        self.statusBar.showMessage("保存文档",5000)
    def act_copy_hovered(self):                 #自定义槽函数
        self.statusBar.showMessage("复制选中的内容",5000)
    def act_paste_hovered(self):                #自定义槽函数
        self.statusBar.showMessage("在光标位置处粘贴",5000)
    def act_cut_hovered(self):                  #自定义槽函数
        self.statusBar.showMessage("剪切选中的内容",5000)
if __name__ == '__main__':
    app = QApplication(sys.argv)
    window = myWindow()
    window.show()
    sys.exit(app.exec())
```

9.4.2 停靠控件

停靠控件 QDockWidget 主要应用在主窗口中,用鼠标可以将其拖曳到不同的停靠区域中。停靠控件通常作为容器来使用,需要对它添加其他一些常用控件。停靠控件由标题栏和内容区构成,标题栏上显示窗口标题,还有浮动按钮和关闭按钮。

1. 创建停靠控件的方式

停靠控件的继承关系如图 9-18 所示,它是从 QWidget 类继承而来的。

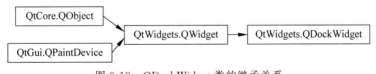

图 9-18　QDockWidget 类的继承关系

用 QDockWidget 类创建停靠控件实例的方法如下所示,其中 str 是停靠控件的窗口标题,parent 是停靠控件所在的窗口。

```
QDockWidget(str, parent = None, Qt.WindowType)
QDockWidget(parent = None, Qt.WindowType)
```

2. 停靠控件的常用方法和信号

停靠控件的常用方法如表 9-17 所示,主要方法介绍如下。

- 用 setWidget(QWidget)方法设置停靠控件工作区中的控件,通常选择容器类控件和表格类控件作为工作区的控件,用 widget()方法获取工作区中的控件。
- 用 setTitleBarWidget(QWidget)方法设置标题栏中的控件,用 titleBarWidget()方法获取标题栏中的控件。
- 用 setAllowedAreas(Qt.DockWidgetArea)方法设置停靠控件可以停靠的区域,用 allowedAreas()方法获取可以停靠的区域,用 isAreaAllowed(Qt.DockWidgetArea)方法获取指定的区域是否允许停靠。
- 用 setFeatures(QDockWidget.DockWidgetFeature)方法设置停靠控件的特征,其中参数 QDockWidget.DockWidgetFeature 可 以 取 QDockWidget.DockWidgetClosable(可关闭)、QDockWidget.DockWidgetMovable(可移动)、QDockWidget.DockWidgetFloatable(可悬停)、QDockWidget.DockWidgetVerticalTitleBar(有竖向标题)、QDockWidget.AllDockWidgetFeatures(有以上所有特征)或 QDockWidget.NoDockWidgetFeatures(没有以上特征)。
- 用 toggleViewAction()方法返回一个动作对象 QAction,该动作对象通过单击后可以切换停靠窗口的可见状态,即该动作是一个对停靠部件窗口进行显示或关闭的开关。如果将该动作加到菜单上,对应菜单栏的文字即为停靠窗口的 title 文字,这样就可以在菜单上单击对应菜单项进行停靠窗口的关闭和显示。

表 9-17　停靠控件的常用方法

方法及参数类型	说　　明
setAllowedAreas(Qt.DockWidgetArea)	设置可停靠区域
isAreaAllowed(Qt.DockWidgetArea)	获取指定的区域是否允许停靠
allowedAreas()	返回可停靠的区域
setFeatures(QDockWidget.DockWidgetFeature)	设置特征
features()	获取特征
setFloating(bool)	设置成浮动状态
isFloating()	获取是否处于浮动状态
setTitleBarWidget(QWidget)	设置标题栏中的控件
titleBarWidget()	获取标题栏中的控件
setWidget(QWidget)	添加栏中的控件
widget()	获取控件
toggleViewAction()	获取隐藏或显示的动作 QAction

停靠控件的信号有 allowedAreasChanged(Qt.DockWidgetArea)、dockLocationChanged(Qt.DockWidgetArea)、featuresChanged(QDockWidget.DockWidgetFeature)、topLevelChanged(bool)和 visibilityChanged(bool),允许停靠的区域发生改变时发射 allowedAreasChanged(Qt.DockWidgetArea)信号,停靠的区域发生改变时发射 dockLocationChanged(Qt.DockWidgetArea)信号,特征改变时发射 featuresChanged(QDockWidget.DockWidgetFeature)信号,悬浮和停靠状态转换时发射 topLevelChanged(bool)信号,可见性改变时发射 visibilityChanged(bool)信号。

9.4.3 多文档和子窗口

用 QMainWindow 建立的主界面,通常会同时建立或打开多个相互独立的文档,这些文档共享主界面的菜单、工具栏和停靠控件,多文档中只有 1 个文档是活跃的文档,菜单和工具栏的操作只针对当前活跃的文档进行。主界面要实现多文档操作需要用 QMdiArea 控件,通常把 QMdiArea 定义成中心控件。可以在 QMdiArea 控件中添加多个子窗口 QMdiSubWindow,通常每个子窗口都有相同的控件,当然控件也可以不相同,这时代码会比较复杂。

1. 创建多文档控件和子窗口的方式

多文档控件和子窗口的继承关系如图 9-19 所示,QMdiArea 是从抽象类 QAbstractScrollArea 继承而来的,而 QMdiSubWindow 是从 QWidget 类继承而来的。

图 9-19 QMdiArea 和 QMdiSubWindow 类的继承关系

用 QMdiArea 类和 QMdiSubWindow 类创建多文档实例和子窗口实例的方法如下。

```
QMdiArea(parent = None)
QMdiSubWindow(parent = None, Qt.WindowType)
```

2. 多文档控件和子窗口的常用方法、信号和槽函数

多文档控件和子窗口的常用方法分别如表 9-18 和表 9-19 所示,主要方法介绍如下。

- 用 QMdiArea 的 addSubWindow(QWidget,Qt.WindowType)方法可以往多文档控件中添加子窗口,并返回子窗口,参数 QWidget 可以是子窗口,也可以是其他控件,如果是其他控件,则先创建子窗口,然后在子窗口上添加控件。用 removeSubWindow(QWidget)方法可以从多文档中移除子窗口或子窗口上的控件,子窗口或控件并没有真正删除,其父窗口变成 None。如果移除的是控件,则控件所在的子窗口并没有被移除。
- 用 QMdiSubWindow 的 setWidget(QWidget)方法可以往子窗口上添加控件,用 widget()方法可以获取子窗口上的控件。
- 用 QMdiArea 的 setViewMode(QMdiArea.ViewMode)方法可以设置多文档控件中子窗口的显示模式,其中参数 QMdiArea.ViewMode 可以取 QMdiArea.SubWindowView(子窗口视图)和 QMdiArea.TabbedView(Tab 标签视图),这两种视图的样式如图 9-20 所示。
- 在子窗口视图模式下,可以随意缩放和拖动窗口,还可以设置子窗口的排列形式。用 cascadeSubWindows()方法可以设置子窗口为层叠排列显示,用 tileSubWindows()方法可以设置子窗口为平铺排列显示,这两种排列形式如图 9-21 所示。

表 9-18　多文档控件的常用方法

QMdiArea 的方法及参数类型	说　　明
addSubWindow(QWidget,Qt.WindowType)	用控件创建一个子窗口,并返回子窗口 QMdiSubWindow
removeSubWindow(QWidget)	移除控件所在的子窗口
setViewMode(QMdiArea.ViewMode)	设置子窗口在 QMdiArea 中的显示方式
viewMode()	获取子窗口的显示方式
cascadeSubWindows()	层叠显示子窗口
tileSubWindows()	平铺显示子窗口
closeActiveSubWindow()	关闭活跃的子窗口
closeAllSubWindows()	关闭所有的子窗口
currentSubWindow()	获取当前的子窗口 QMdiSubWindow
scrollContentsBy(int,int)	移动子窗口中的控件
setActivationOrder(QMdiArea.WindowOrder)	设置子窗口的活跃顺序
activationOrder()	获取活跃顺序 QMdiArea.WindowOrder
subWindowList(QMdiArea.WindowOrder)	按照指定的顺序获取子窗口列表
activateNextSubWindow()	激活下一个子窗口
activatePreviousSubWindow()	激活前一个子窗口
setActiveSubWindow(QMdiSubWindow)	设置活跃的子窗口
activeSubWindow()	获取活跃的子窗口 QMdiSubWindow
setBackground (Union[QBrush,QColor,Qt.GlobalColor,QGradient])	用 QBrush、QColor、Qt.GlobalColor、QGradient 方法设置背景颜色,默认是灰色
background()	获取背景色画刷 QBrush
setOption(QMdiArea.AreaOption,bool)	设置子窗口的模式
testOption(QMdiArea.AreaOption)	获取是否设置了选项
setTabPosition(QTabWidget.TabPosition)	Tab 模式时,设置 Tab 标签的位置
setTabShape(QTabWidget.TabShape)	Tab 模式时,设置 Tab 标签的形状
setTabsClosable(bool)	Tab 模式时,设置 Tab 标签是否有关闭按钮
setTabsMovable(bool)	Tab 模式时,设置 Tab 标签是否可以移动
setDocumentMode(bool)	Tab 模式时,设置 Tab 标签是否文档模式
documentMode()	Tab 模式时,获取 Tab 标签是否文档模式
tabPosition()	获取 Tab 标签的位置 QTabWidget.TabPosition
tabShape()	获取 Tab 标签的形状 QTabWidget.TabShape
tabsClosable()	获取 Tab 标签上是否有关闭按钮
tabsMovable()	获取 Tab 标签是否可以移动

表 9-19　子窗口的常用方法

QMdiSubWindow 的方法及参数类型	说　　明
setWidget(QWidget)	设置子窗口中的控件
widget()	获取子窗口中的控件
showShaded()	只显示标题栏
isShaded()	获取子窗口是否处于只显示标题栏状态
mdiArea()	返回子窗口所在的多文档区域

续表

QMdiSubWindow 的方法及参数类型	说 明
setSystemMenu(QMenu)	设置系统菜单
systemMenu()	获取系统菜单
showSystemMenu()	在标题栏的系统菜单图标下显示系统菜单
setKeyboardPageStep(int)	设置用键盘 Page 键控制子窗口移动或缩放时的增量步
keyboardPageStep()	获取用键盘 Page 键控制子窗口移动或缩放时的增量步
setKeyboardSingleStep(int)	设置用键盘箭头键控制子窗口移动或缩放时的增量步
keyboardSingleStep()	获取用键盘箭头键控制子窗口移动或缩放时的增量步
setOption (QMdiSubWindow.SubWindowOption,bool)	设置选项,bool 默认为 True

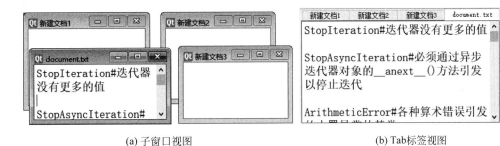

(a) 子窗口视图　　　　　　　　　　(b) Tab标签视图

图 9-20　子窗口的显示模式

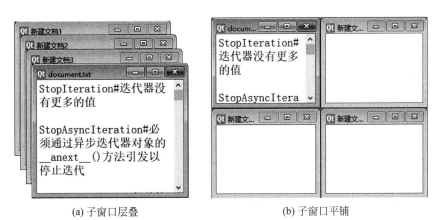

(a) 子窗口层叠　　　　　　　　　　(b) 子窗口平铺

图 9-21　子窗口的排列形式

- 用 QMdiArea 的 currentSubWindow()方法可以获得当前窗口,用 setActiveSubWindow (QMdiSubWindow)方法可以设置某个子窗口为活跃窗口,如果没有窗口或活跃窗口,则返回值是 None。
- 如果用户在界面上单击某个子窗口,则单击的子窗口变成活跃窗口。如果用代码使某个窗口活跃,则要考虑子窗口的顺序。用 setActivationOrder(QMdiArea. WindowOrder)方法可以设置子窗口的活跃顺序的规则,其中参数 QMdiArea. WindowOrder 可以取 QMdiArea.CreationOrder(按照创建子窗口的创建顺序)、

QMdiArea. StackingOrder（按照子窗口的堆放顺序）或 QMdiArea. ActivationHistoryOrder（按照子窗口的历史活跃顺序）；用 activateNextSubWindow()方法和 activatePreviousSubWindow()方法可以按照活跃顺序分别激活下一个子窗口和前一个子窗口；用 subWindowList(QMdiArea. WindowOrder)方法可以按照指定的顺序获取子窗口的列表 List[QMdiSubWindow]。

- 用 QMdiArea 的 setOption(QMdiArea. AreaOption, bool)方法可以设置子窗口在活跃时的状态，其中参数 QMdiArea. AreaOption 只有 1 个取值 QMdiArea. DontMaximizeSubWindowOnActivation，在子窗口变成活跃窗口时不进行最大化显示。
- 用 QMdiSubWindow 的 showShaded()方法可以把子窗口折叠起来，只显示标题栏。
- 用 QMdiSubWindow 的 setOption(QMdiSubWindow. SubWindowOption, bool)方法可以设置子窗口缩放或移动时只显示外轮廓，参数 QMdiSubWindow. SubWindowOption 可以取 QMdiSubWindow. RubberBandResize(缩放时只显示外轮廓)和 QMdiSubWindow. RubberBandMove(移动时只显示外轮廓)。

多文档控件的信号为 subWindowActivated(QMdiSubWindow)，当子窗口活跃时发射该信号。多文档控件的槽函数有 activateNextSubWindow()、activatePreviousSubWindow()、cascadeSubWindows()、tileSubWindows()、closeActiveSubWindow()、closeAllSubWindows()和 setActiveSubWindow(window)。

子窗口的信号有 aboutToActivate()和 windowStateChanged(oldState, newState)，当子窗口活跃时发射 aboutToActivate()信号，主窗口状态发生变化时发射 windowStateChanged(oldState, newState)信号，例如最大化、最小化、只显示标题。子窗口的槽函数有 showShaded()和 showSystemMenu()。

3. 多文档和子窗口的应用实例

下面的程序建立多文档界面，界面上有菜单栏、工具栏、停靠控件、状态栏和多文档控件。单击文件菜单的"新建"命令或工具栏中的"新建"按钮，可以新建多个子窗口，子窗口的标题按照"新建文档1""新建文档2"……的形式逐渐增加。单击"打开"按钮，可以打个 UTF-8 格式的 txt 文件。如果当前活跃的子窗口中没有内容，则打开的文件直接加载到当前活跃的子窗口中；如果当前活跃的子窗口中有内容，则新建子窗口，且子窗口的标题栏名称为文件的名称。子窗口的 windowFilePath 属性是打开文件的路径和文件名。单击"保存"或"另存为"按钮，可以把文档保存到现有文件中或另存到一个新文件中，通过窗口菜单可以将文件以子窗口或 Tab 样式显示，及重叠、平铺显示。状态栏显示当前活跃的子窗口的文件名和路径，用停靠控件可以为当前活跃窗口设置字体和颜色。程序运行界面如图 9-22 所示。

```
import sys,os  #Demo9_8.py
from PyQt5.QtWidgets import (QApplication,QPlainTextEdit,QLabel,QMainWindow,QDockWidget,
QMdiArea,QMdiSubWindow,QSlider,QFontComboBox,QComboBox,
QVBoxLayout,QWidget,QFileDialog)
from PyQt5.QtGui import QIcon,QColor,QPalette
```

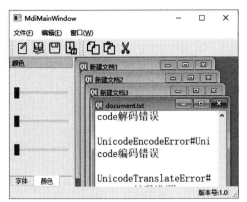 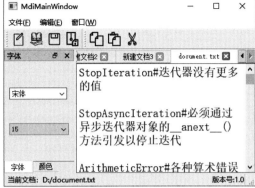

图 9-22　程序运行界面

```
from PyQt5.QtCore import Qt

class mySubWindow(QMdiSubWindow):                    #建立子窗口类
    def __init__(self,parent = None):
        super().__init__(parent)
        self.plainText = QPlainTextEdit(self)
        self.setWidget(self.plainText)                #在子窗口上添加控件
        self.setOption(QMdiSubWindow.RubberBandResize)
class myMdiWindow(QMainWindow):
    def __init__(self,parent = None):
        super().__init__(parent)
        self.setWindowTitle("MdiMainWindow")
        self.setupUi()
        self.subNewWindow_count = 0                   #用于记录新建窗口的数量
    def setupUi(self):
        self.mdiArea = QMdiArea(self)                 #创建多文档控件
        self.mdiArea.setTabsClosable(True)
        self.setCentralWidget(self.mdiArea)           #将多文档控件设置成中心控件
        menuBar = self.menuBar()                      #创建菜单栏
        file_menu = menuBar.addMenu("文件(&F)")        #创建菜单
        self.act_new = file_menu.addAction(QIcon("D:\\python\\new.png"),"新建(&N)")
        self.act_open = file_menu.addAction(QIcon("D:\\python\\open.png"), "打开(&O)")
        self.act_save = file_menu.addAction(QIcon("D:\\python\\save.png"), "保存(&S)")
        self.act_saveAs = file_menu.addAction(QIcon("D:\\python\\saveAs.png"), "另存为(&A)")
        self.act_exit = file_menu.addAction(QIcon("D:\\python\\exit.png"), "退出(&T)")
        edit_menu = menuBar.addMenu("编辑(&E)")  #创建菜单
        self.act_copy = edit_menu.addAction(QIcon("D:\\python\\copy.png"),"复制(&C)")
        self.act_paste = edit_menu.addAction(QIcon("D:\\python\\paste.png"), "粘贴(&V)")
        self.act_cut = edit_menu.addAction(QIcon("D:\\python\\cut.png"), "剪切(&X)")
        window_menu = menuBar.addMenu("窗口(&W)")     #创建菜单
        self.act_subWindowView = window_menu.addAction("子窗口形式(&S)")
        self.act_tabWindowView = window_menu.addAction("Tab 窗口形式(&T)")
        window_menu.addSeparator()
        self.act_cascade = window_menu.addAction("层叠窗口")
```

```python
        self.act_tile = window_menu.addAction("平铺窗口")

        file_toolBar = self.addToolBar("文件")           #创建工具栏
        file_toolBar.addAction(self.act_new)             #工具栏上添加动作
        file_toolBar.addAction(self.act_open)            #工具栏上添加动作
        file_toolBar.addAction(self.act_save)            #工具栏上添加动作
        file_toolBar.addAction(self.act_saveAs)          #工具栏上添加动作
        edit_toolBar = self.addToolBar("编辑")           #创建工具栏
        edit_toolBar.addAction(self.act_copy)            #工具栏上添加动作
        edit_toolBar.addAction(self.act_paste)           #工具栏上添加动作
        edit_toolBar.addAction(self.act_cut)             #工具栏上添加动作

        self.statusBar = self.statusBar()                #创建状态栏
        label = QLabel("版本号:1.0")
        self.statusBar.addPermanentWidget(label)

        self.dock_font = QDockWidget("字体",self)        #创建停靠控件
        self.addDockWidget(Qt.LeftDockWidgetArea,self.dock_font)  #主窗口中添加停靠控件
        fw = QWidget()                                   #创建悬停控件上的控件
        self.dock_font.setWidget(fw)                     #设置悬停控件上的控件
        fv = QVBoxLayout(fw)                             #在控件上添加布局

        self.fontComboBox = QFontComboBox()
        self.fontComboBox.setMaximumWidth(100)
        self.sizeComboBox = QComboBox()
        for i in range(5,50):
            self.sizeComboBox.addItem(str(i))
        fv.addWidget(self.fontComboBox)                  #布局中添加控件
        fv.addWidget(self.sizeComboBox)                  #布局中添加控件

        self.dock_color = QDockWidget("颜色",self)       #创建悬停控件
        self.addDockWidget(Qt.LeftDockWidgetArea,self.dock_color)    #主窗口中添加悬停控件
        self.dock_color.setFeatures(QDockWidget.NoDockWidgetFeatures)  #设置悬停控件的特征
        self.tabifyDockWidget(self.dock_font,self.dock_color)   #把两个悬停层叠

        self.red_slider = QSlider(Qt.Horizontal)
        self.green_slider = QSlider(Qt.Horizontal)
        self.blue_slider = QSlider(Qt.Horizontal)
        self.red_slider.setRange(0,255)
        self.green_slider.setRange(0,255)
        self.blue_slider.setRange(0,255)
        cw = QWidget()                                   #创建悬停控件上的控件
        self.dock_color.setWidget(cw)                    #设置悬停控件上的控件
        cv = QVBoxLayout(cw)
        cv.addWidget(self.red_slider)
        cv.addWidget(self.green_slider)
        cv.addWidget(self.blue_slider)
        self.act_new.triggered.connect(self.act_new_triggered)    #信号与自定义槽的关联
        self.act_open.triggered.connect(self.act_open_triggered)  #信号与自定义槽的关联
```

```python
        self.act_save.triggered.connect(self.act_save_triggered)       #信号与自定义槽的关联
        self.act_saveAs.triggered.connect(self.act_saveAs_triggered)    #信号与自定义槽的关联
        self.act_subWindowView.triggered.connect(self.act_subWindowView_triggered)
        self.act_tabWindowView.triggered.connect(self.act_tabWindowView_triggered)
        self.act_cascade.triggered.connect(self.mdiArea.cascadeSubWindows)  #信号与控件
                                                                             #槽的关联
        self.act_tile.triggered.connect(self.mdiArea.tileSubWindows)  #信号与控件槽的关联
        self.mdiArea.subWindowActivated.connect(self.mdiArea_subWindow_activated)
    def mdiArea_subWindow_activated(self):      #自定义子窗口激活槽函数
        font = self.mdiArea.currentSubWindow().plainText.font()
        self.sizeComboBox.setCurrentText(str(font.pointSize()))
        self.fontComboBox.setCurrentText(font.family())
        # 信号与槽的连接
        self.act_copy.triggered.connect(self.mdiArea.currentSubWindow().plainText.copy)
        self.act_cut.triggered.connect(self.mdiArea.currentSubWindow().plainText.cut)
        self.act_paste.triggered.connect(self.mdiArea.currentSubWindow().plainText.paste)
        self.fontComboBox.currentTextChanged.connect(self.font_name_changed)
        self.sizeComboBox.currentTextChanged.connect(self.font_size_changed)
        self.red_slider.valueChanged.connect(self.color_slider_changed)
        self.green_slider.valueChanged.connect(self.color_slider_changed)
        self.blue_slider.valueChanged.connect(self.color_slider_changed)
        if self.mdiArea.activeSubWindow().windowFilePath() != "":
            self.statusBar.showMessage("当前文档: " +
                                    self.mdiArea.currentSubWindow().windowFilePath())
        else:
            self.statusBar.showMessage("当前文档: " +
                                    self.mdiArea.currentSubWindow().windowTitle())
    def font_name_changed(self,name):           #自定义滑块槽函数
        if self.mdiArea.currentSubWindow() != None:
            font = self.mdiArea.currentSubWindow().plainText.font()
            font.setFamily(name)
            self.mdiArea.currentSubWindow().plainText.setFont(font)
    def font_size_changed(self,size):           #自定义滑块槽函数
        if self.mdiArea.currentSubWindow() != None:
            font = self.mdiArea.currentSubWindow().plainText.font()
            font.setPointSize(int(size))
            self.mdiArea.currentSubWindow().plainText.setFont(font)
    def color_slider_changed(self,value):       #自定义滑块槽函数
        if self.mdiArea.currentSubWindow() != None:
            color = QColor(self.red_slider.value(),self.green_slider.value(),self.blue_slider.value())
            palette = self.mdiArea.currentSubWindow().plainText.palette()
            palette.setColor(QPalette.Text,color)
            self.mdiArea.currentSubWindow().plainText.setPalette(palette)
    def act_new_triggered(self):                #自定义新建文档槽函数
        subWindow = mySubWindow()
        self.mdiArea.addSubWindow(subWindow)
        subWindow.show()
        self.subNewWindow_count = self.subNewWindow_count + 1
```

```python
                    subWindow.setWindowTitle("新建文档" + str(self.subNewWindow_count))
                    self.fontComboBox.setCurrentText("宋体")
                    self.sizeComboBox.setCurrentText("15")
                    self.statusBar.showMessage("当前文档："+ self.mdiArea.currentSubWindow().windowTitle())
    def act_open_triggered(self):           #自定义打开文档槽函数
        filename,filter = QFileDialog.getOpenFileName(self,"打开文件","d:\\","文本文件(*.txt)")
        if os.path.exists(filename):
            try:
                fp = open(filename,"r",encoding="UTF-8")
                string = fp.readlines()
                if len(self.mdiArea.subWindowList()) == 0:
                    currentSub = self.mdiArea.addSubWindow(mySubWindow())
                else:
                    if self.mdiArea.currentSubWindow().plainText.toPlainText() == "":
                        currentSub = self.mdiArea.currentSubWindow()
                    else:
                        currentSub = self.mdiArea.addSubWindow(mySubWindow())
                for i in string:
                    currentSub.plainText.appendPlainText(i)
                currentSub.show()
                currentSub.setWindowTitle(os.path.basename(filename))
                currentSub.setWindowFilePath(filename)
                fp.close()
                self.statusBar.showMessage("当前文档："+ self.mdiArea.currentSubWindow().windowTitle())
            except:
                self.statusBar.showMessage("打开文件错误,请选择"UTF-8"编码的文件.")
    def act_save_triggered(self):           #自定义存盘槽函数
        if self.mdiArea.currentSubWindow() != None:
            currentSub = self.mdiArea.currentSubWindow()
            string = currentSub.plainText.toPlainText()
            if currentSub.windowFilePath() != "":
                fp = open(currentSub.windowFilePath(), "w", encoding="UTF-8")
                fp.writelines(string)
                fp.close()
                return
            self.act_saveAs_triggered()
            self.statusBar.showMessage("当前文档："+ self.mdiArea.currentSubWindow().windowTitle())
    def act_saveAs_triggered(self):         #自定义另存为槽函数
        if self.mdiArea.currentSubWindow() != None:
            filename, filter = QFileDialog.getSaveFileName(self, "保存文件",
                                        "d:\\", "文本文件(*.txt)")
            currentSub = self.mdiArea.currentSubWindow()
            string = currentSub.plainText.toPlainText()
            if filename != "":
                fp = open(filename, "w", encoding="UTF-8")
```

```
                    fp.writelines(string)
                    fp.close()
                    currentSub.setWindowTitle(os.path.basename(filename))
                    currentSub.setWindowFilePath(filename)
                    self.statusBar.showMessage("当前文档: " +
self.mdiArea.currentSubWindow().windowTitle())
    def act_subWindowView_triggered(self):    # 自定义子窗口样式显示槽函数
        self.mdiArea.setViewMode(QMdiArea.SubWindowView)
        self.act_cascade.setEnabled(True)
        self.act_tile.setEnabled(True)
    def act_tabWindowView_triggered(self):    # 自定义 Tab 显示槽函数
        self.mdiArea.setViewMode(QMdiArea.TabbedView)
        self.act_cascade.setEnabled(False)
        self.act_tile.setEnabled(False)
if __name__ == '__main__':
    app = QApplication(sys.argv)
    window = myMdiWindow()
    window.show()
    sys.exit(app.exec())
```

9.4.4 在 Qt Designer 中建立主窗口

除了用代码生成主窗口中的菜单栏、工具栏、动作、状态栏、停靠控件、MDI 窗口外，还可以在 Qt Designer 中生成这些内容，然后把 ui 文件转换成 py 文件，从而实现界面的快速建模。下面介绍在 Qt Designer 中建立主窗口的方法。

1. 动作的建立

启动 Qt Designer 后，在新建窗体对话框中选择 Main Window 选项，单击"创建"按钮，进入窗体设计界面。在右下角的动作编辑器中单击"新建"按钮 ，如图 9-23 所示，在弹出的新建动作对话框中，输入动作的文本、对象名称、图标（可选择资源或文件）和快捷键，单击 OK 按钮后创建一个动作。用同样的方法可以创建更多的动作。

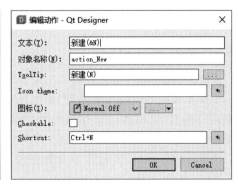

图 9-23 创建动作对话框

2. 创建菜单

在主窗口设计界面上,在菜单栏位置双击"在这里输入",然后输入菜单名称后回车,再用鼠标左键从动作编辑器中拖曳动作到菜单中。如果有必要,可以单击"添加分隔符"选项,或者双击"在这里输入"选项定义子菜单,如图 9-24 所示。

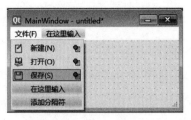

图 9-24 创建菜单

3. 创建工具栏

在主窗口设计界面的空白处右击,从弹出的快捷菜单中选择"添加工具栏"命令,在菜单下面会出现一个工具栏,然后用鼠标从动作编辑器中拖曳动作到工具栏中。如果需增加分隔符,应在工具栏上右击,从弹出的快捷菜单中选择"添加分隔符"命令,如图 9-25 所示。如果需要定义多个工具栏,应在主窗口设计界面的空白处右击,从弹出的快捷菜单中选择"添加工具栏"命令。

 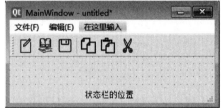

图 9-25 创建工具栏和状态栏

4. 创建状态栏

在主窗口设计界面的底部已经有一个状态栏,在可视化设计阶段,不能往状态栏中添加控件,只能用代码的方法给状态栏添加控件。如果不需要状态栏,可在空白区右击,从弹出的快捷菜单中选择"删除状态栏"命令。

5. MDI Area 中心控件及子窗口

从左侧的容器控件中拖曳一个容器控件(如 Widget 控件)到主窗口设计界面,在右侧的对象查看器中可以看到 Widget 控件在 centralwidget 的下面,再往 Widegt 控件中拖放 MDI Area 控件,可以对 Widget 进行布局设计。在 MDI Area 控件上右击,从弹出的快捷菜单中选择"添加子窗口"命令,可以为 MDI Area 控件添加多个子窗口,再从左侧的控件箱中拖曳其他控件到子窗口中。

6. 停靠控件

从左侧的容器控件中拖曳 Dock Widget 控件到主窗口设计界面上,可以拖曳多个 Dock Widget 控件,在右侧的属性编辑器中修改 Dock Widget 的属性,再拖曳其他控件到 Dock Widget 中。可以对 Dock Widget 中的控件进行布局设计,如图 9-26 所示。

进行以上设计后,将主窗口界面保存到 mainWindow.ui 文件中,然后按照第 7 章介绍的方法,将 mainWindow.ui 文件编译成 mainWindow.py 文件,并把 py 文件导入继承自 QMainWindow 的类中,给 setupUi(self,MainWindow)函数传递 self,即可使用编译后的 py 文件。

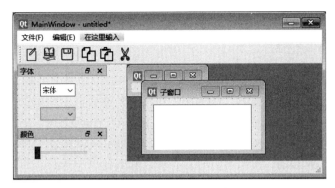

图 9-26　停靠窗口设计

下面是由 ui 文件编译后的 py 文件的部分内容。

```
from PyQt5 import QtCore, QtGui, QtWidgets
class Ui_MainWindow(object):
    def setupUi(self, MainWindow):
        MainWindow.setObjectName("MainWindow")
        MainWindow.resize(628, 442)
        self.centralwidget = QtWidgets.QWidget(MainWindow)
        self.centralwidget.setObjectName("centralwidget")
        MainWindow.setCentralWidget(self.centralwidget)
        self.mdiArea = QtWidgets.QMdiArea(self.centralwidget)
        self.mdiArea.setGeometry(QtCore.QRect(30, 0, 361, 201))
```

下面的程序是自编程部分，其中 from mainWindow import Ui_MainWindow 语句是从编译后的 py 文件中导入类，用 self.ui = Ui_MainWindow() 语句指向 py 中的类，用 self.ui.setupUi(self) 语句调用类中的 setupUi() 函数，并把 self 传递进去作为控件的载体。这里只是完成可视化界面的定义，要使菜单和按钮可用，需要进一步编写动作的槽函数。

```
import sys
from PyQt5.QtWidgets import QApplication,QMainWindow

from mainWindow import Ui_MainWindow

class myMdiWindow(QMainWindow):
    def __init__(self,parent = None):
        super().__init__(parent)
        self.setWindowTitle("MdiMainWindow")
        self.ui = Ui_MainWindow()
        self.ui.setupUi(self)
if __name__ == '__main__':
    app = QApplication(sys.argv)
    window = myMdiWindow()
    window.show()
    sys.exit(app.exec())
```

9.5 对话框

对话框窗口是一个用来完成简单任务或者和用户进行临时交互的顶层窗口,通常用于输入信息、确认信息或者提示信息。QDialog 类是所有对话框窗口类的基类,继承 QDialog 的类有 QAbstractPrintDialog、QPageSetupDialog、QPrintDialog、QPrintPreviewDialog、QColorDialog、QErrorMessage、QFileDialog、QFontDialog、QInputDialog、QMessageBox、QProgressDialog、QWizard。按照运行时是否可以和其他窗口进行交互操作,对话框分为模式(或模态)对话框和非模式对话框。带有模式的对话框是指,只有在关闭该对话框的情况下才可以对其他窗口进行操作;非模式对话框是指在没有关闭对话框的情况下,既可以对该对话框进行操作,也可以对其他窗口进行操作,例如记事本中的查询对话框和替换对话框就是非模式对话框。

为方便编程,PyQt5 提供了一些常用的标准对话框,例如文件打开保存对话框 QFileDialog、字体对话框 QFontDialog、颜色对话框 QColorDialog、信息对话框 QMessageBox 等,用户可以直接调用这些对话框,而无须再为这些对话框编写代码。

对话框在操作系统的管理器中没有独立的任务栏,而是共享父窗口的任务栏,无论对话框是否处于活跃状态,对话框都将位于父窗口之上,除非关闭或隐藏对话框。

9.5.1 自定义对话框

1. 创建自定义对话框的方式

利用 QDialog 类,用户可以创建自己的对话框,在对话框上放置控件,完成特定的目的。QDialog 是从 QWidget 类继承而来的,用 QDialog 类创建一般对话框实例的方法如下,其中 parent 是 QDialog 对话框的父窗口,Qt.WindowType 的取值请参考 QWidget 窗口讲解部分。通常将 QDialog 对话框作为顶层窗口使用,在主程序界面中调用 QDialog 对话框。

```
QDialog(parent = None, Qt.WindowType)
```

2. QDialog 对话框的方法、信号和槽函数

QDialog 对话框的常用方法如表 9-20 所示,主要方法介绍如下。

- 对话框的模式特性设置。对话框的模式特性可以用 setModal(bool)或 setWindowModality(Qt.WindowModality)方法设置,其中枚举参数 Qt.WindowModality 可以取 Qt.NonModal(非模式,可以和程序的其他窗口进行交互操作)、Qt.WindowModal (窗口模式,在未关闭当前对话框时,将阻止该窗口与父辈窗口的交互操作)、Qt.ApplicationModal(应用程序模式,在未关闭当前对话框时,将阻止与任何其他窗口的交互操作);用 windowModality()方法可以获取窗口的模式特性;用 isModel()方法可以获取窗口是否有模式特性;用 setModal(True)方法设置模式特性,默认是窗口模式。
- 对话框的显示方法。显示对话框的方法有 show()、open()和 exec()三种。如果对话框已经有模式特性,则用 show()方法显示的对话框具有模式特性,如果对话框没有模式特性,则 show()方法显示的对话框没有模式特性;无论对话框是否有模式特性,用 open()或 exec()方法显示的对话框都是模式对话框,其中用 open()方法显示的对话框默认是窗口模式,用 exec()方法显示的对话框默认是应用程序模式。当程序执行到 show()或 open()方法时,显示对话框后,会继续执行后续的代码;而用 exec()方法显示对话框时,需关闭对话框后才执行 exec()语句的后续代码。show()、open()和 exec()三种显示对话框的方法不会改变对话框的模式属性的值。

- 对话框的返回值。这里所说的返回值不是在对话框的控件中输入的值,而是指对话框被隐藏或删除时返回的一个整数,用这个整数表示用户对对话框的操作。通常对话框上有"确定"按钮(或 OK 按钮)、"应用"按钮(或 Apply 按钮)和"取消"按钮(或 Cancel 按钮),单击"确定"按钮,表示接受和使用对话框中输入的值;单击"取消"按钮,表示放弃或不使用对话框中输入的值。为了区分客户单击了哪个按钮,可以让对话框有个返回值,例如用 1 表示单击"确定"按钮,用 0 表示单击"放弃"按钮,用 2 表示单击"应用"按钮。QDialog 定义了两个枚举类型常量 QDialog.Accepted 和 QDialog.Rejected,这两个常量的值分别是 1 和 0。可以用 setResult(int)方法为对话框设置一个返回值,用 result()方法获取对话框的返回值,例如单击"确认"按钮时,隐藏对话框,并把对话框的返回值设置成 setResult(QDialog.Accepted);单击"取消"按钮时,隐藏对话框,并把对话框的返回值设置成 setResult(QDialog.Rejected)。

- 隐藏对话框的方法。QDialog 的 accept()方法可以隐藏对话框,并把对话框的返回值设置成 QDialog.Accepted;reject()方法会隐藏对话框,并把对话框的返回值设置成 QDialog.Rejected;done(int)方法会隐藏对话框,并把对话框的返回值设置成 int。accept()方法其实调用的就是 done(QDialog.Accepted)方法,reject()方法调用的就是 done(QDialog.Rejected)方法。如果对话框是用 exec()方法显示的,则 exec()方法会返回对话框的值,而 show()和 open()方法不会返回对话框的值。

- 对话框的信号和槽函数。当执行 QDialog 的 accept()方法时会发射 accepted()信号,执行 reject()方法时会发射 rejected()信号,执行 accept()、reject()或 done(int)方法时都会发射 finished(int)信号,其中参数 int 是对话框的返回值。用 hide()或 setVisible(False)方法隐藏对话框时,不会发射信号。

表 9-20 QDialog 的常用方法

方法及参数类型	说 明
open()	以模式方法显示对话框
exec() exec_()	以模式方法显示对话框,并返回对话框的值
accept()	隐藏对话框,并将对话框的返回值设置成 QDialog.Accepted,同时发射 accepted()和 finished(int)信号
done(int)	隐藏对话框,并将对话框的返回值设置成 int,同时发射 finished(int)信号
reject()	隐藏对话框,并将对话框的返回值设置成 QDialog.Rejected,同时发射 accepted()和 finished(int)信号
setModal(bool)	设置对话框为模式对话框

续表

方法及参数类型	说　　明
isModal()	获取对话框是否是模式对话框
setResult(int)	设置对话框的返回值
result()	获取对话框的返回值
setSizeGripEnabled(bool)	设置对话框的右下角是否有三角形
isSizeGripEnabled()	获取对话框的右下角是否有三角形
setVisible(bool)	设置对话框是否隐藏

自定义对话框的信号有 accepted()、finished(int)和 rejected()，当执行 accept()和 done(int)方法时发射 accepted()信号，执行 done(int)方法时发射 finished(int)信号，执行 reject()和 done(int)方法时发射 rejected()信号。

自定义对话框的槽函数有 exec()、open()、accept()、reject()和 done(int)。

3. 自定义对话框的应用实例

下面的程序用于输入学生成绩，其界面如图 9-27 所示。在主界面上建立菜单，单击菜单命令"输入成绩"，弹出对话框，用于输入姓名、学号和成绩；单击对话框上的"应用"按钮，将输入的信息在主界面上显示，并不退出对话框，继续输入新的信息；单击"确定"按钮，将输入的信息在主界面上显示，并退出对话框；单击"取消"按钮，放弃输入的内容，并退出对话框。单击主界面上菜单命令"保存"，将显示的内容保存到 txt 文件中；单击"退出"命令退出整个程序。

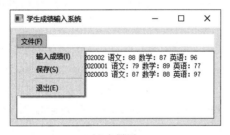
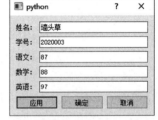

(a) 主界面　　　　　　　　　　　　(b) 对话框

图 9-27　程序界面

```
import sys  #Demo9_9.py
from PyQt5.QtWidgets import (QApplication,QDialog,QWidget,QPushButton,QLineEdit,QMenuBar,
            QTextBrowser,QVBoxLayout,QHBoxLayout,QFormLayout,QFileDialog)


class myWindow(QWidget):
    def __init__(self,parent = None):
        super().__init__(parent)
        self.setWindowTitle("学生成绩输入系统")
        self.widget_setupUi()
        self.dialog_setupUi()

    def widget_setupUi(self):                                      #建立主程序界面
```

```python
            menuBar = QMenuBar(self)                          #定义菜单栏
            file_menu = menuBar.addMenu("文件(&F)")           #定义菜单
            action_input = file_menu.addAction("输入成绩(&I)") #添加动作
            action_save = file_menu.addAction("保存(&S)")     #添加动作
            file_menu.addSeparator()
            action_exit = file_menu.addAction("退出(&E)")     #添加动作
            self.textBrowser = QTextBrowser(self)             #显示数据控件
            v = QVBoxLayout(self)                             #主程序界面的布局
            v.addWidget(menuBar)
            v.addWidget(self.textBrowser)

            action_input.triggered.connect(self.action_input_triggered) #输入成绩动作的信号
                                                                        #与槽函数的连接
            action_save.triggered.connect(self.action_save_triggered)   #保存动作的信号
                                                                        #与槽函数的连接
            action_exit.triggered.connect(self.close)         #退出动作的信号与窗口关闭的连接
    def dialog_setupUi(self):                                 #建立对话框界面
        self.dialog = QDialog(self)
        self.btn_apply = QPushButton("应用")
        self.btn_ok = QPushButton("确定")
        self.btn_cancel = QPushButton("取消")
        h = QHBoxLayout()
        h.addWidget(self.btn_apply)
        h.addWidget(self.btn_ok)
        h.addWidget(self.btn_cancel)
        self.line_name = QLineEdit()
        self.line_number = QLineEdit()
        self.line_chinese = QLineEdit()
        self.line_math = QLineEdit()
        self.line_english = QLineEdit()
        f = QFormLayout(self.dialog)
        f.addRow("姓名:", self.line_name)
        f.addRow("学号:", self.line_number)
        f.addRow("语文:", self.line_chinese)
        f.addRow("数学:", self.line_math)
        f.addRow("英语:", self.line_english)
        f.addRow(h)
        self.btn_apply.clicked.connect(self.btn_apply_clicked)  #"应用"按钮与自定义
                                                                #槽函数的连接
        self.btn_ok.clicked.connect(self.btn_ok_clicked)  #"确定"按钮与自定义槽函数的连接
        self.btn_cancel.clicked.connect(self.dialog.close) #"取消"按钮与对话框槽函数的连接
    def action_input_triggered(self):        #自定义槽函数
        self.dialog.open()
    def action_save_triggered(self):         #自定义槽函数
        string = self.textBrowser.toPlainText()
        print(string)
        if len(string) > 0:
            filename, filter = QFileDialog.getSaveFileName(self, "保存文件",
                                        "d:\\", "文本文件(*.txt)")
```

```python
                if len(filename) > 0:
                    print(filename)
                    fp = open(filename, "a + ", encoding = "UTF - 8")
                    fp.writelines(string)
                    fp.close()
        def btn_apply_clicked(self):            # 自定义槽函数,单击"应用"按钮
            template = "姓名:{} 学号:{} 语文:{} 数学:{} 英语:{}"
            string = template.format(self.line_name.text(),self.line_number.text(),
                        self.line_chinese.text(),self.line_math.text(),self.line_english.text())
            self.textBrowser.append(string)
            self.line_name.clear()
            self.line_number.clear()
            self.line_chinese.clear()
            self.line_math.clear()
            self.line_english.clear()
        def btn_ok_clicked(self):               # 自定义槽函数,单击"确定"按钮
            self.btn_apply_clicked()
            self.dialog.close()
if __name__ == '__main__':
    app = QApplication(sys.argv)
    window = myWindow()
    window.show()
    sys.exit(app.exec())
```

上面的程序虽然建立主界面的代码和建立对话框的代码是在不同的函数中实现的,但是还是在一个类中实现的,这样容易造成程序复杂,不利于分工编程。可以将实现对话框界面的代码单独放在一个类中,甚至可以单独保存到一个py文件中,需要的时候用import语句把py文件中的类导入进来。

下面的程序是对话框界面,并保存到dialog.py文件中,其中dialog_setupUi(self)函数建立对话框界面,利用done(int)方法激发finished(int)信号的发射。

```python
from PyQt5.QtWidgets import QDialog,QPushButton,QLineEdit,QHBoxLayout,QFormLayout
class myDialog(QDialog):        # Demo9_10.py
    def __init__(self,parent = None):
        super().__init__(parent)
        self.dialog_setupUi()
    def dialog_setupUi(self):                   # 建立对话框界面
        self.btn_apply = QPushButton("应用")
        self.btn_ok = QPushButton("确定")
        self.btn_cancel = QPushButton("取消")
        h = QHBoxLayout()
        h.addWidget(self.btn_apply)
        h.addWidget(self.btn_ok)
        h.addWidget(self.btn_cancel)
        self.line_name = QLineEdit()
        self.line_number = QLineEdit()
        self.line_chinese = QLineEdit()
```

```
            self.line_math = QLineEdit()
            self.line_english = QLineEdit()
            f = QFormLayout(self)
            f.addRow("姓名: ", self.line_name)
            f.addRow("学号: ", self.line_number)
            f.addRow("语文: ", self.line_chinese)
            f.addRow("数学: ", self.line_math)
            f.addRow("英语: ", self.line_english)
            f.addRow(h)
            self.btn_apply.clicked.connect(self.btn_apply_clicked)  #"应用"按钮与自定义槽
                                                                    #函数的连接
            self.btn_ok.clicked.connect(self.btn_ok_clicked)    #"确定"按钮与自定义槽函数的连接
            self.btn_cancel.clicked.connect(self.close)         #"取消"按钮与对话框槽函数的连接
        def btn_apply_clicked(self):        #单击"应用"按钮的槽函数
            self.postion = self.pos()       #记录单击"应用"按钮时对话框的位置
            self.done(2)                    #发射finished信号
        def btn_ok_clicked(self):           #单击"确定"按钮的槽函数
            self.done(1)                    #发射finished信号
```

下面的程序是主界面程序代码,其中使用 from dialog import myDialog 语句导入对话框界面程序。

```
import sys  #Demo9_11.py
from PyQt5.QtWidgets import (QApplication,QDialog,QWidget,QPushButton,QLineEdit,QMenuBar,
                QTextBrowser,QVBoxLayout,QHBoxLayout,QFormLayout,QFileDialog)
from dialog import myDialog

class myWindow(QWidget):
    def __init__(self,parent = None):
        super().__init__(parent)
        self.setWindowTitle("学生成绩输入系统")
        self.widget_setupUi()
        self.dialog = myDialog(self)
        self.dialog.finished.connect(self.dialog_finished)

    def widget_setupUi(self):                                   #建立主程序界面
        menuBar = QMenuBar(self)                                #定义菜单栏
        file_menu = menuBar.addMenu("文件(&F)")                 #定义菜单
        action_input = file_menu.addAction("输入成绩(&I)")      #添加动作
        action_save = file_menu.addAction("保存(&S)")           #添加动作
        file_menu.addSeparator()
        action_exit = file_menu.addAction("退出(&E)")           #添加动作
        self.textBrowser = QTextBrowser(self)                   #显示数据控件
        v = QVBoxLayout(self)                                   #主程序界面的布局
        v.addWidget(menuBar)
        v.addWidget(self.textBrowser)

        action_input.triggered.connect(self.action_input_triggered)  #输入成绩动作的
                                                                     #信号与槽的连接
```

```python
            action_save.triggered.connect(self.action_save_triggered)    #保存动作的信号与槽的连接
            action_exit.triggered.connect(self.close)    #退出动作的信号与窗口关闭的连接

    def action_input_triggered(self):                #自定义槽函数
        self.dialog.open()
    def action_save_triggered(self):                 #自定义槽函数
        string = self.textBrowser.toPlainText()
        print(string)
        if len(string) > 0:
            filename, filter = QFileDialog.getSaveFileName(self, "保存文件",
                                                           "d:\\", "文本文件(*.txt)")
            if len(filename) > 0:
                print(filename)
                fp = open(filename, "a+", encoding = "UTF-8")
                fp.writelines(string)
                fp.close()
    def dialog_finished(self,value):                 #自定义槽函数,应用按钮
        template = "姓名:{} 学号:{} 语文:{} 数学:{} 英语:{}"
        if value == 1 or value == 2:
            string = template.format(self.dialog.line_name.text(),self.dialog.line_number.text(),
             self.dialog.line_chinese.text(),self.dialog.line_math.text(),self.dialog.line_english.text())
            self.textBrowser.append(string)
            self.dialog.line_name.clear()
            self.dialog.line_number.clear()
            self.dialog.line_chinese.clear()
            self.dialog.line_math.clear()
            self.dialog.line_english.clear()
            if value == 2:
                self.dialog.open()
                self.dialog.move(self.dialog.postion)
            else:
                self.dialog.close()
    def btn_ok_clicked(self):                        #自定义槽函数,单击"确定"按钮
        self.btn_apply_clicked()
        self.dialog.close()
if __name__ == '__main__':
    app = QApplication(sys.argv)
    window = myWindow()
    window.show()
    sys.exit(app.exec())
```

9.5.2 字体对话框

1. 字体对话框的实例化对象

字体对话框 QFontDialog 用于选择字体,是 PyQt 已经编辑好的界面,用户可以直接在对话框中选择与字体有关的选项。字体对话框的界面如图 9-28 所示。

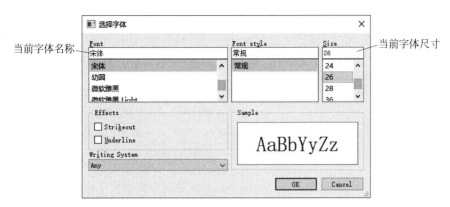

图 9-28　字体对话框的界面

用 QFontDialog 类创建标准字体对话框的方法如下，其中 QFont 用于初始化对话框。

```
QFontDialog(parent = None)
QFontDialog(QFont, parent = None)
```

2. 字体对话框的常用方法和信号

字体对话框的常用方法如表 9-21 所示，主要方法介绍如下。

- 创建字体对话框的一种方法是先创建对话框实例对象，设置对话框的属性，然后用 show()、open() 或 exec() 方法显示对话框；另一种方法是直接用 getFont() 方法，getFont() 方法是静态方法，可直接使用"类名.getFont()"方法调用，也可用实例对象调用。

- 用 setOption(QFontDialog.FontDialogOption[,on＝True]) 方法设置字体对话框的选项，其中 QFontDialog.FontDialogOption 可以取 QFontDialog.NoButtons（不显示 OK 和 Cancel 按钮）、QFontDialog.DontUseNativeDialog（在 Mac 机上不使用本机字体对话框，使用 PyQt 的字体对话框）、QFontDialog.ScalableFonts（显示可缩放字体）、QFontDialog.NonScalableFonts（显示不可缩放字体）、QFontDialog.MonospacedFonts（显示等宽字体）或 QFontDialog.ProportionalFonts（显示比例字体）。

- 用 selectedFont() 方法可以获取在单击 OK 按钮后，最终选中的字体。在对话框中单击 OK 按钮时，同时也发射信号 fontSelected(QFont)，其中参数 QFont 是最后选中的字体。

- 用 setCurrentFont(QFont) 方法可以设置对话框显示时，初始选中的字体。在对话框中选择不同的字体时，会发射 currentFontChanged(QFont) 信号，其中参数 QFont 是当前选中的字体。

- 用 getFont(QFont,widget＝None,caption＝'',QFontDialog.FontDialogOption) 方法可以用模式方式显示对话框，获取字体，其中参数 QFont 是初始化字体，caption 是对话框标题，返回值是元组 Tuple[QFont,bool]。如在对话框中单击 OK 按钮，bool 为 True，单击 Cancel 按钮，bool 为 False，返回的字体是初始化字体。如果用 getFont(widget＝None) 方法不能设置初始字体，单击 Cancel 按钮后返回的是默认字体。

- 用 open(PYQT_SLOT)方法模式显示对话框,并将 fontSelected()信号与指定的槽函数建立连接,关闭对话框时,信号和槽断开连接。

表 9-21　字体对话框的常用方法

方法及参数类型	说　明
selectedFont()	获取在对话框中单击 OK 按钮后,最终选中的字体
setCurrentFont(QFont)	设置字体对话框中当前的字体,用于初始化字体对话框
currentFont()	获取字体对话框中当前的字体
open(PYQT_SLOT)	模式显示对话框,并将 fontSelected()信号与指定的槽函数建立连接,关闭对话框时,信号和槽断开连接
setOption(QFontDialog.FontDialogOption [,on=True])	设置对话框的选项
options()	获取字体对话框的属性
testOption(QFontDialog.FontDialogOption)	测试是否设置了属性
getFont(QFont,widget=None,caption='', QFontDialog.FontDialogOption)	模式显示对话框,获取字体,其中参数 QFont 是初始化字体,caption 是对话框标题,返回值是元组 Tuple[QFont,bool]。如单击 OK 按钮,bool 为 True;单击 Cancel 按钮,bool 为 False
getFont(widget=None)	

字体对话框的信号有 currentFontChanged(QFont)和 fontSelected(QFont),在对话框中选择字体时发射 currentFontChanged(QFont)信号,在最终确定之前,可能会选择不同的字体;单击 OK 按钮时发射 fontSelected(QFont)信号,参数是最终选择的字体。

3. 字体对话框的应用实例

下面的程序用 4 种不同的方法为控件设置字体,第 1 种是 currentFont 信号方法,在对话框中选择字体时,控件的字体也同时实时调整;第 2 种是 fontSelected 信号方法,在对话框中单击 OK 按钮后才终止调整字体;第 3 种是 getFont()方法;第 4 种是 open()方法。

```python
import sys  #Demo9_12.py
from PyQt5.QtWidgets import (QApplication,QWidget,QMenuBar,QFontDialog,
                             QPlainTextEdit,QVBoxLayout)

class myWindow(QWidget):
    def __init__(self,parent = None):
        super().__init__(parent)
        self.setWindowTitle("字体设置")
        self.resize(500,400)
        self.font = QFontDialog(self)               #建立字体对话框对象
        self.font.move(500,300)

        self.widget_setupUi()
    def widget_setupUi(self):                       #建立主程序界面
        menuBar = QMenuBar(self)                    #定义菜单栏
        font_menu = menuBar.addMenu("Font")         #定义字体菜单
```

```python
        action_currentFont = font_menu.addAction("currentFont")   #添加动作
        action_fontSelected = font_menu.addAction("fontSelected") #添加动作
        action_getFont = font_menu.addAction("getFont")           #添加动作
        action_open = font_menu.addAction("open")                 #添加动作
        self.plainText = QPlainTextEdit(self)                     #显示数据控件
        self.plainText.appendPlainText("北京诺思多维科技有限公司")
        v = QVBoxLayout(self)                                     #主程序界面的布局
        v.addWidget(menuBar)
        v.addWidget(self.plainText)

        action_currentFont.triggered.connect(self.action_currentFont_triggered)
                                                                  #信号与槽的连接
        action_fontSelected.triggered.connect(self.action_fontSelected_triggered)
                                                                  #信号与槽的连接
        action_getFont.triggered.connect(self.action_getFont_triggered)   #动作的信号与
                                                                  #槽的连接
        action_open.triggered.connect(self.action_open_triggered) #动作的信号与槽的连接

    def action_currentFont_triggered(self):       #自定义动作槽函数
        f = self.plainText.font()                 #记录当前的字体
        self.font.setCurrentFont(f)               #设置对话框的初始字体
        self.font.currentFontChanged.connect(self.plainText.setFont) #信号与控件的槽函数连接
        ok = self.font.exec()                     #用 exec 显示对话框,返回 0 或 1
        if not ok:
            self.font.setCurrentFont(f)
        self.font.currentFontChanged.disconnect(self.plainText.setFont)  #信号与槽断开连接
    def action_fontSelected_triggered(self):      #自定义动作槽函数
        f = self.plainText.font()
        self.font.setCurrentFont(f)
        self.font.fontSelected.connect(self.plainText.setFont)  #对话框信号与控件的槽函数连接
        self.font.exec()
        self.font.fontSelected.disconnect(self.plainText.setFont)  #对话框信号与控件的
                                                                  #槽函数连接
    def action_getFont_triggered(self):           #自定义动作槽函数
        f = self.plainText.font()
        (font,OK) = QFontDialog.getFont(f,self,caption = "选择字体")
        if OK:
            self.plainText.setFont(font)
    def action_open_triggered(self):              #自定义动作槽函数
        self.font.open(self.open_font)
    def open_font(self):                          #与 open()关联的函数
        self.plainText.setFont(self.font.selectedFont())
if __name__ == '__main__':
    app = QApplication(sys.argv)
    window = myWindow()
    window.show()
    sys.exit(app.exec())
```

9.5.3 颜色对话框

1. 创建颜色对话框的方式

颜色对话框和字体对话框类似,也是一种标准对话框,供用户选择颜色。颜色对话框的界面如图 9-29 所示,在对话框中用户可以自己设定和选择颜色,还可使用标准颜色。

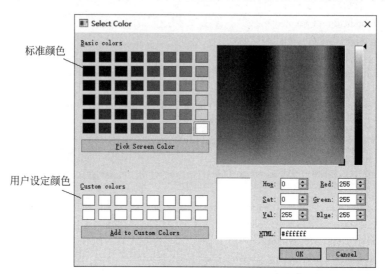

图 9-29 颜色对话框的界面

用 QColorDialog 类创建标准颜色对话框的方法如下,其中参数 QColor 用于初始化对话框,还可以用 Qt.GlobalColor 和 QGradient 初始化颜色。

```
QColorDialog(parent = None)
QColorDialog(QColor, parent = None)
```

2. 颜色对话框的常用方法和信号

颜色对话框的常用方法如表 9-22 所示,大部分与字体对话框的用法相同。

- 颜色对话框的显示也用 show()、open()和 exec()方法,也可以用 getColor()方法。getColor()方法是静态方法,直接使用"类名.getColor()"方法调用,也可用实例对象调用。
- 用 setOption(QColorDialog.ColorDialogOption[,on=True])方法设置颜色对话框的选项,其中 QColorDialog.ColorDialogOption 可以取 QColorDialog.ShowAlphaChannel(在对话框上显示 Alpha 通道)、QColorDialog.NoButtons(不显示 OK 和 Cancel 按钮)或 QColorDialog.DontUseNativeDialog(不使用本机的对话框)。
- 颜色对话框中有标准的颜色,可以用 standardColor(int)方法获取标准颜色,用 setStandardColor(int,QColor)方法设置标准颜色。
- 颜色对话框可以存储用户指定的颜色,用 setCustomColor(int,QColor)方法设置用户颜色,用 customColor(int)方法获取用户颜色。

表 9-22　颜色对话框的常用方法

方法及参数类型	说　　明
selectedColor()	获取颜色对话框中单击 OK 按钮后选中的颜色
setCurrentColor(QColor)	设置颜色对话框中当前颜色,用于初始化对话框
currentColor()	获取对话框中当前的颜色
open(PYQT_SLOT)	模式显示对话框,并将 colorSelected() 信号与指定的槽函数建立连接,关闭对话框时信号和槽断开连接
setOption (QColorDialog.ColorDialogOption[,on=True])	设置对话框的选项
options()	获取对话框选项
testOption(QColorDialog.ColorDialogOption)	测试是否设置了选项
setCustomColor(int,QColor)	设置用户颜色
customColor(int)	获取用户颜色
customCount()	获取用户颜色的梳理
setStandardColor(int,QColor)	设置标准颜色
standardColor(int)	获取标准颜色
getColor(QColor,title='', QColorDialog.ColorDialogOption)	显示对话框,获取颜色 QColor

颜色对话框的信号有 currentColorChanged(QColor) 和 colorSelected(QColor),在对话框中选择颜色时发射 currentColorChanged(QColor) 信号,在最终确定之前,可能会选择不同的颜色;在对话框中单击 OK 按钮时发射 colorSelected(QColor) 信号,参数是最终选择的颜色。

9.5.4　文件对话框

1. 创建文件对话框的方式

文件对话框 QFileDialog 用于打开或保存文件时获取文件路径和文件名。在文件对话框中可以根据文件类型对文件进行过滤,只显示具有某些扩展名的文件。文件对话框的界面分为两种,如图 9-30 所示,一种是 PyQt5 提供的界面,另外一种是本机操作系统提供的界面,可以通过文件对话框的 setOption(QFileDialog.DontUseNativeDialog,bool) 方法设置显示的是哪种界面。对话框上的标签和按钮名称都可以通过对话框的属性进行修改。

(a) PyQt5 提供的界面　　　　　(b) 本机系统提供的界面

图 9-30　文件对话框的界面

用 QFileDialog 类创建文件对话框实例的方法如下所示,其中 caption 用于设置对话框的标题,directory 设置默认路径,filter 设置只显示某种扩展名的文件。

```
QFileDialog(QWidget, Qt.WindowType)
QFileDialog(parent = None, caption = "", directory = "", filter = "")
```

2. 文件对话框的常用方法和信号

文件对话框的常用方法如表 9-23 所示,主要方法介绍如下。

- 文件对话框可以用 show()、open() 和 exec() 方法显示,也可用 open(PYQT_SLOT)方法显示,同时将信号与 PYQT_SLOT 指定的槽函数连接。如果文件模式 fileMode 是 ExistingFiles,则信号是 filesSelected(),关闭对话框后信号与槽断开。

- 用 setFileMode(QFileDialog.FileMode)方法可以设置对话框的文件模式。文件模式是指对话框显示的内容或允许选择的内容,其中参数 QFileDialog.FileMode 可以取 QFileDialog.AnyFile(任意文件和文件夹,也可以输入不存在的文件或文件夹)、QFileDialog.ExistingFile(只能选择一个存在的文件,不能是文件夹或不存在的文件)、QFileDialog.Directory(只能选择文件夹)或 QFileDialog.ExistingFiles(可以选择多个存在的文件)。用 fileMode() 方法可以获取文件模式。

- 用 setOption(QFileDialog.Option,on=True)方法设置文件对话框的外观选项,需在显示对话框之前设置,参数 QFileDialog.Option 可以取 QFileDialog.ShowDirsOnly(只显示文件夹)、QFileDialog.DontResolveSymlinks(不解析符号连接)、QFileDialog.DontConfirmOverwrite(存盘时若选择了存在的文件,不提示覆盖信息)、QFileDialog.DontUseNativeDialog(不使用操作系统的对话框)、QFileDialog.ReadOnly(只读)、QFileDialog.HideNameFilterDetails(隐藏名称过滤器的详细信息)或 QFileDialog.DontUseCustomDirectoryIcons(不使用用户的目录图标,有些系统允许使用)。

- 用 setAcceptMode(QFileDialog.AcceptMode)方法设置文件对话框是打开对话框还是保存对话框,参数 QFileDialog.AcceptMode 可取 QFileDialog.AcceptOpen 或 QFileDialog.AcceptSave。用 setViewMode(QFileDialog.ViewMode)方法设置对话框的视图模式,参数 QFileDialog.ViewMode 可取 QFileDialog.Detail(详细显示)、QFileDialog.List(列表显示,只显示图标和名称)。

- 用 setDefaultSuffix(str)方法设置默认的扩展名,例如在保存文件时只需输入文件名,自动会附加默认的扩展名。

- 用 selectFile(str)方法可以设置对话框中初始选中的文件,用 setDirectory(str)或 setDirectory(QDir)方法设置对话框的初始路径。

- 设置过滤器 filter。过滤器的作用是在文件对话框中只显示某些类型的文件,例如通过方法 setNameFilter("Picture(*.png *.bmp *.jpeg *.jpg)")设置过滤器后,对话框只显示扩展名是 png、bmp、jpeg 和 jpg 的文件。创建过滤器时,过滤器之间用空格隔开,如果有括号,则用括号中的内容做过滤器,多个过滤器用两个分号";;"隔开,例如 setNameFilter("Picture(*.png *.bmp);;text(*.txt)")。用 setNameFilter(str)方法或 setNameFilters(Iterable[str])方法设置对话框中的过滤器。

- 用 selectedFiles( )方法可以获得最终选中的文件名(含路径)的列表,用 selectedNameFilter( )方法可以获得最终选中的过滤器。
- 对话框上的标签和按钮的文字可以用 setLabelText(QFileDialog.DialogLabel,str) 方法重新设置,其中参数 QFileDialog.DialogLabel 可以取 QFileDialog.LookIn、QFileDialog.FileName、QFileDialog.FileType、QFileDialog.Accept 或 QFileDialog.Reject。
- 可以用 QFileDialog 的静态方法快速显示文件对话框,这些静态方法的格式如下所示,其中 caption 是对话框的标题,dir 是初始路径,filter 是过滤器。这些静态函数的返回值除 getExistingDirectory( )外,其他都是列表,列表的第 1 个元素是文件名或文件名列表,第 2 个元素是选中的过滤器。

```
getExistingDirectory([parent = None[,caption = ""[,directory = ""[,options = QFileDialog.ShowDirsOnly]]]])
getOpenFileName([parent = None[,caption = ""[,directory = ""[,filter = ""[,initialFilter = ""
                                              [,QFileDialog.Options()]]]]]])
getOpenFileNames([parent = None[,caption = ""[,dir = ""[,filter = ""[,initialFilter = ""
                                              [,QFileDialog.Options()]]]]]])
getSaveFileName([parent = None[,caption = ""[,dir = ""[,filter = ""[,initialFilter = ""
                                              [,QFileDialog.Options()]]]]]])
```

- 用户在文件对话框中选择不同的文件或目录时会发射 currentChanged(file)信号,其中参数 file 是包含文件名的完整路径。在对话框中单击 open 或 save 按钮后会发射 fileSelected(file)或者 filesSelected(list)信号,在对话框中更改路径时会发射 directoryEntered(directory)信号。

表 9-23 文件对话框的常用方法

方法及参数类型	说 明
setAcceptMode(QFileDialog.AcceptMode)	设置文件对话框是打开对话框还是保存对话框
acceptMode( )	获取对话框的模式
setDefaultSuffix(str)	若没有给出文件的扩展名,设置默认的扩展名
defaultSuffix( )	获取默认的扩展名
open(PYQT_SLOT)	打开文件对话框,并将信号与指定的槽函数连接
saveState( )	保存对话框状态到 QByteArray
restoreState(QByteArray)	恢复对话框的状态,如成功返回 True
selectFile(str)	设置对话框中初始选中的文件,可当作默认文件
selectNameFilter(str)	设置对话框初始名称过滤器
selectedFiles( )	获取被选中的文件的绝对文件路径列表
selectedNameFilter( )	获取当前选择的名称过滤器
setDirectory(str)	设置对话框的初始路径
setDirectory(QDir)	设置对话框的初始路径
directory( )	获取对话框的当前路径 QDir
setFileMode(QFileDialog.FileMode)	设置文件模式,对话框是用于选择路径、单个文件还是多个文件
fileMode( )	获取文件模式
setHistory(Iterable[str])	设置对话框的浏览记录

续表

方法及参数类型	说　　明
history()	获取对话框的浏览记录列表
setLabelText(QFileDialog.DialogLabel,str)	设置文件对话框上各个 QLabel 标签或按钮的名称
labelText(QFileDialog.DialogLabel)	获取对话框上标签或按钮的名称
setNameFilter(str)	根据文件的扩展名设置过滤器
setNameFilters(Iterable[str])	设置多个过滤器
nameFilters()	获取过滤器列表 List[str]
setFilter(QDir.Filter)	根据文件的隐藏、已被修改、系统文件等特性设置过滤
setOption(QFileDialog.Option,on=True)	设置对话框的外观样式
testOption(QFileDialog.Option)	测试是否设置了某种外观样式
setViewMode(QFileDialog.ViewMode)	设置对话框中文件的视图方式,列表还是详细
viewMode()	获取文件的显示方式
getExistingDirectory([parameters])	打开文件对话框,获取路径或文件及过滤器
getOpenFileName([parameters])	
getOpenFileNames([parameters])	
getSaveFileName([parameters])	

文件对话框的信号如表 9-24 所示。

表 9-24　文件对话框的信号

信号及参数类型	说　　明
currentChanged(str)	在对话框中所选择的文件或路径发生改变时发射信号,参数是当前选择的文件或路径
directoryEntered(str)	进入新路径时发射信号,参数是新路径
fileSelected(str)	单击 save 或 open 按钮后发射信号,参数是选中的文件
filesSelected(list)	单击 save 或 open 按钮后发射信号,参数是选中的文件列表
filterSelected(str)	选择新的过滤器后发射信号,参数是新过滤器

3. 文件对话框的应用实例

下面的程序建立一个菜单,菜单的前 5 项动作用于测试文件对话框的菜单,会把选择的文件或目录输出到 QPlainTextEdit 控件中;中间 5 个动作用于测试以 get 开头的函数;最后 2 个动作用于真实地打开 txt 文件和保存 txt 文件。

```python
import sys  #Demo9_13.py
from PyQt5.QtWidgets import (QApplication,QWidget,QMenuBar,QPlainTextEdit,QVBoxLayout,
                             QFileDialog)

class myWindow(QWidget):
    def __init__(self,parent = None):
        super().__init__(parent)
        self.setWindowTitle("打开文件")
        self.setGeometry(100,100,600,500)
        self.fileDialog = QFileDialog(self)
```

```python
        self.widget_setupUi()

    def widget_setupUi(self):                       # 建立主程序界面
        menuBar = QMenuBar(self)                    # 定义菜单栏
        file_menu = menuBar.addMenu("File")         # 定义文件菜单
        action_currentChanged = file_menu.addAction("currentChaged 信号")
        action_directoryEntered = file_menu.addAction("directoryEntered 信号")
        action_fileSelected = file_menu.addAction("fileSelected 信号")
        action_filesSelected = file_menu.addAction("filesSelected 信号")
        action_filterSelected = file_menu.addAction("filterSelected 信号")
        file_menu.addSeparator()
        action_getExistingDirectory = file_menu.addAction("getExistingDirectory")
        action_getOpenFileName = file_menu.addAction("getOpenFileName")
        action_getOpenFileNames = file_menu.addAction("getOpenFileNames")
        action_getSaveFileName = file_menu.addAction("getSaveFileName")
        file_menu.addSeparator()
        action_open = file_menu.addAction("open...")
        action_saveAs = file_menu.addAction("saveAs...")

        self.plainText = QPlainTextEdit(self)       # 显示数据控件
        self.plainText.appendPlainText("北京诺思多维科技有限公司")
        v = QVBoxLayout(self)                       # 主程序界面的布局
        v.addWidget(menuBar)
        v.addWidget(self.plainText)

        action_currentChanged.triggered.connect(self.action_currentChanged_triggered)
        action_directoryEntered.triggered.connect(self.action_directoryEntered_triggered)
        action_fileSelected.triggered.connect(self.action_fileSelected_triggered)
        action_filesSelected.triggered.connect(self.action_filesSelected_triggered)
        action_filterSelected.triggered.connect(self.action_filterSelected_triggered)
        action_getExistingDirectory.triggered.connect(self.action_getExistingDirectory_triggered)
        action_getOpenFileName.triggered.connect(self.action_getOpenFileName_triggered)
        action_getOpenFileNames.triggered.connect(self.action_getOpenFileNames_triggered)
        action_getSaveFileName.triggered.connect(self.action_getSaveFileName_triggered)
        action_open.triggered.connect(self.action_open_triggered)
        action_saveAs.triggered.connect(self.action_saveAs_triggered)
    def action_currentChanged_triggered(self):      # 信号测试
        self.fileDialog.setFileMode(QFileDialog.ExistingFiles)
        self.fileDialog.setDirectory("d:\\")
        self.fileDialog.setNameFilter("text(*.txt);;Picture(*.png *.bmp);;所有文件(*.*)")
        self.fileDialog.currentChanged.connect(self.output)
        self.fileDialog.exec()
        self.fileDialog.currentChanged.disconnect(self.output)
    def action_directoryEntered_triggered(self):    # 信号测试
        self.fileDialog.directoryEntered.connect(self.output)
        self.fileDialog.exec()
        self.fileDialog.directoryEntered.disconnect(self.output)
    def action_fileSelected_triggered(self):        # 信号测试
        self.fileDialog.fileSelected.connect(self.output)
```

```python
            self.fileDialog.exec()
            self.fileDialog.fileSelected.disconnect(self.output)
    def action_filesSelected_triggered(self):          #信号测试
        self.fileDialog.setFileMode(QFileDialog.ExistingFiles)
        self.fileDialog.filesSelected.connect(self.output)
        self.fileDialog.exec()
        self.fileDialog.filesSelected.disconnect(self.output)
        self.fileDialog.setFileMode(QFileDialog.AnyFile)
    def action_filterSelected_triggered(self):         #信号测试
        self.fileDialog.setNameFilter("text(*.txt);;image(*.png *.bmp);;所有文件(*.*)")
        self.fileDialog.filterSelected.connect(self.output)
        self.fileDialog.exec()
        self.fileDialog.filterSelected.disconnect(self.output)
    def action_getExistingDirectory_triggered(self):   #get 函数测试
        dir = QFileDialog.getExistingDirectory(self,caption = "选择路径",directory = "d:\\")
        self.output(dir)
    def action_getOpenFileName_triggered(self):        #get 函数测试
        (fileName, filter) = QFileDialog.getOpenFileName(self, caption = "打开文件",
directory = "d:\\",
            filter = "image(*.png *.bmp);;text(*.txt);;所有文件(*.*)", initialFilter = 
"text(*.txt)")
        self.output([fileName,filter])
    def action_getOpenFileNames_triggered(self):       #get 函数测试
        (fileNames,filter) = QFileDialog.getOpenFileNames(self,caption = "打开文件",
directory = "d:\\", filter = "image(*.png *.bmp);;text(*.txt);;所有文件(*.*)",
initialFilter = "text(*.txt)")
        self.output([fileNames,filter])
    def action_getSaveFileName_triggered(self):        #get 函数测试
        (fileName, filter) = QFileDialog.getSaveFileName(self, caption = "打开文件",
directory = "d:\\",
            filter = "image(*.png *.bmp);;text(*.txt);;所有文件(*.*)",initialFilter = 
"text(*.txt)")
        self.output([fileName,filter])
    def output(self,file):                             #输出结果函数
        if type(file) == type("str type"):
            self.plainText.appendPlainText(file)
        if type(file) == type(list("list type")):
            for i in file:
                if type(i) == type("str type"):
                    self.plainText.appendPlainText(i)
                if type(i) == type(list(("list tpye"))):
                    for j in i:
                        self.plainText.appendPlainText(j)
    def action_open_triggered(self):                   #打开 UTF-8 格式的 txt 文件,读取内容
        self.fileDialog.setAcceptMode(QFileDialog.AcceptOpen)
        self.fileDialog.setFileMode(QFileDialog.ExistingFile)
        self.fileDialog.setNameFilter("文本文件(*.txt)")
        if self.fileDialog.exec():
            fp = open(self.fileDialog.selectedFiles()[0],'r',encoding = 'UTF-8')
```

```
            string = fp.readlines()
            for i in string:
                self.plainText.appendPlainText(i)
            fp.close()
    def action_saveAs_triggered(self):    #保存到新文件中
        string = self.plainText.toPlainText()
        if string != "":
            name,fil = QFileDialog.getSaveFileName(self,"另存文件","d:\\","文本文件(*.txt)")
            if name != "":
                fp = open(name,'a+',encoding = 'UTF-8')
                fp.writelines(string)
                fp.close()
if __name__ == '__main__':
    app = QApplication(sys.argv)
    window = myWindow()
    window.show()
    sys.exit(app.exec())
```

9.5.5 输入对话框

1. 输入对话框的实例化对象

输入对话框 QInputDialog 用于输入简单内容或选择内容，分为整数输入框、浮点数输入框、文本输入框、多行文本输入框和下拉列表输入框 5 种，它们的界面构成如图 9-31 所示。输入对话框由一个标签、一个输入控件和两个按钮构成。如果是整数输入框，输入控件是 QSpinBox；如果是浮点数输入框，输入控件是 QDoubleSpinBox；如果是单行文本输入框，输入控件是 QLineEdit；如果是多行文本输入框，输入控件是 QPlainTextEdit；如果是下拉列表输入框，输入控件是 QComboBox 或 QListView。输入框的类型用 setInputMode (QInputDialog.InputMode)方法设置。

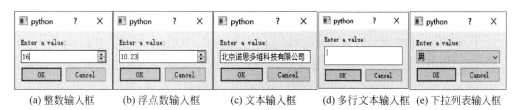

(a) 整数输入框　(b) 浮点数输入框　(c) 文本输入框　(d) 多行文本输入框 (e) 下拉列表输入框

图 9-31　输入对话框的界面

用 QInputDialog 类创建输入框实例的方法如下所示。

```
QInputDialog(parent = None, Qt.WindowType)
```

2. 输入对话框的常用方法和信号

输入对话框的常用方法如表 9-25 所示，主要方法介绍如下。

- 输入对话框可以用 show()、open()和 exec()方法显示；也可以用 open(PYQT_SLOT)方法显示，该方法根据对话框类型的不同，将 intValueSelected(int)、 doubleValueSelected(double)、textValueSelected(str)、accepted()信号与 PYQT_SLOT 指定的槽函数连接。

- 输入对话框分为整数输入对话框、浮点数输入对话框和文本输入对话框,其中文本输入对话框又分为单行文本输入对话框、多行文本输入对话框和列表输入对话框,列表输入对话框通常是从 QComboBox 控件或 QListWiew 控件中选择内容。用 setInputMode(QInputDialog.InputMode)方法设置输入对话框的类型,其中参数 QInputDialog.InputMode 可以取 QInputDialog.IntInput(整数输入对话框)、QInputDialog.Double(浮点数输入对话框)或 InputQInputDialog.TextInput(文本输入对话框)。

- 对于整数输入对话框,用 setIntValue(int)方法可以设置对话框初次显示时的值,用 intValue()方法可以获取单击 OK 按钮后的整数值。整数输入对话框中允许输入值的范围用 setIntMinimum(int)、setIntMaximum(int)方法设置,或者用 setIntRange(int,int)方法设置。整数输入对话框的输入控件是 QSpinBox,单击右侧上下箭头可微调整数,微调整数值变化的步长用 setIntStep(int)方法设置。

- 对于浮点数输入对话框,用 setDoubleValue(float)方法可以设置对话框初次显示时的值,用 doubleValue()方法可以获取单击 OK 按钮后的浮点数值。浮点数对话框中允许输入值的范围用 setDoubleMinimum(float)、setDoubleMaximum(float)方法设置,或者用 setDoubleRange(float,float)方法设置。浮点数对话框的输入控件是 QDoubleSpinBox,单击右侧上下箭头可微调数据,浮点数值变化的步长用 setDoubleStep(float)方法设置。

- 对于文本输入对话框,默认的输入控件是 QLineEdit,用 setOption(QInputDialog.UsePlainTextEditForTextInput)方法将 QLineEdit 控件替换成 QPlainTextEdit。当用 setComboBoxItems(Iterable[str])方法设置控件的项(item)时,输入控件替换成 QComboBox,如果设置了 setOption(QInputDialog.UseListViewForComboBoxItems),则输入控件替换成 QListView。

- 对于文本输入对话框,用 setTextValue(str)方法可以设置初始文本,用 textValue()方法获取单击 OK 后输入对话框的值。当输入控件是 QLineEdit 时,用 setTextEchoMode(QLineEdit.EchoMode)方法可以设置 QLineEidt 的输入模式,其中 QLineEdit.EchoMode 可以取 QLineEdit.Norma(正常显示)、lQLineEdit.NoEcho(输入文字时,没有任何显示)、QLineEdit.Password(输入文字时,按照密码方式显示)或 QLineEdit.PasswordEchoOnEdit(失去焦点时,密码显示状态,编辑文本时,正常显示)。

- 用 setLabelText(str)方法设置输入对话框中标签的文字,用 setOkButtonText(str)方法和 setCancelButtonText(str)方法分别设置 OK 按钮和 Cancel 按钮的文字,用 setOption(QInputDialog.NoButtons)方法设置成没有按钮。

- 除了用以上方法显示和设置对话框的类型和外观外,还可以直接使用下面的静态函数来显示对话框和获得返回值,其中 title 是设置对话框的标题名称,label 是对话框中标签的名称。在对话框中单击 OK 按钮后,返回值是元组(输入值,True),单击 Cancel 按钮后,返回值是元组(0,False)或("",False)。

getInt(parent,title,label[,value = 0[,minValue = -2147483647[,maxValue = 2147483647
[,step = 1[,Qt.WindowType]]]]])

```
getDouble(parent,title,label,value,minValue,maxValue,decimals,Qt.WindowType,step)
getDouble(parent,title,label[,value = 0[,minValue = -2147483647[,maxValue = 2147483647
                              [,decimals = 1[,Qt.WindowType]]]]])
getItem(parent,title,label,items[,current = 0[,editable = true[,Qt.WindowType]]])
getMultiLineText(parent,title,label[,text = ""[,Qt.WindowType]])
getText(parent,title,label[,echo = QLineEdit.Normal[,text = ""[,Qt.WindowType]]])
```

- 对于 3 种类型的输入对话框,单击 OK 按钮时分别发射 intValueSelected(int)信号、doubleValueSelected(float)信号和 textValueSelected(str)信号,在编辑状态会分别发射 intValueChanged(int)信号、doubleValueChanged(float)信号和 textValueChanged(str)信号。

表 9-25　输入对话框的常用方法

方法及参数类型	说　　明
setInputMode(QInputDialog.InputMode)	设置输入对话框的类型
inputMode()	获取输入对话框的类型
setOption(QInputDialog.InputDialogOption,on=True)	设置输入对话框的参数
options()	获取输入对话框的参数
testOption(QInputDialog.InputDialogOption)	测试是否设置某些参数
setLabelText(str)	设置输入对话框中标签的名称
setOkButtonText(str)	设置输入对话框中 OK 按钮的名称
setCancelButtonText(str)	设置输入对话框框中 Cancel 按钮的名称
setIntValue(int)	设置对话框中初始整数
intValue()	获取对话框中的整数
setIntMaximum(int)	设置整数的最大值
setIntMinimum(int)	设置整数的最小值
setIntRange(int,int)	设置整数的范围(最小值和最大值)
setIntStep(int)	设置单击向上或向下箭头时,整数调整的步长
setDoubleValue(float)	设置对话框中初始浮点数
doubleValue()	获取对话框中的浮点数
setDoubleDecimals(int)	设置浮点数的小数位数
setDoubleMaximum(float)	设置浮点数的最大值
setDoubleMinimum(float)	设置浮点数的最小值
setDoubleRange(float,float)	设置浮点数的范围(最小值,最大值)
setDoubleStep(float)	设置单击向上或向下箭头时,浮点数调整的步长
setTextValue(str)	设置对话框中初始文本
setComboBoxItems(Iterable[str])	设置下拉列表的值
textValue()	获取对话框中的文本
setTextEchoMode(QLineEdit.EchoMode)	设置 QLineEdit 控件的模式
comboBoxItems()	获取下拉列表中的列表值 List[str]
setComboBoxEditable(bool)	设置下拉列表是否可编辑,用户是否可输入数据
getInt(parameters)	静态函数,显示输入对话框,并返回输入的值和单击按钮的类型
getDouble(parameters)	
getItem(parameters)	
getMultiLineText(parameters)	
getText(parameters)	

输入对话框的信号如表 9-26 所示。

表 9-26 输入对话框的信号

信号及参数类型	说　　明
intValueChanged(int)	输入对话框中的整数值改变时发射信号
intValueSelected(int)	单击 OK 按钮后发射信号
doubleValueChanged(float)	输入对话框中的浮点数值改变时发射信号
doubleValueSelected(float)	单击 OK 按钮后发射信号
textValueChanged(str)	输入对话框中的文本改变时发射信号
textValueSelected(str)	单击 OK 按钮后发射信号

3. 输入对话框的应用实例

下面的程序建立一个菜单，用于输入基本信息，菜单中加入 5 个动作，每个动作对应一个输入对话框，用于输入姓名、性别、年龄、电话号码和家庭地址。本例中使用了不同的方法来获取对话框中输入的值。

```
import sys  #Demo9_14.py
from PyQt5.QtWidgets import (QApplication,QWidget,QMenuBar,QPlainTextEdit,
                  QVBoxLayout,QInputDialog)

class myWindow(QWidget):
    def __init__(self,parent = None):
        super().__init__(parent)
        self.setWindowTitle("输入信息")
        self.setGeometry(100,100,600,500)
        self.inputDialog = QInputDialog(self)              #创建输入对话框
        self.inputDialog.setOkButtonText("确定")            #定义按钮名称
        self.inputDialog.setCancelButtonText("取消")        #定义按钮名称
        self.widget_setupUi()

    def widget_setupUi(self):                              #建立主程序界面
        menuBar = QMenuBar(self)                           #定义菜单栏
        primary_menu = menuBar.addMenu("基本信息")          #定义菜单
        action_name = primary_menu.addAction("输入姓名")
        action_sex = primary_menu.addAction("选择性别")
        action_age = primary_menu.addAction("输入年龄")
        action_telephone = primary_menu.addAction("电话号码")
        action_address = primary_menu.addAction("家庭住址")

        self.plainText = QPlainTextEdit(self)              #显示数据控件
        v = QVBoxLayout(self)                              #主程序界面的布局
        v.addWidget(menuBar)
        v.addWidget(self.plainText)

        action_name.triggered.connect(self.action_name_triggered)   #动作与信号的连接
        action_sex.triggered.connect(self.action_sex_triggered)     #动作与信号的连接
        action_age.triggered.connect(self.action_age_triggered)     #动作与信号的连接
```

```python
            action_telephone.triggered.connect(self.action_telephone_triggered)
            action_address.triggered.connect(self.action_address_triggered)
        def action_name_triggered(self):           #姓名动作的槽函数
            self.inputDialog.setWindowTitle("姓名")        #设置对话框窗口的标题名称
            self.inputDialog.setLabelText("输入姓名：")     #设置标签名称
            self.inputDialog.setInputMode(QInputDialog.TextInput)  #设置对话框的类型
            if self.inputDialog.exec():   #显示对话框,单击"确定"按钮返回 True,单击"取消"按钮
                                          #返回 False
                self.plainText.appendPlainText("姓名：" + self.inputDialog.textValue())
        def action_sex_triggered(self):                    #性别动作的槽函数
            self.inputDialog.setLabelText("选择性别：")
            self.inputDialog.setInputMode(QInputDialog.TextInput)  #设置对话框类型
            sex = ["男","女"]
            self.inputDialog.setComboBoxItems(sex)  #设置文本输入对话框的下拉列表内容
            self.inputDialog.textValueSelected.connect(self.output_sex)  #对话框信号与
                                                                         #槽函数的连接
            self.inputDialog.exec()
            self.inputDialog.textValueSelected.disconnect(self.output_sex)  #对话框信号与
                                                                            #槽函数的断开
            self.inputDialog.setComboBoxItems(list())    #恢复初始状态
            self.inputDialog.setTextValue("")
        def action_age_triggered(self):                    #年龄动作的槽函数
            self.inputDialog.setLabelText("输入年龄：")
            self.inputDialog.setInputMode(QInputDialog.IntInput)
            self.inputDialog.setIntRange(1,200)
            self.inputDialog.setIntStep(1)
            self.inputDialog.open()
            self.inputDialog.intValueSelected.connect(self.output_age)
        def action_telephone_triggered(self):              #电话动作的槽函数
            (number,ok) = QInputDialog.getInt(self,"电话号码","输入电话号码：")
            if ok:
                self.plainText.appendPlainText("电话：" + str(number))
        def action_address_triggered(self):                #地址动作的槽函数
            (address,ok) = QInputDialog.getMultiLineText(self,"地址","输入家庭地址：")
            if ok:
                self.plainText.appendPlainText("地址：" + address)
        def output_sex(self,sex):                          #对话框信号的槽函数
            self.plainText.appendPlainText("性别：" + sex)
        def output_age(self,age):                          #对话框信号的槽函数
            self.plainText.appendPlainText("年龄：" + str(age))
            self.inputDialog.intValueSelected.disconnect(self.output_age)
if __name__ == '__main__':
    app = QApplication(sys.argv)
    window = myWindow()
    window.show()
    sys.exit(app.exec())
```

9.5.6 信息对话框

1. 创建信息对话框的方式

信息对话框 QMessageBox 用于向用户提供一些信息,或者询问用户如何进行下一步操作。信息对话框的界面构成如图 9-32 所示,由文本(text、informativeText、detailedText)、图标和按钮 3 部分构成,因此在建立信息对话框时,主要设置这 3 部分的参数。

图 9-32　信息对话框的界面

用 QMessageBox 类创建信息对话框的方法如下,其中第 1 个 str 是对话框的标题,第 2 个 str 是 text 文本。

```
QMessageBox(parent = None)
QMessageBox ( QMessageBox. Icon, str, str, QMessageBox. StandardButton, parent = None, Qt.
WindowType)
```

2. 信息对话框的常用方法和信号

信息对话框的常用方法如表 9-27 所示。信息对话框只有 1 个信号 buttonClicked (QAbstractButton),单击对话框中的按钮时发射该信号,参数是被单击的按钮。信息对话框的主要方法介绍如下。

表 9-27　信息对话框的常用方法

方法及参数类型	说　　明
setText(str)	设置信息对话框的文本
text()	获取信息对话框的文本
setInformativeText(str)	设置信息对话框的信息文本
informativeText()	获取信息文本
setDetailedText(str)	设置信息对话框的详细文本
detailedText()	获取详细文本
setTextFormat(Qt. TextFormat)	设置文本的格式,是纯文本还是富文本
setIcon(QMessageBox. Icon)	设置标准图标
setIconPixmap(QPixmap)	设置自定义图标
standardIcon(QMessageBox. Icon)	获取标准图标的图像
setCheckBox(QCheckBox)	往信息对话框中添加 QCheckBox 控件
checkBox()	获取 QCheckBox 控件
addButton(QAbstractButton,QMessageBox. ButtonRole)	往对话框中添加已经存在的按钮,并设置按钮的作用

续表

方法及参数类型	说　　明
addButton(str,QMessageBox.ButtonRole)	往对话框中添加新建的按钮,并返回新建的按钮
addButton(QMessageBox.StandardButton)	添加标准按钮,标准按钮有固定的角色(作用)
buttons()	获取对话框中的按钮列表
button(QMessageBox.StandardButton)	获取对话框中的标准按钮
removeButton(QAbstractButton)	移除按钮
buttonRole(QAbstractButton)	获取按钮的角色
setDefaultButton(QPushButton)	将某按钮设置成默认按钮
setDefaultButton(QMessageBox.StandardButton)	将某标准按钮设置成默认按钮
defaultButton()	获取默认按钮
setEscapeButton(QAbstractButton)	设置按 Esc 键对应的按钮
setEscapeButton(QMessageBox.StandardButton)	将某标准按钮设置成 Esc 键对应的按钮
escapeButton()	获取 Esc 键对应的按钮
clickedButton()	获取被单击的按钮
about(parameters)　information(parameters) question(parameters)　warning(parameters) critical(parameters)	静态函数,快速构建消息对话框,并返回被单击的按钮

- 信息对话框的创建方法有两种,一种是先创建信息对话框的实例对象,然后往实例对象中添加文本、图标和按钮,最后用 show()、open()或 exec()方法把信息对话框显示出来;另外一种方法是用 QMessageBox 提供的静态函数来创建信息对话框。

- 信息对话框上显示的文本分为 text、informativeText 和 detailedText,如果设置了 detailedText,会出现"Show Details…"按钮,这 3 个文本分别用 setText(str)、setInformativeText(str)和 setDetailedText(str)方法设置。detailedText 文本只能以纯文本形式显示,text 和 informativeText 文本可以用纯文本和富文本的形式显示。用 setTextFormat(Qt.TextFormat)方法设置是用纯文本还是富文本显示,其中参数 Qt.TextFormat 可以取 Qt.PlainText(纯文本)、Qt.RichText(富文本)、Qt.AutoText(由系统决定)、Qt.MarkdownText(Markdown 文本)。

- 信息对话框的图标可以自己定义,也可以使用 QMessageBox 提供的标准图标。自定义图标需要用 setIconPixmap(QPixmap)方法定义;标准图标用 setIcon(QMessageBox.Icon)方法设置,其中 QMessageBox.Icon 可以取 QMessageBox.NoIcon、QMessageBox.Question、QMessageBox.Information、QMessageBox.Warning 或 QMessageBox.Critical,这几种图标的样式如图 9-33 所示。

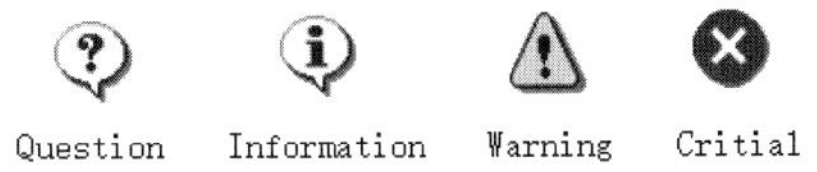

图 9-33　标准图标样式

- 信息对话框的按钮分为自定义按钮和标准按钮,不论哪种按钮都要赋予角色,按钮的角色用来说明按钮的作用。按钮的角色由枚举类型 QMessageBox.ButtonRole 确定,QMessageBox.ButtonRole 可以取的值如表 9-28 所示。

表 9-28 按钮的角色

角 色 值	说 明
QMessageBox.InvalidRole	不起作用的按钮
QMessageBox.AcceptRole	接受对话框内的信息,如 OK 按钮
QMessageBox.RejectRole	拒绝对话框内的信息,例如 Cancel 按钮
QMessageBox.DestructiveRole	重构对话框
QMessageBox.ActionRole	使对话框内的控件产生变化
QMessageBox.HelpRole	显示帮助的按钮
QMessageBox.YesRole	Yes 按钮
QMessageBox.NoRole	No 按钮
QMessageBox.ApplyRole	确认当前的设置,例如 Apply 按钮
QMessageBox.ResetRole	重置按钮,恢复对话框的默认值

- 在信息对话框中添加的按钮可以是自定义的按钮,也可以是标准按钮。用 addButton(QAbstractButton,QMessageBox.ButtonRole)方法或 addButton(str, QMessageBox.ButtonRole)方法自定义按钮,前者将一个已经存在的按钮加入对话框中,后者创建名称是 str 的按钮,同时返回该按钮;用 addButton(QMessageBox.StandardButton)方法可以添加标准按钮,并返回按钮,添加按钮后可以为按钮设置槽函数。标准按钮已经有角色,参数 QMessageBox.StandardButton 的取值如表 9-29 所示。用 removeButton(QAbstractButton)方法可以移除按钮。信息对话框中也可添加 QCheckBox 控件,方法是 setCheckBox(QCheckBox)。

表 9-29 标准按钮

标 准 按 钮	标准按钮角色	标 准 按 钮	标准按钮角色
QMessageBox.Ok	AcceptRole	QMessageBox.Help	HelpRole
QMessageBox.Open	AcceptRole	QMessageBox.SaveAll	AcceptRole
QMessageBox.Save	AcceptRole	QMessageBox.Yes	YesRole
QMessageBox.Cancel	RejectRole	QMessageBox.YesToAll	YesRole
QMessageBox.Close	RejectRole	QMessageBox.No	NoRole
QMessageBox.Discard	DestructiveRole	QMessageBox.NoToAll	NoRole
QMessageBox.Apply	ApplyRole	QMessageBox.Abort	RejectRole
QMessageBox.Reset	ResetRole	QMessageBox.Retry	AcceptRole
QMessageBox.RestoreDefaults	ResetRole	QMessageBox.Ignore	AcceptRole

- 默认按钮是按 Enter 键时执行动作的按钮,默认按钮用 setDefaultButton(QPushButton)方法或 setDefaultButton(QMessageBox.StandardButton)方法设置,若未指定,则根据按钮的角色来确定默认按钮。Esc 按钮是按键盘上 Esc 键时执行动作的按钮,Esc 按钮用 setEscapeButton(QAbstractButton)方法或 setEscapeButton(QMessageBox.StandardButton)方法设置。如果没有设置 Esc 按钮,则将角色是 CancelRole 的按钮作为 Esc 按钮,如果只有一个按钮,则将这个按钮作为 Esc 按钮。
- 对话框上被单击的按钮可以用 clickedButton()方法获得,也可通过信号 buttonClicked (QAbstractButton)获得,单击按钮后发射该信号,并传递被单击的按钮。

- 可以用静态函数快速构建信息对话框,这些静态函数的格式如下。除 about()函数外,其他函数返回值是被单击的按钮。

```
about(parent,title,text)
information(parent,title,text,button0[,button1 = NoButton])
information(parent,title,text[,buttons = QMessageBox.Ok[,defaultButton = NoButton]])
question(parent,title,text,button0,button1)
question(parent,title,text[,buttons = QMessageBox.StandardButtons(Yes|No)[,defaultButton = NoButton]])
warning(parent,title,text,button0,button1)
warning(parent,title,text[,buttons = QMessageBox.Ok[,defaultButton = NoButton]])
critical(parent,title,text,button0,button1)
critical(parent,title,text[,buttons = QMessageBox.Ok[,defaultButton = NoButton]])
```

3. 信息对话框的应用实例

下面的程序打开 UTF-8 编码的 txt 文件,如果选择的 txt 文件不是 UTF-8 文件,会弹出提示对话框,如果在对话框中选择"重新选择文件"按钮,将再次弹出文件对话框。如果保存文件时文件已经存在,则会弹出再次确认的对话框;如果文件保存成功,会弹出文件保存完成的对话框。

```python
import sys,os    # Demo9_15.py
from PyQt5.QtWidgets import (QApplication,QWidget,QMenuBar,QPlainTextEdit,QVBoxLayout,
        QMessageBox,QFileDialog)

class myWindow(QWidget):
    def __init__(self,parent = None):
        super().__init__(parent)
        self.setGeometry(100,100,600,500)
        self.widget_setupUi()

    def widget_setupUi(self):                            # 建立主程序界面
        menuBar = QMenuBar(self)                         # 定义菜单栏
        file_menu = menuBar.addMenu("文件(&F)")          # 定义文件菜单
        action_open = file_menu.addAction("打开(&O)")
        action_saveAs = file_menu.addAction("另存(&S)")

        self.plainText = QPlainTextEdit(self)            # 显示数据控件
        v = QVBoxLayout(self)                            # 主程序界面的布局
        v.addWidget(menuBar)
        v.addWidget(self.plainText)

        action_open.triggered.connect(self.action_open_triggered)     # 信号与槽的连接
        action_saveAs.triggered.connect(self.action_saveAs_triggered)  # 信号与槽的连接
    def action_open_triggered(self):
        file = QFileDialog(self)
        file.setAcceptMode(QFileDialog.AcceptOpen)
        file.setFileMode(QFileDialog.ExistingFile)
        file.setNameFilter("文本文件( * .txt)")
        if file.exec():
            fileName = file.selectedFiles()
            try:
```

```python
                    fp = open(fileName[0],'r',encoding = "UTF-8")
                    string = fp.readlines()
                    for i in string:
                        self.plainText.appendPlainText(i)
                    fp.close()
                except:
                    messageBox = QMessageBox(self)
                    messageBox.setWindowTitle("文件打开信息")
                    messageBox.setText("不能打开文件!")
                    messageBox.setInformativeText("请选择 UTF-8 格式的 text 文件.")
                    messageBox.setDetailedText("重新打开文件,并确保文件格式.")
                    messageBox.setIcon(QMessageBox.Information)
                    self.btn_accept = messageBox.addButton("重新选择文件",
                                    QMessageBox.AcceptRole)
                    messageBox.addButton("取消",QMessageBox.RejectRole)
                    #如果最后单击的是"重新选择文件"按钮,将再次打开文件对话框
                    self.btn_accept.clicked.connect(self.action_open_triggered)
                    messageBox.show()
    def action_saveAs_triggered(self):
        fileName,filter = QFileDialog.getSaveFileName(self,"保存文件","d:\\",
                                filter = "文本文件(*.txt)")
        if os.path.exists(fileName):
            #如果文件存在,再次提示是否需要覆盖吗?
            button = QMessageBox.warning(self,"再次确认","文件存在,真的要覆盖吗?",
                                QMessageBox.Yes,QMessageBox.No)
            if button == QMessageBox.Yes:
                fp = open(fileName,"w",encoding = "UTF-8")
                fp.writelines(self.plainText.toPlainText())
                fp.close()
                QMessageBox.information(self,"提示信息","文件保存完毕") #提示保存完毕
        else:
            fp = open(fileName, "w", encoding = "UTF-8")
            fp.writelines(self.plainText.toPlainText())
            fp.close()
            QMessageBox.information(self, "提示信息", "文件保存完毕") #提示保存完毕
if __name__ == '__main__':
    app = QApplication(sys.argv)
    window = myWindow()
    window.show()
    sys.exit(app.exec())
```

9.5.7　错误信息对话框

错误信息对话框 QErrorMessage 用于将程序运行时出现的错误内容显示出来。错误信息对话框的界面如图 9-34 所示,由一个显示信息文本框和一个选中按钮构成。

用 QErrorMessage 类创建错误信息对话框实例的方法如下:

图 9-34　错误信息对话框的界面

QErrorMessage(parent = None)

错误信息对话框只有两个重载型槽函数 showMessage(str) 和 showMessage(str,str)，执行该方法后立即显示对话框，其中第 1 个 str 参数是错误信息，第 2 个 str 参数指定错误信息的类型。

9.5.8 进度对话框

1. 创建进度对话框的方式

进度对话框 QProgressDialog 用于表明某项任务正在进行及任务的完成进度。进度对话框的界面如图 9-35 所示，由 1 个标签 QLabel、1 个进度条 QProgressBar 和 1 个按钮 QPushButton 构成。进度对话框可以与定时器一起工作，每隔一段时间获取一项任务的完成值，再设置进度条的当前值。当然，如果任务能自动输出其完成值，可直接与进度条的槽函数 setValue(int) 连接。

图 9-35　进度对话框的界面

用 QProgressDialog 类创建进度对话框的方法如下所示，其中第 1 个 str 是进度对话框窗口的标题栏，第 2 个 str 是标签的文本，第 1 个 int 是进度条的最小值，第 2 个 int 是进度条的最大值。

```
QProgressDialog(parent = None, Qt.WindowType)
QProgressDialog(str, str, int, int, parent = None, Qt.WindowType)
```

2. 进度对话框的方法、信号和槽函数

进度对话框的常用方法如表 9-30 所示，主要方法介绍如下。

- 进度对话框可以不用 show() 等方法来显示，在创建进度对话框后，经过某段时间后对话框会自动显示出来。这段时间是通过 setMinimumDuration(int) 来设置的，参数 int 的单位是毫秒，默认是 4000 毫秒，如果设置为 0，则立即显示对话框，可以用 forceShow() 方法强制对话框显示。设置这个显示时间的目的是防止任务进展太快，进度对话框一闪而过。

- 进度条需要设置最小值和最大值及当前值，最小值和最大值分别用 setMinimum(int) 方法和 setMaximum(int) 方法设置，默认是 0 和 100；进度条的当前值用 setValue(int) 方法设置。进度条上显示的百分比用 (value-minumum)/(maximum-minimum) 来计算，进度条的最小值和最大值也可以用 setRange(int,int) 方法来设置。

- 对话框如果设置了 setAutoClose(True)，调用 reset() 方法重置进度条时，会自动隐藏对话框。

- 对话框如果设置了 setAutoReset(True)，则进度条的值达到最大值时会调用 reset() 方法重置进度条；如果设置了 setAutoClose(True)，会隐藏对话框。

- 用 setLabelText(str) 方法和 setCancelButtonText(str) 方法可以设置对话框中标签和按钮显示的文字。

- 当单击对话框中的 Cancel 按钮或执行 cancel() 方法时，会取消对话框，并且会重置和隐藏对话框，同时 wasCanceled() 的值为 True。

表 9-30　进度对话框的常用方法

方法及参数类型	说　　明
setMinimumDuration(int)	设置对话框从创建到显示出来的时间,默认是 4s
minimumDuration()	获取从创建到显示时的时间
setValue(int)	设置进度条的当前值
value()	获取进度条的当前值
setMaximum(int)	设置进度条的最大值
maximum()	获取进度条的最大值
setMinimum(int)	设置进度条的最小值
minimum()	获取进度条的最小值
setRange(int,int)	设置进度条的最小值和最大值
setLabelText(str)	设置对话框中标签的文本
labelText()	获取进度条中标签的文本
setCancelButtonText(str)	设置"取消"按钮的文本
cancel()	取消对话框
wasCanceled()	获取对话框是否被取消了
forceShow()	强制显示对话框
reset()	重置对话框
setAutoClose(bool)	当调用 reset()方法时,设置是否自动隐藏
autoClose()	获取是否自动隐藏
setAutoReset(bool)	当进度条的值达到最大值时,设置是否自动重置
autoReset()	获取进度条的值达到最大值时,是否自动重置
setBar(QProgressBar)	重新设置对话框中的进度条
setCancelButton(QPushButton)	重新设置对话框中的"取消"按钮
setLabel(QLabel)	重新设置对话框中的标签

进度对话框只有 1 个信号 canceled(),单击对话框中的 Cancel 按钮时发射信号。

进度对话框的槽函数有 cancel()、forceShow()、reset()、setCancelButtonText(str)、setLabelText(str)、setMaximum(int)、setMinimum(int)、setRange(int,int)和 setValue(int)。

3. 进度对话框的应用实例

下面的程序将进度对话框和计时器相结合,定时器每隔 200ms 发射一个信息。进度条的值随时间的推移逐渐增大,当超过进度条的最大值或单击 Cancel 按钮后,进度条被隐藏和重置。

```
import sys  #Demo9_16.py
from PyQt5.QtWidgets import QApplication,QWidget,QProgressDialog
from PyQt5.QtCore import QTimer

class myWindow(QWidget):
    def __init__(self,parent = None):
        super().__init__(parent)
        self.pd = QProgressDialog("Copying...","Cancel",0,100,self)
        self.pd.canceled.connect(self.cancel)
```

```
            self.t = QTimer(self)
            self.t.setInterval(200)
            self.t.timeout.connect(self.perform)
            self.t.start()
            self.steps = 0
        def perform(self):
            self.pd.setValue(self.steps)
            self.steps = self.steps + 1
            if self.steps > self.pd.maximum():
                self.t.stop()
        def cancel(self):
            self.t.stop()
if __name__ == '__main__':
    app = QApplication(sys.argv)
    window = myWindow()
    window.show()
    sys.exit(app.exec())
```

9.5.9 向导和向导页

1. 创建向导和向导页的方式

向导对话框 QWizard 由多页构成，可以引导客户按照步骤完成某项工作。向导对话框的界面如图 9-36 所示，在 ModernStyle 风格界面中，对话框的顶部是横幅（banner），横幅中有标题、子标题和 logo，左侧是水印区，底部有一排按钮，右侧是向导页的内容；在 MacStyle 风格界面中，顶部没有 logo，左侧用 background 代替。

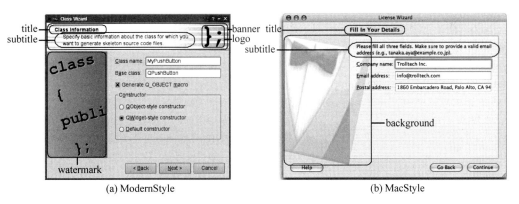

(a) ModernStyle (b) MacStyle

图 9-36　向导对话框的界面

与其他对话框不同的是，向导对话框由多页构成，同一时间只能显示其中的一页，单击 Next 或 Back 按钮可以向后或向前显示其他页。对话框中的页是向导页 QWizardPage，向导页有自己的布局和控件，向导会给向导页分配从 0 开始的 ID 号。

向导对话框 QWizard 是从 QDialog 类继承来的，QWizardPage 是从 QWidget 类继承来的，用 QWizard 类和 QWizardPage 类创建实例对象的方法如下所示。

```
QWizard(parent = None, Qt.WindowType)
QWizardPage(parent = None)
```

2. 向导对话框和向导页的常用方法

向导对话框和向导页的常用方法分别如表 9-31 和表 9-32 所示，主要方法介绍如下。

表 9-31　向导对话框的常用方法

方法及参数类型	说　　明
addPage(QWizardPage)	添加向导页，并返回 ID 号
setPage(int,QWizardPage)	用指定的 ID 号添加向导页
removePage(int)	移除 ID 是 int 的向导页
currentId()	获取当前向导页的 ID 号
currentPage()	获取当前向导页
hasVisitedPage(int)	获取向导页是否被访问过
restart()	回到初始页
back()	显示上一页
next()	显示下一页
page(int)	获取指定 ID 号的向导页
pageIds()	获取向导页的 ID 列表
pixmap(QWizard.WizardPixmap)	获取指定位置处的图形 QPixmap
setButton(QWizard.WizardButton,QAbstractButton)	添加某种用途的按钮
button(QWizard.WizardButton)	获取某种用途的按钮
setButtonLayout(Iterable[QWizard.WizardButton])	设置按钮的布局（相对位置）
setButtonText(QWizard.WizardButton,str)	设置按钮的文本
buttonText(QWizard.WizardButton)	获取按钮的文本
setDefaultProperty(str,str,PYQT_SIGNAL)	设置控件的某个属性默认连接信号
setField(str,Any)	设置字段的值
field(str)	获取字段的值
setOption(QWizard.WizardOption,on=True)	设置向导对话框的选项
options()	获取向导对话框的选项
testOption(QWizard.WizardOption)	测试是否设置了某个选项
setPixmap(QWizard.WizardPixmap,QPixmap)	在对话框的指定区域设置图形
setSideWidget(QWidget)	在向导对话框的左侧设置控件
setStartId(int)	用指定 ID 号的向导页作为起始页，默认用 ID 值最小的页作为起始页
startId()	获取起始页的 ID 号
setSubTitleFormat(Qt.TextFormat)	设置子标题的格式
setTitleFormat(Qt.TextFormat)	设置标题的格式
setWizardStyle(QWizard.WizardStyle)	设置向导对话框的风格
visitedPages()	获取访问过的向导页的 ID 列表
cleanupPage(int)	用于清除页面中的内容，恢复默认值
initializePage(int)	初始化向导页
nextId()	获取下一页的 ID 号
validateCurrentPage()	验证当前页的输入是否正确

表 9-32　向导页的常用方法

方法及参数类型	说　　明
setButtonText(QWizard.WizardButton,str)	设置某种用途按钮的文字
buttonText(QWizard.WizardButton)	获取指定用途的按钮的文本
setCommitPage(bool)	设置成提交页
isCommitPage()	获取是否是提交页
setFinalPage(bool)	设置成最后页
isFinalPage()	获取是否是最后页
setPixmap(QWizard.WizardPixmap,QPixmap)	在指定区域设置图像
pixmap(QWizard.WizardPixmap)	获取指定区域的图像
setSubTitle(str)	设置子标题
setTitle(str)	设置标题
subTitle()	获取子标题
title()	获取标题
registerField(str,QWidget,str=None,changedSignal=0)	创建字段
setField(str,Any)	设置字段的值
field(str)	获取字段的值
validatePage()	验证向导页中的输入内容
wizard()	获取向导页所在的向导对话框
cleanupPage()	用于清除页面中的内容,恢复默认值
initializePage()	用于初始化向导页
isComplete()	获取是否完成输入,以便激活 Next 或 Finish 按钮
validatePage()	验证向导页中的内容,若为 True 则显示下一页
nextId()	获取下一页的 ID 号

- 向导对话框的风格用 setWizardStyle(QWizard.WizardStyle)方法设置,其中 QWizard.WizardStyle 可以取 QWizard.ClassicStyle、QWizard.ModernStyle、QWizard.MacStyle 或 QWizard.AeroStyle。
- 用向导对话框的 addPage(QWizardPage)方法可以添加向导页,并返回向导页的 ID 号;也可用 setPage(int,QWizardPage)方法用指定的 ID 号添加向导页。
- 向导对话框的标题和子标题由向导页的 setTitle(str)方法和 setSubTitle(str)方法设置,虽然由向导页设置标题和子标题,但是它们会显示在向导对话框的横幅中。标题和子标题的格式由向导对话框的 setTitleFormat(Qt.TextFormat)方法和 setSubTitleFormat(Qt.TextFormat)方法设置,其中 Qt.TextFormat 可以取 Qt.PlainText(纯文本)、Qt.RichText(富文本)、Qt.AutoText(由系统决定)、Qt.MarkdownText(Markdown 文本)。
- 向导对话框的选项由 setOption(QWizard.WizardOption,on=True)方法设置,其中 QWizard.WizardOption 参数是枚举类型,其可以取的值如表 9-33 所示。

表 9-33　QWizard.WizardOption 的取值

QWizard.WizardOption	说　明
QWizard.IndependentPages	向导页之间是相互独立的,相互间不获取数据
QWizard.IgnoreSubTitles	不显示子标题
QWizard.ExtendedWatermarkPixmap	将水印图片拓展到窗口边缘
QWizard.NoDefaultButton	不将 Next 和 Finish 按钮设置成默认按钮
QWizard.NoBackButtonOnStartPage	在起始页中不显示 Back 按钮
QWizard.NoBackButtonOnLastPage	在最后页不显示 Back 按钮
QWizard.DisabledBackButtonOnLastPage	在最后页中 Back 按钮失效
QWizard.HaveNextButtonOnLastPage	在最后页上显示失效的 Next 按钮
QWizard.HaveFinishButtonOnEarlyPages	在非最后页上显示失效的 Finish 按钮
QWizard.NoCancelButton	不显示 Cancel 按钮
QWizard.CancelButtonOnLeft	将 Cancel 按钮放到 Back 按钮的左边
QWizard.HaveHelpButton	显示 Help 按钮
QWizard.HelpButtonOnRight	将帮助按钮放到右边
QWizard.HaveCustomButton1	显示用户自定义的第 1 个按钮
QWizard.HaveCustomButton2	显示用户自定义的第 2 个按钮
QWizard.HaveCustomButton3	显示用户自定义的第 3 个按钮
QWizard.NoCancelButtonOnLastPage	在最后页中不显示 Cancel 按钮

- 向导对话框和向导页都可以用 setPixmap(QWizard.WizardPixmap,QPixmap)方法设置其中显示的图片,用向导对话框设置的图片作用于所有页,用向导页设置的图片只作用于向导页所在的页面,参数 QWizard.WizardPixmap 用于设置图片放置的位置,可以取 QWizard.WatermarkPixmap、QWizard.LogoPixmap、QWizard.BannerPixmap 或 QWizard.BackgroundPixmap。
- 用 setButton(QWizard.WizardButton,QAbstractButton)方法往对话框中添加按钮,其中参数 QWizard.WizardButton 用于指定按钮的用途。QWizard.WizardButton 的取值如表 9-34 所示。对话框中最多可以添加 3 个自定义的按钮。要使自定义按钮可见,还需要用 setOption()方法把自定义按钮显示出来。通常情况下 Next 按钮和 Finish 按钮是互斥的。

表 9-34　QWizard.WizardButton 的取值

按 钮 用 途	说　明	按 钮 用 途	说　明
QWizard.BackButton	Back 按钮	QWizard.HelpButton	Help 按钮
QWizard.NextButton	Next 按钮	QWizard.CustomButton1	用户自定义第 1 个按钮
QWizard.CommitButton	Commit 按钮	QWizard.CustomButton2	用户自定义第 2 个按钮
QWizard.FinishButton	Finish 按钮	QWizard.CustomButton3	用户自定义第 3 个按钮
QWizard.CancelButton	Cancel 按钮	QWizard.Stretch	布局中的水平伸缩器

- 用向导页的 setCommitPage(bool)方法可以把向导页设置成提交页,提交页上用 Commit 按钮替换 Next 按钮,且不能用 Back 或 Cancel 按钮来撤销。单击 Commit 按钮后,下一页的 Back 按钮失效。用 isCommit()方法可以获取该页是否是提交页。

- 用向导页的 setFinalPage(bool)方法可以把向导页设置成最后页,最后页上用 Finish 按钮替换 Next 按钮,此时用 nextID()方法获取下一页的 ID 时返回-1。
- 向导对话框中的多个向导页之间的数据不能自动进行通信,要实现数据间的联系,可以将向导页上的控件属性定义成字段,并可以将控件属性与某信号关联,这样当属性值发生变化时发射信号。也可以通过字段获取和设置控件的属性值,字段对于向导对话框来说是全局性的。字段的定义是通过 registerField(name,widget[,property=None[,changedSignal=None]])函数来实现的,其中 name 是字段名称,widget 是向导页上的控件,property 是字段的属性,changedSignal 是与字段属性相关的信号。定义好字段后,可以通过 setField(name,Any)方法和 field(name)方法设置和获取字段的值。用 setDefaultProperty(classname,property,PYQT_SIGNAL)方法可以设置某类控件的某个属性与某个信号相关联。PyQt5 对大多数控件能自动将某个属性与某个信号相关联,如表 9-35 所示。

表 9-35 控件默认的与属性关联的信号

控 件	属 性	关联的信号
QAbstractButton	checked	toggled(bool)
QAbstractSlider	value	valueChanged(int)
QComboBox	currentIndex	currentIndexChanged(int)
QDateTimeEdit	dateTime	dateTimeChanged(QDatetime)
QLineEdit	text	textChanged(str)
QListWidget	currentRow	currentRowChanged(int)
QSpinBox	value	valueChanged(int)

- 当 isComplete()函数的返回值为 True 时,会激活 Next 按钮或 Finish 按钮。可以重写该函数,用户在页面上输入信息时,当满足一定条件时改变 isComplete()的返回值,以便激活 Next 按钮或 Finish 按钮。如果重写 isComplete()函数,一定要确保 completeChange()信号也能发射。
- 当用户单击 Next 或 Finish 按钮前,需要验证页面上输入的内容是否合法,这时会调用向导对话框的 validateCurrentPage()函数和向导页的 validatePate()函数。通常需要重写这两个函数以便完成对输入内容的验证,如果返回 True 则显示下一页。
- 单击 Next 按钮后,在显示下一页之前,会调用向导页的 initializePage()函数。可以重写该函数,以便根据前面的向导页的内容初始化本向导页的内容。
- 单击 Back 按钮后,在显示前一页之前,会调用向导页的 cleanupPage()函数。可以重写该函数,以保证向导页恢复默认值。
- 根据 nextId()函数的返回值,决定要显示的下一页,如果没有后续页则返回-1。单击 next 按钮和 back 按钮都会调用 nextId()函数,如果重写该函数,会根据已经输入和选择的内容让 nextID()返回相应页的 ID 号,从而控制页面显示的顺序。

3. 向导对话框和向导页的信号和槽函数

向导对话框的信号如表 9-36 所示。向导页只有 1 个信号 completeChanged(),当 isCompleted()的返回值发生变化时发射该信号。

表 9-36　向导对话框的信号

导航对话框的信号	说　　明
currentIdChanged(ID)	当前页发生变化时发射信号,参数是新页的 ID
customButtonClicked(which)	单击自定义按钮时发射信号,参数 which 可能是 CustomButton1、CustomButton2 或 CustomButton3
helpRequested()	单击 Help 按钮时发射信号
pageAdded(ID)	添加向导页时发射信号,参数是新页的 ID
pageRemoved(ID)	移除向导页时发射信号,参数是被移除页的 ID

导航对话框的槽函数有 back()、next()和 restart(),导航页没有槽函数。

4. 导航对话框和导航页的应用实例

下面的程序建立由 3 个导航页构成的导航对话框,通过单击菜单显示出对话框,用于输入学生基本信息、联系方式和考试成绩。其中第 1 个导航页输入姓名和学号,在这个导航页中重写了 isComplete()函数和 validatePage()函数,当姓名和学号中都输入了内容时,isComplete()的返回值是 True。这时"下一步"按钮会激活,单击"下一步"按钮时,会验证学号中输入的内容是否为数字,如果是则 validatePage()的返回值是 True,显示下一个导航页;如果不是会弹出警告信息对话框,validatePage()的返回值是 False,不会显示下一个导航页。其他导航页也可做类似的处理。在最后一页中单击"完成"按钮,通过字段获取输入的值,并输出到界面上。

```python
import sys  #Demo9_17.py
from PyQt5.QtWidgets import (QApplication,QWidget,QMenuBar,QPlainTextEdit,
    QVBoxLayout, QWizard,QWizardPage,QMessageBox,QPushButton,QLineEdit,QFormLayout)

class QWizardPage_1(QWizardPage):  #第 1 个向导页类
    def __init__(self,parent = None):
        super().__init__(parent)
        form = QFormLayout(self)
        self.line_name = QLineEdit()
        self.line_number = QLineEdit()
        form.addRow("姓名：",self.line_name)
        form.addRow("学号：",self.line_number)
        self.setTitle("学生成绩输入系统")
        self.setSubTitle("基本信息")
        self.line_name.textChanged.connect(self.isComplete)
        self.line_number.textChanged.connect(self.isComplete)
        self.line_name.textChanged.connect(self.completeChanged_emit)
        self.line_number.textChanged.connect(self.completeChanged_emit)

        self.registerField("name",self.line_name)       #创建字段
        self.registerField("number",self.line_number) #创建字段
    def isComplete(self):                                           #重写 isComplete()函数
        if self.line_name.text() != "" and self.line_number.text() != "":
            return True
```

```python
            else:
                return False
        def completeChanged_emit(self):            #重写 isComplete()函数后,需要重新发射信号
            self.completeChanged.emit()
        def validatePage(self):                    #重写 validatePage()函数
            if self.line_number.text().isdigit():  #确保学号中输入的是数字
                return True
            else:
                QMessageBox.warning(self,"警告","输入有误,请检查输入的信息.")
                return False
class QWizardPage_2(QWizardPage):                  #第 2 个向导页类
    def __init__(self,parent = None):
        super().__init__(parent)
        form = QFormLayout(self)
        self.line_telephone = QLineEdit()
        self.line_address = QLineEdit()
        form.addRow("电话: ",self.line_telephone)
        form.addRow("地址: ",self.line_address)
        self.setTitle("学生成绩输入系统")
        self.setSubTitle("联系方式")

        self.registerField("telephone",self.line_telephone)    #创建字段
        self.registerField("address",self.line_address)        #创建字段
class QWizardPage_3(QWizardPage):                  #第 3 个向导页类
    def __init__(self,parent = None):
        super().__init__(parent)
        form = QFormLayout(self)
        self.line_chinese = QLineEdit()
        self.line_math = QLineEdit()
        self.line_english = QLineEdit()
        form.addRow("语文: ",self.line_chinese)
        form.addRow("数学: ",self.line_math)
        form.addRow("英语: ", self.line_english)
        self.setTitle("学生成绩输入系统")
        self.setSubTitle("考试成绩")

        self.registerField("chinese",self.line_chinese)        #创建字段
        self.registerField("math",self.line_math)              #创建字段
        self.registerField("english",self.line_english)        #创建字段
class QWizard_studentnumber(QWizard):              #向导对话框
    def __init__(self,parent = None):
        super().__init__(parent)
        self.setWizardStyle(QWizard.ModernStyle)
        self.addPage(QWizardPage_1(self))          #添加向导页
        self.addPage(QWizardPage_2(self))          #添加向导页
        self.addPage(QWizardPage_3(self))          #添加向导页

        self.btn_back = QPushButton("上一步")
        self.btn_next = QPushButton("下一步")
```

```
        self.btn_finish = QPushButton("完成")
        self.setButton(QWizard.BackButton, self.btn_back)      #添加按钮
        self.setButton(QWizard.NextButton, self.btn_next)      #添加按钮
        self.setButton(QWizard.FinishButton, self.btn_finish)  #添加按钮
        self.setButtonLayout ([ self. Stretch, self. BackButton, self. NextButton, self.
FinishButton])
class myWindow(QWidget):
    def __init__(self,parent = None):
        super().__init__(parent)
        self.widget_setupUi()                                  #建立主界面
        self.wizard = QWizard_studentnumber(self)              #实例化向导对话框
        self.wizard.btn_finish.clicked.connect(self.btn_finish_clicked)  #完成按钮信号
                                                                         #与槽的连接
    def widget_setupUi(self):                                  #建立主程序界面
        menuBar = QMenuBar(self)                               #定义菜单栏
        file_menu = menuBar.addMenu("文件(&F)")                #定义文件菜单
        action_enter = file_menu.addAction("进入")
        action_enter.triggered.connect(self.action_enter_triggered)  #动作的信号与槽
                                                                     #函数的连接
        self.plainText = QPlainTextEdit(self)                  #显示数据控件
        v = QVBoxLayout(self)                                  #主界面的布局
        v.addWidget(menuBar)
        v.addWidget(self.plainText)
    def action_enter_triggered(self):                          #动作的槽函数
        self.wizard.setStartId(0)
        self.wizard.restart()
        self.wizard.open()
    def btn_finish_clicked(self):    #单击最后一页的"完成"按钮,输入的数据在 plainText 中显示
        template = "姓名:{} 学号:{} 电话:{} 地址:{} 语文:{} 数学:{} 英语:{}"
        string = template.format(self.wizard.field("name"),self.wizard.field("number"),
            self.wizard.field("telephone"),self.wizard.field("address"),self.wizard.field
("chinese"),
            self.wizard.field("math"),self.wizard.field("english"))  #获取字段值,格式化输出文本
        self.plainText.appendPlainText(string)
if __name__ == '__main__':
    app = QApplication(sys.argv)
    window = myWindow()
    window.show()
    sys.exit(app.exec())
```

9.6 窗口风格和样式表

9.6.1 窗口风格

PyQt 是一个跨平台的类库,相同的窗口和界面在不同的平台上显示的样式不一样,可以根据需要在不同的平台上设置界面不同的外观风格。图 9-37 所示为 QComboBox 控件

在不同风格下的外观。

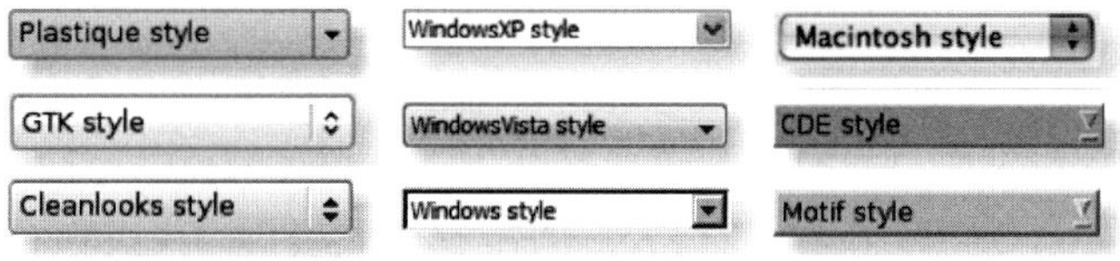

图 9-37　QComboBox 控件在不同风格下的外观

　　QStyle 是封装 GUI 界面外观的抽象类，PyQt 定义了 QStyle 类的一些子类，应用于不同的操作系统。可以用窗口、控件或应用程序的 setStyle(QStyle)方法给窗口、控件或整个应用程序设置风格，用 style()方法获取风格。一个平台支持的风格名称可以用 QStyleFactory.keys()方法获取，返回平台支持的风格列表，例如['windowsvista','Windows','Fusion']，用 QStyleFactory.create(str)方法根据风格名称创建风格，并返回 QStyle。

　　下面的程序是给整个应用程序设置风格的例子，从 QComboBox 列表中选择不同的界面风格，整个程序的界面风格也随之改变。

```python
import sys    Demo9_18.py
from PyQt5.QtWidgets import QApplication,QWidget,QVBoxLayout,QStyleFactory,\
                            QPushButton,QComboBox,QSpinBox
class myWindow(QWidget):
    def __init__(self,parent = None):
        super().__init__(parent)
        self.setupUi()
    def setupUi(self):
        v = QVBoxLayout(self)
        self.comb = QComboBox()
        self.spinBox = QSpinBox()
        self.pushButton = QPushButton("Close")
        v.addWidget(self.comb)
        v.addWidget(self.spinBox)
        v.addWidget(self.pushButton)
        self.comb.addItems(QStyleFactory.keys())    #将系统支持的风格名称添加到下拉列表中
        self.pushButton.clicked.connect(self.close)
class myApplication(QApplication):
    def __init__(self,argv):
        super().__init__(argv)
        window = myWindow()                          #创建窗口
        style = QStyleFactory.create(window.comb.currentText())    #创建风格
        self.setStyle(style)                         #设置初始风格
        window.comb.currentTextChanged.connect(self.reSetStyle)    #信号与槽的连接
        window.show()
        sys.exit(self.exec())
    def reSetStyle(self,new_style):                  #槽函数
        style = QStyleFactory.create(new_style)      #创建新风格
        self.setStyle(style)                         #设置新风格
        print("当前风格是:", new_style)              #输出当前的风格
if __name__ == '__main__':
    app = myApplication(sys.argv)
```

9.6.2 样式表

为了美化窗口或控件的外观,可以通过窗口或控件的调色板给窗口或控件按照角色和分组设置颜色,还可以对窗口或控件的每个部分进行更细致的控制,这涉及窗口或控件的样式表(Qt style sheets,QSS),它是从 HTML 的层叠样式表(cascading style sheets,CSS)演化而来的。样式表由固定格式的文本构成,用窗口或控件的 setStyleSheet(str)方法设置样式,其中参数 str 是样式格式符。例如一个窗体上有多个继承自 QPushButton 的按钮,用窗口的 self.setStyleSheet("QPushButton { font:20pt '宋体'; color:rgb(255,0,0); background-color:rgb(100,100,100) }")方法可以将窗体上所有 QPushBtton 类型的按钮定义成字体大小是 20 个像素、字体名称是宋体、字体颜色是红色,背景色是灰黑色的样式。也可以单独给某个按钮定义样式,例如有个 objectName 名称是 btn_open 的按钮,则用 btn_open.setStyleSheet("font:30pt '黑体'; color:rgb(255,255,255); background-color:rgb(0,0,0)")方法设置该按钮的字体大小是 30 个像素、字体名称是黑体、字体颜色是白色,背景色是黑色的样式。可以看出定义样式表的一般规则是用"样式属性:值"的形式定义样式属性的值,多个样式的"样式属性:值"对之间用分号";"隔开。如果是对某一类控件进行设置,需要先说明控件的类,然后后面跟一对"{ }",把"样式属性:值"放到"{ }"中。下面详细介绍样式表的格式。

1. 选择器

样式表除了类名、对象名和属性名外,一般不区分大小写。样式表由选择器(selector)和声明(declaration)两部分构成,选择器用于选择某种类型或多个类型的控件,声明说明要设置的属性和属性的值,例如" QPushButton,QLineEdit { font:20pt '宋体'; color:rgb(255,0,0); background-color:rgb(100,100,100) }"中 QPushButton 和 QLineEdit 就是选择器,用于选择继承自 QPushButton 和 QLineEdit 的所有控件和子控件。选择器的使用方法如表 9-37 所示。

表 9-37 选择器的使用方法

选择器	示例	说明
全局选择器	*	选择所有的控件
类型选择器	QWidget	选择 QWidget 及其子类
属性选择器	QPushButton[flat="false"]	只选择属性 flat 的值是 False 的 QPushButton 控件
类选择器	.QPushButton	选择 QPushButton 但不选择其子类
ID 选择器	QPushButton#btn_open	选择名称是 btn_open(用 setObjectName("btn_open")方法设置)的所有 QPushButton
后代选择器	QWidget QPushButton	选择 QWidget 后代中所有的 QPushButton
子对象选择器	QWidget>QPushButton	选择直接从属于 QWidget 的 QPushButton

2. 子控件

对于一些复合型控件,例如 QComboBox 由 QLineEdit 和向下的箭头构成,向下的箭头可以称为子控件。对子控件的引用是在控件和子控件之间用两个连续的冒号"::"隔开,例如"QComboBox::drop-down {image:url(:/image/down.png)}"从资源文件中设置向下箭头的图片。控件的子控件名称如表 9-38 所示。

表 9-38　控件的子控件名称

子控件的名称	说　　明
groove	QSlider 的凹槽
handle	QScrollBar、QSplitter、QSlider 的手柄或滑块
corner	QAbstractScrollArea 中两个滚动条之间的角落
add-line	QScrollBar 增加行的按钮,即按下该按钮滚动条增加一行
add-page	QScrollBar 在手柄(滑块)和增加行之间的区域
sub-line	QScrollBar 减少行的按钮,即按下该按钮滚动条减少一行
sub-page	QScrollBar 在手柄(滑块)和减少行之间的区域
down-arrow	QComboBox、QHeaderView 排序指示器、QScrollBar、QSpinBox 的向下箭头
down-button	QScrollBar 或 QSpinBox 的向下按钮
up-arrow	QHeaderView(排序指示器)、QScrollBar、QSpinBox 的向上箭头
up-button	QSpinBox 的向上按钮
left-arrow	QScrollBar 的左箭头
right-arrow	QMenu 或 QScrollBar 的右箭头
branch	QTreeView 的分支指示符
section	QHearderView 的段
text	QAbstractItemView 的文本
chunk	QProgressBar 的进度块
drop-down	QComboBox 的下拉按钮
indicator	QAbstractItemView、QCheckBox、QRadioButton、QMenu(可被选中的)、QGroupBox(可被选中的)的指示器
pane	QTabWidget 的面板(边框)
right-corner	QTabWidget 的右角落,此控件可用于控件 QTabWidget 中右角落控件的位置
left-corner	QTabWidget 的左角落,此控件可用于控件 QTabWidget 中左角落控件的位置
tab-bar	QTabWidget 的选项卡栏,仅用于控制 QTabBar 在 QTabWidget 中的位置
tab	QTabBar 或 QToolBox 的选项卡
tear	QTabBar 的可分离指示器
close-button	QTabBar 选项卡或 QDockWidget 上的"关闭"按钮
float-button	QDockWidget 的浮动按钮
title	QDockWidget 或 QGroupBox 的标题
scroller	QMenu 或 QTabBar 的滚动条
separator	QMenu 或 QMainWindow 中的分隔符
tearoff	QMenu 的可分离指示器
item	QAbstractItemView、QMenuBar、QMenu、QStatusBar 中的一个项
icon	QAbstractItemView 或 QMenu 的图标
menu-arrow	带有菜单的 QToolButton 的箭头
menu-button	QToolButton 的菜单按钮
menu-indicator	QPushButton 的菜单指示器

3．状态选择

一个控件有多种状态,如活跃(active)、激活(enabled)、失效(disabled)、鼠标悬停(hover)、选中(checked)、没有选中(unchecked)和可编辑(editable)等,根据控件所处的状态，可以给控件设置不同的外观。样式表的格式字符串中，控件与状态之间用冒号":"隔开，例如"QPushButton:active{…}"设置激活时的外观，可以同时对多个状态进行设置，例如"QPushButton:active:hover{…}"设置激活或者鼠标悬停时的外观；可以在状态前加"!"，表示相反的状态。控件的常用状态如表 9-39 所示。

表 9-39 控件的状态

控件的状态	说　明
active	控件处于激活状态
focus	该项具有输入焦点
default	该项是默认值
disabled	控件已失效
enabled	该控件已启用
hover	鼠标指针悬停在该控件上
pressed	使用鼠标按下该控件
no-frame	该控件没有边框，如无边框的 QLineEdit 等
flat	该控件是平的（flat），例如，一个平的 QPushButton
checked	该控件被选中
unchecked	该控件未被选中
off	适用于处于关闭状态的控件
on	适用于处于开启状态的控件
editable	QComboBox 是可编辑的
read-only	该控件为只读，如只读的 QLineEdit
indeterminate	该控件具有不确定状态，如三态的 QCheckBox
exclusive	该控件是排他项目组的一部分
non-exclusive	该控件是非排他项目组的一部分
bottom	该控件位于底部
top	该控件位于顶部
left	该控件位于左侧，例如 QTabBar 的选项卡位于左侧
right	该控件位于右侧，例如 QTabBar 的选项卡位于右侧
middle	该控件位于中间，例如不在 QTabBar 开头或结尾的选项卡
first	该控件是第一个，例如 QTabBar 中的第一个选项卡
last	该控件是最后一个，例如 QTabBar 中的最后一个选项卡
horizontal	该控件具有水平方向
vertical	该控件具有垂直方向
maximized	该控件是最大化的，如最大化的 QMdiSubWindow
minimized	该控件是最小化的，如最小化的 QMdiSubWindow
floatable	该控件是可浮动的
movable	该控件可移动，如可移动的 QDockWidget
only-one	该控件是唯一的，例如只有一个选项卡的 QTabBar
next-selected	下一控件被选择
previous-selected	上一控件被选择
selected	该控件被选择
window	控件是一个窗口，即顶级控件
closable	该控件可被关闭，如可关闭的 QDockWidget

续表

控件的状态	说明
closed	该控件处于关闭状态,例如 QTreeView 中的非展开控件
open	该控件处于打开状态,例如 QTreeView 中的展开控件,或带有打开菜单的 QComboBox 或 QPushButton
has-children	该控件具有孩子,例如 QTreeView 中具有子控件的控件
has-siblings	该控件具有兄弟姐妹(即同级的控件)
alternate	当 QAbstractItemView.alternatingRowColors()被设置为 True 时,为每个交替行设置此状态,以绘制 QAbstractItemView 的行

4. 样式的属性

(1) 颜色属性的设置

控件有背景色、前景色及选中状态时的背景色和前景色,可以对这些颜色分别进行设置,这些颜色的属性名称如表 9-40 所示,例如"QPushButton {background:gray url(d:/s.png); background-repeat:repeat-x; background-position:left}"设置 QPushButton 类的颜色为灰色,设置背景图片为 d:/s.png,沿着 x 方向从左侧重复图片。

表 9-40 控件颜色的属性名称

颜色属性名称	类型	说明
background	Background	设置背景的简写方法,相当于指定 background-color、background-image、background-repeat、background-position
background-color	Brush	控件的背景色
background-image	Url	设置控件的背景图像
background-repeat	Repeat	如何使用背景图像填充背景区域 background-origin,若未指定此属性,则在两个方向重复背景图像
background-position	Alignment	背景图像在 background-origin 矩形内的位置,默认为 topleft
background-attachment	Attachment	确定 QAbstractScrollArea 中的 background-image 是相对于视口滚动还是固定,默认值为 scroll
background-clip	Origin	控件绘制背景的矩形,此属性指定 background-color 和 background-image 的裁剪矩形,此属性默认值为 border(即边框矩形)
background-origin	Origin	控件背景的原点矩形,通常与 background-position 和 background-image 一起使用,默认为 padding(即填充矩形)
color	Brush	渲染文本的颜色,所有遵守 QWidget.palette 的控件都支持此属性
selection-background-color	Brush	所选文本或项的背景色,默认为调色板的 QPalette.Highlight 角色的值
selection-color	Brush	所选文本或项的前景色,默认为调色板的 QPalette.HighlightedText 角色的值

(2) 盒子模型

大多数控件都是长方形的,一个长方形控件由 Content、Padding、Border 和 Margin 四部分构成,每个部分都是矩形,如图 9-38 所示。Content 矩形是除掉边距、边框和填充之后的部分,默认情况下,边距、边框和填充的值都为 0,因此这 4 个矩形是重合的。可以用样式表分别设置这四个矩形之间的距离、边框的颜色。

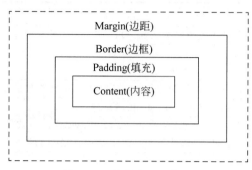

图 9-38 控件的盒子模型

- Content 是输入内容的区域，可以设置 Content 区域宽度和高度的最大值和最小值，属性名称分别为 max-width、max-height、min-width 和 min-height，例如 "QSpinBox {min-height:30px; max-height:40px; min-width:100px; max-width:150px}"。
- 对于 Padding 区域，用 padding 属性可以分别设置 Padding 与 Content 在上、右、下和左方向的距离，也可用 padding-top、padding-right、padding-bottom 和 padding-left 属性分别设置距离，例如 "QSpinBox {padding:10px 20px 25px 30px}" 等价于 "QSpinBox {padding-top:10px; padding-right:20px; padding-bottom:25px; padding-left:30px}"。
- Border 区域可以设置的属性比较多。Border 可以设置的属性如表 9-41 所示。

表 9-41 Border 的属性名称

属 性 名 称	类型	说　　明
border	Border	设置边框的简写方法，相当于指定 border-color、border-style、border-width
border-top	Border	设置控件顶部边框的简写方法，相当于指定 border-top-color、border-top-style、border-top-width
border-right	Border	设置控件右边框的简写方法，相当于指定 border-right-color、border-right-style、border-right-width
border-bottom	Border	设置控件底部边框的简写方法，相当于指定 border-bottom-color、border-bottom-style、border-bottom-width
border-left	Border	设置控件左边框的简写方法，相当于指定 border-left-color、border-left-style、border-left-width
border-color	Box Colors	边框边界线的颜色，相当于指定 border-top-color、border-bottom-color、border-left-color、border-right-color，默认值为 color（即控件的前景色）
border-top-color	Brush	边框顶部边界线的颜色
border-right-color	Brush	边框右边界线的颜色
border-bottom-color	Brush	边框底部边界线的颜色
border-left-color	Brush	边框左边界线的颜色
border-radius	Radius	边框角落的半径，等效于指定 border-top-left-radius、border-top-right-radius、border-bottom-left-radius、border-bottom-right-radius，默认为 0

续表

属性名称	类型	说　　明
border-top-left-radius	Radius	边框左上角的半径
border-top-right-radius	Radius	边框右上角的半径
border-bottom-right-radius	Radius	边框右下角的半径
order-bottom-left-radius	Radius	边框左下角的半径
border-style	Border Style	边框边界线的样式（虚线、实线、点画线等），默认为 None
border-top-style	Border Style	边框顶部边界线的样式
border-right-style	Border Style	边框右侧边界线的样式
border-bottom-style	Border Style	边框底部边界线的样式
border-left-style	Border Style	边框左侧边界线的样式
border-width	Border Lengths	边框的宽度，等效于指定 border-top-width、border-bottom-width、border-left-width、border-right-width
border-top-width	Length	边框顶部边界线的宽度
border-right-width	Length	边框右侧边界线的宽度
border-bottom-width	Length	边框底部边界线的宽度
border-left-width	Length	边框左侧边界线的宽度
border-image	Border Image	填充边框的图像，该图像被分割成 9 个部分，并在必要时适当地拉伸

- 对于 Margin 区域可以设置页边距。margin 属性设置控件的边距，等效于指定 margin-top、margin-right、margin-bottom、margin-left，默认为 0，margin-top、margin-right、margin-bottom、margin-left 分别设置控件的上、右、下和左侧的边距。

（3）与位置有关的属性

对于子控件，可以设置其在父控件中的位置，与此有关的属性名称如表 9-42 所示。

表 9-42　与位置有关的属性名称

属性名称	类型	说　　明
subcontrol-origin	Origin	子控件的矩形原点，默认为 padding
subcontrol-position	Alignment	子控件在 subcontrol-origin 属性指定的矩形内的对齐方式，默认值取决于子控件
position	Relative absolute	使用 left、right、top、bottom 属性的偏移是相对坐标还是绝对坐标，默认为 relative
spacing	Length	控件的内部间距（比如复选按钮和文本之间的距离），默认值取决于当前风格
top、right、bottom、left	Length	以 bottom 属性为例，若 position 属性是 relative（默认值），则将子控件向上移动；若 position 是 absolute（绝对的），则 bottom 属性是指与子控件的下边缘的距离，该距离与 subcontrol-origin 属性有关，属性默认为 0
height width	Length	子控件的高度/宽度，默认值取决于当前样式。注意：除非另有规定，否则在控件上设置此属性无效。若想要控件有一个固定的高度，应把 min-height 和 max-height 设置为相同的值，宽度类似

续表

属 性 名 称	类型	说　明
max-height	Length	控件或子控件的最大高度
max-width	Length	控件或子控件的最大宽度
min-height	Length	控件或子控件的最小高度,默认值依赖于控件的内容和风格
min-width	Length	控件或子控件的最小宽度,默认值依赖于控件的内容和风格

由于样式表是字符串,因此对于比较复杂的样式表,可以将其保存到文本文件或二进制文件中,需要用时再读入进来。

第10章

事件及处理

事件(event)和前面经常用的信号一样,也是实现可视化控件之间联动的重要方法。事件是程序收到外界的输入,处于某种状态时自动发射的信号。事件有固定的类型,每种类型有自己的处理函数,用户只要重写这些函数,即可达到特定的目的。通过事件可以用一个控件监测另外一个控件,并可过滤被监测控件发出的事件。

10.1 事件的类型

10.1.1 事件的概念

可视化应用程序在接受外界输入设备的输入时,例如鼠标、键盘等的操作,会对输入设备输入的信息进行分类,根据分类的不同,用不同的函数进行处理,做出不同的反应。外界对 PyQt 程序输入信息的过程称为事件,例如在窗口上单击鼠标、用鼠标拖动窗口、在输入框中输入数据等,这些都是外界对程序的输入,都可以称为事件。PyQt 程序对外界的输入进行处理的过程称为事件处理,根据外界输入信息的不同,处理事件的函数也不同。

前面建立的可视化程序中,在主程序中都会创建一个 QApplication 的应用程序实例对象,然后调用实例对象的 exec()函数,这将使应用程序进入一个循环,不断监听外界输入的信息,当输入的信息满足某种分类时,将会产生一个事件对象 QEvent(),事件对象中记录了外界输入的信息,并将事件对象发送给处理该事件对象的函数进行处理。

事件与前面讲过的信号与槽相似,但是又有不同。信号是指控件或窗口本身满足一定条件时,发射一个带数据的信息或不带数据的信息,需要编程人员为这个信息单独写处理这个信息的槽函数,并将信号和槽函数关联,发射信号时,自动执行与之关联的槽函数。而事件是外界对程序的输入,将外界的输入进行分类后交给函数处理,处理事件的函数是固定的，只需要编程人员重写处理事件的函数，来达到处理外界输入的目的，不需要将事件与处理事件的函数进行连接，系统会自动调用能处理事件的函数，并把相关数据作为实参传递给处理事件的函数。

下面是一个处理鼠标单击事件的程序，在窗口的空白处单击，在 QLineEdit 控件上显示出鼠标单击点处的窗口坐标值，右击，显示右击处屏幕坐标值。单击或右击，将会产生 QMouseEvent 事件，QMouseEvent 事件的实例对象中有与鼠标事件相关的属性，如 button() 方法获取单击的是左键还是右键，x() 和 y() 方法获取鼠标单击点处窗口坐标值，globalX() 和 globalY() 方法获取鼠标单击点处屏幕坐标值。QWidget 窗口处理 QMouseEvent 事件的函数有 mouseDoubleClickEvent(QMouseEvent)、mouseMoveEvent(QMouseEvent)、mousePressEvent(QMouseEvent)、mouseReleaseEvent(QMouseEvent) 和 moveEvent(QMoveEvent)。

```python
import sys  #Demo10_1.py
from PyQt5.QtWidgets import QApplication,QWidget,QLineEdit
from PyQt5.QtCore import Qt

class myWindow(QWidget):
    def __init__(self,parent = None):
        super().__init__(parent)
        self.resize(500,500)
        self.lineEdit = QLineEdit(self)
        self.lineEdit.setGeometry(0,0,500,30)
    def mousePressEvent(self, event):     #重写处理 mousePress 事件的函数
        template1 = "单击点的窗口坐标是 x:{} y:{}"
        template2 = "单击点的屏幕坐标是 x:{} y:{}"
        if event.button() == Qt.LeftButton:   #button()获取左键或右键
            string = template1.format(event.x(),event.y())  #x()和 y()获取窗口坐标
            self.lineEdit.setText(string)
        if event.button() == Qt.RightButton:
            #globalX()和 globalY()获取全局坐标
            string = template2.format(event.globalX(), event.globalY())
            self.lineEdit.setText(string)

if __name__ == '__main__':
    app = QApplication(sys.argv)
    window = myWindow()
    window.show()
    sys.exit(app.exec_())
```

10.1.2　QEvent 类

QEvent 类是所有事件的基类，它在 QtCore 模块中。外界输入给程序的信息首先交给 QEvent 进行分类，得到不同类型的事件，然后将事件及相关信息交给控件或窗口的事件处理函数进行处理，得到对外界输入的响应。

QEvent 类的属性只有 accepted，方法如表 10-1 所示，主要方法介绍如下。

表 10-1　QEvent 类的方法

方法及参数类型	说明	方法及参数类型	说明
accept()	事件被接受	spontaneous()	获取事件是否立即被处理
ignore()	事件被拒绝	type()	获取事件的类型
isAccepted()	事件是否被接受	registerEventType([hint=-1])	注册新的事件
setAccepted(bool)	设置事件是否被接受		

- 用 accept() 或 setAccepted(True) 方法接受一个事件,用 ignore() 或 setAccepted(False) 方法拒绝一个事件。被接受的事件不会再传递给其他对象;被拒绝的事件会传递给其他对象处理,如果没有对象处理,则该事件会被丢弃。
- 如果事件被 QWidget 的 event() 函数进行了处理,则 spontaneous() 方法的返回值是 True,否则返回 False。event() 函数根据事件类型起到分发事件到指定处理函数的作用,可以在 event() 函数中对事件进行处理。
- type() 方法可以返回事件的类型。QEvent 中定义了事件的类型。QEvent 定义的主要事件类型如表 10-2 所示。

表 10-2　主要事件的类型

事件类型常量	值	所属事件类	说明
QEvent.None	0		不是一个事件
QEvent.ActionAdded	114	QActionEvent	一个新 action 被添加
QEvent.ActionChanged	113	QActionEvent	一个 action 被改变
QEvent.ActionRemoved	115	QActionEvent	一个 action 被移除
QEvent.ActivationChange	99		顶层窗口激活状态发生变化
QEvent.ApplicationFontChange	36		程序的默认字体发生变化
QEvent.ApplicationPaletteChange	38		程序的默认调色板发生变化
QEvent.ApplicationStateChange	214		应用程序的状态发生变化
QEvent.ApplicationWindowIconChange	35		应用程序的图标发生变化
QEvent.ChildAdded	68	QChildEvent	一个对象获得孩子
QEvent.ChildPolished	69	QChildEvent	一个控件的孩子被抛光
QEvent.ChildRemoved	71	QChildEvent	一个对象失去孩子
QEvent.Clipboard	40		剪贴板的内容发生改变
QEvent.Close	19	QCloseEvent	Widget 被关闭
QEvent.ContentsRectChange	178		控件内容区外边距发生改变
QEvent.ContextMenu	82	QContextMenuEvent	上下文弹出菜单
QEvent.CursorChange	183		控件的鼠标发生改变
QEvent.DeferredDelete	52	QDeferredDeleteEvent	对象被清除后将被删除
QEvent.DragEnter	60	QDragEnterEvent	拖放操作时鼠标进入控件
QEvent.DragLeave	62	QDragLeaveEvent	拖放操作时鼠标离开控件
QEvent.DragMove	61	QDragMoveEvent	拖放操作正在进行
QEvent.Drop	63	QDropEvent	拖放操作完成

续表

事件类型常量	值	所属事件类	说明
QEvent.DynamicPropertyChange	170		动态属性已添加、更改或删除
QEvent.EnabledChange	98		控件的 enabled 状态已更改
QEvent.Enter	10	QEnterEvent	鼠标进入控件的边界
QEvent.EnterEditFocus	150		编辑控件获得焦点进行编辑
QEvent.FileOpen	116	QFileOpenEvent	文件打开请求
QEvent.FocusIn	8	QFocusEvent	控件或窗口获得键盘焦点
QEvent.FocusOut	9	QFocusEvent	控件或窗口失去键盘焦点
QEvent.FocusAboutToChange	23	QFocusEvent	控件或窗口焦点即将改变
QEvent.FontChange	97		控件的字体发生改变
QEvent.Gesture	198	QGestureEvent	触发了一个手势
QEvent.GestureOverride	202	QGestureEvent	触发了手势覆盖
QEvent.GrabKeyboard	188		item 获得键盘抓取（仅限 QGraphicsItem）
QEvent.GrabMouse	186		item 获得鼠标抓取（仅限 QGraphicsItem）
QEvent.GraphicsSceneContextMenu	159	QGraphicsSceneContextMenuEvent	在图形场景上弹出菜单
QEvent.GraphicsSceneDragEnter	164	QGraphicsSceneDragDropEvent	拖放操作时鼠标进入场景
QEvent.GraphicsSceneDragLeave	166	QGraphicsSceneDragDropEvent	拖放操作时鼠标离开场景
QEvent.GraphicsSceneDragMove	165	QGraphicsSceneDragDropEvent	在场景上正在进行拖放操作
QEvent.GraphicsSceneDrop	167	QGraphicsSceneDragDropEvent	在场景上完成拖放操作
QEvent.GraphicsSceneHelp	163	QHelpEvent	用户请求图形场景的帮助
QEvent.GraphicsSceneHoverEnter	160	QGraphicsSceneHoverEvent	鼠标进入图形场景中的悬停项
QEvent.GraphicsSceneHoverLeave	162	QGraphicsSceneHoverEvent	鼠标离开图形场景一个悬停项
QEvent.GraphicsSceneHoverMove	161	QGraphicsSceneHoverEvent	鼠标在场景的悬停项内移动
QEvent.GraphicsSceneMouseDoubleClick	158	QGraphicsSceneMouseEvent	鼠标在图形场景中双击
QEvent.GraphicsSceneMouseMove	155	QGraphicsSceneMouseEvent	鼠标在图形场景中移动
QEvent.GraphicsSceneMousePress	156	QGraphicsSceneMouseEvent	鼠标在图形场景中按下
QEvent.GraphicsSceneMouseRelease	157	QGraphicsSceneMouseEvent	鼠标在图形场景中释放
QEvent.GraphicsSceneMove	182	QGraphicsSceneMoveEvent	控件被移动
QEvent.GraphicsSceneResize	181	QGraphicsSceneResizeEvent	控件已调整大小
QEvent.GraphicsSceneWheel	168	QGraphicsSceneWheelEvent	鼠标滚轮在图形场景中滚动
QEvent.Hide	18	QHideEvent	控件被隐藏
QEvent.HideToParent	27	QHideEvent	子控件被隐藏
QEvent.HoverEnter	127	QHoverEvent	鼠标进入悬停控件

续表

事件类型常量	值	所属事件类	说明
QEvent.HoverLeave	128	QHoverEvent	鼠标离开悬停控件
QEvent.HoverMove	129	QHoverEvent	鼠标在悬停控件内移动
QEvent.IconDrag	96	QIconDragEvent	窗口的主图标被拖走
QEvent.InputMethod	83	QInputMethodEvent	正在使用输入法
QEvent.InputMethodQuery	207	QInputMethodQueryEvent	输入法查询事件
QEvent.KeyboardLayoutChange	169		键盘布局已更改
QEvent.KeyPress	6	QKeyEvent	键盘按下
QEvent.KeyRelease	7	QKeyEvent	键盘释放
QEvent.LanguageChange	89		应用程序翻译发生改变
QEvent.LayoutDirectionChange	90		布局的方向发生改变
QEvent.LayoutRequest	76		控件的布局需要重做
QEvent.Leave	11		鼠标离开控件的边界
QEvent.LeaveEditFocus	151		编辑控件失去编辑的焦点
QEvent.LeaveWhatsThisMode	125		程序离开"What's This?"模式
QEvent.LocaleChange	88		系统区域设置发生改变
QEvent.NonClientAreaMouseMove	173		鼠标移动发生在客户区域外
QEvent.ModifiedChange	102		控件修改状态发生改变
QEvent.MouseButtonDblClick	4	QMouseEvent	鼠标再次按下
QEvent.MouseButtonPress	2	QMouseEvent	鼠标按下
QEvent.MouseButtonRelease	3	QMouseEvent	鼠标释放
QEvent.MouseMove	5	QMouseEvent	鼠标移动
QEvent.MouseTrackingChange	109		鼠标跟踪状态发生改变
QEvent.Move	13	QMoveEvent	控件的位置发生改变
QEvent.NativeGesture	197	QNativeGestureEvent	系统检测到手势
QEvent.Paint	12	QPaintEvent	需要屏幕更新
QEvent.PaletteChange	39		控件的调色板发生改变
QEvent.ParentAboutToChange	131		控件的parent将要更改
QEvent.ParentChange	21		控件的parent发生改变
QEvent.PlatformPanel	212		请求一个特定于平台的面板
QEvent.Polish	75		控件被抛光
QEvent.PolishRequest	74		控件应该被抛光
QEvent.ReadOnlyChange	106		控件read-only状态发生改变
QEvent.Resize	14	QResizeEvent	控件的大小发生改变
QEvent.ScrollPrepare	204	QScrollPrepareEvent	对象需要填充它的几何信息
QEvent.Scroll	205	QScrollEvent	对象需要滚动到提供的位置
QEvent.Shortcut	117	QShortcutEvent	快捷键处理

续表

事件类型常量	值	所属事件类	说　明
QEvent.ShortcutOverride	51	QKeyEvent	按下按键，用于覆盖快捷键
QEvent.Show	17	QShowEvent	控件显示在屏幕上
QEvent.ShowToParent	26		子控件被显示
QEvent.StatusTip	112	QStatusTipEvent	状态提示请求
QEvent.StyleChange	100		控件的样式发生改变
QEvent.TabletMove	87	QTabletEvent	Wacom 写字板移动
QEvent.TabletPress	92	QTabletEvent	Wacom 写字板按下
QEvent.TabletRelease	93	QTabletEvent	Wacom 写字板释放
QEvent.Timer	1	QTimerEvent	定时器事件
QEvent.ToolTip	110	QHelpEvent	一个 tooltip 请求
QEvent.ToolTipChange	184		控件的 tooltip 发生改变
QEvent.TouchBegin	194	QTouchEvent	触摸屏或轨迹板序列的开始
QEvent.TouchCancel	209	QTouchEvent	取消触摸事件序列
QEvent.TouchEnd	196	QTouchEvent	触摸事件序列结束
QEvent.TouchUpdate	195	QTouchEvent	触摸屏事件
QEvent.UngrabKeyboard	189	QGraphicsItem	Item 失去键盘抓取
QEvent.UngrabMouse	187		Item 失去鼠标抓取（QGraphicsItem QQuickItem）
QEvent.UpdateRequest	77		控件应该被重绘
QEvent.WhatsThis	111	QHelpEvent	控件显示"What's This"帮助
QEvent.WhatsThisClicked	118		"What's This"帮助链接被单击
QEvent.Wheel	31	QWheelEvent	鼠标滚轮滚动
QEvent.WindowActivate	24		窗口已激活
QEvent.WindowBlocked	103		窗口被模式对话框阻塞
QEvent.WindowDeactivate	25		窗户被停用
QEvent.WindowIconChange	34		窗口的图标发生改变
QEvent.WindowStateChange	105	QWindowStateChangeEvent	窗口的状态（最小化、最大化或全屏）发生改变
QEvent.WindowTitleChange	33		窗口的标题发生改变
QEvent.WindowUnblocked	104		一个模式对话框退出后，窗口将不被阻塞
QEvent.WinIdChange	203		窗口的系统标识符发生改变

10.1.3　event()函数

对于 GUI 应用程序，当捕捉到事件发生后，会首先发送到 QWidget 或子类的 event(QEvent) 函数中进行数据处理，如果没有重写 event()函数进行事件处理，事件将会分发到事件默认的处理函数中,因此 event()函数是事件的集散地。如果重写了 event()函数,当 event()函数的返回值是 True 时,表示事件已经处理完毕,事件不会再发送给其他处理函数;当 event()函数的返回值是 False 时,表示事件还没有处理完毕。event()函数可以截获某些类型的事件,并处理事件。

下面的程序是将 10.1.2 节中的例子做了改动,将鼠标的单击事件放到 event()函数中进行处理,只截获 QEvent.MouseButtonPress 事件,通过 super()函数调用父类的 event()函数,其他类型的事件仍交由 QWidget 的 event()函数处理和分发。

```python
import sys  # Demo10_2.py
from PyQt5.QtWidgets import QApplication,QWidget,QLineEdit
from PyQt5.QtCore import QEvent,Qt

class myWindow(QWidget):
    def __init__(self,parent = None):
        super().__init__(parent)
        self.resize(500,500)
        self.lineEdit = QLineEdit(self)
        self.lineEdit.setGeometry(0,0,500,30)
    def event(self, even):    # 重写 event 函数
        if even.type() == QEvent.MouseButtonPress:    # 按键的情况
            template1 = "单击点的窗口坐标是 x:{} y:{}"
            template2 = "单击点的屏幕坐标是 x:{} y:{}"
            if even.button() == Qt.LeftButton:    # 按左键的情况
                string = template1.format(even.x(), even.y())
                self.lineEdit.setText(string)
                return True
            elif even.button() == Qt.RightButton:    # 按右键的情况
                string = template2.format(even.globalX(), even.globalY())
                self.lineEdit.setText(string)
                return True
            else:    # 按中键的情况
                return True
        else:    # 对于不是按鼠标键的事件,交给 QWidget 来处理
            finished = super().event(even)    # super()函数调用父类函数
            return finished

if __name__ == '__main__':
    app = QApplication(sys.argv)
    window = myWindow()
    window.show()
    sys.exit(app.exec())
```

10.2 鼠标和键盘事件的类

键盘事件和鼠标事件是用得最多的事件,通过键盘和鼠标事件可以拖曳控件、弹出快捷菜单。

10.2.1 鼠标按键事件类

鼠标按键事件类 QMouseEvent 涉及鼠标按键的单击、释放和鼠标移动操作，与 QMouseEvent 关联的事件类型有 QEvent.MouseButtonDblClick、QEvent.MouseButtonPress、QEvent.MouseButtonRelease 和 QEvent.MouseMove。鼠标滚轮的滚动事件类是 QWheelEvent。当在一个窗口中按住鼠标按键或释放按键时就会产生鼠标事件 QMouseEvent，鼠标移动事件只会在按下鼠标按键的情况下才会发生，除非通过显式调用窗口的 setMouseTracking(bool) 函数来开启鼠标轨迹跟踪，这种情况下只要鼠标指针移动，就会产生一系列鼠标事件。处理 QMouseEvent 类鼠标事件的函数有 mouseDoubleClickEvent(QMouseEvent)（双击鼠标按键）、mouseMoveEvent(QMouseEvent)（移动鼠标）、mousePressEvent(QMouseEvent)（按下鼠标按键）和 mouseReleaseEvent(QMouseEvent)（释放鼠标按键），处理 QWheelEvent 类滚轮事件的函数是 wheelEvent(QWheelEvent)。

1. QMouseEvent 类的方法

当产生鼠标事件时，会生成 QMouseEvent 类的实例对象，并将实例对象作为实参传递给相关的处理函数。QMouseEvent 类包含了用于描述鼠标事件的参数。QMouseEvent 类在 QtGui 模块中，它的主要方法如表 10-3 所示。

- 用 button() 方法可以获取引起鼠标事件的按钮，buttons() 方法获取产生鼠标事件时被按住的按钮，返回值可以是 Qt.NoButton、Qt.AllButtons、Qt.LeftButton、Qt.RightButton、Qt.MidButton、Qt.MiddleButton、Qt.BackButton、Qt.ForwardButton、Qt.TaskButton 和 Qt.ExtraButtoni(i=1,2,…,24)。
- 用 source() 方法可以获取鼠标事件的来源，返回值可以是 Qt.MouseEventNotSynthesized（来自鼠标）、Qt.MouseEventSynthesizedBySystem（来自鼠标和触摸屏）、Qt.MouseEventSynthesizedByQt（来自触摸屏）和 Qt.MouseEventSynthesizedByApplication（来自应用程序）。
- 产生鼠标事件的同时，有可能按下了键盘上 Ctrl、Shift 或 Alt 等修饰键，用 modifiers() 方法可以获取这些键。modifiers() 方法的返回值可以是 Qt.NoModifier（没有修饰键）、Qt.ShiftModifier（Shift 键）、Qt.ControlModifier（Ctrl 键）、Qt.AltModifier(Alt 键)、Qt.MetaModifier(Meta 键，Windows 系统为 window 键)、Qt.KeypadModifier（小键盘上的键）和 Qt.GroupSwitchModifier（Mode_switch 键）。

表 10-3　QMouseEvent 类的方法

方　　法	返回值的类型	说　　明
button()	Qt.MouseButton	获取产生鼠标事件的按键
buttons()	Qt.MouseButtons	获取产生鼠标事件时被按下的按键
flags()	Qt.MouseEventFlags	获取鼠标事件的标识
source()	Qt.MouseEventSource	获取鼠标事件的来源
modifiers()	Qt.KeyboardModifiers	获取修饰键
globalPos()	QPoint	获取全局的鼠标位置

续表

方　　法	返回值的类型	说　　明
globalX()	int	获取全局的 X 坐标
globalY()	int	获取全局的 Y 坐标
localPos()	QPointF	获取局部鼠标位置
screenPos()	QPointF	获取屏幕的鼠标位置
windowPos()	QPointF	获取相对于接受事件窗口的鼠标位置
pos()	QPoint	获取相对于控件的鼠标位置
x()	int	获取相对于控件的 x 坐标
y()	int	获取相对于控件的 y 坐标

2. QWheelEvent 类的方法

QWheelEvent 类处理鼠标的滚轮事件，其方法如表 10-4 所示，大部分方法与 QMouseEvent 的方法相同，主要不同的方法如下所述。

- angleDelta().y()方法返回两次事件之间鼠标竖直滚轮旋转的角度，angleDelta().x() 方法返回两次事件之间水平滚轮旋转的角度。如果没有水平滚轮，angleDelta().x() 的值为 0，正数值表示滚轮相对于用户在向前滑动，负数值表示滚轮相对于用户在 向后滑动。
- pixelDelta()方法返回两次事件之间控件在屏幕上的移动距离(单位是像素)。
- inverted()方法将 angleDelta()和 pixelDelta()的值与滚轮转向之间取值关系反向，即正数值表示滑轮相对于用户在向后滑动；相反，负数值表示滑轮相对于用户在向前滑动。
- phase()方法返回设备的状态，返回值有 Qt.NoScrollPhase(不支持滚动)、Qt.ScrollBegin(开始位置)、Qt.ScrollUpdate(处于滚动状态)、Qt.ScrollEnd(结束位置)和 Qt.ScrollMomentum(不触碰设备，由于惯性仍处于滚动状态)。

表 10-4 QWheelEvent 类的方法

方　　法	返回值的类型	方　　法	返回值的类型
angleDelta()	QPoint	globalPosition()	QPointF
pixelDelta()	QPoint	globalX()	int
phase()	Qt.ScrollPhase	globalY()	int
inverted()	bool	pos()	QPoint
source()	Qt.MouseEventSource	posF()	QPointF
buttons()	Qt.MouseButtons	position()	QPointF
globalPos()	QPoint	x()	int
globalPosF()	QPointF	y()	int
modifiers()	Qt.KeyboardModifiers		

3. QMouseEvent 类和 QWheelEvent 类的应用实例

下面的程序涉及鼠标单击、拖曳、双击和滚轮滚动的事件，双击窗口的空白处，弹出打开图片的对话框，选择图片后，显示出图片，按住鼠标按键并拖动鼠标可以移动图片，滚动滚轮可以缩放图片。程序中通过控制绘图区域的中心位置来移动图像,通过控制图像区域的宽度和高度来缩放图像。

```python
import sys  #Demo10_3.py
from PyQt5.QtWidgets import QApplication,QWidget,QFileDialog,QMenuBar
from PyQt5.QtGui import QPixmap,QPainter
from PyQt5.QtCore import QRect,QPoint

class myWindow(QWidget):
    def __init__(self,parent = None):
        super().__init__(parent)
        self.resize(600,600)
        self.pixmap = QPixmap()                 #创建 QPixmap 图像
        self.pix_width = 0                      #获取初始宽度
        self.pix_height = 0                     #获取初始高度
        self.translate_x = 0                    #用于控制 x 向平移
        self.translate_y = 0                    #用于控制 y 向平移
        self.start = QPoint(0,0)                #鼠标单击时光标位置
        #记录图像中心的变量,初始定义在窗口的中心
        self.center = QPoint(int(self.width() / 2), int(self.height() / 2))
        menuBar = QMenuBar(self)
        menuFile = menuBar.addMenu("文件(&F)")
        menuFile.addAction("打开(&O)").triggered.connect(self.actionOpen_triggered)
                                                                              #与槽连接
        menuFile.addSeparator()
        menuFile.addAction("退出(&E)").triggered.connect(self.close)  #动作与槽连接
    def paintEvent(self,event):        #窗口绘制处理函数,当窗口刷新时调用该函数
        self.center = QPoint(self.center.x() + self.translate_x, self.center.y() + self.translate_y)
        #图像绘制区域的左上角点,用于缩放图像
        point_1 = QPoint(self.center.x() - self.pix_width, self.center.y() - self.pix_height)
        # 图像绘制区域的右下角点,用于缩放图像
        point_2 = QPoint(self.center.x() + self.pix_width, self.center.y() + self.pix_height)
        self.rect = QRect(point_1, point_2)  #图像绘制区域
        painter = QPainter(self)              #绘图
        painter.drawPixmap(self.rect,self.pixmap)
    def mousePressEvent(self, event):        #鼠标按键按下事件的处理函数
        self.start = event.pos()             #鼠标位置
    def mouseMoveEvent(self,event):          #鼠标移动事件的处理函数
        self.translate_x = event.x()-self.start.x()   #鼠标的 x 向移动量
        self.translate_y = event.y()-self.start.y()   #鼠标的 y 向移动量
        self.start = event.pos()
        self.update()
    def wheelEvent(self,event):              #鼠标滚轮事件的处理函数
        self.pix_width = self.pix_width + int(event.angleDelta().y()/10)
        self.pix_height = self.pix_height + int(event.angleDelta().y()/10)
        self.update()
    def mouseDoubleClickEvent(self, event):  #双击鼠标事件的处理函数
        self.actionOpen_triggered()
```

```python
        def actionOpen_triggered(self):                          # 打开文件的动作
            fileDialog = QFileDialog(self)
            fileDialog.setNameFilter("图像文件( * .png * .jpeg * .jpg)")
            fileDialog.setFileMode(QFileDialog.ExistingFile)
            if fileDialog.exec():
                self.pixmap.load(fileDialog.selectedFiles()[0])
                self.pix_width = int(self.pixmap.width() / 2)    # 获取初始宽度
                self.pix_height = int(self.pixmap.height() / 2)  # 获取初始高度
                self.update()
if __name__ == '__main__':
    app = QApplication(sys.argv)
    window = myWindow()
    window.show()
    sys.exit(app.exec())
```

10.2.2 键盘事件类

键盘事件类 QKeyEvent 涉及键盘键的按下和释放，与 QKeyEvent 关联的事件类型有 QEvent.KeyPress、QEvent.KeyRelease 和 QEvent.ShortcutOverride，处理键盘事件的函数是 keyPressEvent(QKeyEvent)和 keyReleaseEvent(QKeyEvent)。当发生键盘事件时，将创建 QKeyEvent 的实例对象，并将实例对象作为实参传递给处理函数。

键盘事件类 QKeyEvent 的常用方法如表 10-5 所示，主要方法介绍如下。

- 如果同时按下多个键，可以用 count()方法获取按键的数量。
- 如果按下一个键不放，将连续触发键盘事件，用 isAutoRepeat()方法可以获取某个事件是否是重复事件。
- 用 key()方法可以获取按键的 Qt.key 代码值，不区分大小写；可以用 text()方法获取按键的字符，区分大小写。
- 用 matches(QKeySequence.StandardKey)方法可以判断按下的键是否匹配标准的按钮，QKeySequence.StandardKey 中定义了常规的标准按键，例如 Ctrl+C 表示复制，Ctrl+V 表示粘贴，Ctrl+S 表示保存，Ctrl+O 表示打开，Ctrl+W 或 Ctrl+F4 表示关闭。

表 10-5　键盘事件类的常用方法

QKeyEvent 的方法	返回值的类型	说　　明
count()	int	获取按键的数量
isAutoRepeat()	bool	获取是否是重复事件
key()	int	获取按键的代码
matches(QKeySequence.StandardKey)	bool	如果按键匹配标准的按钮，返回 True
modifiers()	Qt.KeyboardModifiers	获取修饰键
text()	str	返回按键上的字符

10.2.3 鼠标拖放事件类

可视化开发中经常会用鼠标拖放动作来完成一些操作，例如把一个 docx 文档拖到 Word 中直接打开文件，把图片拖放到一个图片浏览器中打开图片，拖放一段文字到其他位置等。拖放事件包括鼠标进入、鼠标移动和鼠标释放事件，还可以有鼠标移出事件，对应的事件类型分别是 QEvent.DragEnter、QEvent.DragMove、QEvent.Drop 和 QEvent.DragLeave。拖放事件类分别为 QDragEnterEvent、QDragMoveEvent、QDropEvent 和 QDragLeaveEvent，其实例对象中保存着拖放信息，如被拖放文件路径、被拖放的文本等。拖放事件的处理函数分别是 dragEnterEvent（QDragEnterEvent）、dragMoveEvent（QDragMoveEvent）、dropEvent（QDropEvent）和 dragLeaveEvent（QDragLeaveEvent）。

1. QDragEnterEvent、QDragMoveEvent、QDropEvent 和 QDragLeaveEvent 的方法

QDragEnterEvent 类是从 QDropEvent 类和 QDrageMoveEvent 类继承而来的，它没有自己特有的方法；QDragMoveEvent 类是从 QDropEvent 类继承而来的，它继承了 QDropEvent 类的方法，又添加了自己新的方法，QDragLeaveEvent 类是从 QEvent 类继承而来的，它没有自己特有的方法。

QDropEvent 类和 QDrageMoveEvent 类的方法分别如表 10-6 和表 10-7 所示，主要方法介绍如下。

- 要使一个控件或窗口接受拖放，必须用 setAcceptDrops(True) 方法设置成接受拖放，在进入事件的处理函数 dragEnterEvent(QDragEnterEvent) 中，需要把事件对象设置成 accept()，否则无法接受后续的移动和释放事件。
- 在拖放事件中，用 mimeData() 方法获取被拖放物体的 QMimeData 数据，MIME（multipurpose internet mail extensions）是多用途互联网邮件扩展类型，关于 QMimeData 的介绍参见后面的内容。
- 在释放动作中，被拖曳的物体可以从原控件中被复制或移动到目标控件中，复制或移动动作可以通过 setDropAction(Qt.DropAction) 来设置，其中 Qt.DropAction 可以取 Qt.CopyAction（复制）、Qt.MoveAction（移动）、Qt.LinkAction（链接）、Qt.IgnoreAction（什么都不做）或 Qt.TargetMoveAction（目标对象接管）。另外系统也会推荐一个动作，可以用 proposedAction() 方法获取推荐的动作，用 possibleActions() 方法获取有可能实现的动作，用 dropAction() 方法获取采取的动作。

表 10-6 QDropEvent 类的方法

QDropEvent 类的方法	返回值的类型	说　　明
keyboardModifiers()	Qt.KeyboardModifiers	获取修饰键
mimeData()	QMimeData	获取 MIME 数据
mouseButtons()	Qt.MouseButtons	获取按下的鼠标按钮
pos()	QPoint	获取释放时的位置
posF()	QPointF	
dropAction()	Qt.DropAction	获取采取的动作
possibleActions()	Qt.DropActions	获取可能的动作

续表

QDropEvent 类的方法	返回值的类型	说　明
proposedAction()	Qt.DropAction	系统推荐的动作
acceptProposedAction()	—	接受推荐的动作
setDropAction(Qt.DropAction)	—	设置释放动作
source()	QObject	获取被拖对象

表 10-7　QDragMoveEvent 类的方法

QDragMoveEvent 类的方法	说　明
accept()	在控件或窗口的边界内都可接受移动事件
accept(QRect)	在指定的区域内接受移动事件
answerRect()	返回可以释放的区域 Qrect
ignore()	在整个边界内部忽略移动事件
ignore(QRect)	在指定的区域内忽略移动事件

2. QMimeData 类

QMimeData 类用于描述存放到粘贴板上的数据,并通过拖放事件传递粘贴板上的数据,从而在不同的程序间传递数据,也可以在同一个程序内传递数据。创建 QMimeData 实例对象的方法是 QMimeData(),它在 QtCore 模块中。

QMimeData 可以存储的数据有文本、图像、颜色和地址等。QMimeData 的方法如表 10-8 所示,可以分项设置和获取数据,也可以用 setData(str,QByteArray)方法设置数据。QMimeData 的数据格式、各种数据设置和获取的方法如表 10-9 所示。

表 10-8　**QMimeData 类的方法**

方法及参数类型	返回值的类型	说　明
formats()	List[str]	获取格式列表
hasFormat(str)	bool	获取是否有某种格式
removeFormat(str)	—	移除格式
setColorData(Any)	—	设置颜色数据
hasColor()	bool	获取是否有颜色数据
colorData()	Any	获取颜色数据
setHtml(str)	—	设置 Html 数据
hasHtml()	bool	判断是否有 Html 数据
html()	str	获取 Html 数据
setImageData(Any)	—	设置图像数据
hasImage()	bool	获取是否有图像数据
imageData()	Any	获取图像数据
setText(str)	—	设置文本数据
hasText()	bool	判断是否有文本数据
text()	str	获取文本数据
setUrls(Iterable[QUrl])	—	设置 Url 数据
hasUrls()	bool	判断是否有 Url 数据

方法及参数类型	返回值的类型	说明
urls()	List[QUrl]	获取 Url 数据
setData(str,QByteArray)	—	设置某种格式的数据
data(str)	QByteArray	获取某种格式的数据
clear()		清空格式和数据

表 10-9　QMimeData 的数据格式和数据方法

格式	是否存在	获取方法	设置方法	举例
text/plain	hasText()	text()	setText()	setText("拖动文本")
text/html	hasHtml()	html()	setHtml()	data.setHtml("拖动文本</b>")
text/uri-list	hasUrls()	urls()	setUrls()	setUrls([QUrl("www.qq.com/")])
image/*	hasImage()	imageData()	setImageData()	setImageData(QImage("ix.png"))
application/x-color	hasColor()	colorData()	setColorData()	setColorData(QColor(23,56,53))

3. 拖放事件的应用实例

下面的程序是在上一个实例的基础上增加了拖曳功能，除了可以双击窗口、用菜单打开一个图像文件外，也可以把一个图像文件拖曳到窗口上打开。

```
import sys  # Demo10_4.py
from PyQt5.QtWidgets import QApplication,QWidget,QFileDialog,QMenuBar
from PyQt5.QtGui import QPixmap,QPainter
from PyQt5.QtCore import QRect,QPoint

class myWindow(QWidget):
    def __init__(self,parent = None):
        super().__init__(parent)
        self.setAcceptDrops(True)                          # 设置可接受拖放事件
        self.resize(600,600)
        self.pixmap = QPixmap()                            # 创建 QPixmap 图像
        self.pix_width = 0                                 # 获取初始宽度
        self.pix_height = 0                                # 获取初始高度
        self.translate_x = 0                               # 用于控制 x 向平移
        self.translate_y = 0                               # 用于控制 y 向平移
        self.start = QPoint(0,0)                           # 鼠标单击时光标位置
        self.center = QPoint(int(self.width() / 2), int(self.height() / 2))
        menuBar = QMenuBar(self)
        menuFile = menuBar.addMenu("文件(&F)")
        menuFile.addAction("打开(&O)").triggered.connect(self.actionOpen_triggered)   # 动作与槽
        menuFile.addSeparator()
        menuFile.addAction("退出(&E)").triggered.connect(self.close)    # 动作与槽连接
    def paintEvent(self,event):    # 窗口绘制处理函数,当窗口刷新时调用该函数
        self.center = QPoint(self.center.x() + self.translate_x, self.center.y() + self.translate_y)
        point_1 = QPoint(self.center.x() - self.pix_width, self.center.y() - self.pix_height)
```

```
            point_2 = QPoint(self.center.x() + self.pix_width, self.center.y() + self.pix_
height)
            self.rect = QRect(point_1, point_2)              # 图像绘制区域
            painter = QPainter(self)                         # 绘图
            painter.drawPixmap(self.rect,self.pixmap)
        def mousePressEvent(self, event):                    # 鼠标按键按下事件的处理函数
            self.start = event.pos()                         # 鼠标位置
        def mouseMoveEvent(self,event):                      # 鼠标移动事件的处理函数
            self.translate_x = event.x() - self.start.x()    # 鼠标的移动量
            self.translate_y = event.y() - self.start.y()    # 鼠标的移动量
            self.start = event.pos()
            self.update()
        def wheelEvent(self,event):                          # 鼠标滚轮事件的处理函数
            self.pix_width = self.pix_width + int(event.angleDelta().y()/10)
            self.pix_height = self.pix_height + int(event.angleDelta().y()/10)
            self.update()
        def mouseDoubleClickEvent(self, event):              # 双击鼠标事件的处理函数
            self.actionOpen_triggered()
        def actionOpen_triggered(self):                      # 打开文件的动作
            fileDialog = QFileDialog(self)
            fileDialog.setNameFilter("图像文件(*.png *.jpeg *.jpg)")
            fileDialog.setFileMode(QFileDialog.ExistingFile)
            if fileDialog.exec():
                self.pixmap.load(fileDialog.selectedFiles()[0])
                self.pix_width = int(self.pixmap.width() / 2)    # 获取初始宽度
                self.pix_height = int(self.pixmap.height() / 2)  # 获取初始高度
                self.update()
        def dragEnterEvent(self,event):                      # 拖动进入事件
            if event.mimeData().hasUrls():
                event.accept()
            else:
                event.ignore()
        def dropEvent(self,event):                           # 释放事件
            urls = event.mimeData().urls()                   # 获取被拖动文件的地址列表
            fileName = urls[0].path()                        # 将文件地址转成本地地址
            self.pixmap.load(fileName)
            self.pix_width = int(self.pixmap.width() / 2)    # 获取初始宽度
            self.pix_height = int(self.pixmap.height() / 2)
            self.update()
if __name__ == '__main__':
    app = QApplication(sys.argv)
    window = myWindow()
    window.show()
    sys.exit(app.exec())
```

4. QDrag 类

如果要在程序内部拖放控件，需要先把控件定义成可移动控件，可移动控件需要在其内部定义 QDrag 的实例对象。QDrag 类用于拖放物体，它继承自 QObject 类。创建 QDrag

实例对象的方法是 QDrag(QObject)，参数 QObject 表示只要是从 QObject 类继承的控件都可以。

QDrag 类的方法如表 10-10 所示，主要方法介绍如下。

- 创建 QDrag 实例对象后，用 exec(supportedActions) 或 exec(supportedActions, defaultAction) 方法开启拖放，参数是拖放事件支持的动作和默认动作。
- 用 setMimeData(QMimeData) 方法设置 MIME 对象，传递数据；用 mimeData() 方法获取 MIME 数据。
- 用 setPixmap(QPixmap) 方法设置拖曳时显示的图像，用 setDragCursor(QPixmap, Qt.DropAction) 方法设置鼠标的光标形状。
- 用 setHotSpot(QPoint) 方法设置热点位置。热点位置是拖曳过程中，光标相对于控件左上角的位置。
- 为了防止误操作，可以用 QApplication 的 setStartDragDistance(int) 方法和 setStartDragTime(msec) 方法设置拖动开始一定距离或一段时间后才开始进行拖放事件。

QDrag 有两个信号 actionChanged(Qt.DropAction) 和 targetChanged(QObject)。

表 10-10 QDrag 类的方法

方法及参数类型	返回值的类型	说　　明
exec(Qt.DropActions)	Qt.DropAction	开始拖动操作，并返回释放时的动作
exec(Qt.DropActions, Qt.DropAction)	Qt.DropAction	
defaultAction()	Qt.DropAction	返回默认的释放动作
setDragCursor(QPixmap, Qt.DropAction)	—	设置拖动时的光标形状
dragCursor(Qt.DropAction)	QPixmap	获取拖动时的光标形状
setHotSpot(QPoint)	—	设置热点位置
hotSpot()	QPoint	获取热点位置
setMimeData(QMimeData)	—	设置拖放中传输的数据
mimeData()	QMimeData	获取数据
setPixmap(QPixmap)	—	设定拖动时鼠标显示的图像
pixmap()	QPixmap	获取图像
source()	QObject	返回被拖放物体的父控件
target()	QObject	返回目标控件
supportedActions()	Qt.DropActions	获取支持的动作
cancel()	—	取消拖放

下面的实例先重写了 QPushButton 的 mousePressEvent() 事件，在该事件中定义了 QDrag 的实例，这样 QPushButton 的实例对象就是可移动控件，然后又重新定义了 QFrame 框架，在内部定义了两个 QPushButton，重写了 dragEnterEvent() 函数、dragMoveEvent() 函数和 dropEvent() 函数。程序运行后，可以随机用鼠标左键移动按钮的位置。

```
import sys  #Demo10_5.py
from PyQt5.QtWidgets import QApplication,QWidget,QPushButton,QFrame,QHBoxLayout
```

```python
from PyQt5.QtGui import QDrag
from PyQt5.QtCore import QPoint,QMimeData,Qt

class myPushButton(QPushButton):
    def __init__(self, parent = None):
        super().__init__(parent)
    def mousePressEvent(self, event):                    #按键事件
        if event.button() == Qt.LeftButton:
            drag = QDrag(self)
            drag.setHotSpot(event.pos() - self.rect().topLeft())
            mime = QMimeData()
            drag.setMimeData(mime)
            drag.exec()
class myFame(QFrame):
    def __init__(self,parent = None):
        super().__init__(parent)
        self.setAcceptDrops(True)
        self.setFrameShape(QFrame.Box)
        self.btn_1 = myPushButton(self)
        self.btn_1.setText("push button 1")
        self.btn_1.move(100,100)
        self.btn_2 = myPushButton(self)
        self.btn_2.setText("push button 2")
        self.btn_2.move(200,200)
    def dragEnterEvent(self,event):
        self.child = self.childAt(event.pos())    #获取指定位置的控件
        event.accept()
    def dragMoveEvent(self,event):
        if self.child:
            center = QPoint(int(self.child.width() / 2), int(self.child.height() / 2))
            self.child.move(event.pos() - center)
    def dropEvent(self,event):
        if self.child:
            center = QPoint(int(self.child.width() / 2), int(self.child.height() / 2))
            self.child.move(event.pos() - center)
class myWindow(QWidget):
    def __init__(self,parent = None):
        super().__init__(parent)
        self.setupUi()
        self.resize(600,400)
        self.setAcceptDrops(True)
    def setupUi(self):
        self.frame_1 = myFame(self)
        self.frame_2 = myFame(self)
        H = QHBoxLayout(self)
        H.addWidget(self.frame_1)
        H.addWidget(self.frame_2)
if __name__ == '__main__':
    app = QApplication(sys.argv)
    window = myWindow()
    window.show()
    sys.exit(app.exec())
```

10.2.4 上下文菜单

1. 上下文菜单类的方法

上下文菜单通常通过右击后弹出。上下文菜单的事件类型是 QEvent.ContextMenu，处理函数是 contextMenuEvent(QContextMenuEvent)，其中上下文菜单类 QContextMenuEvent 的方法如表 10-11 所示。主要方法介绍如下。

表 10-11 上下文菜单类的方法

方法	返回值的类型	说明
globalPos()	QPoint	光标的全局坐标点
globalX()	int	全局坐标的 X 值
globalY()	int	全局坐标的 Y 值
pos()	QPoint	局部坐标点
x()	int	局部坐标的 x 值
y()	int	局部坐标的 y 值
reason()	QContextMenuEvent.Reason	上下文菜单产生的原因
modifiers()	Qt.KeyboardModifiers	获取修饰键

- 用 globalPos() 方法、globalX() 方法和 globalY() 方法可以获得右击时的全局坐标位置，用 pos() 方法、x() 方法和 y() 方法可以获得窗口的局部坐标点。
- 用 reason() 方法可以获得产生上下文菜单的原因，返回值是 QContextMenuEvent.Reason 的枚举值，可能是 QContextMenuEvent.Mouse、QContextMenuEvent.Keyboard 或 QContextMenuEvent.Other，值分别是 0、1 和 2，分别表示上下文菜单来源于鼠标、键盘（Windows 系统是菜单键）或除鼠标和键盘之外的其他情况。
- 在 contextMenuEvent(QContextMenuEvent) 处理函数中，用菜单的 exec(QPoint) 方法在指定位置显示菜单，菜单可以是在其他位置已经定义好的菜单，也可以是在处理函数中临时定义的。
- 只有在窗口或控件的 contextMenuPlolicy 属性为 Qt.DefaultContextMenu 时，右击才会执行处理函数，通常情况下 Qt.DefaultContextMenu 是默认值。如果不想弹出右键菜单，可以通过方法 setContextMenuPolicy(Qt.ContextMenuPolicy) 将该属性设置为其他值。Qt.ContextMenuPolicy 的取值如表 10-12 所示。

表 10-12 Qt.ContextMenuPolicy 的取值

Qt.ContextMenuPolicy 取值	值	说明
Qt.NoContextMenu	0	控件不具有上下文菜单，上下文菜单被推到控件的父窗口
Qt.DefaultContextMenu	1	控件或窗口的 contextMenuEvent() 被调用
Qt.ActionsContextMenu	2	将控件 actions() 方法返回的 QActions 当作上下文菜单项，右击后显示该菜单
Qt.CustomContextMenu	3	控件发射 customContextMenuRequested(Qpoint) 信号，如果要自定义菜单，用这个枚举值，并自定义一个处理函数
Qt.PreventContextMenu	4	控件不具有上下文菜单，所有的鼠标右键事件都传递到 mousePressEvent() 和 mouseReleaseEvent() 函数

2. 上下文菜单应用实例

下面的程序建立一个空白窗口,在窗口右击,弹出上下文菜单,然后选择打开项,选择一幅图片后,在窗口上显示该图片。

```python
import sys  # Demo10_6.py
from PyQt5.QtWidgets import QApplication,QWidget,QFileDialog,QMenu
from PyQt5.QtGui import QPixmap,QPainter

class myWindow(QWidget):
    def __init__(self,parent = None):
        super().__init__(parent)
        self.setAcceptDrops(True)              # 设置可接受拖放事件
        self.resize(600,400)
        self.pixmap = QPixmap()                # 创建 QPixmap 图像
    def contextMenuEvent(self,event) :
        contextMenu = QMenu(self)
        contextMenu.addAction("打开(&O)").triggered.connect(self.actionOpen_triggered)
                                                                          # 与槽连接
        contextMenu.addSeparator()
        contextMenu.addAction("退出(&E)").triggered.connect(self.close)    # 动作与槽连接
        contextMenu.exec(event.globalPos())
    def paintEvent(self,event):                # 窗口绘制处理函数,当窗口刷新时调用该函数
        painter = QPainter(self)               # 绘图
        painter.drawPixmap(self.rect(),self.pixmap)
    def mouseDoubleClickEvent(self, event):    # 双击鼠标事件的处理函数
        self.actionOpen_triggered()
    def actionOpen_triggered(self):            # 打开文件的动作
        fileDialog = QFileDialog(self)
        fileDialog.setNameFilter("图像文件( *.png *.jpeg *.jpg)")
        fileDialog.setFileMode(QFileDialog.ExistingFile)
        if fileDialog.exec():
            self.pixmap.load(fileDialog.selectedFiles()[0])
            self.update()
if __name__ == '__main__':
    app = QApplication(sys.argv)
    window = myWindow()
    window.show()
    sys.exit(app.exec())
```

10.2.5 剪切板

剪切板 QClipboard 类似于拖放,可以在不同的程序间用复制和粘贴操作来传递数据。QClipboard 位于 QtGui 模块中,继承自 QObject 类,用 QClipboard(parent=None)方法可以创建剪切板对象。

可以直接往剪切板中复制文本数据、QPixmap 和 QImage,其他数据类型可以通过 QMimeData 来传递数据。QClipboard 的常用方法如表 10-13 所示。

表 10-13　QClipboard 的常用方法

剪切板的方法及参数类型	返回值的类型	说　明
setText(str)	—	将文本复制到剪切板
text()	str	从剪切板上获取文本
text(str)	Tuple[str,str]	从 str 指定的数据类型上获取文本，数据类型如 plain 或 html
setPixmap(QPixmap)	—	将 QPixmap 图像复制到剪切板上
pixmap()	QPixmap	从剪切板上获取 QPixmap 图像
setImage(QImage)	—	将 QImage 图像复制到剪切板上
image()	QImage	从剪切板上获取 QImage 图像
setMimeData(QMimeData)	—	将 QMimeData 数据赋值到剪切板上
mimeData()	QMimeData	从剪切板上获取 QMimeData 数据
clear()	—	清空剪切板

剪切板的主要信号是 dataChanged()，当剪切板上的数据发生变化时发射该信号。

10.3　窗口常用事件

窗口常用事件涉及窗口或控件的隐藏、显示、移动、缩放、重绘、关闭、获得和失去焦点等，通常需要重写这些事件的处理函数，以便达到特定的目的。

10.3.1　显示和隐藏事件

在用 show() 方法或 setVisible(True) 方法显示一个顶层窗口之前会发生 QEvent.Show 事件，调用 showEvent(QShowEvent) 处理函数，显示事件类 QShowEvent 只有从 QEvent 继承的属性，没有自己特有的属性。在用 hide() 方法或 setVisible(False) 方法隐藏一个顶层窗口之前会发生 QEvent.Hide 事件，调用 hideEvent(QHideEvent) 处理函数，隐藏事件类 QHideEvent 只有从 QEvent 继承的属性，没有自己特有的属性。利用显示和隐藏事件的处理函数，可以在窗口显示之前或被隐藏前做一些预处理工作。

10.3.2　缩放和移动事件

当一个窗口或控件的宽度和高度发生改变时会触发 QEvent.Resize 事件，调用 resizeEvent(QResizeEvent) 处理函数。缩放事件类 QResizeEvent 只有两个方法，即 oldSize() 和 size() 方法，分别返回缩放前和缩放后的窗口尺寸 QSize。

当改变一个窗口或控件的位置时会触发 QEvent.Move 事件，调用 moveEvent(QMoveEvent) 处理函数。移动事件类 QMoveEvent 只有两个方法，即 oldPos() 和 pos() 方法，分别返回窗口左上角移动前和移动后的位置 QPoint。

10.3.3　绘制事件

绘制事件是窗体系统产生的，在一个窗口首次显示、隐藏后又显示、缩放窗口、移动控件以及调用 update()、repaint()、resize() 方法时都会触发 QEvent.Paint 事件。绘制事件发生时,会调用 paintEvent(QPaintEvent)处理函数,该函数是受保护的,不能直接用代码调用此函数。通常在 paintEvent(QPaintEvent)处理函数中处理一些与绘图、显示有关的事情。

绘制事件类 QPaintEvent 只有两个方法,即 rect()和 region()方法,分别返回被重写绘制的矩形区域 QRect 和裁剪区域 QRegion。

10.3.4 进入和离开事件

当鼠标的光标进入窗口时,会触发 QEvent.Enter 进入事件,进入事件的处理函数是 enterEvent(QEvent);当鼠标的光标离开窗口时,会触发 QEvent.Leave 离开事件,离开事件的处理函数是 leaveEvent(QEvent)。可以重写这两个函数,以达到特定的目的。

10.3.5 获得和失去焦点事件

一个控件获得键盘焦点时,可以接受键盘的输入。控件获得键盘焦点的方法很多,如按 Tab 键、鼠标、快捷键等。当一个控件获得和失去键盘输入焦点时,会触发 focusIn 和 focusOut 事件,这两个事件的处理函数分别是 focusInEvent(QFocusEvent)和 focusOutEvent (QFocusEvent),焦点事件类 QFocusEvent 的方法有 gotFocus()、lostFocus()和 reason()。当事件类型 type()的值是 QEvent.FocusIn 时,gotFocus()方法的返回值是 True;当事件类型 type()的值是 QEvent.FocusOut 时,lostFocus()方法的返回值是 True;reason()方法返回获得焦点图像,其返回值的类型是 Qt.FocusReason,其值有 Qt.MouseFocusReason、Qt.TabFocusReason、Qt.BacktabFocusReason、Qt.ActiveWindowFocusReason、Qt.PopupFocusReason、Qt.ShortcutFocusReason、Qt.MenuBarFocusReason 和 Qt.OtherFocusReason。

10.3.6 关闭事件

当用户单击窗口右上角的 ✕ 按钮或执行窗口的 close()方法时,会触发 QEvent.Close 事件,调用 closeEvent(QCloseEvent)处理该事件。如果事件用 ignore()方法忽略了,则什么也不会发生;如果事件用 accept()方法接收了,首先窗口被隐藏,在窗口设置了 setAttibute(Qt.WA_DeleteOnClose,True)的情况下,窗口会被删除。窗口事件类 QCloseEvent 没有特殊的属性,只有从 QEvent 继承来的方法。

10.3.7 计时器事件

从 QObject 类继承的窗口和控件都会有 startTimer(int,timerType = Qt.CoarseTimer)方法和 killTimer(int)方法。startTimer()方法会启动一个计时器,并返回计时器的 ID 号,如果不能启动计时器,则返回值是 0。参数 int 是计时器的事件间隔,单位是毫秒;timerType 是计时器的类型,可以取 Qt.PreciseTimer、Qt.CoarseTimer 或 Qt.VeryCoarseTimer。窗口或控件可以用 startTimer()方法启动多个计时器,启动计时器后,会触发 timerEvent (QTimerEvent)事件,QTimerEvent 是计时器事件类。用 QTimerEvent 的 timerId()方法可以获取触发计时器事件的计时器 ID;用 killTimer(int)方法可以停止计时器,参数是计时器的 ID。

下面是程序启动窗口上的两个计时器,这两个计时器的时间间隔不同,用计时器事件输出是哪个计时器触发了计时器事件,可用按钮停止计时器。

```python
import sys  # Demo10_7.py
from PyQt5.QtWidgets import QApplication, QWidget, QPushButton, QHBoxLayout
from PyQt5.QtCore import Qt

class QmyWidget(QWidget):
    def __init__(self, parent = None):
        super().__init__(parent)
        self.ID_1 = self.startTimer(500, Qt.PreciseTimer)    # 启动第 1 个计时器
        self.ID_2 = self.startTimer(1000, Qt.CoarseTimer)    # 启动第 2 个计时器
        btn_1 = QPushButton("停止第 1 个计时器", self)
        btn_2 = QPushButton("停止第 2 个计时器", self)
        btn_1.clicked.connect(self.killTimer_1)
        btn_2.clicked.connect(self.killTimer_2)

        h = QHBoxLayout(self)
        h.addWidget(btn_1)
        h.addWidget(btn_2)
    def timerEvent(self, event):                             # 计时器事件
        print("我是第" + str(event.timerId()) + "个计时器.")
    def killTimer_1(self):
        if self.ID_1:
            self.killTimer(self.ID_1)                        # 停止第 1 个计时器
    def killTimer_2(self):
        if self.ID_2:
            self.killTimer(self.ID_2)                        # 停止第 2 个计时器
if __name__ == "__main__":
    app = QApplication(sys.argv)
    myWindow = QmyWidget()
    myWindow.show()
    sys.exit(app.exec())
```

10.4 事件过滤和自定义事件

前面已经讲过,一个控件或窗口的 event() 函数是所有事件的集合点,可以在 event() 中设置某种类型的事件是接收还是忽略,另外还可以用事件过滤器把某种事件注册给其他控件或窗口进行监控、过滤和拦截。

10.4.1 事件的过滤

一个控件产生的事件可以交给其他控件进行处理,而不是由自身的处理函数处理,原控件称为被监测控件,进行处理事件的控件称为监测控件。要实现这个目的,需要将被监测控件注册给监测控件。

1. 事件过滤器的注册与删除

要把被监测对象的事件注册给监测控件,需要在被监测控件上安装监测器,被监测控件的监测器用 installEventFilter(QObject)方法定义,其中 QObject 是监测控件。如果一个控件上安装了多个事件过滤器,则后安装的过滤器先被使用。用 removeEventFilter(QObject)方法可以解除监测。

2. 事件的过滤

要实现对被监测对象事件的过滤,需要在监测对象上重写过滤函数 eventFilter(QObject,QEvent),其中参数 QObject 是传递过来的被监测对象,QEvent 是被检测对象的事件类对象。过滤函数如果返回 True,表示事件已经过滤掉了;如果返回 False,表示事件没有被过滤。

3. 事件过滤器的应用实例

下面的程序在两个 QFrame 控件上分别定义了两个 QPushButton 按钮,把这两个按钮的事件注册到窗口上,监控按钮的移动事件,如果移动其中的一个按钮,另一个按钮也同步移动。

```python
import sys  #Demo10_8.py
from PyQt5.QtWidgets import QApplication,QWidget,QPushButton,QFrame,QHBoxLayout
from PyQt5.QtGui import QDrag
from PyQt5.QtCore import QPoint,QMimeData,Qt,QEvent

class myPushButton(QPushButton):
    def __init__(self,name = None,parent = None):
        super().__init__(parent)
        self.setText(name)
    def mousePressEvent(self, event):                    #按键事件
        if event.button() == Qt.LeftButton:
            drag = QDrag(self)
            drag.setHotSpot(event.pos() - self.rect().topLeft())
            mime = QMimeData()
            drag.setMimeData(mime)
            drag.exec()
class myFrame(QFrame):
    def __init__(self,parent = None):
        super().__init__(parent)
        self.setAcceptDrops(True)
        self.setFrameShape(QFrame.Box)
    def dragEnterEvent(self,event):
        self.child = self.childAt(event.pos())           #获取指定位置的控件
        if self.child:
            event.accept()
        else:
            event.ignore()
    def dragMoveEvent(self,event):
        if self.child:
```

```python
            self.__center = QPoint(int(self.child.width() / 2), int(self.child.height() / 2))
            self.child.move(event.pos() - self.__center)
class myWindow(QWidget):
    def __init__(self,parent = None):
        super().__init__(parent)
        self.setupUi()
        self.resize(600,400)
        self.setAcceptDrops(True)
    def setupUi(self):
        self.frame_1 = myFrame(self)
        self.frame_2 = myFrame(self)
        H = QHBoxLayout(self)
        H.addWidget(self.frame_1)
        H.addWidget(self.frame_2)
        self.btn1 = myPushButton("button 1",self.frame_1)    #定义第 1 个按钮
        self.btn2 = myPushButton("button 2",self.frame_2)    #定义第 2 个按钮

        self.btn1.installEventFilter(self)      #将 btn1 的事件注册到窗口 self 上
        self.btn2.installEventFilter(self)      #将 btn2 的事件注册到窗口 self 上
    def eventFilter(self,watched,event):        #事件过滤函数
        if watched == self.btn1 and event.type() == QEvent.Move:
            self.btn2.move(event.pos())
            return True
        if watched == self.btn2 and event.type() == QEvent.Move:
            self.btn1.move(event.pos())
            return True
        return super().eventFilter(watched,event)
if __name__ == '__main__':
    app = QApplication(sys.argv)
    window = myWindow()
    window.show()
    sys.exit(app.exec())
```

10.4.2 自定义事件

除了可以直接使用 PyQt5 中标准的事件外，用户还可以自定义事件，指定事件产生的时机和事件的接受者。

1. 自定义事件类

定义自己的事件首先要创建一个继承自 QEvent 的类，并给自定义事件一个 ID 号（值），该 ID 号的值只能在 QEvent.User(值为 1000)和 QEvent.MaxUser(值为 65535)之间，且不能和已经有的 ID 号相同。为保证 ID 号的值不冲突，可以用 QEvent 类的 registerEventType([hint=-1])函数注册自定义事件的 ID 号，并检查给定的 ID 号是否合适，如果 ID 号合适，会返回指定的 ID 号值；如果不合适，则推荐一个 ID 号值。在自定义事件类中根据情况定义所有的属性和方法。

2. 自定义信号的发送

需要用 QCoreApplication 的 sendEvent(receiver,event)函数或 postEvent(receiver,event)函数发送自定义事件,其中 receiver 是自定义事件的接收者,event 是自定义事件的实例化对象。用 sendEvent(receiver,event)函数发送的自定义事件被 QCoreApplication 的 notify()函数直接发送给 receiver 对象,返回值是事件处理函数的返回值;用 postEvent(receiver,event)函数发送的自定义事件添加到事件队列中,它可以在多线程应用程序中用于在线程之间交换事件。

3. 自定义事件的处理函数

控件或窗口上都有个 customEvent(event)函数,用于处理自定义事件,自定义事件类的实例作为实参传递给形参 event;也可以用 event(event)函数处理。在 customEvent(event)函数或 event(event)函数中根据事件类型进行相应的处理,也可用事件过滤器来处理。

4. 自定义事件的应用实例

下面的程序是建立自定义事件的例子,读者可以通过这个例子了解建立自定义事件的过程。

```python
import sys  #Demo10_9.py
from PyQt5.QtWidgets import QApplication,QWidget,QPushButton,QFrame,QHBoxLayout
from PyQt5.QtGui import QDrag
from PyQt5.QtCore import QPoint,QMimeData,Qt,QEvent,QCoreApplication

class myEvent(QEvent):                                  #自定义事件
    myID = QEvent.registerEventType(20000)              #注册 ID 号
    def __init__(self,position,object_name = None):
        QEvent.__init__(self,myEvent.myID)
        self.__pos = position                           #位置属性,可对数据做其他处理
        self.__name = object_name                       #名称属性
    def get_pos(self):                                  #事件的方法
        return self.__pos
    def get_name(self):                                 #事件的方法
        return self.__name

class myPushButton(QPushButton):
    def __init__(self,name = None,parent = None):
        super().__init__(parent)
        self.setText(name)
    def mousePressEvent(self, event):                   #按键事件
        if event.button() == Qt.LeftButton:
            drag = QDrag(self)
            drag.setHotSpot(event.pos() - self.rect().topLeft())
            mime = QMimeData()
            drag.setMimeData(mime)
            drag.exec()
    def moveEvent(self, event):
```

```python
            self.__customEvent = myEvent(event.pos(), self.objectName())  # 自定义事件的实例化
            QCoreApplication.sendEvent(self.window(), self.__customEvent)    # 发送事件
class myFrame(QFrame):
    def __init__(self, parent = None):
        super().__init__(parent)
        self.setAcceptDrops(True)
        self.setFrameShape(QFrame.Box)
    def dragEnterEvent(self, event):
        self.child = self.childAt(event.pos())          # 获取指定位置的控件
        if self.child:
            event.accept()
        else:
            event.ignore()
    def dragMoveEvent(self, event):
        if self.child:
            self.__center = QPoint(int(self.child.width() / 2), int(self.child.height() / 2))
            self.child.move(event.pos() - self.__center)
class myWindow(QWidget):
    def __init__(self, parent = None):
        super().__init__(parent)
        self.setupUi()
        self.resize(600, 400)
        self.setAcceptDrops(True)
    def setupUi(self):
        self.frame_1 = myFrame(self)
        self.frame_2 = myFrame(self)
        H = QHBoxLayout(self)
        H.addWidget(self.frame_1)
        H.addWidget(self.frame_2)
        self.btn1 = myPushButton("PushButton 1", self.frame_1)    # 定义第 1 个按钮
        self.btn1.setObjectName("button1")                         # 按钮的名称
        self.btn2 = myPushButton("PushButton 2", self.frame_1)    # 定义第 2 个按钮
        self.btn2.setObjectName("button2")                         # 按钮的名称
        self.btn3 = myPushButton("PushButton 3", self.frame_2)    # 定义第 3 个按钮
        self.btn3.setObjectName("button3")                         # 按钮的名称
        self.btn4 = myPushButton("PushButton 4", self.frame_2)    # 定义第 4 个按钮
        self.btn4.setObjectName("button4")                         # 按钮的名称
    def customEvent(self, event):                                  # 自定义事件的处理函数
        if event.type() == myEvent.myID:
            if event.get_name() == "button1":
                self.btn3.move(event.get_pos())
            if event.get_name() == "button2":
                self.btn4.move(event.get_pos())
            if event.get_name() == "button3":
                self.btn1.move(event.get_pos())
            if event.get_name() == "button4":
                self.btn2.move(event.get_pos())
if __name__ == '__main__':
    app = QApplication(sys.argv)
    window = myWindow()
    window.show()
    sys.exit(app.exec())
```

第11章

基于项和模型的控件

人们在工作中经常会处理大量数据,数据类型多种多样,数据的存在形式也有很多,如列表结构、树结构(层级关系)和二维表格结构数据。PyQt5 有专门的显示数据的控件和存储数据的模型,可以显示和存储不同形式的数据,本章将详细介绍显示数据的控件和存储数据的模型。显示数据的控件分为两类,一类是基于项(item)的控件,另一类是基于模型(model)的控件,基于项的控件是基于模型的控件的简便类。基于项的控件把读取到的数据存储到项中,基于模型的控件把数据存储到模型中,或通过模型提供读取数据的接口,然后通过控件把数据模型中的数据或关联的数据显示出来。

11.1 基于项的控件

基于项的控件有列表控件 QListWidget、表格控件 QTableWidget 和树结构控件 QTreeWidget,它们是从基于模型的控件继承而来的,基于模型的控件有 QListView、QTableView 和 QTreeView。这些控件之间的继承关系如图 11-1 所示。

11.1.1 列表控件及其项

列表控件 QListWidget 由一列多行构成,每行称为一个项(item),每个项是一个 QListWidgetItem 对象。可以继承 QListWidgetItem 创建用户自定义的项,也可以先创建 QWidget 实例,在其上添加一些控件,然后把 QWidget 放到 QListWidgetItem 的位置,形成复杂的列表控件。列表控件的外观如图 11-2 所示。

1. 创建列表控件及其项的方式

列表控件 QListWidget 是从 QListView 类继承而来的,用 QListWidget 类创建列表控件的方法如下所示,其中 parent 是 QListWidget 列表控件所在的父窗口或控件。

```
QListWidget(parent = None)
```

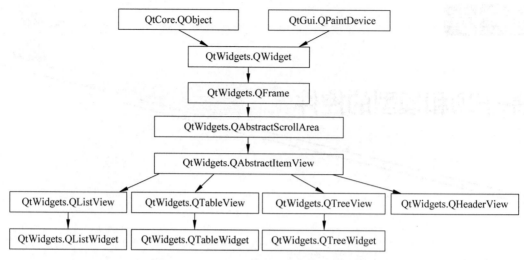

图 11-1　基于项和模型的控件的继承关系

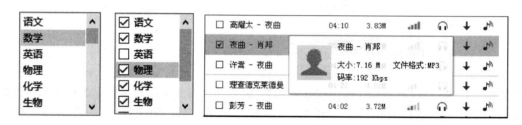

图 11-2　列表控件的外观

用 QListWidgetItem 创建列表项的方法如下所示，其中 type 可取 QListWidgetItem. Type(值为 0)或 QListWidgetItem. UserType(值为 1000)，前者是默认值，后者是用户自定义类型的最小值。可以用 QListWidgetItem 类创建子类，定义新的类型。

```
QListWidgetItem(QListWidget = None, type = QListWidgetItem.Type)
QListWidgetItem(str, QListWidget = None, type = QListWidgetItem.Type)
QListWidgetItem(QIcon, str, QListWidget = None, type = QListWidgetItem.Type)
```

2. 列表控件的常用方法

列表控件的常用方法如表 11-1 所示，主要方法介绍如下。

- 用列表控件的 addItem(QListWidgetItem)方法可以在列表控件的末尾添加已经存在的项；用 addItem(str)方法可以用文本创建一个新项，并添加到列表控件的末尾；用 addItems(Iterable[str])方法可以用文本列表添加多个项；用 insertItem(int, QListWidgetItem)方法、insertItem(int, str)方法和 insertItems(int, Iterable[str])方法可以在指定的行插入项；用 count()方法可以获得项的数量，包括隐藏的项。
- 用列表控件的 setCurrentItem(QListWidgetItem)方法可以把指定的项设置成当前的项，也可用 setCurrentRow(int)方法将指定行的项设置成当前项，用 currentItem()方法获取当前的项，用 currentRow()方法获取当前项所在的行，用 row(QListWidgetItem)方法获取项所在的行号。

- 用列表控件的 item(int) 方法可以获得指定行上的项(行的编号从 0 开始),用 itemAt(QPoint) 方法或 itemAt(int,int) 方法可以获得指定位置的项,用 visualItemRect(QListWidgetItem) 方法可以获得项所在的区域 QRect。
- 用列表控件的 takeItem(int) 方法从列表中移除指定行上的项,并返回该项;用 clear() 方法清空所有的项。
- 用列表控件的 setSortingEnabled(bool) 方法设置是否可以进行排序;用 sortItems(order=Qt.AscendingOrder) 方法设置排序方法,其中 order 可取 Qt.AscendingOrder (升序)或 Qt.DescendingOrder(降序)。
- 用 setItemWidget(QListWidgetItem,QWidget) 方法可以把一个控件放到项的位置,例如在一个 QWidget 上放置控件、布局,然后把 QWidget 对象放到项的位置,形成复杂的项;用 removeItemWidget(QListWidgetItem) 方法可以移除项上的控件;用 itemWidget(QListWidgetItem) 方法可以获取项的控件。

表 11-1 QListWidget 的方法

ListWidget 的方法及参数类型	说　　明
addItem(QListWidgetItem)	列表控件中添加项
addItem(str)	用文本创建项并添加项
addItems(Iterable[str])	用文本列表添加多个项
insertItem(int,QListWidgetItem)	在列表中插入项
insertItem(int,str)	用文本创建项并插入项
insertItems(int,Iterable[str])	用文本列表创建项并插入多个项
setCurrentItem(QListWidgetItem)	设置当前项
currentItem()	获取当前项 QListWidgetItem
count()	获取列表控件中项的数量
takeItem(int)	移除指定索引值的项,并返回该项
clear()	清空所有项
openPersistentEditor(QListWidgetItem)	打开指定项的编辑框,用于编辑文本
isPersistentEditorOpen(QListWidgetItem)	获取编辑框是否已打开
closePersistentEditor(QListWidgetItem)	关闭编辑框
currentRow()	获取当前行的索引号
findItems(str,Qt.MatchFlag)	根据文本和匹配规则,返回匹配的项的列表
item(int)	获取指定行的项
itemAt(QPoint)	获取指定位置处的项
itemAt(int,int)	获取指定位置处的项
itemFromIndex(QModelIndex)	获取指定模型索引 QModelIndex 的项
indexFromItem(QListWidgetItem)	获取指定项的模型索引 QModelIndex
setItemWidget(QListWidgetItem,QWidget)	把某控件显示在指定项的位置处
removeItemWidget(QListWidgetItem)	移除指定项上的控件
itemWidget(QListWidgetItem)	获取指定项的位置处的控件
scrollToItem(QListWidgetItem)	滚动到指定的项,使其可见
selectedItems()	获取选中项的列表
setCurrentRow(int)	指定索引值的项为当前项
row(QListWidgetItem)	获取指定项所在的行号

续表

ListWidget 的方法及参数类型	说　明
setSelectionModel(QItemSelectionModel)	设置选择模式
setSortingEnabled(bool)	设置是否可以进行排序
isSortingEnabled()	获取是否可以排序
sortItems(order＝Qt.AscendingOrder)	按照排序方式进行项的排序

3. 列表项的常用方法

列表项的常用方法如表 11-2 所示，主要方法介绍如下。

- 用 setText(str) 方法和 setIcon(QIcon) 方法可以分别设置项的文字和图标，用 text() 方法可以获取项的文字。
- 用 setForeground(QColor) 方法和 setBackground(QColor) 方法可以设置前景色和背景色，参数 QColor 可以取 QBrush、QColor、Qt.GlobalColor 或 QGradient。
- 用 setSelected(bool) 方法可以设置项是否处于选中状态，用 isSelected() 方法获取项是否处于选中状态。
- 用 setCheckState(Qt.CheckState) 方法设置项是否处于选中状态，其中参数 Qt.CheckState 可以取 Qt.Unchecked(未选中)、Qt.PartiallyChecked(部分选中，如果有子项)或 Qt.Checked(选中)；用 checkState() 方法获取项的选中状态。
- 用 setFlags(Qt.ItemFlags) 方法设置项的标识，其中参数 Qt.ItemFlags 可取的值如表 11-3 所示。例如 setFlags(Qt.ItemIsEnabled | Qt.ItemIsEditable) 将使项处于可编辑状态，双击该项可以编辑项的文字。
- 用 setData(int,Any) 方法可以设置项的某种角色的值，用 data(int) 方法可以获取某种角色的值。

表 11-2　QListWidgetItem 的方法

QListWidgetItem 方法	说　明	QListWidgetItem 方法	说　明
setText(str)	设置文字	setSelected(bool)	设置是否被选中
text()	获取文字	isSelected()	获取是否被选中
setIcon(QIcon)	设置图标	icon()	获取图标
setTextAlignment(Qt.Alignment)	设置文字的对齐方式	setStatusTip(str)	设置状态提示信息，需激活列表控件的 mouseTracking 属性
setForeground(QColor)	设置前景色	setToolTip(str)	设置提示信息
setBackground(QColor)	设置背景色	setWhatsThis(str)	设置按 Shift＋F1 键的提示信息
setCheckState(Qt.CheckState)	设置选中状态	write(QDataStream)	将项写入数据流
checkState()	获取选中状态	read(QDataStream)	读取项的数据流
setFlags(Qt.ItemFlags)	设置标识	setData(int,Any)	设置某种角色的数据
setFont(QFont)	设置字体	data(int)	获取某种角色的数据
setHidden(bool)	设置是否隐藏	clone()	复制出新的项
isHidden()	获取是否隐藏	listWidget()	获取所在的列表控件

表 11-3　Qt.ItemFlags 参数的取值

Qt.ItemFlags	说　　明	Qt.ItemFlags	说　　明
Qt.NoItemFlags	没有标识符	Qt.ItemIsUserCheckable	项可以选中
Qt.ItemIsSelectable	项可选	Qt.ItemIsEnabled	项被激活
Qt.ItemIsEditable	项可编辑	Qt.ItemIsAutoTristate	如有子项，有 3 种状态
Qt.ItemIsDragEnabled	项可以拖曳	Qt.ItemNeverHasChildren	项没有子项
Qt.ItemIsDropEnabled	项可以拖放	Qt.ItemIsUserTristate	可在 3 种状态之间循环切换

4．列表控件的信号和槽函数

列表控件只有两个槽函数 clear() 和 scrollToItem(item[,hint＝EnsureVisible])。列表控件的信号如表 11-4 所示。

表 11-4　列表控件的信号

信号及参数类型	说　　明
currentItemChanged(currentItem,previousItem)	当前项发生改变时发射信号
currentRowChanged(currentRow)	当前行发生改变时发射信号
currentTextChanged(currentText)	当前项的文本发生改变时发射信号
itemActivated(QListWidgetItem)	单击或双击项，使其变成活跃项时发射信号
itemChanged(QListWidgetItem)	项的数据发生改变时发射信号
itemClicked(QListWidgetItem)	单击某个项时发射信号
itemDoubleClicked(QListWidgetItem)	双击某个项时发射信号
itemEntered(QListWidgetItem)	鼠标的光标进入某个项时发射信号
itemPressed(QListWidgetItem)	当鼠标在某个项上按下鼠标按键时发射信号
itemSelectionChanged()	项的选择状态发生改变时发射信号

5．列表控件的应用实例

下面的程序建立一个自定义对话框，通过菜单显示对话框。对话框中放置两个列表控件，第 1 个列表控件中放置可选科目，对每个项根据其所在的行把行号定义成项的角色值，单击其中的项，将会移到第 2 个列表控件中，且按照角色值顺序插入；同样，单击第 2 个列表控件中的项，也是按照角色值顺序插入第 1 个列表控件中，单击对话框中的"确定"按钮，会把第 2 个列表控件中的内容输出到主界面上。程序运行界面如图 11-3 所示。

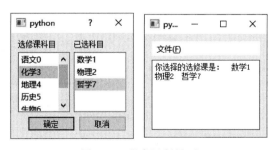

图 11-3　程序运行界面

```python
import sys                  #Demo11_1.py
from PyQt5.QtWidgets import (QApplication,QDialog,QWidget,QPushButton,QMenuBar,QLabel,
        QGridLayout,QListWidget,QTextBrowser,QVBoxLayout,QHBoxLayout,QFileDialog)
from PyQt5.QtCore import Qt

class mySelection(QDialog):                         #自定义对话框
    def __init__(self,parent = None):
        super().__init__(parent)
        self.setupUi()
    def setupUi(self):                              #自定义对话框的界面
        label1 = QLabel("选修课科目")
        label2 = QLabel("已选科目")
        self.listWidget_available = QListWidget()   #列表控件
        self.listWidget_selected = QListWidget()    #列表控件
        btn_ok = QPushButton("确定")
        btn_cancel = QPushButton("取消")
        h = QHBoxLayout()                           #按钮采用水平布局
        h.addStretch(1)
        h.addWidget(btn_ok)
        h.addWidget(btn_cancel)
        grid = QGridLayout(self)                    #标签、列表框采用格栅布局
        grid.addWidget(label1,0,0)
        grid.addWidget(label2,0,1)
        grid.addWidget(self.listWidget_available,1,0)
        grid.addWidget(self.listWidget_selected,1,1)
        grid.addLayout(h,2,0,1,2)
        class_available = ["语文 0","数学 1","物理 2","化学 3","地理 4","历史 5",
                            "生物 6","哲学 7","测量 8"]
        self.listWidget_available.addItems(class_available)   #添加项
        for i in range(self.listWidget_available.count()):    #用角色数据记录每项的初始排序位置
            item = self.listWidget_available.item(i)          #获取项
            item.setData(Qt.UserRole,i)                       #设置项的角色值,值为行号
        self.listWidget_available.itemClicked.connect(self.listWidget_available_clicked)
                                                              #与槽的连接
        self.listWidget_selected.itemClicked.connect(self.listWidget_selected_clicked)
                                                              #与槽的连接
        btn_ok.clicked.connect(self.btn_ok_clicked)           #"确定"按钮的单击
        btn_cancel.clicked.connect(self.btn_cancel_clicked)   #"取消"按钮的单击
    def listWidget_available_clicked(self,item):              #列表控件的单击槽函数
        row = self.listWidget_available.row(item)             #获取项的行号
        self.listWidget_available.takeItem(row)               #移除项
        i = item.data(Qt.UserRole)                            #移除项的角色值
        for j in range(self.listWidget_selected.count()):
            if i < self.listWidget_selected.item(j).data(Qt.UserRole):
                self.listWidget_selected.insertItem(j, item)  #根据角色值,按顺序插入列表中
        self.listWidget_selected.addItem(item)
    def listWidget_selected_clicked(self,item):               #列表控件的单击槽函数
        row = self.listWidget_selected.row(item)
        self.listWidget_selected.takeItem(row)
```

```python
                i = item.data(Qt.UserRole)
                for j in range(self.listWidget_available.count()):
                    if i < self.listWidget_available.item(j).data(Qt.UserRole):
                        self.listWidget_available.insertItem(j, item)
                self.listWidget_available.addItem(item)
    def btn_ok_clicked(self):                              #"确定"按钮的槽函数
        self.setResult(QDialog.Accepted)
        self.setVisible(False)
    def btn_cancel_clicked(self):                          #"取消"按钮的槽函数
        self.setResult(QDialog.Rejected)
        self.setVisible(False)
class myWindow(QWidget):
    def __init__(self, parent = None):
        super().__init__(parent)
        self.widget_setupUi()
    def widget_setupUi(self):                              #建立主程序界面
        menuBar = QMenuBar(self)                           #定义菜单栏
        file_menu = menuBar.addMenu("文件(&F)")            #定义菜单
        action_selection = file_menu.addAction("选修课(&C)")   #添加动作
        action_save = file_menu.addAction("保存(&S)")      #添加动作
        file_menu.addSeparator()
        action_exit = file_menu.addAction("退出(&E)")      #添加动作
        self.textBrowser = QTextBrowser(self)              #显示数据控件
        v = QVBoxLayout(self)                              #主程序界面的布局
        v.addWidget(menuBar)
        v.addWidget(self.textBrowser)
        action_selection.triggered.connect(self.action_selection_triggered)   #信号与槽连接
        action_save.triggered.connect(self.action_save_triggered)   #保存动作的信号与槽的连接
        action_exit.triggered.connect(self.close)   #退出动作的信号与窗口关闭的连接
    def action_selection_triggered(self):                  #自定义槽函数
        dialog = mySelection(self)                         #自定义对话框实例
        if dialog.exec():                                  #模式显示对话框
            n = dialog.listWidget_selected.count()
            text = "你选择的选修课是: "
            if n > 0:
                for i in range(n):
                    text = text + " " + dialog.listWidget_selected.item(i).text()
                self.textBrowser.append(text)
            else:
                self.textBrowser.append("你没有选择任何选修课!")
    def action_save_triggered(self):                       #自定义槽函数
        string = self.textBrowser.toPlainText()
        if len(string) > 0:
            filename, filter = QFileDialog.getSaveFileName(self, "保存文件",
                                          "d:\\", "文本文件(*.txt)")
            if len(filename) > 0:
                print(filename)
                fp = open(filename, "a + ", encoding = "UTF - 8")
                fp.writelines(string)
```

```
                fp.close()
if __name__ == '__main__':
    app = QApplication(sys.argv)
    window = myWindow()
    window.show()
    sys.exit(app.exec_())
```

11.1.2 表格控件及其项

表格控件 QTableWidget 是从 QTableView 类继承而来的，由多行多列构成，并且含有行表头和列表头。表格控件的每个单元格称为一个项(item)，每个项是一个 QTableWidgetItem 对象，可以设置每个项的文本、图标、颜色、字体和背景色等属性。

1. 创建表格控件及其项的方式

用 QTableWidget 类创建表格控件的方法如下所示，其中 parent 是 QTableWidget 表格控件所在的父窗口或控件，两个 int 分别指定表格对象的行和列的数量。

```
QTableWidget(parent = None)
QTableWidget(int, int, parent = None)
```

用 QTableWidgetItem 创建表格项的方法如下所示，其中 type 可取 QTableWidgetItem.Type(值为 0)或 QTableWidgetItem.UserType(值为 1000)，前者是默认值，后者是用户自定义类型的最小值。可以用 QTableWidgetItem 类创建子类，定义新表格项。

```
QTableWidgetItem(type = QTableWidgetItem.Type)
QTableWidgetItem(str, type = QTableWidgetItem.Type)
QTableWidgetItem(QIcon, str, type = QTableWidgetItem.Type)
```

2. 表格控件的常用方法

表格控件的常用方法如表 11-5 所示，主要方法介绍如下。

- 用 setRowCount(int)方法和 setColumnCount(int)方法分别设置表格控件的行数和列数，行数和列数不含表头；用 rowCount()方法和 columnCount()方法可以获取表格控件的行数和列数。
- 用 insertRow(int)方法和 insertColumn(int)方法可以插入行和插入列，用 removeRow(int)方法可以删除指定的行，用 removeColumn(int)方法可以删除指定的列，用 clear()方法可以清空包含表头在内的所有内容，用 clearContents()方法可以清空不含表头的内容。
- 用 setItem(int,int,QTableWidgetItem)方法在指定的行列处设置表格项；用 takeItem(int,int)方法可以从表格控件中移除表格项，并返回此表格项。
- 用 setCurrentCell(int,int)方法可以将指定的行列单元设为当前单元格，用 setCurrentItem(QTableWidgetItem)方法将指定的表格项设置成当前项，用 currentItem()方法获取当前的表格项。
- 用 item(int,int)方法获取指定行列处的表格项；用 itemAt(QPoint)或 itemAt(int,int)

方法获取指定位置处的表格项,如果没有,则返回 None。
- 用 row(QTableWidgetItem)方法和 column(QTableWidgetItem)方法获取表格项所在的行号和列号。
- 用 setSortingEnabled(bool)方法设置表格控件是否可排序,用 sortItems(int,order=Qt.AscendingOrder)方法对指定的列进行升序或降序排序。
- 用 setHorizontalHeaderItem(int,QTableWidgetItem)和 setVerticalHeaderItem(int,QTableWidgetItem)方法设置水平和竖直表头;用 setHorizontalHeaderLabels(Iterable[str])和 setVerticalHeaderLabels(Iterable[str])方法用字符串序列定义水平和竖直表头;用 horizontalHeaderItem(int)和 verticalHeaderItem(int)方法获取水平和竖直表头表格项;用 takeHorizontalHeaderItem(int)和 takeVerticalHeaderItem(int)方法可以移除表头,并返回被移除的表格项。

表 11-5 表格控件的常用方法

QTableWidget 的方法及参数类型	说明
setRowCount(int)	设置行数
setColumnCount(int)	设置列数
insertColumn(int)	插入列
insertRow(int)	插入行
rowCount()	获取行数
columnCount()	获取列数
removeRow(int)	移除行
removeColumn(int)	移除列
setItem(int,int,QTableWidgetItem)	在指定行和列处设置表格项
takeItem(int,int)	移除并返回表格项
setCurrentCell(int,int)	设置当前的单元格
setCurrentItem(QTableWidgetItem)	设置当前的表格项
currentItem()	获取当前的表格项
row(QTableWidgetItem)	获取表格项所在的行
column(QTableWidgetItem)	获取表格项所在的列
currentRow()	获取当前行
currentColumn()	获取当前列
setHorizontalHeaderItem(int,QTableWidgetItem)	设置水平表头
setHorizontalHeaderLabels(Iterable[str])	用字符串序列设置水平表头
horizontalHeaderItem(int)	获取水平表头的表格项
takeHorizontalHeaderItem(int)	移除水平表头的表格项,并返回表格项
setVerticalHeaderItem(int,QTableWidgetItem)	设置竖直表头
setVerticalHeaderLabels(Iterable[str])	用字符串序列设置竖直表头
verticalHeaderItem(int)	获取竖直表头的表格项
takeVerticalHeaderItem(int)	移除竖直表头的表格项,并返回表格项
clear()	清空表格项和表头的内容
clearContents()	清空表格项的内容
editItem(QTableWidgetItem)	开始编辑表格项
findItems(str,Qt.MatchFlag)	获取满足条件的表格项列表

续表

QTableWidget 的方法及参数类型	说　明
item(int,int)	获取指定行和列处的表格项
itemAt(QPoint)	获取指定位置的表格项
itemAt(int,int)	获取指定位置的表格项
openPersistentEditor(QTableWidgetItem)	打开编辑框
isPersistentEditorOpen(QTableWidgetItem)	获取编辑框是否已经打开
closePersistentEditor(QTableWidgetItem)	关闭编辑框
scrollToItem(QTableWidgetItem)	滚动表格使表格项可见
selectedItems()	获取选中的表格项列表
setCellWidget(int,int,QWidget)	设置单元格的控件
cellWidget(int,int)	获取单元格的控件
removeCellWidget(int,int)	移除单元格上的控件
setSortingEnabled(bool)	设置是否可以排序
isSortingEnabled()	获取是否可以排序
sortItems(int,order=Qt.AscendingOrder)	按列排序
supportedDropActions()	获取支持的拖放动作

3. 表格项的常用方法

表格项的常用方法如表 11-6 所示。其方法与列表项的方法基本一致，在此不再叙述。

表 11-6　表格项的常用方法

表格项的方法	说　明	表格项的方法	说　明
setText(str)	设置文本	setSelected(bool)	设置是否被选中
text()	获取文本	isSelected()	获取是否被选中
setIcon(QIcon)	设置图标	icon()	获取图标
setTextAlignment(Qt.Alignment)	设置文字的对齐方式	setStatusTip(str)	设置状态提示信息，需激活列表控件的 mouseTracking 属性
setForeground(QColor)	设置前景色	setToolTip(str)	设置提示信息
setBackground(QColor)	设置背景色	setWhatsThis(str)	设置按 Shift+F1 键的提示信息
setCheckState(Qt.CheckState)	设置选中状态	write(QDataStream)	将项写入数据流
checkState()	获取选中状态	read(QDataStream)	读取项的数据流
setFlags(Qt.ItemFlag)	设置标识	setData(int,Any)	设置某种角色的数据
setFont(QFont)	设置字体	data(int)	获取某种角色的数据
row()	获取所在的行	clone()	复制出新的项
column()	获取所在的列	tableWidget()	获取所在的表格控件

4. 表格控件的信号和槽函数

表格控件的信号如表 11-7 所示。表格控件的槽函数有 clear()、clearContents()、

insertColumn(int)、insertRow(int)、removeRow(int)、removeColumn(int)和 scrollToItem(QTableWidgetItem)。

表 11-7 表格控件的信号

QTableWidget 的信号及参数类型	说明
cellActivated(row,column)	单元格活跃时发射信号
cellChanged(row,column)	单元格变化时发射信息
cellClicked(row,column)	单击单元格时发射信号
cellDoubleClicked(row,column)	双击单元格时发射信号
cellEntered(row,column)	鼠标进入单元格时发射信号
cellPressed(row,column)	鼠标在单元格上按下按键时发射信号
currentCellChanged(currentRow,currentColumn,previousRow,previousColumn)	当前单元格发生改变时发射信号
currentItemChanged(currentItem,previousItem)	当前表格项发生改变时发射信号
itemActivated(QTableWidgetItem)	表格项活跃时发射信号
itemChanged(QTableWidgetItem)	表格项发生改变时发射信号
itemClicked(QTableWidgetItem)	单击表格项时发射信号
itemDoubleClicked(QTableWidgetItem)	双击表格项时发射信号
itemEntered(QTableWidgetItem)	鼠标进入表格项时发射信号
itemPressed(QTableWidgetItem)	鼠标在表格项上按下按键时发射信号
itemSelectionChanged()	选择的表格项发生改变时发射信号

5. 表格控件的应用实例

下面的程序从 Excel 中读取数据，用表格控件显示读取的数据，可以统计总成绩和平均成绩，并可以把数据保存到新的 Excel 文件中。程序中默认原 Excel 数据放到名称为"学生成绩"的工作表格中。原数据和程序界面如图 11-4 所示。

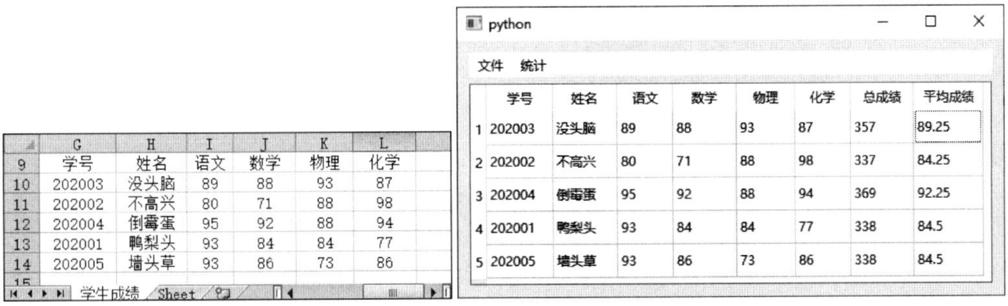

(a) 原数据   (b) 程序界面

图 11-4 程序界面

```
import sys,os    #Demo11_2.py
from PyQt5.QtWidgets import (QApplication,QWidget,QMenuBar,QVBoxLayout,
                 QFileDialog,QTableWidget,QTableWidgetItem)
from openpyxl import load_workbook,Workbook

class myWindow(QWidget):
```

```python
        def __init__(self,parent = None):
            super().__init__(parent)
            self.widget_setupUi()
        def widget_setupUi(self):                              #建立主程序界面
            menuBar = QMenuBar(self)
            fileMenu = menuBar.addMenu("文件")                  #菜单
            self.action_open = fileMenu.addAction("打开")       #动作
            self.action_saveAs = fileMenu.addAction("另存")     #动作
            fileMenu.addSeparator()
            self.action_exit = fileMenu.addAction("退出")
            statisticMenu = menuBar.addMenu("统计")             #菜单
            self.action_total = statisticMenu.addAction("插入总成绩")   #动作
            self.action_average = statisticMenu.addAction("插入平均分")  #动作
            self.action_saveAs.setEnabled(False)
            self.action_total.setEnabled(False)
            self.action_average.setEnabled(False)

            self.tableWidget = QTableWidget(self)              #表格控件
            v = QVBoxLayout(self)
            v.addWidget(menuBar)
            v.addWidget(self.tableWidget)

            self.action_open.triggered.connect(self.action_open_triggered)     #信号与槽连接
            self.action_saveAs.triggered.connect(self.action_saveAs_triggered) #信号与槽连接
            self.action_exit.triggered.connect(self.close)    #信号与槽连接
            self.action_total.triggered.connect(self.action_total_triggered)   #信号与槽连接
            self.action_average.triggered.connect(self.action_average_triggered) #信号与槽连接
        def action_open_triggered(self):                       #打开 Excel 文件
            score = list()                                     #读取数据后,保存数据的列表
            fileName, fil = QFileDialog.getOpenFileName(self,"打开文件","d:\\","Excel 文件(*.xlsx)")
            if os.path.exists(fileName):
                wbook = load_workbook(fileName)
                sheetnames = wbook.sheetnames
                if "学生成绩" in sheetnames:
                    wsheet = wbook["学生成绩"]
                    cell_range = wsheet[wsheet.dimensions]  #按行排列的单元格对象元组

                    for i in cell_range:                    #i 是 Excel 行单元格元组
                        temp = list()                       #临时列表
                        for j in i:                         #j 是单元格对象
                            temp.append(str(j.value))
                        score.append(temp)
                    row_count = len(score) - 1              #行数,不包含表头
                    column_count = len(score[0])            #列数

                    self.tableWidget.setRowCount(row_count)
                    self.tableWidget.setColumnCount(column_count)
                    self.tableWidget.setHorizontalHeaderLabels(score[0])
```

```python
                    for i in range(row_count):
                        for j in range(column_count):
                            cell = QTableWidgetItem()
                            cell.setText(score[i+1][j])
                            self.tableWidget.setItem(i,j,cell)
                    self.action_saveAs.setEnabled(True)
                    self.action_total.setEnabled(True)
                    self.action_average.setEnabled(True)
            def action_saveAs_triggered(self):              #另存
                score = list()
                fileName,fil = QFileDialog.getSaveFileName(self,"保存文件","d:\\","Excel 文件(*.xlsx)")
                if fileName!= "":
                    temp = list()
                    for j in range(self.tableWidget.columnCount()):
                        temp.append(self.tableWidget.horizontalHeaderItem(j).text())
                    score.append(temp)
                    for i in range(self.tableWidget.rowCount()):
                        temp = list()
                        for j in range(self.tableWidget.columnCount()):
                            temp.append(self.tableWidget.item(i,j).text())
                        score.append(temp)
                    wbook = Workbook()
                    wsheet = wbook.create_sheet("学生成绩",0)
                    for i in score:
                        wsheet.append(i)
                    wbook.save(fileName)
            def action_total_triggered(self):               #计算总成绩
                column = self.tableWidget.columnCount()
                self.tableWidget.insertColumn(column)
                item = QTableWidgetItem("总成绩")
                self.tableWidget.setHorizontalHeaderItem(column,item)
                for i in range(self.tableWidget.rowCount()):
                    total = 0
                    for j in range(2,6):
                        total = total + int(self.tableWidget.item(i,j).text())
                    item = QTableWidgetItem(str(total))
                    self.tableWidget.setItem(i,column,item)
            def action_average_triggered(self):             #计算平均成绩
                column = self.tableWidget.columnCount()
                self.tableWidget.insertColumn(column)
                item = QTableWidgetItem("平均成绩")
                self.tableWidget.setHorizontalHeaderItem(column,item)
                for i in range(self.tableWidget.rowCount()):
                    total = 0
                    for j in range(2,6):
                        total = total + int(self.tableWidget.item(i,j).text())
                    item = QTableWidgetItem(str(total/4))
                    self.tableWidget.setItem(i,column,item)
```

```
if __name__ == '__main__':
    app = QApplication(sys.argv)
    window = myWindow()
    window.show()
    sys.exit(app.exec())
```

11.1.3　树结构控件及其项

树结构控件 QTreeWidget 继承自 QTreeView 类，它是 QTreeView 的便利类。树结构控件由 1 列或多列构成，没有行的概念。树结构控件有 1 个或多个顶层项，顶层项下面有任意多个子项，子项下面还可以有子项，顶层项没有父项。顶层项和子项都是 QTreeWidgetItem，每个 QTreeWidgetItem 可以定义每列中显示的文字和图标，一般至少在第 1 列中定义文字或图标，其他列中是否设置文字和图标，需要用户视情况而定。可以把每个项理解成树结构控件的一行，只不过行之间有层级关系，可以折叠和展开。树结构控件的外形如图 11-5 所示，由两列构成，分别是"噪声源"和"噪声值"，有两个顶层项"高铁"和"地铁"。

图 11-5　树结构控件的外观

1. 创建树结构控件及其项的方式

用 QTreeWidget 类创建树结构控件的方法如下，其中 parent 是 QTreeWidget 树结构控件所在的父窗口或控件。

```
QTreeWidget(parent = None)
```

用 QTreeWidgetItem 类创建树结构项的方法如下。其中 Iterable[str]表示字符串序列，是各列上的文字。第 1 个参数是 QTreeWidget 时表示项追加到树结构控件中，这时新创建的项是顶层项；第 1 个参数是 QTreeWidgetItem 时表示父项，这时新创建的项作为子项追加到父项下面；第 2 个参数是 QTreeWidgetItem 时，表示新创建的项插入该项的后面。type 可以取 QTreeWidgetItem.Type（值是 0）或 QTreeWidgetItem.UserType（值是 1000，自定义类型的最小值）。

```
QTreeWidgetItem(type = QTreeWidgetItem.Type)
QTreeWidgetItem(Iterable[str], type = QTreeWidgetItem.Type)
QTreeWidgetItem(QTreeWidget, type = QTreeWidgetItem.Type)
QTreeWidgetItem(QTreeWidget, Iterable[str], type = QTreeWidgetItem.Type)
QTreeWidgetItem(QTreeWidget, QTreeWidgetItem, type = QTreeWidgetItem.Type)
QTreeWidgetItem(QTreeWidgetItem, type = QTreeWidgetItem.Type)
QTreeWidgetItem(QTreeWidgetItem, Iterable[str], type = QTreeWidgetItem.Type)
QTreeWidgetItem(QTreeWidgetItem, QTreeWidgetItem, type = QTreeWidgetItem.Type)
```

2. 树结构控件的常用方法

树结构控件的常用方法如表 11-8 所示，主要方法介绍如下。

- 树结构控件的列的数量由 setColumnCount(int)定义，可以为项的每个列定义文字、图标、背景色和前景色、控件和角色值。

- 结构树控件可以添加顶层项,往项中添加子项需要用项的方法。用 addTopLevelItem(QTreeWidgetItem)方法和 addTopLevelItems(Iterable[QTreeWidgetItem])方法可以添加顶层项;用 insertTopLevelItem(int,QTreeWidgetItem)方法和 insertTopLevelItems(int,Iterable[QTreeWidgetItem])方法可以插入顶层项;用 takeTopLevelItem(int)方法可以移除顶层项,并返回该项;用 topLevelItemCount()方法可以获取顶层项的数量;用 topLevelItem(int)方法可以获取索引值是 int 的顶层项。
- 用 setCurrentItem(QTreeWidgetItem)方法设置当前项,用 setCurrentItem(QTreeWidgetItem,int)方法设置当前项和当前列,用 currentItem()方法获取当前项。
- 用 setHeaderItem(QTreeWidgetItem)方法可以设置表头项,用 setHeaderLabel(str)方法和 setHeaderLabels(Iterable[str])方法设置表头文字。
- 用 collapseItem(QTreeWidgetItem)方法可以折叠指定的项,用 collapseAll()方法可以折叠所有的项,用 expandItem(QTreeWidgetItem)方法可以展开指定的项,用 expandAll()方法可以展开所有的项。

表 11-8　树结构控件的常用方法

QTreeWidget 的方法及参数类型	说　　明
setColumnCount(int)	设置列数
columnCount()	获取列数
currentColumn()	获取当前列
setColumnWidth(column,width)	设置列的宽度
setColumnHidden(column,bool)	设置列是否隐藏
addTopLevelItem(QTreeWidgetItem)	添加顶层项
addTopLevelItems(Iterable[QTreeWidgetItem])	添加多个顶层项
insertTopLevelItem(int,QTreeWidgetItem)	插入顶层项
insertTopLevelItems(int,Iterable[QTreeWidgetItem])	插入多个顶层项
takeTopLevelItem(int)	移除顶层项,并返回移除的项
topLevelItem(int)	获取索引值是 int 的顶层项
topLevelItemCount()	获取顶层项的数量
setCurrentItem(QTreeWidgetItem)	把指定的项设置成当前项
setCurrentItem(QTreeWidgetItem,int)	设置当前项和当前列
currentItem()	获取当前项
editItem(QTreeWidgetItem,column=0)	开始编辑项
findItems(str,Qt.MatchFlag,column=0)	搜索项,返回项的列表
setHeaderItem(QTreeWidgetItem)	设置表头
setHeaderLabel(str)	设置表头第 1 列文字
setHeaderLabels(Iterable[str])	设置表头文字
headerItem()	获取表头项
indexOfTopLevelItem(QTreeWidgetItem)	获取顶层项的索引值
invisibleRootItem()	获取不可见的根项
itemAbove(QTreeWidgetItem)	获取指定项之前的项

续表

QTreeWidget 的方法及参数类型	说　明
itemBelow(QTreeWidgetItem)	获取指定项之后的项
itemAt(QPoint)	获取指定位置的项
itemAt(int,int)	获取指定位置的项
openPersistentEditor(QTreeWidgetItem,column=0)	打开编辑框
isPersistentEditorOpen(QTreeWidgetItem,column=0)	获取编辑框是否已经打开
closePersistentEditor(QTreeWidgetItem,column=0)	关闭编辑框
scrollToItem(QTreeWidgetItem)	滚动树结构,使指定的项可见
selectedItems()	获取选中的项列表
setFirstItemColumnSpanned(QTreeWidgetItem,bool)	只显示指定项的第 1 列的值
isFirstItemColumnSpanned(QTreeWidgetItem)	获取是否只显示第 1 列的值
setItemWidget(QTreeWidgetItem,int,QWidget)	在指定项的指定列位置设置控件
itemWidget(QTreeWidgetItem,int)	获取项上的控件
removeItemWidget(QTreeWidgetItem,int)	移除项上的控件
collapseItem(QTreeWidgetItem)	折叠项
collapseAll()	折叠所有的项
expandItem(QTreeWidgetItem)	展开项
expandAll()	展开所有的项
clear()	清空所有项

3. 树结构项的常用方法

树结构项的常用方法如表 11-9 所示,主要方法介绍如下。

- 用 addChild(QTreeWidgetItem)方法或 addChildren(Iterable[QTreeWidgetItem])方法可以为项添加子项,用 insertChild(int,QTreeWidgetItem)方法或 insertChildren(int,Iterable[QTreeWidgetItem])方法可以在项的子项中插入子项,用 childCount()方法可以获取子项的数量,用 child(int)方法可以获取指定索引号的子项。

- 用 takeChild(int)方法移除指定索引号的项,并返回该项;用 removeChild(QTreeWidgetItem)方法移除指定的子项;用 takeChildren()方法移除所有的子项,并返回子项列表。

- 用 setText(int,str)方法设置项的第 int 列的文字,用 setIcon(int,QIcon)方法设置项的第 int 列的图标,用 setFont(int,QFont)方法设置项的第 int 列的字体,用 setBackground(int,QColor)方法设置项第 int 列的背景色,用 setForeground(int,QColor)方法设置项第 int 列的前景色。

- 用 setCheckState(int,Qt.CheckState)方法设置项的第 int 列的选中状态,其中 Qt.CheckState 可以取 Qt.Unchecked(未选中)、Qt.PartiallyChecked(部分选中,如果有子项)或 Qt.Checked(选中);用 checkState(int)方法获取项的选中状态。

- 用 setExpanded(True)方法展开项,用 setExpanded(False)方法折叠项。

- 用 setChildIndicatorPolicy(QTreeWidgetItem.ChildIndicatorPolicy)方法设置展开/折叠标识的显示策略,其中 QTreeWidgetItem.ChildIndicatorPolicy 可以取 QTreeWidgetItem.ShowIndicator(不论有没有子项,都显示标识)、QTreeWidgetItem.DontShowIndicator(即

便有子项,也不显示标识)或 QTreeWidgetItem.DontShowIndicatorWhenChildless(当没有子项时,不显示标识)。

表 11-9 树结构项的常用方法

QTreeWidgetItem 的方法及参数类型	说　　明
addChild(QTreeWidgetItem)	添加子项
addChildren(Iterable[QTreeWidgetItem])	添加多个子项
insertChild(int,QTreeWidgetItem)	插入子项
insertChildren(int,Iterable[QTreeWidgetItem])	插入多个子项
child(int)	获取子项
childCount()	获取子项数量
takeChild(int)	移除子项,并返回子项
takeChildren()	移除所有子项,返回子项列表
removeChild(QTreeWidgetItem)	移除子项
setCheckState(int,Qt.CheckState)	设置选中状态
checkState(int)	获取选中状态
setText(int,str)	设置列的文本
text(int)	获取列的文本
setTextAlignment(int,int)	设置列的文本对齐方式
setIcon(int,QIcon)	设置列的图标
setFont(int,QFont)	设置列的字体
font(int)	获取列的字体
setData(int,int,Any)	设置列的角色值
data(int,int)	获取列的角色值
setBackground(int,QColor)	设置背景色
setForeground(int,QColor)	设置前景色
columnCount()	获取列的数量
indexOfChild(QTreeWidgetItem)	获取子项的索引
setChildIndicatorPolicy(QTreeWidgetItem.ChildIndicatorPolicy)	设置折叠/展开符的显示策略
childIndicatorPolicy()	获取展开策略
setDisabled(bool)	设置是否激活
isDisabled()	获取是否激活
setExpanded(bool)	设置是否展开
isExpanded()	获取是否已经展开
setFirstColumnSpanned(bool)	设置只显示第 1 列的内容
setFlags(Qt.ItemFlag)	设置标识
setHidden(bool)	设置是否隐藏
setSelected(bool)	设置是否选中
setStatusTip(int,str)	设置状态信息
setToolTip(int,str)	设置提示信息
setWhatsThis(int,str)	设置按 Shift+F1 键显示的信息
sortChildren(int,Qt.SortOrder)	对子项进行排序
parent()	获取父项
treeWidget()	获取项所在的树结构控件

4. 树结构控件的信号和槽函数

树结构控件的信号如表 11-10 所示，树结构控件的槽函数有 clear()、collapseItem(item)、expandItem(item) 和 scrollToItem(item[,hint=EnsureVisible])。

表 11-10 树结构控件的信号

树结构控件的信号及参数类型	说　　明
currentItemChanged(currentItem, previousItem)	当前项发生改变时发射信号
itemActivated(item, column)	项变成活跃项时发射信号
itemChanged(item, column)	项发生改变时发射信号
itemClicked(item, column)	单击项时发射信号
itemDoubleClicked(item, column)	双击项时发射信号
itemEntered(item, column)	光标进入项时发射信号
itemPressed(item, column)	在项上按下鼠标按键时发射信号
itemExpanded(item)	展开项时发射信号
itemCollapsed(item)	折叠项时发射信号
itemSelectionChanged()	选择的项发生改变时发射信号

5. 树结构控件的应用实例

下面的程序建立一个数结构控件，单击树结构控件的子项，可以把子项上的内容输出。程序运行界面如图 11-5 所示。

```python
import sys                          #Demo11_3.py
from PyQt5.QtWidgets import QApplication,QWidget,QSplitter,QTextBrowser, \
                    QHBoxLayout,QTreeWidget,QTreeWidgetItem
from PyQt5.QtCore import Qt

class myWindow(QWidget):
    def __init__(self,parent = None):
        super().__init__(parent)
        self.widget_setupUi()
        self.treeWidget_setUp()
    def widget_setupUi(self):                       #建立主程序界面
        h = QHBoxLayout(self)
        splitter = QSplitter(Qt.Horizontal,self)
        h.addWidget(splitter)
        self.treeWidget = QTreeWidget()
        self.textBrowser = QTextBrowser()
        splitter.addWidget(self.treeWidget)
        splitter.addWidget(self.textBrowser)
    def treeWidget_setUp(self):                     #建立树结构控件
        self.treeWidget.setColumnCount(2)           #设置列数
        header = QTreeWidgetItem()                  #表头项
        header.setText(0, "噪声源")
        header.setText(1, "噪声值")
        header.setTextAlignment(0,Qt.AlignCenter)
```

```python
            header.setTextAlignment(1, Qt.AlignCenter)
            self.treeWidget.setHeaderItem(header)

            self.topItem_1 = QTreeWidgetItem(self.treeWidget)              #顶层项
            self.topItem_1.setText(0,"高铁")
            child_1 = QTreeWidgetItem(self.topItem_1,["结构噪声","70"])      #子项
            child_2 = QTreeWidgetItem(self.topItem_1, ["电机噪声", "60"])    #子项
            child_3 = QTreeWidgetItem(self.topItem_1, ["空调噪声","44"])     #子项
            child_4 = QTreeWidgetItem(self.topItem_1, ["气动噪声"])           #子项
            child_5 = QTreeWidgetItem(child_4, ["受电弓噪声","66"])           #子项
            child_6 = QTreeWidgetItem(child_4, ["外壳气流噪声", "66"])         #子项

            self.topItem_2 = QTreeWidgetItem(self.treeWidget)              #顶层项
            self.topItem_2.setText(0, "地铁")
            child_7 = QTreeWidgetItem(self.topItem_2, ["结构噪声", "60"])    #子项
            child_8 = QTreeWidgetItem(self.topItem_2, ["电机噪声", "50"])    #子项
            child_9 = QTreeWidgetItem(self.topItem_2, ["空调噪声", "44"])    #子项
            child_10 = QTreeWidgetItem(self.topItem_2, ["气动噪声"])          #子项
            child_11 = QTreeWidgetItem(child_10, ["受电弓噪声", "56"])        #子项
            child_12 = QTreeWidgetItem(child_10, ["外壳气流噪声", "56"])       #子项

            self.treeWidget.itemClicked.connect(self.treeWidget_clicked)   #信号与槽的连接
            self.treeWidget.expandAll()
        def treeWidget_clicked(self,item,column):
            if item.text(1) != "":
                self.textBrowser.append("噪声源: %s 噪声值: %s" % (item.text(0),item.text(1)))
    if __name__ == '__main__':
        app = QApplication(sys.argv)
        window = myWindow()
        window.show()
        sys.exit(app.exec())
```

11.2 数据模型基础

11.2.1 Model/View 机制

对于存储在本机上的数据,可以采用另外一种机制将其显示出来。如图 11-6 所示,可以先把数据读取到一个能保存数据的类中,或者类不直接读取数据,但能提供读取数据的接口,然后用能显示数据的控件把数据从模型中读取并显示出来,显示数据的控件并不存储数据,显示的数据只是数据的一个映射。像这种能保存数据或者能提供数据接口的类称为数据模型(model),把数据模型中的数据显示出来的控件称为视图(view)控件。要修改或增删视图控件中显示的数据,一种方法是在后台的数据模型中直接修改或增删数据,数据模型中的数据变化了,视图控件中显示的数据也会同时改变,视图控件不能直接编辑数据,视图控件显示的数据只是对数据模型中数据的一种映射,是单向的;另外一种方法是调用可以

编辑数据的控件,在编辑控件中修改数据,例如编辑文本数据的时候调用 QLineEdit 控件,文本数据在 QLineEdit 中修改,编辑整数和浮点数数据时可以调用 QSpinBox 控件和 QDoubleSpinBox 控件,修改完成后,通过信号通知数据模型和视图控件,数据模型中的数据和视图控件显示的数据也同时发生改变,像这种用于编辑数据的控件称为代理控件。

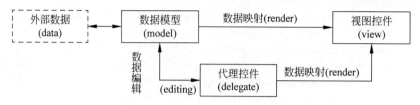

图 11-6　Model/View 机制

下面的程序先建立一个数据模型 QStringListModel(),并添加数据,然后建立两个 QListView 视图控件,并设置相同的数据模型。程序运行界面如图 11-7 所示,双击任意一个视图控件中的文字,修改其值后,另外一个视图控件也同时跟着变化。

图 11-7　程序运行界面

```python
import sys    #Demo11_4.py
from PyQt5.QtWidgets import QApplication,QWidget,QListView,QHBoxLayout
from PyQt5.QtCore import QStringListModel

class myWindow(QWidget):
    def __init__(self,parent = None):
        super().__init__(parent)
        self.setup_Ui()
    def setup_Ui(self):
        self.listModel = QStringListModel(self)      #数据模型
        self.listModel.setStringList(['语文','数学','物理','化学'])   #数据模型中添加数据

        self.listView1 = QListView()                 #视图控件
        self.listView2 = QListView()                 #视图控件

        self.listView1.setModel(self.listModel)      #给视图控件设置数据模型
        self.listView2.setModel(self.listModel)      #给视图控件设置数据模型
        h = QHBoxLayout(self)                        #水平布局
        h.addWidget(self.listView1)
        h.addWidget(self.listView2)
if __name__ == '__main__':
    app = QApplication(sys.argv)
    window = myWindow()
```

```
            window.show()
            sys.exit(app.exec())
```

11.2.2 数据模型的种类

根据用途不同,数据模型分为多种,它们的继承关系如图 11-8 所示。QAbstractItemModel 是所有数据模型的基类,继承 QAbstractItemModel 的类有 QStandardItemModel、QFileSystemModel、QHelpContentModel、QAbstractListModel、QAbstractTableModel 和 QAbstractProxyModel,其中 QAbstractListModel、QAbstractTableModel 和 QAbstractProxyModel 又有不同的派生类。本章主要对 QStringListModel、QFileSystemModel 和 QStandardItemModel 进行讲解。

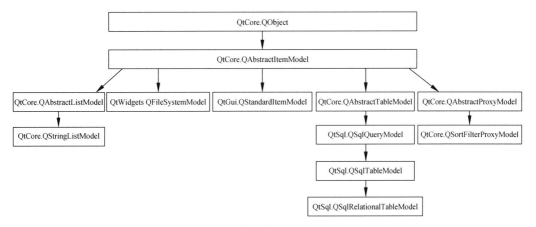

图 11-8 数据模型的继承关系

数据模型存储数据的 3 种常见结构形式如图 11-9 所示,主要有列表模型(list model)、表格模型(table model)和树结构模型(tree model)。列表模型中的数据没有层级关系,由一列多行数据构成;表格模型由多行多列数据构成;树结构模型的数据是有层级关系的,每层数据下面还有子层数据。不管数据的存储形式如何,每个数据都称为数据项(data item)。数据项存储不同角色、不同用途的数据,每个数据项都有一个索引(model index),通过数据索引获取数据项上存储的数据。

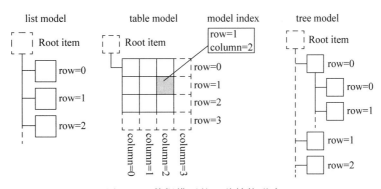

图 11-9 数据模型的 3 种结构形式

11.2.3 数据项的索引

数据模型中存放有数据,要获取或写入数据,需要知道数据所在的行和列。行和列单独构成一个类,称为数据项索引 QModelIndex,通过数据项索引可以定位到对应的数据。由于数据模型可能是一个列表、表格、树或更复杂的结构,所以数据模型的数据索引也会比较复杂。通常用 QModelIndex() 表示指向数据模型根部的索引,这个索引不指向任何数据,表示最高层索引,用数据模型的 index(row, column, parent) 表示索引 parent(类型是 QModelIndex)下的第 row 行第 column 列的数据项索引,例如 index_1 = index(2, 1, QModelIndex()) 表示根目录下的第 row=2 行第 column=1 列数据的索引,如果在该数据项下还有子数据项,则 index_2=index(1,3,index_1) 表示在 index_1 下的第 row=1 行第 column=3 列数据项的索引,其他情况类推。

数据项索引的常用方法如表 11-11 所示,主要方法说明如下。

- 用 parent() 方法可以获得父数据项的索引;用 sibling(row, column) 方法、siblingAtColumn(column) 方法和 siblingAtRow(row) 方法可以获取同级别的 row 行 column 列的数据项的索引;如果有子数据项,用 child(row,column) 方法可以获得子项的索引;用 isValid() 方法可以判断索引是否有效。
- 用 row() 方法和 column() 方法可以获得数据索引的行值和列值。

表 11-11 数据项索引的常用方法

QModelIndex 的方法及参数类型	返回值的类型	说 明
model()	QAbstractItemModel	获取数据模型
parent()	QModelIndex	获取父索引
sibling(int,int)	QModelIndex	获取同级别的索引
siblingAtColumn(int)	QModelIndex	按列获取同级别的索引
siblingAtRow(int)	QModelIndex	按行获取同级别的索引
child(int,int)	QModelIndex	获取子数据项的数据索引
row()	int	获取行数据
column()	int	获取列数据
data(role=Qt.ItemDataRole)	Any	获取数据项指定角色的数据
flags()	Qt.ItemFlag	获取标识
isValid()	bool	获取索引是否有效

11.2.4 QAbstractItemModel

抽象类 QAbstractItemModel 提供模型数据与视图控件的数据接口,不能直接使用该类,需要用其子类定义数据模型。QAbstractItemModel 的方法会被其子类继承,因此有必要介绍 QAbstractItemModel 的方法。QAbstractItemModel 的常用方法如表 11-12 所示,主要方法介绍如下。

表 11-12 QAbstractItemModel 的常用方法

QAbstractItemModel 的方法及参数类型	说 明
index(int,int,parent=QModelIndex())	获取父索引下的指定行列的数据项索引
parent(QModelIndex)	获取父数据项的索引
sibling(int,int,QModelIndex)	获取同级别的指定行和列的数据索引
flags(QModelIndex)	获取指定数据项的标识 Qt.ItemFlags
hasChildren(parent=QModelIndex())	获取是否有子数据项
hasIndex(int,int,parent=QModelIndex())	获取是否能创建数据项索引
insertColumn(int,parent=QModelIndex())	插入列,成功则返回 True
insertColumns(int,int,parent=QModelIndex())	插入多列,成功则返回 True
insertRow(int,parent=QModelIndex())	插入行,成功则返回 True
insertRows(int,int,parent=QModelIndex())	插入多行,成功则返回 True
setData(QModelIndex,Any,role=Qt.ItemDataRole)	设置数据项的角色值,成功则返回 True
data(QModelIndex,role=Qt.ItemDataRole)	获取角色值
setItemData(QModelIndex,Dict[int,Any])	用字典设置数据项的角色值,成功则返回 True
itemData(QModelIndex)	获取数据项的角色值 Dict[int,Any]
moveColumn(QModelIndex,int,QModelIndex,int)	将目标数据项索引的指定列移动到目标数据项索引的指定列处,成功则返回 True
moveColumns(QModelIndex,int,int,QModelIndex,int)	移动多列到目标索引的指定列处,成功则返回 True
moveRow(QModelIndex,int,QModelIndex,int)	移动单行,成功则返回 True
moveRows(QModelIndex,int,int,QModelIndex,int)	移动多行,成功则返回 True
removeColumn(int,parent=QModelIndex())	移除单列,成功则返回 True
removeColumns(int,int,parent=QModelIndex())	移除多列,成功则返回 True
removeRow(int,parent=QModelIndex())	移除单行,成功则返回 True
removeRows(int,int,parent=QModelIndex())	移除多行,成功则返回 True
rowCount(parent=QModelIndex())	获取行数
columnCount(parent=QModelIndex())	获取列数
setHeaderData(int,Qt.Orientation,Any,role=Qt.ItemDataRole)	设置表头数据,成功则返回 True
headerData(int,Qt.Orientation,role=Qt.ItemDataRole)	获取表头数据
sort(int,order=Qt.AscendingOrder)	对指定列进行排序

- 用 index(row,column,parent=QModelIndex())方法可以获取某数据项的子项的索引,用 parent(QModelIndex)方法可以获取父项的索引,用 sibling(row,column,QModelIndex)方法可以获取同级别的数据项的索引。
- 用 setData(QModelIndex,Any,role=Qt.ItemDataRole)方法可以设置数据项的某角色值,用 setItemData(QModelIndex,Dict[int,Any])方法可以设置某数据项的多个角色值,用 data(QModelIndex,role=Qt.ItemDataRole)和 itemData(QModelIndex)方法获取角色值,其中参数 Qt.ItemDataRole 的取值如表 11-13 所示。
- 用 rowCount(parent=QModelIndex())方法可获取行数,用 columnCount(parent=QModelIndex())方法可获取列数。
- 可以用多个方法对列和行进行插入、移动和移除等操作。

表 11-13　角色 Qt.ItemDataRole 的取值

Qt.ItemDataRole 的取值	值	对应的数据类型	说　明
Qt.DisplayRole	0	str	视图控件显示的文本
Qt.DecorationRole	1	QIcon、QPixmap	图标
Qt.EditRole	2	str	视图控件中编辑时显示的文本
Qt.ToolTipRole	3	str	提示信息
Qt.StatusTipRole	4	str	状态提示信息
Qt.WhatsThisRole	5	str	按下 Shift+F1 键时显示的数据
Qt.SizeHitRole	13	QSize	尺寸提示
Qt.FontRole	6	QFront	字体
Qt.TextAlignmentRole	7	Qt.AlignmentFlag	对齐方式
Qt.BackgroundRole	8	QBrush、QColor、	背景色
Qt.ForegroundRole	9	Qt.GlobalColor	前景色
Qt.CheckStateRole	10	Qt.CheckState	选中状态
Qt.InitialSortOrderRole	14	Qt.SortOrder	初始排序
Qt.AccessibleTextRole	11	str	用于可访问插件扩展的文本
Qt.AccessibleDescriptionRole	12	str	用于可访问功能的描述
Qt.UserRole	0x0100	any （数据类型不限）	自定义角色,可使用多个自定义角色,第 1 个为 Qt.UserRole,第 2 个为 Qt.UserRole+1,依次类推

11.3　数据模型和视图控件

11.3.1　文本列表模型和列表视图控件

1. 创建文本列表模型和视图控件的方式

文本列表模型 QStringListModel 通常用于存储一维文本列表,它由一列多行文本数据构成,用于显示 QStringListModel 模型中文本数据的控件是 QListView 控件。

用 QStringListModel 类创建文本列表模型实例的方法如下,其中 parent 是继承自 QObject 的实例对象;Iterable[str]是字符串型列表或元组,用于确定文本列表模型中显示角色和编辑角色的数据。

```
QStringListModel(parent = None)
QStringListModel(Iterable[str], paren = None)
```

用 QListView 类创建列表视图控件的方法如下,其中 parent 是窗口或其他控件。

```
QListView(parent = None)
```

2. 文本列表模型的常用方法

文本列表模型的常用方法如表 11-14 所示,主要方法介绍如下。

- 用 setStringList(Iterable[str])方法设置文本列表模型的显示角色和编辑角色的数据,用 stringList()方法获取文本列表。
- 用 setData(QModelIndex,Any,role=Qt.EditRole)方法设置单个角色的值;用 setItemData(QModelIndex,Dict[int,Any])方法按照字典形式设置角色值,关键字是角色;用 data(QModelIndex,int)方法和 itemData(QModelIndex)方法可获得数据,数据的角色可参考表 11-3。
- 用 index(row,column=0,parent=QModelIndex())方法获得某行的模型数据索引,用 sibling(int,int,QModelIndex)方法获得同级别的数据项的索引。
- 用 insert(row,parent=QModelIndex())方法可以插入单行,用 insertRows(row, count,parent=QModelIndex())方法可以插入多行,用 moveRows(QModelIndex, row,count,QModelIndex,row)方法可以移动多行到目标行,用 removeRows(row, count,parent=QModelIndex())方法可以移除多行。

表 11-14 文本列表模型的常用方法

QStringListModel 的方法及参数类型	说 明
setStringList(Iterable[str])	设置列表模型显示和编辑角色的文本数据
stringList()	获取文本列表 List[str]
rowCount(parent=QModelIndex())	获取行的数量
parent()	获取模型所在的父对象
index(int,column=0,parent=QModelIndex())	获取 int 行的模型数据索引
sibling(int,int,QModelIndex)	获取同级别模型数据索引
setData(QModelIndex,Any,role=Qt.EditRole)	按角色设置数据
data(QModelIndex,int)	获取角色的值
setItemData(QModelIndex,Dict[int,Any])	用字典设置角色值
itemData(QModelIndex)	获取字典角色值
flags(QModelIndex)	获取数据的标识 Qt.ItemFlag
insertRows(int,int,parent=QModelIndex())	插入多行,果成功则返回 True
moveRows(QModelIndex,int,int,QModelIndex,int)	移动多行,如果成功则返回 True
removeRows(int,int,parent=QModelIndex())	移除多行,如果成功则返回 True
sort(int,order=Qt.AscendingOrder)	对列进行排序

3. 列表视图控件的常用方法

列表视图控件 QListView 用于显示数据模型中某数据项下的所有子数据项的显示角色的文本。列表视图控件没有表头,可以把数据显示成一列,也可以显示成一行。列表视图控件不仅可以显示文本列表模型中的数据,也可显示其他模型中的数据。列表视图控件的常用方法如表 11-15 所示,主要方法介绍如下。

表 11-15 列表视图控件的常用方法

QListView 的方法及参数类型	说 明
setModel(QAbstractItemModel)	设置数据模型
indexAt(QPoint)	获取指定位置处数据项的模型数据索引
selectedIndexes()	获取选中的数据项的模型数据索引列表

续表

QListView 的方法及参数类型	说　明
clearSelection()	取消选择
scrollTo(QModelIndex)	使数据项可见
setModelColumn(int)	设置数据模型中要显示的列
modelColumn()	获取模型中显示的列
setFlow(QListView.Flow)	设置显示的方向
setGridSize(QSize)	设置数据项的尺寸
setItemAlignment(Qt.Alignment)	设置对齐方式
setLayoutMode(QListView.LayoutMode)	设置显示数据的方式
setBatchSize(int)	设置批量显示的数量,默认为100
setMovement(QListView.Movement)	设置数据项的移动方式
setResizeMode(QListView.ResizeMode)	设置尺寸调整方式
setRootIndex(QModelIndex)	设置根目录的数据项索引
setRowHidden(int,bool)	设置是否隐藏
setSpacing(int)	设置数据项之间的间距
setUniformItemSizes(bool)	设置数据项是否统一尺寸
setViewMode(QListView.ViewMode)	设置显示模式
setWordWrap(bool)	设置单词是否写到两行
setWrapping(bool)	设置文本是否可以写到两行
setAlternatingRowColors()	设置是否用交替颜色
setSelectionMode(QAbstractItemView.SelectionMode)	设置选择模式
setSelectionModel(QItemSelectionModel)	设置选择模型
selectionModel()	获取选择模型

- 用 setModel(QAbstractItemModel)方法可以给列表视图控件设置关联的数据模型；用 setRootIndex(QModelIndex)方法设置列表视图控件需要显示的数据索引下的子数据项,如果数据项由多列构成；则用 setModelColumn(int)方法设置数据模型中要显示的列。

- 用 selectedIndexes()方法获取选中的数据项的模型数据索引,用 setCurrentIndex(QModelIndex)方法设置当前的模型数据索引,用 currentIndex()方法获取当前项的模型数据索引,用 indexAt(QPoint)方法获取指定位置处的数据项的模型数据索引。

- 用 setFlow(QListView.Flow)方法设置数据项的排列方向,其中 QListView.Flow 可以取 QListView.LeftToRight(值是0)和 QListView.TopToBottom(值是1)。

- 用 setLayoutMode(QListView.LayoutMode)方法设置数据的显示方式,其中 QListView.LayoutMode 可取 QListView.SinglePass(值是0,全部显示)或 QListView.Batched(值是1,分批显示)。

- 用 setMovement(QListView.Movement)方法设置数据项的拖曳方式,其中 QListView.Movement 可取 QListView.Static(不能移动)、QListView.Free(可以自由移动)或 QListView.Snap(捕捉到数据项的位置)。

- 用 setViewMode(QListView.ViewMode)方法设置显示模式,参数 QListView.

ViewMode 如果取 QListView.ListMode,则采用 QListView.TopToBottom 排列、小尺寸和 QListView.Static 不能移动方式;如果取 QListView.IconMode,则采用 QListView.LeftToRight 排列、大尺寸和 QListView.Free 自由移动方式。

- 用 setSelectionMode(QAbstractItemView.SelectionMode)方法可以设置选择模式,其中参数 QAbstractItemView.SelectionMode 的取值如表 11-16 所示。

表 11-16 选择模式的取值

参数取值	值	说 明
QAbstractItemView.NoSelection	0	禁止选择
QAbstractItemView.SingleSelection	1	单选,当选择一个数据项时,其他任何已经选中的数据项都变成未选中项
QAbstractItemView.MultiSelection	2	多选,当单击一个数据项时,将改变选中状态,其他还未单击的数据项状态不变
QAbstractItemView.ExtendedSelection	3	当单击某数据项时,清除已选择的数据项。当按住 Ctrl 键选择时,会改变被单击数据项的选中状态。当按住 Shift 键选择两个数据项时,这两个数据项之间的数据项的选中状态发生改变
QAbstractItemView.ContiguousSelection	4	当单击一个数据项时,清除已经选择的项。当按住 Shift 或 Ctrl 键选择两个数据项时,这两个数据项之间的选择状态发生改变

4. 列表视图控件的信号

列表视图控件的信号如表 11-17 所示。

表 11-17 列表视图控件的信号

QListView 的信号及参数类型	说 明
activated(QModelIndex)	数据项活跃时发射信号
clicked(QModelIndex)	单击数据项时发射信号
doubleClicked(QModelIndex)	双击数据项时发射信号
entered(QModelIndex)	鼠标进入数据项时发射信号
iconSizeChanged(QSize)	图标尺寸发生变化时发射信号
indexesMoved(QModelInexList)	数据索引发生移动时发射信号
pressed(QModelIndex)	按下鼠标按键时发射信号
viewportEntered()	鼠标进入视图时发射信号

5. 应用实例

下面的程序建立两个 QListView 控件,并分别关联两个 QStringListModel。程序初始从 Excel 文件"学生 ID.xlsx"中的 ID 工作页中读取学生名单,在学生名单中选择学生姓名后;单击"添加"按钮,数据会从学生名单中删除,并移到三好学生中;单击"删除"按钮,数据会从三好学生中移到学生名单中,并插入原来的位置。程序运行界面如图 11-10 所示,在左侧选择一个或多个学生姓名,右侧只有 1 个选中时,可以使用"插入"按钮。本例用到了读写 Excel 的功能包 openpyxl,读者可以按照本书 6.4 节介绍的内容学习 openpyxl。

(a) Excel中的原始数据　　　　　　(b) 读入后的数据

图 11-10　程序运行界面

```
import sys,os    #Demo11_5.py
from PyQt5.QtWidgets import (QApplication,QWidget,QListView,QHBoxLayout,
                    QLabel,QPushButton,QVBoxLayout)
from PyQt5.QtCore import QStringListModel,QModelIndex,Qt
from openpyxl import load_workbook

class myWindow(QWidget):
    def __init__(self,parent = None):
        super().__init__(parent)
        self.fileName = "d:\\python\\学生 ID.xlsx"
        self.reference_Model = QStringListModel(self)    #从 Excel 中读取数据后,存储数据的模型
        self.selection_Model = QStringListModel(self)    #选择数据后,存储选择数据的模型
        self.setup_Ui()              #建立界面
        self.data_import()           #从 Excel 中读取数据
        self.view_clicked()          #单击视图控件,判断按钮是否激活或失效
    def setup_Ui(self):              #建立界面
        label1 = QLabel("学生名单")
        self.listView_1 = QListView()    #列表视图控件,显示 Excel 中的数据的控件
        v1 = QVBoxLayout()
        v1.addWidget(label1)
        v1.addWidget(self.listView_1)

        label2 = QLabel("三好学生")
        self.listView_2 = QListView()    #列表视图控件,显示选中的数据
        self.btn_add = QPushButton("添加")
        self.btn_insert = QPushButton("插入")
        self.btn_delete = QPushButton("删除")
        h1 = QHBoxLayout()
        h1.addWidget(self.btn_add)
        h1.addWidget(self.btn_insert)
        h1.addWidget(self.btn_delete)
        v2 = QVBoxLayout()
        v2.addWidget(label2)
        v2.addWidget(self.listView_2)
        v2.addLayout(h1)
        h2 = QHBoxLayout(self)
        h2.addLayout(v1)
```

```python
            h2.addLayout(v2)

            self.listView_1.setModel(self.reference_Model)          # 设置模型
            self.listView_2.setModel(self.selection_Model)          # 设置模型
            self.listView_1.setSelectionMode(QListView.ExtendedSelection)    # 设置选择模式
            self.listView_2.setSelectionMode(QListView.ExtendedSelection)    # 设置选择模式

            self.btn_add.clicked.connect(self.btn_add_clicked)
            self.btn_insert.clicked.connect(self.btn_insert_clicked)
            self.btn_delete.clicked.connect(self.btn_delete_clicked)
            self.listView_1.clicked.connect(self.view_clicked)
            self.listView_2.clicked.connect(self.view_clicked)
    def data_import(self):
        if os.path.exists(self.fileName):
            wbook = load_workbook(self.fileName)
            if "ID" in wbook.sheetnames:
                wsheet = wbook["ID"]
                cell_range = wsheet[wsheet.dimensions]    # 获取 Excel 中数据存储的范围
                student = list()
                for cell_row in cell_range:   # cell_row 是 Excel 行单元格元组
                    string = ""
                    for cell in cell_row:
                        string = string + str(cell.value) + " "    # 获取 Excel 单元格中的数据
                    student.append(string.strip())
                self.reference_Model.setStringList(student)     # 在模型中添加数据列表
    def btn_add_clicked(self):                                  # 添加按钮的槽函数
        while len(self.listView_1.selectedIndexes()):
            selectedIndexes = self.listView_1.selectedIndexes()
            index = selectedIndexes[0]
            string = self.reference_Model.data(index,Qt.DisplayRole)    # 获取数据
            self.reference_Model.removeRow(index.row(),QModelIndex())    # 删除行
            count = self.selection_Model.rowCount()             # 获取行的数量
            self.selection_Model.insertRow(count)               # 在末尾插入数据
            last_index = self.selection_Model.index(count, 0, QModelIndex())  # 获取末尾的索引
            self.selection_Model.setData(last_index,string,Qt.DisplayRole)  # 设置末尾的数据
        self.view_clicked()                                     # 控制按钮的激活与失效
    def btn_insert_clicked(self):                               # 插入按钮的槽函数
        while len(self.listView_1.selectedIndexes()):
            selectedIndexs_1 = self.listView_1.selectedIndexes()    # 获取选中数据项的索引
            selectedIndex_2 = self.listView_2.selectedIndexes()     # 获取选中数据项的索引
            index = selectedIndexs_1[0]
            string = self.reference_Model.data(index, Qt.DisplayRole)
            self.reference_Model.removeRow(index.row(), QModelIndex())
            row = selectedIndex_2[0].row()
            self.selection_Model.insertRow(row)
            index = self.selection_Model.index(row)
            self.selection_Model.setData(index, string, Qt.DisplayRole)
        self.view_clicked()
    def btn_delete_clicked(self):                               # 删除按钮的槽函数
```

```
                while len(self.listView_2.selectedIndexes()):
                    selectedIndexes = self.listView_2.selectedIndexes()
                    index = selectedIndexes[0]
                    string = self.selection_Model.data(index, Qt.DisplayRole)
                    self.selection_Model.removeRow(index.row(), QModelIndex())
                    count = self.reference_Model.rowCount()
                    self.reference_Model.insertRow(count)
                    last_index = self.reference_Model.index(count, 0, QModelIndex())
                    self.reference_Model.setData(last_index, string, Qt.DisplayRole)
                self.view_clicked()
                self.reference_Model.sort(0)              # 排序
        def view_clicked(self):       # 单击视图控件的槽函数,用于按钮的激活或失效
                n1 = len(self.listView_1.selectedIndexes())    # 获取选中数据项的数量
                n2 = len(self.listView_2.selectedIndexes())    # 获取选中数据项的数量
                self.btn_add.setEnabled(n1)
                self.btn_insert.setEnabled(n1 and n2 == 1)
                self.btn_delete.setEnabled(n2)
if __name__ == '__main__':
    app = QApplication(sys.argv)
    window = myWindow()
    window.show()
    sys.exit(app.exec())
```

11.3.2 文件系统模型和树视图控件

1. 创建文件系统模型和树视图控件的方式

利用文件系统模型 QFileSystemModel 可以访问本机的文件系统,可以获得文件目录、文件名称和文件大小等信息,可以新建目录、删除目录和文件、移动目录和文件及重命名目录和文件。树视图控件以树列表的形式显示文件系统模型关联的本机文件系统,显示出本机的目录、文件名、文件大小等信息。树视图也可以以层级结构显示其他类型的数据模型。

用 QFileSystemModel 类定义文件系统模型实例的方法如下所示,其中 parent 是继承自 QObject 的实例。

QFileSystemModel(parent = None)

用 QTreeView 类创建树视图控件实例的方法如下所示,其中 parent 是继承自 QObject 的实例。

QTreeView(parent = None)

2. 文件系统模型的常用方法

文件系统模型的常用方法如表 11-18 所示,主要方法介绍如下。

- 用 setRootPath(str)方法设置模型的根目录,并返回指向该目录的模型数据索引。改变根目录时,发射 rootPathChanged(newPath)信号,用 rootPath()方法获取根目录。

- 用 fileName(QModelIndex)方法获取文件名,用 filePath(QModelIndex)方法获取文件路径,用 fileInfo(QModelIndex)方法获取文件信息,用 lastModified(QModelIndex)方法获取文件最后修改日期。
- 用 mkdir(QModelIndex,str)方法创建目录,并返回指向该目录的模型数据索引。用 rmdir(QModelIndex)方法删除目录,成功返回 True,否则返回 False,删除后不可恢复。
- 用 setOption(QFileSystemModel.Option,on＝True)方法设置文件系统模型的参数,其中 QFileSystemModel.Option 可取 QFileSystemModel.DontWatchForChanges(不使用监控器)、QFileSystemModel.DontResolveSymlinks(不解析连接)、QFileSystemModel.DontUseCustomDirectoryIcons(不使用客户图标),默认都是关闭的。
- 如果重命名了文件,会发射 fileRenamed(path,oldName,newName)信号。

表 11-18　文件系统模型的常用方法

QFileSystemModel 的方法及参数类型	返回值的类型	说　　明
setRootPath(str)	QModelIndex	设置模型的根目录,并返回指向该目录的模型数据索引
setData(QModelIndex,Any,role＝Qt.EditRole)	bool	设置角色数据,成功则返回 True
setFilter(QDir.Filter)	—	设置过滤器
setNameFilterDisables(bool)	—	设置名称过滤器是否激活
setNameFilters(Iterable[str])	—	设置名称过滤器
setOption(QFileSystemModel.Option,on＝True)	—	设置文件系统模型的参数
setReadOnly(bool)	—	设置是否是只读的
fileIcon(QModelIndex)	QIcon	获取文件的图标
fileInfo(QModelIndex)	QFileInfo	获取文件信息
fileName(QModelIndex)	str	获取文件名
filePath(QModelIndex)	str	获取路径和文件名
headerData(int,Qt.Orientation,role＝Qt.DisplayRole)	Any	设置表头数据
index(int,int,parent＝QModelIndex())	QModelIndex	获取索引
index(str,column＝0)	QModelIndex	获取索引
hasChildren(parent＝QModelIndex())	bool	获取是否有子目录或文件
isDir(QModelIndex)	bool	获取是否是路径
isReadOnly()	bool	获取是否有只读属性
lastModified(QModelIndex)	QDateTime	获取最后修改时间
mkdir(QModelIndex,str)	QModelIndex	创建目录,并返回指向该目录的模型数据索引
myComputer(role＝Qt.DisplayRole)	Any	获取 myComputer 下的数据
nameFilterDisables()	bool	获取名称过滤器是否激活
nameFilters()	List[str]	获取名称过滤器
parent(QModelIndex)	QModelIndex	获取父模型数据索引
remove(QModelIndex)	bool	删除文件或目录,成功则返回 True
rmdir(QModelIndex)	bool	删除目录,成功返回 True

续表

QFileSystemModel 的方法及参数类型	返回值的类型	说　　明
rootDirectory()	QDir	返回根目录 QDir
rootPath()	str	返回根目录文本
rowCount(parent=QModelIndex())	int	返回目录下的文件数量
sibling(int,int,QModelIndex)	QModelIndex	获取同级别的模型数据索引
size(QModelIndex)	int	获取文件的大小
columnCount(parent=QModelIndex())	int	获取列数

3. 树视图控件的方法

树视图控件的常用方法如表 11-19 所示，主要方法介绍如下。

- 用 setModel(QAbstractItemModel)方法可以给树视图控件设置关联的数据模型，用 setRootIndex(QModelIndex)方法设置树视图控件根部指向的模型数据位置。
- 用 setItemsExpandable(bool)方法设置是否可以展开节点，用 setExpanded (QModelIndex,bool)方法设置展开或折叠某节点，用 expand(QModelIndex)方法展开某节点，用 expandAll()方法展开所有节点，用 collapse(QModelIndex)方法折叠某节点，用 collapseAll()方法折叠所有节点，用 setExpandsOnDoubleClick(bool)方法设置双击节点时是否展开节点。展开或折叠节点时，将会发射 expanded (QModelIndex)信号和 collapsed(QModelIndex)信号。
- 用 setColumnHidden(int,bool)方法可以设置隐藏或显示某列，用 showColumn (int)方法和 hideColumn(int)方法可以显示和隐藏列。
- 用 setColumnWidth(int,int)方法设置列的宽度，用 setUniformRowHeights(bool)方法设置行是否有统一的高度。

表 11-19　树视图控件的常用方法

QTreeView 的方法及参数类型	说　　明
collapse(QModelIndex)	折叠节点
collapseAll()	折叠所有节点
expand(QModelIndex)	展开节点
expandAll()	展开所有节点
expandRecursively(QModelIndex,depth=-1)	逐级展开，展开深度是 depth。-1 表示展开所有节点，0 表示只展开本层
expandToDepth(int)	展开到指定的深度
hideColumn(int)	隐藏列
showColumn(int)	显示列
indexAbove(QModelIndex)	获取某索引之前的索引
indexAt(QPoint)	获取某个点处的索引
indexBelow(QModelIndex)	获取某索引之后的索引
selectAll()	全部选择
selectedIndexes()	获取选中的项的索引列表
setAnimated(bool)	设置展开或折叠时是否比较连贯

续表

QTreeView 的方法及参数类型	说　　明
setColumnHidden(int,bool)	设置是否隐藏列
setColumnWidth(int,int)	设置列宽
setExpanded(QModelIndex,bool)	设置是否展开某节点
setExpandsOnDoubleClick(bool)	设置双击时是否展开节点
setHeader(QHeaderView)	设置表头
header()	获取表头
setHeaderHidden(bool)	设置表头是否隐藏
setIndentation(int)	设置缩进量
indentation()	获取缩进量
setItemsExpandable(bool)	设置是否可以展开节点
setModel(QAbstractItemModel)	设置数据模型
setRootIndex(QModelIndex)	设置根部的索引
setRootIsDecorated(bool)	设置根部是否有折叠或展开标识
setRowHidden(int,QModelIndex,bool)	设置相对于 QModelIndex 的第 int 子层是否隐藏
setSelectionModel(QItemSelectionModel)	设置选择模型
setSortingEnabled(bool)	设置是否可以进行排序
sortByColumn(int,Qt.SortOrder)	按列进行排序
setUniformRowHeights(bool)	设置行是否有统一高度

4．树视图控件的信号

树视图控件的信号如表 11-20 所示。

表 11-20　树视图控件的信号

QTreeView 的信号及参数类型	说　　明
collapsed(QModelIndex)	折叠分支时发射信号
expanded(QModelIndex)	展开分支时发射信号
activated(QModelIndex)	数据项活跃时发射信号
clicked(QModelIndex)	单击数据项时发射信号
doubleClicked(QModelIndex)	双击数据项时发射信号
entered(QModelIndex)	鼠标进入数据项时发射信号
iconSizeChanged(QSize)	图标尺寸发生变化时发射信号
pressed(QModelIndex)	按下鼠标按键时发射信号
viewportEntered()	鼠标进入树视图时发射信号

5．文件系统模型和树视图应用实例

下面的程序建立一个简单的图片浏览器，用两个 QSplitter 分割器将界面分割成 3 个区域，分别放置 QTreeView、QListView 和 QFrame，其中 QTreeView 显示文件和目录，QListView 显示目录下的文件，单击图片文件，在 QFrame 中显示图片。程序运行界面如图 11-11 所示。

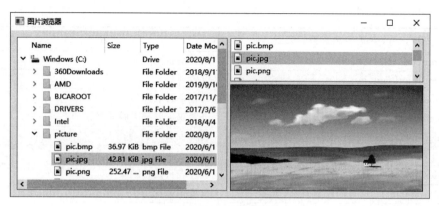

图 11-11　程序运行界面

```python
import sys    #Demo11_6.py
from PyQt5.QtWidgets import (QApplication,QWidget,QFrame,QSplitter,QListView,
                    QHBoxLayout,QFileSystemModel,QTreeView)
from PyQt5.QtGui import QPainter,QPixmap
from PyQt5.QtCore import Qt
class myFrame(QFrame):              #为能显示图片,重写了 QFrame 的 paintEvent()事件
    def __init__(self, parent = None):
        super().__init__(parent)
        self.setFrameShape(self.Box)
        self.resize(600,500)
        self.setFrameShape(QFrame.Box)
        self.__path = ""              #用于记录图片文件
    def setPath(self,path):           #获取图片文件
        self.__path = path
    def paintEvent(self, event)#paintEvent()事件
        painter = QPainter(self)
        pixmap = QPixmap(self.__path)
        painter.drawPixmap(self.rect(), pixmap)
        super().paintEvent(event)

class myWindow(QWidget):
    def __init__(self,parent = None):
        super().__init__(parent)
        self.setWindowTitle("图片浏览器")
        self.resize(800,600)
        self.setup_Ui()
    def setup_Ui(self):
        self.fileSystem = QFileSystemModel(self)          #建立文件系统模型
        rootIndex = self.fileSystem.setRootPath("c:\\")   #设置根路径
        self.treeView = QTreeView()                       #建立树视图控件
        self.treeView.setModel(self.fileSystem)           #设置模型
        self.listView = QListView()                       #建立列表视图模型
        self.listView.setModel(self.fileSystem)           #设置模型
        self.listView.setRootIndex(rootIndex)             #设置路径
```

```
            splitter_h = QSplitter(Qt.Horizontal)              # 建立分割器
            splitter_v = QSplitter(Qt.Vertical)                # 建立分割器
            splitter_h.addWidget(self.treeView)                # 在分割器中添加控件
            splitter_h.addWidget(splitter_v)                   # 在分割器中添加分割器
            self.frame = myFrame()                             # 建立框架控件
            splitter_v.addWidget(self.listView)                # 添加控件
            splitter_v.addWidget(self.frame)                   # 添加控件
            h = QHBoxLayout(self)                              # 窗口中的布局
            h.addWidget(splitter_h)

            self.treeView.clicked.connect(self.view_clicked)   # 信号与槽的连接
            self.listView.clicked.connect(self.view_clicked)   # 信号与槽的连接
        def view_clicked(self,index):      # 树视图控件或列表视图控件的单击槽函数
            if self.fileSystem.isDir(index):                   # 如果是文件夹,展开文件
                self.listView.setRootIndex(index)
                self.treeView.expand(index)
                self.treeView.setCurrentIndex(index)
            else:
                self.frame.setPath(self.fileSystem.filePath(index))   # 如果是文件,传递文件名
                self.frame.update()                            # 刷新屏幕,绘制图片
    if __name__ == '__main__':
        app = QApplication(sys.argv)
        window = myWindow()
        window.show()
        sys.exit(app.exec())
```

11.3.3 标准数据模型和表格视图控件

1. 创建标准数据模型、标准数据项和表格视图控件的方式

标准数据模型 QStandardItemModel 可以存储多行多列的数据表格,数据表格中的每个数据称为数据项 QStandardItem,每个数据项下面还可以存储多行多列的子数据表格,并形成层级关系,这样会形成比较复杂的结构关系。数据项可以存储文本、图标、选中状态等信息。表格视图控件 QTableView 可以用多行多列的单元格来显示标准数据模型,也显示其他类型的数据模型。

用 QStandardItemModel 类创建标准数据模型的方法如下所示,其中 parent 是 QObject 或继承自 QObject 的实例对象,两个 int 分别是行数和列数。

```
QStandardItemModel(parent = None)
QStandardItemModel(int, int, parent = None)
```

用 QStandardItem 类创建数据项的方法如下所示,用 QStandardItem(rows,columns) 方法可以创建一个含有多行多列子数据项的数据项。

```
QStandardItem()
QStandardItem(str)
QStandardItem(QIcon, str)
```

```
QStandardItem(int, columns = 1)
```

用 QTableView 类创建表格视图控件的方法如下所示,其中 parent 是 QWidget 或继承自 QWidget 的实例对象。

```
QTableView(parent = None)
```

2. 标准数据模型的常用方法

标准数据模型的常用方法如表 11-21 所示,主要方法介绍如下。

- 标准数据模型最高层的列数和行数用 setColumnCount(int) 和 setRowCount(int) 方法设置,用 columnCount(parent = QModelIndex()) 方法和 rowCount(parent = QModelIndex()) 方法可获得某层的行数和列数。

- 用 appendColumn(Iterable[QStandardItem]) 方法可以追加列,用 appendRow(Iterable[QStandardItem]) 方法或 appendRow(QStandardItem) 方法可追加行,可以用 insertColumn() 方法和 insertRow() 方法插入列和行,用 takeColumn(int) 和 takeRow(int) 方法移除列和行。

- 用 setItem(row,column,QStandardItem) 方法和 setItem(row,QStandardItem) 方法可以在数据模型中设置数据项,用 item(row,column=0) 方法可以获取数据项,用 takeItem(row,column=0) 方法可移除数据项,用 clear() 方法可清除所有的数据项。

- 用 setData(QModelIndex,Any,role=Qt.EditRole) 方法和 setItemData(QModelIndex,Dict[int,Any]) 方法可以设置数据项的角色数据,用 clearItemData(QModelIndex) 方法可以清除数据项上的角色数据。

- 用 index(row,column,parent = QModelIndex()) 方法、indexFromItem(QStandardItem) 方法和 sibling(row,column,QModelIndex) 方法可以获得数据项的索引。

- 标准数据模型有行表头和列表头,用 setHorizontalHeaderItem(int,QStandardItem) 方法和 setVerticalHeaderItem(int,QStandardItem) 方法设置水平表头和竖直表头的数据项,用 takeHorizontalHeaderItem(int) 方法和 takeVerticalHeaderItem(int) 方法移除表头的数据项,并返回被移除的表头数据项。

表 11-21 标准数据模型的常用方法

QStandardItemModel 的方法及参数类型	返回值的类型	说　　明
setColumnCount(int)	—	设置列的数量
setRowCount(int)	—	设置行的数量
columnCount(parent=QModelIndex())	int	获取列的数量
rowCount(parent=QModelIndex())	int	获取行的数量
appendColumn(Iterable[QStandardItem])	—	添加列
appendRow(Iterable[QStandardItem])	—	添加行
appendRow(QStandardItem)	—	添加行
insertColumn(int,Iterable[QStandardItem])	—	插入列
insertColumn(int,parent=QModelIndex())	bool	插入列,成功则返回 True

续表

QStandardItemModel 的方法及参数类型	返回值的类型	说　明
insertColumns(int,int,parent=QModelIndex())	bool	插入多列,成功则返回 True
insertRow(int,Iterable[QStandardItem])	—	插入行
insertRow(int,QStandardItem)	—	插入行
insertRow(int,parent=QModelIndex())	bool	插入行,成功则返回 True
insertRows(int,int,parent=QModelIndex())	bool	插入多行,成功则返回 True
takeColumn(int)	List[QStandardItem]	移除列,并返回数据项列表
takeRow(int)	List[QStandardItem]	移除行,并返回数据项列表
removeColumns(int,int,parent=QModelIndex())	bool	移除多列,成功则返回 True
removeRows(int,int,parent=QModelIndex())	bool	移除多行,成功则返回 True
setItem(int,int,QStandardItem)	—	根据行和列设置数据项
setItem(int,QStandardItem)	—	根据行设置数据项
item(int,column=0)	QStandardItem	根据行和列获取数据项
takeItem(int,column=0)	QStandardItem	移除数据项,并返回数据项
setData(QModelIndex,Any,role=Qt.EditRole)	bool	设置角色值,成功则返回 True
data(QModelIndex,role=Qt.DisplayRole)	Any	获取角色值
setItemData(QModelIndex,Dict[int,Any])	bool	用字典设置数据项的值
itemData(QModelIndex)	Dict[int,Any]	获取多个数据项的值
setHeaderData(int, Qt. Orientation, Any, role=Qt. EditRole)	bool	设置表头值,成功则返回 True
headerData(int,Qt. Orientation,role=Qt. DisplayRole)	Any	获取表头的值
setHorizontalHeaderItem(int,QStandardItem)	—	设置水平表头的数据项
setHorizontalHeaderLabels(Iterable[str])	—	设置水平表头的文本内容
horizontalHeaderItem(int)	QStandardItem	获取水平表头的数据项
setVerticalHeaderItem(int,QStandardItem)	—	设置竖直表头的数据项
setVerticalHeaderLabels(Iterable[str])	—	设置竖直表头的文本内容
verticalHeaderItem(int)	QStandardItem	获取竖直表头的数据项
takeHorizontalHeaderItem(int)	QStandardItem	移除水平表头的数据项
takeVerticalHeaderItem(int)	QStandardItem	移除竖直表头的数据项
index(int,int,parent=QModelIndex())	QModelIndex	根据行列获取数据项索引
indexFromItem(QStandardItem)	QModelIndex	根据数据项获取索引
sibling(int,int,QModelIndex)	QModelIndex	获取同级别的索引
invisibleRootItem()	QStandardItem	获取根目录的数据项
clear()	—	清除所有的数据项
clearItemData(QModelIndex)	bool	清除数据项的数据
findItems(str,Qt. MatchFlag,column=0)	List[QStandardItem]	获取满足匹配条件的数据项
flags(QModelIndex)	Qt. ItemFlags	获取数据项的标识
hasChildren(parent=QModelIndex())	bool	获取是否有子数据项
itemFromIndex(QModelIndex)	QStandardItem	根据索引获取数据项
parent(QModelIndex)	QModelIndex	获取父项的模型索引
setSortRole(int)	—	设置排序用的角色
sort(int,order=Qt. AscendingOrder)	—	根据角色值进行排序

3. 数据项的方法

数据项的常用方法如表 11-22 所示,主要方法介绍如下。

- 数据项可以设置文本、字体、图标、前景色、背景色、选中状态和提示信息等。用 setText(str)方法设置数据项显示的文本,用 setIcon(QIcon)方法设置图标,用 setFont(QFont)方法设置数据项的字体,用 setForeground(QColor)方法设置前景色,用 setCheckable(bool)方法设置是否可以选中,用 setCheckState(Qt.CheckState)方法设置选中状态。
- 数据项下面可以有多行多列子数据项,行和列可以在创建数据项时用构造函数设置,也可用 setRowCount(int)方法和 setColumnCount(int)方法设置,用 rowCount()方法和 columnCount()获取行和列的数量。另外可用多种方法添加、插入和隐藏子数据项的行和列。
- 用 setChild(row,column,QStandardItem)方法和 setChild(row,QStandardItem)方法设置子数据项,用 row()和 column()方法获取数据项所在的行和列,用 child(int,column=0)方法获取子数据项,用 hasChildren()方法判断是否有子数据项,用 takeChild(int,column=0)方法移除子数据项,并返回被移除的子数据项。

表 11-22 数据项的常用方法

QStandardItem 的方法及参数类型	说 明
index()	获取数据项的索引
setColumnCount(int)	设置列数
columnCount()	获取列数
setRowCount(int)	设置行数
rowCount()	获取行数
setChild(int,int,QStandardItem)	根据行和列设置子数据项
setChild(int,QStandardItem)	根据行设置子数据项
hasChildren()	获取是否有子数据项
child(int,column=0)	根据行和列获取子数据项
takeChild(int,column=0)	移除并返回子数据项
row(),column()	获取数据项所在的行和列
appendColumn(Iterable[QStandardItem])	添加列
appendRow(Iterable[QStandardItem])	添加行
appendRow(QStandardItem)	添加行
appendRows(Iterable[QStandardItem])	添加多行
insertColumn(int,Iterable[QStandardItem])	插入列
insertColumns(int,int)	插入多列
insertRow(int,Iterable[QStandardItem])	插入行
insertRow(int,QStandardItem)	插入行
insertRows(int,int)	插入多行
insertRows(int,Iterable[QStandardItem])	插入多行
removeColumn(int)	移除列
removeColumns(int,int)	移除多列
removeRow(int)	移除行

续表

QStandardItem 的方法及参数类型	说　　明
removeRows(int,int)	移除多行
takeColumn(int)	移除列，并返回被移除的数据项列表
takeRow(int)	移除行，并返回被移除的数据项列表
model()	获取数据模型
parent()	获取父数据项
setAutoTristate(bool)	设置是否有第 3 种状态
setForeground(QColor)	设置前景色
setBackground(QColor)	设置背景色
setCheckable(bool)	设置是否可以选中
setCheckState(Qt.CheckState)	设置选中状态
checkState()	获取选中状态
setData(Any,role=Qt.UserRole+1)	设置数据
data(role=Qt.UserRole+1)	获取数据
clearData()	清空数据
setDragEnabled(bool)	设置是否可以拖曳
setDropEnabled(bool)	设置是否可以拖放
setEditable(bool)	设置是否可以编辑
setEnabled(bool)	设置是否激活
setFlags(Qt.ItemFlag)	设置标识
setFont(QFont)	设置字体
setIcon(QIcon)	设置图标
setSelectable(bool)	设置选中状态
setStatusTip(str)	设置状态信息
setText(str)	设置文本
text()	获取文本
setTextAlignment(Qt.Alignment)	设置文本对齐方式
setToolTip(str)	设置提示信息
setTristate(bool)	设置是否有第 3 种状态
setWhatsThis(str)	设置按 Shift+F1 键的提示信息
sortChildren(int,order=Qt.SortOrder)	对列进行排序

4. 表格视图控件的常用方法

表格视图控件以二维表格的形式显示数据模型中的数据，其常用方法如表 11-23 所示，主要方法介绍如下。

- 用 setModel(QAbstractItemModel)方法设置表格视图控件的数据模型，用 setRootIndex(QModelIndex)方法设置根目录（不可见）的数据索引，用 setSelectionModel(QItemSelectionModel)方法设置选择模型。
- 用 setColumnWidth(int,int)方法和 setRowHeight(int,int)方法设置列的宽度和行的高度，用 columnWidth(int)方法和 rowHeight(int)方法获取列的宽度和行的高度。
- 表格视图控件有坐标系，用 columnAt(int)方法获取 x 坐标位置处的列号，用 rowAt(int)

方法获取 y 坐标位置处的行号,用 columnViewportPosition(int)方法获取指定列的 x 坐标值,用 rowViewportPosition(int)方法获取指定行的 y 坐标值。
- 行和列可以根据内容调整高度和宽度,用 resizeColumnToContents(int)方法和 resizeColumnsToContents()方法自动调整列的宽度,用 resizeRowToContents(int)方法和 resizeRowsToContents()方法自动调整行的高度。
- 在表格的左上角有个按钮,单击该按钮可以选中所有数据,用 setCornerButtonEnabled(bool)方法设置是否激活该按钮。
- 用 setShowGrid(bool)方法设置是否显示表格线条,用 setGridStyle(Qt.PenStyle)方法可以设置表格线条的样式,其中参数 Qt.PenStyle 可取 Qt.NoPen(没有表格线条)、Qt.SolidLine、Qt.DashLine、Qt.DotLine、Qt.DashDotLine、Qt.DashDotDotLine 或 Qt.CustomDashLine(用 setDashPattern()方法自定义)。

表 11-23　表格视图控件的常用方法

QTableView 的方法及参数类型	说　明
setModel(QAbstractItemModel)	设置关联的数据模型
setRootIndex(QModelIndex)	设置根目标的模型数据索引
setSelectionModel(QItemSelectionModel)	设置选择模型
selectionModel()	获取选择模型
columnAt(int)	获取 x 坐标位置处的列号
rowAt(int)	获取 y 坐标位置处的行号
columnViewportPosition(int)	获取指定列的 x 坐标值
rowViewportPosition(int)	获取指定行的 y 坐标值
indexAt(QPoint)	获取指定位置的模型数据索引
selectedIndexes()	获取选中的数据项的模型数据索引列表
resizeColumnToContents(int)	根据内容自动调整指定列的宽度
resizeColumnsToContents()	根据内容自动调整列的宽度
resizeRowToContents(int)	根据内容自动调整指定行的高度
resizeRowsToContents()	根据内容自动调整行的高度
scrollTo(QModelIndex)	滚动表格使指定的内容可见
selectColumn(int)	选择列
selectRow(int)	选择行
setColumnHidden(int,bool)	设置列是否隐藏
hideColumn(int)	隐藏列
setRowHidden(int,bool)	设置行是否隐藏
hideRow(int)	隐藏行
showColumn(int)	显示列
showRow(int)	显示行
isColumnHidden(int)	获取指定的列是否隐藏
isRowHidden(int)	获取指定的行是否隐藏
isIndexHidden(QModelIndex)	获取指定的索引对应的单元格是否隐藏
setShowGrid(bool)	设置是否显示表格线条
showGrid()	获取表格线条是否已经显示
setGridStyle(Qt.PenStyle)	设置表格线的样式

续表

QTableView 的方法及参数类型	说明
setColumnWidth(int,int)	设置列的宽度
columnWidth(int)	获取列的宽度
setRowHeight(int,int)	设置行的高度
rowHeight(int)	获取行的高度
setCornerButtonEnabled(bool)	设置左上角的按钮是否激活
isCornerButtonEnabled()	获取左上角的按钮是否激活
setVerticalHeader(QHeaderView)	设置竖直表头
setHorizontalHeader(QHeaderView)	设置水平表头
setWordWrap(bool)	设置一个字是否可以断开写到多行上
setSortingEnabled(bool)	设置是否可以排序
sortByColumn(int,Qt.SortOrder)	按列进行排序

5. 表格视图控件的信号

表格视图控件的信号如表 11-24 所示。

表 11-24 表格视图控件的信号

QTreeView 的信号及参数类型	说明
activated(QModelIndex)	数据项活跃时发射信号
clicked(QModelIndex)	单击数据项时发射信号
doubleClicked(QModelIndex)	双击数据项时发射信号
entered(QModelIndex)	鼠标进入数据项时发射信号
iconSizeChanged(QSize)	图标尺寸发生变化时发射信号
pressed(QModelIndex)	按下鼠标按键时发射信号
viewportEntered()	鼠标进入视图控件时发射信号

6. 标准数据模型和表格视图控件的应用实例

下面的程序从 Excel 文件"年级考试成绩.xlsx"中读取数据，该文件中保存 5 个班级的考试成绩，数据保存到标准数据模型中，用列表视图控件、表格视图控件和树视图控件把数据模型中的数据显示出来。程序运行界面如图 11-12 所示。另外单击"文件"菜单中的"另存"命令可以把修改后的数据保存到新的 Excel 文件中。

(a) Excel中的原始数据

(b) 读入后的数据

图 11-12 程序运行界面

```python
import sys,os      #Demo11_7.py
from PyQt5.QtWidgets import (QApplication,QWidget,QMenuBar,QVBoxLayout,QTreeView,QListView,
                             QFileDialog,QTableView,QSplitter)
from PyQt5.QtGui import QStandardItemModel,QStandardItem,QIcon
from PyQt5.QtCore import Qt,QModelIndex
from openpyxl import load_workbook,Workbook

class myWindow(QWidget):
    def __init__(self,parent = None):
        super().__init__(parent)
        self.standardModel = QStandardItemModel(self)       #标注数据模型
        self.widget_setupUi()
        self.male = QIcon("d:\\python\\male.png")           #图标
        self.female = QIcon("d:\\python\\female.png")       #图标
    def widget_setupUi(self):                               #建立主程序界面
        menuBar = QMenuBar(self)                            #菜单栏
        fileMenu = menuBar.addMenu("文件")                  #菜单
        self.action_open = fileMenu.addAction("打开")       #打开动作
        self.action_saveAs = fileMenu.addAction("另存")     #另存动作
        fileMenu.addSeparator()
        self.action_exit = fileMenu.addAction("退出")
        self.action_saveAs.setEnabled(False)

        self.listView = QListView(self)                     #列表视图控件
        self.listView.setMaximumWidth(100)
        self.tableView = QTableView(self)                   #表格视图控件
        self.treeView = QTreeView(self)                     #树视图控件
        self.tableView.setAlternatingRowColors(True)        #交替颜色
        self.treeView.setAlternatingRowColors(True)
        h_splitter = QSplitter(Qt.Horizontal)               #布局
        v_splitter = QSplitter(Qt.Vertical)
        h_splitter.addWidget(self.listView)
        h_splitter.addWidget(v_splitter)
        v_splitter.addWidget(self.tableView)
        v_splitter.addWidget(self.treeView)
        v = QVBoxLayout(self)
        v.addWidget(menuBar,0)
        v.addWidget(h_splitter,1)
        v.setSpacing(0)
        self.action_open.triggered.connect(self.action_open_triggered)       #信号与槽连接
        self.action_saveAs.triggered.connect(self.action_saveAs_triggered)   #信号与槽连接
        self.action_exit.triggered.connect(self.close)   # 信号与槽连接
        self.listView.clicked.connect(self.listView_clicked)     #信号与槽连接
    def action_open_triggered(self):                        #打开 Excel 文件的槽函数
        fileName,fil = QFileDialog.getOpenFileName(self,"打开文件","d:\\","Excel 文件(*.xlsx)")
        if os.path.exists(fileName):
            self.standardModel.clear()
            wbook = load_workbook(fileName)
```

```python
        for sheetname in wbook.sheetnames:
            wsheet = wbook[sheetname]
            cell_range = wsheet[wsheet.dimensions]      #按行排列的单元格对象元组
            score = list()                              #记录 Excel 工作表格中的数据
            for rowCells in cell_range:                 #rowCells 是 Excel 行单元格元组
                temp = list()                           #临时列表
                for cell in rowCells:                   #cell 是单元格对象
                    temp.append(str(cell.value))
                score.append(temp)
            parent_item = QStandardItem(sheetname)      #根索引下的顶层数据项
            parent_item.setColumnCount(len(score[0]))   #设置顶层数据项下列的数量
            for i in range(1, len(score)):
                items_temp = list()                     #临时列表
                for j in score[i]:
                    child_item = QStandardItem(j)       #子数据项
                    child_item.setTextAlignment(Qt.AlignCenter)
                    if j == "男":
                        child_item.setIcon(self.male)   #设置图标
                    elif j == "女":
                        child_item.setIcon(self.female)
                    items_temp.append(child_item)
                parent_item.appendRow(items_temp)       #将子数据列表添加到顶层数据项中
            self.standardModel.appendRow(parent_item)
        self.standardModel.setHorizontalHeaderLabels(score[0])   #设置水平表头
        self.listView.setModel(self.standardModel)      #设置列表视图控件的数据模型
        self.tableView.setModel(self.standardModel)     #设置表格视图控件的数据模型
        self.treeView.setModel(self.standardModel)      #设置树视图控件的数据模型
        self.action_saveAs.setEnabled(True)
        index = self.standardModel.index(0, 0)
        self.listView_clicked(index)  #初始时刻表格视图控件和树视图控件指向的根索引
def listView_clicked(self, index):                      #列表视图控件的单击槽函数
    item = self.standardModel.itemFromIndex(index)
    if item.hasChildren():
        self.tableView.setRootIndex(index)
        self.treeView.collapseAll()
        self.treeView.expand(index)
        row_count = item.rowCount()
        label = list()
        for i in range(1, row_count + 1):
            label.append(str(i))
        self.standardModel.setVerticalHeaderLabels(label)   #设置列表头显示的文字
def action_saveAs_triggered(self):                      # 另存动作的槽函数
    sheet_count = self.standardModel.rowCount(QModelIndex())   #获取根索引下的数据项
                                                               #的数量
    wbook = Workbook()
    for i in range(sheet_count):
        parent_index = self.standardModel.index(i, 0, QModelIndex())   #根索引下的
                                                                       #顶层索引
        parent_item = self.standardModel.itemFromIndex(parent_index)   #根索引下的
                                                                       #顶层数据项
```

```
                if parent_item.hasChildren():
                    sheet_name = self.standardModel.data(parent_index,Qt.DisplayRole)
                    wsheet = wbook.create_sheet(sheet_name,i)

                    row_count = self.standardModel.rowCount(parent_index)
                    column_count = self.standardModel.columnCount(parent_index)
                    horizontal_header = list()
                    for column in range(column_count):     ♯获取水平表头的文本
                        header_name = self.standardModel.headerData(column,
                                         Qt.Horizontal,Qt.DisplayRole)
                        horizontal_header.append(header_name)
                    wsheet.append(horizontal_header)       ♯在工作表格中添加表头
                    for row in range(row_count):           ♯获取每个班级的数据
                        score = list()
                        for column in range(column_count): ♯获取每行的数据
                            child_index = parent_index.child(row,column)   ♯获取子索引
                            score.append(child_index.data(Qt.DisplayRole))  ♯获取数据
                        wsheet.append(score)               ♯在工作表格中添加数据
            fileName, fil = QFileDialog.getSaveFileName(self,"保存文件","d:\\",
                                        "Excel 文件(*.xlsx)")
            if fileName != "":
                wbook.save(fileName)
if __name__ == '__main__':
    app = QApplication(sys.argv)
    window = myWindow()
    window.show()
    sys.exit(app.exec_())
```

11.4 选择模型和代理控件

11.4.1 选择模型

在列表、树和表格视图中,如要对数据项进行操作,需要先选中数据项,被选中的数据项高亮或反色显示。在 PyQt5 中被选中的数据项记录在选择模型 QItemSelectionModel 中,如果多个视图控件同时关联到一个数据模型,选择模型可以记录多个视图控件中被选中的数据项。视图控件有自己默认的选择模型,一般可以满足用户的需要,另外可以单独创建新的选择模型,以实现特殊目的。

视图控件都有 setSelectionModel(QItemSelectionModel)方法和 selectionModel()方法,用于设置视图控件的选择模型和获取选择模型。用 selectionModel()方法获取某一个视图控件的选择模型后,可以使用 setSelectionModel()方法提供给其他视图共享选择模型,因此一般没有必要新建选择模型。

用 QItemSelectionModel 类创建选择模型的方法如下:

QItemSelectionModel(QAbstractItemModel = None)
QItemSelectionModel(QAbstractItemModel, QObject)

选择模型 QItemSelectionModel 的常用方法和信号分别如表 11-25 和表 11-26 所示。

表 11-25 选择模型的常用方法

QItemSelectionModel 的方法	说　　明
clear()	清空选择模型,会发射 selectionChanged()和 currentChanged()信号
reset()	清空选择模型,不发射信号
clearCurrentIndex()	清空当前的数据索引,会发射 currentChanged()信号
clearSelection()	清空选择,会发射 selectionChanged()信号
rowIntersectsSelection(int,QModelIndex)	如果选择的数据项与 QModelIndex 的子数据项的指定行有交集,返回 True,否则返回 False
columnIntersectsSelection(int,QModelIndex)	如果选择的数据项与 QModelIndex 的子数据项的指定列有交集,返回 True,否则返回 False
currentIndex()	获取当前数据项的索引
hasSelection()	获取是否有选择项
isColumnSelected(int,QModelIndex)	获取 QModelIndex 下的某列是否全部选中
isRowSelected(int,QModelIndex)	获取 QModelIndex 下的某行是否全部选中
isSelected(QModelIndex)	获取某个数据项是否选中
selectedColumns(row=0)	获取某行中被选中的数据项的索引列表
selectedRows(column=0)	获取某列中被选中的数据项的索引列表
selectedIndexes()	获取被选中的数据项的索引列表
setModel(QAbstractItemModel)	设置数据模型

表 11-26 选择模型的信号

QItemSelectionModel 的信号	说　　明
currentChanged(currentIndex,previousIndex)	当前数据项发生改变时发射信号
currentColumnChanged(currentIndex,previousIndex)	当前数据项所在的列发生改变时发射信号
currentRowChanged(currentIndex,previousIndex)	当前数据项所在的行发生改变时发射信号
modelChanged(QAbstractItemModel)	数据模型发生改变时发射信号
selectionChanged(QItemSelection_selected,QItemSelection_deselected)	选择区域发生改变时发射信号

11.4.2 代理控件

在视图控件中双击某个数据项,可以修改数据项当前显示的值,即可以输入新的值。输入新值时,并不是直接在视图控件上输入(视图控件只具有显示数据功能),而是在视图控件的单元格位置出现一个新的可以输入数据的控件,如 QLineEdit。QLineEdit 读取数据项的值作为初始值,供用户修改,修改完成后通过数据项的索引把数据保存到数据模型中,并通知视图控件显示新的数据。像这种为视图控件提供编辑功能的控件称为代理控件或委托控件。

系统为每种数据类型定义了默认的代理控件,用户也可以自定义代理控件。例如某个数据项存储性别值,该数据项只有"男"和"女"两个选择,可以用 QComboBox 作为代理控件,双击该数据项,弹出 QComboBox 控件,从 QComboBox 的列表中选择"男"或"女";再如对于存储成绩的数据项，用 QDoubleSpinBox 作为代理控件，设置其可以输入 1 位小数。

定义代理控件需要用 QStyledItemDelegate 类或 QItemDelegate 类创建子类，这两个类都继承自 QAbstractItemDelegate 类。这两个类的主要区别是前者可以使用当前的样式表来设置代理控件的样式，因此建议使用前者来定义代理控件。在 QStyledItemDelegate 或 QItemDelegate 的子类中定义代理控件的类型、位置，如何读取和返回数据。视图控件有 setItemDelegate（QAbstractItemDelegate）方法、setItemDelegateForColumn（column，QAbstractItemDelegate）方法和 setItemDelegateForRow（row，QAbstractItemDelegate）方法，可以分别为所有的数据项、列数据项和行数据项设置代理控件。创建代理控件可以用项编辑器工厂 QItemEditorFactory 定义默认的代理控件，也可以自定义代理控件的类型，下面介绍自定义代理控件。

自定义代理控件需要重写 QStyledItemDelegate 类或 QItemDelegate 类的下面 4 个函数：

- createEditor(QWidget,QStyleOptionViewItem,QModelIndex)函数，用于创建代理控件的实例对象并返回该实例对象。
- setEditorData(QWidget,QModelIndex)函数，用于读取视图控件的数据项的值到代理控件中。
- setModelData(QWidget,QAbstractItemModel,QModelIndex)函数，用于将编辑后的代理控件的值返回到数据模型中。
- updateEditorGeometry(QWidget,QStyleOptionViewItem,QModelIndex)函数，用于设置代理控件显示的位置。

createEditor()中的参数 QWidget 指代理控件所在的窗口，通常取视图控件所在的窗体；其他三个函数的 QWidget 指 createEditor() 返回的代理控件，用于传递数据；QModelIndex 是数据项的索引，系统会给实参传递索引；QStyleOptionViewItem 的一些枚举常量用于确定代理控件的位置和外观。

下面通过一个具体的实例说明定义代理控件的方法，读者可参考该例建立自己的代理控件。下面的程序先创建两个从 QStyledItemDelegate 继承的子类 comboBoxDelegate()和 doubleSpinBoxDelegate()，分别创建用 QComboBox 和 QDoubleSpinBox 定义的代理控件。程序运行界面如图 11-13 所示。用菜单从 Excel 文件"年级考试成绩.xlsx"中读取数据，该文件中保存 5 个班级的考试成绩，数据保存到标准数据模型中，用列表视图控件、表格视图控件把数据模型中的数据显示出来，根据水平表头的名称，性别这一列设置代理控件 QComboBox，其他各科成绩列设置代理控件 QDoubleSpinBox。

图 11-13　程序运行界面

```python
import sys,os                    # Demo11_8.py
from PyQt5.QtWidgets import (QApplication,QWidget,QMenuBar,QVBoxLayout,QListView,
        QStyledItemDelegate,QDoubleSpinBox,QComboBox,QFileDialog,QTableView,QSplitter)
from PyQt5.QtGui import QStandardItemModel,QStandardItem,QIcon
from PyQt5.QtCore import Qt
from openpyxl import load_workbook

class comboBoxDelegate(QStyledItemDelegate):              #代理子类
    def __init__(self,parent = None):
        super().__init__(parent)
    def createEditor(self, parent, option, index):        #创建代理控件
        comBox = QComboBox(parent)
        male = QIcon("d:\\python\\male.png")
        female = QIcon("d:\\python\\female.png")
        comBox.addItem(male, "男")
        comBox.addItem(female, "女")
        comBox.setEditable(False)
        return comBox                                     #返回代理控件
    def setEditorData(self,comBox,index):                 #设置代理控件的数据
        model = index.model()                             #获取模型
        if model.data(index,Qt.DisplayRole) == "男":
            comBox.setCurrentIndex(0)
        else:
            comBox.setCurrentIndex(1)
    def setModelData(self,editor,model,index):            #把代理控件的数据写入数据模型中
        comboBox_index = editor.currentIndex()
        text = editor.itemText(comboBox_index)
        icon = editor.itemIcon(comboBox_index)
        model.setData(index,text,Qt.DisplayRole)
        model.setData(index,icon,Qt.DecorationRole)
    def updateEditorGeometry(self,editor, option, index):  #设置代理控件的位置
        editor.setGeometry(option.rect)
class doubleSpinBoxDelegate(QStyledItemDelegate):         #代理子类
    def __init__(self,parent = None):
        super().__init__(parent)
    def createEditor(self, parent, option, index):
        editor = QDoubleSpinBox(parent)
        editor.setDecimals(1)                             #设置1位小数
        editor.setMinimum(0.0)
        editor.setMaximum(100.0)
        editor.setFrame(False)
        return editor
    def setEditorData(self,editor,index):
        model = index.model()
        text = model.data(index,Qt.DisplayRole)
        try:
            editor.setValue(float(text))
        except:
            editor.setValue(0.0)
```

```python
        def setModelData(self,editor,model,index):
            value = editor.value()
            model.setData(index,str(value),Qt.DisplayRole)
        def updateEditorGeometry(self,editor, option, index):
            editor.setGeometry(option.rect)

class myWindow(QWidget):
    def __init__(self,parent = None):
        super().__init__(parent)
        self.standardModel = QStandardItemModel(self)
        self.widget_setupUi()
        self.male = QIcon("d:\\python\\male.png")
        self.female = QIcon("d:\\python\\female.png")
    def widget_setupUi(self):                               #建立主程序界面
        menuBar = QMenuBar(self)                            #菜单栏
        fileMenu = menuBar.addMenu("文件")                   #菜单
        self.action_open = fileMenu.addAction("打开")        #打开动作
        fileMenu.addSeparator()
        self.action_exit = fileMenu.addAction("退出")

        self.listView = QListView(self)                     #列表视图控件
        self.listView.setMaximumWidth(100)
        self.tableView = QTableView(self)                   #表格视图控件
        self.tableView.setAlternatingRowColors(True)        #交替颜色

        h_splitter = QSplitter(Qt.Horizontal)               #布局
        h_splitter.addWidget(self.listView)
        h_splitter.addWidget(self.tableView)
        v = QVBoxLayout(self)
        v.addWidget(menuBar,0)
        v.addWidget(h_splitter,1)

        self.action_open.triggered.connect(self.action_open_triggered)    #信号与槽连接
        self.action_exit.triggered.connect(self.close)       #信号与槽连接
        self.listView.clicked.connect(self.listView_clicked) #信号与槽连接
    def action_open_triggered(self):                         #打开 Excel 文件的槽函数
        fileName, fil = QFileDialog.getOpenFileName(self,"打开文件","d:\\","Excel 文件(*.xlsx)")
        if os.path.exists(fileName):
            self.standardModel.clear()
            wbook = load_workbook(fileName)
            for sheetname in wbook.sheetnames:
                wsheet = wbook[sheetname]
                cell_range = wsheet[wsheet.dimensions]       #按行排列的单元格对象元组
                score = list()                               #记录 Excel 工作表格中的数据
                for rowCells in cell_range:                  #rowCells 是 Excel 行单元格元组
                    temp = list()                            #临时列表
                    for cell in rowCells:                    #cell 是单元格对象
                        temp.append(str(cell.value))
```

```python
                    score.append(temp)
                parent_item = QStandardItem(sheetname)      # 根索引下的顶层数据项
                parent_item.setColumnCount(len(score[0]))   # 设置顶层数据项下列的数量
                for i in range(1,len(score)):
                    items_temp = list()                      # 临时列表
                    for j in score[i]:
                        child_item = QStandardItem(j)        # 子数据项
                        child_item.setTextAlignment(Qt.AlignCenter)
                        if j == "男":
                            child_item.setIcon(self.male)    # 设置图标
                        elif j == "女":
                            child_item.setIcon(self.female)
                        items_temp.append(child_item)
                    parent_item.appendRow(items_temp)        # 将子数据列表添加到顶层数据项中
                self.standardModel.appendRow(parent_item)
            self.standardModel.setHorizontalHeaderLabels(score[0])   # 设置水平表头
            self.listView.setModel(self.standardModel)       # 设置列表视图控件的数据模型
            self.tableView.setModel(self.standardModel)      # 设置表格视图控件的数据模型
            index = self.standardModel.index(0, 0)
            self.listView_clicked(index)   # 初始时刻表格视图控件和树视图控件指向的根索引
    def listView_clicked(self,index):                        # 列表视图控件的单击槽函数
        item = self.standardModel.itemFromIndex(index)
        if item.hasChildren():
            self.tableView.setRootIndex(index)
            row_count = item.rowCount()
            label = list()
            for i in range(1,row_count + 1):                 # 不含表头
                label.append(str(i))
            self.standardModel.setVerticalHeaderLabels(label)  # 设置列表头显示的文字

        comBoxDelegate = comboBoxDelegate(self)
        doubleSpinDelegate = doubleSpinBoxDelegate(self)
        header = self.tableView.horizontalHeader()
        for i in range(header.count()):                      # 根据表头的名称设置代理类型
            header_text = self.standardModel.horizontalHeaderItem(i).data(Qt.DisplayRole)
            if header_text in ["语文","数学","物理","化学","历史","地理"]:
                self.tableView.setItemDelegateForColumn(i, doubleSpinDelegate)  # 设置代理
            elif header_text == "性别":
                self.tableView.setItemDelegateForColumn(i,comBoxDelegate)       # 设置代理
if __name__ == '__main__':
    app = QApplication(sys.argv)
    window = myWindow()
    window.show()
    sys.exit(app.exec())
```

第12章

绘制图形

绘图是指在绘图设备(窗口、控件、图像等)上将用户构思出的图形绘制出来,图形包括点、线、矩形、多边形、椭圆、文字及保存到磁盘上的图像等。可以对绘制的图形进行处理,如封闭的图形可以填充颜色。PyQt5 中绘制图形有两种方法,一种是用 QPainter 类来绘图,另一种是用 Graphics/View 框架来绘图。QPainter 绘图是过程性绘图,Graphics/View 框架绘图是面向对象的绘图;QPainter 绘制的图形不能选择和再编辑,Graphics/View 框架绘制的图形可以选择、移动和编辑;QPainter 绘图是 Graphics/View 绘图的基础,Graphics/View 框架可以自定义图项(QGraphicsItem),在自定义图项中用 QPainter 绘制自己的图形,形成面向对象的图项。

12.1 QPainter 绘图

PyQt5 提供的控件数量有限,不能满足用户多样化的需求,为设计出多样化的界面,用户可以在控件上绘制图像、文本和几何形状,创建自己的控件。

12.1.1 QPainter 类

利用 QPainter 类可以在绘图设备上绘制图片、文字和几何形状,几何形状有点、线、矩形、椭圆、弧形、弦形、饼图、多边形和贝塞尔曲线。绘图设备是从 QPaintDevice 继承的类,包括继承自 QWidget 的窗口、各种控件、QPixmap 和 QImage。如果绘图设备是窗口或控件,则 QPainter 绘图一般放到 paintEvent()事件或者被 paintEvent()事件调用的函数中。

用 QPainter 类创建绘图实例的方法如下。读者如果使用不带设备的 QPainter()方法创建实例对象,例如 painter = QPainter(),则在开始绘图前需要用 painter.begin(QPaintDevice)方法指定绘图设备,绘图完成后需要用 painter.end()方法声明完成绘图,之后可以用 begin()方法重新指定绘图设备。begin()和 end()方法都返回 bool 值。QPainter 的方法很多,我们将在下面的小节中一一详细说明。

QPainter()
QPainter(QPaintDevice)

下面先举一个用 QPainter 绘制五角星的实例,实例中计算 5 个顶点的坐标,用 QPainter 绘制折线方法 drawPolyline()绘制五角星,并在每个顶点上绘制名称。程序运行界面如图 12-1 所示。

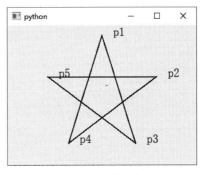

图 12-1 绘制五角星

```python
import sys,math    #Demo12_1.py
from PyQt5.QtWidgets import QApplication,QWidget
from PyQt5.QtGui import QPen,QPainter
from PyQt5.QtCore import QPointF

class myWindow(QWidget):
    def __init__(self,parent = None):
        super().__init__(parent)
        self.resize(600,500)
    def paintEvent(self,event):
        painter = QPainter(self)
        font = painter.font()
        font.setPixelSize(20)
        painter.setFont(font)                       #设置字体

        pen = QPen()                                #钢笔
        pen.setWidth(2)                             #线条宽度
        painter.setPen(pen)                         #设置钢笔
        r = 100                                     #五角星的外接圆的半径
        x = self.width()/2
        y = self.height()/2
        p1 = QPointF(r * math.cos(-90 * math.pi / 180) + x, r * math.sin(-90 * math.pi / 180) + y)
        p2 = QPointF(r * math.cos(-18 * math.pi / 180) + x, r * math.sin(-18 * math.pi / 180) + y)
        p3 = QPointF(r * math.cos(54 * math.pi / 180) + x, r * math.sin(54 * math.pi / 180) + y)
        p4 = QPointF(r * math.cos(126 * math.pi / 180) + x, r * math.sin(126 * math.pi / 180) + y)
        p5 = QPointF(r * math.cos(198 * math.pi / 180) + x, r * math.sin(198 * math.pi / 180) + y)

        painter.drawPolyline(p1,p3,p5,p2,p4,p1)     #绘制折线
        painter.drawText(p1," p1")                  #绘制文字
        painter.drawText(p2, " p2")
        painter.drawText(p3, " p3")
        painter.drawText(p4, " p4")
```

```
            painter.drawText(p5, " p5")
            super().paintEvent(event)
if __name__ == '__main__':
    app = QApplication(sys.argv)
    window = myWindow()
    window.show()
    sys.exit(app.exec())
```

12.1.2 钢笔

钢笔 QPen 用于绘制线条,线条有样式(实线、虚线、点虚线)、颜色、宽度等属性。用 QPen 类创建钢笔实例对象的方法如下,其中 style 是 Qt.PenStyle 的枚举值,用于设置钢笔的样式;颜色可以用 QBrush、QColor、Qt.GlobalColor 和 QGradient 来设置;cap 是 Qt.PenCapStyle 的枚举值,用于设置线条端点样式;join 是 Qt.PenJoinStyle 的枚举值,用于设置线条连接点处的样式。钢笔默认的颜色是黑色,宽度是 1 像素,样式是实线,端点样式是 Qt.SquareCap,连接处是 Qt.BevelJoin。

```
QPen()
QPen(Qt.PenStyle)
QPen(Union[QBrush,QColor,Qt.GlobalColor,QGradient],float,style = Qt.SolidLine,
            cap = Qt.SquareCap,join = Qt.BevelJoin)
QPen(Union[QPen, QColor, Qt.GlobalColor, QGradient])
```

钢笔 QPen()的常用方法如表 12-1 所示,主要方法介绍如下。

表 12-1 钢笔的常用方法

QPen 的方法及参数类型	说 明
setBrush(Union[QBrush, QColor, Qt.GlobalColor, QGradient])	设置钢笔画刷
brush()	获取钢笔画刷
setCapStyle(Qt.PenCapStyle)	设置线端部的样式
capStyle()	获取线端部的样式
setColor(Union[QColor,Qt.GlobalColor,QGradient])	设置颜色
color()	获取颜色
setCosmetic(bool)	设置是否进行装饰
setDashOffset(float)	设置虚线开始绘制的点与线起始点的距离
setDashPattern(Iterable[float])	设置用户自定义线条样式
dashPattern()	获取自定义样式
setJoinStyle(Qt.PenJoinStyle)	设置两条相交线连接点处的风格
setMiterLimit(float)	设置斜接延长线的长度
setStyle(Qt.PenStyle)	设置线条样式
style()	获取线条样式
setWidth(int),setWidthF(float)	设置线条宽度
width(),widthF()	获取宽度
isSolid()	获取线条样式是否是实线填充

- 线条的宽度用 setWidth(int) 或 setWidthF(float) 方法设置，如果宽度为 0，表示是装饰线条；装饰线条也可用 setCosmetic(bool) 方法设置。装饰线条是指具有恒定宽度的边，可确保线条在不同缩放比例下具有相同的宽度。
- 线条的样式用 setStyle(Qt.PenStyle) 方法设置，Qt.PenStyle 可以取的值如表 12-2 所示，其中自定义样式需要用 setDashPattern(Iterable[float]) 方法设置。这些样式的外观如图 12-2 所示。

表 12-2 钢笔样式

线条样式	值	说明	线条样式	值	说明
Qt.NoPen	0	不绘制线条	Qt.DashDotLine	4	点画线
Qt.SolidLine	1	实线	Qt.DashDotDotLine	5	双点画线
Qt.DashLine	2	虚线	Qt.CustomDashLine	6	自定义线
Qt.DotLine	3	点线			

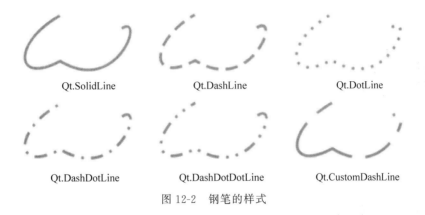

图 12-2 钢笔的样式

- 钢笔的端点样式用 SetCapStyle(Qt.PenCapStyle) 方法设置，其中参数 Qt.PenCapStyle 可取 Qt.FlatCap、Qt.SquareCap 和 Qt.RoundCap，这些样式的区别如图 12-3 所示。Qt.FlatCap 不包含端点，Qt.SquareCap 包含端点，并延长半个宽度。

图 12-3 线条端部的样式

- 两个线条连接点处的样式用 setJoinStyle(Qt.PenJoinStyle) 方法设置，其中参数 Qt.PenJoinStyle 可取 Qt.MiterJoin、Qt.BevelJoin、Qt.RoundJoin 和 Qt.SvgMiterJoin，前 3 种样式如图 12-4 所示。

图 12-4 线条连接样式

- 当线条连接样式是 Qt.MiterJoin 时，用 setMiterLimit(float)方法设置延长线的长度，其延长线的含义如图 12-5 所示，其中参数 float 是线条宽度的倍数，默认是 2.0。
- 用 setDashPattern(Iterable[float])方法可以自定义虚线样式，其中参数的奇数项表

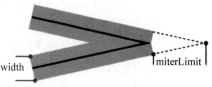

图 12-5　延长线的含义

示细线的长度，偶数项表示空白处的长度，长度是以线宽为单位，表示线宽的倍数。例如 setDashPattern([4,2,4,2])表示短线的长度是线宽的 4 倍，而空白处的长度是线宽的 2 倍。
- 用 setDashOffset(float)方法可以设置虚线开始绘制的点与线条起始点之间的距离，如果这个距离是动态的，则会形成动画效果。

12.1.3　画刷

对于封闭的图形，如矩形、圆等，用画刷 QBrush 可以在其内部填充颜色、样式、渐变、纹理和图案。用 QBrush 类创建画刷的方法如下所示，其中 style 是 Qt.BrushStyle 的枚举值，用于设置画刷的风格。

```
QBrush()
QBrush(Qt.BrushStyle)
QBrush(Union[QColor, Qt.GlobalColor, QGradient], style = Qt.SolidPattern)
QBrush(Union[QColor, Qt.GlobalColor, QGradient], QPixmap)
QBrush(QPixmap)
QBrush(QImage)
QBrush(Union[QBrush, QColor, Qt.GlobalColor, QGradient])
```

画刷的常用方法如表 12-3 所示，主要方法介绍如下。

表 12-3　画刷的常用方法

QBrush 的方法和参数类型	返回值的类型	说　　明
setStyle(Qt.BrushStyle)	—	设置风格
style()	Qt.BrushStyle	获取风格
setTexture(QPixmap)	—	设置纹理图片
texture()	QPixmap	获取纹理图片
setTextureImage(QImage)	—	设置纹理图片
textureImage()	QImage	获取纹理图片
setColor(Union[QColor,Qt.GlobalColor,QGradient])	—	设置颜色或渐变
color()	QColor	获取颜色
gradient()	QGradient	获取渐变
setTransform(QTransform)	—	设置变换矩阵
transform()	QTransform	返回变换矩阵
isOpaque()	bool	获取是否不透明

- 画刷的风格用 setStyle(Qt.BrushStyle)方法设置，其中参数 Qt.BrushStyle 的取值和示意图如图 12-6 所示。

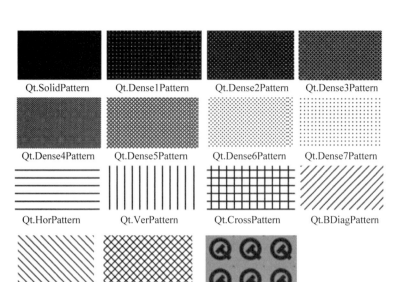

图 12-6 画刷的风格示意图

- 画刷的纹理可以用 setTexture(QPixmap)或 setTextureImage(QImage)方法来设置，这时样式被设置成 Qt.TexturePattern。

下面的程序在窗口中绘制一个矩形框，并在矩形框中用画刷填充网格线。

```
import sys                                   #Demo12_2.py
from PyQt5.QtWidgets import QApplication,QWidget
from PyQt5.QtGui import QPen,QPainter,QBrush
from PyQt5.QtCore import Qt,QPointF,QRectF

class myWindow(QWidget):
    def __init__(self,parent = None):
        super().__init__(parent)
    def paintEvent(self,event):
        painter = QPainter(self)

        pen = QPen()                                #钢笔
        pen.setColor(Qt.blue)
        pen.setWidth(5)                             #线条宽度
        painter.setPen(pen)                         #设置钢笔

        brush = QBrush(Qt.red,Qt.DiagCrossPattern)  #画刷,同时设置颜色和风格
        painter.setBrush(brush)                     #设置画刷
        p1 = QPointF(self.width()/4,self.height()/4)
        p2 = QPointF(3 * self.width()/4,3 * self.height()/4)
        painter.drawRect(QRectF(p1,p2))             #绘制矩形
        super().paintEvent(event)
if __name__ == '__main__':
    app = QApplication(sys.argv)
```

```
window = myWindow()
window.show()
sys.exit(app.exec())
```

12.1.4 渐变色

在用画刷进行填充时,可以设置填充颜色是渐变色。渐变色是指在两个不重合的点处分别设置不同的颜色,这两个点一个是起点,一个是终点,这两个点之间的颜色从起点的颜色逐渐过渡到终点的颜色。定义渐变色的类是 QGradient,渐变样式分为 3 种类型,分别为线性渐变 QLinearGradient、径向渐变 QRadialGradient 和圆锥渐变 QConicalGradient,它们都继承自 QGradient 类,也会继承自 QGradient 类的属性和方法。这 3 种渐变的样式如图 12-7 所示。

(a)线性渐变

(b)径向渐变

(c)圆锥渐变

图 12-7 渐变样式

用 QLinearGradient 类创建线性渐变色的方法如下所示。线性渐变需要一个线性渐变矩形区域(起始和终止位置),参数用于确定这个矩形区域。

```
QLinearGradient()
QLinearGradient(Union[QPointF,QPoint],Union[QPointF,QPoint])    #用点定义矩形区域
QLinearGradient(float,float,float,float)                         #用坐标定义矩形区域
```

用 QRadialGradient 类创建径向渐变色的方法如下。径向渐变需要的几何参数如图 12-8(a)所示,需要确定圆心位置、半径、焦点位置和焦点半径。径向渐变的构造函数中,第 1 个参数是圆心位置,可以用点或坐标定义;第 2 个参数是半径;第 3 个参数是焦点位置,可以用点或坐标定义;第 4 个参数是焦点半径。如果焦点设置到圆的外面,则取圆上的点作为焦点。

```
QRadialGradient()
QRadialGradient(Union[QPointF,QPoint],float,Union[QPointF,QPoint])
QRadialGradient(Union[QPointF,QPoint],float,Union[QPointF,QPoint],float)
QRadialGradient(Union[QPointF,QPoint],float)
QRadialGradient(float,float,float,float,float)
QRadialGradient(float,float,float,float,float,float)
QRadialGradient(float,float,float)
```

用 QConicalGradient 创建圆锥渐变色的方法如下所示。如图 12-8(b)所示,圆锥渐变的几何参数为圆心位置和起始角度 a,角度必须在 0°到 360°之间,圆心位置可以用点或坐标来定义。

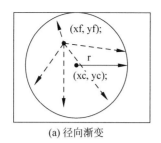 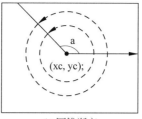

(a) 径向渐变　　　　　　　(b) 圆锥渐变

图 12-8　径向渐变和圆锥渐变的几何参数

```
QConicalGradient()
QConicalGradient(Union[QPointF,QPoint],float)
QConicalGradient(float,float,float)
```

QGradient、QLinearGradient、QRadialGradient 和 QConicalGradient 的方法如表 12-4 所示，主要方法介绍如下。QLinearGradient、QRadialGradient 和 QConicalGradient 继承自 QGradient，因此也会继承 QGradient 的方法。

表 12-4　渐变颜色的方法

类	方法及参数类型	说　明
QGradient	setCoordinateMode(QGradient.CoordinateMode)	设置坐标模式
	setColorAt(float,Union[QColor,Qt.GlobalColor,QGradient])	设置颜色
	setStops(Iterable[Tuple[float,Union[QColor,Qt.GlobalColor,QGradient]]])	设置颜色
	setSpread(QGradient.Spread)	设置扩展方式
QLinearGradient	setStart(Union[QPointF,QPoint])	设置起始点
	setStart(float,float)	设置起始点
	setFinalStop(Union[QPointF,QPoint])	设置终止点
	setFinalStop(float,float)	设置终止点
QRadialGradient	setCenter(Union[QPointF,QPoint])	设置圆心
	setCenter(float,float)	设置圆心
	setRadius(float)	设置半径
	setCenterRadius(float)	设置半径
	setFocalPoint(Union[QPointF,QPoint])	设置焦点位置
	setFocalPoint(float,float)	设置焦点位置
	setFocalRadius(float)	设置焦点半径
QConicalGradient	setCenter(Union[QPointF,QPoint])	设置圆心
	setCenter(float,float)	设置圆心
	setAngle(float)	设置起始角度

- 在渐变区域内，可以在多个点设置颜色值，这些点之间的颜色值根据两侧的颜色来确定。在定义内部点的颜色值时，通常通过逻辑坐标来定义，渐变区域内的起始点的逻辑值是 0，终止点的逻辑值是 1。如果要在中间位置定义颜色，可以用 setColorAt() 方法来定义，例如 setColorAt(0.1,Qt.blue)、setColorAt(0.4,Qt.yellow) 和 setColorAt(0.6,Qt.red) 定义了 3 个位置处的颜色值；也可以用 setStops() 方法一次定义多个颜色值，例如 setStops([(0.1,Qt.red),(0.5,Qt.blue)]) 定义了两个点

处的颜色值，用 stops() 方法可以获得逻辑坐标和颜色值。
- 用 setCoordinateMode(QGradient.CoordinateMode) 方法可以设置坐标的模式，参数 QGradient.CoordinateMode 的取值如表 12-5 所示。

表 12-5　QGradient.CoordinateMode 的取值

QGradient.CoordinateMode 的值	值	说　　明
QGradient.LogicalMode	0	逻辑方式，起始点为 0，终止点为 1。这是默认值
QGradient.ObjectMode	3	相对于绘图区域矩形边界的逻辑坐标，左上角的坐标是(0,0)，右下角的坐标是(1,1)
QGradient.StretchToDeviceMode	1	相对于绘图设备矩形边界的逻辑坐标，左上角的坐标是(0,0)，右下角的坐标是(1,1)
QGradient.ObjectBoundingMode	2	该方法与 QGradient.ObjectMode 基本相同，除了 QBrush.transform() 是应用于逻辑空间而不是物理空间

- 当设置的渐变区域小于填充区域时，渐变颜色可以扩展到渐变区域以外的空间。扩展模式用 setSpread(QGradient.Spread) 方法定义，参数 QGradient.Spread 的取值如表 12-6 所示。扩展模式不适合圆锥渐变，圆锥渐变没有固定的边界。

表 12-6　QGradient.Spread 的取值

QGradient.Spread 的取值	值	说　　明
Qgradient.PadSpread	0	用最近的颜色扩展
Qgradient.RepeatSpread	2	重复渐变
Qgradient.ReflectSpread	1	对称渐变

下面的程序将窗口工作区分成 4 个矩形，在这 4 个矩形中分别绘制线性渐变、圆锥渐变和径向渐变，并应用扩展。程序运行界面如图 12-9 所示。

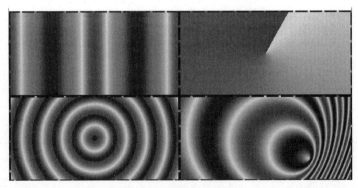

图 12-9　程序运行界面

```
import sys    #Demo12_3.py
from PyQt5.QtWidgets import QApplication,QWidget
from PyQt5.QtGui import QPen,QPainter,QBrush,QLinearGradient,QRadialGradient,QConicalGradient
from PyQt5.QtCore import Qt,QPointF,QRectF

class myWindow(QWidget):
```

```python
        def __init__(self,parent = None):
            super().__init__(parent)
            self.resize(800,400)
        def paintEvent(self,event):
            painter = QPainter(self)
            pen = QPen()                          #钢笔
            pen.setColor(Qt.darkBlue)
            pen.setStyle(Qt.DashLine)
            pen.setWidth(5)                       #线条宽度
            painter.setPen(pen)                   #设置钢笔
            w = self.width()
            h = self.height()
            linear = QLinearGradient(QPointF(0,0),QPointF(w/8,0))  #线性渐变
            linear.setStops([(0,Qt.red),(0.3,Qt.yellow),(0.6,Qt.green),(1,Qt.blue)])   #设置颜色
            linear.setSpread(QLinearGradient.ReflectSpread)        #镜像扩展
            brush1 = QBrush(linear)                                #用线性渐变定义刷子
            painter.setBrush(brush1)
            painter.drawRect(QRectF(0,0,w/2,h/2))                  #画矩形

            conical = QConicalGradient(QPointF(w/4 * 3,h/4),h/6)
            conical.setAngle(60)                                   #起始角度
            conical.setColorAt(0,Qt.red)
            conical.setColorAt(1,Qt.yellow)
            brush2 = QBrush(conical)
            painter.setBrush(brush2)
            painter.drawRect(QRectF(w / 2, 0, w / 2, h / 2))

            radial1 = QRadialGradient(QPointF(w/4,h/4 * 3),w/8,QPointF(w/4,h/4 * 3),w/15)
            radial1.setColorAt(0,Qt.red)
            radial1.setColorAt(0.5,Qt.yellow)
            radial1.setColorAt(1,Qt.blue)
            radial1.setSpread(QRadialGradient.RepeatSpread)
            brush3 = QBrush(radial1)
            painter.setBrush(brush3)
            painter.drawRect(QRectF(0,h/2,w/2,h/2))

            radial2 = QRadialGradient(QPointF(w /4 * 3, h/4 * 3),w/6, QPointF(w /5 * 4,h/5 * 4), w/10)
            radial2.setColorAt(0, Qt.red)
            radial2.setColorAt(0.5, Qt.yellow)
            radial2.setColorAt(1, Qt.blue)
            radial2.setSpread(QRadialGradient.ReflectSpread)
            brush4 = QBrush(radial2)
            painter.setBrush(brush4)
            painter.drawRect(QRectF(w/2, h / 2, w / 2, h / 2))
if __name__ == '__main__':
    app = QApplication(sys.argv)
    window = myWindow()
    window.show()
    sys.exit(app.exec())
```

12.1.5 绘制几何形状

QPainter 可以在绘图设备上绘制点、线、折线、矩形、椭圆、弧、弦、文本、图片等,绘制几何图像的方法介绍如下。

1. 绘制点

QPainter 绘制点的方法如表 12-7 所示。可以一次绘制一个点,也可以一次绘制多个点,其中 QPolygon 和 QPolygonF 是用于存储 QPoint 和 QPointF 的类。

表 12-7 QPainter 绘制点的方法

Qpainter 绘制单点的方法	Qpainter 绘制多点的方法
drawPoint(Union[QPointF,QPoint])	drawPoints(Union[QPointF,QPoint],*)
drawPoint(int,int)	drawPoints(QPoint,*)
drawPoint(QPoint)	drawPoints(QPolygon)
	drawPoints(QPolygonF)

QPolygon 和 QPolygonF 用于存储多个 QPoint 和 QPointF,创建 QPolygon 实例的方法是 QPolygon() 或者 QPolygon(Iterable[QPoint]),创建 QPolygonF 实例的方法是 QPolygonF() 或 QPolygonF(Iterable[Union[QPointF,QPoint]])。用 QPolygon 的 append(QPoint) 方法可以添加点,用 insert(int,QPoint) 方法可以插入点,用 setPoint(int,QPoint) 方法可以更改点,用 QPolygonF 的 append(Union[QPointF,QPoint]) 方法可以添加点,用 insert(int,Union[QPointF,QPoint]) 方法可以插入点。

2. 绘制直线

QPainter 绘制直线的方法如表 12-8 所示。绘制直线需要用两个点。可以一次绘制一根直线,也可一次绘制多根直线,其中 QLine 或 QLineF 是 2D 直线类。

表 12-8 QPainter 绘制直线的方法

QPainter 绘制单根直线的方法	QPainter 绘制多根直线的方法
drawLine(QLineF)	drawLines(QLineF,*)
drawLine(QLine)	drawLines(Iterable[QLineF])
drawLine(int,int,int,int)	drawLines(Union[QPointF,QPoint],*)
drawLine(QPoint,QPoint)	drawLines(Iterable[Union[QPointF,QPoint]])
drawLine(Union[QPointF,QPoint], Union[QPointF,QPoint])	drawLines(QLine,*)
	drawLines(Iterable[QLine])
	drawLines(QPoint,*)
	drawLines(Iterable[QPoint])

QLine 和 QLineF 用于定义二维直线,二维直线需要用两个点。用 QLine 类定义直线实例的方法是 QLine()、QLine(QPoint,QPoint) 和 QLine(int,int,int,int),用 QLineF 类定义直线实例的方法是 QLineF(QLine)、QLineF()、QLineF(Union[QPointF,QPoint], Union[QPointF,QPoint]) 和 QLineF(float,float,float,float)。用 QLine 的 setLine(int, int,int,int) 方法、setP1(QPoint) 方法、setP2(QPoint) 或 setPoints(QPoint,QPoint) 方法可以设

置线两端的点，QLineF 也有同样的方法，只需把参数 int 改成 float，或 QPoint 改成 QPointF。

3. 绘制折线

绘制折线必须用两个点，即使两条折线的终点和起始点相同，每条折线也必须用两个点来定义。折线由多个折线段构成，绘制折线需要给出多个点，上个折线段的终点是下个折线段的起始点。QPainter 绘制折线的方法如表 12-9 所示。

表 12-9　QPainter 绘制折线的方法

QPainter 绘制折线的方法	QPainter 绘制折线的方法
drawPolyline(Union[QPointF,QPoint], *)	drawPolyline(QPoint, *)
drawPolyline(QPolygonF)	drawPolyline(QPolygon)

4. 绘制多边形和凸多边形

QPainter 绘制多边形和凸多边形的方法如表 12-10 所示。使用这些方法时，需要给出多边形或凸多边形的顶点，系统会自动在起始点和终止点之间建立直线，使多边形封闭。参数 fillRule 是 Qt.FillRule 的枚举类型，用于确定一个点是否在图形内部，在内部的区域可以进行填充。fillRule 可以取 Qt.OddEvenFill 和 Qt.WindingFill，这两种填充规则如图 12-10 所示。Qt.OddEvenFill 是奇偶填充规则，要判断一个点是否在图形中，可以从该点向图形外引一条水平线，该水平线与图形的交点个数为奇数，那么该点在图形中。Qt.WindingFill 是非零绕组填充规则，如果要判断一个点是否在图形中，可以从该点向图形外引一条水平线，如果该水平线与图形的边线相交，这个边线是顺时针绘制的就记为 1，是逆时针绘制的就记为 -1，然后将所有数值相加，若结果不为 0，那么该点就在图形中。图形的绘制方向会影响填充的判断。

表 12-10　QPainter 绘制多边形和凸多边形的方法

绘制多边形的方法	绘制凸多边形的方法
drawConvexPolygon(Union[QPointF,QPoint], *)	drawPolygon(Union[QPointF,QPoint], *)
drawConvexPolygon(QPolygonF)	drawPolygon(QPoint, *)
drawConvexPolygon(QPoint, *)	drawPolygon(QPolygonF, fillRule=Qt.OddEvenFill)
drawConvexPolygon(QPolygon)	drawPolygon(QPolygon, fillRule=Qt.OddEvenFill)

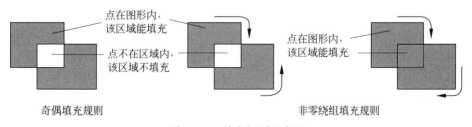

图 12-10　填充规则示意图

5. 绘制矩形

QPainter 可以一次绘制一个矩形，也可以一次绘制多个矩形。QPainter 绘制矩形的方法如表 12-11 所示，其中 drawRect(int,int,int,int) 方法中前两个 int 参数确定左上角的位置，后两个 int 参数确定宽度和高度。

表 12-11　绘制矩形的方法

绘制单个矩形	绘制多个矩形
drawRect(QRectF)	drawRects(QRectF, *)
drawRect(int, int, int, int)	drawRects(Iterable[QRectF])
drawRect(QRect)	drawRects(QRect, *)
	drawRects(Iterable[QRect])

6．绘制圆角矩形

圆角矩形是在矩形的基础上对 4 个角分别用一个椭圆进行倒圆角，其示意图如图 12-11 所示。要绘制圆角矩形，除了需要设置绘制矩形的参数外，还需要设置椭圆的两个半径。

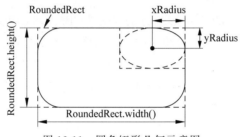

图 12-11　圆角矩形几何示意图

QPainter 绘制椭圆的方法有 drawRoundedRect(QRectF, float, float, mode = Qt.AbsoluteSize)、drawRoundedRect(int, int, int, int, float, float, mode = Qt.AbsoluteSize) 和 drawRoundedRect(QRect, float, float, mode = Qt.AbsoluteSize)，其中参数 mode 是 Qt.SizeMode 的枚举类型，可以取 Qt.AbsoluteSize 和 Qt.RelativeSize，分别确定椭圆半径是绝对值还是相对于矩形边长的相对值。

7．绘制椭圆、扇形、弧和弦

一个椭圆有两个半径。绘制椭圆有两种方法，一种是先确定一个矩形边界，在矩形内部作一个与矩形相切的内切椭圆；另一种是先定义一个中心，再定义两个半径。绘制椭圆示意图如图 12-12 所示。如果矩形边界是正方形或者两个半径相等，椭圆就变成了圆。扇形是椭圆的一部分，绘制扇形时除了确定椭圆的几何数据外，还需要确定扇形的起始角和跨度角。需要特别注意的是，起始角和跨度角都是用输入值的十六分之一计算，如要求起始角是 45°，跨度角是 60°，则需要输入的起始角是 45 * 16，跨度角是 60 * 16，如 painter.drawPie(QRect(300,300,200,100),45 * 16,60 * 16)。QPainter 绘制椭圆和扇形的方法如表 12-12 所示。

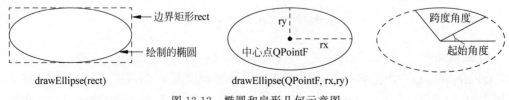

图 12-12　椭圆和扇形几何示意图

表 12-12　绘制椭圆和扇形的方法

绘制椭圆的方法	绘制椭圆和扇形的方法
drawEllipse(QRectF)	drawEllipse(Union[QPointF,QPoint],float,float)
drawEllipse(QRect)	drawPie(QRectF,int,int)
drawEllipse(int,int,int,int)	drawPie(QRect,int,int)
drawEllipse(QPoint,int,int)	drawPie(int,int,int,int,int,int)

绘制弧和绘制弦的参数和扇形的参数相同,只不过是从椭圆上截取的部分不同。QPainter 绘制弧和弦的方法如表 12-13 所示。

表 12-13　绘制弧和弦的方法

绘制弧的方法	绘制弦的方法
drawArc(QRectF,int,int)	drawChord(QRectF,int,int)
drawArc(QRect,int,int)	drawChord(QRect,int,int)
drawArc(int,int,int,int,int,int)	drawChord(int,int,int,int,int,int)

8. 抗锯齿

在绘制几何图像和文字时,如果线条是斜线,对线条进行放大后发现它呈现锯齿状。为防止出现锯齿状,需要对线条边缘进行模糊化处理,用 QPainter 的 setRenderHint(QPainter.RenderHint,on=True)方法可以设置是否进行抗锯齿处理,用 testRenderHint(QPainter.RenderHint)方法可以获取是否设置了抗锯齿算法,其中参数 QPainter.RenderHint 可以取 QPainter.Antialiasing(启用抗锯齿)、QPainter.TextAntialiasing(对文本进行抗锯齿)、QPainter.SmoothPixmapTransform(使用平滑的像素图像算法)和 QPainter.LosslessImageRendering(用于 PDF 文档)。

12.1.6　绘制文本

可以在指定位置绘制文本,绘制文本时,通常需要先用 setFont(QFont)方法设置 QPainter 的字体。绘制文本的方法如表 12-14 所示。

表 12-14　绘制文本的方法

绘制文本的方法	绘制文本的方法
drawStaticText(Union[QPointF,QPoint],QStaticText)	drawText(QRect,Qt.Alignment,str)返回 QRect
drawStaticText(QPoint,QStaticText)	drawText(QRectF,str,option=QTextOption())
drawStaticText(int,int,QStaticText)	drawText(QPoint,str)
drawText(Union[QPointF,QPoint],str)	drawText(int,int,int,int,int,str)返回 QRect
drawText(QRectF,Qt.Alignment,str)返回 QRectF	drawText(int,int,str)

绘制文本可以用 drawStaticText()方法。该方法比较快,每次不用重新计算文本的排列位置。QStaticText 是静态文本类。用 QStaticText 类创建静态文本的方法是 QStaticText()或 QStaticText(str);可以用 QStaticText 的 setText(str)方法设置文本;用 setTextFormat(Qt.TextFormat)方法设置静态文本的格式;参数 Qt.TextFormat 可取 Qt.PlainText、

Qt.RichText、Qt.AutoText 或 Qt.MarkdownText；用 setTextOption(QTextOption)方法设置选项；用 setTextWidth(float)方法设置静态文本的宽度。

12.1.7 绘图路径

前文中绘制的几何图形比较简单，各个图形之间也是相互独立的，例如用 line()或 lines()方法绘制的多个线条之间相互独立，即便是首尾相连，它们也不是封闭的，不能在其内部填充图案。为了将简单的图形组合成复杂且封闭的图形，需要用到绘图路径 QPainterPath，前面介绍的绘图方法所绘制的图形都可以加入 QPainterPath 中，构成 QPainterPath 的元素。用 QPainter 的 drawPath(QPainterPath)方法或 strokePath(QPainterPath, Union[QPen,QColor,Qt.GlobalColor,QGradient])方法可以将绘图路径的图形绘制出来。用绘图路径绘制的图形不论是否封闭，都隐含是封闭，可以在其内部进行填充。

QPainterPath 是一些绘图命令按照先后顺序的有序组合，创建一次后可以反复使用。用 QPainterPath 类创建绘图路径实例对象的方法如下所示，其中 QPointF 或 QPoint 是绘制路径的起始点，也可以用绘图路径的 moveTo(Union[QPointF,QPoint])或 moveTo(float,float)方法将绘图路径的当前点移到起始点。

```
QPainterPath()
QPainterPath(Union[QPointF, QPoint])
```

绘图路径中与绘图有关的方法如表 12-15 所示，与查询有关的方法如表 12-16 所示，主要方法介绍如下。

- 路径是由多个图形构成的，每个图形中可能包括直线、贝塞尔曲线、弧、椭圆、多边形、矩形或文本。使用 moveTo()方法把当前路径移到指定位置，作为绘图的起点位置，移动当前点会启用一个新的子路径，并自动封闭之前的路径。
- 用 lineTo()方法绘制直线，用 arcTo()方法绘制弧，用 quadTo()方法和 cubicTo()方法绘制二次和三次贝塞尔曲线，用 addEllipse()方法绘制封闭的椭圆，用 addPolygon()方法绘制多边形，用 addRect()方法和 addRoundedRect()方法绘制矩形。在添加直线、弧或贝塞尔曲线后，当前点移动到这些元素的最后位置。绘制弧时，弧的零度角与钟表的 3 时方向相同，逆时针方向为正。
- 路径中每个绘图步骤称为单元(element)，比如 moveTo()、lineTo()、arcTo()都是单元，addRect()、addPolygon()等都是用 moveTo()、lineTo()、arcTo()等绘制的。例如 addRect(100,50,200,200)由 movetTo(100,50)、lineTo(300,50)、lineTo(300,250)、lineTo(100,250)和 lineTo(100,50)共 5 个单元构成。
- 路径可以进行交、并、减和移动操作。

表 12-15 与绘图有关的方法

绘图路径的绘图方法及参数类型	说　　明
moveTo(Union[QPointF,QPoint])	将当前点移动到指定的点，作为下一个绘图元素的起始点
moveTo(float,float)	
currentPosition()	获取当前的起始点 QPointF

续表

绘图路径的绘图方法及参数类型	说　　明
arcMoveTo(QRectF,float)	将当前点移动到指定矩形框内的椭圆上,最后的 float 是起始角度
arcMoveTo(float,float,float,float,float)	
lineTo(Union[QPointF,QPoint])	在当前点与指定点之间绘制直线
lineTo(float,float)	
cubicTo(Union[QPointF,QPoint],Union[QPointF,QPoint],Union[QPointF,QPoint])	在当前点和终点间绘制贝塞尔曲线,前两个点是中间控制点,最后一个点是终点
cubicTo(float,float,float,float,float,float)	
quadTo(Union[QPointF,QPoint],Union[QPointF,QPoint])	在当前点和终点间绘制贝塞尔曲线,第一个点是控件点
quadTo(float,float,float,float)	
arcTo(QRectF,float,float)	在矩形框内绘制圆弧,后两个 float 分别是起始角和跨度角
arcTo(float,float,float,float,float,float)	
addEllipse(QRectF)	绘制封闭的椭圆
addEllipse(float,float,float,float)	
addEllipse(Union[QPointF,QPoint],float,float)	
addPolygon(QPolygonF)	绘制多边形
addRect(QRectF)	绘制矩形
addRect(float,float,float,float)	
addRoundedRect(QRectF,float,float,mode=Qt.AbsoluteSize)	绘制圆角矩形
addRoundedRect(float,float,float,float,float,float,mode=Qt.AbsoluteSize)	
addText(Union[QPointF,QPoint],QFont,str)	绘制文本
addText(float,float,QFont,str)	
addRegion(QRegion)	绘制 QRegion 的范围
closeSubpath()	将当前子路径首尾绘制直线,开始新的子路径的绘制
connectPath(QPainterPath)	将当前路径的终点位置与给定路径的起始位置绘制直线
addPath(QPainterPath)	将其他绘图路径添加进来
translate(float,float)	将绘图路径进行平移,float 是指 x 和 y 方向的移动量,或用点表示
translate(Union[QPointF,QPoint])	

表 12-16　与查询有关的方法

查询方法及参数类型	返回值的类型	说　　明
angleAtPercent(float)	float	获取在绘图路径长度百分比处的切向角
slopeAtPercent(float)	float	获取斜率
boundingRect()	QRectF	获取路径所在的矩形区域
capacity()	int	返回单元的数量
clear()		清空绘图路径中的元素
contains(Union[QPointF,QPoint])	bool	如果指定的点在路径内部返回 True
contains(QRectF)	bool	如果矩形区域在路径内部返回 True
contains(QPainterPath)	bool	如果包含指定的路径返回 True

续表

查询方法及参数类型	返回值的类型	说　　明
controlPointRect()	QRectF	获取包含所有点和控件点的矩形
elementCount()	int	获取绘图路径的单元数量
intersected(QPainterPath)	QPainterPath	获取绘图路径和指定路径填充区域相交的路径
united(QPainterPath)	QPainterPath	获取绘图路径和指定路径填充区域合并的路径
intersects(QRectF)	bool	获取绘图路径与矩形区域是否相交
intersects(QPainterPath)	bool	获取绘图路径与指定路径是否相交
subtracted(QPainterPath)	QPainterPath	获取减去指定路径后的路径
isEmpty()	bool	获取绘图路径是否为空
length()	float	获取绘图路径的长度
pointAtPercent(float)	QPointF	获取百分比长度处的点
reserve(int)		将绘图路径中元素的顺序颠倒
setElementPositionAt(int,float,float)		将索引是 int 的元素 x 和 y 坐标设置成指定值
setFillRule(Qt.FillRule)		设置填充规则
simplified()	QPainterPath	获取简化后的路径,如果路径元素有交叉或重合,则简化后的路径没有重合
swap(QPainterPath)		交换绘图路径
toReversed()	QPainterPath	获取顺序反转后的绘图路径
toSubpathPolygons()	List[QPolygonF]	将每个元素转换成 QPolygonF
toSubpathPolygons(QTransform)	List[QPolygonF]	
translated(float,float)	QPainterPath	获取平动后的绘图路径,float 是 x 方向和 y 方向的移动量,或者用点来表示
translated(Union[QPointF,QPoint])	QPainterPath	

作为应用实例,下面我们绘制一个如图 12-13 所示的太极图像,程序中使用非零绕组填充。

图 12-13　程序运行界面

```
import sys    #Demo12_4.py
from PyQt5.QtWidgets import QApplication,QWidget
from PyQt5.QtGui import QPen,QPainter,QPainterPath,QBrush
from PyQt5.QtCore import QPointF,Qt

class myWindow(QWidget):
```

```python
    def __init__(self,parent = None):
        super().__init__(parent)
        self.resize(600,500)
    def paintEvent(self,event):
        path = QPainterPath()                                          #路径
        self.center = QPointF(self.width() / 2, self.height() / 2)
        r = min(self.width(),self.height())/3                          #外面大圆的半径
        r1 = r/7                                                       #内部小圆的半径
        path.moveTo(self.center.x(), self.center.y() - r)
        path.arcTo(self.center.x() - r, self.center.y() - r, 2 * r, 2 * r, 90, 360)
                                                                       #外部大圆
        path.arcTo(self.center.x() - r, self.center.y() - r, 2 * r, 2 * r, 90, -180)
                                                                       #反向半圆

        path.moveTo(self.center.x(), self.center.y() + r)
        path.arcTo(self.center.x() - r / 2, self.center.y(), r, r, -90, 180)   #内部半圆
        path.arcTo(self.center.x() - r/2, self.center.y() - r/2 - r/2, r, r, 270, -180)
                                                                       #内部半圆

        path.moveTo(self.center.x() + r1, self.center.y() - r / 2)
        path.arcTo(self.center.x() - r1, self.center.y() - r/2 - r1, 2 * r1, 2 * r1, 0, 360)
                                                                       #内部小圆
        path.moveTo(self.center.x() + r1, self.center.y() + r / 2)
        path.arcTo(self.center.x() - r1, self.center.y() + r/2 - r1, 2 * r1, 2 * r1, 0, -360)
                                                                       #内部小圆

        path.setFillRule(Qt.WindingFill)                               #填充方式

        painter = QPainter(self)
        pen = QPen()
        pen.setWidth(5)
        pen.setColor(Qt.black)
        painter.setPen(pen)

        brush = QBrush(Qt.SolidPattern)
        painter.setBrush(brush)                                        #设置画刷
        painter.drawPath(path)                                         #绘制路径
        super().paintEvent(event)
if __name__ == '__main__':
    app = QApplication(sys.argv)
    window = myWindow()
    window.show()
    sys.exit(app.exec())
```

12.1.8 填充

用QPainter绘图时,如果所绘制的图形是封闭的,且为QPainter设置了画刷,则自动会在封闭的图形内填充画刷的图案,封闭的图形包括绘图路径、矩形、椭圆、多边形。除此之

外，还可以为指定的矩形范围填充图案，此时不需要有封闭的边界线。

QPainter 类用于填充的方法如表 12-17 所示，主要方法介绍如下。

- 用 fillPath() 方法可以用画刷、颜色和渐变色给指定路径填充颜色。
- 用 fillRect() 方法可以给指定的矩形区域绘制填充颜色，这时无须封闭的空间，也不会绘制出轮廓；用 eraseRect() 方法可以擦除矩形区域的填充。
- 用 setBackgroundMode(Qt.BGMode) 方法设置背景的模式，其中参数 Qt.BGMode 可以取 Qt.TransparentMode(透明模式)和 Qt.OpaqueMode(不透明模式)。
- 用 setBackground(Union[QBrush,QColor,Qt.GlobalColor,QGradient])方法设置背景色，背景色只有在不透明模式下才起作用。
- 用 setBrushOrigin(Union[QPointF，QPoint])、setBrushOrigin(int，int)或 setBrushOrigin(QPoint)方法设置画刷的起始点，起始点会影响纹理、渐变色的布局。

表 12-17 QPainter 类用于填充的方法

Qpainter 的填充方法	说 明
fillPath(QPainterPath,Union[QBrush,QColor,Qt.GlobalColor,QGradient])	填充指定的路径
fillRect(QRectF,Union[QBrush,QColor,Qt.GlobalColor,QGradient])	用画刷、颜色和渐变色填充指定的矩形区域
fillRect(QRect,Union[QBrush,QColor,Qt.GlobalColor,QGradient])	
fillRect(int,int,int,int,Union[QBrush,QColor,Qt.GlobalColor,QGradient])	
eraseRect(QRectF)	擦除指定区域的填充
eraseRect(QRect)	
eraseRect(int,int,int,int)	
setBackground(Union[QBrush,QColor,Qt.GlobalColor,QGradient])	设置背景色
background()	获取背景刷子 QBrush
setBackgroundMode(Qt.BGMode)	设置背景模式
setBrushOrigin(QPointF)	设置画刷的起始点，起始点对纹理和渐变色有影响
setBrushOrigin(int,int)	
setBrushOrigin(QPoint)	
brushOrigin()	获取初始点 QPoint

下面的程序绘制文字，用渐变色分别显示文字和背景色，并用计时器实现动态移动画刷的起始点，产生动画效果。

```
import sys    #Demo12_5.py
from PyQt5.QtWidgets import QApplication,QWidget
from PyQt5.QtGui import QPen,QPainter,QLinearGradient,QBrush
from PyQt5.QtCore import Qt,QRect,QTimer

class myWindow(QWidget):
    def __init__(self,parent = None):
        super().__init__(parent)
        self.resize(1000,300)
        self.__text = "北京诺思多维科技有限公司"
```

```python
            self.__start = 0
            self.__rect = QRect(0,0,self.width(),self.height())    #记录文字的绘图范围
            self.timer = QTimer(self)                              #计时器
            self.timer.timeout.connect(self.timeout)
            self.timer.setInterval(10)
            self.timer.start()
        def paintEvent(self,event):
            painter = QPainter(self)
            font = painter.font()
            font.setFamily("黑体")
            font.setBold(True)
            font.setPointSize(50)
            painter.setFont(font)

            linear = QLinearGradient(self.__rect.topLeft(),self.__rect.bottomRight())  #字体渐变
            linear.setColorAt(0,Qt.red)
            linear.setColorAt(0.5,Qt.yellow)
            linear.setColorAt(1,Qt.green)

            linear2 = QLinearGradient(self.__rect.left(),0,self.__rect.right(),0)   #背景渐变
            linear2.setColorAt(0.4, Qt.darkBlue)
            linear2.setColorAt(0.5, Qt.white)
            linear2.setColorAt(0.6, Qt.darkBlue)

            brush = QBrush(linear)                                 #字体画刷
            brush2 = QBrush(linear2)                               #背景画刷
            pen = QPen()                                           #钢笔
            pen.setBrush(brush)                                    #设置钢笔画刷
            painter.setPen(pen)
            painter.setBackgroundMode(Qt.OpaqueMode)               #背景模式不透明
            painter.setBackground(brush2)                          #设置背景画刷
            painter.setBrushOrigin(self.__start,self.__rect.top()) #设置画刷的起始点
            self.__rect = painter.drawText(self.rect(),Qt.AlignCenter,self.__text)  #绘制文字
        def timeout(self):                                         #计时器槽函数
            if self.__start > self.__rect.width()/2:
                self.__start = int(-self.__rect.width()/2)
            self.__start = self.__start + 5
            self.update()
if __name__ == '__main__':
    app = QApplication(sys.argv)
    window = myWindow()
    window.show()
    sys.exit(app.exec())
```

12.1.9 绘制图像

除了可以直接绘制几何图形外,QPainter 还可以把 QPixmap、QImage 和 QPicture 图像直接绘制在绘图设备上。

绘制 QPixmap 图像的方法如表 12-18 所示。可以将图像按照原始尺寸显示，也可以缩放图像到一个矩形区域中显示，还可以从原图像上截取一部分绘制到一个矩形区域。用 drawPixmapFragments（List［QPainter.PixmapFragment］，QPixmap；QPainter.PixmapFragmentHints＝0）方法可以截取图像的多个区域，并对每个区域进行缩放、旋转操作，其中参数 QPainter.PixmapFragment 的创建方法是 QPainter.PixmapFragment.create（QPointF，QRectF，scaleX＝1，scaleY＝1，rotation＝0，opacity＝1），其中 QPointF 是图像绘制地点，QRectF 是截取的图像的部分区域，scaleX 和 scaleY 是缩放比例，rotation 是旋转角度，opacity 是不透明值。

表 12-18　绘制 QPixmap 图像的方法

绘制 QPixmap 图像的方法	说　　明
drawPixmap(int,int,QPixmap)	指定绘图设备上的一个点，按照图像原始尺寸显示
drawPixmap(QPoint,QPixmap)	
drawPixmap(QPointF,QPixmap)	
drawPixmap(QRect,QPixmap)	指定绘图设备上的矩形区域，以缩放尺寸显示
drawPixmap(int,int,int,int,QPixmap)	
drawPixmap(QRectF,QPixmap,QRectF)	指定绘图设备上的矩形区域和图像的矩形区域，裁剪并缩放显示图像
drawPixmap(QRect,QPixmap,QRect)	
drawPixmap(int,int,int,int,QPixmap,int,int,int,int)	
drawPixmap(int,int,QPixmap,int,int,int,int)	指定绘图设备上的一个点和图像的矩形区域，裁剪显示图像
drawPixmap(Union［QPointF,QPoint］,QPixmap,QRectF)	
drawPixmap(QPoint,QPixmap,QRect)	
drawTiledPixmap(QRectF,QPixmap,pos:Union［QPointF,QPoint］)	以平铺样式绘制图片
drawTiledPixmap(QRect,QPixmap,pos:QPoint)	
drawTiledPixmap(int,int,int,int,QPixmap,sx＝0,sy＝0)	
drawPixmapFragments(List［QPainter.PixmapFragment］,QPixmap,QPainter.PixmapFragmentHints＝0)	绘制图像的多个部分，可以对每个部分进行缩放旋转操作

绘制 QImage 图像的方法如表 12-19 所示。可以将图像按照原始尺寸显示，也可以缩放图像到一个矩形区域中显示，还可以从原图像上截取一部分绘制到一个矩形区域。

表 12-19　绘制 QImage 图像的方法

绘制 QImage 图像的方法	说　　明
drawImage(QPoint,QImage)	在指定位置，按图像实际尺寸显示
drawImage(QPointF,QImage)	
drawImage(QRect,QImage)	在指定矩形区域内，图像进行缩放显示
drawImage(QRectF,QImage)	
drawImage(Union［QPointF,QPoint］,QImage,QRectF,Qt.ImageConversionFlag＝Qt.AutoColor)	在指定位置，从图像上截取一部分显示
drawImage(QPoint,QImage,QRect,Qt.ImageConversionFlag＝Qt.AutoColor)	
drawImage(int,int,QImage,sx＝0,sy＝0,sw＝-1,sh＝-1,Qt.ImageConversionFlag＝Qt.AutoColor)	

续表

绘制 QImage 图像的方法	说　明
drawImage(QRectF,QImage,QRectF, Qt.ImageConversionFlag=Qt.AutoColor)	从图像上截取一部分,以缩放形式显示在指定的矩形区域内
drawImage(QRect,QImage,QRect, Qt.ImageConversionFlag=Qt.AutoColor)	

对于 QPicture 图像,只能在绘图设备的指定点上按照原始尺寸进行绘制。绘制 QPicture 图像的方法有 drawPicture(QPoint,QPicture)、drawPicture(QPointF,QPicture) 和 drawPicture(int,int,QPicture)。

下面的程序从磁盘图片文件上创建 QPixmap,然后以 QPixmap 作为绘图设备,直接在图片上绘制一个矩形和椭圆,并在矩形和椭圆之间填充黑色,最后在窗口上绘制出图像。

```python
import sys,os    #Demo12_6.py
from PyQt5.QtWidgets import QApplication,QWidget,QGraphicsWidget
from PyQt5.QtGui import QPainter,QPixmap,QPainterPath,QBrush
from PyQt5.QtCore import QRectF,Qt

class myWindow(QWidget):
    def __init__(self,parent = None):
        super().__init__(parent)
        self.resize(600,500)
        self.__pixmap = QPixmap("d:\\python\\pic.png")
    def paintEvent(self,event):
        painter = QPainter()                                    #未确定绘图设备

        rect = QRectF(0, 0, self.__pixmap.width(), self.__pixmap.height())   #获取图片的矩形
        path = QPainterPath()                                   #绘图路径
        path.addRect(rect)                                      #添加矩形
        path.addEllipse(rect)                                   #添加椭圆
        path.setFillRule(Qt.OddEvenFill)                        #设置填充方式
        brush = QBrush(Qt.SolidPattern)                         #画刷
        brush.setColor(Qt.black)                                #画刷颜色

        painter.begin(self.__pixmap)                            # 以 QPixmap 作为绘图设备
        painter.setBrush(brush)                                 # 设置画刷
        painter.setRenderHint(QPainter.Antialiasing)            #抗锯齿
        painter.drawPath(path)                                  # 在 QPixmap 上绘图
        painter.end()                                           #结束绘图
        if not os.path.exists("d:\\python\\new.png"):
            self.__pixmap.save("d:\\python\\new.png")           #保存图像

        painter.begin(self)                                     #以窗口作为位图设备
        painter.drawPixmap(self.rect(), self.__pixmap)          #在窗口上绘制图像
        painter.end()                                           #结束绘图
if __name__ == '__main__':
```

```
app = QApplication(sys.argv)
window = myWindow()
window.show()
sys.exit(app.exec())
```

把图形先绘制到 QPixmap 或 QImage 图像中,然后再把 QPixmap 或 QImage 图像绘制到窗体上,可以避免出现屏幕闪烁现象。

12.1.10 裁剪区域

当所绘图形比较大时,若只想显示绘图上的一部分区域的内容,其他区域的内容不显示,就需要使用裁剪区域。用 QPainter 定义裁剪区域的方法如表 12-20 所示,其中参数 operation 是 Qt.ClipOperation 数据,可以取 Qt.NoClip、Qt.RepaceClip(替换裁剪区域)或 Qt.IntersectClip(与现有裁剪区域取交集)。

表 12-20 裁剪区域的方法

QPainter 设置裁剪区域的方法	说 明
setClipping(bool)	设置是否启用裁剪区域
hasClipping()	获取是否有裁剪区域
setClipPath(QPainterPath,operation=Qt.ReplaceClip)	用路径设置裁剪区域
setClipRect(QRectF,operation=Qt.ReplaceClip)	用矩形框设置裁剪区域
setClipRect(int,int,int,int,operation=Qt.ReplaceClip)	
setClipRect(QRect,operation=Qt.ReplaceClip)	
setClipRegion(QRegion,operation=Qt.ReplaceClip)	用 QRegion 设置裁剪区域
clipBoundingRect()	获取裁剪区域的 QRectF
clipPath()	获取裁剪区域的 QPainterPath
clipRegion()	获取裁剪区域的 QRegion

QRegion 类专门用于定义裁剪区域,QWidget 类的 repaint()方法接受 QRegion 实例,限制刷新的范围。用 QRegion 类创建裁剪区域实例的方法如下,其中 type 是 QRegion.RegionType 枚举类型,可以取 QRegion.Rectangle 和 QRegion.Ellipse。

```
QRegion()
QRegion(int, int, int, int, type = QRegion.Rectangle)
QRegion(QRect, type = QRegion.Rectangle)
QRegion(QPolygon, fillRule = Qt.OddEvenFill)
QRegion(QBitmap)
```

QRegion 的常用方法如表 12-21 所示,主要方法介绍如下。

表 12-21 QRegion 的常用方法

QRegion 方法及参数类型	返回值	说 明
boundingRect()	QRect	获取边界
contains(QPoint)	bool	获取是否包含指定的点
contains(QRect)	bool	获取是否包含矩形

续表

QRegion 方法及参数类型	返回值	说　　明
intersects(QRegion)	bool	获取是否与区域相交
intersects(QRect)	bool	获取是否与矩形相交
isEmpty()	bool	获取是否为空
isNull()	bool	获取是否无效
setRects(Iterable[QRect])	—	设置多个矩形曲线
rectCount()	int	获取矩形区域的数量
rects()	List[QRect]	获取矩形区域列表
intersected(QRegion)	QRegion	获取相交区域
intersected(QRect)	QRegion	
subtracted(QRegion)	QRegion	获取减去区域后的区域
united(QRegion)	QRegion	获取合并后的区域
united(QRect)	QRegion	获取合并后的区域
xored(QRegion)	QRegion	获取异或区域
translated(int,int)	QRegion	获取平移后的区域
translated(QPoint)	QRegion	获取平移后的区域
swap(QRegion)	—	交换区域
translate(int,int)	—	平移区域
translate(QPoint)	—	

- QRegion 可以进行交、减、并和异或运算,这些运算的示意图如图 12-14 所示。

图 12-14　剪切区域的布尔运算

- 用 setRects(Iterable[QRect])方法可以设置多个矩形区域,多个矩形之间不能相互交叉,处于同一层的矩形必须要有相同的高度,而不能连在一起(多个矩形可以合并成一个矩形)。多个矩形首先按 y 值以升序排列,其次按 x 值以升序排列。

12.1.11　坐标变换

前面介绍的绘图都是在窗口坐标系下进行的,窗口坐标系的原点在屏幕的左上角,x 轴水平向右,y 轴竖直向下。使用窗口坐标系经常会不太方便,例如绘制一个对称的多边形时,需要计算出多边形的顶点坐标,这样比较麻烦,如果能把坐标系的原点移到对称多边形的中心,在移动后的坐标系中计算顶点坐标就比较简单。

1. 用 QPainter 的变化方法

PyQt5 提供了两种变换坐标系的方法,一种方法是使用 QPainter 提供的变换坐标系的方法,另一种方法是使用 QTransform 类。QPainter 提供的变换坐标系的方法如表 12-22 所示,可以对坐标系进行平移、缩放、旋转和错切。对于错切 shear(sx,sy)方法的理解是,(x0,y0)是变换前的一个点的坐标,则错切后的坐标是(sx * y0 + x0, sy * x0 + y0)。

表 12-22 QPainter 提供的变换坐标系的方法

变换坐标系的方法	说　明	变换坐标系的方法	说　明
translate(Union[QPointF,QPoint])	平移坐标系	shear(float,float)	错切坐标系
translate(float,float)		resetTransform()	重置坐标系
rotate(float)	旋转坐标系(度)	save()	保存当前绘图状态
scale(float,float)	缩放坐标系	restore()	恢复绘图状态

下面的程序首先建立一个 myPainterTransform 类，它继承自 QWidget，在该类中采用坐标变换的方法，重绘前面用到的太极图，并通过参数控制是否对太极图进行旋转、缩放和平移，这个 myPainterTransform 类相当于自定义的控件。在主程序类中，建立了 4 个 myPainterTransform 类的实例对象，第 1 个能够旋转，第 2 个能够缩放，第 3 个能够平动，第 4 个静止不动。

```python
import sys                          #Demo12_7.py
from PyQt5.QtWidgets import QApplication,QWidget,QSplitter,QHBoxLayout
from PyQt5.QtGui import QPen,QPainter,QPainterPath,QBrush,QPalette
from PyQt5.QtCore import QPointF,Qt,QTimer

class myPainterTransform(QWidget):                      #用坐标变换的方法创建太极图像
    def __init__(self,rotational = False,scaled = False,translational = False,parent = None):
        super().__init__(parent)
        pallete = self.palette()
        pallete.setColor(QPalette.Window,Qt.darkYellow)
        self.setPalette(pallete)                        #设置窗口背景
        self.setAutoFillBackground(True)
        self.__rotational = rotational                  #获取输入的参数值
        self.__scaled = scaled
        self.__translational = translational

        self.__rotation = 0                             #旋转角度
        self.__scale = 1                                #缩放系数
        self.__translation = 0                          #平移量

        self.timer = QTimer(self)                       #计时器
        self.timer.timeout.connect(self.timeout)
        self.timer.setInterval(10)
        self.timer.start()
    def paintEvent(self,event):
        self.center = QPointF(self.width() / 2, self.height() / 2)
        painter = QPainter(self)
        painter.translate(self.center)                  #将坐标系移动到中心位置

        pen = QPen()
        pen.setWidth(3)
        pen.setColor(Qt.black)
```

```python
            painter.setPen(pen)
            
            path = QPainterPath()                              # 路径
            r = min(self.width(),self.height())/3              # 外面大圆的半径
            r1 = r/7                                           # 内部小圆的半径
            path.moveTo(0,-r)
            path.arcTo(-r,-r,2*r,2*r,90,360)                   # 外部大圆
            path.arcTo(-r,-r,2*r,2*r,90,-180)                  # 反向半圆
            
            path.moveTo(0,r)
            path.arcTo(-r/2,0,r,r,-90,180)                     # 内部半圆
            path.arcTo(-r/2,-r,r,r,270,-180)                   # 内部半圆
            
            path.moveTo(r1,-r/2)
            path.arcTo(-r1,-r/2-r1,2*r1,2*r1,0,360)            # 内部小圆
            path.moveTo(r1,r/2)
            path.arcTo(-r1,r/2-r1,2*r1,2*r1,0,-360)            # 内部小圆
            
            path.setFillRule(Qt.WindingFill)                   # 填充方式
            brush = QBrush(Qt.SolidPattern)
            painter.setBrush(brush)                            # 设置画刷
            
            painter.rotate(self.__rotation)                    # 坐标系旋转
            painter.scale(self.__scale,self.__scale)           # 坐标系缩放
            painter.translate(self.__translation,0)            # 坐标系平移
            
            painter.drawPath(path)                             # 绘制路径
            super().paintEvent(event)
    def timeout(self):
        if self.__rotational:                                  # 设置坐标系的旋转角度值参数
            if self.__rotation < -360:
                self.__rotation = 0
            self.__rotation = self.__rotation - 1
            self.update()
        if self.__scaled:                                      # 设置坐标系的缩放比例参数
            if self.__scale > 2:
                self.__scale = 0.2
            self.__scale = self.__scale + 0.005
            self.update()
        if self.__translational:                               # 设置坐标系的平移量参数
            if self.__translation > self.width()/2 + min(self.width(),self.height())/3:
                self.__translation = -self.width()/2 - min(self.width(),self.height())/3
            self.__translation = self.__translation + 1
            self.update()
class myWindow(QWidget):
    def __init__(self,parent = None):
        super().__init__(parent)
        self.setupUi()
        self.resize(800,600)
```

```python
        def setupUi(self):
            h = QHBoxLayout(self)             # 布局
            splitter_1 = QSplitter(Qt.Horizontal)
            splitter_2 = QSplitter(Qt.Vertical)
            splitter_3 = QSplitter(Qt.Vertical)
            h.addWidget(splitter_1)
            splitter_1.addWidget(splitter_2)
            splitter_1.addWidget(splitter_3)

            taiji_1 = myPainterTransform(rotational = True)      # 第 1 个太极图,能够旋转
            taiji_2 = myPainterTransform(scaled = True)          # 第 2 个太极图,能够缩放
            taiji_3 = myPainterTransform(translational = True)   # 第 3 个太极图,能够平动
            taiji_4 = myPainterTransform()                        # 第 4 个太极图,静止不动
            splitter_2.addWidget(taiji_1)
            splitter_2.addWidget(taiji_2)
            splitter_3.addWidget(taiji_3)
            splitter_3.addWidget(taiji_4)
    if __name__ == '__main__':
        app = QApplication(sys.argv)
        window = myWindow()
        window.show()
        sys.exit(app.exec())
```

2. 用 QTransform 方法

采用坐标变换 QTransform 可以进行更复杂的变换。QTransform 是一个 3×3 的矩阵,用 QTransform 类创建变换矩阵的方法如下所示,其中 mij 参数是矩阵的元素值,类型都是 float。

```
QTransform()
QTransform(m11, m12, m13, m21, m22, m23, m31, m32, m33 = 1.0)
QTransform(m11, m12, m21, m22, m31, m32)
```

其中,参数 m11 和 m22 分别是沿 x 和 y 轴方向的缩放比例,m31 和 m32 分别是沿 x 和 y 轴方向的位移 dx 和 dy,m21 和 m12 分别是沿 x 和 y 轴方向的错切,m13 和 m23 分别是 x 和 y 轴方向的投影,m33 是附加投影系数。

对于二维空间中的一个坐标(x,y),可用(x,y,k)表示,其中 k 是一个不为 0 的缩放比例系数。当 k=1 时,坐标可以表示成(x,y,1),通过变换矩阵,可以得到新的坐标(x′,y′,1),用变换矩阵可以表示成

$$(x',y',1) = (x,y,1) \begin{bmatrix} m11 & m12 & m13 \\ m21 & m22 & m23 \\ m31 & m32 & m33 \end{bmatrix}$$

对于沿着 x 和 y 方向的平移可以表示成

$$(x',y',1) = (x,y,1) \begin{bmatrix} 1 & 0 & 0 \\ 0 & 1 & 0 \\ dx & dy & 1 \end{bmatrix}$$

对于沿着 x 和 y 方向的缩放可以表示成

$$(x',y',1) = (x,y,1)\begin{bmatrix} scale\_x & 0 & 0 \\ 0 & scale\_y & 0 \\ 0 & 0 & 1 \end{bmatrix}$$

对于绕 z 轴旋转 θ 角可以表示成

$$(x',y',1) = (x,y,1)\begin{bmatrix} \cos(\theta) & \sin(\theta) & 0 \\ -\sin(\theta) & \cos(\theta) & 0 \\ 0 & 0 & 1 \end{bmatrix}$$

对于错切可以表示成

$$(x',y',1) = (x,y,1)\begin{bmatrix} 1 & shear\_y & 0 \\ shear\_x & 1 & 0 \\ 0 & 0 & 1 \end{bmatrix}$$

如果要进行多次不同的变换,可以将以上变换矩阵依次相乘,得到总的变换矩阵。以上是针对二维图形的变换,也可推广到三维变换。

QTransform 的常用方法如表 12-23 所示。

表 12-23　QTransform 的常用方法

Qtransform 的方法及参数类型	返回值的类型	说　　明
rotate(float,axis=Qt. ZAxis)	QTransform	获取以度表示的旋转矩阵
rotateRadians(float,axis=Qt. ZAxis)	QTransform	获取弧度表示的旋转矩阵
scale(float,float)	QTransform	获取缩放矩阵
shear(float,float)	QTransform	获取错切矩阵
translate(float,float)	QTransform	获取平移矩阵
setMatrix(float,float,float,float,float,float,float,float,float)	—	设置矩阵的各个值
m11() m12() m13() m21() m22() m23() m31() m32() m33()	—	获取矩阵的各个值
transposed()	QTransform	获取转置矩阵
inverted()	Tuple[QTransform,bool]	获取逆矩阵
adjoint()	QTransform	获取共轭矩阵
determinant()	float	获取矩阵的秩
reset()		重置矩阵,对角线值为1,其他全部为0
map(int,int)	Tuple[int,int]	变换坐标值,即坐标值与变换矩阵相乘
map(float,float)	Tuple[float,float]	变换坐标值
map(QPoint)	QPoint	变换点
map(Union[QPointF,QPoint])	QPointF	变换点
map(QLine)	QLine	变换线
map(QLineF)	QLineF	变换线
map(QPolygonF)	QPolygonF	变换多点
map(QPolygon)	QPolygon	变换多点
map(QRegion)	QRegion	变换区域
map(QPainterPath)	QPainterPath	变换路径
mapRect(QRect)	QRect	变换矩形
mapRect(QRectF)	QRectF	变换矩形
mapToPolygon(QRect)	QPolygon	将矩形变换到多边形

QPainter 用 setTransform(QTransform,combine=False)方法设置坐标变换矩阵，参数 combine 表示是否在现有的变换上叠加新的变换矩阵，如果是 False 则设置新的变换矩阵；用 transform(self)方法获取变换矩阵；用 resetTransform()方法重置变换矩阵；用 setWorldTransform(QTransform,combine=False)方法设置世界变换矩阵；用 combinedTransform()方法获取 window、viewport 和 world 的组合变化矩阵；用 deviceTransform()方法获取从逻辑坐标到设备坐标的变换矩阵。

12.1.12 视口和窗口

除了用坐标变换来绘图外，还可以把绘图设备的一部分区域定义成逻辑坐标，在逻辑坐标中绘制图形。例如图 12-15(a)所示的屏幕窗口中有个矩形区域，在坐标系 oxy 中表示为 QRect(100,100,300,200)，如果把逻辑坐标系 o′x′y′定义在矩形区域的左上角，矩形区域的宽度和高度都定义成 100，则矩形区域在逻辑坐标系 o′x′y′中可以表示为 QRect(0,0,100,100)，如图 12-15(b)所示。同样，如果把逻辑坐标系 o′x′y′定义在矩形区域的中心，宽度和高度仍定义成 100，则矩形区域可以表示成 QRect(−50,−50,100,100)，如图 12-15(c)所示。

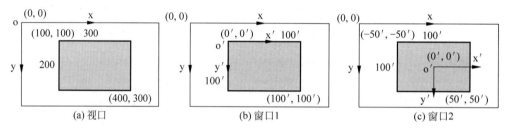

图 12-15　视口和窗口坐标

定义视口需要用 QPainter 的 setViewport(QRect)方法或 setViewport(int,int,int,int)方法，定义窗口的逻辑坐标需要用 setWindow(QRect)方法，或者用 setWindow(int,int,int,int)方法。例如图 12-15 中的窗口，用 painter.setViewport(100,100,300,200)定义视口，用 painter.setWindow(0,0,100,100)或 painter.setWindow(−50,−50,100,100)定义窗口的逻辑坐标。

下面的程序在图 12-15(a)所示的视口中绘制一个矩形和多个椭圆，椭圆是用坐标系的旋转变换绘制的。

```
import sys   #Demo12_8.py
from PyQt5.QtWidgets import QApplication,QWidget
from PyQt5.QtGui import QPainter

class myWindow(QWidget):
    def __init__(self,parent = None):
        super().__init__(parent)
        self.resize(600,500)
    def paintEvent(self,event):
        painter = QPainter(self)
```

```
            painter.setViewport(100,100,300,200)        #视口
            painter.setWindow(-50,-50,100,100)          #窗口
            painter.drawRect(0, 0, 50, 50)              #绘制矩形
            for i in range(18):
                painter.drawEllipse(0,0,50,50)          #绘制椭圆
                painter.rotate(20)                      #旋转坐标系
if __name__ == '__main__':
    app = QApplication(sys.argv)
    window = myWindow()
    window.show()
    sys.exit(app.exec())
```

12.1.13 图形合成

图形合成是指当绘制新图形时,绘图设备上已经存在旧图形,如何处理新图形和旧图形之间的关系。图形合成是基于像素,将旧图形的颜色值和 Alpha 通道的值与新图形的颜色值和 Alpha 通道的值进行合成处理。图形合成的处理使用 QPainter 的 setCompositionMode (QPainter.CompositionMode)方法,用 compositionMode()方法获取处理方法,其中参数 QPainter.CompositionMode 的几个常用取值如表 12-24 所示,默认值是 QPainter.Composition-Mode_SourceOver。这几种取值的效果如图 12-16 所示,其中 Source 表示新绘制的图形,Destination 表示旧图形。

表 12-24　QPainter.CompositionMode 的几个常用取值

QPainter.CompositionMode_Source	QPainter.CompositionMode_SourceOut
QPainter.CompositionMode_Destination	QPainter.CompositionMode_DestinationOut
QPainter.CompositionMode_SourceOver	QPainter.CompositionMode_SourceAtop
QPainter.CompositionMode_DestinationOver	QPainter.CompositionMode_DestinationAtop
QPainter.CompositionMode_SourceIn	QPainter.CompositionMode_Clear
QPainter.CompositionMode_DestinationIn	QPainter.CompositionMode_Xor

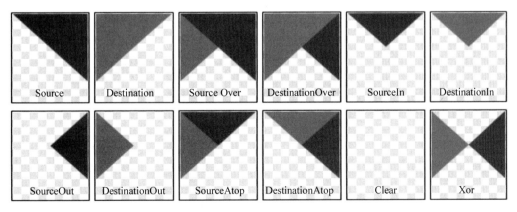

图 12-16　QPainter.CompositionMode 的取值效果

下面所示绘图程序先绘制一幅图片,再用绘图路径添加矩形和一个椭圆,在矩形和椭圆之间填充黑色。采用 QPainter.CompositionMode_SourceOver 合成方式,将两幅图形合成后的效果如图 12-17 所示。

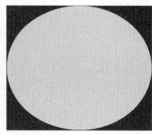

(a) Destination　　　　　　　(b) Source　　　　　　(c) Destination+Source

图 12-17　程序运行效果

```
import sys    #Demo12_9.py
from PyQt5.QtWidgets import QApplication,QWidget
from PyQt5.QtGui import QPainter,QPixmap,QPainterPath,QBrush
from PyQt5.QtCore import QRectF,Qt

class myWindow(QWidget):
    def __init__(self,parent = None):
        super().__init__(parent)
        self.resize(600,500)
        self.__pixmap = QPixmap("d:\\python\\pic.png")
    def paintEvent(self,event):
        painter = QPainter(self)
        painter.drawPixmap(self.rect(),self.__pixmap)           #绘制图片

        rect = QRectF(0, 0, self.width(), self.height())        #获取窗口的矩形
        path = QPainterPath()                                   #绘图路径
        path.addRect(rect)                                      #添加矩形
        path.addEllipse(rect)                                   #添加椭圆
        path.setFillRule(Qt.OddEvenFill)                        #设置填充方式
        brush = QBrush(Qt.SolidPattern)                         #画刷
        brush.setColor(Qt.black)
        painter.setBrush(brush)                                 # 设置画刷

        painter.setCompositionMode(QPainter.CompositionMode_SourceOver)   #设置图像合成方式
        painter.drawPath(path)
if __name__ == '__main__':
    app = QApplication(sys.argv)
    window = myWindow()
    window.show()
    sys.exit(app.exec())
```

12.2　Graphics/View 绘图

12.2.1　Graphics/View 绘图框架介绍

Graphics/View 绘图框架类似于前面介绍的 Model/View 机制。Graphics 是指 QGraphicsScene（场景）类，它是不可见的，相当于一个容器，在它里面放置并管理各种图项（QGraphicsItem）；View 是指 QGraphicsView 控件，QGraphicsScene 中的绘图项通过 QGraphicsView 控件显示出来，同一个 QGraphicsScene 可以用多个 QGraphicsView 显示。

Graphics/View 框架结构主要包含三个主要的类：QGraphicsScene、QGraphicsView 和 QGraphicsItem。QGraphicsScene 本身不可见，但又是存储图项的容器，必须通过与之相连的 QGraphicsView 控件来显示图项及与外界进行交互操作。QGraphicsScene 主要提供图项的操作接口，传递事件和管理各个图项的状态，提供无变换的绘制功能（如打印）；QGraphicsView 提供一个可视的窗口，用于显示场景中的图项。QGraphicsItem 是场景中图项的基类，图项有自定义的图项（继承自 QGraphicsItem 的子类），还有标准的图项，如矩形（QGraphicsRectItem）、多边形（QGraphicsPolygonItem）、椭圆（QGraphicsEllipseItem）、路径（QGraphicsPathItem）、线条（GraphicsLineItem）和文本（QGraphicsTextItem）等。读者可以把 QGraphicsScene 理解成电影胶卷，QGraphicsView 理解成电影放映机，而图项理解成电影胶卷中的人物、树木、建筑物等。

QPainter 采用面向过程的描述方式绘图，而 Graphics/View 采用面向对象的描述方式绘图。Graphics/View 框架中的每一个图项都是一个独立的元素，可以对图项进行操作，图项支持鼠标操作，可以对图项进行按下、移动、释放、双击、滚轮滚动和右键菜单操作，还支持键盘输入和拖放操作。Graphics/View 绘图时首先创建一个场景，然后创建图项对象（如直线对象、矩形对象），再使用场景的 add() 函数将图项对象添加到场景中，最后通过视图控件进行显示。对于复杂的图像来说，如果其中包含大量的直线、曲线、多边形等对象，管理图项对象比管理 QPainter 的绘制过程语句要容易，并且图项对象更符合面向对象的思想，图形的可复用性更好。

12.2.2　Graphics/View 坐标系统

Graphics/View 坐标系基于笛卡儿坐标系，图项在场景中的位置和几何形状通过 x 坐标和 y 坐标表示。当使用没有变换的视图观察场景时，场景中的一个单位对应屏幕上的一个像素。

Graphics/View 架构中有三种坐标系统，分别为图项坐标、场景坐标和视图坐标。场景坐标类似于 QPainter 的逻辑坐标，一般以场景的中心为原点；视图坐标是窗口界面的物理坐标，其左上角为原点坐标；图项坐标是局部逻辑坐标，通常以图项的中心为原点。Graphics/View 提供了三个坐标系统之间的转换函数。

1. 图项坐标

图项存在于自己的本地坐标上，图项的坐标系通常以图项中心为原点，图项中心也是所有坐标变换的原点,图项坐标方向是 x 轴正方向向右,y 轴正方向向下。创建自定义图项时,需要注意图项的坐标,QGraphicsScene 和 QGraphicsView 会完成所有的变换。例如,如果接收到一个鼠标按下或拖入事件,所给的事件位置是基于图项坐标系的。如果某个点位于图项内部,使用图项上的点作为 QGraphicsItem.contains() 虚函数的参数,函数会返回 True。类似地,图项的边界矩形和形状也基于图项坐标系。图项的位置是图项的中心点在其父图项坐标系统的坐标,场景可以理解成顶层图项。

子图项的坐标与父图项的坐标相关,如果子图项无变换,则子图项坐标和父图项坐标之间的区别与它们的父图项的坐标相同。例如,如果一个无变换的子图项精确地位于父图项的中心点,则父子图项的坐标系统是相同的。如果子图项的位置是(100,0),子图项上的点(0,100)就是父图项上的点(100,100)。即使图项的位置和变换与父图项相关,子图项的坐标也不会被父图项的变换影响,虽然父图项的变换会隐式地变换子图项。例如,即使父图项被翻转和缩放,子图项上的点(0,100)仍旧是父图项上的点(100,100)。

如果调用 QGraphicsItem 类的 paint() 函数重绘图项,应以图项坐标系为基准。

2. 场景坐标

场景坐标是所有图项的基础坐标系统。场景坐标系统描述了顶层图项的位置,并且构成从视图到场景的所有场景事件的基础。每个图项在场景上都有场景坐标和边界矩形。场景坐标的原点在场景中心,坐标方向是 x 轴正方向向右,y 轴正方向向下。

3. 视图坐标

视图坐标是窗口控件的坐标,视图坐标的单位是像素,QGraphicsView 的左上角是(0,0)。所有鼠标事件、拖曳事件最开始都使用视图坐标,为了和图项交互,需要转换为场景坐标。

4. 坐标变换

在 Graphics/View 框架中,经常需要在不同种坐标间进行变换:从视图到场景,从场景到图项,从图项到图项。Graphics/View 框架中的坐标变换函数如下:

- QGraphicsView.mapToScene() 视图到场景
- QGraphicsView.mapFromScene() 场景到视图
- QGraphicsItem.mapFromScene() 场景到图项
- QGraphicsItem.mapToScene() 图项到场景
- QGraphicsItem.mapToParent() 子图项到父图项
- QGraphicsItem.mapFromParent() 父图项到子图项
- QGraphicsItem.mapToItem() 本图项到其他图项
- QGraphicsItem.mapFromItem() 其他图项到本图项

在场景中处理图项时,从场景到图项、从图项到图项、从视图到场景进行坐标和图形变换是有用的。当在 QGraphicsView 的视口中单击鼠标时,应该通过调用 QGraphicsView.mapToScence() 与 QGraphicsScene.itemAt() 函数来获知是场景中的哪个图项;如果想获知一个图项位于视口中的位置,应该先在图项上调用 QGraphicsItem.mapToScene() 函数,然后调用 QGraphicsView.mapFromScene() 函数;如果想获知在一个视图中有哪些图项,应该把 QPainterPath 传递到 mapToScene() 函数,然后再把映射后的路径传递到 QGraphicsScene.items() 函数。可以调用 QGraphicsItem.mapToScene() 与 QGraphicsItem.

mapFromScene()函数在图项与场景之间进行坐标与形状的映射，也可以在子图项与其父图项之间通过QGraphicsItem.mapToParent()与QGraphicsItem.mapFromItem()函数进行映射。所有映射函数可以包括点、矩形、多边形、路径。视图与场景之间的映射也与此类似。对于视图与图项之间的映射，应该先从视图映射到场景，然后再从场景图映射到图项。

12.2.3 视图控件

视图控件QGraphicsView用于显示场景中的图项，当场景超过视图区域时，视图会提供滚动条。视图控件的继承关系如图12-18所示。

图 12-18 视图控件的继承关系

用QGraphicsView类创建视图控件实例对象的方法如下所示，其中parent是继承自QWidget的窗口或控件；QGraphicsScene是场景实例对象，用于设置视图控件中的场景。

```
QGraphicsView(parent = None)
QGraphicsView(QGraphicsScene, parent = None)
```

视图控件的方法较多，一些常用方法如表12-25所示，获取视图控件中图项的方法如表12-26所示，视图控件中点的坐标与场景坐标互相转换的方法如表12-27所示。主要方法介绍如下。

- 给视图控件设置场景，可以在创建视图实例对象时设置，也可以用setScene(QGraphicsScene)方法设置，用scene()方法获取场景。
- 用setSceneRect(QRectF)方法或setSceneRect(float,float,float,float)方法设置场景的逻辑区域，用sceneRect()方法获取场景的逻辑区域。
- 用setAlignment(Qt.Alignment)方法设置场景在视图控件中的显示位置，Qt.Alignment可以取Qt.AlignLeft、Qt.AlignRight、Qt.AlignHCenter、Qt.AlignJustify、Qt.AlignTop、Qt.AlignBottom、Qt.AlignVCenter、Qt.AlignBaseline或Qt.AlignCenter，默认是Qt.AlignCenter。
- 创建视图控件的子类，并重写drawBackground(QPainter,QRectF)函数，可以在显示前景和图项之前绘制背景；重写drawForeground(QPainter,QRectF)函数，可以在显示背景和图项之后绘制前景。场景分为三层：背景层、图项层和前景层，前面的层会挡住后面的层。
- 用setCacheMode(QGraphicsView.CacheMode)方法可设置缓存模式，其中QGraphicsView.CacheMode可以取QGraphicsView.CacheNone（没有缓存）或QGraphicsView.CacheBackground（缓存背景）。
- 用setInteractive(bool)方法设置视图控件是否是交互模式，在交互模式下可以接受鼠标、键盘事件；用isInteractive()方法可以获取是否是交互模式。
- 用setDragMode(QGraphicsView.DragMode)方法设置在视图控件中按住鼠标左键选择图项时的拖曳模式，参数QGraphicsView.DragMode可取QGraphicsView.NoDrag（忽略鼠标事件）、QGraphicsView.ScrollHandDrag（在交互或非交互模式

下,鼠标指针变成手的形状,拖动鼠标会移动整个场景)或 QGraphicsView.RubberBandDrag(在交互模式下,可以框选图项)。

- 用 setRubberBandSelectionMode(Qt.ItemSelectionMode)方法设置框选图项时,图项是否能被选中,其中参数 Qt.ItemSelectionMode 可以取 Qt.ContainsItemShape、Qt.IntersectsItemShape、Qt.ContainsItemBoundingRect 或 Qt.IntersectsItemBoundingRect。

- 用 setOptimizationFlag(QGraphicsView.OptimizationFlag,enabled=True)方法设置视图控件优化显示标识,参数 QGraphicsView.OptimizationFlag 可以取 QGraphicsView.DontSavePainterState(不保存绘图状态)、QGraphicsView.DontAdjustForAntialiasing(不调整反锯齿)或 QGraphicsView.IndirectPainting(间接绘制)。

- 用 scale(float,float)方法、rotate(float)方法、shear(float,float)方法和 translate(float,float)方法可以对场景进行缩放、旋转、错切和平移,用 setTransform(QTransform,combine=False)方法可以用变换矩阵对场景进行变换。

- 用 setResizeAnchor(QGraphicsView.ViewportAnchor)方法设置场景变换时的锚点,其中 QGraphicsView.ViewportAnchor 可取 QGraphicsView.NoAnchor(没有锚点,场景位置不变)、QGraphicsView.AnchorViewCenter(场景在视图控件的中心点作为锚点,)或 QGraphicsView.AnchorUnderMouse(光标所在的位置作为锚点)。

- 用 setViewportUpdateMode(QGraphicsView.ViewportUpdateMode)方法设置视图刷新模式,参数 QGraphicsView.ViewportUpdateMode 可以取 QGraphicsView.FullViewportUpdate、QGraphicsView.MinimalViewportUpdate、QGraphicsView.SmartViewportUpdate、QGraphicsView.BoundingRectViewportUpdate 或 QGraphicsView.NoViewportUpdate。

- 用 itemAt()方法可以获得光标位置处的一个图项,如果有多个图项,则获得最上面的图项;用 items()方法可以获得多个图项列表,图项列表中的图项按照 z 值从顶到底的顺序排列。可以用矩形、多边形或路径获取其内部的图项,例如 items(QRect,mode=Qt.IntersectsItemShape)方法,参数 mode 可取 Qt.ContainsItemShape(图项完全在选择框内部)、Qt.IntersectsItemShape(图项在选择框内部并与选择框相交)、Qt.ContainsItemBoundingRect(图项的边界矩形完全在选择框内部)或 Qt.IntersectsItemBoundingRect(图项的边界矩形完全在选择框内部并与选择框相交)。

- 用 mapFromScene()方法可以把场景中的一个点坐标转换成视图控件的坐标,用 mapToScene()方法可以把视图控件的一个点转换成场景中的坐标。

- 由于 QGraphicsView 继承自 QWidget,GraphicsView 提供了拖曳功能。Graphics/View 框架也为场景、图项提供拖曳支持。当视图控件接收到拖曳事件时,GraphicsView 框架会将拖曳事件翻译成 QGraphicsSceneDragDropEvent 事件,再发送到场景,场景接管事件,再把事件发送到光标下接受拖曳的第一个图项。为了开启图项拖曳功能,需要在图项上创建一个 QDrag 对象。

- 用 setViewport(QWidget)方法可以设置视口的控件,如果不设置,会使用默认的控件。如果要使用 OpenGL 渲染,则需设置 setViewport(QOpenGLWidget)。

表 12-25　视图控件的常用方法

视图控件的常用方法及参数类型	说　　明
centerOn(Union[QPointF,QPoint])	使某个点位于视图控件中心
centerOn(float,float)	
centerOn(QGraphicsItem)	使某个图项位于视图控件中心
drawBackground(QPainter,QRectF)	重写该函数,在显示前景和图项前绘制背景
drawForeground(QPainter,QRectF)	重写该函数,在显示背景和图项后绘制前景
ensureVisible(QRectF,xMargin=50,yMargin=50)	确保指定的矩形区域可见,可见时按指定的边距显示;如不可见,滚动到最近的点
ensureVisible(float,float,float,float,xMargin=50,yMargin=50)	
ensureVisible(QGraphicsItem,xMargin=50,yMargin=50)	确保指定的图项可见
fitInView(QRectF,mode=Qt.IgnoreAspectRatio)	以适合方式使矩形区域可见
fitInView(float,float,float,float,mode=Qt.IgnoreAspectRatio)	
fitInView(QGraphicsItem,mode=Qt.IgnoreAspectRatio)	以适合方式使图项可见
render(QPainter,target=QRectF(),source=QRect(),mode=Qt.KeepAspectRatio)	从 source(视图坐标系)把图像复制到 target(其他设备,如 QImage)上
resetCachedContent()	重置缓存
rubberBandRect()	获取用鼠标指针框选的范围 QRect
setScene(QGraphicsScene)	设置场景
scene()	获取场景
setSceneRect(QRectF)	设置场景的逻辑区域
setSceneRect(float,float,float,float)	
sceneRect()	获取场景的逻辑区域
setAlignment(Qt.Alignment)	设置对齐方式
setBackgroundBrush(Union[QBrush,QColor,Qt.GlobalColor,QGradient])	设置背景画刷
setForegroundBrush(Union[QBrush,QColor,Qt.GlobalColor,QGradient])	设置前景画刷
setCacheMode(QGraphicsView.CacheMode)	设置缓存模式
setDragMode(QGraphicsView.DragMode)	设置鼠标指针拖曳模式
setInteractive(bool)	设置是否是交互模式
isInteractive()	获取是否是交互模式
setOptimizationFlag(QGraphicsView.OptimizationFlag,enabled=True)	设置优化显示标识
setRenderHint(QPainter.RenderHint,on=True)	设置提高绘图质量标识
setResizeAnchor(QGraphicsView.ViewportAnchor)	设置锚点
setRubberBandSelectionMode(Qt.ItemSelectionMode)	设置用鼠标指针框选模式
setTransform(QTransform,combine=False)	用变换矩阵变换视图
transform()	获取变换矩阵 QTransform
isTransformed()	获取是否进行过变换
resetTransform()	重置变换
setTransformationAnchor(QGraphicsView.ViewportAnchor)	设置变换时的锚点
resizeAnchor()	获取锚点
setViewportUpdateMode(QGraphicsView.ViewportUpdateMode)	设置刷新模式
setupViewport(QWidget)	新建子类,重写该函数,设置视口控件

续表

视图控件的常用方法及参数类型	说　明
scale(float,float)	缩放
rotate(float)	旋转角度,瞬时针方向为正
shear(float,float)	错切
translate(float,float)	平移
updateScene(Iterable[QRectF])	更新场景
updateSceneRect(QRectF)	更新场景

表 12-26　视图控件中获取图项的方法

获取图项的方法	返回值的类型
itemAt(QPoint)	QGraphicsItem
itemAt(int,int)	QGraphicsItem
items()	List[QGraphicsItem]
items(QPoint)	List[QGraphicsItem]
items(int,int)	List[QGraphicsItem]
items(int,int,int,int,mode=Qt.IntersectsItemShape)	List[QGraphicsItem]
items(QRect,mode=Qt.IntersectsItemShape)	List[QGraphicsItem]
items(QPolygon,mode=Qt.IntersectsItemShape)	List[QGraphicsItem]
items(QPainterPath,mode=Qt.IntersectsItemShape)	List[QGraphicsItem]

表 12-27　场景坐标与视图坐标相互转换的方法

场景到视图的坐标转换方法	返回值类型	视图到场景的转换方法	返回值类型
mapFromScene(Union[QPointF,QPoint])	QPoint	mapToScene(QPoint)	QPointF
mapFromScene(QRectF)	QPolygon	mapToScene(QRect)	QPolygonF
mapFromScene(QPolygonF)	QPolygon	mapToScene(QPolygon)	QPolygonF
mapFromScene(QPainterPath)	QPainterPath	mapToScene(QPainterPath)	QPainterPath
mapFromScene(float,float)	QPoint	mapToScene(int,int)	QPointF
mapFromScene(float,float,float,float)	QPolygon	mapToScene(int,int,int,int)	QPolygonF

另外,视图控件有信号 rubberBandChanged(viewportRect,fromScenePoint,toScenePoint)和槽函数 updateScene(rects)及 updateSceneRect(rect)。

下面的程序首先建立视图控件的子类,创建自定义信号,信号的参数是单击鼠标或移动鼠标时鼠标在视图控件的位置,并重写了鼠标单击、移动事件和背景函数,然后在场景中建立一个矩形和一个圆,用鼠标可以拖动矩形和圆,并在状态栏上显示鼠标拖动点的视图坐标、场景坐标和图项坐标。程序运行界面如图 12-19 所示。

```
import sys  #Demo12_10.py
from PyQt5.QtWidgets import (QApplication,QWidget,QGraphicsScene,QGraphicsView,
    QVBoxLayout,QStatusBar,QGraphicsRectItem,QGraphicsItem,QGraphicsEllipseItem)
```

图 12-19　程序运行界面

```
from PyQt5.QtCore import Qt,pyqtSignal,QPoint,QRectF

class myGraphicsView(QGraphicsView):                    #视图控件的子类
    point_position = pyqtSignal(QPoint)                 #自定义信号,参数是鼠标在视图中的位置
    def __init__(self,parent = None):
        super().__init__(parent)
    def mousePressEvent(self,event):                    #鼠标单击事件
        self.point_position.emit(event.pos())           #发送信号,参数是鼠标位置
        super().mousePressEvent(event)
    def mouseMoveEvent(self,event):                     #鼠标移动事件
        self.point_position.emit(event.pos())           #发送信号,参数是鼠标位置
        super().mouseMoveEvent(event)
    def drawBackground(self, painter,rectF):            #重写背景函数,设置背景颜色
        painter.fillRect(rectF,Qt.gray)
class myWindow(QWidget):
    def __init__(self,parent = None):
        super().__init__(parent)
        self.resize(800,600)
        self.setupUI()
    def setupUI(self):
        self.graphicsView = myGraphicsView()            #视图窗口
        self.statusbar = QStatusBar()                   #状态栏
        v = QVBoxLayout(self)
        v.addWidget(self.graphicsView)
        v.addWidget(self.statusbar)
        rectF = QRectF( - 200, - 150,400,300)
        self.graphicsScene = QGraphicsScene(rectF)      #创建场景
        self.graphicsView.setScene(self.graphicsScene)  #视图窗口设置场景
        rect_item = QGraphicsRectItem(rectF)            #以场景为坐标创建矩形
        rect_item.setFlags(QGraphicsItem.ItemIsSelectable| QGraphicsItem.ItemIsMovable)  #标识
        self.graphicsScene.addItem(rect_item)           #在场景中添加图项
        rectF = QRectF( - 40, - 40,80,80)
        ellipse_item = QGraphicsEllipseItem(rectF)      #以场景为坐标创建椭圆
        ellipse_item.setBrush(Qt.green)                 #设置画刷
        ellipse_item.setFlags(QGraphicsItem.ItemIsSelectable | QGraphicsItem.ItemIsMovable)
        self.graphicsScene.addItem(ellipse_item)        #在场景中添加图项
        self.graphicsView.point_position.connect(self.mousePosition)  #信号与槽的连接
```

```python
            def mousePosition(self,point):                          # 槽函数
                template = "view 坐标:{},{} scene 坐标:{},{} item 坐标:{},{}"
                point_scene = self.graphicsView.mapToScene(point)   # 视图中的点映射到场景中
                item = self.graphicsView.itemAt(point)              # 获取视图控件中的图项
                # item = self.graphicsScene.itemAt(point_scene,self.graphicsView.transform())
                                                                    # 场景中图项
                if item:
                    point_item = item.mapFromScene(point_scene)     # 把场景坐标转换为图项坐标
                    string = template.format(point.x(),point.y(),point_scene.x(),point_scene.y(),
                                    point_item.x(),point_item.y())
                else:
                    string = template.format(point.x(), point.y(), point_scene.x(),
                                    point_scene.y(),"None","None")
                self.statusbar.showMessage(string)                  # 在状态栏中显示坐标信息
    if __name__ == "__main__":
        app = QApplication(sys.argv)
        window = myWindow()
        window.show()
        sys.exit(app.exec())
```

12.2.4 场景

场景 QGraphicsScene 是图项的容器,用于存放和管理图项。QGraphicsScene 继承自 QObject,用 QGraphicsScene 类创建场景实例对象的方法如下,其中 parent 是继承自 QObject 的实例对象,QRectF 定义场景的坐标范围。

```
QGraphicsScene(parent = None)
QGraphicsScene(QRectF, parent = None)
QGraphicsScene(float, float, float, float, parent = None)
```

场景中添加和删除图项的方法如表 12-28 所示,获取场景中图项的方法如表 12-29 所示,场景的其他一些常用方法如表 12-30 所示。主要方法介绍如下。

- 场景中添加从 QGraphicsItem 继承的子类的方法是 addItem(QGraphicsItem),另外还可以添加一些标准的图项,用 addEllipse()、addLine()、addPath()、addPixmap()、addPolygon()、addRect()、addSimpleText()、addText()和 addWidget()方法可以分别添加椭圆、直线、绘图路径、多边形、矩形、简单文本、文本和控件,并返回指向这些图项的实例。其中用 addWidget(QWidget,Qt.WindowType)方法可以将一个控件以代理控件的方法添加到场景中,并返回代理控件,按照添加顺序,后添加的图项会在先添加图项的前端;用 removeItem(QGraphicsItem)方法可以从场景中移除图项,用 clear()方法可以移除所有的图项。
- 用 itemAt(Union[QPointF,QPoint],QTransform)或 itemAt(float,float,QTransform)方法可以获得某个位置处 z 值最大的图项,参数 QTransform 表示变换矩阵,可以取 graphicsView.transform()。用 items()方法可以获得某个位置的多个图项,例如 items(QPoint,mode,order,QTransform),参数 mode 是 Qt.ItemSelectionMode 类

型值,可以取 Qt.ContainsItemShape(完全包含)、Qt.IntersectsItemShape(完全包含和交叉)、Qt.ContainsItemBoundingRect(完全包含边界矩形边界)或 Qt.IntersectsItemBoundingRect(完全包含矩形边界和交叉边界);order 是指图项 z 值的顺序,可以取 Qt.DescendingOrder(降序)或 Qt.AscendingOrder(升序),默认是 Qt.DescendingOrder。

- 用 collidingItems(QGraphicsItem,mode=Qt.IntersectsItemShape)方法可以获取与指定图项产生碰撞的图项列表,参数 mode 可以取 Qt.ContainsItemShape、Qt.IntersectsItemShape、Qt.ContainsItemBoundingRect 或 Qt.IntersectsItemBoundingRect。
- 用 createItemGroup(Iterable[QGraphicsItem])方法可以将多个图项定义成组,并返回 QGraphicsItemGroup 对象,组内的图形可以同时进行缩放、平移和旋转操作。
- 用 setSceneRect(QRectF)或 setSceneRect(float,float,float,float)方法设置场景的边界矩形,用 sceneRect()方法获取边界矩形。
- 用 setItemIndexMethod(QGraphicsScene.ItemIndexMethod)方法设置在场景中搜索图项位置的方法,其中 QGraphicsScene.ItemIndexMethod 可取 QGraphicsScene.BspTreeIndex(BSP 树方法,适合静态场景)或 QGraphicsScene.NoIndex(适合动态场景)。BSP(Binary Space Partitioning)树是二维空间分割树方法,又称为二叉法。
- 场景分为背景层、图项层和前景层,分别用 QGraphicsScene.BackgroundLayer、QGraphicsScene.ItemLayer 和 QGraphicsScene.ForegroundLayer 表示,这三层可用 QGraphicsScene.AllLayers 表示。用 invalidate(rect=QRectF(),QGraphicsScene.SceneLayer)方法或 invalidate(float,float,float,float,QGraphicsScene.SceneLayer)方法将指定区域的指定层失效后再重现绘制,以达到更新指定区域的目的,也可用视图控件的 invalidateScene(QRectF,QGraphicsScene.SceneLayer)方法达到相同的目的。
- Graphics/View 框架通过渲染函数 QGraphicsScene.render()和 QGraphicsView.render()支持单行打印。场景和视图的渲染函数的不同在于 QGraphicsScene.render()使用场景坐标,QGraphicsView.render()使用视图坐标。
- 用 addWidget(QWidget,Qt.WindowType)方法可以将一个控件或窗口嵌入场景中,如 QLineEdit、QPushButton,或是复杂的组件如 QTableWidget,甚至是主窗口,该方法返回 QGraphicsProxyWidget,或先创建一个 QGraphicsProxyWidget 实例,手动嵌入组件。通过 QGraphicsProxyWidget,Graphics/View 框架可以深度整合控件的特性,如光标、提示、鼠标、平板和键盘事件、子控件、动画、下拉框、Tab 顺序。

表 12-28　场景中添加或移除图项的方法

场景中添加或移除图项的方法	返回值的类型
addItem(QGraphicsItem)	—
addEllipse(QRectF,QPen,QBrush)	QGraphicsEllipseItem
addEllipse(float,float,float,float,QPen,QBrush)	QGraphicsEllipseItem
addLine(QLineF,QPen)	QGraphicsLineItem
addLine(float,float,float,float,QPen)	QGraphicsLineItem
addPath(QPainterPath,QPen,QBrush)	QGraphicsPathItem

续表

场景中添加或移除图项的方法	返回值的类型
addPixmap(QPixmap)	QGraphicsPixmapItem
addPolygon(QPolygonF,QPen,QBrush)	QGraphicsPolygonItem
addRect(QRectF,QPen,QBrush)	QGraphicsRectItem
addRect(float,float,float,float,QPen,QBrush)	QGraphicsRectItem
addSimpleText(str,font=QFont())	QGraphicsSimpleTextItem
addText(str,font=QFont())	QGraphicsTextItem
addWidget(QWidget,Qt.WindowType)	QGraphicsProxyWidget
removeItem(QGraphicsItem)(移除图项)	—
clear()(清空所有图项)	—

表 12-29　获取场景图项的方法

获取场景图项的方法及参数类型	返回值的类型
itemAt(Union[QPointF,QPoint],QTransform)	QGraphicsItem
itemAt(float,float,QTransform)	QGraphicsItem
items(order=Qt.DescendingOrder)	List[QGraphicsItem]
items(QPoint,mode,order,QTransform)	List[QGraphicsItem]
items(QRectF,mode,order,QTransform)	List[QGraphicsItem]
items(QPolygonF,mode,orde,QTransform)	List[QGraphicsItem]
items(QPainterPath,mode,order,QTransform)	List[QGraphicsItem]
items(float,float,float,float,mode,order,QTransform)	List[QGraphicsItem]

表 12-30　场景的一些常用方法

场景的常用方法及参数类型	说　明
collidingItems(QGraphicsItem,mode=Qt.IntersectsItemShape)	获取碰撞的图项列表 List[QGraphicsItem]
createItemGroup(Iterable[QGraphicsItem])	创建图项组,并返回 QGraphicsItemGroup
destroyItemGroup(QGraphicsItemGroup)	打散图项组
hasFocus()	获取场景是否有焦点,有焦点时可以接受键盘事件
clearFocus()	取消场景的焦点
invalidate(rect=QRectF(),QGraphicsScene.SceneLayer)	刷新指定的区域
invalidate(float,float,float,float,QGraphicsScene.SceneLayer)	
isActive()	场景用视图显示且视图活跃时返回 True
itemsBoundingRect()	获取图项的矩形区域 QRectF
mouseGrabberItem()	获取鼠标抓取的图项 QGraphicsItem
render(QPainter,target=QRectF(),source=QRectF(),mode=Qt.KeepAspectRatio)	将指定区域的图形复制到其他设备的指定区域上
selectedItems()	获取选中的图项列表 List[QGraphicsItem]
selectionArea()	获取选中区域内的绘图路径 QPainterPath
setActivePanel(QGraphicsItem)	将场景中的图项设置成活跃面板

续表

场景的常用方法及参数类型	说　明
setActiveWindow(QGraphicsWidget)	将场景的控件设置成活跃控件
setBackgroundBrush(Union[QBrush,QColor,Qt.GlobalColor,QGradient])	设置背景画刷
setForegroundBrush(Union[QBrush,QColor,Qt.GlobalColor,QGradient])	设置前景画刷
drawBackground(QPainter,QRectF)	重写该函数,绘制背景
drawForeground(QPainter,QRectF)	重写该函数,绘制前景
backgroundBrush()　foregroundBrush()	获取背景刷或前景刷 QBrush
setFocus(focusReason=Qt.OtherFocusReason)	使场景获得焦点
setFocusItem(QGraphicsItem,focusReason=Qt.OtherFocusReason)	使某个图项获得焦点
focusItem()	获取有焦点的图项
setFocusOnTouch(bool)	在平板电脑上通过手触碰获得焦点
setFont(QFont)	设置字体
setItemIndexMethod(QGraphicsScene.ItemIndexMethod)	设置图项搜索方法
setBspTreeDepth(int)	设置 BSP 树的深度
setMinimumRenderSize(float)	图项变换后,尺寸小于设置的尺寸时不渲染
setPalette(QPalette)	设置调色板
setSceneRect(QRectF)	设置场景矩形范围
setSceneRect(float,float,float,float)	
sceneRect()	获取场景矩形范围 QRectF
setSelectionArea(QPainterPath,QTransform)	设置选择面积
setSelectionArea(QPainterPath,mode=Qt.IntersectsItemShape,QTransform)	
clearSelection()	取消选择
setStickyFocus(bool)	单击背景或者单击不接受焦点的图项时,是否失去焦点
setStyle(QStyle)	设置风格
update(QRectF)	更新区域
update(float,float,float,float)	更新区域
views()	获取场景关联的视图控件列表
height()	获取高度
width()	获取宽度
advance()	调用图项的 advance(),通知图项可移动

场景的信号有 changed(List[QRectF])、focusItemChanged(newFocusItem,oldFocusItem,Qt.FocusReason)、sceneRectChanged(QRectf) 和 selectionChanged(),槽函数有 advance()、clear()、clearSelection()、focusNextPrevChild(bool)、invalidate([rect=QRectF()[,layers=QGraphicsScene.AllLayers]])和 update([rect=QRectF()])。

12.2.5 图项

QGraphicsItem 类是 QGraphicsScene 中所有图项的基类,用于编写自定义图项,包括定义图项的几何形状、碰撞检测、绘图实现,以及通过其事件处理程序进行图项的交互,继承 QGraphicsItem 的类有 QAbstractGraphicsShapeItem、QGraphicsEllipseItem、QGraphicsItemGroup、QGraphicsLineItem、QGraphicsPathItem、QGraphicsPixmapItem、QGraphicsPolygonItem、QGraphicsRectItem、QGraphicsSimpleTextItem。图项支持鼠标拖放、滚轮、右键菜单、按下、释放、移动、双击以及键盘等事件,进行分组和碰撞检测,还可以给图项设置数据。

用 QGraphicsItem 类创建图项实例对象的方法如下,其中 parent 是 QGraphicsItem 的实例,在图项间形成父子关系。

`QGraphicsItem(parent = None)`

图项的常用方法如表 12-31 所示,在图项、场景间的映射方法如表 12-32 所示。主要方法介绍如下。

- 用户需要从 QGraphicsItem 类继承并创建自己的子图项类,需要在子类中重写 paint(QPainter, QStyleOptionGraphicsItem, QWidget = None)函数和 boundingRect()函数。paint()函数会被视图控件调用,需要在 paint()函数中用 QPainter 绘制图形,图形是在图项的局部坐标系中绘制的。QPainter 的钢笔宽度初始值是 1;画刷的颜色是 QPallete.window;线条的颜色是 QPallete.text;QStyleOptionGraphicsItem 是绘图选项;QWidget 是指将绘图绘制到哪个控件上,如果为 None,则绘制到缓存上。boundingRect()函数需要返回 QRectF,用于确定图项的边界。paint()中绘制的图形不能超过边界矩形。

- 场景中有多个图项时,根据图项的 z 值确定哪个图项先绘制,z 值越大会越先绘制,先绘制的图项会放到后绘制的图项后面。用 setZValue(float)方法设置图项的 z 值,用 zValue()方法获取 z 值。用场景的 addItem()方法添加图项时,图项的初始 z 值都是 0.0,这时图项依照添加顺序来显示。如果一个图项有多个子项,则会先显示父图项,再显示子图项。可以用 stackBefore(QGraphicsItem)方法将图项放到指定图项的前面。

- 用 setPos(x,y)、setX(x)和 setY(y)方法设置图项在父图项中的位置,pos()方法返回图项在父图项中的坐标位置,如果图项的父图项是场景,则返回其在场景中的坐标位置。除 pos()外的其他函数,返回的坐标值都是在图项自己的局部坐标系中的值。

- 用 setVisible(bool)可以显示或隐藏图项,也可以用 show()或 hide()方法显示或隐藏图项,如果图项有子图项,则隐藏图项后其子图项也隐藏。用 setEnable(bool)方法可以设置图项是否激活,激活的图项可以接受键盘和鼠标事件,如果图项失效,其子项也会失效。

- 用 setData(int,Any)方法可以给图项设置一个任意类型的数据,用 data(int)方法获取图项的数据。

- 用 setFlag(QGraphicsItem.GraphicsItemFlag,enabled=True)方法设置图项的标识,其中参数 QGraphicsItem.GraphicsItemFlag 可取 QGraphicsItem.ItemIsMovable(可移动)、QGraphicsItem.ItemIsSelectable(可选择)、QGraphicsItem.ItemIsFocusable(可获得焦点和键盘事件)、QGraphicsItem.ItemClipsToShape(剪切自己的图形,在图形之外不能接受鼠标拖放和悬停事件)或 QGraphicsItem.ItemClipsChildrenToShape(剪切子类的图形,子类不能在该图形之外绘制图形)。

- 碰撞检测需要重写 shape()函数来返回图项的精准轮廓,可以使用默认的 collidesWithItem(QGraphicsItem,mode=Qt.IntersectsItemShape)值定义外形交集,如果图项的轮廓很复杂,碰撞检测会消耗较长时间。也可重写 collidesWithItem()函数,提供一个新的图项和轮廓碰撞方法。

- 用 setPanelModality(QGraphicsItem.PanelModality)方法设置图项面板模式,图项是面板时会阻止对其他面板的输入,参数 QGraphicsItem.PanelModality 可以取 QGraphicsItem.NonModal(默认值,不阻止对其他面板的输入)、QGraphicsItem.PanelModal(阻止对父辈面板的输入)或 QGraphicsItem.SceneModal(阻止对场景中所有面板的输入)。

- 用 mapFromItem()方法或 mapRectFromItem()方法可以从其他图项映射坐标,用 mapToItem()方法或 mapRectToItem()方法可以把坐标映射到其他图项坐标系中,用 mapFromParent()方法或 mapRectFromParent()方法可以映射父图项的坐标,用 mapToParent()方法或 mapRectToParent()方法可以把图项坐标映射到父图项坐标系中,用 mapFromScene()方法或 mapRectFromScene()方法可以从场景中映射坐标,用 mapToScene()方法或 mapRectToScene()方法可以把坐标映射到场景坐标系中。

- 图项的事件有 contextMenuEvent()、focusInEvent()、focusOutEvent()、hoverEnterEvent()、hoverMoveEvent()、hoverLeaveEvent()、inputMethodEvent()、keyPressEvent()、keyReleaseEvent()、mousePressEvent()、mouseMoveEvent()、mouseReleaseEvent()、mouseDoubleClickEvent()、dragEnterEvent()、dragLeaveEvent()、dragMoveEvent()、dropEvent()、wheelEvent()和 sceneEvent()(QEvent)。用 installSceneEventFilter(QGraphicsItem)方法给事件添加过滤器;用 sceneEventFilter(QGraphicsItem,QEvent)方法处理事件,并返回 bool 型数据;用 removeSceneEventFilter(QGraphicsItem)方法移除事件过滤器。

- 可以通过 QGraphicsItem.setAcceptDrops()方法设置图项是否支持拖曳功能,还需要重写 QGraphicsItem 的 dragEnterEvent()、dragMoveEvent()、dropEvent()、dragLeaveEvent()函数。

- 创建继承自 QGraphicsItem 的图项,图项可以设置自己的定时器,在 timerEvent()事件中控制图项的运动。通过调用 QGraphicsScene.advance()函数来推进场景,再调用 QGraphicsItem.advance()函数进行动画。

表 12-31 图项的常用方法

图项的方法及参数类型	说　明
paint(QPainter,QStyleOptionGraphicsItem,QWidget=None)	重写该函数,绘制图形
boundingRect()	重写该函数,返回边界矩形
advance(phase)	用于简单动画,由场景的 advance() 调用,phase=0 时通知图项即将运动,phase=1 时进行动画
childItems()	获取子项列表 List[QGraphicsItem]
childrenBoundingRect()	获取子项的边界矩形
clearFocus()	清除焦点
collidesWithItem(QGraphicsItem,mode=Qt.IntersectsItemShape)	获取是否能与指定的图形发生碰撞
collidesWithPath(QPainterPath,mode=Qt.IntersectsItemShape)	获取是否能与指定的路径发生碰撞
collidingItems(mode=Qt.IntersectsItemShape)	获取能发生碰撞的图项列表
contains(Union[QPointF,QPoint])	获取图项是否包含某个点
grabKeyboard()	接受键盘的所有事件
grabMouse()	接受鼠标的所有事件
isActive()	获取图项是否活跃
isAncestorOf(QGraphicsItem)	获取图项是否是指定图项的父辈
isEnabled()	获取是否激活
isPanel()	获取是否面板
isSelected()	获取是否被选中
isUnderMouse()	获取是否处于光标下
parentItem()	获取父图项
resetTransform()	重置变换
scene()	获取图项所在的场景
sceneBoundingRect()	获取场景的边界矩形
scenePos()	获取在场景中的位置 QPointF
sceneTransform()	获取变换矩阵 QTransform
setAcceptDrops(bool)	设置是否接受鼠标释放事件
setAcceptedMouseButtons(Qt.MouseButton)	设置可接受的鼠标按钮
setActive(bool)	设置是否活跃
setCursor(Union[QCursor,Qt.CursorShape])	设置光标形状
setData(int,Any)	给图项设置数据
data(int)	获取图项存储的数据
setEnabled(bool)	设置图项是否激活
setFlag(QGraphicsItem.GraphicsItemFlag,enabled=True)	设置图项的标识
setFocus(focusReason=Qt.OtherFocusReason)	设置焦点
setGroup(QGraphicsItemGroup)	将图项加入组中
group()	获取图项所在的组
setOpacity(float)	设置不透明度
setPanelModality(QGraphicsItem.PanelModality)	设置面板的模式
setParentItem(QGraphicsItem)	设置父图项
setPos(Union[QPointF,QPoint])　　setPos(float,float)	设置位置
setX(float)　　setY(float)	设置在父图项中的 x 和 y 坐标

续表

图项的方法及参数类型	说　　明
pos()	获取图项在场景中的位置
x()　y()	获取 x、y 坐标
setRotation(float)	设置顺时针旋转角度
setScale(float)	设置缩放比例系数
moveBy(float,float)	设置移动量
setSelected(bool)	设置是否选中
setToolTip(str)	设置提示信息
setTransform(QTransform,combine=False)	设置矩阵变换
setTransformOriginPoint(Union[QPointF,QPoint])	设置变换的中心点
setTransformOriginPoint(float,float)	
setTransformations(Iterable[QGraphicsTransform])	设置变换矩阵
setVisible(bool)	设置图项是否可见
show()　hide()	显示和隐藏图项,子项也隐藏
isVisible()	获取是否可见
setZValue(float)	设置 z 值
zValue()	获取 z 值
shape()	重写该函数,返回图形的绘图路径 QPainterPath,用于碰撞检测等
stackBefore(QGraphicsItem)	在指定的图项前插入
transform()	获取变换矩阵 QTransform
transformOriginPoint()	获取编译原点 QPointF
update(rect=QRectF())　update(float,float,float,float)	更新区域

表 12-32　图项的映射方法

映射方法	坐标映射方法及参数类型	返回值的类型
从其他图项映射	mapFromItem(QGraphicsItem,Union[QPointF,QPoint])	QPointF
	mapFromItem(QGraphicsItem,QRectF)	QPolygonF
	mapFromItem(QGraphicsItem,QPolygonF)	QPolygonF
	mapFromItem(QGraphicsItem,QPainterPath)	QPainterPath
	mapFromItem(QGraphicsItem,float,float)	QPointF
	mapFromItem(QGraphicsItem,float,float,float,float)	QPolygonF
	mapRectFromItem(QGraphicsItem,QRectF)	QRectF
	mapRectFromItem(QGraphicsItem,float,float,float,float)	QRectF
从父项映射	mapFromParent(Union[QPointF,QPoint])	QPointF
	mapFromParent(QRectF)	QPolygonF
	mapFromParent(QPolygonF)	QPolygonF
	mapFromParent(QPainterPath)	QPainterPath
	mapFromParent(float,float)	QPointF
	mapFromParent(float,float,float,float)	QPolygonF
	mapRectFromParent(QRectF)	QRectF
	mapRectFromParent(float,float,float,float)	QRectF

续表

映射方法	坐标映射方法及参数类型	返回值的类型
从场景映射	mapFromScene(Union[QPointF,QPoint])	QPointF
	mapFromScene(QRectF)	QPolygonF
	mapFromScene(QPolygonF)	QPolygonF
	mapFromScene(QPainterPath)	QPainterPath
	mapFromScene(float,float)	QPointF
	mapFromScene(float,float,float,float)	QPolygonF
	mapRectFromScene(QRectF)	QRectF
	mapRectFromScene(float,float,float,float)	QRectF
映射到其他图项	mapToItem(QGraphicsItem,Union[QPointF,QPoint])	QPointF
	mapToItem(QGraphicsItem,QRectF)	QPolygonF
	mapToItem(QGraphicsItem,QPolygonF)	QPolygonF
	mapToItem(QGraphicsItem,QPainterPath)	QPainterPath
	mapToItem(QGraphicsItem,float,float)	QPointF
	mapToItem(QGraphicsItem,float,float,float,float)	QPolygonF
	mapRectToItem(QGraphicsItem,QRectF)	QRectF
	mapRectToItem(QGraphicsItem,float,float,float,float)	QRectF
映射到父项	mapToParent(Union[QPointF,QPoint])	QPointF
	mapToParent(QRectF)	QPolygonF
	mapToParent(QPolygonF)	QPolygonF
	mapToParent(QPainterPath)	QPainterPath
	mapToParent(float,float)	QPointF
	mapToParent(float,float,float,float)	QPolygonF
	mapRectToParent(QRectF)	QRectF
	mapRectToParent(float,float,float,float)	QRectF
映射到场景	mapToScene(Union[QPointF,QPoint])	QPointF
	mapToScene(QRectF)	QPolygonF
	mapToScene(QPolygonF)	QPolygonF
	mapToScene(QPainterPath)	QPainterPath
	mapToScene(float,float)	QPointF
	mapToScene(float,float,float,float)	QPolygonF
	mapRectToScene(QRectF)	QRectF
	mapRectToScene(float,float,float,float)	QRectF

　　下面的程序绘制坐标轴、正弦曲线和余弦曲线。首先建立 QGraphicsItem 的子类 axise 用于绘制坐标轴、箭头和文字；然后建立 QGraphicsItem 的子类 sin_cos，用于绘制正弦和余弦曲线，在主类中定义 sin_cos 的父项是 axise，并绘制一个矩形；最后将坐标轴和矩形定义成一个组，并给组添加可移动标识，这样整个图项可以用鼠标拖曳。程序运行界面如图 12-20 所示。

```
import sys,math    #Demo12_11.py
from PyQt5.QtWidgets import (QApplication,QWidget,QGraphicsScene,
```

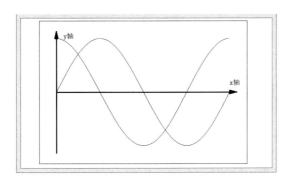

图 12-20　程序运行界面

```
                    QGraphicsView,QVBoxLayout,QGraphicsItem)
from PyQt5.QtCore import Qt,QRectF,QPointF
from PyQt5.QtGui import QPolygonF,QPainterPath,QBrush

class axise(QGraphicsItem):                        #坐标轴图项
    def __init__(self,width,height,parent = None):
        super().__init__(parent)
        self.__width = width
        self.__height = height
    def boundingRect(self):
        return QRectF(-5,-self.__height/2-20,self.__width+25,self.__height+40)
    def paint(self, painter,option,widget):
        pen = painter.pen()
        pen.setWidth(3)
        painter.setPen(pen)
        painter.drawLine(QPointF(0,0),QPointF(self.__width+20,0))    #横轴
        painter.drawLine(QPointF(0,-self.__height/2-20), QPointF(0,self.__height/2+20))
                                                                    #纵轴

        brush = QBrush(Qt.SolidPattern)
        painter.setBrush(brush)
        path = QPainterPath()                   #坐标轴箭头
        path.moveTo(QPointF(self.__width+20,0))
        path.lineTo(self.__width,5)
        path.lineTo(self.__width,-5)
        path.closeSubpath()
        path.moveTo(QPointF(0, -self.__height / 2 - 20))
        path.lineTo(5, -self.__height / 2)
        path.lineTo(-5, -self.__height / 2)
        path.closeSubpath()
        painter.drawPath(path)

        font = painter.font()
        font.setPixelSize(20)
        painter.setFont(font)
        painter.drawText(QPointF(self.__width,-20),"x轴")    #绘制文字
```

```python
            painter.drawText(QPointF(20, -self.__height/2), "y轴")    #绘制文字
class sin_cos(QGraphicsItem):                                         #正弦和余弦图项
    def __init__(self, width, height, parent = None):
        super().__init__(parent)
        self.__width = width
        self.__height = height
    def boundingRect(self):
        return QRectF(-5, -self.__height/2 - 20, self.__width + 25, self.__height + 40)
    def paint(self, painter, option, widget):
        polygon_sin = QPolygonF()
        polygon_cos = QPolygonF()
        for i in range(360):
            x_value = i * self.__width/360
            sin_value = math.sin(i * math.pi/180) * (-1) * self.__height/2
            cos_value = math.cos(i * math.pi/180) * (-1) * self.__height/2

            polygon_sin.append(QPointF(x_value, sin_value))
            polygon_cos.append(QPointF(x_value, cos_value))
        painter.drawPolyline(polygon_sin)
        painter.drawPolyline(polygon_cos)
class myWindow(QWidget):
    def __init__(self, parent = None):
        super().__init__(parent)
        self.resize(800, 600)
        self.graphicsView = QGraphicsView()                           #视图控件
        self.setupUI()
    def setupUI(self):
        v = QVBoxLayout(self)                                         #布局
        v.addWidget(self.graphicsView)
        w = 500                                                       #正弦曲线的宽度
        h = 300                                                       #正弦曲线的高度
        rectF = QRectF(-50, -50 - h/2, w + 100, h + 100)              #场景的范围
        self.graphicsScene = QGraphicsScene(rectF)                    #创建场景
        self.graphicsView.setScene(self.graphicsScene)                #视图窗口设置场景
        myItem_1 = axise(w, h)                                        #自定义坐标轴图项
        myItem_2 = sin_cos(w, h)                                      #自定义正弦和余弦图项
        myItem_2.setParentItem(myItem_1)                              #设置图项的父子关系
        self.graphicsScene.addItem(myItem_1)                          #添加自定义的图项
        rectangle = self.graphicsScene.addRect(rectF)                 #添加矩形边框

        group = self.graphicsScene.createItemGroup([myItem_1, rectangle])   #创建组
        group.setFlag(QGraphicsItem.ItemIsMovable)                    #设置组可以移动
if __name__ == "__main__":
    app = QApplication(sys.argv)
    window = myWindow()
    window.show()
    sys.exit(app.exec())
```

12.2.6 标准图项

除了可以自定义图项外，还可以往场景中添加标准图项。标准图项有 QGraphicsLineItem、QGraphicsRectItem、QGraphicsPolygonItem、QGraphicsEllipseItem、QGraphicsPathItem、QGraphicsPixmapItem、QGraphicsSimpleTextItem 和 QGraphicsTextItem，分别用场景的 addLine()、addRect()、addPolygon()、addEllipse()、addPath()、addPixmap()、addSimpleText() 和 addText() 方法直接往场景中添加这些标准图项，并返回指向这些场景的变量；也可以先创建这些标准场景的实例对象，然后用场景的 addItem() 方法将标准图项添加到场景中。这些标准图项的继承关系如图 12-21 所示，它们直接或间接继承自 QGraphicsItem，因此也会继承 QGraphicsItem 的方法和属性。

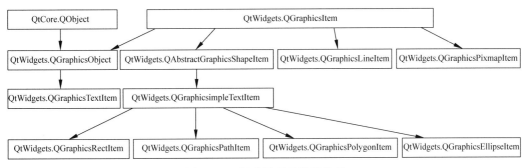

图 12-21 标准图项的继承关系

1. QGraphicsLineItem

用 QGraphicsLineItem 类创建直线对象的方法如下所示，其中 parent 是继承自 QGraphicsItem 的实例对象。

```
QGraphicsLineItem(parent = None)
QGraphicsLineItem(QLineF, parent = None)
QGraphicsLineItem(float, float, float, float, parent = None)
```

QGraphicsLineItem 的主要方法如下：用 setLine(QLineF) 和 setLine(float, float, float, float) 方法设置线条，用 setPen(Union[QPen, QColor, Qt.GlobalColor, QGradient]) 方法设置钢笔，用 line() 方法获取线条 QLineF，用 pen() 方法获取钢笔 QPen。

2. QGraphicsRectItem

用 QGraphicsRectItem 类创建矩形对象的方法如下所示，其中 parent 是继承自 QGraphicsItem 的实例对象。

```
QGraphicsRectItem(parent = None)
QGraphicsRectItem(QRectF, parent = None)
QGraphicsRectItem(float, float, float, float, parent = None)
```

QGraphicsRectItem 的主要方法有 setRect(QRectF)、setRect(float, float, float, float)、rect()、setPen(QPen)、pen()、setBrush(QBrush) 和 brush()。

3. QGraphicsPolygonItem

用 QGraphicsPolygonItem 类创建多边形对象的方法如下所示：

```
QGraphicsPolygonItem(parent = None)
QGraphicsPolygonItem(QPolygonF, parent = None)
```

QGraphicsPolygonItem 的主要方法有 setPolygon(QPolygonF)、polygon()、setFillRule(Qt.FillRule)、fillRule()、setPen(QPen)、pen()、setBrush(QBrush)和 brush()。

4. QGraphicsEllipseItem

QGraphicsEllipseItem 类可以创建椭圆、圆和扇形对象，创建扇形时需要指定起始角和跨度角，起始角和跨度角需要乘以 16 表示角度。用 QGraphicsEllipseItem 类创建椭圆的方法如下所示：

```
QGraphicsEllipseItem(parent = None)
QGraphicsEllipseItem(QRectF, parent = None)
QGraphicsEllipseItem(float, float, float, float, parent = None)
```

QGraphicsEllipseItem 的主要方法有 setRect(QRectF)、setRect(float,float,float,float)、rect()、setSpanAngle(int)、spanAngle()、setStartAngle(int)、startAngle()、setPen(QPen)、pen()、setBrush(QBrush)和 brush()。

5. QGraphicsPathItem

QGraphicsPathItem 类用 QPainterPath 绘图路径绘制图项。用 QGraphicsPathItem 类创建图项的方法如下所示。

```
QGraphicsPathItem(parent = None)
QGraphicsPathItem(QPainterPath, parent = None)
```

QGraphicsPathItem 的主要方法有 setPath(QPainterPath)、path()、pen()、setBrush(QBrush)和 brush()。

6. QGraphicsPixmapItem

QGraphicsPixmapItem 类用于绘制图像。用 QGraphicsPixmapItem 类创建图项的方法如下所示：

```
QGraphicsPixmapItem(parent = None)
QGraphicsPixmapItem(QPixmap, parent = None)
```

QGraphicsPixmapItem 的主要方法有 setOffset(Union[QPointF,QPoint])、setOffset(float, float)、offset(self)、setPixmap(QPixmap)、pixmap(self)、setShapeMode(QGraphicsPixmapItem.ShapeMode)和 setTransformationMode(Qt.TransformationMode)，图像绘制位置在(0,0)点。用 setOffset()方法可以设置偏移位置；用 setTransformationMode(Qt.TransformationMode)方法设置图像是否光滑变换，其中参数 Qt.TransformationMode 可以取 Qt.FastTransformation(快速变换)或 Qt.SmoothTransformation(光滑变换)；用 setShapeMode(QGraphicsPixmapItem.ShapeMode)方法设置计算形状的方法，其中参数 QGraphicsPixmapItem.ShapeMode 可取 QGraphicsPixmapItem.MaskShape(通过调用

QPixmak. mask()方法计算形状)、QGraphicsPixmapItem. BoundingRectShape(通过轮廓确定形状)或 QGraphicsPixmapItem. HeuristicMaskShape(通过调用 QPixmap. createHeuristicMask()方法确定形状)。

7. QGraphicsSimpleTextItem

QGraphicsSimpleTextItem 类用于绘制纯文本,可以设置文本的轮廓和填充颜色。用 QGraphicsSimpleTextItem 类创建图项的方法如下:

```
QGraphicsSimpleTextItem(parent = None)
QGraphicsSimpleTextItem(str, parent = None)
```

QGraphicsSimpleTextItem 的主要方法有 setText(str)、text()、setFont(QFont)和 font(),用 setPen(QPen)方法绘制文本的轮廓,用 setBrush(QBrush)方法设置文本的填充色。

8. QGraphicsTextItem

用 QGraphicsTextItem 类可以绘制带格式和可编辑的文本,还可以有超链接。用 QGraphicsTextItem 类创建图项实例的方法如下所示:

```
QGraphicsTextItem(paren = None)
QGraphicsTextItem(str, parent = None)
```

QGraphicsTextItem 常用的方法有 adjustSize()、openExternalLinks()、setDefaultTextColor (Union[QColor, Qt. GlobalColor, QGradient])、setDocument(QTextDocument)、setFont (QFont)、setHtml(str)、toHtml()、setOpenExternalLinks(bool)、setPlainText(str)、toPlainText()、setTabChangesFocus(bool)、setTextCursor(QTextCursor)、setTextInteractionFlags (Qt. TextInteractionFlag)、setTextWidth(float),其中 setTextInteractionFlags(Qt. TextInteractionFlag)方法设置文本是否可以交互操作,参数 Qt. TextInteractionFlag 可以取 Qt. NoTextInteraction、Qt. TextSelectableByMouse、Qt. TextSelectableByKeyboard、Qt. LinksAccessibleByMouse、Qt. LinksAccessibleByKeyboard、Qt. TextEditable、Qt. TextEditorInteraction(指 Qt. TextSelectableByMouse | Qt. TextSelectableByKeyboard | Qt. TextEditable)或 Qt. TextBrowserInteraction(指 Qt. TextSelectableByMouse | Qt. LinksAccessibleByMouse | Qt. LinksAccessibleByKeyboard)。

QGraphicsTextItem 的信号有 linkActivated(link)和 linkHovered(link),分别在单击超链接和在超链接上悬停时发射。

下面列举一个综合的实例,程序运行界面如图 12-22 所示,可以动态绘制直线、矩形、椭圆、三角形、圆和曲线。程序首先定义了继承自 QGraphicsView 的视图 myGraphicsView,在其中定义了 3 个信号,信号参数是 QPoint,重写了鼠标按下、移动和释放事件,在这些事件中用自定义信号发射鼠标按下、移动和释放时的鼠标坐标位置。在主界面类中,编写这 3 个信号的槽函数。绘图函数中,直线、矩形、椭圆和圆的绘制直接利用了标准图项的功能,而三角形和曲线是通过自定义图项实现的。在此基础上,还可以设置线条的粗细、颜色、线型、填充颜色、文字、平移、缩放、旋转、叠加顺序等功能,限于篇幅,本书没有提供这方面的代码。

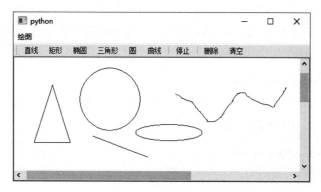

图 12-22　程序运行界面

```
import sys,math          #Demo12_12.py
from PyQt5.QtWidgets import (QApplication,QMainWindow,QGraphicsScene,
                             QGraphicsView,QGraphicsItem)
from PyQt5.QtCore import Qt,pyqtSignal,QPoint,QRectF,QPointF,QLineF
from PyQt5.QtGui import QPainterPath,QPolygonF

class myGraphicsView(QGraphicsView):     #视图控件的子类
    press_point = pyqtSignal(QPoint)     #自定义信号,参数是按下鼠标按键时鼠标指针在视图中的位置
    move_point = pyqtSignal(QPoint)      #自定义信号,参数是移动鼠标时鼠标指针在视图中的位置
    release_point = pyqtSignal(QPoint)   #自定义信号,参数是释放鼠标按键时鼠标指针在视图中的位置
    def __init__(self,parent = None):
        super().__init__(parent)
    def mousePressEvent(self,event):             #按下鼠标按键的事件
        self.press_point.emit(event.pos())       # 发送信号,参数是鼠标位置
        super().mousePressEvent(event)
    def mouseMoveEvent(self,event):              #鼠标移动事件
        self.move_point.emit(event.pos())        #发送信号,参数是鼠标位置
        super().mouseMoveEvent(event)
    def mouseReleaseEvent(self,event):           #释放鼠标按键的事件
        self.release_point.emit(event.pos())
        super().mouseReleaseEvent(event)
    def drawBackground(self, painter, rectF):    #重写背景函数,设置背景颜色
        painter.fillRect(rectF,Qt.gray)
class QGraphicsTriangle(QGraphicsItem):          #自定义三角形图项
    def __init__(self,point1,point2,parent = None):
        super().__init__(parent)
        self.__p1 = point1                       #三角形第 1 个点,鼠标按下时的位置
        self.__p2 = point2                       #三角形第 2 个点,鼠标移动时的位置
        self.__p3 = QPointF(2 * self.__p1.x() - self.__p2.x(),self.__p2.y())    #三角形第 3 个点
    def paint(self,painter,option,widget):       #绘制三角形
        path = QPainterPath()
        path.moveTo(self.__p1)
        path.lineTo(self.__p2)
        path.lineTo(self.__p3)
        path.closeSubpath()
```

```python
                painter.drawPath(path)
        def boundingRect(self):                         #返回图项区域
            x1 = min(self.__p2.x(),self.__p3.x())
            y1 = min(self.__p1.y(),self.__p2.y())
            x2 = max(self.__p2.x(), self.__p3.x())
            y2 = max(self.__p1.y(), self.__p2.y())
            return QRectF(QPointF(x1,y1),QPointF(x2,y2))
    class QGraphicsCurve(QGraphicsItem):                #自定义曲线图项
        def __init__(self,polygonF,parent = None):
            super().__init__(parent)
            self.__polygonF = polygonF
        def paint(self,painter,option,widget):
            painter.drawPolyline(self.__polygonF)       #绘制曲线
        def boundingRect(self):
            p1 = self.__polygonF.first()
            p2 = self.__polygonF.last()
            x1 = min(p1.x(),p2.x())
            y1 = min(p1.y(),p2.y())
            x2 = max(p1.x(),p2.x())
            y2 = max(p1.y(),p2.y())
            return QRectF(QPointF(x1,y1),QPointF(x2,y2))
    class myWindow(QMainWindow):
        def __init__(self,parent = None):
            super().__init__(parent)
            self.resize(800,600)
            self.setupUI()                              #界面
            self.menu_toolbar_Setup()                   #菜单和工具栏
            # shape用于记录哪个绘图按钮被选中
            self.shape = {'直线':False,'矩形':False,'椭圆':False,'三角形':False,'圆':False,'曲线':False}
            self.__temp = None                          #用于指向鼠标移动时产生的临时图项
        def setupUI(self):                              #界面建立
            self.graphicsView = myGraphicsView()        # 视图窗口
            self.setCentralWidget(self.graphicsView)
            rectF = QRectF(self.width()/2,self.height()/2,self.width(),self.height())
            self.graphicsScene = QGraphicsScene(rectF)  #创建场景
            self.graphicsView.setViewportUpdateMode(QGraphicsView.FullViewportUpdate)
            self.graphicsView.setScene(self.graphicsScene) #视图窗口设置场景
            self.graphicsView.press_point.connect(self.press_position)   #信号与槽的连接
            self.graphicsView.move_point.connect(self.move_position)     #信号与槽的连接
            self.graphicsView.release_point.connect(self.release_position) #信号与槽的连接
        def menu_toolbar_Setup(self):                   #菜单和工具栏
            self.menubar = self.menuBar()               #菜单栏
            self.draw = self.menubar.addMenu('绘图')     #绘图菜单
            action_line = self.draw.addAction('直线')    #动作
            action_line.triggered.connect(self.line_triggered)    #动作与槽的连接
            action_rect = self.draw.addAction('矩形')
            action_rect.triggered.connect(self.rect_triggered)
            action_ellipse = self.draw.addAction('椭圆')
            action_ellipse.triggered.connect(self.ellipse_triggered)
```

```python
            action_triangle = self.draw.addAction('三角形')
            action_triangle.triggered.connect(self.triangle_triggered)
            action_circle = self.draw.addAction('圆')
            action_circle.triggered.connect(self.cirle_triggered)
            action_curve = self.draw.addAction('曲线')
            action_curve.triggered.connect(self.curve_triggered)
            self.draw.addSeparator()
            action_stop = self.draw.addAction('停止')
            action_stop.triggered.connect(self.stop_triggered)
            action_delete = self.draw.addAction("删除")
            action_delete.triggered.connect(self.delete_triggered)
            action_clear = self.draw.addAction("清空")
            action_clear.triggered.connect(self.graphicsScene.clear)
            action_clear.triggered.connect(self.graphicsScene.update)

            self.toolbar_draw = self.addToolBar("绘图")             #工具栏
            self.toolbar_draw.addAction(action_line)
            self.toolbar_draw.addAction(action_rect)
            self.toolbar_draw.addAction(action_ellipse)
            self.toolbar_draw.addAction(action_triangle)
            self.toolbar_draw.addAction(action_circle)
            self.toolbar_draw.addAction(action_curve)
            self.toolbar_draw.addSeparator()
            self.toolbar_draw.addAction(action_stop)
            self.toolbar_draw.addSeparator()
            self.toolbar_draw.addAction(action_delete)
            self.toolbar_draw.addAction(action_clear)
      def press_position(self,point):                              #鼠标按下的槽函数
            self.__pressPos = self.graphicsView.mapToScene(point)  #映射成场景坐标
            if self.shape['曲线']:
                self.polygon = QPolygonF()
                self.polygon.append(self.__pressPos)
      def move_position(self,point):                               #鼠标移动的槽函数
            self.__movePos = self.graphicsView.mapToScene(point)
            if self.shape['曲线']:
                self.polygon.append(self.__movePos)
            self.move_draw(self.__pressPos,self.__movePos)         #调用绘图函数
      def release_position(self,point):                            #鼠标释放的槽函数
            if self.__temp:
                self.__temp.setFlags(QGraphicsItem.ItemIsSelectable | QGraphicsItem.ItemIsFocusable)
                self.__temp = None
            rect = self.graphicsScene.itemsBoundingRect()
            if rect.width()> self.width() or rect.height()> self.height():
                self.graphicsScene.setSceneRect(rect)
      def line_triggered(self):                                    #绘制直线动作的槽函数
            self.shape = {'直线':True,'矩形':False,'椭圆':False,'三角形':False,'圆':False,'曲线':False}
      def rect_triggered(self):                                    #绘制矩形动作的槽函数
            self.shape = {'直线':False,'矩形':True,'椭圆':False,'三角形':False,'圆':False,'曲线':False}
      def ellipse_triggered(self):                                 #绘制椭圆动作的槽函数
```

```python
            self.shape = {'直线':False,'矩形':False,'椭圆':True,'三角形':False,'圆':False,'曲线':False}
        def triangle_triggered(self):                    #绘制三角形动作的槽函数
            self.shape = {'直线':False,'矩形':False,'椭圆':False,'三角形':True,'圆':False,'曲线':False}
        def cirle_triggered(self):                       #绘制圆动作的槽函数
            self.shape = {'直线':False,'矩形':False,'椭圆':False,'三角形':False,'圆':True,'曲线':False}
        def curve_triggered(self):                       #绘制曲线动作的槽函数
            self.shape = {'直线':False,'矩形':False,'椭圆':False,'三角形':False,'圆':False,'曲线':True}
        def stop_triggered(self):                        #停止绘制动作的槽函数
            self.shape = {'直线':False,'矩形':False,'椭圆':False,'三角形':False,'圆':False,'曲线':False}
        def delete_triggered(self):                      #清空图项动作的槽函数
            if len(self.graphicsScene.selectedItems()):
                for i in self.graphicsScene.selectedItems():
                    self.graphicsScene.removeItem(i)
        def move_draw(self,p1,p2):                       #鼠标移动时绘制图形
            x1 = min(p1.x(), p2.x())
            y1 = min(p1.y(), p2.y())
            x2 = max(p1.x(), p2.x())
            y2 = max(p1.y(), p2.y())
            rectF = QRectF(QPointF(x1, y1), QPointF(x2, y2))   #鼠标按下点与移动点形成的矩形区域
            if self.__temp:    #在鼠标移动过程中,如果变量已经指向图项,需要把图项移除
                self.graphicsScene.removeItem(self.__temp)
            if self.shape['直线']:
                self.__temp = self.graphicsScene.addLine(QLineF(p1,p2))   #添加直线
            if self.shape['矩形']:
                self.__temp = self.graphicsScene.addRect(rectF)           #添加矩形
            if self.shape['椭圆']:
                self.__temp = self.graphicsScene.addEllipse(rectF)        #添加椭圆
            if self.shape['三角形']:
                self.__temp = QGraphicsTriangle(p1,p2)                    #实例化自定义三角形图项
                self.graphicsScene.addItem(self.__temp)                   #添加图项
            if self.shape['圆']:
                r = math.sqrt((p1.x() - p2.x()) ** 2 + (p1.y() - p2.y()) ** 2)
                pointF_1 = QPointF(p1.x() - r,p1.y() - r)
                pointF_2 = QPointF(p1.x() + r,p1.y() + r)
                self.__temp = self.graphicsScene.addEllipse(QRectF(pointF_1,pointF_2))  #添加圆
            if self.shape['曲线']:
                self.__temp = QGraphicsCurve(self.polygon)                #实例化自定义曲线图项
                self.graphicsScene.addItem(self.__temp)                   #添加图项
    if __name__ == '__main__':
        app = QApplication(sys.argv)
        window = myWindow()
        window.show()
        sys.exit(app.exec())
```

12.2.7 图形控件和代理控件

前面介绍过,通过场景的 addWidget(QWidget,Qt.WindowType)方法可以把一个控件或窗口加入场景中,并返回代理类控件 QGraphicsProxyWidget。代理类控件可以将 QWidget 类控件加入场景中,可以先创建 QGraphicsProxyWidget 控件,然后用场景的 addItem(QGraphicsProxyWidget)方法把代理控件加入场景中。代理控件 QGraphics-

ProxyWidget 继承自图形控件 QGraphicsWidget，它们之间的继承关系如图 12-23 所示。QGraphicsWidget 是图形控件的基类，继承 QGraphicsWidget 的类有 QGraphicsProxyWidget、QtCharts.QChart、QtCharts.QLegend 和 QtCharts.QPolarChart。

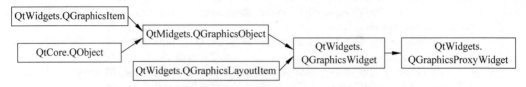

图 12-23　图形控件和代理控件的继承关系

用 QGraphicsProxyWidget 类创建代理实例对象的方法如下，其中 parent 是 QGraphicsItem 实例。

```
QGraphicsProxyWidget(parent = None, Qt.WindowType)
```

QGraphicsProxyWidget 中添加控件的方法是 setWidget(QWidget)，QWidget 不能有 WA_PaintOnScreen 属性，也不能是包含其他程序的控件，如 QOpenGLWidget 和 QAxWidget。用 widget() 方法可以获取代理控件中的控件。代理控件和其内部包含的控件在状态方面保持同步，如可见性、激活状态、字体、调色板、光标形状、窗口标题、几何尺寸、布局方向等。

下面是一个代理控件的实例，程序运行界面如图 12-24 所示。单击"选择图片文件"弹出打开文件对话框，选择图片文件后显示图片，图片所在的窗口用代理控件定义成图项，程序中对图片所在的图项进行了错切变换。

图 12-24　程序运行界面

```
import sys,os    # Demo12_13.py
from PyQt5.QtWidgets import QApplication,QWidget,QVBoxLayout,QGraphicsProxyWidget,\
                    QGraphicsScene,QGraphicsView,QFrame,QPushButton,QFileDialog
from PyQt5.QtGui import QPainter,QTransform,QPixmap
from PyQt5.QtCore import Qt,QRect


class myFrame(QFrame):                                    # 创建 QFrame 的子类
    def __init__(self,parent = None):
```

```python
            super().__init__(parent)
            # self.setFrameShape(QFrame.Box)
            self.fileName = ""
        def paintEvent(self,event):                    # 重写 painterEvent,完成绘图
            if os.path.exists(self.fileName):
                pix = QPixmap(self.fileName)
                painter = QPainter(self)
                rect = QRect(0,0,self.width(),self.height())
                painter.drawPixmap(rect,pix)
            super().paintEvent(event)
class myPixmapWidget(QWidget):
    def __init__(self,parent = None):
        super().__init__(parent)
        self.resize(600,400)
        self.frame = myFrame()                         # 自定义 QFrame 的实例
        self.button = QPushButton("选择图片文件")        # 按钮实例
        self.button.clicked.connect(self.button_clicked)  # 按钮信号与槽函数的连接
        v = QVBoxLayout(self)                          # 布局
        v.addWidget(self.frame)
        v.addWidget(self.button)
    def button_clicked(self):                          # 按钮的槽函数
        (fileName, filter) = QFileDialog.getOpenFileName(self, caption = "打开图片",
            directory = "d:\\", filter = "图片( *.png *.bmp *.jpg *.jpeg)")
        self.frame.fileName = fileName
        self.frame.update()
class myWindow(QWidget):
    def __init__(self,parent = None):
        super().__init__(parent)
        pix = myPixmapWidget()                         # 绘图窗口
        view = QGraphicsView()                         # 视图控件
        scene = QGraphicsScene()                       # 场景
        view.setScene(scene)                           # 在视图中设置场景
        proxy = QGraphicsProxyWidget(None,Qt.Window)   # 创建代理控件
        proxy.setWidget(pix)                           # 代理控件设置控件
        proxy.setTransform(QTransform().shear(1,-0.5)) # 错切变换
        scene.addItem(proxy)                           # 在场景中添加图项
        v = QVBoxLayout(self)                          # 布局
        v.addWidget(view)
if __name__ == '__main__':
    app = QApplication(sys.argv)
    window = myWindow()
    window.show()
    sys.exit(app.exec())
```

QGraphicsWidget 继承自 QObject 和 QGraphicsItem，QWidget 继承自 QObject 和 QPaintDevice，QGraphicsWidget 和 QWidget 有很多相同点，但也有些不同点。在 QGraphicsWidget 中可以放置其他代理控件和布局，因此 QGraphicsWidget 可以作为容器使用。用 QGraphicsWidget 类创建图项控件的方法如下，其中 parent 是 QGraphicsItem 的实例。

QGraphicsWidget(parent = None, Qt.WindowType)

QGraphicsWidget 的常用方法如表 12-33 所示,其中用 setAttribute(Qt. WidgetAttribute,on=True)方法设置窗口的属性,参数 Qt. WidgetAttribute 可以取 Qt. WA_SetLayoutDirection、Qt. WA_RightToLeft、Qt. WA_SetStyle、Qt. WA_Resized、Qt. WA_SetPalette、Qt. WA_SetFont 或 Qt. WA_WindowPropagation。

表 12-33　QGraphicsWidget 的常用方法

QGraphicsWidget 的方法及参数类型	说　　明
setAttribute(Qt. WidgetAttribute,on=True)	设置属性
setAutoFillBackground(bool)	设置是否自动填充背景
setContentsMargins(QMarginsF)	设置窗口内的控件到边框的最小距离
setContentsMargins(float,float,float,float)	
setFocusPolicy(Qt. FocusPolicy)	设置获取焦点的策略
setFont(QFont)	设置字体
setGeometry(QRectF)	设置工作区的位置和尺寸
setGeometry(float,float,float,float)	
setGraphicsItem(QGraphicsItem)	设置图项
setLayout(QGraphicsLayout)	设置布局
layout()	获取布局
setLayoutDirection(Qt. LayoutDirection)	设置布局方向
setPalette(QPalette)	设置调色板
setStyle(QStyle)	设置风格
setTabOrder(QGraphicsWidget,QGraphicsWidget)	设置按 Tab 键获取焦点的顺序
setWindowFlags(Qt. WindowType)	设置窗口标识
setWindowFrameMargins(QMarginsF)	设置边框距
setWindowFrameMargins(float,float,float,float)	
setWindowTitle(str)	设置窗口标题
paint(QPainter,QStyleOptionGraphicsItem,widget=None)	重写该函数,绘制图形
boundingRect()	重写该函数,返回边界矩形 QRectF
shape()	获取图形形状 QPainterPath
rect()	获取窗口 QRectF
resize(QSizeF)	调整窗口尺寸
resize(float,float)	
size()	获取尺寸 QSizeF
focusWidget()	获取焦点控件 QGraphicsWidget
close()	关闭窗口,成功则返回 True

QGraphicsWidget 的信号有 geometryChanged()和 layoutChanged(),当几何尺寸和布局发生改变时发射信号,另外 QGraphicsWidget 从 QGraphicsObject 继承的信号有 opacityChanged()、parentChanged()、rotationChanged()、scaleChanged()、visibleChanged()、xChanged()、yChanged()和 zChanged()。

12.2.8 图形控件的布局

图形控件可以添加布局，图形控件的布局有 3 种，分别为 QGraphicsAnchorLayout、QGraphicsGridLayout 和 QGraphicsLinearLayout，它们都继承自 QGraphicsLayoutItem。

1. 线性布局

线性布局 QGraphicsLinearLayout 类似于 QHLayoutBox 和 QVLayoutBox，布局内的图形控件为线性分布。用 QGraphicsLinearLayout 类创建线性布局的方法如下，其中 parent 是 QGraphicsLayoutItem 的实例，Qt.Orientation 确定布局的方法，可以取 Qt.Horizontal 或 Qt.Vertical，默认是水平方向。

```
QGraphicsLinearLayout(parent = None)
QGraphicsLinearLayout(Qt.Orientation, parent = None)
```

QGraphicsLinearLayout 的主要方法如表 12-34 所示。用图形控件的 setLayout(QGraphicsLayout)方法可以添加一个布局，用 addItem(QGraphicsLayoutItem)方法可以添加图形控件，用 insertItem(index,QGraphicsLayoutItem)方法在指定索引处插入图形控件，用 addStretch(stretch=1)方法可以添加空间拉伸系数，用 insertStretch(index,stretch=1)方法插入空间拉伸系数，用 setStretchFactor(QGraphicsLayoutItem,int)方法设置图项或布局的拉伸系数，用 setOrientation(Qt.Orientation)方法设置布局的方向。

表 12-34 QGraphicsLinearLayout 的方法

QGraphicsLinearLayout 的方法及参数类型	说　　明
addItem(QGraphicsLayoutItem)	添加图项或布局
insertItem(int,QGraphicsLayoutItem)	在索引值 int 处插入图项或布局
addStretch(stretch=1)	在末尾添加拉伸
insertStretch(int,stretch=1)	插入空间拉伸系数
count()	获取图项或布局的个数
setAlignment(QGraphicsLayoutItem,Qt.Alignment)	设置图项的对齐方式
setGeometry(QRectF)	设置布局的位置和尺寸
setItemSpacing(int,float)	设置索引为 int 的图项的间距
setOrientation(Qt.Orientation)	设置布局方向
setSpacing(float)	设置图项间的间距
setStretchFactor(QGraphicsLayoutItem,int)	设置图项的拉伸系数
itemAt(int)	获取索引值为 int 的图项或布局
removeAt(int)	移除索引值是 int 的图项或布局
removeItem(QGraphicsLayoutItem)	移除指定的图项或布局

下面的程序在 QGraphicsWidget 中添加线性布局，在布局中添加了两个 QLabel 和两个 QPushButton。

```
import sys    #Demo12_14.py
from PyQt5.QtWidgets import QApplication,QWidget,QVBoxLayout,QGraphicsProxyWidget,\
  QGraphicsScene,QGraphicsView,QPushButton,QGraphicsWidget,QGraphicsLinearLayout,QLabel
```

```python
from PyQt5.QtCore import Qt

class myWindow(QWidget):
    def __init__(self,parent = None):
        super().__init__(parent)
        view = QGraphicsView()                          # 视图控件
        scene = QGraphicsScene()                        # 场景
        view.setScene(scene)                            # 视图中设置场景
        v = QVBoxLayout(self)                           # 布局
        v.addWidget(view)

        widget = QGraphicsWidget(None,Qt.Window)
        scene.addItem(widget)
        linear = QGraphicsLinearLayout(widget)          # 线性布局

        label1 = QLabel("aaa")
        label2 = QLabel("bbb")
        button1 = QPushButton("ccc")
        button2 = QPushButton("ddd")
        p1 = QGraphicsProxyWidget()                     # 代理
        p1.setWidget(label1)
        p2 = QGraphicsProxyWidget()                     # 代理
        p2.setWidget(label2)
        p3 = QGraphicsProxyWidget()                     # 代理
        p3.setWidget(button1)
        p4 = QGraphicsProxyWidget()                     # 代理
        p4.setWidget(button2)
        linear.addItem(p1)
        linear.addItem(p2)
        linear.addItem(p3)
        linear.addItem(p4)
        linear.setSpacing(20)
        linear.setStretchFactor(p3,1)
        linear.setStretchFactor(p4,2)
if __name__ == '__main__':
    app = QApplication(sys.argv)
    window = myWindow()
    window.show()
    sys.exit(app.exec())
```

2. 格栅布局

格栅布局 QGraphicsGridLayout 与 QGridLayout 类似，由多行和多列构成，一个图形控件可以占用一个节点，也可以占用多行和多列。用 QGraphicsGridLayout 类创建格栅布局实例的方法如下所示，其中 parent 是 QGraphicsLayoutItem 的实例或图形控件。

```
QGraphicsGridLayout(parent = None)
```

QGraphicsGridLayout 的常用方法如表 12-35 所示，可以添加和移除图形控件及布局，可以设置列宽度、行高度、列之间的间隙和行之间的间隙，及行或列的拉伸系数。

表 12-35　QGraphicsGridLayout 的常用方法

QGraphicsGridLayout 的方法及参数类型	说　　明
addItem(QGraphicsLayoutItem,row,column,rowSpan,columnSpan,Qt.Alignment)	添加图形控件
addItem(QGraphicsLayoutItem,row,column,Qt.Alignment)	添加图形控件
columnCount()	获取列数
rowCount()	获取行数
count()	获取图形控件和布局的个数
itemAt(row,column)	获取指定行和列处的图形控件或布局
itemAt(index)	获取指定索引的图形控件或布局
removeAt(index)	移除指定索引的图形控件或布局
removeItem(QGraphicsLayoutItem)	移除指定的图形控件或布局
setGeometry(QRectF)	设置原点和尺寸
setAlignment(QGraphicsLayoutItem,Qt.Alignment)	设置控件的对齐方式
setRowAlignment(int,Qt.Alignment)	设置行对齐方式
setColumnAlignment(int,Qt.Alignment)	设置列对齐方式
setColumnFixedWidth(int,float)	设置列的固定宽度
setColumnMaximumWidth(int,float)	设置列最大宽度
setColumnMinimumWidth(int,float)	设置列最小宽度
setColumnPreferredWidth(int,float)	设置指定列的宽度
setColumnSpacing(int,float)	设置指定列的间隙
setColumnStretchFactor(int,int)	设置指定列的拉伸系数
setRowFixedHeight(int,float)	设置行的固定高度
setRowMaximumHeight(int,float)	设置行的最大高度
setRowMinimumHeight(int,float)	设置行的最小高度
setRowPreferredHeight(int,float)	设置指定行的高度
setRowSpacing(int,float)	设置指定行的间距
setRowStretchFactor(int,int)	设置指定列的拉伸系数
setSpacing(float)	设置行、列之间的间隙
setHorizontalSpacing(float)	设置水平间隙
setVerticalSpacing(float)	设置竖直间隙

3．锚点布局

锚点布局可以设置两个图形控件之间的相对位置,可以是两个边对齐,也可以是两个点对齐。用 QGraphicsAnchorLayout 类创建锚点布局的方法如下,其中参数 parent 是 QGraphicsLayoutItem 实例。

```
QGraphicsAnchorLayout(parent = None)
```

QGraphicsAnchorLayout 的方法中,用 addAnchor(QGraphicsLayoutItem,Qt. AnchorPoint,QGraphicsLayoutItem,Qt. AnchorPoint)方法可以将第 1 个图形控件的某个边与第 2 个图形控件的某个边对齐,其中 Qt. AnchorPoint 可以取 Qt. AnchorLeft、Qt. AnchorHorizontalCenter、Qt. AnchorRight、Qt. AnchorTop、Qt. AnchorVerticalCenter 或 Qt. AnchorBottom;用 addCornerAnchors(QGraphicsLayoutItem,Qt. Corner,QGraphics-

LayoutItem,Qt.Corner)方法可以将第 1 个控件的某个角点与第 2 个控件的某个角点对齐，其中 Qt.Corner 可以取 Qt.TopLeftCorner、Qt.TopRightCorner、Qt.BottomLeftCorner 或 Qt.BottomRightCorner；用 addAnchors(QGraphicsLayoutItem,QGraphicsLayoutItem,orientations＝Qt.Horizontal｜Qt.Vertical)方法可以使两个控件在某个方向上尺寸相等。另外用 setHorizontalSpacing(float)、setVerticalSpacing(float)或 setSpacing(float)方法可以设置控件之间在水平和竖直方向的间距，用 itemAt(index)方法可以获取图形控件，用 removeAt(index)方法可以移除图形控件。

12.2.9 图形效果

在图项和视图控件的视口之间可以添加渲染通道，实现对图项显示效果的特殊设置。图形效果 QGraphicsEffect 类是图形效果的基类，图形效果类有 QGraphicsBlurEffect(模糊效果)、QGraphicsColorizeEffect(变色效果)、QGraphicsDropShadowEffect(阴影效果)和 QGraphicsOpacityEffect(透明效果)，用图项的 setGraphicsEffect(QGraphicsEffect)方法设置图项的图形效果。创建这 4 种效果的方法如下所示，其中 parent 是指继承自 QObject 的实例。

```
QGraphicsBlurEffect(parent = None)
QGraphicsColorizeEffect(parent = None)
QGraphicsDropShadowEffect(parent = None)
QGraphicsOpacityEffect(parent = None)
```

1. 模糊效果

模糊效果是使图项变得模糊不清，可以隐藏一些细节。在一个图项失去焦点，或将注意力移动其他图项上时，可以使用模糊效果。

QGraphicsBlurEffect 的模糊效果是通过设置模糊半径和模糊提示实现的。QGraphicsBlurEffect 主要有槽函数 setBlurRadius(float)、setBlurHints(QGraphicsBlurEffect.BlurHint)、setEnabled(bool)和 update()，其中模糊半径默认为 5 个像素，半径越大图像越模糊；模糊提示 QGraphicsBlurEffect.BlurHint 可以取 QGraphicsBlurEffect.PerformanceHint(主要考虑渲染性能)、QGraphicsBlurEffect.QualityHint(主要考虑渲染质量)和 QGraphicsBlurEffect.AnimationHint(用于渲染动画)。QGraphicsBlurEffect 的信号有 blurRadiusChanged(float)、blurHintsChanged(QGraphicsBlurEffect.BlurHint)和 enableChanged(bool)，当模糊半径、模糊提示和模糊激活状态发生改变时发射信号。

2. 变色效果

变色效果是用另外一种颜色给图项着色。QGraphicsColorizeEffect 的变色效果是通过设置新颜色和着色强度来实现的。QGraphicsColorizeEffect 主要有槽函数 setColor(Union[QColor,Qt.GlobalColor,QGradient])、setStrength(float)、setEnabled(bool)和 update()；QGraphicsColorizeEffect 的信号有 colorChanged(QColor)、strengthChanged(float)和 enableChanged(bool)。

3. 阴影效果

阴影效果能给图项增加立体效果。QGraphicsDropShadowEffect 的阴影效果需要设置背景色、模糊半径和阴影的偏移量,默认的颜色是灰色(QColor(63,63,63,180)),默认模糊半径是 1,偏移量是 8 个像素,方向是右下。QGraphicsDropShadowEffect 有槽函数 setColor(Union[QColor, Qt. GlobalColor, QGradient])、setBlurRadius(float)、setOffset(Union[QPointF,QPoint])、setOffset(float,float)、setXOffset(float)、setYOffset(float)、setEnabled(bool)和 update();信号有 blurRadiusChanged(float)、colorChanged(QColor)、offsetChanged(QPointF) 和 enableChanged(bool)。

4. 透明效果

透明效果可以使人看到图项背后的图形。QGraphicsOpacityEffect 的透明效果需要设置透明度。QGraphicsOpacityEffect 有槽函数 setOpacity(float)、setOpacityMask(Union[QBrush,QColor,Qt. GlobalColor,QGradient])、setEnabled(bool)和 update(),setOpacity(float)用于设置透明度,float 的值在 0.0~1.0 之间,0.0 表示完全透明,1.0 表示完全不透明,默认为 0.7;setOpacityMask()用于设置部分透明。QGraphicsOpacityEffect 的信号有 opacityChanged(float)、opacityMaskChanged(QBrush) 和 enableChanged(bool)。

下面的程序是在图像上添加图形效果的实例,单击"打开图片"文件后,建立 QGraphicsPixmapItem 图项,可以分别单击"模糊效果"按钮、"变色效果"按钮、"阴影效果"按钮和"透明效果"按钮在图像上添加图形效果。

```python
import sys,os    #Demo12_15.py
from PyQt5.QtWidgets import QApplication,QWidget,QVBoxLayout,QHBoxLayout,\
    QGraphicsScene,QGraphicsView,QPushButton,QGraphicsBlurEffect,QGraphicsColorizeEffect,\
    QGraphicsDropShadowEffect,QGraphicsOpacityEffect,QFileDialog,QGraphicsPixmapItem
from PyQt5.QtGui import QPixmap,QLinearGradient
from PyQt5.QtCore import Qt

class myWindow(QWidget):
    def __init__(self,parent = None):
        super().__init__(parent)
        self.setupUi()
        self.pixmapItem = None
    def setupUi(self):
        self.view = QGraphicsView()              # 视图控件
        self.scene = QGraphicsScene()            # 场景
        self.view.setScene(self.scene)           # 在视图中设置场景
        self.btn_open = QPushButton("打开图片...")
        self.btn_blur = QPushButton("模糊效果")
        self.btn_color =  QPushButton("变色效果")
        self.btn_shadow = QPushButton("阴影效果")
        self.btn_opacity = QPushButton("透明效果")
        h = QHBoxLayout()
        h.addWidget(self.btn_open)
        h.addWidget(self.btn_blur)
        h.addWidget(self.btn_color)
        h.addWidget(self.btn_shadow)
        h.addWidget(self.btn_opacity)
```

```python
            v = QVBoxLayout(self)
            v.addWidget(self.view)
            v.addLayout(h)
            self.btn_open.clicked.connect(self.btn_open_clicked)
            self.btn_blur.clicked.connect(self.btn_blur_clicked)
            self.btn_color.clicked.connect(self.btn_color_clicked)
            self.btn_shadow.clicked.connect(self.btn_shadow_clicked)
            self.btn_opacity.clicked.connect(self.btn_opacity_clicked)
            self.btn_blur.setEnabled(False)
            self.btn_color.setEnabled(False)
            self.btn_shadow.setEnabled(False)
            self.btn_opacity.setEnabled(False)
        def btn_open_clicked(self):
            (fileName,filter) = QFileDialog.getOpenFileName(self,caption = "打开图片",
                            directory = "d:\\",filter = "图片(*.png *.bmp *.jpg *.jpeg)")
            if os.path.exists(fileName):
                if self.pixmapItem != None:
                    self.scene.removeItem(self.pixmapItem)
                pix = QPixmap(fileName)
                self.pixmapItem = QGraphicsPixmapItem(pix)
                self.scene.addItem(self.pixmapItem)
                self.btn_blur.setEnabled(True)
                self.btn_color.setEnabled(True)
                self.btn_shadow.setEnabled(True)
                self.btn_opacity.setEnabled(True)
            else:
                if self.pixmapItem == None:
                    self.btn_blur.setEnabled(False)
                    self.btn_color.setEnabled(False)
                    self.btn_shadow.setEnabled(False)
                    self.btn_opacity.setEnabled(False)
        def btn_blur_clicked(self):
            self.effect = QGraphicsBlurEffect()
            self.effect.setBlurRadius(10)
            self.effect.setBlurHints(QGraphicsBlurEffect.QualityHint)
            self.pixmapItem.setGraphicsEffect(self.effect)
        def btn_color_clicked(self):
            self.effect = QGraphicsColorizeEffect()
            self.effect.setColor(Qt.blue)
            self.effect.setStrength(10)
            self.pixmapItem.setGraphicsEffect(self.effect)
        def btn_shadow_clicked(self):
            self.effect = QGraphicsDropShadowEffect()
            self.pixmapItem.setGraphicsEffect(self.effect)
        def btn_opacity_clicked(self):
            rect = self.pixmapItem.boundingRect()
            linear = QLinearGradient(rect.topLeft(),rect.bottomLeft())
```

```python
            linear.setColorAt(0.1,Qt.transparent)
            linear.setColorAt(0.5,Qt.black)
            linear.setColorAt(0.9,Qt.white)
            self.effect = QGraphicsOpacityEffect()
            self.effect.setOpacityMask(linear)
            self.pixmapItem.setGraphicsEffect(self.effect)
if __name__ == '__main__':
    app = QApplication(sys.argv)
    window = myWindow()
    window.show()
    sys.exit(app.exec())
```

第13章

文件操作

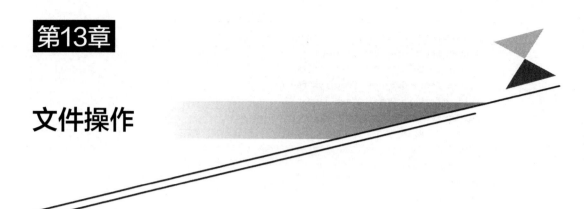

程序运行中会生成各种数据，有些数据需要保存到磁盘上。为保存数据可以用 Python 提供的 open() 函数打开文件进行读写，PyQt5 提供了用于读写文本文件和二进制文件的类，可以方便保存数据。对于磁盘上的文件和目录，可以用 Python 自带的 os 模块来进行管理，还可以用 PyQt5 提供的管理文件和路径的类及监视文件和目录的类。

13.1 文件的读写

把计算过程中的数据保存下来或者读取已有数据是任何程序都需要进行的工作，PyQt5 把文件当作输入输出设备，把数据写到设备中，或者从设备中读取数据，从而达到读写数据的目的。对于文本数据，可以利用 QFile 调用 QIODevice 读写功能直接进行读写，或者把 QFile 和 QTextStream 结合起来，用流(stream)的方法进行文件读写，还可以把 QFile 和 QDataStream 结合进来，用流读写二进制文件。

13.1.1 QIODevice

QIODevice 类是抽象类，是执行读数据和写数据类(如 QFile、QBuffer、QTcpSocket)的基类。QIODevice 提供读数据和写数据的接口，它继承自 QtCore.QObject。直接和间接继承自 QIODevice 与本地读写文件有关的类有 QBuffer、QFile、QFileDevice、QProcess、QSaveFile、QTemporaryFile，这些类之间的继承关系如图 13-1 所示，另外还有网络方面的读写类 QAbstractSocket、QLocalSocket、QNetworkReply、QSslSocket、QTcpSocket 和 QUdpSocket。

QIODevice 类提供读写接口，但是不能直接使用 QIODevice 类进行数据的读写，而是需要用 QIODevice 的子类 QFile、QBuffer 和 QTcpSocket 使用继承自 QIODevice 的读写方

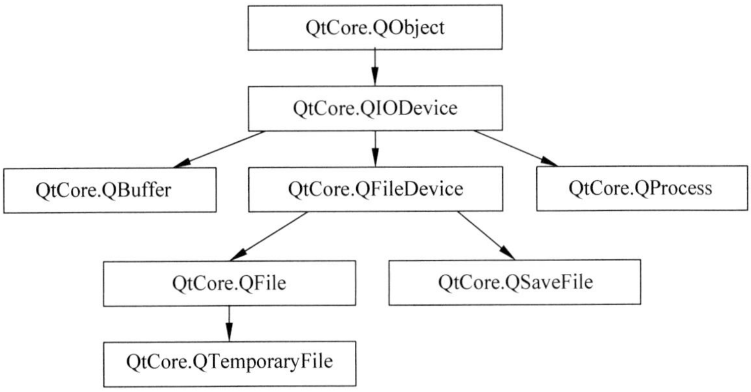

```
          QtCore.QObject
                │
                ▼
          QtCore.QIODevice
        ┌───────┼───────┐
        ▼       ▼       ▼
 QtCore.QBuffer  QtCore.QFileDevice  QtCore.QProcess
                ┌───┴───┐
                ▼       ▼
          QtCore.QFile  QtCore.QSaveFile
                │
                ▼
          QtCore.QTemporaryFile
```

图 13-1　与文件读写有关的类

法来完成读写操作。在一些系统中,所有的外围设备都会当作文件来处理,因此可以读写的类都可以当作设备来处理。

QIODevice 的常用方法如表 13-1 所示,主要方法介绍如下。

表 13-1　QIODevice 的常用方法

QIODevice 的方法及参数类型	返回值的类型	说　明
open(QIODevice.OpenMode)	bool	用指定的模式打开设备,成功则返回 True
openMode()	QIODevice.OpenMode	获取打开模式
setOpenMode(QIODevice.OpenMode)	—	打开设备后,重新设置打开模式
close()	—	关闭设备
setTextModeEnabled(bool)	—	设置是否是文本模式
read(int)	QByteArray	读取指定数量的字节数据
readAll()	QByteArray	读取所有数据
readData(int)	QByteArray	读取指定数量的字节数据
readLine(maxlen=0)	QByteArray	按行读取 ASCII 数据
readLineData(int)	QByteArray	按行读取数据
getChar()	Tuple[bool,str]	读取 1 个字符
peek(int)	QByteArray	读取指定数量的字节
write(QByteArray)	int	写入字节数组,返回实际写入的字节的数量
writeData(bytes)	int	写入字节串,返回实际写入的字节的数量
putChar(str)	bool	写入 1 个字符,成功则返回 True
setCurrentReadChannel(int)	—	设置当前的读取通道
setCurrentWriteChannel(int)	—	设置当前的写入通道
currentReadChannel()	int	获取当前的读取通道
currentWriteChannel()	int	获取当前的写入通道
readChannelCount()	int	获取读取数据的通道数量
writeChannelCount()	int	获取写入通道
canReadLine()	bool	获取是否可以按行读取
bytesToWrite()	int	获取缓存中等待写入的字节数量

续表

QIODevice 的方法及参数类型	返回值的类型	说　　明
bytesAvailable(self)	—	获取可读取的字节数量
setErrorString(str)	—	设置设备的出错信息
errorString()	str	获取设备的出错信息
isOpen()	bool	获取设备是否已经打开
isReadable()	bool	获取设备是否是可读的
isSequential()	bool	获取设备是否是顺序设备
isTextModeEnabled()	bool	获取设备是否能以文本方式读写
isWritable()	bool	获取设备是否可写入
atEnd()	bool	获取是否已经到达设备的末尾
seek(int)	bool	将当前位置设置到指定值
pos()	int	获取当前位置
reset()	bool	重置设备，回到起始位置，成功返回 True；如果设备没有打开，返回 False
startTransaction()	—	对随机设备，记录当前位置；对顺序设备，在内部复制读取的数据以便恢复数据
rollbackTransaction()	—	回到调用 startTransaction() 的位置
commitTransaction()	—	对顺序设备，放弃记录的数据
isTransactionStarted()	bool	获取是否开始记录位置
size()	int	获取随机设备的字节数或顺序设备的 bytesAvailable() 值
skip(int)	int	跳过指定数量的字节，返回实际跳过的字节数
waitForBytesWritten(int)	bool	对于缓存设备，该方法需要将数据写到设备中或经过 int 毫秒后返回值
waitForReadyRead(int)	bool	当有数据可以读取前或经过 int 毫秒前会阻止设备的运行

- QIODevice 的子类 QFile、QBuffer 和 QTcpSocket 等需要用 open(QIODevice.OpenMode)方法打开一个设备，用 close()方法关闭设备。打开设备时需要设置打开模式，参数 QIODevice.OpenMode 可取的值如表 13-2 所示，可以设置只读、只写、读写、追加和不使用缓存等模式。如果同时要选择多个选项可以用"|"连接。

- 读写设备分为两种，一种是随机设备(random-access device)，另一种是顺序设备(sequential device)。用 isSequential()方法可以判断设备是否是顺序设备。QFile 和 QBuffer 是随机设备，QTcpSocket 和 QProcess 是顺序设备。随机设备可以获取设备指针的位置，将指针指向指定的位置，从指定位置读取数据；而顺序设备只能依次读取数据，随机设备可以用 seek(int)、pos()等方法。

- 读取数据的方法有 read(int)、readAll()、readData(int)、readLine(maxlen＝0)、readLineData(int)、getChar()和 peek(int)，read(int)表示读取指定长度的数据；readLine(maxlen=0)表示读取行，参数 maxlen 表示允许读取的最大长度，若为 0 表示不受限制。写入数据的方法有 write(QByteArray)、writeData(bytes)和 putChar(str)。

getChar()和putChar(str)只能读取和写入一个字符。如果要继承QIODevice创建自己的读写设备,需要重写受保护的函数readData(int)和writeData(bytes)。
- 一些顺序设备支持多通道读写,这些通道表示独立的数据流,可以用setCurrentReadChannel(int)方法设置读取通道,用setCurrentWriteChannel(int)方法设置写入通道,用currentReadChannel()方法和currentWriteChannel()方法获取读取和写入通道。

表 13-2 QIODevice.OpenMode 的取值

QIODevice.OpenMode 的取值	说 明
QIODevice.NotOpen	未打开
QIODevice.ReadOnly	以只读方式打开
QIODevice.WriteOnly	以只写方式打开。如果文件不存在,创建新文件
QIODevice.ReadWrite	以读写方式打开。如果文件不存在,创建新文件
QIODevice.Append	以追加的方式打开,新增加的内容将被追加到文件末尾
QIODevice.Truncate	以重写的方式打开,在写入新的数据时会将原有数据全部清除,指针指向文件开头
QIODevice.Text	在读取时,将行结束符转换成\n;在写入时将行结束符转换成本地格式,例如 Win32 平台上是\r\n
QIODevice.Unbuffered	不使用缓存
QIODevice.NewOnly	创建和打开新文件,只适用于 QFile 设备,如果文件存在,打开将会失败。该模式是只写模式
QIODevice.ExistingOnly	与 NewOnly 相反,打开文件时,如果文件不存在会出现错误。只适用于 QFile 设备

QIODevice 的信号如表 13-3 所示。

表 13-3 QIODevice 的信号

QIODevice 的信号	说 明
aboutToClose()	调用 close()方法时发射信号
bytesWritten(bytes)	数据块写入当前设备时发射信号
channelBytesWritten(channel,bytes)	数据块写入当前通道时发射信号
channelReadyRead(channel)	当可以读取数据时发射信号
readChannelFinished()	当读取数据被关闭时发射信号
readyRead()	从当前的读通道可以读数据时发射信号

13.1.2 字节数组

在利用 QIODevice 的子类进行读写数据时,通常返回值或参数是 QByteArray 类型的数据。QByteArray 用于存储二进制数据,至于这些数据到底表示什么内容(字符串、数字、图片或音频等),完全由程序的解析方式决定。如果采用合适的字符编码方式(字符集),字节数组可以恢复成字符串,字符串也可以转换成字符串。字节数组会自动添加"\0"作为结尾,统计字节数组的长度时,不包含末尾的"\0"。

用 QByteArray 类创建字节数组的方法如下,其中 str 只能是一个字符,例如'a',int 指

str 的个数，例如 QByteArray(5,'a')表示'aaaaa'。

QByteArray()
QByteArray(int,str)

用 Python 的 str(QByteArray,encoding="utf-8")函数，可以将 QByteArray 数据转换成 Python 的字符串型数据。用 QByteArray 的 append(str)方法可以将 Python 的字符串添加到 QByteArray 对象中，同时返回包含字符串的新 QByteArray 对象。

QByteArray 的常用方法如表 13-4 所示，一些需要说明的方法介绍如下。

- QByteArray 对象用 resize(int)方法可以调整数组的尺寸，用 size()方法可以获取字符数组的长度，用"[ ]"操作符或 at(int)方法读取数据。用 append(Union[QByteArray,bytes])或 append(str)方法可以在末尾添加数据，用 prepend(Union[QByteArray,bytes])方法可以在起始位置添加数据。
- 用 fromBase64(QByteArray.Base64Option)方法可以把 Base64 编码数据解码，用 toBase64(QByteArray.Base64Option)方法可以转成 Base64 编码，其中参数 QByteArray.Base64Option 可以取 QByteArray.Base64Encoding、QByteArray.Base64UrlEncoding、QByteArray.KeepTrailingEquals、QByteArray.OmitTrailingEquals、QByteArray.IgnoreBase64DecodingErrors 和 QByteArray.AbortOnBase64DecodingErrors。
- 用 setNum(float,format='g',precision=6)方法或 number(float,format='g',precision=6)方法可以将浮点数转成用科学计数法表示的数据，其中格式 format 可以取'e'、'E'、'f'、'g'和'G'，'e'表示的格式如[-]9.9e[+|-]999,'E'表示的格式如[-]9.9E[+|-]999,'f'表示的格式如[-]9.9，如果取'g'表示视情况选择'e'或'f'，如果取'G'表示视情况选择'E'或'f'。

表 13-4 QByteArray 的常用方法

QByteArray 的方法及参数类型	返回值的类型	说　　明
append(Union[QByteArray,bytes])	QByteArray	在末尾追加数据
append(str)	QByteArray	在末尾追加文本数据
at(int)	QByteArray	获取第 int 个数据
chop(int)	—	从尾部移除 int 个字节
chopped(int)	QByteArray	获取从尾部移除 int 个字节后的字节数组
clear()	—	清空所有字节
contains(Union[QByteArray,bytes])	bool	获取是否包含指定的字节数组
count(Union[QByteArray,bytes])	int	获取包含的字节数组的个数
count()	int	获取长度，与 size()相同
data()	bytes	获取字节串
endsWith(Union[QByteArray,bytes])	bool	获取末尾是否是指定的字节数组
startsWith(Union[QByteArray,bytes])	bool	获取起始是否是指定的字节数组
fill(str,size=-1)	QByteArray	使数组的每个数据为指定的字符，将长度调整成 size
fromBase64(Union[QByteArray,bytes])	QByteArray	从 Base64 码中解码
fromBase64(QByteArray.Base64Option)	QByteArray	

续表

QByteArray 的方法及参数类型	返回值的类型	说　明
fromHex(Union[QByteArray,bytes])	QByteArray	从十六进制数据中解码
fromPercentEncoding(Union[QByteArray,bytes],percent:str='%')	QByteArray	从百分号编码中解码
fromRawData(bytes)	QByteArray	用字节串构建 QByteArray,指针仍指向原数据
indexOf(Union[QByteArray,bytes],from_=0)	int	获取索引
indexOf(str,from_=0)	int	
insert(int,Union[QByteArray,bytes])	QByteArray	在指定位置插入字节数据
insert(int,str)	QByteArray	在指定位置插入文本数据
insert(int,int,str)	QByteArray	同上,第2个int是指数据的份数
isEmpty()	bool	是否为空,长度为0时返回 True
isLower()	bool	全部是小写字母时返回 True
isNull()	bool	内容为空时返回 True
isUpper()	bool	全部是大写字母时返回 True
lastIndexOf(Union[QByteArray,bytes],from_=-1)	int	获取最后索引值
lastIndexOf(str,from_=-1)	int	
length()	int	获取长度,与 size()相同
mid(int,length=-1)	QByteArray	从指定位置获取指定长度的数据
number(float,format='g',precision=6)	QByteArray	将浮点数转换成科学计数法数据
number(int,base=10)	QByteArray	将整数转换成 base 进制数据
prepend(Union[QByteArray,bytes])	QByteArray	在起始位置添加数据
remove(int,int)	QByteArray	从指定位置移除指定长度的数据
repeated(int)	QByteArray	获取重复 int 次后的数据
replace(int,int,Union[QByteArray,bytes])	QByteArray	从指定位置用数据替换指定长度数据
replace(Union[QByteArray,bytes],Union[QByteArray,bytes])	QByteArray	用数据替换指定的数据
resize(int)	—	调整长度,如果长度小于现有长度,后面的数据会被丢弃
setNum(float,format='g',precision=6)	QByteArray	将浮点数转换成科学计数法数据
setNum(int,base=10)	QByteArray	将整数转换成指定进制的数据
size()	int	获取长度
split(str)	List[QByteArray]	用字符串将字节数组分割成列表
squeeze()	—	释放不存储数据的内存
toBase64()	QByteArray	转成 Base64 编码
toBase64(QByteArray.Base64Option)	QByteArray	
toDouble()	Tuple[float,bool]	转成浮点数
toFloat()	Tuple[float,bool]	
toHex()	QByteArray	转成十六进制编码
toHex(str)	QByteArray	转成十六进制,str 是分隔符

续表

QByteArray 的方法及参数类型	返回值的类型	说明
toInt(base=10)	Tuple[int,bool]	根据进制转成整数,base 可以取 2 到 36 的整数或 0。若取 0,如果数据以 0x 开始,则 base=16;如果以 0 开始,则 base=8;其他情况 base=10
toLong(base=10)	Tuple[int,bool]	
toLongLong(base=10)	Tuple[int,bool]	
toShort(base=10)	Tuple[int,bool]	
toUInt(base=10)	Tuple[int,bool]	
toULong(base=10)	Tuple[int,bool]	
toULongLong(base=10)	Tuple[int,bool]	
toUShort(base=10)	Tuple[int,bool]	
toPercentEncoding(exclude,include,percent='%')	QByteArray	转成百分比编码,exclude 和 include 都是 QByteArray 类型数据
toLower()	QByteArray	转成小写字母
toUpper()	QByteArray	转成大写字母
simplified()	QByteArray	去除内部、开始和结尾的空格和转义字符\t,\n,\v,\f,\r
trimmed()	QByteArray	去除两端的空格和转义字符
left(int)	QByteArray	从左侧获取指定长度的数据
right(int)	QByteArray	从右侧获取指定长度的数据
truncate(int)	—	截取前 int 个字符数据

Python3.x 中新添加了字节串 bytes 数据类型,其功能与 QByteArray 的功能类似。如果一个字符串前面加"b",就表示是 bytes 类型的数据,例如 b"hello"。bytes 数据和字符串的对比如下。字节是计算机的语言,字符串是人类的语言,它们之间通过编码表形成一一对应关系。

- 字符串由若干个字符组成,以字符为单位进行操作;bytes 由若干个字节组成,以字节为单位进行操作。
- bytes 和字符串除了操作的数据单元不同之外,它们支持的所有方法都基本相同。
- bytes 和字符串都是不可变序列,不能随意增加和删除数据。

用 xx=bytes("hello",encoding='utf-8')方法可以将字符串"hello"转成 bytes,用 yy=str(xx,encoding='utf-8')方法可以将 bytes 转成字符串。bytes 也是一个类,用 bytes()方法可以创建一个空 bytes 对象,用 bytes(int)方法可以创建指定长度的 bytes 对象,用 decode(encoding='utf-8')方法可以对数据进行解码。bytes 的操作方法类似字符串的操作方法。

Python 中还有一个与 bytes 类似但是可变的数组 bytearray,其创建方法和字符串的转换方法与 bytes 相同,在 QByteArray 的方法中,可以用 bytes 数据的地方也可以用 bytearray。

bytes 数据和 QByteArray 数据非常适合在互联网上传输,可以用于网络通信编程。bytes 和 QByteArray 都可以用来存储图片、音频、视频等二进制格式的文件。

13.1.3 QFile

1. 创建 QFile 对象的方式及 QFile 的方法

QFile 可以读写文本文件和二进制文件,可以单独使用,也可以与 QTextStream 和 QDataStream 一起使用。用 QFile 类创建实例对象的方法如下所示,其中 parent 是继承自

QObject 的实例，str 是要打开的文件。需要注意的是文件路径中的分隔符可以用"/"或"\\"，而不能用"\"。

```
QFile(parent = None)
QFile(str)
QFile(str, parent = None)
```

QFile 的常用方法如表 13-5 所示，主要方法介绍如下。

- QFile 打开的文件可以在创建实例时输入，也可以用 setFileName(fileName)方法来设置，用 fileName()方法可以获取文件名。
- 设置文件名后，用 open(QIODevice.OpenMode)方法打开文件，或者用 open(fh, QIODevice.OpenMode,handleFlags)方法打开文件，其中 fh 是文件句柄号(file handle)，文件句柄对于打开的文件而言是唯一的识别标识；参数 handleFlags 可以取 QFileDevice.AutoCloseHandle(通过 close() 来关闭) 或 QFileDevice.DontCloseHandle(如果文件没有用 close()关闭，当 QFile 析构后文件句柄一直打开，这是默认值)。
- QFile 的读取和写入需要使用 QIODevice 的方法，如 read(int)、readAll()、readLine()、getChar()、peek(int)、write(QByteArray)或 putChar(str)。
- 用 setPermissions(QFileDevice.Permission)方法设置打开的文件的权限，其中 QFileDevice.Permission 可以取 QFileDevice.ReadOwner(只能由所有者读取)、QFileDevice.WriteOwner(只能由所有者写入)、QFileDevice.ExeOwner(只能由所有者执行)、QFileDevice.ReadUser(只能由使用者读取)、QFileDevice.WriteUser(只能由使用者写入)、QFileDevice.ExeUser(只能由使用者执行)、QFileDevice.ReadGroup(工作组可以读取)、QFileDevice.WriteGroup(工作组可以写入)、QFileDevice.ExeGroup(工作组可以执行)、QFileDevice.ReadOther(任何人都可以读取)、QFileDevice.WriteOther(任何人都可以写入)或 QFileDevice.ExeOther(任何人都可以执行)。
- QFile 可以对打开的文件或没有打开的文件进行简单的管理，通过 exists()方法判断打开的文件是否存在，用 exists(fileName)方法判断其他文件是否存在，用 copy(newName)方法可以把打开的文件复制到新文件中，用 copy(fileName,newName)方法可以把其他文件复制到新文件中，用 remove()方法可以移除打开的文件，用 remove(fileName)方法可以移除其他文件，用 rename(newName)方法可以对打开的文件重命名，用 rename(oldName,newName)方法可以对其他文件重命名。
- 需要注意的是 QFile 并没有信号。

表 13-5　QFile 的常用方法

QFile 的方法及参数类型	说　　明
setFileName(str)	设置文件路径和名称
fileName()	获取文件名称
open(QIODevice.OpenMode)	按照模式打开文件，成功则返回 True
open(int,QIODevice.OpenMode,handleFlags)	用句柄打开文件，成功则返回 True

续表

QFile 的方法及参数类型	说　明
flush()	将缓存中的数据写入文件中
atEnd()	判断是否到达文件末尾
close()	关闭设备
setPermissions(QFileDevice.Permission)	设置权限
exists()	获取用 fileName()指定的文件名是否存在
exists(str)	获取指定的文件是否存在
copy(str)	复制打开的文件到新文件中,成功则返回 True
copy(str,str)	将指定的文件复制到新文件中,成功则返回 True
remove()	移除打开的文件,移除前先关闭文件,成功则返回 True
remove(str)	移除指定的文件,成功则返回 True
rename(str)	重命名,重命名前先关闭文件,成功则返回 True
rename(str,str)	给指定的文件重命名,成功则返回 True

2. QFile 的应用实例

下面的程序通过菜单,利用 QFile 文件可以打开文本文件或十六进制编码文件 *.hex,也可以保存文本文件或十六进制编码文件。本程序打开的十六进制编码文件是由本程序保存后的十六进制编码文件,本程序不能打开其他程序生成的十六进制编码文件。程序中可以把打开文本文件和十六进制编码文件的代码放到一个函数中,根据文件扩展名来决定打开哪种格式的文件,保存文件也可以做同样的处理,这里分开到不同动作的槽函数中分别打开文本文件和十六进制文件。

```
import sys    #Demo13_1.py
from PyQt5.QtWidgets import QApplication,QMainWindow,QPlainTextEdit,QFileDialog
from PyQt5.QtCore import QFile,QByteArray

class myWindow(QMainWindow):
    def __init__(self,parent = None):
        super().__init__(parent)
        self.resize(800,600)
        self.setupUI()                              #界面
    def setupUI(self):                              #界面建立
        self.plainText = QPlainTextEdit()
        self.setCentralWidget(self.plainText)
        self.status = self.statusBar()
        self.menubar = self.menuBar()               #菜单栏
        self.file = self.menubar.addMenu('文件')     #文件菜单
        action_textOpen = self.file.addAction('打开文本文件')   #动作
        action_textOpen.triggered.connect(self.textOpen_triggered)   #动作与槽的连接
        action_dataOpen = self.file.addAction('打开十六进制文件')
        action_dataOpen.triggered.connect(self.dataOpen_triggered)
        self.file.addSeparator()
        action_textWrite = self.file.addAction('保存到新文本文件中')
```

```python
            action_textWrite.triggered.connect(self.textWrite_triggered)
            action_dataWrite = self.file.addAction('保存到十六进制文件')
            action_dataWrite.triggered.connect(self.dataWrite_triggered)
            self.file.addSeparator()
            action_close = self.file.addAction('关闭')
            action_close.triggered.connect(self.close)
    def textOpen_triggered(self):
        (fileName,fil) = QFileDialog.getOpenFileName(self,caption = "打开文本文件",
                    filter = "text(*.txt);;python(*.py);;所有文件(*.*)")
        file = QFile(fileName)
        if file.exists():
            file.open(QFile.ReadOnly | QFile.Text)         #打开文件
            self.plainText.clear()
            try:
                while not file.atEnd():
                    string = file.readLine()               #按行读取
                    string = str(string,encoding = 'utf-8')  #转成字符串
                    self.plainText.appendPlainText(string)
            finally:
                self.status.showMessage("打开文件成功!")
            file.close()
    def textWrite_triggered(self):
        (fileName,fil) = QFileDialog.getSaveFileName(self,caption = "另存为",
                    filter = "text(*.txt);;python(*.py);;所有文件(*.*)")
        string = self.plainText.toPlainText()
        if fileName != "" and string != "":
            ba = QByteArray()
            ba.append(string)
            file = QFile(fileName)
            try:
                file.open(QFile.WriteOnly | QFile.Text)    #打开文件
                file.write(ba)                             #写入文件
            finally:
                self.status.showMessage("文件保存成功!")
            file.close()
    def dataOpen_triggered(self):
        (fileName, fil) = QFileDialog.getOpenFileName(self, caption = "打开文本文件",
                    filter = "Hex 文件(*.hex);;所有文件(*.*)")
        file = QFile(fileName)
        if file.exists():
            file.open(QFile.ReadOnly)                      #打开文件
            self.plainText.clear()
            try:
                while not file.atEnd():
                    string = file.readLine()                 #按行读取数据
                    string = QByteArray.fromHex(string)      #从十六进制数据中解码
                    string = str(string,encoding = "utf-8")  #从字节转成字符串
                    self.plainText.appendPlainText(string)
            finally:
```

```python
                self.status.showMessage("打开文件成功!")
            file.close()
    def dataWrite_triggered(self):
        (fileName, fil) = QFileDialog.getSaveFileName(self, caption = "另存为",
                    filter = "Hex 文件(*.hex);;所有文件(*.*)")
        string = self.plainText.toPlainText()
        if fileName != "" and string != "":
            ba = QByteArray()
            ba.append(string)
            hex_ba = ba.toHex()                    #转成十六进制
            file = QFile(fileName)
            try:
                file.open(QFile.WriteOnly)         #打开文件
                file.write(hex_ba)                 #写入数据
            finally:
                self.status.showMessage("文件保存成功!")
                file.close()
if __name__ == '__main__':
    app = QApplication(sys.argv)
    window = myWindow()
    window.show()
    sys.exit(app.exec())
```

13.1.4 文本流

1. 创建 QTextStream 对象的方式和 QTextStream 的方法

文本流是指一段文本数据，可以理解成管道中流动的一股水，管道接到什么设备上，水就流入什么设备内。QTextStream 是文本流类，它可以连接到 QIODevice 或 QByteArray 上，可以将一段文本数据写入 QIODevice 或 QByteArray 上，或者从 QIODevice 或 QByteArray 上读取文本数据。QTextStream 适合写入大量的有一定格式要求的文本，例如试验获取的数值数据，需要将数值数据按照一定的格式写入文本文件中，每个数据需要有固定的长度、精度、对齐方式，数据可以选择是否用科学计数法，数据之间要用固定长度的空格隔开等。

用 QTextStream 类定义文本流实例的方法如下所示，可以看出其连接的设备可以是 QIODevice 或 QByteArray。

```
QTextStream()
QTextStream(QIODevice)
QTextStream(QByteArray, mode = QIODevice.ReadWrite)
```

QTextStream 的常用方法如表 13-6 所示，主要方法介绍如下。

- QTextStream 的连接设备可以在创建文本数据流时定义，也可以用 setDevice (QIODevice) 方法来定义，用 device() 方法获取连接的设备。QTextStream 与 QFile 结合可读写文本文件，与 QTcpSocket、QUdpSocket 结合可读写网络文本数据。
- QTextStream 没有专门的写数据的方法，需要用流操作符"<<"来完成写入动作。

"<<"的左边是 QTextStream 实例,右边可以是字符串、整数或浮点数,如果要同时写入多个数据,可以把多个"<<"写到一行中,例如 out <<'Grid'<< 100 << 2.34 <<'\n'。读取数据的方法有 read(int)、readAll()和 readLine(maxLength = 0),其中 maxLength 表示读行时一次允许的最大字节数。用 seek(int)方法可以定位到指定的位置,成功则返回 True;用 pos()方法获取位置;用 atEnd()方法获取是否还有没读取的数据。

- 用 setCodec(QTextCodec)或 setCodec(codeName)方法设置文本流读写数据的编码,文本流支持的编码有 Big5、Big5-HKSCS、CP949、EUC-JP、EUC-KR、GB18030、HP-ROMAN8、IBM 850、IBM 866、IBM 874、ISO 2022-JP、KOI8-R、KOI8-U、Macintosh、Shift-JIS、TIS-620、TSCII、UTF-8、UTF-16、UTF-16BE、UTF-16LE、UTF-32、UTF-32BE、UTF-32LE,默认是 QTextCodec.codecForLocale(),即电脑默认的编码。

- 用 setAutoDetectUnicode(bool)方法设置是否自动识别编码,如果能识别出则会替换已经设置的编码。如果 setGenerateByteOrderMark(bool)为 True 且用 UTF 编码,会在写入数据前,在数据前面添加自动查找编码标识 BOM(byte-order mark),即字节顺序标记,它是插入以 UTF-8、UTF16 或 UTF-32 编码 Unicode 文件开头的特殊标记,用来识别 Unicode 文件的编码类型。

- 用 setFieldWidth(int=0)方法设置写入一段数据流的宽度,如果真实数据流的宽度小于设置的宽度,可以用 setFieldAlignment(QTextStream.FieldAlignment)方法设置数据在数据流内的对齐方式,其余位置的数据用 setPadChar(str)来设置。参数 QTextStream.FieldAlignment 用于指定对齐方式,可以取 QTextStream.AlignLeft(左对齐)、QTextStream.AlignRight(右对齐)、QTextStream.AlignCenter(居中)和 QTextStream.AlignAccountingStyle(居中,但数值的符号位靠左)。

- 用 setIntegerBase(int)方法设置读取整数或产生整数时的进制,可以取 2、8、10 和 16,用 setRealNumberPrecision(int)方法设置浮点数小数位的个数。

- 用 setNumberFlags(QTextStream.NumberFlag)方法设置输出整数和浮点数时数值的表示样式,其中参数 QTextStream.NumberFlag 可以取 QTextStream.ShowBase(以进制作为前缀,如 16("0x"),8("0"),2("0b"))、QTextStream.ForcePoint(强制显示小数点)、QTextStream.ForceSign(强制显示正负号)、QTextStream.UppercaseBase(进制显示成大写(如"0X","0B"))或 QTextStream.UppercaseDigits(表示 10 到 35 的字母用大写)。

- 用 setRealNumberNotation(QTextStream.RealNumberNotation)方法设置浮点数的标记方法,参数 QTextStream.RealNumberNotation 可以取 QTextStream.ScientificNotation(科学计数法)、QTextStream.FixedNotation(固定小数点)或 QTextStream.SmartNotation(视情况选择合适的方法)。

- 用 setStatus(QTextStream.Status)方法设置数据流的状态,参数 QTextStream.Status 可取 QTextStream.Ok(文本流操作正常)、QTextStream.ReadPastEnd(读取过末尾)、QTextStream.ReadCorruptData(读取了损耗的数据)或 QTextStream.WriteFailed(不能写入数据);用 resetStatus()方法可以重置状态。

表 13-6　QTextStream 的常用方法

QTextStream 的方法及参数类型	说　　明
setDevice(QIODevice)	设置操作的设备
device()	获取设备
setCodec(QTextCodec)	设置编码
setCodec(str)	设置编码名,如"ISO 8859-1""UTF-8"或"UTF-16"
codec()	获取编码 QTextCode
setAutoDetectUnicode(bool)	设置是否自动识别编码,如果能识别,则替换现有编码
setGenerateByteOrderMark(bool)	如果设置成 True 且编码是 UTF,则在写入数据前会先写入 BOM(byte order mark)
setLocale(QLocale)	设置整数或浮点数与其字符串之间用不同国家的语言进行转换
setFieldWidth(int=0)	设置数据流的宽度,如果为 0,宽度是数据的宽度
fieldWidth()	获取数据流的宽度
setFieldAlignment(QTextStream.FieldAlignment)	设置数据在数据流内的对齐方式
fieldAlignment()	获取对齐方式
setPadChar(str)	设置对齐时域内的填充字符
padChar()	获取填充字符
setIntegerBase(int)	设置读整数的进位制
integerBase()	获取进位制
setNumberFlags(QTextStream.NumberFlag)	设置整数和浮点数的标识
numberFlags()	获取数值数据的标识
setRealNumberNotation(QTextStream.RealNumberNotation)	设置浮点数的标记方法
realNumberNotation()	获取标记方法
setRealNumberPrecision(int)	设置浮动数的精度
realNumberPrecision()	获取精度
setStatus(QTextStream.Status)	设置状态
status()	获取状态
resetStatus()	重置状态
read(int)	读取指定长度的数据
readAll()	读取所有数据
readLine(maxLength=0)	按行读取数据,maxLength 是一次允许读的最大长度
seek(int)	定位到指定位置,成功则返回 True
pos()	获取位置
flush()	将缓存中的数据写到设备中
atEnd()	获取是否还有没读取的数据
skipWhiteSpace()	忽略空符,直到非空符或达到末尾
reset()	重置除字符串和缓冲以外的其他设置

2. 用 QTextStream 读写文本数据的应用实例

下面的程序通过菜单操作,利用文本流,在 d:\sin_cos.txt 文件中写入正弦、余弦、正弦＋余弦的值,也可以打开文本文件。运行程序后先单击"文件"菜单下的"生成文件"命令,此时在 d:\目录下生成 sin_cos.txt 文件,再单击"文件"菜单下的"打开文件"命令,弹出打开文件对话框,选择 sin_cos.txt 文件后,可以显示文件中的内容。程序运行界面如图 13-2 所示,左边是用程序打开 d:\sin_cos.txt 文件,右边是用记事本打开文件。

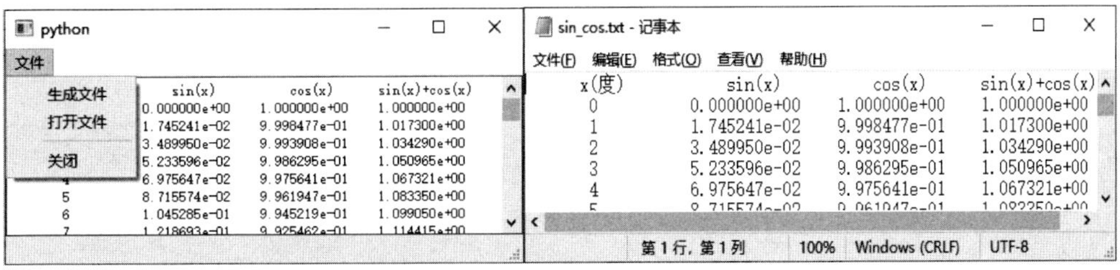

图 13-2 程序运行界面

```
import sys,math          # Demo13_2.py
from PyQt5.QtWidgets import QApplication,QMainWindow,QPlainTextEdit,QFileDialog
from PyQt5.QtCore import QFile,QTextStream

class myWindow(QMainWindow):
    def __init__(self,parent = None):
        super().__init__(parent)
        self.resize(800,600)
        self.setupUI()                                  # 界面
        self.fileName = "d:\\sin_cos.txt" # "d:/sin_cos.txt" 写入的文件
    def setupUI(self):                                  # 界面建立
        self.plainText = QPlainTextEdit()
        self.setCentralWidget(self.plainText)
        self.status = self.statusBar()
        self.menubar = self.menuBar()                   # 菜单栏
        self.file = self.menubar.addMenu('文件')         # 文件菜单
        action_textCreate = self.file.addAction('生成文件')  # 动作
        action_textCreate.triggered.connect(self.textCreate_triggered)  # 动作与槽的连接
        action_textOpen = self.file.addAction('打开文件')
        action_textOpen.triggered.connect(self.textOpen_triggered)
        self.file.addSeparator()
        action_close = self.file.addAction('关闭')
        action_close.triggered.connect(self.close)
    def textCreate_triggered(self):
        file = QFile(self.fileName)
        try:
            if file.open(QFile.WriteOnly | QFile.Text | QFile.Truncate):  # 打开文件
                writer = QTextStream(file)                  # 创建文本流
                writer.setCodec("UTF-8")                    # 设置编码
                writer.setFieldWidth(16)                    # 设置域宽
                writer.setFieldAlignment(QTextStream.AlignCenter)   # 设置对齐方式
                writer.setRealNumberPrecision(6)            # 设置小数位数
                writer.setRealNumberNotation(QTextStream.ScientificNotation)  # 科学计数法
                writer << "x(度)" << "sin(x)" <<"cos(x)" << "sin(x)+cos(x)"   # 写入流数据
                writer.setFieldWidth(0)                     # 设置域宽
```

```python
                        writer << "\n"                          #写入回车换行
                        for i in range(360):
                            r = i/180 * math.pi
                            writer.setFieldWidth(16)
                            writer << i << math.sin(r) << math.cos(r) << math.sin(r) + math.cos(r)
                            writer.setFieldWidth(0)
                            writer << "\n"
                finally:
                    self.status.showMessage("写入文件成功!")
                    file.close()
            def textOpen_triggered(self):
                (fileName, fil) = QFileDialog.getOpenFileName(self, caption = "打开文本文件",
                                directory = "d:\\",filter = "文本文件(*.txt);;所有文件(*.*)")
                file = QFile(fileName)
                try:
                    if file.open(QFile.ReadOnly | QFile.Text):    #打开文件
                        self.plainText.clear()
                        reader = QTextStream(file)
                        reader.setCodec("UTF-8")
                        reader.setAutoDetectUnicode(True)
                        string = reader.readAll()                 #读取所有数据
                        self.plainText.appendPlainText(string)
                finally:
                    self.status.showMessage("打开文件成功!")
                    file.close()
        if __name__ == '__main__':
            app = QApplication(sys.argv)
            window = myWindow()
            window.show()
            sys.exit(app.exec())
```

13.1.5 数据流

1. 创建 QDataStream 对象的方式和 QDataStream 的方法

数据流 QDataStream 用于直接读写二进制的数据和网络通信数据,二进制具体表示的物理意义由读写方法以及后续的解码决定,数据流的读写与具体的操作系统无关。用 QDataStream 类创建数据流对象的方法如下所示,它可以连接到继承自 QIODevice 的设备或 QByteArray 上。

```
QDataStream()
QDataStream(QIODevice)
QDataStream(QByteArray,QIODevice.OpenMode)
QDataStream(QByteArray)
```

数据流的一些常用方法如表 13-7 所示,主要方法介绍如下。

- 创建数据流对象时,可以设置数据流关联的设备,也可用 setDevice(QIODevice)方法重新设置关联的设备,用 device()方法获取关联的设备。

- 用 setVersion(int)方法设置版本号。不同的版本号数据的存储格式有所不同,因此建议设置版本号。到目前为止版本号可取 QDataStream.Qt_1_0、QDataStream.Qt_2_0、QDataStream.Qt_3_0、QDataStream.Qt_3_1、QDataStream.Qt_3_3、QDataStream.Qt_4_0 ~ QDataStream.Qt_4_9、QDataStream.Qt_5_0 ~ QDataStream.Qt_5_15。
- 用 setFloatingPointPrecision(QDataStream.FloatingPointPrecision)方法设置读写浮点数的精度,其中参数 QDataStream.FloatingPointPrecision 可以取 QDataStream.SinglePrecision 或 QDataStream.DoublePrecision。对于版本高于 Qt_4_6 且精度设置为 DoublePrecision 的浮点数是 64 位精度,对于版本高于 Qt_4_6 且精度设置为 SinglePrecision 的浮点数是 32 位精度。
- 用 setByteOrder(QDataStream.ByteOrder)方法设置字节序,参数 QDataStream.ByteOrder 可以取 QDataStream.BigEndian(大端字节序,默认值)和 QDataStream.LittleEndian(小端字节序),大端字节序的高位字节在前,低位字节在后,小端字节序与此相反。对于十进制数 123,如果用"123"顺序存储是大端字节序,则"321"是小端字节序。
- 用 setStatus(QDataStream.Status)方法设置状态,状态的取值与 QTextStream 的取值相同。
- 用 skipRawData(int)方法可以跳过指定长度的原生字节,返回真实跳过的字节数。原生数据是机器上存储的二进制数据,需要用户自己解码。
- 用 startTransaction()方法可以记录一个读数据的点,对于顺序设备会在内部复制读取的数据,对于随机设备会保存当前数据流的位置;用 commitTransaction()方法确认完成记录一个数据块,当数据流的状态是已经超过末尾时,用该方法会回到数据块的记录点,如果状态是数据有误,则会放弃记录的数据块;用 rollbackTransaction()方法在确认完成记录数据块之前返回到记录点;用 abortTransaction()方法放弃对数据块的记录,并不影响当前读数据的位置。

表 13-7 数据流的一些常用方法

QDataStream 的常规设置方法及参数类型	说 明
setDevice(QIODevice)	设置设备
setByteOrder(QDataStream.ByteOrder)	设置字节序
setFloatingPointPrecision(QDataStream.FloatingPointPrecision)	设置浮点数的精度
setStatus(QDataStream.Status)	设置状态
resetStatus()	重置状态
setVersion(int)	设置版本号
version()	获取版本号
skipRawData(int)	跳过原生数据,返回跳过的字节数量
startTransaction()	开启记录一个数据块起始点
commitTransaction()	完成数据块,成功则返回 True
rollbackTransaction()	回到数据块的记录点
abortTransaction()	放弃对数据块的记录
atEnd()	获取是否还有数据可读

2. 整数、浮点数和逻辑值的读写方法

计算机中存储的数据用二进制表示,每个位有 0 和 1 两种状态,通常用 8 位作为 1 个字节,如果这 8 位全部用来记录数据,则这 8 位数据的最大值是 $0b11111111=2^8-1=255$;如要记录正负号,可以用第 1 位记录正负符号,这时用 7 位记录的最大值是 $0b1111111=2^7-1=127$。如果要记录更大的值,用 1 个字节显然是不够的,这时可以用更多个字节来记录数据,例如用 2 个字节(16 位)来记录一个数;如果全部用于记录数据,最大值可以记录 $2^{16}-1$;如果拿出 1 位记录正负号,最大值可以记录 $2^{15}-1$。因此在读写不同大小的数值时,要根据数值的大小,选择合适的字节数来保存数值,可以分别用 1 个字节、2 个字节、4 个字节和 8 个字节来存储数值,在读取数值时,要根据写入时指定的字节数来读取。

数据流用于读/写整数、浮点数和逻辑值的方法和数值的范围如表 13-8 所示。需要特别注意的是,在读数值时,必须按照写入数值时所使用的字节数来读,否则读取的数值不是写入时的数值。

表 13-8 QDataStream 读/写整数、浮点数和逻辑值的方法

读/写方法(—>表示返回值的类型)		读/写方法说明	读/写取值范围
readInt()—>int	writeInt(int)	在 64 位系统上用 4 字节,32 位系统上用 2 字节读/写带正负号整数	$-2^{31} \sim 2^{31}-1$ $-2^{15} \sim 2^{15}-1$
readInt8()—>int	writeInt8(int)	在 1 个字节上读/写带正负号整数	$-2^7 \sim 2^7-1$
readInt16()—>int	writeInt16(int)	在 2 个字节上读/写带正负号整数	$-2^{15} \sim 2^{15}-1$
readInt32()—>int	writeInt32(int)	在 4 个字节上读/写带正负号整数	$-2^{31} \sim 2^{31}-1$
readInt64()—>int	writeInt64(int)	在 8 个字节上读/写带正负号整数	$-2^{63} \sim 2^{63}-1$
readUInt8()—>int	writeUInt8(int)	在 1 个字节上读/写不带正负号整数	$0 \sim 2^8-1$
readUInt16()—>int	writeUInt16(int)	在 2 个字节上读/写不带正负号整数	$0 \sim 2^{16}-1$
readUInt32()—>int	writeUInt32(int)	在 4 个字节上读/写不带正负号整数	$0 \sim 2^{32}-1$
readUInt64()—>int	writeUInt64(int)	在 8 个字节上读/写不带正负号整数	$0 \sim 2^{64}-1$
readFloat()—>float	writeFloat(float)	在 4 个字节上读/写带正负号浮点数	$\pm 3.40282e38$(精确到 6 位小数)
readDouble()—>float	writeDouble(float)	在 8 个字节上读/写带正负号浮点数	$\pm 1.79769e308$(精确到 15 位小数)
readBool()—>bool	writeBool(bool)	在 1 个字节上读/写逻辑值	

3. 对字符串的读写方法

数据流用于读/写字符串的方法如表 13-9 所示。读/写字符串时不需要指定字节数量,系统会根据字符串的大小来决定所使用的字节数。

表 13-9 QDataStream 对字符串的读写方法

读/写方法(—>表示返回值的类型)		读/写方法说明
readQString()—>str	writeQString(str)	读/写文本
readQStringList()—>List[str]	writeQStringList(Iterable[str])	读/写文本列表

4. 用 QDataStream 读写字符串和数值的应用实例

下面的程序是将上一个用 QTextStream 读写文本数据的程序改用 QDataStream 来完成读写二进制数据,将数据保存到二进制文件中,程序中用到读写字符串、整数和浮点数。

```python
import sys,math                                #Demo13_3.py
from PyQt5.QtWidgets import QApplication,QMainWindow,QPlainTextEdit,QFileDialog
from PyQt5.QtCore import QFile,QDataStream

class myWindow(QMainWindow):
    def __init__(self,parent = None):
        super().__init__(parent)
        self.resize(800,600)
        self.setupUI()                          #界面
        self.fileName = "d:\\sin_cos.bin"       #"d:/sin_cos.bin" 写入的文件
    def setupUI(self):                          #界面建立
        self.plainText = QPlainTextEdit()
        self.setCentralWidget(self.plainText)
        self.status = self.statusBar()
        self.menubar = self.menuBar()                           #菜单栏
        self.file = self.menubar.addMenu('文件')                 #文件菜单
        action_binCreate = self.file.addAction('生成文件')        #动作
        action_binCreate.triggered.connect(self.binCreate_triggered)    #动作与槽的连接
        action_binOpen = self.file.addAction('打开文件')
        action_binOpen.triggered.connect(self.binOpen_triggered)
        self.file.addSeparator()
        action_close = self.file.addAction('关闭')
        action_close.triggered.connect(self.close)
    def binCreate_triggered(self):
        file = QFile(self.fileName)
        try:
            if file.open(QFile.WriteOnly | QFile.Truncate):    #打开文件
                writer = QDataStream(file)                      #创建数据流
                writer.setVersion(QDataStream.Qt_5_14)
                writer.setByteOrder(QDataStream.BigEndian)
                writer.writeQString("version:Qt_5_14")
                writer.writeQString("x(度)")                    #写入字符串
                writer.writeQString("sin(x)")                   #写入字符串
                writer.writeQString("cos(x)")                   #写入字符串
                writer.writeQString("sin(x) + cos(x)")          #写入字符串
                for i in range(360):
                    r = i/180 * math.pi
                    writer.writeInt(i)                          #int
                    writer.writeDouble(math.sin(r))             #sin
                    writer.writeDouble(math.cos(r))             #cos
                    writer.writeDouble(math.sin(r) + math.cos(r))    #sin + cos
        finally:
            self.status.showMessage("写入文件成功!")
            file.close()
    def binOpen_triggered(self):
        (fileName, fil) = QFileDialog.getOpenFileName(self, caption = "打开二进制文件",
                        directory = "d:\\",filter = "二进制文件( * .bin);;所有文件( * . * )")
        file = QFile(fileName)
        template = "{:^16}{:^16.10}{:^16.10}{:^16.10}"
```

```python
            try:
                if file.open(QFile.ReadOnly):           #打开文件
                    reader = QDataStream(file)
                    reader.setVersion(QDataStream.Qt_5_14)
                    reader.setByteOrder(QDataStream.BigEndian)
                    if reader.readQString() == "version:Qt_5_14":
                        self.plainText.clear()
                        str1 = reader.readQString()     #读取字符串
                        str2 = reader.readQString()     #读取字符串
                        str3 = reader.readQString()     #读取字符串
                        str4 = reader.readQString()     #读取字符串
                        string = template.format(str1,str2,str3,str4)
                        self.plainText.appendPlainText(string)
                        while not reader.atEnd():
                            deg = reader.readInt()      #读取整数
                            sin = reader.readDouble()   #读取浮点数
                            cos = reader.readDouble()   #读取浮点数
                            sin_cos = reader.readDouble()  #读取浮点数
                            string = template.format(deg,sin,cos,sin_cos)
                            self.plainText.appendPlainText(string)
            finally:
                self.status.showMessage("打开文件成功!")
                file.close()
if __name__ == '__main__':
    app = QApplication(sys.argv)
    window = myWindow()
    window.show()
    sys.exit(app.exec())
```

5. 类的对象的读写方法

用 QDataStream 可以将一些常用的类实例写入文件中,如字体、颜色、调色板、列表项、表格项等,数据流的类对象读写方法如表 13-10 所示。用 writeQVariant(Any)方法可以将 QBrush、QColor、QDateTime、QFont、QPixmap 和其他一些实例对象写入文件中,用 writeQVariantHash(Dict[str,Any])或 writeQVariantMap(Dict[str,Any])方法可以将字典写入文件,用 writeQVariantList(Iterable[Any])方法可以把列表写入磁盘。

表 13-10 类对象的读写方法

读/写方法(—>表示返回值的类型)		读/写方法说明
readQVariant()—>Any	writeQVariant(Any)	读/写任意类型的值
readQVariantHash()—>Dict[str,Any]	writeQVariantHash(Dict[str,Any])	读/写字典类型值
readQVariantList()—>List[Any]	writeQVariantList(Iterable[Any])	读/写列表类型值
readQVariantMap()—>Dict[str,Any]	writeQVariantMap(Dict[str,Any])	读/写字典类型值

6. 用 QDataStream 读写对象的应用实例

下面的程序是 writeQVariant()和 readQVariant()方法的使用实例。通过"文件"菜单根据文件的扩展名用 QDataStream 方式打开已经存在的文件，或将数据保存到二进制文件中，用 QTextStream 方式打开或保存文本文件，用"设置"菜单可以设置颜色和字体。当打开二进制文件时，用 readQVariant() 方法读取调色板和字体；当保存二进制文件时，用 writeQVariant() 方法写入调色板和字体。

```python
import sys,os    #Demo13_4.py
from PyQt5.QtWidgets import QApplication,QMainWindow,QPlainTextEdit,\
            QFileDialog,QMessageBox,QFontDialog,QColorDialog
from PyQt5.QtCore import QFile,QTextStream,QDataStream
from PyQt5.QtGui import QPalette

class myWindow(QMainWindow):
    def __init__(self,parent = None):
        super().__init__(parent)
        self.resize(800,600)
        self.setupUI()                                  #界面
    def setupUI(self):                                  #界面建立
        self.plainText = QPlainTextEdit()
        self.setCentralWidget(self.plainText)
        self.status = self.statusBar()
        self.menubar = self.menuBar()                   #菜单栏
        self.file = self.menubar.addMenu('文件')        #文件菜单
        action_new = self.file.addAction("新建")
        action_new.triggered.connect(self.plainText.clear)
        action_open = self.file.addAction('打开文件')   #动作,打开二进制文件或文本文件
        action_open.triggered.connect(self.open_triggered)    #动作与槽的连接
        self.action_save = self.file.addAction('保存文件')    #动作,保存二进制文件或文本文件
        self.action_save.triggered.connect(self.save_triggered)    #动作与槽的连接
        self.action_save.setEnabled(False)
        self.file.addSeparator()
        action_close = self.file.addAction('关闭')
        action_close.triggered.connect(self.close)
        self.setting = self.menubar.addMenu("设置")
        action_color = self.setting.addAction("设置颜色")
        action_color.triggered.connect(self.color_triggered)
        action_font = self.setting.addAction("设置字体")
        action_font.triggered.connect(self.font_triggered)
        self.plainText.textChanged.connect(self.plainText_textChaneged)
    def open_triggered(self):
        (fileName,fil) = QFileDialog.getOpenFileName(self,caption = "打开文件",directory = "d:\\",
            filter = "二进制文件(*.bin);;文本文件(*.txt);;python 文件(*.py);;所有文件(*.*)")
        if not os.path.isfile(fileName):
            return
        name,extension = os.path.splitext(fileName)     #获取文件名和扩展名
        file = QFile(fileName)
        try:
            if file.open(QFile.ReadOnly):               #打开文件
```

```
                    if extension == ".bin":              # 根据扩展名识别二进制文件
                        reader = QDataStream(file)
                        reader.setVersion(QDataStream.Qt_5_14)    # 设置版本
                        reader.setByteOrder(QDataStream.BigEndian)
                        # 读取版本号,保存 bin 文件时,会在头部写入版本号
                        version = reader.readQString()
                        if version != "version:Qt_5_14":
                            QMessageBox.information(self,"错误","版本不匹配,不能打开文件.")
                            return
                        palette = reader.readQVariant()           # 读取调色板信息
                        font = reader.readQVariant()              # 读取字体信息

                        self.plainText.setPalette(palette)        # 设置调色板
                        self.plainText.setFont(font)              # 设置字体
                        if not file.atEnd():
                            string = reader.readQString()         # 读取文本
                            self.plainText.clear()
                            self.plainText.appendPlainText(string)
                    if extension == ".txt" or extension == ".py":  # 根据扩展名识别 txt 或 py 文件
                        file.setTextModeEnabled(True)
                        reader = QTextStream(file)
                        reader.setCodec("UTF-8")
                        reader.setAutoDetectUnicode(True)
                        string = reader.readAll()                 # 读取所有数据
                        self.plainText.clear()
                        self.plainText.appendPlainText(string)
            finally:
                self.status.showMessage("文件打开成功!")
                file.close()
        def save_triggered(self):
            (fileName,fil) = QFileDialog.getSaveFileName(self,caption = "保存文件",directory = "d:\\",
                filter = "二进制文件(*.bin);;文本文件(*.txt);;python 文件(*.py);;所有文件(*.*)")
            if fileName == "":
                return
            name, extension = os.path.splitext(fileName)          # 获取文件名和扩展名
            file = QFile(fileName)
            try:
                if file.open(QFile.WriteOnly|QFile.Truncate):     # 打开文件
                    if extension == ".bin":                        # 根据扩展名识别二进制文件
                        writer = QDataStream(file)                 # 创建数据流
                        writer.setVersion(QDataStream.Qt_5_14)    # 设置版本
                        writer.setByteOrder(QDataStream.BigEndian)
                        writer.writeQString("version:Qt_5_14")    # 写入版本
                        palette = self.plainText.palette()
                        font = self.plainText.font()
                        string = self.plainText.toPlainText()
                        writer.writeQVariant(palette)             # 写入调色板
                        writer.writeQVariant(font)                # 写入字体
```

```
                    writer.writeQString(string)              #写入内容
                if extension == ".txt" or extension == ".py":  #根据扩展名识别 txt 或 py 文件
                    reader = QTextStream(file)
                    reader.setCodec("UTF-8")
                    string = self.plainText.toPlainText()
                    reader << string                          #写入内容
            finally:
                self.status.showMessage("文件保存成功!")
                file.close()
        def font_triggered(self):                  #槽函数,设置字体
            font = self.plainText.font()
            font,ok = QFontDialog.getFont(font,parent = self,caption = "选择字体")
            if ok:
                self.plainText.setFont(font)
        def color_triggered(self):                 #槽函数,设置颜色
            color = self.plainText.palette().color(QPalette.Text)
            colorDialog = QColorDialog(color,parent = self)
            if colorDialog.exec():
                color = colorDialog.selectedColor()
                palette = self.plainText.palette()
                palette.setColor(QPalette.Text,color)
                self.plainText.setPalette(palette)
        def plainText_textChaneged(self):          #槽函数,判断保存动作是否需要激活或失效
            if self.plainText.toPlainText() == "":
                self.action_save.setEnabled(False)
            else:
                self.action_save.setEnabled(True)
    if __name__ == '__main__':
        app = QApplication(sys.argv)
        window = myWindow()
        window.show()
        sys.exit(app.exec())
```

7. 字节串的读写方法

字节串的读写方法如表 13-11 所示。用 bytes(str,encoding)方法可以按照某种编码方法把字符串转换成字节串 bytes,然后用 writeBytes(bytes)方法或 writeString(bytes)方法把字节串保存到文件中,再用 readBytes()或 readString()方法读取字节串,并用字节串的 decode(encoding)方法把字节串转换成字符串。

表 13-11 字节串的读写方法

读/写方法(—>表示返回值的类型)		读/写方法说明
readBytes()—>bytes	writeBytes(bytes)—>QDataStream	读/写字节
readString()—>bytes	writeString(bytes)	读/写字节

8. 原生数据的读写方法

原生数据是指没有经过编码的数据,读写数据时,只对二进制数据原样读写,需要用户

对读写的数据进行解码才能获得二进制数据所表示的确切内容,原生数据的读写主要针对数值型数据进行读写。写原生数据的方法是 writeRawData(bytes),并返回真实写入的字节的数量;用 readRawData(int)方法读取指定数量的字节,返回值的类型是 bytes。

要将整数、浮点数和逻辑值以原生数据保存,需要把数值转换成字节串型数据 bytes,这需要用 Python 自带的 struct 模块,struct 模块提供的函数如表 13-12 所示。在使用 struct 模块前需用 import struct 语句将其导入。

表 13-12　struct 模块的函数

struct 的函数及参数类型	说　明
calcsize(format)	计算按照 format 格式字符串确定的字节数的数量
pack(format,v1,v2,…)	按照 format 格式字符串,将 v1、v2、……转换成字节串 bytes,并返回该字节串
unpack(format,buffer)	按照 format 格式字符串,从缓冲块 buffer 中解码数据(缓冲块 buffer 的大小必须是格式符所要求的字节数量(calcsize(format))的整数倍),返回由解码后的数据组成的元组
pack_into(format,buffer,offset,v1,v2,…)	根据 format 格式字符串,将 v1、v2、……转换成字符串 bytes,并写入 buffer 缓冲区,从 buffer 的 offset 位置处开始写入
unpack_from(format,buffer,offset=0)	根据 format 格式字符串,从 butter 的 offset 位置处开始解码,返回由解码后的数据组成的元组。这种方式适合一次读取许多原生数据,然后再分段解码
iter_unpack(format,buffer)	按照格式字符串 format 以迭代方式从缓冲块 buffer 解码。此函数返回一个迭代器,它将从缓冲区读取大小相同的字节串,直到 buffer 的所有内容全部读完。缓冲区的字节大小必须是格式符所需要的字符数据的整数倍

表 13-12 所列函数的第 1 个参数是格式字符串 format,用于确定数值转换成字节串后的字节序和字节串的数量。格式字符串的第 1 个字符确定字节序,字节序的格式字符如表 13-13 所示,默认是"@"。按本机字节序是根据计算机的 CPU 来确定字节序,例如 Intel x86 和 AMD64（x86-64）是小端序,Motorola 68000 和 PowerPC G5 是大端序,ARM 和 Intel Itanium 具有可切换的字节顺序(双端)。用 sys.byteorder 属性可以获得系统的字节顺序,如果字节序的格式符不容易记忆,可以统一使用"!"。字节序在 struct 函数的格式字符串中定义,与 QDataStream 的 setByteOrder()方法设置的字节序无关。

表 13-13　字节序的格式字符

字节序的格式字符	字节顺序	大小	对齐方式
@	按本机字节序	按本机	按本机
=	按本机字节序	标准	无
<	小端序	标准	无
>	大端序	标准	无
!	网络（=大端）	标准	无

格式字符串中从第 2 个字符起是格式字符,格式字符确定数值转换成字节串后,字节串的大小。格式字符的数量必须与被转换的数值的数量相同,可以使用的格式字符如表 13-14 所示,例如 struct.pack(">Hfd",360,3.1415926,0.214985343273)表示按照大端序,把整数 360 转成 2 字节字节串,把浮点数 3.1415926 转成 4 字节字节串,把浮点数 0.214985343273 转成 8 字节字节串,struct.calcsize(">Hfd")的值是 14。struct 的函数转换浮点数时,精度与 QDataStream 的 setFloatingPointPrecision()方法设置的精度无关。在转换整数时,应确保所使用的字节能容纳转换后的字节串,如果不能会抛出异常。

表 13-14 格式字符

格式字符	Python 类型	标准字节串大小	说 明
x			填充字节
c	bytes	1	长度为 1 的字节串
b	int	1	带正负号整数 8 位
B	int	1	不带正负号整数 8 位
h	int	2	带正负号整数 16 位
H	int	2	不带正负号整数 16 位
i	int	4	带正负号整数 32 位
I	int	4	不带正负号整数 32 位
l	int	4	带正负号整数 32 位
L	int	4	不带正负号整数 32 位
q	int	8	带正负号整数 64 位
Q	int	8	不带正负号整数 64 位
f	float	4	带正负号浮点数 32 位
d	float	8	带正负号浮点数 64 位
?	bool	1	布尔类型 8 位

9. 用 QDataStream 读写原生数据的应用实例

下面的程序是将前面输出正弦、余弦函数的值的程序稍作改动,用原生数据的读写方法来完成数据的保存和读取。这里生成的文件的扩展名是 raw,需要先通过"文件"菜单的生成文件动作生成 raw 文件,然后再通过"文件"菜单的打开文件动作从 raw 文件中读入原生数据并解码。

```
import sys,math,struct                          #Demo13_5.py
from PyQt5.QtWidgets import QApplication,QMainWindow,QPlainTextEdit,QFileDialog
from PyQt5.QtCore import QFile,QDataStream

class myWindow(QMainWindow):
    def __init__(self,parent = None):
        super().__init__(parent)
        self.resize(800,600)
        self.setupUI()                           #界面
        self.fileName = "d:\\sin_cos.raw"
    def setupUI(self):                           #界面建立
        self.plainText = QPlainTextEdit()
```

```python
            self.setCentralWidget(self.plainText)
            self.status = self.statusBar()
            self.menubar = self.menuBar()                                      # 菜单栏
            self.file = self.menubar.addMenu('文件')                            # 文件菜单
            action_binCreate = self.file.addAction('生成文件')                   # 动作
            action_binCreate.triggered.connect(self.rawCreate_triggered)       # 动作与槽的连接
            action_binOpen = self.file.addAction('打开文件')                     # 动作
            action_binOpen.triggered.connect(self.rawOpen_triggered)           # 动作与槽的连接
            self.file.addSeparator()
            action_close = self.file.addAction('关闭')
            action_close.triggered.connect(self.close)
      def rawCreate_triggered(self):
            file = QFile(self.fileName)
            try:
                if file.open(QFile.WriteOnly | QFile.Truncate):                 # 打开文件
                    writer = QDataStream(file)                                  # 创建数据流
                    writer.setVersion(QDataStream.Qt_5_14)                      # 设置版本
                    writer.setByteOrder(QDataStream.BigEndian)                  # 设置字节序
                    byt = bytes("version:Qt_5_14", encoding = "UTF-8")
                    writer.writeBytes(byt)                                      # 写入字节串
                    byt = bytes("x(度)", encoding = "UTF-8")
                    writer.writeBytes(byt)                                      # 写入字节串
                    byt = bytes("sin(x)", encoding = "UTF-8")
                    writer.writeBytes(byt)                                      # 写入字节串
                    byt = bytes("cos(x)", encoding = "UTF-8")
                    writer.writeBytes(byt)                                      # 写入字节串
                    byt = bytes("sin(x)+cos(x)", encoding = "UTF-8")
                    writer.writeBytes(byt)                                      # 写入字节串
                    for i in range(360):
                        r = i/180 * math.pi
                        sin = math.sin(r)  # sin
                        cos = math.cos(r)  # cos
                        sin_cos = math.sin(r) + math.cos(r)  # sin+cos
                        byt = struct.pack(">Hfff", i, sin, cos, sin_cos)        # 数值转换成字节串
                        writer.writeRawData(byt)                                # 写入原生数据
            except:
                self.status.showMessage("写入文件失败!")
            finally:
                self.status.showMessage("写入文件成功!")
            file.close()
      def rawOpen_triggered(self):
            (fileName, fil) = QFileDialog.getOpenFileName(self, caption = "打开原生文件",
                                directory = "d:\\", filter = "原生文件(*.raw);;所有文件(*.*)")
            file = QFile(fileName)
            template = "{:^10}{:^20.13}{:^20.13}{:^20.13}"
            try:
                if file.open(QFile.ReadOnly):                                    # 打开文件
                    reader = QDataStream(file)
                    reader.setVersion(QDataStream.Qt_5_14)
```

```
                reader.setByteOrder(QDataStream.BigEndian)
                byt = reader.readBytes()
                if byt.decode(encoding = "UTF-8") == "version:Qt_5_14":
                    self.plainText.clear()
                    str1 = reader.readBytes().decode("UTF-8")    #读取字符串并解码
                    str2 = reader.readBytes().decode("UTF-8")    #读取字符串并解码
                    str3 = reader.readBytes().decode("UTF-8")    #读取字符串并解码
                    str4 = reader.readBytes().decode("UTF-8")    #读取字符串并解码
                    string = template.format(str1,str2,str3,str4)
                    self.plainText.appendPlainText(string)
                    while not reader.atEnd():
                        byt = reader.readRawData(struct.calcsize("> Hfff"))  #读取原生数据
                        number = struct.unpack("> Hfff",byt)    #对原生数据解码
                        string = template.format(number[0],number[1],number[2],number[3])
                        self.plainText.appendPlainText(string)
            except:
                self.status.showMessage("打开文件失败!")
            finally:
                self.status.showMessage("打开文件成功!")
                file.close()
if __name__ == '__main__':
    app = QApplication(sys.argv)
    window = myWindow()
    window.show()
    sys.exit(app.exec())
```

13.1.6 QTemporaryFile

在进行大型科学运算时,通常会产生大量的中间结果数据,例如进行有限元计算时,一个规模巨大的刚度矩阵、质量矩阵和迭代过程中的中间结果会达到几十 GB 或上百 GB,甚至更多,如果把这些数据放到内存中通常是放不下的。需要把这些数据放到临时文件中,并保证临时文件不会覆盖现有的文件,计算过程中读取临时文件中的数据进行运算,计算结束后则自动删除临时文件。

QTemporaryFile 类用于创建临时文件,它继承自 QFile,当用 Open()方法打开设备时创建临时文件,并保证临时文件是唯一的,不会和本机上的文件同名。用 QTemporaryFile 创建临时文件对象的方法如下,其中 str 是文件名称模板,或者不用模板而用指定文件名,parent 是继承自 QObject 类的实例对象。模板的文件名中包含 6 个或 6 个以上的大写字母 "X",扩展名可以自己指定,如 QTemporaryFile("XXXXXXXX.sdb")、QTemporaryFile ("abXXXXXXXXcd.sdb")。如果没有使用模板,而使用具体文件名,则临时文件是在文件名基础上添加新的扩展名,如果指定了父对象,则用应用程序的名称(用 app.setApplicationName(str)设置)再加上新的扩展名作为临时文件名。如果没有使用模板或指定文件名,则存放临时文件的路径是系统临时路径,可以通过 QDir.tempPath()方法获取系统临时路径;如果使用模板或指定文件名,则存放到当前路径下,当前路径可以用 QDir.currentPath()方法查询。

```
QTemporaryFile(parent = None)
QTemporaryFile(str)
QTemporaryFile(str,parent = None)
```

QTemporaryFile 的常用方法如表 13-15 所示。创建临时文件对象后,用 open()方法打开文件,这时生成临时文件,临时文件名可以用 fileName()方法获取,临时文件的打开方式是读写模式(QIODevice.ReadWrite)。打开临时文件后,可以按照前面介绍的写入和读取方法来读写数据。setAutoRemove(bool)方法设置临时文件对象销毁后临时文件是否自动删除,默认为 True。

表 13-15 临时文件的常用方法

QTemporaryFile 的方法及参数类型	返回值的类型	说　明
open()	bool	创建并打开临时文件
open(QIODevice.OpenMode)	bool	重写该函数,创建并打开临时文件
fileName()	str	获取临时文件名和路径
setAutoRemove(bool)	—	设置是否自动删除临时文件
autoRemove()	bool	获取是否自动删除临时文件
setFileTemplate(str)	—	设置临时文件的模板
fileTemplate()	str	获取临时文件的模板

13.1.7　QSaveFile

QSaveFile 类用来读写文本文件和二进制文件,在写入操作失败时不会导致已经存在的数据丢失。QSaveFile 执行写操作时,会先将内容写入一个临时文件中,如果没有错误发生,则调用 commit()方法来将临时文件中的内容移到目标文件中。这能确保目标文件中的数据在写操作发生错误时不会丢失数据,也不会出现部分写入的情况,一般使用 QSaveFile 在磁盘上保存整份文档。QSaveFile 会自动检测写入过程中所出现的错误,并记住所有发生的错误,在调用 commit()时放弃临时文件。

用 QSaveFile 类创建保存文件实例的方法如下所示,其中 str 是文件名,parent 是继承自 QObject 的对象。

```
QSaveFile(str)
QSaveFile(parent = None)
QSaveFile(str, parent = None)
```

QSaveFile 的常用方法如表 13-16 所示,主要方法介绍如下。
- 用 open()函数打开文件,使用 QDataStream 或 QtextStream 类进行读写,也可以使用从 QIODevice 继承的函数 read()、readLine()、write()等。
- QSaveFile 不能调用 close()函数,而通过调用 commit()函数完成数据的保存。如果没有调用 commit()函数,则 QSaveFile 对象销毁时会丢弃临时文件。
- 当应用程序出错时,用 cancelWriting()方法可以放弃写入的数据,即使又调用了 commit(),也不会发生真正保存文件操作。

- QSaveFile 会在目标文件的同一目录下创建一个临时文件，并自动进行重命名。但如果该目录的权限限制不允许创建文件，则调用 open() 会失败。为了解决这个问题，即能让用户编辑一个现存的文件，而不创建新文件，可使用 setDirectWriteFallback(True) 方法，这样在调用 open() 时就会直接打开目标文件，并向其写入数据，而不使用临时文件，但是在写入出错时，不能使用 cancelWriting() 方法取消写入。

表 13-16 QSaveFile 的常用方法

QSaveFile 的方法	说 明
setFileName(str)	设置保存数据的目标文件
filename()	获取目标文件
open(QIODevice.OpenMode)	打开文件，成功则返回 True
commit()	从临时文件中将数据写入目标文件中，成功则返回 True
cancelWriting()	取消从临时文件中将数据写入目标文件中
setDirectWriteFallback(bool)	设置是否直接向目标文件中写数据
directWriteFallback()	获取是否直接向目标文件中写数据
writeData(bytes)	重写该函数，写入字节串，并返回实际写入的字节串的数量

13.1.8 QBuffer

对于程序中反复使用的一些临时数据，如果将其保存到文件中，则反复读取这些数据要比从缓冲区读取数据慢得多。缓冲区是内存中一段连续的存储空间。QBuffer 类提供了可以从缓冲区读取数据的功能，在多线程之间进行数据传递时选择缓冲区比较方便。缓冲区属于共享资源，所有线程都能进行访问。QBuffer 和 QFile 一样，也是一种读写设备，它继承自 QtCore.QIODevice，可以用 QtCore.QIODevice 的读写方法从缓冲区中读写数据，也可以与 QTextStream 和 QDataStream 结合读写文本数据和二进制数据。

用 QBuffer 类创建缓存设备的方法如下，其中 parent 是继承自 QObject 的实例对象。定义 QBuffer 需要一个 QByterArray 对象，也可不指定 QByteArray，系统会给 QBuffer 创建一个默认的 QByteArray 对象。

```
QBuffer(parent = None)
QBuffer(QByteArray, parent = None)
```

QBuffer 的常用方法如表 13-17 所示，主要方法介绍如下。

- 默认情况下，系统会自动给 QBuffer 的实例创建默认的 QByteArray 对象，可以用 buffer() 方法或 data() 方法获取 QByteArray 对象，也可用 setBuffer(QByteArray) 方法设置缓冲区的位置。
- QBuffer 对象需要用 open(QIODevice.OpenMode) 方法打开缓冲区，成功则返回 True，打开后可以读写数据，用 close() 方法关闭缓冲区。
- QBuffer 的信号有 readyRead() 和 bytesWritten(bytes)，当数据开始进入缓冲区并可读时发射 readyRead() 信号，当数据写入缓冲区时发射 bytesWritten(bytes) 信号。

表 13-17　QBuffer 的常用方法

QBuffer 的方法及参数类型	返回值的类型	说　　明
setBuffer(QByteArray)	—	设置缓冲区
buffer()	QByteArray	获取缓冲区 QByteArray 对象
open(QIODevice.OpenMode)	bool	打开缓冲区，成功则返回 True
close()	—	关闭缓冲区
canReadLine()	bool	获取是否可以按行读取
setData(Union[QByteArray,bytes,bytearray])	—	设置数据
setData(bytes)	—	
data()	QByteArray	获取 QByteArray，与 buffer() 功能相同
pos()	int	获取指向缓冲区内部指针的位置
seek(int)	bool	定位到指定的位置，成功则返回 True
readData(int)	bytes	读取指定数量的字节数据
writeData(bytes)	int	写数据
atEnd()	bool	获取是否到达尾部
size()	int	获取缓冲区中字节的总数

下面的程序是将前面往文件中写正弦、余弦数据的程序稍作修改，通过"文件"菜单的生成数据命令，将数据写入缓冲区中，再通过"文件"菜单的读取数据命令，将数据从缓冲区中读取并显示出来。

```
import sys,math,struct    # Demo13_6.py
from PyQt5.QtWidgets import QApplication,QMainWindow,QPlainTextEdit
from PyQt5.QtCore import QFile,QDataStream,QBuffer

class myWindow(QMainWindow):
    def __init__(self,parent = None):
        super().__init__(parent)
        self.resize(800,600)
        self.setupUI()                                          # 界面
    def setupUI(self):                                          # 界面建立
        self.plainText = QPlainTextEdit()
        self.setCentralWidget(self.plainText)
        self.status = self.statusBar()
        self.menubar = self.menuBar()                           # 菜单栏
        self.file = self.menubar.addMenu('文件')                # 文件菜单
        action_dataCreate = self.file.addAction('生成数据')     # 动作
        action_dataCreate.triggered.connect(self.dataCreate_triggered)   # 动作与槽的连接
        action_dataRead = self.file.addAction('读取数据')       # 动作
        action_dataRead.triggered.connect(self.dataRead_triggered)       # 动作与槽的连接
        self.file.addSeparator()
        action_close = self.file.addAction('关闭')
        action_close.triggered.connect(self.close)
        self.buffer = QBuffer()                                 # 创建缓冲区
    def dataCreate_triggered(self):
        try:
```

```python
            if self.buffer.open(QFile.WriteOnly | QFile.Truncate):    # 打开缓冲区
                writer = QDataStream(self.buffer)                     # 创建数据流
                writer.setVersion(QDataStream.Qt_5_14)                # 设置版本
                writer.setByteOrder(QDataStream.BigEndian)            # 设置字节序
                byt = bytes("x(度)", encoding = "UTF-8")
                writer.writeBytes(byt)                                # 写入字节串
                byt = bytes("sin(x)", encoding = "UTF-8")
                writer.writeBytes(byt)                                # 写入字节串
                byt = bytes("cos(x)", encoding = "UTF-8")
                writer.writeBytes(byt)                                # 写入字节串
                byt = bytes("sin(x) + cos(x)", encoding = "UTF-8")
                writer.writeBytes(byt)                                # 写入字节串
                for i in range(360):
                    r = i/180 * math.pi
                    sin = math.sin(r)                                 # sin
                    cos = math.cos(r)                                 # cos
                    sin_cos = math.sin(r) + math.cos(r)  # sin + cos
                    byt = struct.pack(">Hfff", i, sin, cos, sin_cos)  # 数值转换成字节串
                    writer.writeRawData(byt)                          # 写入原生数据
        except:
            self.status.showMessage("写数据失败!")
        finally:
            self.status.showMessage("写数据成功!")
        self.buffer.close()

    def dataRead_triggered(self):
        template = "{:^10}{:^20.13}{:^20.13}{:^20.13}"
        try:
            if self.buffer.open(QFile.ReadOnly):                      # 打开缓冲区
                reader = QDataStream(self.buffer)
                reader.setVersion(QDataStream.Qt_5_14)
                reader.setByteOrder(QDataStream.BigEndian)
                self.plainText.clear()
                str1 = reader.readBytes().decode("UTF-8")             # 读取字符串并解码
                str2 = reader.readBytes().decode("UTF-8")             # 读取字符串并解码
                str3 = reader.readBytes().decode("UTF-8")             # 读取字符串并解码
                str4 = reader.readBytes().decode("UTF-8")             # 读取字符串并解码
                string = template.format(str1, str2, str3, str4)
                self.plainText.appendPlainText(string)
                format_length = struct.calcsize(">Hfff")              # 字节串的长度
                byt = reader.readRawData(format_length * 360)         # 读取原生数据
                for i in range(360):
                    number = struct.unpack_from(">Hfff", byt, format_length * i)    # 解码
                    string = template.format(number[0], number[1], number[2], number[3])
                    self.plainText.appendPlainText(string)
        except:
            self.status.showMessage("读数据失败!")
        finally:
            self.status.showMessage("读数据成功!")
```

```
            self.buffer.close()
if __name__ == '__main__':
    app = QApplication(sys.argv)
    window = myWindow()
    window.show()
    sys.exit(app.exec())
```

13.2　文件操作

13.2.1　文件信息

文件信息 QFileInfo 类用于查询文件的信息，如文件的相对路径、绝对路径、文件大小、文件权限、文件的创建及修改时间等。用 QFileInfo 类创建文件信息对象的方法如下所示，其中 str 是需要获取文件信息的文件，QFileInfo(QDir, str)表示用 QDir 路径下的 str 文件创建文件信息对象。

```
QFileInfo()
QFileInfo(str)
QFileInfo(QFile)
QFileInfo(QDir, str)
```

QFileInfo 的常用方法如表 13-18 所示，主要方法介绍如下。

- 可以在创建 QFileInfo 对象时设置要获取文件信息的文件，也可以用 setFile(str)、setFile(QFile)或 setFile(QDir,str)方法重新设置要获取文件信息的文件。
- QFileInfo 提供了一个 refresh() 函数，用于重新读取文件信息。如果想关闭该缓存功能，以确保每次访问文件信息时都能获取当前最新的信息，可以通过 setCaching(False)方法来完成设置。
- 用 absoluteFilePath()方法获取绝对路径和文件名；用 absolutePath()方法获取绝对路径，不含文件名；用 fileName()方法获取文件名，包括扩展名，不包含路径。当文件名中有多个"."时，用 suffix()方法获取扩展名，不包括"."；用 completeSuffix()方法获取第 1 个"."后的文件名，包括扩展名。
- 用 exists()方法获取文件是否存在，用 exists(str)方法获取指定的文件是否存在。
- 用 birthTime()方法获取创建时间 QDateTime，如果是快捷文件，则返回目标文件的创建时间，用 lastModified()方法获取最后修改时间 QDateTime，用 lastRead()方法获取最后读取时间 QDateTime。
- 可以用相对于当前的路径来指向一个文件，也可以用绝对路径指向文件。用 isRelative()方法获取是否是相对路径，用 makeAbsolute()方法转换成绝对路径，返回值若是 False 表示已经是绝对路径。
- 用 isFile()方法获取是否是文件，用 isDir()方法获取是否是路径，用 isShortcut()方法获取是否是快捷方式，用 isReadable()方法获取文件是否可读，用 isWritable()方法获取文件是否可写。

表 13-18　QFileInfo 的常用方法

QFileInfo 的方法及参数类型	返回值的类型	说　　明
setFile(str)	—	设置需要获取文件信息的文件
setFile(QFile)	—	
setFile(QDir,str)	—	
setCaching(bool)	—	设置是否需要进行缓存文件
refresh()	—	重新获取文件信息
absoluteDir()	QDir	获取绝对路径
absoluteFilePath()	str	获取绝对路径和文件名
absolutePath()	str	获取绝对路径
baseName()	str	获取第1个"."之前的文件名,不含扩展名
completeBaseName()	str	获取最后1个"."前的文件名
suffix()	str	获取扩展名,不包括"."
completeSuffix()	str	获取第1个"."后的文件名,包括扩展名
fileName()	str	获取文件名,包括扩展名,不包含路径
path()	str	获取路径,不含文件名
filePath()	str	获取路径和文件名
canonicalFilePath()	str	获取绝对路径和文件名,路径中不包含链接符号和多余的".."及"."
canonicalPath()	str	获取绝对路径,路径中不包含链接符号和多余的".."及"."
birthTime()	QDateTime	获取创建时间,如果是快捷文件,返回目标文件的创建时间
lastModified()	QDateTime	获取最后修改时间
lastRead()	QDateTime	获取最后读取时间
dir()	QDir	获取上一级路径
exists()	bool	获取文件是否存在
exists(str)	bool	获取指定的文件是否存在
group()	str	获取文件所在的组
groupId()	int	获取文件所在组的 ID
isAbsolute()	bool	获取是否是绝对路径
isDir()	bool	获取是否是路径
isExecutable()	bool	获取是否是可执行文件
isFile()	bool	获取是否是文件
isHidden()	bool	获取是否是隐藏文件
isReadable()	bool	获取文件是否可读
isRelative()	bool	获取使用的路径是否是相对路径
isRoot()	bool	获取是否是根路径
isShortcut()	bool	获取是否是快捷方式
isSymLink()	bool	获取是否是链接文件或快捷方式
isSymbolicLink()	bool	获取是否是链接符号
isWritable()	bool	获取是否可写
makeAbsolute()	bool	转换成绝对路径,返回 False 表示已经是绝对路径
owner()	str	获取文件的所有者
ownerId()	int	获取文件的所有者的 ID
size()	int	返回按字节计算的文件大小
symLinkTarget()	str	返回被链接文件的绝对路径

13.2.2 路径管理

路径管理 QDir 用于管理路径和文件，有些功能与 QFileInfo 类的功能相同。用 QDir 类创建目录对象的方法如下，其中第 1 个参数 str 是路径；第 2 个参数 str 是名称过滤器（nameFilter）；sort 是枚举类型 QDir.SortFlag，指定排序规则；filters 是枚举类型 QDir.Filter，是属性过滤器。

```
QDir(path = '')
QDir(str, str, sort = QDir.Name | QDir.IgnoreCase, filters = QDir.AllEntries)
```

QDir 的常用方法如表 13-19 所示，主要方法介绍如下。

- 可以在创建路径对象时指定路径，也可以用 setPath(str)方法指定路径，用 path()方法获取路径。
- 在创建路径对象时，指定的过滤器、排序规则用于获取路径下的文件和子目录。获取目录下的文件和子目录的方法有 entryInfoList(filters, sort)、entryInfoList(Iterable[nameFilters], filters, sort)、entryList(filters, sort)、List[str]和 entryList(Iterable[nameFilters], filters, sort)，其中属性过滤器 filters 可以取 QDir.Dirs（列出满足条件的路径）、QDir.AllDirs（所有路径）、QDir.Files（文件）、QDir.Drives（驱动器）、QDir.NoSymLinks（没有链接文件）、QDir.NoDot（没有"."）、QDir.NoDotDot（没有".."）、QDir.NoDotAndDotDot、QDir.AllEntries（所有路径、文件和驱动器）、QDir.Readable、QDir.Writable、QDir.Executable、QDir.Modified、QDir.Hidden、QDir.System 或 QDir.CaseSensitive（区分大小写），排序规则 sort 可以取 QDir.Name、QDir.Time、QDir.Size、QDir.Type、QDir.Unsorted、QDir.NoSort、QDir.DirsFirst、QDir.DirsLast、QDir.Reversed、QDir.IgnoreCase 或 QDir.LocaleAware。名称过滤器、属性过滤器和排序规则也可以分别用 setNameFilters(Iterable[str])、setFilter(QDir.Filter)和 setSorting(QDir.SortFlag)方法设置。
- 用 setCurrent(str)方法设置应用程序当前的工作路径，用 currentPath()方法获取应用程序的当前工作路径。
- 用 mkdir(str)方法创建子路径，用 mkpath(str)方法创建多级路径，用 rmdir(str)方法移除子路径，在路径为空的情况下，用 rmpath(str)方法移除多级路径。

表 13-19　QDir 的常用方法

QDir 的方法及参数类型	返回值的类型	说　明
setPath(str)	—	设置路径
path()	str	获取路径
absoluteFilePath(str)	str	获取文件的绝对路径
absolutePath()	str	获取绝对路径
canonicalPath()	str	获取不含"."或".."的路径
cd(str)	bool	更改路径，如果路径存在返回 True
cdUp()	bool	从当前工作路径上移一级路径，如果新路径存在返回 True

续表

QDir 的方法及参数类型	返回值的类型	说明
cleanPath(path)	str	返回移除多余符号后的路径
count()	int	获取文件和路径的数量
dirName()	str	获取最后一级的目录或文件名
drives()	List[QFileInfo]	获取根文件信息列表
setNameFilters(Iterable[str])	—	设置名称过滤器
setFilter(QDir.Filter)	—	设置属性过滤器
setSorting(QDir.SortFlag)	—	设置排序规则
setSearchPaths(str,Iterable[str])	—	设置搜索路径
entryInfoList(filters,sort)	List[QFileInfo]	根据过滤器和排序规则,获取路径下的所有文件或子路径
entryInfoList(Iterable[nameFilters],filters,sort)	List[QFileInfo]	
entryList(filters,sort)	List[str]	
entryList(Iterable[nameFilters],filters,sort)	List[str]	
exists()	bool	判断路径或文件是否存在
exists(str)	bool	判断路径或文件是否存在
home()	QDir	获取系统的用户路径
homePath()	str	获取系统的用户路径
isAbsolute()	bool	获取是否是绝对路径
isAbsolutePath(str)	bool	获取指定的路径是否是绝对路径
isRelative()	bool	获取是否是相对路径
isRelativePath(str)	bool	获取指定的路径是否是相对路径
isRoot()	bool	获取是否是根路径
isEmpty(filters=QDir.NoDotAndDotDot)	bool	获取路径是否为空
isReadable()	bool	获取文件是否可读
listSeparator()	str	获取多个路径之间的分隔符,Windows 系统是";",UNIX 系统是":"
makeAbsolute()	bool	转换到绝对路径
mkdir(str)	bool	创建子路径,路径如已存在,返回 False
mkpath(str)	bool	创建多级路径,成功则返回 True
refresh()	—	重新获取路径信息
relativeFilePath(str)	str	获取相对路径
remove(str)	bool	移除文件,成功返回 True
removeRecursively()	bool	移除路径和路径下的文件、子路径
rename(str,str)	bool	重命名文件或路径,成功则返回 True
rmdir(str)	bool	移除路径,成功则返回 True
rmpath(str)	bool	移除路径和空的父路径,成功则返回 True
root()	QDir	获取根路径
rootPath()	str	获取根路径
separator()	str	获取路径分隔符
setCurrent(str)	bool	设置程序当前工作路径
current()	QDir	获取程序工作路径
currentPath()	str	获取程序绝对工作路径

续表

QDir 的方法及参数类型	返回值的类型	说　　明
temp()	QDir	获取系统临时路径
tempPath()	str	获取系统临时路径
fromNativeSeparators(str)	str	获取用"/"分割的路径
toNativeSeparators(str)	str	转换成用本机系统使用的分隔符分割的路径

下面的程序，单击"文件"菜单下的选择路径，从路径选择对话框中选择一个路径后，将列出该路径下的所有文件的文件名、文件大小、创建日期和修改日期信息。

```
import sys             #Demo13_7.py
from PyQt5.QtWidgets import QApplication,QMainWindow,QPlainTextEdit,QFileDialog
from PyQt5.QtCore import QDir

class myWindow(QMainWindow):
    def __init__(self,parent = None):
        super().__init__(parent)
        self.resize(800,600)
        self.setupUI()                              #界面
    def setupUI(self):                              #界面建立
        self.plainText = QPlainTextEdit()
        self.setCentralWidget(self.plainText)
        self.status = self.statusBar()
        self.menubar = self.menuBar()               # 菜单栏
        self.file = self.menubar.addMenu('文件')    #文件菜单
        action_dir = self.file.addAction('选择路径') #动作
        action_dir.triggered.connect(self.action_dir_triggered)
        self.file.addSeparator()
        action_close = self.file.addAction('关闭')
        action_close.triggered.connect(self.close)
    def action_dir_triggered(self):
        path = QFileDialog.getExistingDirectory(self,caption = "选择路径")
        dir = QDir(path)
        dir.setFilter(QDir.Files)                   #只显示文件
        if dir.exists(path):
            template = "文件名:{} 文件大小:{}字节 创建日期:{} 修改日期:{}"
            fileInfo_list = dir.entryInfoList()     #获取文件信息列表
            n = len(fileInfo_list)                  #文件数量
            if n:                                   #如果路径下有文件
                self.status.showMessage("选择的路径是: " + dir.toNativeSeparators(path) +
                                        ",该路径下有" + str(n) + "个文件.")
                self.plainText.clear()
                self.plainText.appendPlainText(dir.toNativeSeparators(path) + "下的文件如下:")
                for info in fileInfo_list:
                    string = template.format(info.fileName(),info.size(),
                        info.birthTime().toString(),info.lastModified().toString())
```

```
                    self.plainText.appendPlainText(string)
if __name__ == '__main__':
    app = QApplication(sys.argv)
    window = myWindow()
    window.show()
    sys.exit(app.exec())
```

13.2.3 文件监视器

QFileSystemWatcher 是文件和路径监视器,当被监视的文件或路径发生修改、添加和删除等变化时会发射相应的信号,被监视的文件和路径一般不超过 256 个。用 QFileSystemWatcher 类定义文件监视器实例对象的方法如下所示,其中 parent 是继承自 QObject 类的实例对象,Iterable[str]是字符串列表,是被监视的文件或路径。

QFileSystemWatcher(parent = None)
QFileSystemWatcher(Iterable[str], parent = None)

QFileSystemWatcher 的方法如表 13-20 所示,用 addPath(str)方法或 addPaths(Iterable[str])方法添加被监视的路径或文件,用 removePath(str)方法或 removePaths(Iterable[str])方法移除被监视的文件,用 directories()方法获取被监视的路径列表,用 files()方法获取被监视的文件列表。当被监视的路径或文件发生改变时,会分别发射 directoryChanged(path)信号和 fileChanged(fileName)信号。

表 13-20 QFileSystemWatcher 的方法

QFileSystemWatcher 的方法及参数类型	返回值的类型	说　　明
addPath(str)	bool	添加被监视的路径或文件,成功则返回 True
addPaths(Iterable[str])	List[str]	添加被监视的路径或文件列表,返回没有添加成功的路径和文件列表
directories()	List[str]	获取被监视的路径列表
files()	List[str]	获取被监视的文件列表
removePath(str)	bool	将被监视的路径或文件从监视中移除,成功则返回 True
removePaths(Iterable[str])	List[str]	移除被监视的路径或文件列表,返回没有移除成功的路径和文件列表

第14章

音频和视频

PyQt5 提供视频和音频的播放和录制功能,与视频、音频播放和录制功能相关的类在 PyQt5.QtMultimedia 模块中,用于显示视频内容的控件在 PyQt5.QtMultimediaWidgets 模块中。本章主要介绍视频和音频的播放和录制及摄像头的拍照方面的内容。

14.1 音频和视频的播放

14.1.1 QMediaPlayer 播放器

QMediaPlayer 可以播放音频和视频,它可以直接播放的文件格式有 wav、mp3、wma、avi 和 wmv 等。要播放更多格式的音频或视频,例如 mp4 格式的视频文件,需要在本机上安装解码器。这里推荐一个解码器 K-Lite Codec Pack,它提供绝大多数影音格式的解码,安装它之后 QMediaPlayer 可以播放绝大多数的影音文件。读者在搜索引擎中搜索"K-Lite"就可以下载 K-Lite Codec Pack 解码器,或者到官网 http://www.codecguide.com/download_k-lite_codec_pack_mega.htm 下载。K-Lite Codec Pack 是完全免费的,下载后使用默认值安装即可。

1. 创建媒体播放器的方式

QMediaPlayer 继承自 QMediaObject,用 QMediaPlayer 类定义播放器实例对象的方法如下所示,其中 parent 是继承自 QObject 类的实例对象,flags 可取 QMediaPlayer.LowLatency(低延迟播放)、QMediaPlayer.StreamPlayback(流播放,用于网络)或 QMediaPlayer.VideoSurface(演示面)。

```
QMediaPlayer(parent = None, flags = QMediaPlayer.Flags())
```

2. 播放器的常用方法

QMediaPlayer 的常用方法如表 14-1 所示，主要方法介绍如下。

- 要播放音频或视频，首先需要给 QMediaPlayer 设置媒体源，可以用 setMedia(QMediaContent [,stream=None])方法或用 setPlaylist(QMediaPlaylist)方法设置一个或多个播放文件。
- 要显示视频，需要 QMediaPlayer 与显示视频的控件关联。可以显示视频的控件有 QVideoWidget、QGraphicsVideoItem 和 QAbstractVideoSurface，关联方法分别是 setVideoOutput(QVideoWidget)、setVideoOutput(QGraphicsVideoItem)和 setVideoOutput(QAbstractVideoSurface)。
- 用 play()方法开始播放音频或视频，用 pause()方法暂停播放，用 stop()方法终止播放并返回。
- 用 setPosition(int)方法设置当前播放的时间，用 position()方法获取当前播放的时间，用 duration()方法获取音频或视频的总时间，参数或返回值的单位是毫秒。
- 用 setVolume(int)方法设置音量，用 volume()方法获取音量，音量值为 0～100。
- 用 setMuted(bool)方法设置静音，用 isMuted()方法获取是否处于静音状态。
- 用 setPlaybackRate(float)方法设置播放速率，参数为 1.0 表示正常播放，速率值可以为负值，表示回放速率。
- 用 setAudioRole(QAudio.Role)方法设置声音效果，参数 QAudio.Role 可取 QAudio.UnknownRole、QAudio.MusicRole、QAudio.VideoRole、QAudio.VoiceCommunicationRole、QAudio.AlarmRole、QAudio.NotificationRole、QAudio.RingtoneRole、QAudio.AccessibilityRole、QAudio.SonificationRole、QAudio.GameRole 或 QAudio.CustomRole。
- 用 state()方法获取播放状态 QMediaPlayer.State，返回值可能是 QMediaPlayer.StoppedState、QMediaPlayer.PlayingState 或 QMediaPlayer.PausedState。
- 用 mediaStatus()方法获取播放器所处的媒体状态 QMediaPlayer.MediaStatus，返回值可能是 QMediaPlayer.UnknownMediaStatus、QMediaPlayer.NoMedia、QMediaPlayer.LoadingMedia、QMediaPlayer.LoadedMedia、QMediaPlayer.StalledMedia、QMediaPlayer.BufferingMedia、QMediaPlayer.BufferedMedia、QMediaPlayer.EndOfMedia 或 QMediaPlayer.InvalidMedia。
- 用 errorString()方法获取播放器出错信息 QMediaPlayer.Error，返回值可能是 QMediaPlayer.NoError、QMediaPlayer.ResourceError、QMediaPlayer.FormatError、QMediaPlayer.NetworkError、QMediaPlayer.AccessDeniedError 或 QMediaPlayer.ServiceMissingError。

表 14-1　QMediaPlayer 的常用方法

QMediaPlayer 的方法及参数类型	说　　明
setMedia(QMediaContent[,stream=None])	设置要播放的音频或视频
mediaStream()	获取音频或视频流 QIODevice
media()	获取播放的音频或视频 QMediaContent
setPlaylist(QMediaPlaylist)	设置播放列表

续表

QMediaPlayer 的方法及参数类型	说 明
playlist()	获取播放列表
setMuted(bool)	设置是否静音
isMuted()	获取是否静音
setPlaybackRate(float)	设置播放速率
playbackRate()	获取播放速率
setPosition(int)	设置播放时间(毫秒)
position()	获取当前的播放时间(毫秒)
setVideoOutput(QVideoWidget)	设置显示视频的控件
setVideoOutput(QGraphicsVideoItem)	同上
setVideoOutput(QAbstractVideoSurface)	同上
setVolume(int)	设置音量值,参数值从 0 到 100
volume()	获取音量值
setAudioRole(QAudio.Role)	设置音响效果
setCustomAudioRole(str)	设置用户音响角色
state()	获取播放器的状态 QMediaPlayer.State
mediaStatus()	获取状态 QMediaPlayer.MediaStatus
duration()	获取音频或视频可以播放的总时间(毫秒)
errorString()	获取出错信息
currentMedia()	获取当前的播放内容 QMediaContent
bufferStatus()	获取缓存中数据的填充百分比
isSeekable()	获取是否可以定位到某一播放位置
play()	播放音频或视频
pause()	暂停播放
stop()	停止播放并返回

3. 播放器的信号和槽函数

QMediaPlayer 的信号如表 14-2 所示,播放器的槽函数有 pause()、play()、stop()、setMedia(QMediaContent [,stream = None])、setMuted(bool)、setPlaybackRate(float)、setPlaylist(QMediaPlaylist)、setPosition(int)、setVolume(int) 和 setNetworkConfigurations(QNetworkConfiguration)。

表 14-2　QMediaPlayer 的信号

QMediaPlayer 的信号及参数类型	说 明
audioAvailableChanged(bool)	音频有效性发生改变时发射信号
audioRoleChanged(QAudio.Role)	音频角色发生改变时发射信号
videoAvailableChanged(bool)	视频有效性发生改变时发射信号
bufferStatusChanged(int)	缓冲状态发生改变时发射信号
currentMediaChanged(QMediaContent)	当前播放内容发生改变时发射信号
customAudioRoleChanged(str)	用户音频角色发生改变时发射信号
durationChanged(int)	总持续时间发生改变时发射信号
error(QMediaPlayer.Error)	出现错误时发射信号

续表

QMediaPlayer 的信号及参数类型	说　明
mediaChanged(QMediaContent)	播放内容发生改变时发射信号
mediaStatusChanged(QMediaPlayer.MediaStatus)	播放状态发生改变时发射信号
mutedChanged(bool)	静音状态发生改变时发射信号
networkConfigurationChanged(QNetworkConfiguration)	网络配置发生改变时发射信号
playbackRateChanged(float)	播放速率发生改变时发射信号
positionChanged(int)	播放位置发生改变时发射信号
seekableChanged(bool)	定位功能发生改变时发射信号
stateChanged(QMediaPlayer.State)	播放器的状态发生改变时发射信号
volumeChanged(int)	音量发生改变时发射信号

4. 播放器的应用实例

下面的程序是一个简易的播放器,可以播放本机上的音频文件或视频文件,可以控制播放位置、音量和播放速率,可以暂停播放、继续播放和停止播放。通过"打开媒体文件"按钮选择音频或视频文件进行播放,根据播放状态确定"播放/停止"按钮以及"暂停/继续"按钮的失效和激活及按钮名称,通过拖动进度条滑块,可以重新定位播放位置。

```
import sys    #Demo14_1.py
from PyQt5.QtWidgets import QApplication,QPushButton,QVBoxLayout,\
                    QHBoxLayout,QFileDialog,QWidget,QSlider
from PyQt5.QtCore import QUrl,Qt
from PyQt5.QtGui import QColor
from PyQt5.QtMultimedia import QMediaPlayer,QMediaContent,QMediaPlaylist
from PyQt5.QtMultimediaWidgets import QVideoWidget

class myWindow(QWidget):
    def __init__(self,parent = None):
        super().__init__(parent)
        self.resize(800,600)
        self.setupUi()
    def setupUi(self):      #界面
        self.videoWidget = QVideoWidget()
        self.videoWidget.setAutoFillBackground(True)
        palette = self.videoWidget.palette()
        palette.setColor(palette.Window,QColor(100,100,100))
        self.videoWidget.setPalette(palette)
        self.btn_open = QPushButton("打开媒体文件")          #"打开音频或视频"按钮
        self.btn_play_stop = QPushButton("播放/停止")        #"播放/停止"按钮
        self.btn_play_stop.setEnabled(False)
        self.btn_pause_continue = QPushButton("暂停/继续")   #"暂停/继续"按钮
        self.btn_pause_continue.setEnabled(False)
        self.btn_mute = QPushButton("静音")                  #"静音"按钮
        self.progress_slider = QSlider(Qt.Horizontal)        #播放进度滑块
        self.progress_slider.setSingleStep(1)
        self.volume_slider = QSlider(Qt.Horizontal)          #音量控制滑块
```

```python
        self.volume_slider.setRange(0,100)
        self.volume_slider.setValue(50)
        self.volume_slider.setTickInterval(5)
        self.volume_slider.setTickPosition(QSlider.TicksAbove)
        self.playback_rate_slider = QSlider(Qt.Horizontal)   #播放速率控制滑块
        self.playback_rate_slider.setRange(0,100)
        self.playback_rate_slider.setValue(20)
        self.playback_rate_slider.setTickInterval(10)
        self.playback_rate_slider.setTickPosition(QSlider.TicksAbove)
        h = QHBoxLayout()                                     #按钮水平布局
        h.addWidget(self.btn_open)
        h.addWidget(self.btn_play_stop)
        h.addWidget(self.btn_pause_continue)
        h.addWidget(self.btn_mute)
        h.addWidget(self.volume_slider)
        h.addWidget(self.playback_rate_slider)
        v = QVBoxLayout(self)                                 #竖直布局
        v.addWidget(self.videoWidget)
        v.addWidget(self.progress_slider)
        v.addLayout(h)
        self.player = QMediaPlayer(self)                      #音频和视频播放器
        self.player.setVideoOutput(self.videoWidget)          #设置播放器的视频输出控件
        self.player.setVolume(self.volume_slider.value())
        self.player.setPlaybackRate(self.playback_rate_slider.value())
        self.btn_open.clicked.connect(self.btn_open_clicked)  #打开媒体文件的信号与槽连接
        self.btn_play_stop.clicked.connect(self.btn_play_stop_clicked)
                                                              #"播放/停止"按钮的信号与槽连接
        self.btn_pause_continue.clicked.connect(self.btn_pause_continue_clicked)
        self.btn_mute.clicked.connect(self.btn_mute_clicked)  #"静音"按钮的信号与槽连接
        self.progress_slider.actionTriggered.connect(self.player_setPosition)
                                                              #进度条信号与槽连接
        self.volume_slider.actionTriggered.connect(self.player_setVolume)  #音量滑块信号
                                                              #与槽连接
        self.playback_rate_slider.actionTriggered.connect(self.player_setPlayRate)
                                                              #播放速率与槽
        self.player.audioAvailableChanged.connect(self.player.play)   #音频信号的连接
        self.player.videoAvailableChanged.connect(self.player.play)   #视频信号的连接
        self.player.durationChanged.connect(self.player_duration_changed) #播放时长信号
                                                              #的连接
        self.player.positionChanged.connect(self.progress_slider.setValue) #播放位置信号
                                                              #的连接
        self.player.stateChanged.connect(self.player_state_changed)  #状态改变信号的连接
    def btn_open_clicked(self):                               #打开按钮的槽函数
        fileName, fil = QFileDialog.getOpenFileName(self, caption = "选择影音文件",
directory = "d:\\",
        filter = "影音文件(*.wav *.mp4 *.mp3 *.wma *.avi *.wmv *.rm *.asf);;所有文
件(*.*)")
        if fileName:
            url = QUrl.fromLocalFile(fileName)
            self.player.setMedia(QMediaContent(url))          #设置播放器的播放内容
    def btn_play_stop_clicked(self):                          #"播放/停止"按钮的槽函数
        if self.btn_play_stop.text() == "播放":
```

```python
            self.player.play()
            self.btn_play_stop.setText("停止")
        elif self.btn_play_stop.text() == "停止":
            self.player.stop()
            self.btn_play_stop.setText("播放")
    def btn_pause_continue_clicked(self):            #"暂停/继续"按钮的槽函数
        if self.btn_pause_continue.text() == "暂停":
            self.player.pause()
            self.btn_pause_continue.setText("继续")
        elif self.btn_pause_continue.text() == "继续":
            self.player.play()
            self.btn_pause_continue.setText("暂停")
    def btn_mute_clicked(self):                      #"静音"按钮的槽函数
        muted = self.player.isMuted()
        self.player.setMuted(not muted)
        if self.player.isMuted():
            self.btn_mute.setText("播放")
        else:
            self.btn_mute.setText("静音")
    def player_duration_changed(self,duration):      #播放器播放时长的槽函数
        self.progress_slider.setRange(0,duration)
    def player_state_changed(self,state):            #播放器状态的槽函数
        if state == QMediaPlayer.PlayingState:
            self.btn_play_stop.setText("停止")
            self.btn_pause_continue.setText("暂停")
            self.btn_play_stop.setEnabled(True)
            self.btn_pause_continue.setEnabled(True)
        elif state == QMediaPlayer.PausedState:
            self.btn_play_stop.setText("停止")
            self.btn_pause_continue.setText("继续")
            self.btn_play_stop.setEnabled(True)
            self.btn_pause_continue.setEnabled(True)
        elif state == QMediaPlayer.StoppedState:
            self.btn_play_stop.setText("播放")
            self.btn_pause_continue.setEnabled(False)
    def player_setPosition(self, pos):               #播放位置滑块的槽函数
        self.player.setPosition(self.progress_slider.value())
    def player_setVolume(self, pos):                 #音量滑块的槽函数
        self.player.setVolume(self.volume_slider.value())
    def player_setPlayRate(self):                    #播放速率滑块的槽函数
        self.player.setPlaybackRate(self.playback_rate_slider.value()/20)
if __name__ == '__main__':
    app = QApplication(sys.argv)
    window = myWindow()
    window.show()
    sys.exit(app.exec())
```

14.1.2　QMediaContent 与 QUrl

1. 创建媒体内容的方式

QMediaContent 用于指定音频或视频的来源。音频或视频可以来自网络，也可以来自本机。用 QMediaContent 类定义媒体内容实例的方法如下，通常用 QUrl 类定义网络或本

机上的一个媒体文件,用 QMedialPlaylist 类定义多个媒体文件。

```
QMediaContent(QUrl)
QMediaContent(QMediaPlaylist[, contentUrl = QUrl()])
QMediaContent(QMediaResource)
QMediaContent(Iterable[QMediaResource])
```

QMediaContent 的方法较少,用 isNull()方法获取播放内容是否为空,用 canonicalUrl()方法获取播放地址 QUrl,用 playlist()方法获取媒体播放列表 QMediaPlaylist,用 canonicalResource()方法获取媒体资源 QMediaResource,用 resources()方法获取媒体资源列表 List[QMediaResource]。

2. 创建 QUrl 地址的方式

用 QMediaContent(QUrl)方法可以从互联网上获取文件,也可以指定本机上的文件。URL 是统一资源定位系统(uniform resource locator,URL),是互联网上用于指定信息位置的表示方法,它有固定的格式。QUrl 类用于定义 URL 地址,用 QUrl 类定义 URL 地址实例的方法如下,其中 str 是 URL 的格式地址,mode 可以取 QUrl.TolerantMode(修正地址中的错误)或 QUrl.StrictMode(只使用有效的地址)。

```
QUrl()
QUrl(str, mode = QUrl.TolerantMode)
```

一个 URL 地址的格式如图 14-1 所示,由 scheme、user、password、host、port 和 fragment 等部分构成,以下是对各部分的说明。

图 14-1　URL 地址的构成

- scheme 指定使用的传输协议,它由 URL 起始部分的一个或多个 ASCII 字符表示。scheme 只能包含 ASCII 字符,对输入不做转换或解码,必须以 ASCII 字母开始。scheme 可以使用的传输协议如表 14-3 所示。

表 14-3　传输协议类型

协议	说明
file	本地计算机上的文件,格式:file:///
ftp	通过 FTP 访问资源,格式:FTP://
gopher	通过 Gopher 协议访问资源
http	通过 HTTP 访问资源,格式:HTTP://
https	通过安全的 HTTPS 访问资源,格式:HTTPS://
mailto	资源为电子邮件地址,通过 SMTP 访问,格式:mailto:
MMS	支持 MMS(媒体流)协议(软件如 Windows Media Player),格式:MMS://

续表

协议	说　　明
ed2k	支持 ed2k(专用下载链接)协议的 P2P 软件(如电驴)访问资源,格式：ed2k://
Flashget	支持 Flashget(专用下载链接)协议的 P2P 软件(如快车)访问资源,格式：Flashget://
thunder	通过支持 thunder(专用下载链接)协议的 P2P 软件(如迅雷)访问资源,格式：thunder://
news	通过 NNTP 访问资源

- authority 由用户信息、主机名和端口组成。所有这些元素都是可选的,即使 authority 为空,也是有效的。authority 的格式是 username:password@hostname:port,用户信息(用户名和密码)和主机用"@"分割,主机和端口用":"分割。如果用户信息为空,"@"必须被省略；端口为空时,可以使用":"。
- user info 指用户信息,是 URL 中 authority 可选的一部分。用户信息包括用户名和一个可选的密码,由":"分割,如果密码为空,":"必须被省略。
- host 指存放资源的服务器主机名或 IP 地址。
- port 是可选的,省略时使用方案的默认端口。各种传输协议都有默认的端口号,如 HTTP 的默认端口为 80。如果输入时省略,则使用默认端口号。有时候出于安全或其他考虑,可以在服务器上对端口进行重定义,即采用非标准端口号,此时 URL 中就不能省略端口号。
- path 为由"/"隔开的字符串,一般用来表示主机上的一个路径或文件地址,path 在 authority 之后 query 之前。例如"https://doc.qt.io/qt-5/qurl.html#setUserInfo"中"/qt-5/qurl.html"表示路径和文件,"mailto:foradams@126.com"中"foradams@126.com"表示路径。
- fragment 指定网络资源中的片段,是 URL 的最后一部分,由"#"后面跟的字符串表示。它通常指的是用于 HTTP 页面上的某个链接或锚点。一个网页中有多个名词解释,可使用 fragment 直接定位到某一名词解释。例如"https://doc.qt.io/qt-5/qurl.html#setUserInfo"中"#setUserInfo"表示定位到网页中的"setUserInfo"内容。
- query 指查询字符串,是可选的,用于给动态网页(如使用 CGI、ISAPI、PHP/JSP/ASP、.NET 等技术制作的网页)传递参数。可有多个参数,用"&"隔开,每个参数的名和值用"="连接。例如"http://www.cae.net/cgi-bin/drawgraph.cgi?type=pie&color=red"中"type=pie&color=red"。

3. QUrl 的常用方法

QUrl 的常用方法如表 14-4 所示,可以给 URL 的每部分单独赋值,也可进行整体赋值,或者用其他方式构造 URL 地址。QUrl 的主要方法介绍如下。

- 可以用 setScheme(str)、setUserName(str,mode)、setPassword(str,mode)、setHost(str,mode)、setPath(str,mode)、setPort(int)、setFragment(str,mode)、setQuery(str,mode)、setQuery(QUrlQuery)方法分别设置 URL 地址的各部分的值,也可以用 setUserInfo(str,mode)、setAuthority(str,mode)方法设置多个部分的值,用 setUrl(str,mode)方法设置整个 URL 值,参数 mode 是 QUrl.ParsingModemode

- 枚举值，可以取 QUrl.TolerantMode（修正地址中的错误）、QUrl.StrictMode（只使用有效的地址）或 QUrl.DecodedMode（百分比解码模式）。
- QUrl 除了用上面的方法，可以从字符串或本地文件中创建。用 fromLocalFile(str) 方法可以用本机地址创建一个 QUrl；用 fromStringList(Iterable[str],mode＝QUrl.TolerantMode) 方法可以将满足 URL 规则的字符串列表转成 QUrl 列表，并返回 list[QUrl]；用 fromUserInput(str) 方法可以将不是很满足 URL 地址规则的字符串转换成有效的 QUrl，例如 fromUserInput("ftp.nsdw-project.org") 将变换成 QUrl("ftp:// ftp.nsdw-project.org")。
- 可以将 QUrl 表示的地址转换成字符串，用 toDisplayString(options＝QUrl.PrettyDecoded) 方法转换成易于辨识的字符串，用 toLocalFile() 方法转换成本机地址，用 toString(options＝QUrl.PrettyDecoded) 方法将 URL 地址转换成字符串，用 toStringList(Iterable[QUrl],options＝QUrl.PrettyDecoded) 方法将多个 QUrl 转换成字符串列表，其中参数 options 是 QUrl.FormattingOptions 的枚举类型，可以取的值有 QUrl.RemoveScheme（移除传输协议）、QUrl.RemovePassword、QUrl.RemoveUserInfo、QUrl.RemovePort、QUrl.RemoveAuthority、QUrl.RemovePath、QUrl.RemoveQuery、QUrl.RemoveFragment、QUrl.RemoveFilename、QUrl.None（没有变化）、QUrl.PreferLocalFile（如果是本机地址，返回本机地址）、QUrl.StripTrailingSlash（移除尾部的斜线）或 QUrl.NormalizePathSegments（移除多余的路径分隔符，解析"."和".."）。
- URL 地址可以分为编码形式或未编码形式，未编码形式适用于显示给用户，编码形式通常会发送到 Web 服务器。用 toEncoded(options＝QUrl.FullyEncoded) 方法将 URL 地址转换成编码形式，并返回 QBytesArray；用 fromEncoded(Union[QByteArray,bytes,bytearray],mode＝QUrl.TolerantMode) 方法将编码的 URL 地址转换成非编码形式，并返回 QUrl。

表 14-4　QUrl 的常用方法

QUrl 的方法及参数类型	说　　明
setScheme(str)	设置传输协议
setUserName(str,mode＝QUrl.DecodedMode)	设置用户名
setPassword(str,mode＝QUrl.DecodedMode)	设置密码
setHost(str,mode＝QUrl.DecodedMode)	设置主机名
setPath(str,mode＝QUrl.DecodedMode)	设置路径
setPort(int)	设置端口
setFragment(str,mode＝QUrl.TolerantMode)	设置片段
setQuery(str,mode＝QUrl.TolerantMode)	设置查询
setQuery(QUrlQuery)	设置查询
setUserInfo(str,mode＝QUrl.TolerantMode)	设置用户名和密码
setAuthority(str,mode＝QUrl.TolerantMode)	设置用户信息、主机和端口
setUrl(str,mode＝QUrl.TolerantMode)	设置整个 URL
fromLocalFile(str)	将本机文件地址转换并返回 QUrl
fromStringList(Iterable[str],mode＝QUrl.TolerantMode)	将多个地址转换成 QUrl 列表并返回 List[QUrl]

续表

QUrl 的方法及参数类型	说　明
fromUserInput(str)	将不是很符合规则的文本转换成 QUrl
toDisplayString(options=QUrl.PrettyDecoded)	转换成字符串,并返回字符串
toLocalFile()	转换成本机地址,并返回字符串
toString(options=QUrl.PrettyDecoded)	转换成字符串,并返回字符串
toStringList(Iterable[QUrl],options=QUrl.PrettyDecoded)	转换成并返回字符串列表
toEncoded(options=QUrl.FullyEncoded)	转换成编码形式,返回 QBytesArray
fromEncoded(Union[QByteArray,bytes],mode=QUrl.TolerantMode)	转换成非编码形式,返回 QUrl
isLocalFile()	获取是否是本机文件
isValide()	获取 URL 地址是否有效
isEmpty()	获取 URL 地址是否为空
errorString()	获取解析 URL 地址时的出错信息
clear()	清空内容

14.1.3　QMediaPlaylist 媒体列表

1. 创建媒体列表的方式

媒体列表类 QMediaPlaylist 用于保存播放列表,可以播放音频和视频,以及网络的广播,播放的内容使用 QMediaContent 来构造,它提供播放控制功能,可以单曲循环、顺序、列表循环和随机播放。

用 QMediaPlaylist 类定义播放列表实例的方法如下,其中 parent 是继承自 QObject 类的实例对象。

```
QMediaPlaylist(parent = None)
```

2. 媒体列表的常用方法

QMediaPlaylist 的常用方法如表 14-5 所示,主要方法介绍如下。

- 用 addMedia(QMediaContent)或 addMedia(Iterable[QMediaContent])方法可以添加媒体,用 insertMedia(int,QMediaContent)或 insertMedia(int,Iterable[QMediaContent])方法将媒体插入指定索引位置,用 removeMedia(int)方法可以移除指定位置的媒体,用 removeMedia(int,int)方法可以移除从指定位置到终止位置处的索引媒体,成功则返回 True,用 clear()方法移除所有媒体。用 media(int)方法可以获取指定位置处的媒体,用 mediaCount()方法获取媒体数量。
- 用 save(QUrl)方法和 save(QIODevice)方法可以把播放媒体分别保存到指定文件和设备中,用 load(QUrl)方法和 load(QIODevice)方法可以从文件和设备中加载播放媒体。
- 用 setCurrentIndex(int)方法设置当前播放的媒体,用 currentIndex()方法获取当前播放媒体的索引,用 currentMedia()方法获取当前播放的媒体。
- 用 previous()方法播放当前媒体的前一个媒体,用 next()方法播放当前媒体的下一个媒体，用 shuffle()方法打乱播放列表。

- 用 setPlaybackMode(QMediaPlaylist.PlaybackMode)方法设置播放模式，用 playbackMode()方法获取播放模式，参数 QMediaPlaylist.PlaybackMode 可以取 QMediaPlaylist.CurrentItemOnce（当前媒体播放一次）、QMediaPlaylist.CurrentItemInLoop（当前媒体反复播放）、QMediaPlaylist.Sequential（从当前媒体到最后媒体依次播放，然后停止播放）、QMediaPlaylist.Loop（从开始到终止循环播放）或 QMediaPlaylist.Random（随机播放）。

- 用 error()方法获取播放过程中出现的出错信息，返回值是枚举类型 QMediaPlaylist.Error，可取值有 QMediaPlaylist.NoError（没有错误）、QMediaPlaylist.FormatError（格式错误）、QMediaPlaylist.FormatNotSupportedError（不支持该格式）、QMediaPlaylist.NetworkError（网络错误）或 QMediaPlaylist.AccessDeniedError（访问被拒绝）。

表 14-5 QMediaPlaylist 的常用方法

QMediaPlaylist 的方法及参数类型	返回值的类型	说 明
addMedia(QMediaContent)	bool	添加媒体
addMedia(Iterable[QMediaContent])	bool	添加多个媒体
insertMedia(int,QMediaContent)	bool	将媒体插入指定索引位置
insertMedia(int,Iterable[QMediaContent])	bool	将多个媒体插入指定索引位置
media(int)	QMediaContent	获取播放内容
moveMedia(int,int)	bool	将指定位置的媒体移动到新位置
removeMedia(int)	bool	根据索引移除单个媒体
removeMedia(int,int)	bool	移除从起始到终止位置的媒体
mediaCount()	int	获取列表中播放媒体的数量
clear()	bool	清空播放列表
save(QUrl)	bool	将播放列表保存到文件中
load(QUrl)	—	从文件中加载媒体列表
save(QIODevice)	bool	将播放列表保存到设备中
load(QIODevice)	—	从设备中加载媒体列表
setCurrentIndex(int)	—	根据索引设置当前的播放媒体
currentIndex()	int	获取当前播放媒体的索引
currentMedia()	QMediaContent	获取当前播放媒体的内容
setPlaybackMode(QMediaPlaylist.PlaybackMode)	—	设置播放模式
previous()	—	播放上一媒体
next()	—	播放下一媒体
shuffle()	—	随机排列媒体
previousIndex(steps=1)	int	获取上一媒体的索引
nextIndex(steps=1)	int	获取下一媒体的索引
error()	QMediaPlaylist.Error	获取播放错误
errorString()	str	获取播放错误文本
isEmpty()	bool	获取播放列表是否为空
isReadOnly()	bool	如播放列表可以修改，返回 True

3. 媒体列表的信号和槽函数

QMediaPlaylist 的信号如表 14-6 所示，QMediaPlaylist 的槽函数有 next()、previous()、shuffle() 和 setCurrentIndex(index)。

表 14-6 QMediaPlaylist 的信号

QMediaPlaylist 的信号	说 明
currentIndexChanged(int)	当前播放的媒体索引发生改变时发射信号
currentMediaChanged(QMediaContent)	当前播放的媒体发生改变时发射信号
loadFailed()	加载媒体失败时发射信号
loaded()	加载媒体后发射信号
mediaAboutToBeInserted(start,end)	插入媒体前发射信号
mediaAboutToBeRemoved(start,end)	移除媒体前发射信号
mediaChanged(start,end)	媒体发生改变时发射信号
mediaInserted(start,end)	插入媒体后发射信号
mediaRemoved(start,end)	移除媒体后发射信号
playbackModeChanged(QMediaPlaylist.PlaybackMode)	播放模式发生改变时发射信号

4. 媒体列表的应用实例

在 14.1.1 节中的实例中，将 btn_open_clicked() 函数稍作变动，就可以打开多个影音文件，并可以实现循环播放，变动后的 btn_open_clicked 函数如下所示。读者也可以把影音文件读取到一个列表控件中，如 QListWidget，通过双击或单击等操作选择某个文件播放。

```python
def btn_open_clicked(self):                   #打开按钮的槽函数 Demo14_2.py
    fileNames,fil = QFileDialog.getOpenFileNames(self,caption = "选择影音文件",directory = "d:\\",
    filter = "影音文件( *.wav *.mp4 *.mp3 *.wma *.avi *.wmv *.rm *.asf);;所有文件
    (*.*)")
    playlist = QMediaPlaylist(self)                    # 创建播放列表
    playlist.setPlaybackMode(QMediaPlaylist.Loop)      # 设置循环播放模式
    if len(fileNames):
        for filename in fileNames:
            url = QUrl.fromLocalFile(filename)         # URL 地址
            content = QMediaContent(url)               # 播放媒体
            playlist.addMedia(content)                 # 添加到播放列表
        self.player.setPlaylist(playlist)              # 设置播放器的播放列表
```

14.1.4 QVideoWidget 控件

QVideoWidget 控件用于显示视频或图形，可以设置视频的亮度、对比读、色度和饱和度，QVideoWidget 控件的继承关系如图 14-2 所示，它继承自 QWidget 和 QMediaBindableInterface，QMediaBindableInterface 是播放视频对象功能的基类。

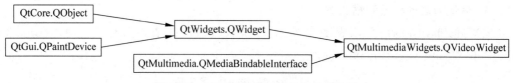

图 14-2　QVideoWidget 控件的继承关系

用 QVideoWidget 类创建实例对象的方法如下所示,其中 parent 是继承自 QWidget 的实例对象。

QVideoWidget(parent = None)

QVideoWidget 控件的常用方法如表 14-7 所示,主要方法介绍如下。

- 用 setMediaObject(QMediaObject)方法关联视频来源,也可以用 QMediaObject 类的 setVideoOutput(QVideoWidget)方法关联视频控件。
- 用 setAspectRatioMode(Qt.AspectRatioMode)方法设置视频的长宽比例,其中参数 Qt.AspectRatioMode 可以取 Qt.IgnoreAspectRatio、Qt.KeepAspectRatio 或 Qt.KeepAspectRatioByExpanding。
- 用 setBrightness(int)、setContrast(int)、setHue(int)和 setSaturation(int)方法分别设置亮度、对比度、色度和饱和度,这些方法的参数取值范围都在 $-100 \sim 100$ 之间,默认值是 0。
- 用 setFullScreen(bool)方法设置是否全屏显示,用 isFullScreen()方法获取是否处于全屏显示状态。

表 14-7　QVideoWidget 的常用方法

QVideoWidget 的方法和参数类型	说　明
setMediaObject(QMediaObject)	设置媒体源,成功则返回 True
mediaObject()	获取媒体源
setAspectRatioMode(Qt.AspectRatioMode)	设置视频的长宽比
aspectRatioMode()	获取长宽比
setBrightness(int)	设置亮度,亮度值在 $-100 \sim 100$ 之间,默认为 0
brightness()	获取亮度值
setContrast(int)	设置对比度,对比度值在 $-100 \sim 100$ 之间,默认为 0
contrast()	获取对比度值
setFullScreen(bool)	设置是否全屏显示
isFullScreen()	获取是否是全屏显示状态
setHue(int)	设置色度,色度值在 $-100 \sim 100$ 之间,默认为 0
hue()	获取色度值
setSaturation(int)	设置饱和度,饱和度值在 $-100 \sim 100$ 之间,默认为 0
saturation()	获取饱和度值

QVideoWidget 的信号如表 14-8 所示,QVideoWidget 的槽函数有 setBrightness(int)、setContrast(int)、setAspectRatioMode(Qt.AspectRatioMode)、setFullScreen(bool)、setHue(int)和 setSaturation(int)。

表 14-8　QVideoWidget 的信号

QVideoWidget 的信号及参数类型	说　　明
brightnessChanged(int)	当亮度发生改变时发射信号
contrastChanged(int)	当对比度发生改变时发射信号
fullScreenChanged(bool)	当全屏状态发生改变时发射信号
hueChanged(int)	当灰度发生改变时发射信号
saturationChanged(int)	当饱和度发生改变时发射信号

14.1.5　QGraphicsVideoItem

1. 创建视频图项的方式和视频图项的方法

视频图项 QGraphicsVideoItem 类的继承关系如图 14-3 所示。QGraphicsVideoItem 继承自 QGraphicsItem 和 QMediaBindableInterface，它既可以应用于场景中，当作图项使用，在场景中进行平移、缩放、旋转、投影和错切等变换，也可以播放视频和显示图像。

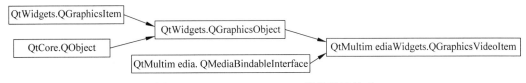

图 14-3　QGrphicsVideoItem 类的继承关系

用 QGraphicsVideoItem 类创建视频图项的方法如下所示，其中 parent 是继承自 QGraphicsItem 的实例对象。

```
QGraphicsVideoItem(parent = None)
```

QGraphicsVideoItem 的常用方法如表 14-9 所示，主要方法介绍如下。

- 用 setMediaObject(QMediaObject)方法设置视频来源，也可以用 QMediaObject 类的 setVideoOutput(QGraphicsVideoItem)方法关联视频图项。
- 用 setOffset(Union[QPointF,QPoint])方法设置视频距离图项左上角的偏移距离，用 offset()方法获取偏移距离。
- 用 setSize(QSizeF)方法设置视频图项的尺寸，用 size()方法获取视频图项的尺寸。

表 14-9　QGraphicsVideoItem 的常用方法

QGraphicsVideoItem 的方法及参数类型	说　　明
setMediaObject(QMediaObject)	设置视频源，成功则返回 True
mediaObject()	获取视频源
setAspectRatioMode(Qt.AspectRatioMode)	设置视频的长宽比
aspectRatioMode()	获取视频的长宽比
setOffset(Union[QPointF,QPoint])	设置视频距离图项左上角的偏移距离
offset()	获取偏移距离 QPointF
setSize(QSizeF)	设置视频图项的尺寸
size()	获取视频图项的尺寸

QGraphicsVideoItem 只有一个信号 nativeSizeChanged(QSizeF)，当尺寸发生改变时发射信号。

2. 视频图项的应用实例

下面的程序是在场景中添加视频图项，通过菜单打开视频文件，用视频图项播放视频，可以任意移动视频图项。程序中对视频图项进行了错切变换。

```python
import sys  #Demo14_3.py
from PyQt5.QtWidgets import QApplication,QMainWindow,QGraphicsScene,\
                QGraphicsView,QGraphicsItem,QFileDialog
from PyQt5.QtCore import QRectF,QUrl,QSizeF
from PyQt5.QtGui import QTransform
from PyQt5.QtMultimedia import QMediaPlayer,QMediaContent,QMediaPlaylist
from PyQt5.QtMultimediaWidgets import QGraphicsVideoItem

class myWindow(QMainWindow):
    def __init__(self,parent = None):
        super().__init__(parent)
        self.resize(800,600)
        self.setupUI()
    def setupUI(self):
        self.graphicsView = QGraphicsView()                   #视图窗口
        self.setCentralWidget(self.graphicsView)
        rectF = QRectF(-400, -300, 800, 600)
        self.graphicsScene = QGraphicsScene(rectF)            #创建场景
        self.graphicsView.setScene(self.graphicsScene)        #视图窗口设置场景
        self.videoItem = QGraphicsVideoItem()                 #视频图项
        self.videoItem.setSize(QSizeF(400,300))
        self.videoItem.setFlags(QGraphicsItem.ItemIsSelectable|QGraphicsItem.ItemIsMovable)
        self.graphicsScene.addItem(self.videoItem)            #场景中添加视频图项
        self.videoItem.setPos(-300,-100)
        self.videoItem.setTransform(QTransform().shear(1,-0.5))   #错切
        self.player = QMediaPlayer(self)                      #视频播放器
        self.videoItem.setMediaObject(self.player)            #视频图项设置播放器

        menubar = self.menuBar()
        file = menubar.addMenu("文件") #菜单
        action_open = file.addAction("打开视频文件")
        action_open.triggered.connect(self.action_open_triggered)
    def action_open_triggered(self):
        fileNames, fil = QFileDialog.getOpenFileNames(self, caption = "选择文件",
directory = "d:\\",
        filter = "影音文件(*.wav *.mp4 *.mp3 *.wma *.avi *.wmv *.rm *.asf);;所有文件(*.*)")
        playlist = QMediaPlaylist(self)                       #创建播放列表
        playlist.setPlaybackMode(QMediaPlaylist.Loop)         #设置循环播放模式
        if len(fileNames):
            for filename in fileNames:
```

```
                url = QUrl.fromLocalFile(filename)    # URL 地址
                content = QMediaContent(url)           # 播放媒体
                playlist.addMedia(content)             # 添加到播放列表
            self.player.setPlaylist(playlist)          # 设置播放器的播放列表
            self.player.play()
if __name__ == "__main__":
    app = QApplication(sys.argv)
    window = myWindow()
    window.show()
    sys.exit(app.exec())
```

14.1.6 QSoundEffect 与 QSound

1. 用 QSoundEffect 播放音频文件

QSoundEffect 用于播放低延迟无压缩音频文件，如 wav 文件，并可实现一些特殊效果。用 QSoundEffect 类创建音频播放实例对象的方法如下所示，其中 parent 是继承自 QObject 的实例对象，QAudioDeviceInfo 是用于获取机器上音频设备（如声卡）的类。

```
QSoundEffect(parent = None)
QSoundEffect(QAudioDeviceInfo, parent = None)
```

QSoundEffect 的常用方法如表 14-10 所示，主要方法介绍如下。

- 用 setSource(QUrl)方法设置音频源，参数 QUrl 可以是指向网络的文件，也可以是本机文件；用 source()方法获取 QUrl。
- 用 setCategory(str)方法设置声音效果。声音效果与具体的平台有关，如果平台不支持声音效果，将会忽略该设置。声音效果如"game"、"music"、"alarm"等。
- 用 setLoopCount(int)方法设置播放次数，如为 0 或 1 只播放一次，如果取 QSoundEffect.Infinite 则无限次播放；用 loopCount()方法获取播放次数；用 loopsRemaining()方法获取剩余播放次数。
- 用 play()方法开始播放，用 stop()方法停止播放，同时这两个方法也是槽函数。
- 用 status()方法获取当前的播放状态，返回值是枚举类型 QSoundEffect.Status，可取值有 QSoundEffect.Null、QSoundEffect.Loading、QSoundEffect.Ready 或 QSoundEffect.Error。

表 14-10　QSoundEffect 的常用方法

QSoundEffect 的方法及参数类型	返回值的类型	说　　明
setSource(QUrl)	—	设置音频源
source()	QUrl	获取音频源
setCategory(str)	—	设置声效
category()	str	获取声效
setLoopCount(int)	—	设置播放次数
loopCount()	int	获取播放次数

续表

QSoundEffect 的方法及参数类型	返回值的类型	说　明
loopsRemaining()	int	获取剩余的播放次数
setMuted(bool)	—	设置静音
isMuted()	bool	获取是否是静音
setVolume(float)	—	设置音量
volume()	float	获取音量
play()	—	开始播放
isPlaying()	bool	获取是否正在播放
stop()	—	停止播放
isLoaded()	bool	获取是否已经加载声源
status()	QSoundEffect.Status	获取播放状态

QSoundEffect 的信号有 categoryChanged()、loadedChanged()、loopCountChanged()、mutedChanged()、playingChanged()、loopsRemainingChanged()、sourceChanged()、statusChanged()和 volumeChanged()，这些信号都是字面意义，在此不再详叙。

2. QSound 播放 wav 文件

另一种播放 wav 音频文件的类是 QSound，它只能播放本机文件。用 QSound 类创建播放实例的方法如下，其中 str 是本机 wav 文件，parent 是继承自 QObject 的实例对象。

```
QSound(str, parent = None)
```

QSound 的方法比较简单，用 play()方法播放 wav 文件，或用 play(str)方法播放指定的 wav 文件，用 stop()方法停止播放，用 setLoops(int)方法设置播放次数，参数如果取 QSound.Infinite 则会无限次播放。QSound 播放音频时是异步的，可以用同一个 QSound 对象同时播放多个 wav 文件，而不是等播放完一个 wav 文件后再播放另一个 wav 文件。

14.1.7　QMovie 播放动画

QMovie 用于播放无声音的静态动画，例如 gif 文件，它在 PyQt.Gui 模块中，需要用 QLabel 的 setMovie(QMovie)方法与 QLabel 相关联来播放动画。

用 QMovie 类创建播放动画的实例对象的方法如下，其中 parent 是继承自 QObject 的实例对象，可以用文件名或指向图形动画的 QIODevice 设备来指定动画源；format 指定动画来源的格式，取值类型是 QByteArray、bytes 或 bytearray，例如 b'gif'、b'webp'，如果不指定格式，系统会自行选择合适的格式。

```
QMovie(parent = None)
QMovie(str, format = QByteArray(), parent = None)
QMovie(QIODevice, format = QByteArray(), parent = None)
```

QMovie 的常用方法如表 14-11 所示，主要方法介绍如下。

- 用 sefFileName(str)或 SetDevice(QIODevice)方法设置动画源，用 isValid()方法获取动画源是否有效。
- 用 setFormat(Union[QByteArray, bytes, bytearray])方法设置动画源的格式，如 setFormat(b'gif')、setFormat(b'webp')。

- 用 start() 方法开始播放动画,用 stop() 方法停止播放,用 pause(True) 方法暂停播放,用 pause(False) 方法继续播放。用 setSpeed(int) 方法设置播放速度,参数是原播放速度的百分比值,例如 setSpeed(200) 表示播放速度是原播放速度的 2 倍。
- 用 setCacheMode(QMovie.CacheMode) 方法设置播放时是否进行缓存,参数可以取 QMovie.CacheNone 或 QMovie.CacheAll。
- 用 jumpToFrame(int) 方法可以跳转到指定的帧,用 jumpToNextFrame() 方法跳转到下一帧,当跳转到所需要的帧后,用 currentImage() 方法或 currentPixmap() 方法可以获取帧的图像。
- 用 state() 方法可以获得当前的播放状态,播放状态有 QMovie.NoRunning、QMovie.Paused 和 QMove.Running。

表 14-11 QMovie 的常用方法

QMovie 的方法及参数类型	说　　明
setFileName(str)	设置动画文件
setDevice(QIODevice)	设置设备
setFormat(Union[QByteArray,bytes,bytearray])	设置格式
setScaledSize(QSize)	设置尺寸
setSpeed(int)	设置播放速度
setCacheMode(QMovie.CacheMode)	设置缓冲模式
setBackgroundColor(Union[QColor,QGradient])	设置背景色
start()	开始播放动画
stop()	停止播放动画
setPaused(bool)	暂停或继续播放动画
state()	获取播放状态
currentFrameNumber()	获取当前帧
currentImage()	获取当前帧的图像 QImage
currentPixmap()	获取当前帧的图像 QPixmap
frameCount()	获取总帧数
frameRect()	获取尺寸 QRect
isValid()	获取动画源是否有效
jumpToFrame(int)	跳转到指定的帧,成功则返回 True
jumpToNextFrame()	跳转到下一帧,成功则返回 True
lastErrorString()	获取出错信息
loopCount()	获取循环播放次数
nextFrameDelay()	获取播放下一帧的时间(毫秒)

QMovie 的信号如表 14-12 所示。

表 14-12 QMovie 的信号

QMovie 的信号及参数类型	说　　明
finished()	播放完成时发射信号
frameChanged(int)	播放帧发生变化时发射信号
resized(QSize)	调整尺寸时发射信号

续表

QMovie 的信号及参数类型	说　　明
started()	调用 start()方法后发射信号
stateChanged(QMovie.MovieState)	状态发生改变时发射信号
updated(QRect)	当前帧的尺寸发生改变时发射信号
error(QImageReader.ImageReaderError)	发生错误时发射信号

14.2　摄像头和拍照

摄像头用于捕捉实时画面,通过显示控件可以把摄像头捕捉的画面实时显示出来。摄像头与 QCameraImageCapture 一起使用可以进行拍照,与 QMediaRecorder 一起使用可以进行录像。本节介绍摄像头和拍照功能,由于录像功能在 Windows 系统上还不能实现,因此本书不作介绍。

14.2.1　QCamera 摄像头

1. 创建摄像头的方式和摄像头的常用方法

QCamera 是指笔记本上的摄像头、通过 USB 连接的摄像头、手机的前后摄像头等。QCamera 类继承自 QMediaObject。用 QCamera 类创建摄像头实例对象的方法如下所示,其中 parent 是继承自 QObject 类的实例对象;QByteArray 是摄像头设备名;QCameraInfo 是获取系统中存在的摄像头的信息,对 QCameraInfo 的介绍参考下节的内容;QCamera.Position 指定摄像头的位置,具体可以取 QCamera.UnspecifiedPosition(位置不确定)、QCamera.BackFace(后置摄像头)或 QCamera.FrontFace(前置摄像头)。

```
QCamera(parent = None)
QCamera(Union[QByteArray, bytes, bytearray], parent = None)
QCamera(QCameraInfo, parent = None)
QCamera(QCamera.Position, parent = None)
```

QCamera 的常用方法如表 14-13 所示,主要方法介绍如下。

- 用 load()方法加载摄像头,用 start()方法开启摄像头。通常直接使用 start()方法开始使用摄像头,如果给摄像头设置了新参数,需要用 load()方法重新加载摄像头。
- 要把摄像头捕捉到的画面实时显示出来,需要用 setViewfinder()方法设置取景器,可以使用的取景器有 QVideoWidget、QCameraViewfinder、QGraphicsVideoItem 和 QAbstractVideoSurface,其中 QCameraViewfinder 继承自 QVideoWidget,它的主要方法为 setMediaObject(QMideaObject),用于关联摄像头,用 mediaObejct()方法获取关联的摄像头。
- 用 setViewfinderSettings(QCameraViewfinderSettings)方法设置摄像头的参数,对 QCameraViewfinderSettings 的详细介绍参考下节的内容。
- 用 searchAndLock()方法可以锁死对所有参数的设置;用 searchAndLock

（QCamera.LockType）方法可以锁死对指定参数的设置，参数 QCamera.LockType 可以取 QCamera.NoLock、QCamera.LockExposure（锁死曝光设置）、QCamera.LockWhiteBalance（锁死白平衡）或 QCamera.LockFocus（锁死聚焦）；用 unlock() 或 unlock(QCamera.LockType)方法可以解锁对参数的设置。

- 用 setCaptureMode(QCamera.CaptureMode)方法设置摄像头的捕捉模式，捕捉模式 QCamera.CaptureMode 可以取 QCamera.CaptureViewfinder（摄像头仅用于取景器）、QCamera.CaptureStillImage（拍照）、QCamera.CaptureVideo（录制视频）。
- 用 state()方法获取摄像头当前的状态，返回值有 QCamera.UnloadedState（未加载状态）、QCamera.LoadedState（加载状态，可以设置和获取摄像头的参数）和 QCamera.ActiveState（已经启用状态）；用 status()方法获取摄像头的使用状态，返回值有 QCamera.ActiveStatus、QCamera.StartingStatus、QCamera.StoppingStatus、QCamera.StandbyStatus、QCamera.LoadedStatus、QCamera.LoadingStatus、QCamera.UnloadingStatus、QCamera.UnloadedStatus 和 QCamera.UnavailableStatus。

表 14-13　QCamera 的常用方法

QCamera 的方法及参数类型	说　明
load()	加载摄像头
unload()	卸载摄像头
start()	开启摄像头
stop()	停止摄像头
setViewfinder(QVideoWidget)	设置摄像头关联的显示控件，用于实时显示捕捉到的画面
setViewfinder(QGraphicsVideoItem)	
setViewfinder(QAbstractVideoSurface)	
setViewfinderSettings(QCameraViewfinderSettings)	设置摄像头参数
searchAndLock()	锁死摄像头，不允许改变任何参数
searchAndLock(QCamera.LockType)	锁死指定的参数
unlock()	解锁所有参数
unlock(QCamera.LockType)	解锁指定的参数
setCaptureMode(QCamera.CaptureMode)	设置摄像头的捕捉模式
captureMode()	获取捕获模式
state()	获取当前状态 QCamera.State
status()	获取使用状态 QCamera.Status

2. 摄像头和取景器的应用实例

作为摄像头和取景器的实例，运行下面的程序，单击"开启摄像头"按钮后，摄像头捕捉的图形将实时显示在窗口中。

```
import sys    #Demo14_4.py
from PyQt5.QtWidgets import QApplication,QPushButton,QVBoxLayout,QHBoxLayout,QWidget
from PyQt5.QtMultimedia import QCamera
from PyQt5.QtMultimediaWidgets import QCameraViewfinder

class myWindow(QWidget):
```

```python
        def __init__(self,parent = None):
            super().__init__(parent)
            self.resize(800,600)
            self.setupUi()
    def setupUi(self):                                  #界面
            self.viewfinder = QCameraViewfinder()       #取景器
            btn_start = QPushButton("开启摄像头")
            btn_stop = QPushButton("停止摄像头")
            h = QHBoxLayout()                           #水平布局
            h.addWidget(btn_start)
            h.addWidget(btn_stop)
            v = QVBoxLayout(self)                       #竖直布局
            v.addWidget(self.viewfinder)
            v.addLayout(h)

            self.camera = QCamera(self)                 #摄像头
            self.camera.setViewfinder(self.viewfinder)  #设置摄像头的取景器
            #self.viewfinder.setMediaObject(self.camera) #也可以用取景器关联摄像头

            btn_start.clicked.connect(self.camera.start)
            btn_stop.clicked.connect(self.camera.stop)
if __name__ == '__main__':
    app = QApplication(sys.argv)
    window = myWindow()
    window.show()
    sys.exit(app.exec())
```

14.2.2 QCameraInfo 与 QCameraViewfinderSettings

1. QCameraInfo

QCameraInfo 类用于查询本机上可以使用的摄像头,以及摄像头的名称、位置、角度等。用 QCameraInfo 类创建摄像头信息的实例对象的方法如下所示,其中 name 可以取 QByteArray、bytes 或 bytearray。

QCameraInfo(name = QByteArray())
QCameraInfo(QCamera)

QCameraInfo 的方法中,用 availableCameras(position = QCamera.UnspecifiedPosition)方法获取多个摄像头的信息列表 List[QCameraInfo];用 defaultCamera()方法获取默认摄像头的信息 QCameraInfo;用 description()方法获取摄像头的描述信息;用 deviceName()方法获取摄像头设备的 ID 号,该 ID 号不能直接辨识;用 isNull()方法获取摄像头信息是否为空或有效;用 orientation()方法获取摄像头的方向角度;用 position()方法获取摄像头的位置 QCamera.Position。

2. QCameraViewfinderSettings

QCameraViewfinderSettings 类用于设置摄像头的参数,如帧率、分辨率、长宽比例和像素格式,用摄像头的 setViewfinderSettings (QCameraViewfinderSettings)方法设置摄像头的参数。为获得摄像头支持的参数,用摄像头的 supportedViewfinderFrameRateRanges(QCameraViewfinderSettings) 方法获取摄像头支持的帧率,并返回 List[QCamera.FrameRateRange]列表,用摄像头的 supportedViewfinderPixelFormats (QCameraViewfinderSettings)方法获取摄像头支持的采样格式,并返回 List[QVideoFrame.PixelFormat]列表,用摄像头的 supportedViewfinderResolutions(QCameraViewfinderSettings)方法获取摄像头支持的分辨率,并返回 List[QSize]列表。

用 QCameraViewfinderSettings 类创建摄像头参数设置的实例的方法如下所示:

QCameraViewfinderSettings()

QCameraViewfinderSettings 的方法中,用 setMaximumFrameRate(float)和 setMinimumFrameRate(float)方法分别设置取景器每秒显示的最大和最小帧数,实际帧率处于最大和最小帧率之间,如果设置成 0,则由后台自主决定帧率;用 setPixelAspectRatio(QSize)或 setPixelAspectRatio(int,int)方法设置宽度和高度的比值;用 setPixelFormat(QVideoFrame.PixelFormat)方法设置像素格式;用 setResolution(QSize)或 setResolution(int,int)方法设置分辨率。需要注意的是,只有在开启摄像头的情况下(start()方法),才可以设置以上参数。摄像头支持的分辨率、帧率、采样格式和比例之间是相关联的,摄像头的分辨率都有其对应的帧率和格式。

14.2.3 QCameraImageCapture

1. 创建图像捕捉的方式和图像捕捉的方法

QCameraImageCapture 与 QCamera 一起使用,可以捕捉摄像头中某时刻的图像,实现拍照功能。捕捉到的图像可以保存到文件中,也可以保存到缓冲中,用于其他方面的处理。

用 QCameraImageCapture 类定义图像捕捉实例的方法如下,其中 QMediaObject 是继承自 QMediaObject 类的实例对象,例如摄像头,parent 是继承自 QObject 类的实例对象。

QCameraImageCapture(QMediaObject, parent = None)

QCamerImageCapture 的常用方法如表 14-14 所示,主要方法介绍如下。

- 用 capture(file='')方法进行拍照,参数 file 用于指定图像保存的路径和文件名,如果没有指定,会使用默认的路径。这个方法不是同步进行的,当指定了多个拍照命令时,拍照动作会进行排队,用 cancelCapture()方法会取消还没有执行的拍照命令。执行 capture(file='')命令后会发射 imageExposed()、imageCaptured()、imageSaved()或 error() 信号,capture(file='')的返回值是一个整数,可以用于 imageExposed()、imageCaptured()、imageSaved()信号中,当 isReadyForCapture()方法的返回值是 True 时才可以捕获图像,否则会产生错误。
- 用 setCaptureDestination(QCameraImageCapture.CaptureDestination)方法设置捕获的图形是保存到文件中,还是保存到缓存中,参数 QCameraImageCapture.CaptureDestination 可以取 QCameraImageCapture.CaptureToFile 或 QCameraImageCapture.CaptureToBuffer。

- 当保存到文件中时,用 supportedImageCodecs() 方法可以获得系统支持的图像格式,例如 ['bmp','cur','icns','ico','jpeg','jpg','pbm','pgm','png','ppm','tif','tiff','wbmp','webp','xbm','xpm'],用 setEncodingSettings(QImageEncoderSettings) 方法设置保存的图像文件的格式。QImageEncoderSettings 类用于设置图像的编码,用 QImageEncoderSettings 的 setCodec(str) 方法设置图像格式,用 setResolution(QSize) 方法设置分辨率,用 setQuality(QMultimedia.EncodingQuality) 方法设置图形质量,参数可以取 QMultimedia.VeryLowQuality、QMultimedia.LowQuality、QMultimedia.NormalQuality、QMultimedia.HighQuality 或 QMultimedia.VeryHighQuality。
- 当保存到缓存中时,用 supportedBufferFormats() 方法获取支持的缓存格式,用 setBufferFormat(QVideoFrame.PixelFormat) 方法设置缓存格式,枚举类型参数 QVideoFrame.PixelFormat 可取值较多,例如 QVideoFrame.Format_ARGB32、QVideoFrame.Format_RGB32、QVideoFrame.Format_RGB565、QVideoFrame.Format_RGB555、、QVideoFrame.Format_BGRA32、QVideoFrame.Format_BGR555、QVideoFrame.Format_Jpeg、QVideoFrame.Format_CameraRaw 等。

表 14-14　QCameraImageCapture 的常用方法

QCameraImageCapture 的方法及参数类型	返回值的类型	说　　明
capture(file='')	int	进行拍照
cancelCapture()	—	取消还没有完成的拍照
errorString()	str	获取出错信息
isAvailable()	bool	获取是否可以使用拍照功能
isReadyForCapture()	bool	获取是否准备好拍照,返回值为 True 时可以调用 capture()
setCaptureDestination(QCameraImageCapture.CaptureDestination)	—	设置图像的保存位置
isCaptureDestinationSupported(QCameraImageCapture.CaptureDestination)	bool	获取是否支持某种存储位置
setBufferFormat(QVideoFrame.PixelFormat)	—	设置缓冲存储时图片的格式
setEncodingSettings(QImageEncoderSettings)	—	设置保存到文件中时图像文件的格式
supportedImageCodecs()	List[str]	获取支持的图像格式的列表
supportedResolutions(QImageEncoderSettings)	Tuple[List[QSize],bool]	获取可以设置的分辨率

2. 图像捕捉的信号和槽函数

QCameraImageCapture 的主要信号如表 14-15 所示,QCameraImageCapture 的槽函数有 capture(file='') 和 cancelCapture()。

表 14-15　QCameraImageCapture 的主要信号

QCameraImageCapture 的信号	说　　明
bufferFormatChanged(QVideoFrame.PixelFormat)	当缓存格式发生改变时发射信号
captureDestinationChanged (QCameraImageCapture.CaptureDestinations)	当存储目标发生改变时发射信号
error(int,QCameraImageCapture.Error,str)	当出现错误时发射信号
imageAvailable(int,QVideoFrame)	可以捕捉图像时发射信号
imageCaptured(int,QImage)	捕捉图像后发射信号
imageExposed(int)	曝光后发射信号
imageSaved(int,str)	保存文件后发射信号
readyForCaptureChanged(Bool)	捕捉状态发生改变时发射信号

3. 摄像头的拍照应用实例

下面的程序用于拍摄图片,可以保持到文件中,也可以保存到缓存中。要保存到文件中,需先单击"设置保持路径和文件名"按钮,然后输入文件名并选择文件格式,再单击"保持到文件并预览"按钮;如果要保存到缓存中,则直接单击"保存到缓存并预览"按钮。

```python
import sys    #Demo14_5.py
from PyQt5.QtWidgets import QApplication,QPushButton,QVBoxLayout,QHBoxLayout,\
                            QWidget,QFileDialog,QDialog
from PyQt5.QtCore import QFileInfo
from PyQt5.QtGui import QPainter
from PyQt5.QtMultimedia import QCamera,QCameraViewfinderSettings,\
    QCameraImageCapture,QImageEncoderSettings,QMultimedia,QVideoFrame
from PyQt5.QtMultimediaWidgets import QCameraViewfinder

class image_browser(QDialog):             #对话框,用于显示捕捉到的图像
    def __init__(self,image,parent = None):
        super().__init__(parent)
        self.setWindowTitle("预览图片")
        self.__image = image
        self.resize(self.__image.width(),self.__image.height())
    def paintEvent(self,event):
        painter = QPainter(self)
        painter.drawImage(self.rect(),self.__image)
        super().paintEvent(event)
        class myWindow(QWidget):
    def __init__(self,parent = None):
        super().__init__(parent)
        self.resize(800,600)
        self.setupUi()
    def setupUi(self):                     #界面
        self.viewfinder = QCameraViewfinder()    #取景器
        btn_path = QPushButton("设置保存路径和文件名")
        btn_save = QPushButton("保存到文件并预览...")
        btn_buffer = QPushButton("保存到缓存并预览...")
```

```python
        h = QHBoxLayout()                          #水平布局
        h.addWidget(btn_path)
        h.addWidget(btn_save)
        h.addWidget(btn_buffer)
        v = QVBoxLayout(self)                      #竖直布局
        v.addWidget(self.viewfinder)
        v.addLayout(h)

        self.camera = QCamera(self)                #摄像头
        self.camera.setViewfinder(self.viewfinder)    # 设置摄像头的取景器
        self.imageCapture = QCameraImageCapture(self.camera)     #定义图像捕捉对象
        self.imageCodecs = self.imageCapture.supportedImageCodecs()    #获取图形保存格式
        self.fileName = ""                         #记录保存文件的文件名(含扩展名)
        self.camera.start()                        #启动摄像头
        cameraSettings = QCameraViewfinderSettings()
        resolutions = self.camera.supportedViewfinderResolutions(cameraSettings)
                                                   #摄像头分辨率
        n = len(resolutions)
        if n:
            cameraSettings.setResolution(resolutions[n-1])
            self.camera.setViewfinderSettings(cameraSettings)    #设置分辨率
        btn_path.clicked.connect(self.btn_path_clicked)      #按钮信号与槽函数关联
        btn_save.clicked.connect(self.btn_save_clicked)      #按钮信号与槽函数关联
        btn_buffer.clicked.connect(self.btn_buffer_clicked)  #按钮信号与槽函数关联
        self.imageCapture.imageCaptured.connect(self.image_captured)    #捕捉信号与槽函数关联
    def btn_path_clicked(self):
        file_filter = '所有文件(*.*)'
        for i in self.imageCodecs:
            file_filter = "{}文件(*.{});;".format(i,i) + file_filter    #文件过滤器
        self.fileName,fil = QFileDialog.getSaveFileName(self,caption = "设置图像文件名和类型",
                                       directory = 'd:/',filter = file_filter)
    def btn_save_clicked(self):
        if self.fileName == '': return
        fileInfo = QFileInfo(self.fileName)
        extension = fileInfo.suffix()                        # 获取扩展名,图像文件的类型
        if extension in self.imageCodecs:
            if self.imageCapture.isReadyForCapture():
                self.camera.setCaptureMode(QCamera.CaptureStillImage)    # 设置捕捉模式
                self.imageCapture.setCaptureDestination(QCameraImageCapture.CaptureToFile)
                encoder = QImageEncoderSettings()
                encoder.setCodec(extension)                  #设置文件类型
                encoder.setQuality(QMultimedia.HighQuality)  #设置图像质量
                self.imageCapture.setEncodingSettings(encoder)  #设置图像编码的类型
                self.camera.start()
                self.camera.searchAndLock()
                self.imageCapture.capture(self.fileName)     #捕捉图像到文件
                self.camera.unlock()
    def btn_buffer_clicked(self):
        if self.imageCapture.isReadyForCapture():
```

```
                self.camera.setCaptureMode(QCamera.CaptureStillImage)    # 设置捕捉模式
                self.imageCapture.setCaptureDestination(QCameraImageCapture.CaptureToBuffer)
                self.imageCapture.setBufferFormat(QVideoFrame.Format_BGRA32)
                self.camera.searchAndLock()
                self.imageCapture.capture()         # 捕捉图像到缓存
                self.camera.unlock()
        def image_captured(self,n,image):
                browser = image_browser(image,self)    # 自定义对话框,用于预览图像
                browser.show()
if __name__ == '__main__':
    app = QApplication(sys.argv)
    window = myWindow()
    window.show()
    sys.exit(app.exec())
```

14.3 录制音频

PyQt5 录制音频一种是用 QAudioRecorder 直接录制成 wav 格式的音频文件,可以用 QMediaPlayer、QSoundEffect 或 QSound 播放 wav 音频文件;另外一种是用 QAudioInput 录制原生音频数据到文件中,再用 QAudioOutput 播放原生音频文件。本节介绍这两种录制音频的方法。

14.3.1 QAudioRecorder 录制音频信号

QAudioRecorder 用于录制通过麦克风拾取的音频信号,通常输出到 wav 格式的音频文件中,也可把采集的原生信号保存下来。

1. 创建录音设备的方式和录音设备的常用方法

QAudioRecorder 继承自 QMediaRecorder。用 QAudioRecorder 类创建音频录制对象的方法如下,其中 parent 是继承自 QObject 类的实例对象。

`QAudioRecorder(parent = None)`

QAudioRecorder 的常用方法如表 14-16 所示,主要方法介绍如下。

- 用 audioInputs() 方法可以获取本机可以使用的录音设备,返回值是文本列表,用 defaultAudioInput() 方法获取默认的录音设备,用 setAudioInput(str) 方法将某设备设置成当前的录音设备。
- 用 record() 方法开始录音,用 pause() 方法暂停录音,用 stop() 方法停止录音;用 isAvailable() 方法获取录音设备是否可用,只有在 isAvailable() 返回值是 True 时才可以录音。
- 用 setOutputLocation(QUrl) 方法设置音频信号的保存位置和文件名。
- 用 supportedAudioCodecs() 方法获取支持的音频编码,例如 ['audio/pcm'];用 supportedAudioSampleRates(settings = QAudioEncoderSettings()) 方法获取录音

设备支持的采样率；用 supportedContainers() 方法获取可使用的保存文件的格式，例如"['audio/x-wav','audio/x-raw']"；音频信号可以保存到 wav 文件中，或者用原生数据保存，用 setContainerFormat(str)方法设置保存音频信号的文件格式。
- 用 setAudioSettings(QAudioEncoderSettings)方法设置音频参数，其中 QAudio-EncoderSettings 是 QAudioEncoderSettings 类的实例对象。用 QAudioEncoderSettings 的 setCodec(str)方法设置编码方式，用 setQuality(QMultimedia.EncodingQuality)方法设置音频的质量，用 setSampleRate(int)方法设置采样率。
- 用 state()方法获取录音设备的当前状态，返回值有 QMediaRecorder.StoppedState、QMediaRecorder.RecordingState 和 QMediaRecorder.PausedState；用 status()方法获取录音设备的使用状态，返回值有 QMediaRecorder.UnavailableStatus、QMediaRecorder.UnloadedStatus、QMediaRecorder.LoadingStatus、QMediaRecorder.LoadedStatus、QMediaRecorder.StartingStatus、QMediaRecorder.RecordingStatus、QMediaRecorder.PausedStatus 和 QMediaRecorder.FinalizingStatus（因媒体源结束而停止）。

表 14-16　QAudioRecorder 的常用方法

QAudioRecorder 的方法	返回值的类型	说　　明
audioInputs()	List[str]	获取可用的音频输入设备列表
defaultAudioInput()	str	获取默认的音频输入设备
setAudioInput(str)	—	设置音频输入设备
audioInput()	str	获取音频输入设备
record()	—	录制音频
pause()	—	暂停录制
stop()	—	停止录制
isAvailable()	bool	获取是否可以进行录制
isMuted()	bool	获取是否静音
setAudioSettings(QAudioEncoderSettings)	—	设置音频参数
setContainerFormat(str)	—	设置保存音频信号的文件格式
setMediaObject(QMediaObject)	bool	设置媒体源，成功则返回 True
setMuted(bool)	—	设置静音
setOutputLocation(QUrl)	bool	设置输出位置，成功则返回 True
setVolume(float)	—	设置音量，值从 0.0 到 1.0
state()	QMediaRecorder.State	获取当前状态
status()	QMediaRecorder.Status	获取使用状态
supportedAudioCodecs()	List[str]	获取可以使用的音频编码
supportedAudioSampleRates(settings=QAudioEncoderSettings())	Tuple[List[int],bool]	获取可以使用的音频采样率列表
supportedContainers()	List[str]	获取可以使用的保存音频信号的文件格式
duration()	int	获取已经录制时间（毫秒）
errorString()	str	获取出错信息

2. 录音设备的信号和槽函数

QAudioRecorder 的信号如表 14-17 所示，录音设备的槽函数有 pause( )、record( )、setMuted(Bool)、setVolume(float)、stop( )和 setAudioInput(str)。

表 14-17　QAudioRecorder 的信号

QAudioRecorder 的信号及参数类型	说　　明
audioInputChanged(str)	音频输入设备发生改变时发射信号
availableAudioInputsChanged( )	音频设备可使用状态发生改变时发射信号
actualLocationChanged(QUrl)	保存位置发生改变时发射信号
durationChanged(int)	录制时间延长时发射信号
error(QMediaRecorder.Error)	出现错误时发射信号
mutedChanged(Bool)	静音状态发生改变时发射信号
stateChanged(QMediaRecorder.State)	当前状态发生改变时发射信号
statusChanged(QMediaRecorder.Status)	使用状态发生改变时发射信号
volumeChanged(float)	音量发生改变时发射信号

3. 录音设备的应用实例

下面的程序是一个简单的录音程序，可以设置保存的文件格式为 wav 或 raw，可以选择录音设备，还可以选择采样率。

```python
import sys  #Demo14_6.py
from PyQt5.QtWidgets import QApplication,QPushButton,QHBoxLayout,\
    QWidget,QFileDialog,QLabel,QComboBox
from PyQt5.QtCore import QFileInfo,QUrl
from PyQt5.QtMultimedia import QMultimedia,QAudioEncoderSettings,QAudioRecorder

class myWindow(QWidget):
    def __init__(self,parent = None):
        super().__init__(parent)
        self.setupUi()
    def setupUi(self):                                          #界面
        btn_path = QPushButton("设置保存路径和文件名")
        btn_record = QPushButton("录制")
        btn_pause = QPushButton("暂停")
        btn_stop = QPushButton("停止")
        combo_deviceName = QComboBox()                          #录音设备名称
        self.combo_sampleRate = QComboBox()                     #信号采样率
        self.label = QLabel("已经录制时间: 0  毫秒")
        h = QHBoxLayout(self)                                   #水平布局
        h.addWidget(btn_path)
        h.addWidget(combo_deviceName)
        h.addWidget(self.combo_sampleRate)
        h.addWidget(btn_record)
        h.addWidget(btn_pause)
        h.addWidget(btn_stop)
```

```python
            h.addWidget(self.label)
        self.audioRecorder = QAudioRecorder(self)
        self.fileName = "d:/a.wav"                                    # 保存文件

        devices = self.audioRecorder.audioInputs()
        combo_deviceName.addItems(devices)
        combo_deviceName.setCurrentText(self.audioRecorder.defaultAudioInput())
        rates,ok = self.audioRecorder.supportedAudioSampleRates()
        for i in rates:
            self.combo_sampleRate.addItem(str(i))
        self.combo_sampleRate.setCurrentText(str(i))

        btn_path.clicked.connect(self.btn_path_clicked)               # 信号与槽
        btn_record.clicked.connect(self.btn_record_clicked)
        btn_pause.clicked.connect(self.audioRecorder.pause)
        btn_stop.clicked.connect(self.audioRecorder.stop)
        self.audioRecorder.durationChanged.connect(self.audioRecorder_durationChanged)
        combo_deviceName.currentTextChanged.connect(self.audioRecorder.setAudioInput)
        self.combo_sampleRate.currentTextChanged.connect(
            self.combo_sampleRate_currentTextChanged)
    def btn_path_clicked(self):
        file_filter = '所有文件(*.*)'
        formats = self.audioRecorder.supportedContainers()            # 获取支持的容器格式
        for format in formats:
            if 'wav' in format:
                file_filter = "{}文件(*.{});;".format('wav', 'wav') + file_filter  # 文件过滤器
            if 'raw' in format:
                file_filter = "{}文件(*.{});;".format('raw', 'raw') + file_filter  # 文件过滤器
        self.fileName, fil = QFileDialog.getSaveFileName(self, caption = "设置声音文件名和类型",
                                                        directory = 'd:/', filter = file_filter)
        extension = QFileInfo(self.fileName).suffix()                 # 获取扩展名
        for format in formats:
            if extension in format:
                self.audioRecorder.setContainerFormat(format)         # 设置容器格式
                return
    def btn_record_clicked(self):
        if self.audioRecorder.isAvailable():
            url = QUrl.fromLocalFile(self.fileName)
            self.audioRecorder.setOutputLocation(url)                 # 设置输出文件
            audioSettings = QAudioEncoderSettings()                   # 创建音频设置
            audioSettings.setQuality(QMultimedia.HighQuality)         # 设置质量
            audioSettings.setSampleRate(int(self.combo_sampleRate.currentText()))
                                                                      # 设置采样率
            audioCodes = self.audioRecorder.supportedAudioCodecs()
            if len(audioCodes): audioSettings.setCodec(audioCodes[0])
            self.audioRecorder.setAudioSettings(audioSettings)
            self.audioRecorder.record()
    def audioRecorder_durationChanged(self,duration):
        self.label.setText("已经录制时间：{}毫秒".format(duration))
```

```python
        def combo_sampleRate_currentTextChanged(self,string):
            settings = self.audioRecorder.audioSettings()
            settings.setSampleRate(int(string))
            self.audioRecorder.setAudioSettings(settings)
if __name__ == '__main__':
    app = QApplication(sys.argv)
    window = myWindow()
    window.show()
    sys.exit(app.exec())
```

14.3.2 QAudioInput 录制原生音频数据

1. 创建 QAudioInput 对象的方式和常用方法

QAudioInput 可以把音频输入设备采集的信号通过读写设备(如 QFile)把音频原生数据写入文件中,用 QAudioOutput 可以播放原生音频数据。

用 QAudioInput 类创建音频原生数据采集对象的方法如下所示,其中 format 是 QAutioFormat 实例对象,用于设置字节序、通道号、编码、采样率和采样类型等;QAudioDeviceInfo 用于指定音频输入设备,如果没有指定,会使用默认的输入设备;parent 是继承自 QObject 类的实例对象。

```
QAudioInput(format = QAudioFormat(), parent = None)
QAudioInput(QAudioDeviceInfo, format = QAudioFormat(), parent = None)
```

QAudioInput 的常用方法如表 14-18 所示,主要方法介绍如下。

- 用 start(QIODevice)方法开始录制音频数据,并把数据写到 QIODevice 设备中,用 suspend()方法暂停录制音频数据,用 resume()方法在暂停后继续录制音频数据,用 stop()方法停止录制。
- 用 state()方法获取当前状态,返回值有 QAudio.ActiveState、QAudio.SuspendedState、QAudio.StoppedState、QAudio.IdleState 和 QAudio.InterruptedState(输入设备被其他设备使用而处于暂停状态)。
- 用 error()方法获取出错信息,可能的错误原因有 QAudio.NoError、QAudio.OpenError、QAudio.IOError、QAudio.UnderrunError 和 QAudio.FatalError。
- 用 processedUSecs()方法获取录制音频数据的时间(毫秒),但不包括暂停和闲置时间;用 elapsedUSecs()方法获取从用 start(QIODevice)方法开始录制音频数据到当前时间的总时间,包括暂停和闲置时间。

表 14-18　QAudioInput 的常用方法

QAudioInput 的方法及参数类型	说　　明
start(QIODevice)	开始录制音频数据
start()	获取读写设备 QIODevice
suspend()	暂停录制音频数据
resume()	继续

续表

QAudioInput 的方法及参数类型	说　明
stop()	停止录制音频数据
setBufferSize(int)	设置缓冲块的字节数大小
setNotifyInterval(int)	设置 notify()信号发射的时间间隔(毫秒)
setVolume(float)	设置音量
state()	获取状态 QAudio.State
error()	获取出错信息 QAudio.Error
format()	获取音频格式 QAudioFormat
processedUSecs()	返回获取数据的时间(毫秒),不包括暂停和闲置时间
elapsedUSecs()	获取从开始录制到当前的总时间(毫秒)

QAudioInput 的信号有 stateChanged(QAudio.State) 和 notify(), stateChanged(QAudio.State)是在状态改变时发射信号,notify()是每隔一定时间发射信号,时间间隔由 setNotifyInterval(int)方法设置。

2. QAudioFormat

QAudioFormat 用于设置音频信号流的读写格式,可以设置音频信号流的字节序、通道号、编码、采样率和采样类型等。

创建音频信号流对象的方法是 QAudioFormat(),QAudioFormat 的常用方法如表 14-19 所示。在 QAudioFormat 的方法中,用 setByteOrder(QAudioFormat.Endian)方法设置字节序,参数可以取 QAudioFormat.BigEndian 或 QAudioFormat.LittleEndian;用 setChannelCount(int)方法设置通道号;用 setCodec(str)方法设置编码,如'audio/pcm';用 setSampleRate(int) 方法设置采样率;用 setSampleSize(int)方法设置采样数据的字节的位数,一般是 8 或 16,有的系统支持更多位字节,如 24、32、48 或 64;用 setSampleType(QAudioFormat.SampleType)方法设置采样的数据类型,其中参数 QAudioFormat.SampleType 是枚举类型,可以取 QAudioFormat.Unknown、QAudioFormat.SignedInt(带符号整数)、QAudioFormat.UnSignedInt(不带符号整数)或 QAudioFormat.Float(浮点数)。

表 14-19　QAudioFormat 的常用方法

QAudioFormat 的方法及参数类型	说　明
setByteOrder(QAudioFormat.Endian)	设置字节序
setChannelCount(int)	设置通道数
setCodec(str)	设置编码
setSampleRate(int)	设置采样率
setSampleSize(int)	设置采样数据的字节位数,一般是 8 或 16
setSampleType(QAudioFormat.SampleType)	设置采样的数据类型
isValid()	获取格式是否有效
bytesForDuration(int)	获取持续指定毫秒时间所需的字节数
bytesForFrames(int)	获取指定帧数所需的字节数
bytesPerFrame()	获取每帧的字节数
durationForBytes(int)	获取指定字节所需的时间段
durationForFrames(int)	获取指定帧所需的时间段
framesForBytes(int)	获取指定字节数所需的帧数
framesForDuration(int)	获取指定时间段所需的帧数

3. QAudioDeviceInfo

通过 QAudioDeviceInfo 可以获取计算机上的音频输入输出设备，如声卡、USB 麦克风等，可以获取音频设备默认的格式，音频设备的名称、支持的各种参数。用 QAudioDeviceInfo 类创建音频查询对象的方法是 QAudioDeviceInfo()。

QAudioDeviceInfo 的常用方法如表 14-20 所示。用 availableDevices(QAudio.Mode) 方法获取音频输入设备或输出设备列表，参数 QAudio.Mode 可以取 QAudio.AudioOutput 或 QAudio.AudioInput；用 defaultInputDevice() 方法获取默认的音频输入设备，用 defaultOutputDevice() 方法获取默认的音频输出设备；用 preferredFormat() 方法获取音频设备默认的格式，用 nearestFormat(QAudioFormat) 方法获取与指定音频格式最接近的格式，用 isFormatSupported(QAudioFormat) 方法判断是否支持指定的音频格式，另外还可以分别获取音频设备支持的字节序、通道数量、编码、采样率、采样数据的类型和字节的位数等。

表 14-20　QAudioDeviceInfo 的常用方法

QAudioDeviceInfo 的方法	返回值的类型	说　明
availableDevices(QAudio.Mode)	List[QAudioDeviceInfo]	获取机器上的音频设备信息
defaultInputDevice()	QAudioDeviceInfo	获取默认的音频输入设备
defaultOutputDevice()	QAudioDeviceInfo	获取默认的音频输出设备
deviceName()	str	获取设备名称
isFormatSupported(QAudioFormat)	bool	判断是否支持音频格式
isNull()	bool	获取是否指向一种音频设备
nearestFormat(QAudioFormat)	QAudioFormat	获取与指定音频格式最接近的格式
preferredFormat()	QAudioFormat	获取音频设备的默认音频格式
realm()	str	获取代表音频设备的关键词
supportedByteOrders()	List[QAudioFormat.Endian]	获取支持的字节序
supportedChannelCounts()	List[int]	获取支持的通道数量
supportedCodecs()	List[str]	获取支持的编码
supportedSampleRates()	List[int]	获取支持的采样率
supportedSampleSizes()	List[int]	获取支持的字节的位数
supportedSampleTypes()	List[QAudioFormat.SampleType]	获取支持的采样数据的类型

14.3.3　QAudioOutput 播放原生音频数据

1. 创建 QAudioOutput 对象的方式和常用方法

QAudioOutput 用于从 QAudioInput 录制的文件中读取原生音频数据并播放音频数据。用 QAudioOutput 类创建音频输出实例对象的方法如下所示，其中 format 是 QAudioFormat 实例对象，QAudioDeviceInfo 用于指定音频输出设备，parent 是继承自 QObject 类的实例对象。

```
QAudioOutput(format = QAudioFormat(), parent = None)
QAudioOutput(QAudioDeviceInfo, format = QAudioFormat(), parent = None)
```

QAudioOutput 的常用方法如表 14-21 所示，大部分方法与 QAudioInput 的方法相同。用 periodSize()方法获取周期字节数，周期字节数是为防止缓冲和防止暂停播放所需要的字节数量；在有些平台上，用 setCategory(str)方法可以将音频流分组成不同的类别，实施不同的音量控制。

表 14-21　QAudioOutput 的常用方法

QAudioOutput 的方法	返回值的类型	说　　明
start(QIODevice)	—	开始播放音频
suspend()	—	暂停播放
resume()	—	继续播放
stop()	—	停止播放
processedUSecs()	int	返回读取数据的时间，不包含暂停和空闲时间
elapsedUSecs()	int	获取总时间
error()	QAudio.Error	获取出错信息
format()	QAudioFormat	获取音频格式
periodSize()	int	获取一个周期的字节数
bytesFree(self)	int	获取缓存上的字节数
setBufferSize(int)	—	设置缓冲块的字节数
setCategory(str)	—	设置音频流的类别
setNotifyInterval(int)	—	设置 notify()信号发射的时间间隔(毫秒)
setVolume(float)	—	设置音量
start()	QIODevice	获取读写设备
state()	QAudio.State	获取状态

QAudioOutput 的信号与 QAudioInput 的信号相同，分别是 stateChanged(QAudio.State)和 notify()。

2. QAudioInput 和 QAudioOutput 的应用实例

下面的程序用 QAudioInput 录制原生音频，可以暂停和停止录制；用 QAudioOutput 播放原生音频，可以暂停和停止播放。

```
import sys  #Demo14_7.py
from PyQt5.QtWidgets import QApplication,QPushButton,QHBoxLayout,QWidget,QFileDialog
from PyQt5.QtCore import QFile
from PyQt5.QtMultimedia import QAudioInput,QAudioOutput,QAudioDeviceInfo

class myWindow(QWidget):
    def __init__(self,parent = None):
        super().__init__(parent)
        self.setupUi()
    def setupUi(self):                      #界面
        btn_path = QPushButton("设置保存路径和文件名")
        btn_record = QPushButton("开始录制")
        self.btn_pause = QPushButton("暂停录制")
        btn_stop = QPushButton("停止录制")
```

```python
        btn_play = QPushButton("开始播放")
        self.btn_suspend = QPushButton("暂停播放")
        btn_terminate = QPushButton("停止播放")

        h = QHBoxLayout(self)                                   # 水平布局
        h.addWidget(btn_path)
        h.addWidget(btn_record)
        h.addWidget(self.btn_pause)
        h.addWidget(btn_stop)
        h.addWidget(btn_play)
        h.addWidget(self.btn_suspend)
        h.addWidget(btn_terminate)

        self.fileName = "d:/a.raw"
        self.file = QFile(self.fileName)                        # 初始化文件设备
        btn_path.clicked.connect(self.btn_path_clicked)         # 信号与槽的连接
        btn_record.clicked.connect(self.btn_record_clicked)
        self.btn_pause.clicked.connect(self.btn_pause_clicked)
        btn_stop.clicked.connect(self.btn_stop_clicked)
        btn_play.clicked.connect(self.btn_play_clicked)
        self.btn_suspend.clicked.connect(self.btn_suspend_clicked)
        btn_terminate.clicked.connect(self.btn_terminate_clicked)
    def btn_path_clicked(self):                                 # 获取文件路径和文件名
        self.fileName, fil = QFileDialog.getSaveFileName(self, caption = "设置声音文件",
                        directory = 'd:/', filter = "原生文件(*.raw);;所有文件(*.*)")
    def btn_record_clicked(self):                               # 录制原生音频数据
        self.file.close()
        if self.fileName != "":
            self.file = QFile(self.fileName)
            self.inputDevice = QAudioDeviceInfo.defaultInputDevice()   # 获取默认的音频输入设备
            if not self.inputDevice.isNull():
                self.file.open(QFile.WriteOnly)                 # 打开文件设备
                self.format = self.inputDevice.preferredFormat()   # 输入设备的默认格式
                self.audioInput = QAudioInput(self.inputDevice, self.format, self)   # 音频输入
                self.audioInput.start(self.file)                # 录制音频数据
    def btn_pause_clicked(self):
        if self.btn_pause.text() == "暂停录制":
            self.audioInput.suspend()    # 暂停录制
            self.btn_pause.setText("继续录制")
        elif self.btn_pause.text() == "继续录制":
            self.audioInput.resume()                            # 继续录制
            self.btn_pause.setText("暂停录制")
    def btn_stop_clicked(self):
        self.audioInput.stop()                                  # 停止录制
        self.file.close()
    def btn_play_clicked(self):
        self.file.close()
        self.file = QFile(self.fileName)
        self.outputDevice = QAudioDeviceInfo.defaultOutputDevice()   # 获取默认的输出设备
```

```python
                self.audioOutput = QAudioOutput(self.outputDevice,self.format,self)    #音频输出
                self.file.open(QFile.ReadOnly)                #打开文件设备
                self.audioOutput.start(self.file)             #播放音频
        def btn_suspend_clicked(self):
                if self.btn_suspend.text() == "暂停播放":
                    self.audioOutput.suspend()                #暂停播放
                    self.btn_suspend.setText("继续播放")
                elif self.btn_suspend.text() == "继续播放":
                    self.audioOutput.resume()                 #继续播放
                    self.btn_suspend.setText("暂停播放")
        def btn_terminate_clicked(self):
                self.audioOutput.stop()                       #停止播放
                self.file.close()
if __name__ == '__main__':
    app = QApplication(sys.argv)
    window = myWindow()
    window.show()
    sys.exit(app.exec())
```